# 特长距离
# 高水压油气管道盾构隧道
# 设计与施工

詹胜文　王学军　刘广仁　许维青　主编

中国石化出版社

## 内容提要


本书基于国家重点工程长江盾构隧道工程设计、研究、实验、管理、施工中的关键技术，进行了总结、提炼；详细地论述了在超长距离、高水压条件下，三根 $D1422\text{mm}$ 高压管道盾构隧道的设计方案、专题研究、专项实验、施工组织等方面，多项技术为国内首创，体现了油气管道盾构隧道高标准的设计、管理与施工水平，为类似项目提供了宝贵的经验。

本书可供油气管道盾构隧道项目管理人员、工程技术人员、生产管理人员、科研人员进行参考。



**图书在版编目（CIP）数据**

特长距离高水压油气管道盾构隧道设计与施工/詹胜文等主编. —北京：中国石化出版社，2022. 7
ISBN 978 - 7 - 5114 - 6718 - 8

Ⅰ. ①特… Ⅱ. ①詹… Ⅲ. ①长距离 - 油气运输 - 管道工程 - 隧道施工 - 盾构法 Ⅳ. ①TE973

中国版本图书馆 CIP 数据核字（2022）第 123094 号





**中国石化出版社出版发行**

地址:北京市东城区安定门外大街 58 号

邮编:100011　电话:(010)57512500

发行部电话:(010)57512575

http://www. sinopec-press. com

E-mail:press@ sinopec. com

北京艾普海德印刷有限公司印刷

全国各地新华书店经销

*

787 × 1092 毫米 16 开本 25. 25 印张 632 千字

2022 年 8 月第 1 版　2022 年 8 月第 1 次印刷

定价:128. 00 元

# 《特长距离高水压油气管道盾构隧道设计与施工》编委会

**主　　编**：詹胜文　王学军　刘广仁　许维青

**副 主 编**：王　丽　高　昆　李国辉　左雷彬　封　垍
龙世华

**编　　委**：任文明　张　磊　尤伟星　张兆军　许　杰
王　乐　古艳旗　钱　锋　汪　涛　苏卫锋
赵　月　刘　佳　郑安升　史　伟　郑亚飞
钟桂香　张　蕾　王新建　李　涛　赵　霞
杨　威　铁明亮　梁金平　岳　岩　康惠珊
安朋亮　刘思萌　王志勇　杨春玲　黄泽民
薛　飞　齐　鸣　李　成　张会明　雷　婷
张培康　陈　宙　王小林　陈　凯　姚　鑫
苑红涛　王云龙　王志强　顾宸榕

**单　　位**：中国石油天然气管道工程有限公司
中国石油管道局工程有限公司
中铁隧道局集团有限公司
中国石油管道局工程有限公司第四分公司
西南交通大学
中国石油工程建设公司北京设计分公司

# 前　言

盾构法是暗挖法施工中的一种全机械化施工方法，盾构隧道在地铁、市政、公路等领域已大量应用。在油气管道领域，由于隧道功能不同，盾构设计的理念、要求也有所不同。如竖井的尺寸要考虑管道安装及管道补偿的要求；隧道的曲线布置要考虑管道安装及满足管道应力要求，隧道断面要考虑管道的施工、运维抢修等要求。

2004年，忠县—武汉输气管道工程红花套长江盾构隧道贯通，这是盾构工法在油气长输管道建设领域的首次应用，开拓了盾构隧道在长输油气管道穿越工程的应用先河。此后，先后在长江、黄河、松花江、黑龙江、嫩江、辽河、大汶河、北江、钱塘江、雪水河、珠江等数十处油气管道穿越中采用盾构法完成管道穿越。

目前，油气管道领域盾构直径主要以小直径盾构为主，常见的为 $\phi$2.44m、$\phi$3.08m、$\phi$4.25m 三种内径规格，盾构长度基本都在3km之内。

国家重点工程长江盾构隧道是一项创世界纪录的工程，盾构穿越位于长江下游南通和常熟之间，穿越长度10.226km，盾构隧道内径为6.8m，敷设三根 $D$1422mm 高压输气钢制管道，设计水压0.73MPa，是目前世界上独头掘进最长、直径最大、水压最高的油气管道盾构隧道。此隧道工程面临8m级常压刀盘设计、近补给源承压水降水、超长距离隧道掘进、软土地质改良、沼气处理、长距离管道安装、隧道穿越风险分析、管道抢修与智能运营等一系列难题。依托国家重点工程长江盾构隧道穿越工程，广大设计、施工、科研、管理工作者为此项目付出了大量的心血，历时近8年时间，解决和攻克了一系列工程难题，归纳总结了特长距离复杂荷载条件下，天然气管道盾构隧道的设计、分析计算、实验、施工、技术专题和课题研究等关键技术，是超长距离、中等断面的油气管道盾构技术理论与工程实践的总结和提升。在团队的共同努力下，此项目于2020年落地顺利实施，预计于2024年建成投产。

本书基于长江盾构隧道工程设计、研究、实验、管理、施工中的关键技术，进行了总结、提炼，共分7章：第一章综合介绍了工程背景、概况、设计标准及技术水平；第二章介绍了工程地质、水文及相邻建构筑物的关系；第三章介绍了工程设计，包含了总体设计、盾构机选型、竖井设计、管片结构设计、管片防水设计、管道安装设计、风险管理、安全防护设计、弃渣环保设计及智能化设计；第四章介绍了开展的专题研究，包括超长距离关键技术、沼气处理、管道安装设计、抗震设计、抢修设计等；第五章介绍了相关课题研究，包括风险分析、承压水降水、高水压防水、沼气气密性研究；第六章介绍了工程设计质量控制；第七章介绍了盾构施工，包括总体施工、竖井、掘进、管片生产。作者希望通过这本书向读者全面、细致地介绍国家重点工程长江盾构隧道完整的设计研究技术体系，以利经验分享、教训借鉴、少走弯路，并期待与广大同仁以此为基础进行深入交流，携手在更高层次的技术领域中共攀高峰。

本书在编制过程中，参考了大量的技术资料、文献，引用了工程设计资料、科研成果、专题研究报告、专项评价报告、实验报告、施工组织设计等，在设计研究中，通过产、学、研相结合的方式完成了许多重大课题的分析、研究。此书的编写，得到了国家石油天然气管网集团有限公司建设项目管理分公司丁鹤鸣处长、李洪亮经理的指导，得到了国家石油天然气管网集团有限公司长江盾构项目部白泉处长、周邦国经理的指导和帮助，得到了朗威项目管理分公司王雪林总监的帮助，得到了同济大学丁文其教授、刘学增教授、谢东武教授的帮助，得到了长江委长江勘测规划设计研究院郭晓刚博士、石湛所长的大力协助，得到了中铁隧道局现场项目组、中铁第四勘察设计研究院的大力支持，得到了中海油天津涂敷公司的支持。中国石油管道局工程有限公司第四分公司相关技术人员提供了管道安装帮助，日本JFE公司北京分公司对盾构的运营也提供了相关的资料，在此编者一并表示最诚挚的谢意，并向支持本书出版的各位领导和专家表示衷心的感谢！

由于编者水平有限，书中难免有差错、遗漏，恳请专家和读者不吝指正。

# 目　录

# 第一章　长江盾构隧道概况

## 第一节　项目总述

### 一、隧道建设规模

长江盾构穿越工程是国家重点工程的控制性工程，建成后将实现国家天然气管网的互联互通，大大提高了管网的应急保障能力。

国家重点工程长江盾构穿越从江苏南通市和南京市穿越长江（图 1－1），隧道外径 $\phi$7.6m，隧道内径 $\phi$6.8m，盾构隧道穿越水平长度为 10226m（北岸竖井中心—南岸竖井中心），穿越段管道水平长度为 10324m，为目前国内外单向掘进距离最长的水域油气管道盾构隧道，也是国内油气管道内径最大的盾构隧道。

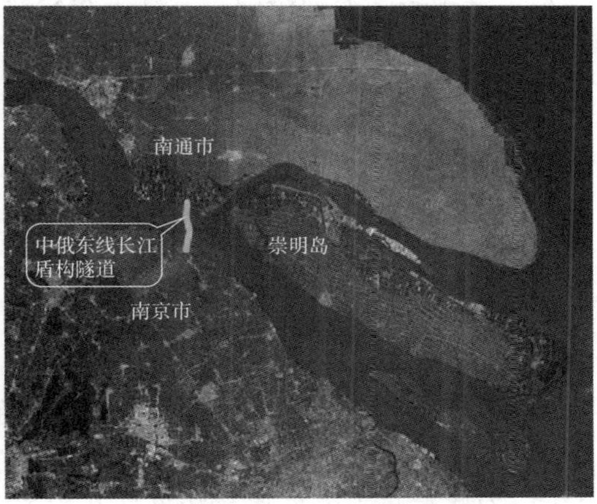

图 1－1　长江穿越位置图

长江盾构隧道平面轴线设置 3 个曲线段，最大转角为 62°，纵向设置 6 个曲线段，最大坡度为 3.56%，平面和纵向轴线的曲率半径均为 3000m。隧道内敷设 3 根管道 $D$1422×32.1mm X80M 直缝埋弧焊钢管，设计压力为 10MPa，输送气体温度为 0.8～20.9℃，管道安装均采用自动焊接工艺。

北岸工作井为始发竖井，内衬净尺寸为 26m×14m 方形井，竖井开挖深度 28.2m。南岸工作井为接收竖井，内衬内径 16m 圆形井，竖井开挖深度 29.6m。

### 二、工程总体布置

隧道工程总体布置统筹考虑了当地规划发展、现场条件、盾构掘进、管道安装和运营要求。盾构隧道由北岸工作井始发，沿新江海河港池进入长江河道，穿过长江锚地、一级航道、常熟港专用航道，到达南岸工作井。运营期，长江盾构隧道填充泡沫混凝土包裹管道，并采用全智能化运营方案，设置管道应变监测系统、可燃气体泄漏检测系统、管道泄漏监测系统、视频监控系统、智能巡检系统。

在隧道北岸竖井场区设置综合值班室，负责运营期北岸的安防和监控。南岸竖井建设在常熟分输站内，由常熟分输站负责隧道运营期的安防、监控和运营工作。

### 三、工程特点

1. 具有“重、长、高、险、难”五大特点

由于受规划限制，盾构穿越水平长度达10.226km，为目前国内外一次掘进距离最长的盾构隧道；穿越地层松散、透水性强；隧道承受的水压高、最大水压达0.73MPa；穿越长江大堤、常熟海轮锚地、长江主航道、长江刀鲚水产种质资源保护区核心区；隧道内敷设3根*D*1422mm管道。工程整体设计施工难度大，具有“重、长、高、险、难”五大特点。

重：长江盾构穿越是国家重点工程的控制性工程，是国家重点工程的咽喉工程，隧道内布置3根*D*1422mm管道，是重要的能源通道，其重要性高。

长：为软土地层单向掘进10.226km的盾构隧道，是国内外首例工程。

高：长江水深大、冲刷深度大，盾构隧道穿越承受0.73MPa高水压。

险：长江穿越面临高水压换刀、长距离掘进、深大竖井降水、长距离穿越沼气地层、环境敏感区等诸多风险。

难：穿越新江海河港池、常熟港海轮锚地、长江主航道、常熟港专用航道、长江刀鲚水产种质资源保护区核心区、白茆塘航道等诸多重要区域，设计、施工难度大。

2. 技术难度大，多项技术方案无经验可循

本工程以下技术方案没有经验可循：

(1)超长距离高水压盾构隧道设计；

(2)超长距离盾构设备技术要求；

(3)超长距离盾构隧道施工；

(4)3根*D*1422mm管道隧道内安装方案；

(5)超长距离盾构隧道设计与管道设计的衔接；

(6)超长距离盾构隧道内3根*D*1422mm管道抢修方案；

(7)泡沫混凝土的性能参数设计及施工方案。

## 第二节　工程设计标准、要求

### 一、工程等级及设计洪水频率

长江穿越处多年水面宽度约为7600m，两岸大堤间距9300m，根据《油气输送管道穿越工程设计规范》(GB 50423—2013)的规定，本穿越工程等级为大型，设计洪水频率为1%(100年一遇)。

### 二、线位设计标准

(1)平面最小曲线半径3000m；有坡差处均设竖曲线连接，最小竖曲线半径3000m。

(2)纵坡不大于5%，不小于0.3%，坡长不小于200m。

(3)江中段隧道覆土按冲刷线下不小于1.5*D*(*D*为隧道外径，以下同)，覆土厚度不小

于2.0$D$，堤脚下埋深不小于3.0$D$，施工阶段隧道抗浮稳定安全系数≥1.2。使用阶段应满足应急抛锚贯穿深度及抗浮要求，运营期设计工况(100年一遇冲刷)隧道抗浮稳定安全系数≥1.2，运营期校核工况(300年一遇冲刷)隧道抗浮稳定安全系数≥1.1。

(4)隧道埋深符合冲刷、通航、抛锚、河道疏浚、运营期隧道抗浮稳定、航道规划标高等要求。

(5)线位纵坡和曲率半径满足管道敷设、施工机械正常运行、隧道排水等要求。

## 三、结构设计标准

(1)设计使用年限：隧道主体结构100年。

(2)设计洪水标准：按100年一遇设计，按300年一遇校核。

(3)盾构穿越结构安全等级为一级，结构重要性系数取1.1。

(4)抗震设防标准：按地震基本烈度为7度、地震动峰值加速度为0.13$g$设防。按地震动峰值加速度0.15$g$进行校核。抗震设防类别为乙类，抗震等级为四级。

(5)环境作用等级：管片与工作井井壁Ⅰ-C，内部结构Ⅰ-B。

(6)防水设计标准：防水等级二级。

(7)变形控制标准：圆形衬砌结构计算直径变形不大于0.3%$D$($D$为隧道外径)。

(8)裂缝控制标准：隧道结构与工作井主体结构最大允许裂缝开展宽度0.2mm。

(9)抗漂浮验算：隧道抗漂浮设计系数不得小于1.15。

## 四、管道安装设计要求

(1)3根$D$1422mm管道在隧道内完成自动焊接、检测、补口作业。

(2)为规避隧道内管道移位带来的安全风险，布管应满足管道一次安装就位。

(3)管道布置需要考虑管道安装施工运输的需要，预留不小于1000mm的运输轨道宽度。

(4)管道布置满足运营期管道抢修需要。

# 第三节　技术水平

## 一、技术水平分析

1. 盾构穿越水平

(1)国家重点工程长江盾构隧道为特长距离盾构隧道，水域单向掘进10.226km，穿越水域最高水压达0.73MPa，通过先进的盾构常压刀盘换刀技术大大降低了长距离盾构掘进换刀的风险，本工程也为国内外首例10m直径以下常压换刀盾构工程，盾构穿越技术居世界最前沿。

(2)长江盾构两岸竖井开挖深度达28.2m和29.6m，始发竖井平面净尺寸达14m×26m，且竖井紧邻长江，位于高承压水软土地层，施工风险高、降水难度大，竖井采用地连墙与内衬结合的叠合结构，通过地层渗流计算确定降水方案，根据地层情况采用止水帷幕和接缝止水措施，采取多项措施保障竖井安全。深基坑设计方案技术先进、安全可靠。

2. 管道安装水平

盾构隧道内布置3条$D1422$管道，并全部采用隧道内自动焊安装，是国内首个在隧道内多根管道自动焊接的工程，较已完成的其他盾构穿越，建设水平又上了一个新台阶。

3. 自控水平

（1）本工程自动控制系统采用SCADA系统对全线进行监控、调度和管理。自动控制系统根据对生产工艺过程的需要，监控现场的主要、辅助设备或设施，以达到保证该管道安全、平稳和高效运行的目的。

（2）两岸竖井内弯管的受力状况较为复杂，是管道的应力集中部位，对弯管处进行应力监测，实时掌握弯管的应力状态，从而对该处的安全状态进行定量评价。当管体附加应力超过允许附加应力的30%、60%、90%，产生不同级别的报警信息，对应相应的预警级别采取相应的应对措施。实现对油气管道本体状态智能感知，提升了管道的本质安全。

（3）在竖井内设置可燃气体探测器，当泄漏情况出现时能及时报警。为管道安全增加了预警手段，提升了管道的安全防控水平。

4. 抢修水平

本工程首次针对隧道工程提出了抢修技术方案，从检测、通风、通信传输、电力、抢修等方面全方位进行综合设计。针对隧道内开展抢修作业任务进行识别，确定抢修任务范围，并从发现问题（提高施工阶段检测设施的设置）—工艺操作满足抢修作业条件（通风、电力、通信等）—抢修作业（抢修设备配置等）—恢复供气进行了全流程设计。

## 二、技术创新点

1. MJS超高压旋喷桩工艺

南岸竖井位于常熟经济开发区东侧边缘，竖井中心距长江大堤堤脚的垂直距离为150m，所处地层主要为粉质黏土、粉砂、粉细砂、中粗砂，地层透水性较大，其中，⑤-1层粉砂及以下为承压含水层。竖井采用地下连续墙+环梁支撑结构，底板位于⑤-1粉砂，地下连续墙围护结构无法截断承压含水层。为有效降低开挖降水对周边环境、长江大堤的影响，对竖井底板以下10m深范围土层、地下连续墙接缝处采用了MJS超高压旋喷桩工艺进行土层加固，大大降低了地质改良后土层的渗透系数，有效控制竖井开挖后的出水量。本工程首次在油气管道盾构工程中使用MJS工艺，以提高工程质量和安全。

MJS超高压旋喷桩工艺有如下优点：成桩直径大、质量好；对周边环境影响小，超深施工有保证，加固深度达到55m；环境污染小；可以360°全方位施工。在上海轨道交通9号线东延伸工程金海路站止水帷幕、上海轨道交通11号线江苏路车站盾构进出洞加固，应用效果较好。

2. 管片接缝多道防水结构

本工程是目前长江上穿越距离最长的隧道工程，隧道采用盾构法施工，其中最深处水压值达0.73MPa，也是目前国内中型断面盾构隧道中水压最大的，对管片接缝防水提出了很大的挑战。

以往电力、油气管道、管廊盾构隧道，由于其一般埋深在20m左右，直径多在5m以内，抗水压设计不超过0.5MPa，因此多采用单侧单道防水方案，例如西气东输钱塘江盾构、北江盾构、中卫黄河盾构、长江盾构、南京污水管道隧道、河北曹妃甸管廊隧道等。

本工程首次采用两道弹性密封垫+最外侧的海绵橡胶条+内侧嵌缝的接缝防水结构。

本工程首次应用双道防水结构，能有效地提高防水效果，满足本工程高水压、可抢修的防水要求，在接缝张开8mm、错位15mm条件下，设计使用年限内能够抵抗0.8MPa的水压。

3. 智能巡检机器人

由于隧道长度较长、运行环境恶劣等特点，如发生泄漏将造成巨大经济损失。此前巡检工作主要依靠人工进行定时检查，然而，依靠人工检查容易受到个人经验、主观意识的影响，受到监测手段、数据记录、数据分析方面的制约，通常花费大量人力不能得到有效的数据结果；另外，隧道长度长达10.226km，空气质量差，具有易燃易爆气体聚集风险，巡检人员在该环境下工作有一定的安全风险。

本工程在运营期间采用防爆型智能巡检机器人作为巡检和抢险设备，防爆型智能巡检机器人系统以防爆型轨道巡检机器人为核心，配有轨道系统、供电系统、后台管理系统及其他相关设备，能够实现对隧道的全覆盖巡检。在隧道抢修时可以检测隧道内环境状况，以便后续抢修作业。巡检人员能够通过控制机器人进行巡检、查看机器人采集的信息，掌控隧道内的状态，能够在减轻巡检人员的工作负担和安全风险的基础上，提升巡检频次和巡检质量，推进管道的智能化建设。

防爆型智能巡检机器人技术比较成熟，在电力和管廊行业应用较多，如苏通GIL电力盾构隧道、1000kV浙北—福州特高压交流输变电工程、珠海横琴新区综合管廊。

4. 分布式光纤泄漏监测系统

通过对国内外泄漏监测技术现状的分析，以及各种技术的分析对比。在众多的泄漏监测技术中，针对本工程，光纤法泄漏监测技术是国际上公认的有应用前景的长输管道泄漏监测解决方案。天然气管道出现泄漏后，由于焦耳–汤姆逊效应，泄漏位置会迅速发展为低温点，伴随着该位置(1~2m长)的温度变化，管道表面周围的泡沫混凝土将形成温度梯度。冷却效应(与气体类型和压力直接相关)与泡沫混凝土温度无关，并且无论环境泡沫混凝土温度如何，冷却效应的量级保持不变。通过对沿光纤温度场进行分析可以确定发生泄漏的部位。

分布式光纤泄漏监测系统与其他原理的泄漏监测系统相比，有如下优点：

(1)定位准确(±1m，在各种测漏方法中定位精度最高)；

(2)灵敏度高(能够检测到很小的泄漏量，可检测到小孔泄漏)；

(3)精度高(温度分辨率0.1℃，温度精度1℃)；

(4)误报率低(系统本身受干扰因素少)；

(5)本质安全(系统现场为无电检测，不会给泄漏带来打火、引雷隐患)；

(6)无盲区(管道长度范围内连续性监测，不受如清管、内检测等作业的影响)。

目前国内外应用分布式光纤技术来检测泄漏的应用案例主要包括：

(1)瑞士SMARTEC SA公司的SMARTape传感光缆应用于意大利Rimini地区埋地天然气管道，成功进行了一次气体泄漏模拟试验；

(2)瑞士 Omnisens 公司的 DiTEST - AIM 产品应用于秘鲁某液化天然气公司的一条408km 高压输气管道，采用了通信光缆中的一根光纤作为温度传感器；

(3)2002 年，Omnisens 公司的 DITEST 产品被用来监测柏林东北部一条长 55km 的盐水管道，2003 年 7 月，该系统成功检测到一次泄漏事故，并给出报警；

(4)2013 年，阿联酋 Habshan - Maqta - Taweelah 天然气管道泄漏监测项目；

(5)国内中国石化武陵山天然气管道项目。

5. 泡沫混凝土

本工程运营期间，采用泡沫混凝土填充，填充高度至管道顶面 0.5m。

泡沫混凝土是以水泥为主要胶凝材料，并在骨料、外加剂和水等组分共同制成的料浆中引入气泡，经混合搅拌、浇筑成型、养护而成的具有闭孔结构的轻质多孔混凝土。

泡沫混凝土具有以下优点：

(1)泡沫混凝土的生产工艺比较简单，通常不采用蒸压养护；

(2)泡沫混凝土的体积密度为 100 ~ 1600kg/m$^3$，相当于普通混凝土的 1/2 ~ 1/20 左右，根据需求可以提供不同的密度；

(3)泡沫混凝土的热工性能好，泡沫混凝土内部还有大量的密闭气泡和微孔，因此具有很好的绝热性能，其导热系数也比较低；

(4)泡沫混凝土的抗震性能好，泡沫混凝土弹性模量小，地震时可允许管道有小量变形，填充泡沫混凝土提高隧道整体性；

(5)泡沫混凝土具有较好的减少噪声污染作用。

泡沫混凝土充填隧道在日本应用较多，如日本伊势湾盾构隧道工程、东京湾盾构隧道工程，在国内的引黄工程连接段 PCCP 管输水工程、南引水库干渠顶管隧道中应用。

泡沫混凝土作为隧道填充物在国内应用得比较晚，但日本多条长距离盾构隧道均选用泡沫混凝土作为填充物，隧道建成后不考虑维修与检修。填充后管道运营安全、稳定、风险低，对隧道结构的影响比充水要小。

# 第二章　工程选线及周边地区建设条件

## 第一节　工程选线简介

国家重点工程位于长江中下游地区，当地经济发达、房屋密集、线路路由和长江穿越位置受限，优选余地较小。2014—2016 年，结合线路路由、地方规划、长江穿越可能穿越位置情况，从泰兴至南通选择了多个路由进行比选，经过与规划部门反复调研、协调及论证，最终确定从南通和常熟穿越长江。

2016—2018 年，经过与江苏省、常熟市、太舱市、南通市、海门市的政府部门反复协调及论证，根据城市规划、岸线规划、市政穿江通道规划等影响，进行过三次调整，最终确定长江穿越位置。长江穿越位置既避免了对苏通三通道规划穿江位置、南通市深港码头规划、经开区企业规划的影响，又尽量减小了对常熟市、太舱市、海门市经济技术开发区的影响。但长江盾构穿越仍需穿过长江刀鲚国家级水产种质资源保护区核心区、长江一级航道、常熟港专用航道、新江海河港池和常熟海轮锚地。

项目设计过程中，通过合理选线和深入分析本工程与水产种质资源保护区、航道、锚地、码头、港口的相互影响，开展专项评估论证，采取针对性的安全防护措施，保障了长江盾构隧道穿越工程的建设和运营不会对穿越河段的港口、码头、锚地和通航产生影响，同时也保障了长江盾构隧道和穿越管道建设及运营的安全。

## 第二节　周边自然环境条件

### 一、地形地貌

工程位于长江下游三角洲平原近前缘地带，就地貌单元而言，陆域部分及水域部分地貌单元分别为长江河漫滩和长江河床地貌，该段长江由南北大堤防护，北大堤堤高约 3. 5m(1985 国家高程基准，以下同)，南大堤堤高约 4. 0m。陆域地势平坦开阔，地面自西向东微倾，两岸向江边低倾。北岸地面一般高程为 1. 96 ~ 3. 53m，南岸地面一般高程为 2. 18 ~ 3. 56m。

北岸竖井场区属于冲 – 海积平原地貌，场地地势平坦，地面高程一般为 1. 80 ~ 2. 00m，勘察期间北岸竖井场地为水稻田，北岸属于填海吹沙区，人工造田。

南岸竖井场区属于冲 – 海积平原地貌，场地地势平坦，地面高程一般为 2. 30 ~ 2. 40m，勘察期间场地为耕地，种植茄子等农作物(图 2 – 1)。

图 2－1　南岸竖井区场地地貌

## 二、气象条件

工程穿越地区属北亚热带季风气候区，四季分明、雨水充沛、光照较足、无霜期长。一年中，冬季盛行大陆来的偏北风，以寒冷少雨天气为主；夏季盛行海洋来的东南风，以炎热多雨天气为主；春秋两季为冬夏季风交替时期，常出现冷暖、干湿多变的天气。

# 第三节　环境敏感区

穿越河段为长江刀鲚国家级水产种质资源保护区核心区。其中核心区面积为 93225 公顷，实验区面积为 97190 公顷。特别保护期为每年的 2 月 1 日—7 月 31 日。保护区由两块区域组成，分别位于长江河口区和长江安庆段，全长约 214. 9km。保护区主要保护对象为长江刀鲚，其他保护对象包含中华鲟、江豚、胭脂鱼、松江鲈、四大家鱼、鳜、翘嘴鲌、黄颡鱼、大口鲇和长吻鮠等物种。

穿越位置确定后，立即开展了长江刀鲚国家级水产种质资源保护区影响专题论证工作，设计过程中与评价单位密切沟通，设计中采取对应措施避免工程建设对保护区的影响。

# 第四节　周边港口、码头、锚地、航道情况

## 一、港口、码头

长江盾构穿越工程北岸处于南通港通海港区，南岸上游紧邻苏州港常熟港区，下游紧邻苏州港太舱港区。项目初期就对港口、码头的规划重点关注，穿越轴线的选择也是以与港口、码头建设互不影响、协调发展为原则。

1. 北岸港口、码头现状及规划

1) 北岸港口、码头规划

长江盾构隧道穿越北岸位于常熟港区的通海港区，该港区为外贸综合性港区，该区域

的港口作业区以集装箱、散货运输，后方临港装备制造业发展服务为主。目前，新江海河港池内左、右岸分别建有海新船务的船坞及舾装码头、宝钢物流码头，对比通海港区规划，东岸宝钢物流码头南北侧规划建设码头，西岸海新船务码头南侧规划建设码头，在长江主航道侧，盾构隧道上、下游500m范围内分别规划建设10万吨级通用泊位和船舶舾装泊位，规划建设的码头泊位与拟建盾构隧道间距均大于100m。

2)北岸码头现状

长江盾构隧道北岸现有码头设施为满足临港工业发展所需的原材料和产成品运输，已建千吨级以上生产性泊位36个，通过能力357万吨，在建3个7万吨级泊位。截至2017年底，自苏通大桥下游1km处起，建有振华港机岸壁式码头、通海港口有限公司码头、招商局重工有限公司码头、中远重工码头、海螺码头、海太汽渡、海隆重机码头。在新江海河港池内，建有海新船务的船坞及舾装码头、宝钢物流码头及规划拟建的招商局重工邮轮舾装码头。

长江主航道内，拟建盾构隧道距上游最近的通海港口有限公司码头约2.8km，距下游最近的招商局重工有限公司码头约1.3km，盾构隧道轴线上、下游500m范围内无港口码头设施。

在新江海河港池内，盾构隧道轴线左右500m范围内港口设施为港池东西侧岸线码头泊位。港池西侧岸线最北端703m岸线为海新船务的舾装码头，拟建盾构隧道直线段与海新船务的舾装码头间距约200m，隧道曲线段与海新船务的舾装码头最近约72m；港池西侧岸线中下部290m岸线为宝钢物流码头，拟建盾构隧道与宝钢物流码头距离约165m，长江穿越与新江海河港池内码头关系示意图见图2－2。

**图2－2　长江穿越与新江海河港池内码头关系示意图(新江海河河口)**

2. *南岸港口、码头现状及规划*

1)南岸港口、码头规划

长江盾构隧道上游为常熟区金泾塘作业区，白茆河口上游侧为规划通用泊位区，规划码头泊位与拟建盾构隧道保持了较大的安全距离：长江主航道最南侧规划通用泊位距离拟建盾构隧道超过400m，规划支持性码头距拟建盾构隧道超过200m。

太舱港区最上游的鹿河作业区岸线由新太海汽渡开始，白茆河口太舱侧由长江盾构隧道至新太海汽渡之间没有规划码头。因此，拟建盾构隧道下游侧距最近的码头(含规划)为2.4km。

2)南岸码头现状

长江盾构穿越处南岸上游主要有亨通高压码头、芬欧汇川码头、青龙岗航道码头、国邦码头、白茆河航道码头、长春煤码头等。其中，亨通高压码头距离本工程最近(约

2.1km，见图2－3）；南岸码头(下游)：隧道工程穿越处南岸下游主要有太海汽渡码头、青龙岗装卸码头等，其中，太海汽渡码头距离本工程最近(约2.4km，见图2－4)。

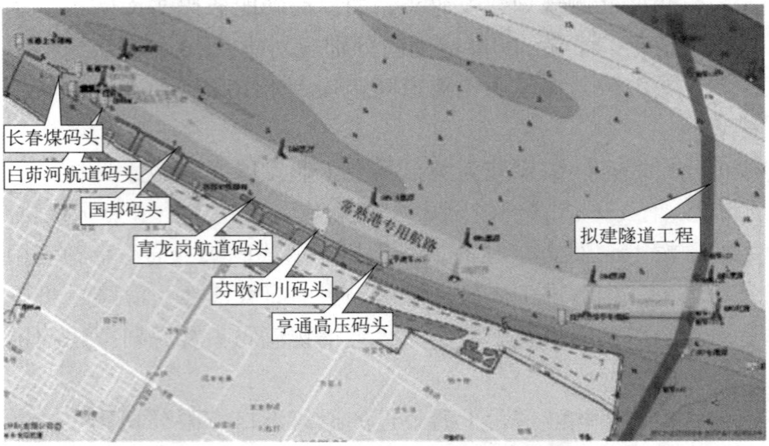


图2－3　拟建隧道工程与南岸上游码头位置关系示意图

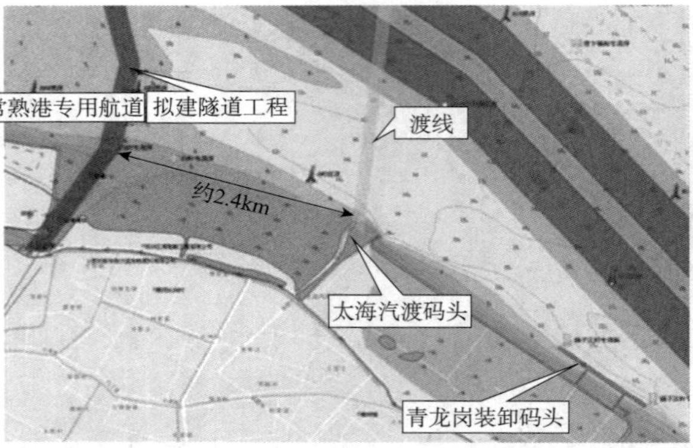


图2－4　拟建隧道工程与南岸下游码头位置关系示意图

长江盾构隧道白茆河口穿越处，隧道北侧常熟第二渔船厂距离拟建隧道较近，常熟第二渔船厂浮码头与拟建隧道最近距离约为86m，常熟第二渔船厂已经和政府签订了拆迁协议，根据协议，原厂全部搬迁，拆迁后种植绿化。

隧道南侧有两处临时砂石码头，砂石码头与拟建隧道最近距离约116m。

## 二、锚地

工程附近主要的锚地及停泊区有常熟港海轮锚地、3#停泊区、常熟下游锚地，本工程穿越常熟港海轮锚地，见表2－1。

表2－1　拟建隧道工程河段现状锚地一览表

| 名称 | 所在水道 | 位置 | 尺度/m | 用途 |
| --- | --- | --- | --- | --- |
| 常熟港海轮锚地 | 白茆沙北水道 | 长江白北12#～桥2#黑浮北侧 | 4800×700 | 海轮锚地 |
| 3#停泊区 | 白茆沙北水道 | 白北10#～11#黑浮北侧 | 2500×800 | 供大型船舶停泊 |
| 常熟下游锚地 | 长江主航道 | 9#～13#黑浮北侧 | 梯形：底边8000，两侧500、700，斜边5800、2500 | — |

## 三、航道

1. 航道现状

1)长江主航道

工程所在河段为白茆沙水道，位于长江南通天生港—长江口，航道等级为Ⅰ-(1)级，航道维护类别为一类航道维护，航标配布类别为一类航标配布，最小航道维护尺度为12.5m×500m×1500m(水深×航宽×弯曲半径)，本工程与长江主航道位置图见图2-5。

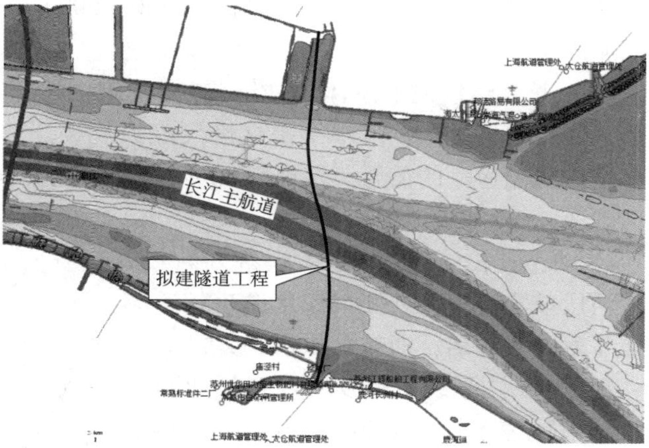


图2-5　本工程与长江主航道位置图

2)常熟港专用航道

常熟港区专用航道是在2006年2月22日由亚太专用航道、华润专用航道及常熟电厂专用航道升级改造后，统一称为常熟港专用航道，位于通州沙水道末端右侧及白茆小沙夹槽内，详见图2-6。

现常熟港专用航道长16.5km，设计水深为12.5m(当地理论基准面以下，数据为常熟市交通局提供)，除桥区外航道宽度为250m；苏通桥区专用航道宽度为200m，桥区航段长度为1.8km。

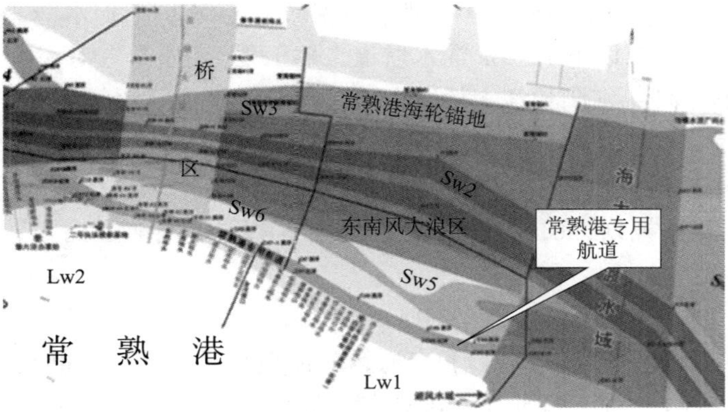


图2-6　常熟港专用航路图

3)新江海河

目前，新江海河为内河Ⅳ级航道，通航船舶吨级较小，船舶流量不大。

4)白茆塘

白茆塘属太湖流域阳澄水系，是苏州市阳澄区主要的通江引排河道之一。全长40.7km，底宽67m，现阶段为内河Ⅶ级航道，通航船舶吨级较小。

2. 航道发展规划

1)长江主航道

(1)根据《长江干线航道治理建设方案》(2018年2月)，长江干线航道2035年发展目标：南京到浏河口建设标准为12.5m×(230～500)m×1050m，保证率98%，通航5万吨级海船。

(2)《长江干线航道总体规划纲要》中确定2020年航道建设标准为：南京—太舱河段航道等级为内河Ⅰ级，最小维护标准尺度为与长江口深水航道相适应，逐步改善通航条件，适应海船运输的需要。保证率90%，可通航由2000t或5000t驳船组成的2～4万吨级船队和3～5万吨级海船。

(3)根据《长江干线航道发展规划》(交规划发[2003]2号文)，至2020年，南京—浏河口河段航道尺度与长江口深水航道相适应，逐步改善通航条件，适应海船运输的需要，通航5万吨级海船，通航由2000t或5000t驳船组成的2～4万吨级船队。

根据《长江干线航道发展规划(修编)》中确定的2030年航道建设标准为：南京～浏河口河段航道维护尺度为12.5m×(230～500)m×1050m，保证率98%，通航5万吨级海船。

(4)根据《长江口航道发展规划》，长江口航道规划范围为长江徐六泾至长江口灯船，重点发展"一主两辅一支"航道。"一主"指长江口主航道，"两辅"指北港航道(包括横沙航道)和南槽航道，"一支"指北支航道。

主航道：满足5万吨级集装箱船(实载吃水11.5m)全潮、5万吨级散货船满载乘潮双向通航，兼顾10万吨级集装箱船和10万吨级散货船及20万吨级散货船减载乘潮通航要求，规划尺度为12.5m×(350～460)m(水深×航宽)。

近年来受沿江区域经济发展迫切需求，长江航道管理部门充分利用长江干线自然特性，逐步提高了航道分月维护水深，个别航段最小航道维护水深已提前实现甚至超过规划航道维护水深。例如工程所在的南京—浏河口河段规划最小维护水深为12.5m。自2018年5月1日起，长江南京以下12.5m深水航道二期工程(南通天生港—南京新生圩段)已经建设完成，南京新生圩—江阴长江大桥段全年维护航行基面下水深12.5m，已达到规划水深要求。

2)常熟港专用航道

根据《苏州港总体规划(2011—2030)》，规划常熟港进港航道满足2万吨级船舶通航要求。

3)新江海河

根据《南通港通海港区总体规划》和交通运输部规划研究院编制的《南通港通海港区规划方案局部调整报告》，新江海河航道规划等级为内河Ⅳ级航道。

4)白茆塘航道

白茆塘航道属苏州市干线航道，规划为Ⅳ级航道。

3. 航道整治规划

1)常熟港航道规划

常熟港进港航道主要利用长江干线航道和进港支航道。

常熟港进港支航道主要包括大新航道、东沙航道、常熟港进港航道和福山航道。规划苏州港的大新航道满足3万吨级船舶航行要求；规划东沙航道七干河以下满足5万吨级船舶通航要求；规划常熟港进港航道满足2万吨级船舶通航要求；福山航道通航标准与铁黄沙作业区规划方案今后一并研究确定。支线航道建设标准应结合具体建设项目，通过项目可行性研究进一步论证确定。

2)长江口航道规划

根据长江口各航道的自然条件、开发潜力和在腹地物资运输中的作用，从长江口航道发展的全局和可持续发展出发，长江口航道的布局规划为“一主两辅一支”航道和其他航道。“一主两辅一支”航道主要包括：①主航道上起徐六泾下至长江口灯船，是大型集装箱船、干散货船和油船进出长江的主通道，是长江下游铁矿石、原油等大宗散货海进江中转系统和南京以下港口江海物资转运系统的重要基础设施；②南槽航道是船舶进出长江的重要通道，主要为小型船舶、空载大型船舶服务；③北港航道是南北港分汊口以上沿江港口船舶的重要通道，主要为5万吨级以下大中型船舶进出长江服务；④北支航道主要为海门、启东和崇明等地临港工业和经济发展服务；⑤横沙航道是北港与主航道之间的联络和应急通道。

## 第五节　工程地质、水文地质

### 一、工程勘察工作

针对本工程超长距离盾构掘进、深大竖井、穿越航道锚地等特点，为查明穿越区域的工程地质、水文地质情况，采取了多种勘察技术手段，开展了完备、详细的勘察，主要有以下内容：

(1)采用陆上工程钻探、水上工程钻探、常规取样和实验室试验及原位测试(标准贯入试验、静力触探试验、孔内剪切波速测试)等方法，详细查明场区的工程地质特征；

(2)在长江穿越轴线以及平行轴线15m的上、下游布置3条物理勘探线，综合运用了水域浅层地震法、浅地层剖面法、磁法、侧扫声呐测量法等物探手段，详细探明长江穿越轴线及附近的河道地形地貌、地下(河床)障碍物状况以及地层连续性等状况；

(3)进行沼气专项勘察，同时，对所有钻孔进行回次检测、气体取样、试验等，以详细查明穿越区沼气成分、气压、分布状况及其连续性等信息；

(4)为详细查明拟穿越场区的水文地质参数，综合性适用室内土工试验分析、场地抽水试验、场地水文地质声呐试验等，综合分析，准确得到拟穿越场区的水文地质参数，同时对两岸竖井的涌水量状况进行准确估算；

(5)针对拟穿越地层的取样试验、矿物成分分析等，详细分析穿越层位的砂颗粒石英、长石等硬质矿物含量、颗粒级配等指标，为本次盾构机设计选型的必需参数；

(6)进行场区扁铲侧胀试验，分别推算出拟穿越区域的土类指数 $I_D$、水平应力指数 $K_D$、扁铲模量 $E_D$ 及侧向基床反力系数 $K_h$ 等关键的设计参数；

(7)通过场区地温测试、热物理试验等，详细查明场区地层的温度变化情况，推算出地层的导热系数、导温系数、比热容等设计参数；

(8)通过试验室特殊试验(如三轴剪切试验、先期固结压力试验等)，详细查明穿越区域地层在不同条件下的固结压缩参数、剪切参数等信息。

## 二、工程地质

1. 地层岩性

穿越段地层岩性主要为第四系全新统（$Q_4$）及晚更新统（$Q_3$）地层，勘探深度内自上而下共分 7 层，各地层特征分述如下：

第①层淤泥质土（$Q_4^{al}$）：灰黑色，流塑，含植物腐殖质，局部可闻到腥臭气味，土质不均匀，该层主要为河道淤积形成。层厚 1.40 ~ 24.00m，层底标高 −33.03 ~ −7.63m，土石等级为Ⅰ级。该层主要分布在新江海河段、锚地段、主航道、主航道与专用航道之间段、专用航道段、白茆河段。

该层有 3 个夹层：

第① −1 层粉砂（$Q_4^{al}$）：灰褐色，饱和，松散 ~ 稍密，级配良，分选性一般，砂质均匀性一般，该层主要为河道冲积形成。层厚 2.00 ~ 13.50m，层底标高 −35.06 ~ −9.17m，土石等级为Ⅰ级。该层主要分布在锚地段、锚地与主航道段、主航道段、主航道与专用航道段，且零星分布于新江海河段、白茆河段。

第① −2 层粉土（$Q_4^{al}$）：灰褐色 ~ 灰黄色，很湿，松散，土质较均匀，该层主要为河道冲积形成。层厚 2.30 ~ 10.00m，层底标高 −36.37 ~ −10.10m，土石等级为Ⅰ级。该层主要分布在新江海河段、锚地段、锚地与主航道段，且零星分布于主航道与专用航道之间段。

第① −3 层粉质黏土（$Q_4^{al}$）：灰褐色，软塑，土质较均匀，该层主要为河道冲积形成。层厚 2.40 ~ 7.60m，层底标高 −25.03 ~ −13.58m，土石等级为Ⅰ级。该层主要分布在新江海河段，零星分布于主航道与专用航道之间段。

第②层粉土（$Q_4^{al}$）：灰黄色，很湿，稍密 ~ 中密，局部表层覆盖 0.3m 耕植土，土质均匀性一般。层厚 2.40 ~ 14.00m，层底标高 −20.86 ~ −2.58m，土石等级为Ⅰ ~ Ⅱ级。该层主要分布在北岸陆地穿越段、新江海河段、白茆河段、南岸陆地穿越段等。

该层有 3 个夹层：

第② −1 层粉质黏土（$Q_4^{al}$）：灰褐色，流塑 ~ 软塑，土质较均匀。层厚 2.30 ~ 4.30m，层底标高 −15.56 ~ −2.49m，土石等级为Ⅰ级。该层主要分布在白茆河段，且零星分布于新江海河段。

第② −2 层粉砂（$Q_4^{al}$）：灰褐色，饱和，松散 ~ 稍密，级配不良，分选性好，砂质较为均匀。层厚 1.70 ~ 7.20m，层底标高 −9.41 ~ −0.17m，土石等级为Ⅰ级。该层主要分布在北岸陆地段、白茆河段、南岸陆地段。

第② −3 层素填土（$Q_4^{ml}$）：灰褐色，稍密，主要包含黏性土颗粒、砂土颗粒及少量碎石等，为近期人为堆积而成。层厚 0.80 ~ 3.80m，层底标高 −0.70 ~ 3.46m，土石等级为Ⅰ级。该层主要分布在北岸陆地段。

第③层淤泥质土（$Q_4^{al}$）：灰褐色，流塑 ~ 软塑，以淤泥质粉质黏土为主，含植物腐殖质，局部可闻到腥臭气味，土质均匀性一般。层厚 2.60 ~ 24.40m，层底标高 −30.21 ~ −3.77m，土石等级为Ⅰ级。该层主要分布在新江海河、白茆河段、南岸陆地段。

该层有 3 个夹层：

第③ −1 层粉土（$Q_4^{al}$）：灰黄色，很湿，稍密 ~ 中密，土质均匀性一般。层厚 2.00 ~

7.50m，层底标高 -26.01 ~ -5.77m，土石等级为Ⅰ~Ⅱ级。该层主要分布在白茆河段。

第③-2层粉质黏土($Q_4^{al}$)：灰褐色，流塑~软塑，主要包含黏性土颗粒，土质较为均匀。层厚4.00~16.00m，层底标高 -24.86 ~ -18.49m，土石等级为Ⅰ级。该层主要分布在白茆河段。

第③-3层粉砂($Q_4^{al}$)：灰褐色，饱和，稍密，级配良，分选性差，砂质不均匀。层厚2.00m，层底标高 -12.27m，土石等级为Ⅰ级。该层主要分布在白茆河段。

第④层粉质黏土($Q_4^{al}$)：灰色，软塑~可塑，土质不均匀，局部夹黏土薄层。层厚2.20~21.00m，层底标高 -32.21 ~ -12.44m，土石等级为Ⅰ~Ⅱ级。该层主要分布在北岸陆地段、专用航道、白茆河段，且零星分布于主航道与专用航道之间段。

该层有3个夹层：

第④-1层粉砂($Q_4^{al}$)：灰褐色，饱和，稍密~中密，级配良，分选性差，砂质不均匀。层厚6.10~14.50m，层底标高 -23.03 ~ -13.54m，土石等级为Ⅰ~Ⅱ级。该层主要分布在北岸陆地段。

第④-2层粉土($Q_4^{al}$)：灰黄色，很湿，稍密，土质较均匀。层厚2.00~5.20m，层底标高 -22.70 ~ -18.74m，土石等级为Ⅰ级。该层主要分布在北岸陆地段。

第④-3层淤泥质土($Q_4^{al}$)：灰黑色，流塑~软塑，含植物腐殖质，局部可闻到腥臭气味，土质不均匀。层厚4.00m，层底标高 -16.44m，土石等级为Ⅰ级。该层主要分布在白茆河段。

第⑤层粉土($Q_4^{al}$)：灰色，很湿，中密~密实，土质不均匀，局部夹粉砂、黏性土薄层。层厚2.40~30.00m，层底标高 -53.93 ~ -15.95m，土石等级为Ⅱ级。该层主要分布在北岸陆地段、新江海河段、锚地段、主航道与专用航道之间段、专用航道段、白茆河段、南岸陆地段。

该层有3个夹层；

第⑤-1层粉砂($Q_4^{al}$)：青灰色，饱和，稍密~中密，级配良，分选性一般，局部夹粉土、粉质黏土薄层，砂质均匀性一般。层厚2.10~25.30m，层底标高 -48.58 ~ -17.93m，土石等级为Ⅰ~Ⅱ级。该层主要分布在北岸陆地段、新江海河段、锚地段、白茆河段、南岸陆地段，且零星分布于专用航道段。

第⑤-2层粉质黏土($Q_4^{al}$)：灰褐色，软塑~可塑，土质较为均匀。层厚2.00~8.30m，层底标高 -52.65 ~ -24.99m，土石等级为Ⅰ~Ⅱ级。该层主要分布在锚地、白茆河段。

第⑤-3层淤泥质土($Q_4^{al}$)：灰黑色，流塑~软塑，含植物腐殖质，局部可闻到腥臭气味，土质不均匀。层厚10.00~17.50m，层底标高 -42.53 ~ -37.43m，土石等级为Ⅰ级。该层主要分布在白茆河段，且零星分布于主航道与专用航道之间段。

第⑥层粉质黏土($Q_4^{al}$)：灰褐色，软塑~可塑，含少量有机质，有机质含量约为2%~4%，局部夹粉砂、粉土或黏土薄层，土质均匀性一般。层厚2.00~37.60m，层底标高 -60.96 ~ -21.16m，土石等级为Ⅰ~Ⅱ级。该层(除南岸陆地段)穿越区域均有分布。

该层有4个夹层：

第⑥-1层粉土($Q_4^{al}$)：灰色，很湿，稍密~中密，主要包含黏性土颗粒、砂土颗粒等，局部夹砂土薄层，土质均匀性一般。层厚 1.80 ~ 15.50m，层底标高 -58.4 ~ -20.33m，土石等级为Ⅰ ~ Ⅱ级。该层主要分布在新江海河段、锚地段、锚地与主航道段、主航道段、主航道与专用航道段。

第⑥ -2 层黏土($Q_4^{al}$)：灰褐色，软塑 ~ 可塑，含少量有机质，有机质含量约为 1% ~ 5%，土质均较为均匀。层厚 3.80 ~ 19.00m，层底标高 -46.27 ~ -28.10m，土石等级为Ⅰ ~ Ⅱ级。该层主要分布在北岸陆地段、新江海河段、主航道与专用航道之间段段，且零星分布于主航道段。

第⑥ -3 层粉砂($Q_4^{al}$)：灰褐色，饱和，稍密 ~ 中密，级配良，局部夹粉土薄层，砂质较均匀。层厚 1.9 ~ 11.6m，层底标高 -51.22 ~ -20.51m，土石等级为Ⅰ ~ Ⅱ级。该层主要分布在新江海河段、主航道段，且零星分布于主航道与专用航道之间段。

第⑥ -4 层淤泥质土($Q_4^{al}$)：灰黑色，流塑 ~ 软塑，含植物腐殖质，局部可闻腥臭气味，土质不均匀。层厚 3.70 ~ 14.90m，层底标高 -52.48 ~ -22.49m，土石等级为Ⅰ级。该层主要分布在新江海河段、主航道、主航道与专用航道之间段。

第⑦层粉砂($Q_3^{al}$)：青灰色，饱和，密实，级配良，分选性一般，局部夹细砂、中砂薄层，砂质较均匀性。最大揭露厚度为 34.00m，未揭穿，土石等级为Ⅱ级。该层在拟穿越区域普遍分布。

该层有 6 个夹层：

第⑦ -1 层粉质黏土($Q_3^{al}$)：灰褐色，软塑。层厚 2.10 ~ 11.50m，层底标高 -76.24 ~ -56.42m，土石等级为Ⅰ级。该层主要分布在锚地与主航道段、主航道段，且零星分布于白茆河段。

第⑦ -2 层淤泥质土($Q_3^{al}$)：灰黑色，软塑，含植物腐殖质及砂土颗粒，局部夹砂土薄层，土质不均匀。最大揭露厚度为 9.00m，未揭穿，土石等级为Ⅰ级。该层主要分布在白茆河段，且零星分布于锚地段、主航道段。

第⑦ -3 层粉土($Q_3^{al}$)：灰褐色 ~ 灰黄色，很湿，密实，土质较均匀。最大揭露厚度为 21.00m，未揭穿，土石等级为Ⅱ级。该层主要分布在新江海河段、锚地段、锚地与主航道段、主航道段、主航道与专用航道之间段，且零星分布于白茆河段。

第⑦ -4 层中砂($Q_3^{al}$)：灰褐色，饱和，密实，含少量砾石，含量约为 5% ~ 10%，一般粒径为 2 ~ 6mm，级配良，分选性一般，局部夹粗砂薄层，砂质较均匀。最大揭露厚度为 7.00m，未揭穿，土石等级为Ⅱ级。该层主要分布在北岸陆地段、新江海河段、锚地段、锚地与主航道段、主航道段、主航道与专用航道段、专用航道段，且零星分布于白茆河段。

第⑦ -5 层粗砂($Q_3^{al}$)：灰褐色，饱和，密实，含少量砾石，含量约为 5% ~ 15%，一般粒径为 2 ~ 8mm，局部夹中砂薄层，级配良，分选性差，砂质不均匀。最大揭露厚度为 10.00m，未揭穿，土石等级为Ⅱ级。该层主要分布在新江海河段、锚地段、主航道段、主航道与专用航道之间段、南岸陆地段，且零星分布于锚地与主航道段、专用航道段、白茆河段。

第⑦ -6 层砾砂($Q_3^{al}$)：灰褐色，饱和，密实，含砾石，含量约为 15% ~ 25%，一般粒径为 4 ~ 10mm，级配良，分选性差，砂质不均匀。最大揭露厚度为 13.00m，未揭穿，土石等级为Ⅱ级。该层主要分布在新江海河段、主航道与专用航道之间段，且零星分布于锚地与主航道段、主航道段。

2. 场地水、土腐蚀性评价

穿越场区环境水对混凝土结构具有微腐蚀性，对钢筋混凝土结构中的钢筋具有弱腐蚀性，对钢结构具有弱腐蚀性。场地土对混凝土结构具有微腐蚀性，对钢筋混凝土结构中的钢筋具有微腐蚀性，对钢结构具有强腐蚀性。

3. 物探结论

采用浅地层剖面法探测、侧扫声呐测量和磁法探测相结合的综合方法，进行了详细的探摸，发现疑似铁锚和锚链3处、疑似吹泥管3处、地形突变2处。

(1)新江海港内两岸停泊报废吹砂船众多，港口内水下生活垃圾、废弃物众多，港内锚泊船舶众多，对侧扫声呐、磁探造成一定干扰。

(2)在测线上及测线两侧发现航道边线红浮筒马鞍链一处，2019年6月中旬，经海事调标该浮筒已不在该处，磁探在该处未发现异常。

(3)“L”形不明物1处、链状不明物1处、管状物2处均位于新江海港区域。其中，位于新江海港口外的L状物、新江海港口内的链状物和长条状物均具有铁磁性，为铁锚或锚链的可能性较大。探摸发现的障碍物，其泥面以下最大深度为0.3m，埋深均较浅。其中管状物3－3距离隧道顶最近，距离为29.4m。在长江南岸白茆河口外侧发现地形突变2处，需要根据附近钻孔资料验证。

4. 矿物成分组成

通过颗分室内试验、主要矿物成分测定，获取各砂层的颗粒组成、矿物成分等信息，详细见表2－2。

**表2－2　岩土主要矿物成分统计表**

| 地层 | 矿物成分分析 | | | | | |
|---|---|---|---|---|---|---|
| | 石英 | 长石 | 白云石 | 方解石 | 绿泥石 | 水云母 |
| ⑤层粉土 | 50%～55% | 10%～15% | 5%± | <5% | <10% | <10% |
| ⑤－1层粉砂 | 60%～65% | 15%～20% | <5% | | <5% | 10%± |
| ⑥－1层粉土 | 55%～60% | 15%～20% | <3% | <3% | 5%～10% | 10%± |
| ⑥－3层粉砂 | 45%～60% | 10%～25% | <5% | 3%± | 5%～10% | <10% |
| ⑦层粉砂 | 40%～75% | 5%～25% | 5%～10% | 5%～30% | 5%～15% | 5%～15% |
| ⑦－3层粉土 | 40%～60% | 15%～20% | <5% | 10%± | 10%～15% | 10%～15% |
| ⑦－4层中砂 | 70%～75% | 10%～15% | 5%± | | <5% | |

5. 不良地质和特殊地质评价

1)不良地质作用

拟建场地及附近不存在岩溶、土洞、滑坡、崩塌、泥石流等不良地质作用。

穿越区段存在饱和液化粉土、砂土层，液化等级为轻微。

2)特殊性岩土

穿越场区存在的特殊性岩土为软土，主要为淤泥质土，灰黑色，流塑，含植物腐殖质，局部可闻到腥臭气味，土质不均匀，盾构轴线局部穿越⑤－3层、⑥－4层淤泥质土，施工时遵循勤纠微调的原则，防止在软硬不均的地层中产生盾构方向失控，造成在线路方向上的偏离。

3）穿越段有害气体

勘察对穿越段154个钻孔进行有害气体（沼气）检测，共在9个钻孔区域发现有害气体（沼气），其中，CJ022钻孔检测到的沼气位于穿越轴线上，CJ054钻孔、CJ055钻孔检测到的沼气位于轴线上方约12m处，CJ065检测到的沼气位于轴线下方约3m处，CJ100钻孔、CJ101钻孔检测到的沼气位于轴线上方约12m处，CJ121检测到的沼气位于分别轴线上方约13m、23m处，GAS－18（检测位置位于CJ145与CJ146之间）检测到的沼气位于隧道底板处，CJ151检测到的沼气紧邻轴线底板处。故盾构在穿越以上区段时，可能会对盾构施工造成影响，盾构施工时应采取相应的防护措施。由于穿越区沼气分布比较分散，呈气囊状分布，且本次检测是以点状钻孔为主，有可能在钻孔之间区域还有沼气存在，北岸竖井及南岸竖井沼气分布见图2－7、图2－8。

浅层有害气体主要为甲烷型，甲烷含量最多，比例占到79%～91%，其次是氮气，并含少量的氧气、二氧化碳等其他成分。

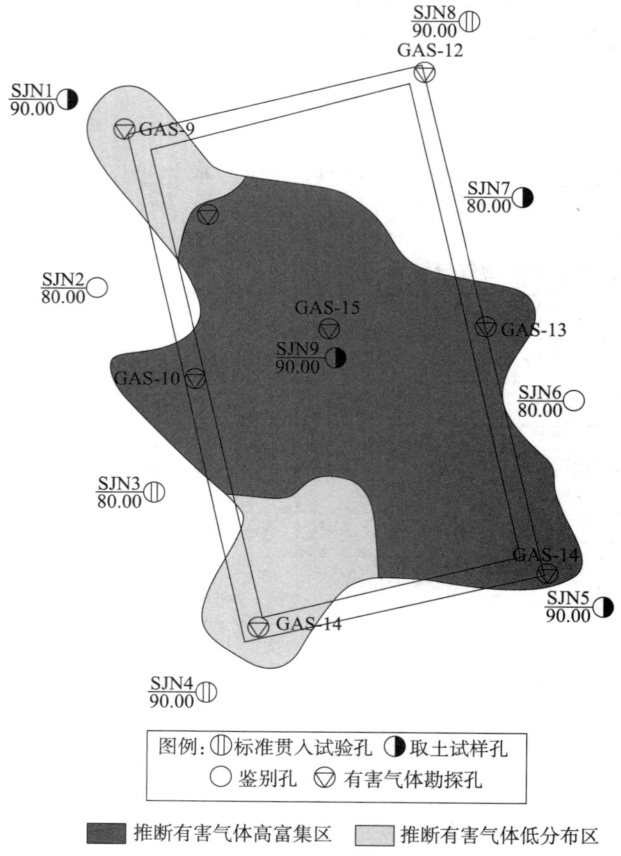


图2－7　北岸竖井沼气平面分布图

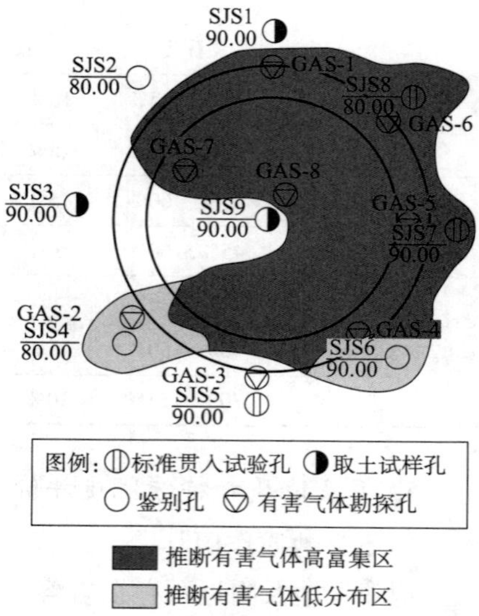


图2－8　南岸竖井沼气平面分布图

6. 主要断裂特征与地震

穿越场区 50 年超越概率 10% 的地震动峰值加速度为 0.10$g$。穿越场区 50 年超越概率 2% 的地震动峰值加速度为 0.15$g$。

## 三、水文地质

1. 陆域地下水特征

陆域地下水的补给方式主要通过孔隙垂直面状渗入，且濒临长江，地表水资源十分丰富，松散含水层内的地下水与江水发生直接的水力联系。

1) 孔隙潜水

陆域地段工程场地浅部地下水类型属潜水，潜水含水层主要为赋存于浅部地层中的粉砂、黏性土、粉土和淤泥质土的地层中，水位埋深 0.5 ~4.1m 左右。

北岸穿越段② -2 层粉砂、④ -1 层粉砂属相对含水层，透水性较好。②层粉土、④层粉质黏土渗透性较差，由于该层含黏性土、粉土比例较大，其水平向渗透系数明显大于垂直向渗透系数。

南岸穿越段③层淤泥质土属相对含水层，黏粒含量较高，渗透性差，属弱透水层。

2) 承压水

北岸孔隙承压含水层为粉细砂及中粗砂，普遍分布，承压水水位埋深 4.5m，标高 -2.5m，富水性好，渗透性强，该含水层水位与江水水位动态变化基本一致，水力联系较为密切。其补给模式有潜水入渗或越流补给，开采条件下长江水激化补给，上游长江切割深度达到承压含水层，以侧向径流的形式补给地下水。

南岸孔隙承压水含水层为粉细砂及中粗砂，普遍分布，承压水位埋深 8.0m，承压水水头高度 -5.55m。富水性好，渗透性强，该含水层水位与江水水位动态变化基本一致，水力联系较为密切。其补给模式有潜水入渗或越流补给，开采条件下长江水激化补给，上游长江切割深度达到承压含水层，以侧向径流的形式补给地下水。

2. 长江水域地下水特征

长江水域的地下水按埋藏条件及水力性质主要分为两大含水层组，即孔隙潜水和承压水，各含水层的水文地质特征分别如下。

1) 孔隙潜水

孔隙潜水含水层为全新统粉砂及淤泥质土层，有黏性土覆盖或夹层地段具有微承压性质。潜水化学类型较为复杂，不仅受沉积环境的影响，还受到地表水体、大气降水补给淡化制约。区域上自西向东有变咸趋势；在垂向上也具有上淡下咸的分带规律。孔隙潜水与长江水呈互补关系，水位埋深 2m 左右，随江水位变化不明显。

主航道以北的地段，孔隙潜水含水层较厚，岩性主要为①层淤泥质土及① -1 层粉砂为主，且直接与江水相连，水力联系密切。该含水层接受长江水径流补给，补给水源充分。排泄方式有向下游侧向径流排泄、蒸发和补给长江水及地表水系。

主航道以南的地段，孔隙潜水含水层以①层淤泥质土为主，渗透性较差，厚度较小。

主要接受上游侧向径流补给，降水入渗量较小，与江水的水力联系不明显。排泄方式以向下游侧向径流为主。

2)承压含水层组

长江水域穿越段承压水主要以⑤层粉土及⑥层粉质黏土为隔水层，渗透性较差，上层承压水含水层为⑤-1层粉砂，渗透性较好，其顶板高程为-30~-14m，下层承压水层主要为⑦层粉砂、⑦-4层中砂及⑦-5层粗砂等，渗透性好，其顶板高程为-52~-34m，该层对盾构穿越影响较大。

3. 穿越区地下水动态及补给、径流、排泄条件

盾构隧道区域地下水由长江水补给，地下水的径流相应表现为长江下游和江外侧流动。隧道没有开采地下水地段，区内地下水的排泄主要是长江排泄。

盾构隧道自北始发井盾构推进，盾构受陆域潜水压力，当盾构穿过④层粉质黏土(或⑥层粉质黏土)后，进入⑤-1层粉砂及下部⑦层粉砂，等同于揭穿了承压含水层顶板，使盾构受承压水，承压水水头理论值为长江水面至盾构深度的压力值，随长江水位的起落而变化。

4. 水文地质参数推荐值

根据抽水试验成果、水文地质声呐成果及土工试验成果，并结合当地水文地质试验经验数据，场区各地层的渗透系数见表2-3。

**表2-3 各地层渗透系数综合推荐表**

| 层号 | 岩土层名称 | 渗透系数(推荐值) | |
|---|---|---|---|
| | | $\times 10^{-6}$cm/s | m/d |
| ②层 | 粉土 | 50~80 | 0.0432~0.0691 |
| ②-1层 | 粉质黏土 | 0.23~0.32 | 0.0027~0.0037 |
| ②-2层 | 粉土 | 50~75 | 0.0432~0.0648 |
| ③ | 淤泥质粉质黏土 | 0.19~0.73 | 0.0022~0.0084 |
| ④ | 粉质黏土 | 0.28~12.5 | 0.0031~0.1443 |
| ④-1层 | 粉砂 | 2000~2500 | 1.728~2.160 |
| ④-2层 | 粉土 | 100~150 | 0.0864~0.1296 |
| ⑤ | 粉土 | 100~150 | 0.0864~0.1296 |
| ⑤-1层 | 粉砂 | 2500~3000 | 2.160~2.592 |
| ⑤-2层 | 粉质黏土 | 6.70~20 | 0.0775~0.2315 |
| ⑥层 | 粉质黏土 | 0.15~0.45 | 0.0018~0.0052 |
| ⑦层 | 粉细砂 | 5000~6000 | 4.320~5.1840 |
| ⑦-4层 | 中砂 | 6000~8000 | 5.1840~6.912 |
| ⑦-5层 | 粗砂 | 9000~10000 | 7.7688~8.2028 |
| ⑦-6层 | 砾砂 | 15000~20000 | 12.96~17.28 |

# 第六节 长江河势分析、工程水文

## 一、河流概况

穿越场区属于长江冲积平原的新长江三角洲，是大长江三角洲的近前缘地带。两岸陆域河网密布，地势平坦，高程一般在2～5m。长江在本场区河段属弯曲与分汊混合型河段，平面形态呈S形弯曲。该段江中沙洲发育，槽深滩宽，江心沙洲主要有如皋沙、通州沙和狼山沙、新通海沙、白茆沙等，属心滩地貌；通州沙东水道与新通海沙南水道中有水深近50m的深槽区，构成长江主汊，属深槽侵蚀及堆积地貌，其他水道则为支汊，属河道冲蚀及冲击地貌。

## 二、防洪现状及规划

1. 防洪现状

1)长江堤防

20世纪90年代，长江多次发生大洪水，洪水出现的频次增多，洪水位逐渐抬高，险情严重。为了提高长江堤防的防御能力，从1997年秋冬开始，江苏省实施了江海堤防达标建设工程，历时5年，至2002年底，苏州、南通两市基本完成主江堤达标任务。江堤达标工程建设按照Ⅱ级堤防标准进行，主要技术指标为：

(1)设计水位：经国务院批准的“长江流域防洪规划”中确定，以1954年大洪水为防御目标。据此，江苏省沿江各主要站的防洪设计水位是：无台风时，江阴7.25m(吴淞基面，下同)，天生港6.73m，浒浦闸下6.50m，青龙港6.50m；有台风时，江阴8.04m，天生港7.43m。

(2)堤顶高程：右岸的福山以上、左岸的九圩港以上河段，在防洪设计水位以上加超高2m；两地以下河段，左、右岸均加超高2.5m；大、中型城市河段加超高2.5m；港堤和洲堤低于主江堤0.5m。

(3)堤顶宽及内、外边坡：参照有关设计规范，确定防洪大堤堤顶宽等于或大于6m；确定堤防外坡为1:3，内坡为1:2.5。

常熟市江(港)堤总长52.3km，其中长江口始自徐六泾至白茆塘[桩号(348+907)～(360+260)]，堤防长11.35km。现状堤顶高程为6.58～6.78m(吴淞:8.5～8.7m)，防浪墙顶高程7.28m(吴淞：9.2m)，顶宽6～7m，内外坡比为1:2.5～1:3，堤身内平台高程4.5m，宽10～30m；该堤段河道护坡工程为浆砌块石，工程状况良好。

工程附近堤防工程已基本实现护坡化，护坡形式主要为砼和灌砌块石护坡。

2)新江海河闸

新江海河闸(套闸)工程位于南通海门市江心沙农场新江海河入江口，工程等级为Ⅱ等，水闸为2级水工建筑物，航道等级为Ⅴ级。防洪标准按100年一遇高潮位设计，300年一遇高潮校核。

新江海河闸在不影响防洪、引排的情况下通行船只。内河侧最高通航水位4.51m(吴淞基面，下同），最低通航水位 3.06m；长江侧最高通航水位 5.00m，最低通航水位 2.05m。上闸首中孔为主通航孔，边孔为副通航孔，通航高程 9.0m。下闸首西边孔为通航孔，通航高程 9.5m。

3）白茆闸

白茆闸是白茆塘与长江交换水量的控制闸。老白茆闸建于 1936 年，该闸最大引水流量 $517m^3/s$，最大排涝流量 $345m^3/s$。2002 年老白茆闸报废（未拆），新建白茆闸外移至入江口至现在位置。

新白茆闸于2004 年6 月建成，该闸共5 孔，总净宽为44m，设计引水能力为$502m^3/s$，排水能力为 $452m^3/s$。

白茆闸以防洪挡潮、治涝为主，兼顾引潮灌溉、航运、交通。

2. 防洪规划

总体布局：根据长江流域治理部署，将逐步建成以堤防为基础，三峡工程为骨干，干支流水库、蓄滞洪区、河道整治相配合以及其他非工程措施构成的综合防洪体系；要求长江中下游，在大通以上利用蓄滞洪区分蓄超额洪水的基础上，进行干支河堤防巩固、堤基防渗、堤身隐患处理和穿堤建筑物加固，并进行河势控制和崩岸守护。江苏省长江河道治理：为适应沿江经济带的快速发展，近期，使长江干支堤防进一步巩固，满足防御 1954 年型洪水的要求，河口段、重点城市和开发区段堤防按防御 100 年一遇洪潮水位加固；统筹河势控制、防洪安全，并与深水航道整治相结合，加强重点险工、主要节点、分汊河道和洲滩治理，保障岸线稳定；同时，加强河道管理，落实在不影响防洪和河势稳定前提下，岸线、洲滩、水域和江砂的合理开发利用范围、方式与条件。

工程布置：江苏省地处长江下游，全靠两岸堤防与河床稳定来防御长江洪潮。根据洪水特点及存在的主要问题，主要采取“固堤防，守节点，稳河势，止崩坍”的工程布局，堤身堤基保安全与水下河岸稳定相结合，堤防消险与穿堤建筑物加固改建统筹安排，工程和管理并重。

堤防巩固：长江堤防总体仍按江堤达标工程布局，巩固已建成果，进行部分堤段的灌浆、防渗和填塘固基，彻底消除堤身堤基隐患；重点加固和改建原来未达标准的穿堤建筑物；敞口的通江支河，区别情况，加固支河堤防或增建部分河口控制工程；加固原来未达标的部分闸外港堤，以完善长江干流两岸防洪保护圈。远景结合河道整治和岸线的局部调整，相应调整局部堤线。

河道整治：河道整治以控制和稳定现有河势为主，加强重要节点和险工岸段的守护；对处于萎缩的重要支汊，近期遏制其不利发展，并为今后争取有所改善创造条件；对多汊段和河口段，有计划地逐步进行整治。

## 三、河势控制规划

1. 长江中下游干流河道治理规划

《长江中下游干流河道治理规划》（2016 年修订）确定白茆沙河段的控制规划为：白茆沙河段应加强进口徐六泾节点的控制作用，使主流过徐六泾节点后适当北偏，以适当增加北水道的分流比，并维持南、北水道 –10m 深槽长期贯通，南水道为主汊的双分汊河势格局。

2. 长江口综合整治开发规划

2008年3月，国务院批准了水利部上报的《长江口综合整治开发规划》，该规划提出了长江口整治以控制河势、稳定航道为重点，结合圈围、供水、防洪、维护优良生态环境等国民经济各部门的要求，统筹兼顾，全面规划，以达到综合整治的目的。

规划中提出的河道整治工程主要包括徐六泾节点及白茆沙河段整治工程、南北港分流口整治工程、南北港整治工程、深水航道治理工程、北支河道整治工程。其中白茆沙河段整治工程、南北港分流口整治工程、南北港整治工程、深水航道治理工程已经完成，北支河道整治工程正在逐步实施中。

规划中对于徐六泾节点、白茆小沙附近的治导线布置主导考虑因素为"加强徐六泾节点束流、导流功能，缩窄河宽，同时维持白茆小沙副槽水深"，治导线布置方案为"白茆小沙上沙体右缘沿 -2m 等高线布置。下沙体治导线跨上、下沙体，南缘基本沿 -2m 等高线布置，北缘基本沿 -5m 等高线布置。"

3. 长江岸线保护和开发利用总体规划

2016年9月，水利部、国土资源部以水建管〔2016〕329号文正式印发《长江岸线保护和开发利用总体规划》。该规划按照岸线保护和开发利用需求，划分了岸线保护区、保留区、控制利用区及开发利用区等四类功能区，并对各功能区提出了相应的管理要求；提出了保障措施。长江干流江苏段规划岸线功能区187个、岸线长度1169.9km，其中岸线保护区50个、长度167.1km，保留区49个、长度316.3km，控制利月区76个、长度613.0km，开发利用区12个、长度73.6km。

本工程所在岸段为控制利用区，规划中对于岸线控制利用区管理原则为："对需控制开发利用强度划定的岸线控制利用区，应按照国土、城市、水利、交通等相关规划，合理控制整体开发规模和强度，新建和改扩建项目必须严格论证，不得加大对防洪安全、河势稳定、供水安全、航道稳定的不利影响。"

4. 江苏省防洪规划

江苏省防洪规划已经江苏省人民政府批复实施(苏政复〔2011〕21号)。

工程布置：江苏省地处长江下游，全靠两岸堤防与河床稳定来防御长江洪潮。根据洪水特点及存在的主要问题，主要采取"固堤防，守节点，稳河势，止崩坍"的工程布局，堤身堤基保安全与水下河岸稳定相结合，堤防消险与穿堤建筑物加固改建统筹安排，工程和管理并重。

堤防巩固：长江堤防总体仍按江堤达标工程布局，巩固已建成果，进行部分堤段的灌浆、防渗和填塘固基，彻底消除堤身堤基隐患；重点加固和改建原来未达标准的穿堤建筑物；敞口的通江支河，区别情况，加固支河堤防或增建部分河口控制工程；加固原来未达标的部分闸外港堤，以完善长江干流两岸防洪保护圈。远景结合河道整治和岸线的局部调整，相应调整局部堤线。

河道整治：河道整治以控制和稳定现有河势为主，加强重要节点和险工岸段的守护；对处于萎缩的重要支汊，近期遏制其不利发展，并为今后争取有所改善创造条件；对多汊段和河口段，有计划地逐步进行整治。

## 四、河势分析

国家重点工程长江穿越位于长江口南支徐六泾节点段，工程后方为海门新通海沙下段岸线综合整治工程所形成的岸线及陆域，工程所在水域上接澄通河段通州沙汊道段，下与长江口南、北支相连。

1. 通州沙汊道段

通州沙汊道段上起十三圩，下至徐六泾，全长约 39km。河道进出口河宽相对较窄，均约 5. 7km 左右，中间放宽，最大河宽约 9. 4km。

通州沙汊道段为多滩多分汊河道，水流在河道进口被通州沙分为两股水流分别进入通州沙东、西两水道。自 20 世纪 50 年代以来，通州沙东水道一直为主汊，经过几十年的演变，目前东水道分流比稳定在 95% 左右，西水道目前已演变为一条涨潮流占优势的河道。

通州沙东水道内分布有狼山沙，又分通州沙东水道为狼山沙东、西水道，该沙原位于通州沙头部左侧，随着沙体的不断下移、西偏，通州沙水道主流由通州沙东水道→狼山沙西水道逐渐转移为通州沙东水道→狼山沙东水道。目前，狼山沙已下移至通州沙尾，两沙趋于涨连，狼山沙东、西水道已分别并入通州沙东、西水道。近 30 年来，随着狼山沙下移、西偏，北岸新开港一带又逐渐形成了新开沙，该沙与北岸之间形成了新开沙夹槽。目前，南通市江海港区位于该夹槽内。同时，南岸七干河以下分布有与南岸相连的边滩 – 铁黄沙，该沙在福山塘以下与南岸之间相隔一条上口淤塞，涨潮流占优势的福山水道，太湖流域重要的引排口——望虞河口位于该水道内。因此，通州沙汊道目前为复杂得多汊分流格局。

2. 白茆沙河段

白茆沙河段上起徐六泾，下至七丫口，全长 35. 5km。白茆沙河段上接澄通河段的通州沙水道，下与南北港河段相连。左岸海太汽渡以下为长江口北支河段。白茆沙河段以白茆河口为界又分为徐六泾节点段和白茆沙汊道段。

中俄天然气过江管道工程南通线位于徐六泾节点河段，本河段在经历了较长时期的自然演变和一系列的人类活动后，河段边界大部分得以稳定，各汊道现有主、支汊格局基本不会改变，具备建设过江通道的宏观河势条件。

多年来徐六泾节点段主流始终贴南岸，主槽位置相对稳定，但近期实测资料分析表明徐六泾深槽有刷深及下移的趋势：深槽最深点逐年加深，且最深点距工程穿越断面距离逐年减小。工程局部河床近期总体呈冲刷下切趋势，河演包络线最低点标高为 – 24. 17m。考虑到三峡水库蓄水运行以来上游来沙持续减少，对河口段的影响仍在逐步显现中，且近年来工程上、下游河道及航道整治工程正逐步实施，工程河段横向变化的空间有限，近期将仍然以冲刷尤其是冲槽为主，工程建设及运行要考虑这种变化带来的影响。

## 五、水文特性

本河段处于长江口潮流界以下，水流既受上游径流的影响，又受长江口潮流上溯的影响。因此，双向水沙运动是本河段的基本特征。

1. 径流

长江干流下游控制水文站为大通水文站。大通以下较大的入江支流有青弋江、水阳江、裕溪河、秦淮河、滁河、淮河入江水道、太湖流域等水系，入汇流量相对较小，约占长江总流量的3% ~5%，故大通站的来水来沙特性基本反映了长江口段上游来水来沙特性。

大通站径流年内分配不均匀，汛期5—10月份水量占全年的70.7%，其中7月份水量最大，枯季12月—次年3月份水量最小，4月份和11月份为中水期。大通水文站多年月平均流量年内分配及特征值统计见表2-4(统计年份为1950—2008年)。

**表2-4　大通水文站多年月平均流量年内分配及特征值统计表**

| 时间 | 一月 | 二月 | 三月 | 四月 | 五月 | 六月 |
|---|---|---|---|---|---|---|
| 流量/($m^3$/s) | 11100 | 11800 | 16000 | 23900 | 33500 | 39900 |
| 占年径流量百分比/% | 3.30 | 3.17 | 4.76 | 6.89 | 9.98 | 11.5 |
| 时间 | 七月 | 八月 | 九月 | 十月 | 十一月 | 十二月 |
| 流量/($m^3$/s) | 50100 | 44100 | 40400 | 33100 | 23000 | 14200 |
| 占年径流量百分比/% | 14.92 | 13.13 | 11.64 | 9.86 | 6.63 | 4.22 |
| 特征值 | 最大流量：92600$m^3$/s(1954.8.1)；最小流量：4620$m^3$/s(1979.1.31)；平均洪季流量：40400$m^3$/s；平均枯季流量：17000$m^3$/s；多年平均径流量：8957亿$m^3$；多年平均流量：28400$m^3$/s | | | | | |

20世纪90年代后期，长江连续几年出现大洪水，1995年洪峰流量为75500$m^3$/s，1996年洪峰流量为75100$m^3$/s，1998年洪峰流量为82300$m^3$/s，1999年洪峰流量为83900$m^3$/s。洪水对本工程河段河床演变产生了一定的影响。

2. 潮汐

南支河段位于长江口潮流界，潮汐性质属非正规半日浅海潮。潮位每天两涨两落，日潮不等现象较明显，特别是高潮位相差较大。一般涨潮历时约4h，落潮历时约8h。年最高潮位往往是天文潮、台风两者组合作用的结果。拟建工程上游有徐六泾水位站，下游有杨林水位站。其中最高潮位发生在1997年8月19日，阴历七月十七日，11#台风于当日影响该地区，徐六泾水位站最高潮位为4.83m，杨林水位站最高潮位为4.5m。

3. 潮流

长江口地区潮流量大小随天文潮和上游径流大小而变化。长江口洪季大潮进潮量约53亿$m^3$，小潮约16亿$m^3$。枯季大潮为39亿$m^3$，小潮为13亿$m^3$。南支河段处于长江口潮流界内，水流属于非正规半日潮流，外海潮波进入河口后沿程上溯，受地形、径流等因素的影响，潮波逐渐产生变形。工程水域虽靠近长江口口门，但在河道的约束下，水流流态总体呈典型的往复流特征，方向为WN-ES向。涨落潮流路不一致是南支河段一个较为突出的特点。一般情况下，主槽的落潮流流速大于涨潮流流速，落潮流历时明显大于涨潮流历时。南支河段落潮流占主导地位，由于落潮流速大、历时长，因此，落潮流是塑造南支河段主槽河床形态的主要动力。

4. 泥沙

工程河段泥沙主要是流域来沙，根据上游大通站多年资料统计分析，大通站输沙量7月最大，占全年输沙量的23.34%。1—7月输沙量逐月增大，7—12月逐月减小。汛期5—10月输沙量占全年输沙量的87.3%。1、2月份来沙量最小，输沙量的年际变化与径流量相似。

近年来，长江来沙量不断减小，与长江流域的水土保持、植被固沙和高坝拦沙有关。未来一段时间内，长江上游还将建设一定数量水库、大坝工程。因此，长江流域来沙减少的趋势短期内不会逆转。

南支河段河床质d50在涨、落急时约为0.047mm，憩流时为0.027mm，平均约为0.037mm。底部悬移质的d50相当于河床质的d30，悬移级配与床沙级配有相当大部分的重合，说明本河段悬沙与床沙之间存在频繁的交换。长江口河床质组成以极细沙和粗沙为主，抗冲刷能力差，导致河床稳定性差。

## 六、工程水文参数

本项目开展了河道演变分析、二维水沙数学模型计算、潮流泥沙物理模型计算、深槽稳定性专题，分别得到了河演包络线、数模计算综合包络线、物模试验综合包络线、局部河段物模包络线，考虑到未来来水来沙条件变化因素，得到了冲刷综合包络线，见图2-9。

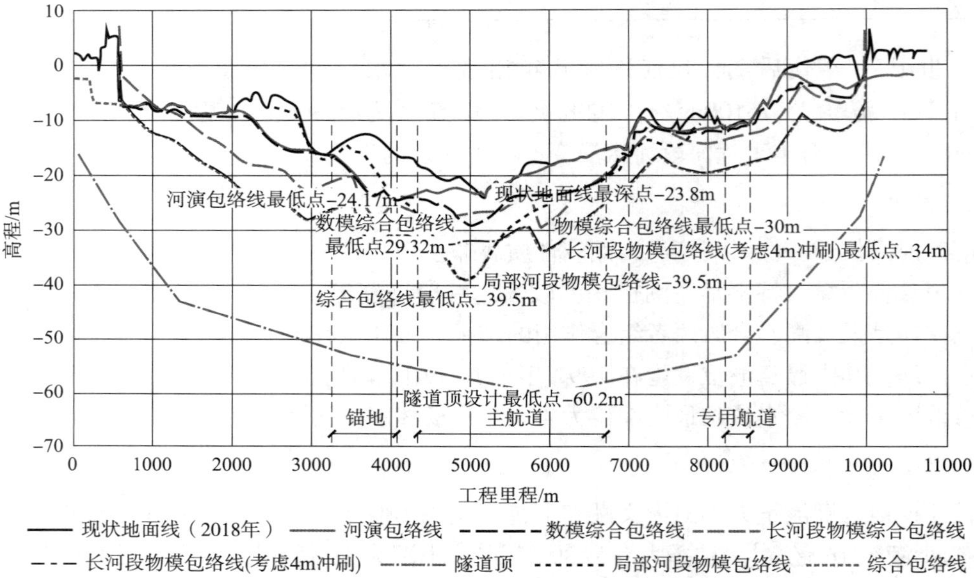


**图2-9　穿越轴线各包络线成果图**

# 第三章　工程设计

## 第一节　总体设计

### 一、设计原则

1. 穿越线位选择原则

(1)以规划为先导，综合考虑城市规划及土地使用规划，实现土地资源的集约化利用。

(2)通过多方案比选，寻求功能、风险、造价和工程建设条件之间最佳结合方案，以充分发挥工程最大的社会、环境、经济效益。

(3)遵循“以人为本”，做到盾构隧道与周边环境的自然协调，和谐统一。优选对既有构筑物影响小，适应周边地形，地质情况的线位方案，保证工程有较好的社会环境和经济效益。

(4)线路布置应充分考虑主要工程控制点、地质、水文地质条件。

(5)线路布置应尽可能减少对既有建(构筑)物的影响及拆迁。

(6)工程总体布置应满足管道运行、管理的需要。

(7)线形布置平滑顺直，曲线应满足施工工法及隧道工艺布置要求；纵坡应满足施工机械正常运行、隧道排水及隧道工艺布置等要求。

2. 结构设计原则

(1)结构应满足规划、施工、运营、抗震、防排水、防火、防腐的要求，并具有足够的耐久性，做到安全、适用、经济。

(2)结构设计应满足结构施工阶段施工工艺的要求和使用阶段的强度、刚度、稳定性、抗浮、裂缝开展宽度的要求。

(3)结构设计应减少施工中和建成后对环境的不利影响，考虑城市规划引起周围环境的改变对结构的作用。

(4)主体结构应根据环境类别，按照设计使用年限为100年的要求进行耐久性设计，结构的安全等级为一级，结构重要性系数取1.1。

(5)深基坑工程设计应根据国家有关规范及江苏省的地方性法规要求，结合周边不同的环境条件等采取相应的技术措施。

(6)结构的净空尺寸应满足隧道内管道布置及运营维护、施工等要求，并考虑施工误差、测量误差、结构变形和位移的影响。

(7)结构计算模式应根据结构的实际工作条件确定，并考虑结构与围岩的相互作用及施工工法、工序的影响，按照施工阶段和运营阶段可能出现的最不利荷载组合进行验算。

3. 防水设计原则

(1)贯彻“以防为主，刚柔结合，多道设防，综合治理”的原则。

(2)以混凝土衬砌结构自防水为根本，衬砌接缝、施工缝、变形缝防水为重点，确保隧道整体防水。

(3)结构防水设计和施工必须符合环境保护的要求，并根据具体情况采取相应对策，减少对环境的影响。

(4)所有防水构件、附加防水层、混凝土外加剂等，同时应满足耐久性要求。

## 二、工作竖井位置确定

北岸位于海门市经济开发区，交通较为方便，穿越场区为海门市深港区规划用地，电力设施完善，社会依托条件较好。目前为农田，场地开阔，施工依托较好，推荐北岸竖井作为始发井，竖井中心距长江大堤堤脚的垂直距离为340m。

南岸位于常熟经济开发区东侧边缘，目前属于农田，推荐南岸竖井作为接收井，竖井中心距长江大堤堤脚的垂直距离为150m。

## 三、平面线形设计

1. 隧道平面线位影响因素分析

(1)本工程北岸工作井和南岸工作井位置均为当地规划部门指定，不能调整。

(2)两岸线位受限于规划部门要求，北岸需由新江海河下进入长江，南岸需由白茆河口下进入南岸工作井。

(3)盾构由北岸工作井出发，必须经过海新重工场区进入新江海河，尽量减小拆除该厂区厂房面积。

2. 线位平面设计方案比选

考虑两岸竖井位置，设计拟定两个隧道平面线位方案。分别介绍如下：

线位一：隧道自北岸竖井始发，直线前进，穿越北岸大堤、海新重工场区、新江海河，进入长江，穿越南岸大堤，到达南岸竖井，总长度9850m。该线位顺直，但北岸需经过海新重工场区内约30m×125m和80m×180m的两处厂房，并且影响岸线范围约1200m。该线位未满足规划要求。

线位二：隧道自北岸竖井始发，按3000m曲率半径前进，穿越北岸大堤、海新重工场区、新江海河，进入长江，穿越白茆河口、南岸大堤，到达南岸竖井，总长度10.226m。该线位平面有三个曲线段，北岸需经过海新重工场区内西侧30m×42m一处厂房，并且影响岸线范围约130m。该线位满足规划要求。

图3－1　线位平面布置图

比较两个线位方案，方案二满足管道安装和规划要求，较方案一对岸线影响距离短，拆除厂房面积小，因此推荐线位二，见图3－1。

3. 线位平面设计方案

盾构由北岸竖井出发，水平掘进

285m 后，采用曲线掘进 1118m、平面 21°转角，穿过海新重工场区进入新江海河河道，继续直线前进 1153m，采用曲线掘进 1191m、平面 23°转角，穿出新江海河河道进入长江河道，直线前进 3150m，采用曲线掘进 3227m、平面 62°转角，进入白茆河口，直线掘进 103m 到达接收井。

## 四、纵向线形设计

1. 纵断面影响因素分析

长江盾构穿越新江海河港池、常熟海轮锚地、长江主航道，隧道埋深需满足抛锚、通航、河道冲刷的要求。

1）锚地评价要求

《国家重点工程天然气管道工程（南段）长江盾构隧道穿越工程与常熟海轮锚地影响专项研究报告》的结论为：“常熟海轮锚地远期规划 18000TEU 集装箱船所配备的 35.5t 霍尔锚在考虑 100 年一遇的冲刷深度下，贯入深度达到 16.31m，在考虑 300 年一遇的冲刷深度下，贯入深度达到 16.91m。本工程采用盾构施工方式，在上述计算的基础上，还应增加一定的安全富裕深度，建议增加埋深不少于 5m，考虑到常熟海轮锚地的远期规划，建议国家重点工程江苏段长江盾构隧道穿越工程隧道穿越锚地部分埋深不小于泥面以下 21.91m。”

2）航道评价要求

《国家重点工程天然气管道项目隧道穿越工程航道通航条件影响评价报告》的结论为：“长江隧道工程所在河段的长江主航道底标高规划与现状一致。在河床演变、数学模型和应急抛锚入土试验研究专题的基础上，经综合分析表明，拟建隧道所在各航道考虑航道设计水深、极限冲刷以及应急抛锚入土深度等情况下，隧道顶面高程布置仍有较大富余量，隧道在各航道处顶部设置合理，满足规范要求。”

3）防洪评价冲刷深度要求

根据防洪评价分析成果，建议的综合包络线最低点标高为 -34m。

4）河演报告建议

工程河段河床演变较为复杂，根据历年地形测图，穿越断面上游 5km 内自 2006 年起形成 -59.4m 的冲刷坑，并逐渐刷深、下移，范围扩大，至 2018 年已近 -67.8m（穿越断面上游 4.9km），且在原冲刷坑下游约 1km 又形成一个 -56.9m 冲刷坑（穿越断面上游 3.1km）。考虑到冲刷坑有进一步下移至穿越断面的可能，为确保工程安全，建议工程设计隧道顶标高按不高于 -53m 考虑。因工程处深槽尚未形成，根据历年深泓平面摆动范围确定深槽可能出现位置，并考虑可能出现深槽的宽度，综合确定隧道顶标高不高于 -53m 的设计范围，水平里程（k3 +528）~（k8 +300），长度约 4.77km。

5）深槽稳定性专题成果

根据深槽稳定性专题成果，在系列年 +300 年一遇最不利的工况条件下，-30m 深槽将发展至工程穿越断面，工程穿越断面最深点达到 -39.5m，-30m 深槽范围位于主航道内、锚地范围以外区域。工程断面未形成其他冲刷坑。

6）规范要求

《油气输送管道穿越工程设计规范》（GB 50423—2013）规定：“隧道上部覆土厚度不应

小于2倍隧道外径，且隧道埋深应低于设计冲刷线下1.5倍隧道外径，堤脚下隧道埋深不小于3.0倍隧道外径。”，隧道外径约7.6m，隧道埋深应低于设计冲刷线下11.4m，低于堤脚下22.8m，隧道顶覆土厚度不小于15.2m。

7)穿越地层

穿越场区主要地层为第四系冲－海积地层，主要为粉质黏土、粉土、粉砂、中砂、粗砂等地层，均适宜盾构隧道穿越。结合隧道穿越深度要求，选择盾构隧道主要在⑤粉土、⑥粉质黏土、⑦粉砂层中通过。

2. 线位纵断面设计方案比选

考虑以上影响因素，设计拟定两个隧道纵断面方案(图3－2、图3－3)。分别介绍如下：

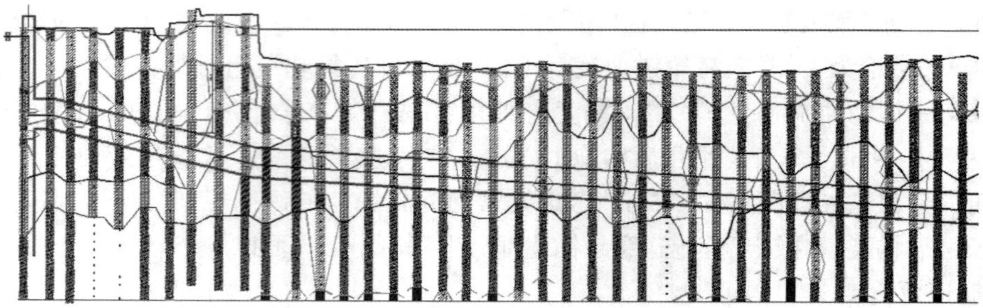

图3－2　线位一纵断面布置北侧图

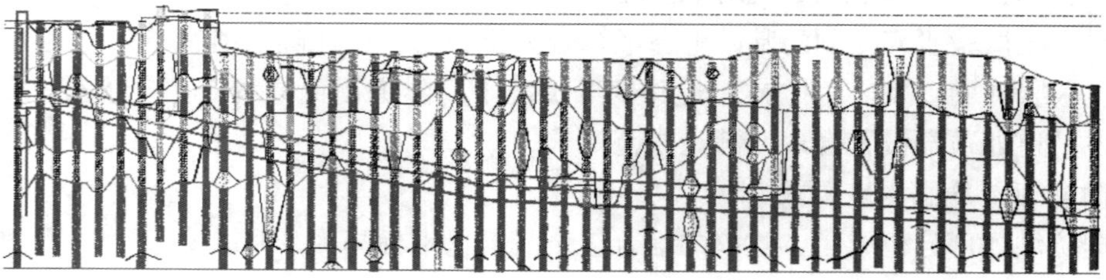

图3－3　线位二纵断面布置北侧图

线位一：隧道由北岸竖井出发，水平掘进65m后，以2.474%的下坡前进501.4m，变坡度以0.831%的下坡前进2961.9m，再变坡度以0.3%的下坡前进2386.0m，再以0.3%的上坡前进2386.0m，再以1.58%的上坡前进1601.7m，再以3.678%的上坡前进304.7m，然后水平掘进20m到达南岸竖井，转角处曲率半径均为3000m(约2100$D$，$D$为穿越管段外径)。

线位二：隧道由北岸竖井出发，水平掘进65m后，以2.474%的下坡前进501.4m，变坡度以1.886%的下坡前进774.1m，再变坡度以0.457%的下坡前进2187.8m，以0.3%的下坡前进2386.0m，再以0.3%的上坡前进2386.0m，再以1.58%的上坡前进1601.7m，再以3.678%的上坡前进304.7m，然后水平掘进20m到达南岸竖井，转角处曲率半径均为3000m(约2100$D$，$D$为穿越管段外径)。

比较两个线位方案，方案一和方案二均满足影响隧道埋深的制约因素，但方案一穿越已探明的CJ022孔沼气团，施工风险较高，推荐线位二，调整隧道线位避开沼气团。

3. 线位纵断面设计方案

由北岸竖井出发，水平掘进 65m 后，以 2.474% 的下坡前进 501.4m，变坡度以 1.886% 的下坡前进 774.1m，再变坡度以 0.457% 的下坡前进 2187.8m，以 0.3% 的下坡前进 2386.0m，再以 0.3% 的上坡前进 2386.0m，再以 1.58% 的上坡前进 1601.7m，再以 3.678% 的上坡前进 304.7m，然后水平掘进 20m 达南岸竖井，转角处曲率半径均为 3000m（约 2100*D*，*D* 为穿越管段外径）。线位二纵断面布置图见图 3－4。

图 3－4　线位二纵断面布置图

4. 纵断面控制点

长江盾构穿越长江江堤、新江海河航道、常熟海轮锚地、长江主航道、常熟港专用航道、白茆塘航道，隧道埋深需满足抛锚、通航、河道冲刷的要求，隧道关键控制点的隧道覆土厚度和相关要求见表 3－1。

表 3－1　长江盾构穿越控制点列表

| 控制点位置 | 里程/m | 隧道顶标高/m | 覆土厚度/m | 冲刷包络线下覆土厚度/m | 备注 |
|---|---|---|---|---|---|
| 隧道最低点 | 5914.0 | －60.2 | 42.5 | 26.3 | 隧道底最大水压为 72.57m |
| 河床最低点 | 5169.4 | －57.9 | 34.1 | 21.8 | 满足规范要求：(1) 覆土厚度不小于 5.2m；(2) 冲刷线下覆土厚度大于 11.4m |
| 物模综合冲刷包络线最低点 | 5892.1 | －60.1 | 42.3 | 26.1 | |
| 深槽包络线最低点 | 4934.5 | －57.2 | 35.5 | 17.7 | |
| 常熟港海轮锚地区域冲刷包络线最低点 | 3726.8 | －53.6 | 40.8 | 20.5 | 满足锚地影响评价的要求：隧道穿越锚地部分埋深不小于泥面以下 21.91m |
| 常熟港海轮锚地区域覆土最小处 | 3249.7 | －50.7 | 35.0 | 24.2 | |
| 长江主航道区域隧道顶覆土最小处（河床最低点） | 5169.4 | －57.9 | 34.1 | 21.8 | 满足隧道顶面高程均低于规划航道底标高 －14.1m 以下，且富裕深度 4m 的要求 |
| 常熟港专用航道隧道顶覆土最小处 | 8512.8 | －49.6 | 38.6 | 31.7 | 满足隧道顶面高程均低于规划航道底标高 －14.1m 以下，且富裕深度 4m 的要求 |
| 新江海河航道河段隧道顶覆土最小处 | 684.1 | －30.6 | 22.8 | 22.3 | 满足隧道顶面高程均低于规划航道底标高 －9.95m 以下，且富裕深度 4m 的要求 |
| 白茆塘航道河段隧道顶覆土最小处 | 9901.5 | －27.7 | 23.8 | 18.5 | 满足隧道顶面高程均低于规划航道底标高 －3.5m 以下，且富裕深度 4m 的要求 |
| 长江北岸大堤堤脚 | 406.0 | －24.4 | 28 | | 满足规范规定：堤脚下覆土厚度不小于 22.8m |
| 长江南岸大堤堤脚 | 10056.0 | －22.0 | 23 | | |
| 历年深泓平面摆动范围 | 3528～8300 | －53m | | | 满足河演报告要求 |

## 五、隧道断面设计

根据要求，长江盾构隧道内敷设 3 根 $D$1422mm 管道：一根为国家重点工程输气管道用管；一根为地方管网用管；一根为双方共用预留管道。

隧道直径与隧道内管道布置需满足以下要求：

(1)管道考虑在隧道内自动焊接，管道周围空间需满足焊接空间的需要，管道周围净空不小于 600mm；

(2)考虑隧道内空间有限，管径大，为规避隧道内管道移位带来的安全风险，管道的布置按一次安装就位考虑；

(3)管道布置需要考虑管道安装施工运输的需要，预留不小于 1000mm 的运输轨道宽度。

(4)管道布置满足抢修需要。

综合以上需求，确定隧道内径为 6.8m，能够满足管道运输、一次就位安装、自动焊接和抢修空间要求。管道布置见图 3－5。

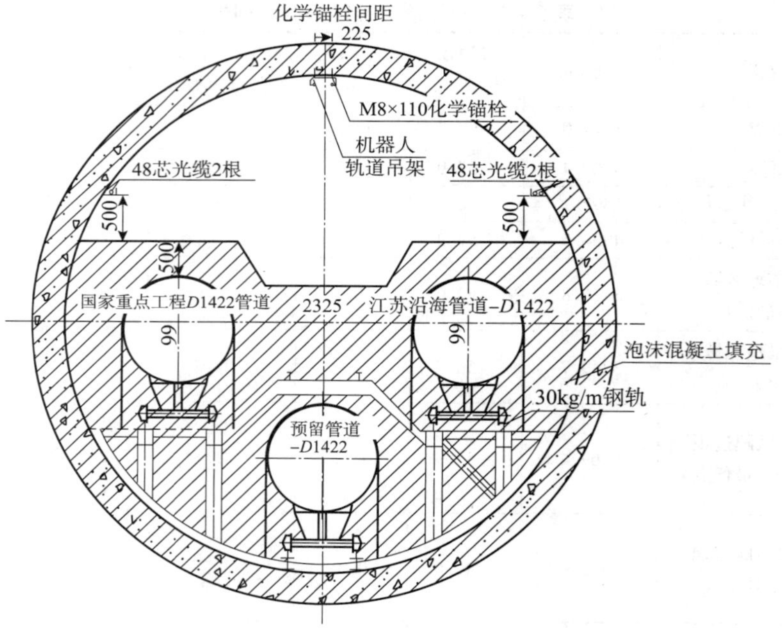


图 3－5　隧道内 3 根 $D$1422mm 管道布置图

# 第二节　盾构机要求

目前，国内外最常采用的盾构施工工艺有泥水加压盾构法和土压平衡盾构法两种。

长江穿越长度达 10.226km，属于超长距离盾构穿越，穿越处地层为软质土壤，透水性强，施工掘进时开挖机头前方需要承受较大的水、土压力，并且具有应对渗水的可能性，推荐采用泥水加压式盾构法。考虑长江穿越的地层存在沼气不良地质，为确保掘进面的平衡稳定，推荐采用泥水+气压平衡复合盾构设备。使盾构开挖工作面与隔壁之间形成的切削压力舱内，将泥浆水与开挖出的土搅拌，然后挤压在洞壁，隧道开挖面上产生的土压力易于控制。

长江盾构穿越采用的泥水+气压平衡复合盾构设备，穿越地层主要为粉砂、粉质黏土层，掘进距离长、水压高、穿越地层透水性强，盾构机需满足以下功能：

(1)满足10.5km长距离、连续多变交错复杂地层的掘进；

(2)满足盾构设备掘进速度≥400m/月；

(3)配备气压工作舱室(人闸)，实现在高水压强渗漏的松散地层，能够安全、方便地进行刀具检查更换、障碍物排除等作业；

(4)盾构掘进机刀盘驱动扭矩不应小于7680kN·m，掘进推力不小于75398kN，适用于0.8MPa地下水土压力；

(5)配备有掘进气压平衡功能与装置，由于掘进穿越地层为砂层、淤泥质粉质黏土、强渗透高水压，避免穿越堤防区域时地面沉降塌陷的风险等；

(6)穿越地质部分区段富含甲烷气体，盾构机设备泥水舱室、气压作业舱的电气设备采取防爆设计，且当隧道内甲烷浓度达到一定值时，系统将会自动关闭高压电，但通风系统不会关闭，继续工作，直到浓度降低符合要求后，才能重新启动；

(7)盾构机主轴承密封除了压力要满足该工程1MPa的施工要求，还要满足具有密封完好性的检测能力、外排油脂油量的监控能力、更换第一道密封的能力和调整密封轴套位置的能力；

(8)盾构机后配套设备需满足管片拼装安装的功能；

(9)为控制隧道变形及地层沉降，设备应能够实现同步注浆；

(10)为满足环保规定的要求，还应配备满足本项目施工泥水渣土分离、泥水处理设备，同时环流系统的弯头部位宜采用$5D \sim 6D$加强壁厚型；

(11)刀盘具备常压换刀功能，并预留极端情况下采取氦氧混合气或氦氧饱和作业的接口，解决软土地层刀具更换难题；

(12)刀盘具备超强耐磨性，确保整个工程期间不需要进舱补焊刀盘；

(13)盾构设备应在刀盘、刀具、环流系统、轴承防水、尾刷等部位进行耐磨设计，满足长距离掘进要求；

(14)刀具材质性能需满足抗拉强度$\sigma_b$(MPa)≥980、屈服强度$\sigma_s$(MPa)≥835、伸长率$\delta_5$(%)≥12、断面收缩率$\psi$(%)≥45、冲击功$A_{kv}$(J)≥63，硬质合金Co含量为12%、HRA87、粒度3~9μm、密度14.31g/cm$^3$、抗折力260kgf/mm$^2$；

(15)盾构设备上的电气设备应满足IP57防尘防水设计；

(16)盾尾密封结构需采用耐磨材质，还要有更换密封刷稳定地层的辅助措施，同时建议配置内壳分离更换技术，通过对盾尾密封磨损监测在失效前，通过新密封安装推出旧密封统一更换，可实现多次安全快速更换。

## 第三节 竖井设计

始发井位于北岸，竖井中心距北岸大堤背水侧堤脚340m，开挖深度28.2m。接收井位于南岸，竖井中心距南岸大堤背水侧堤脚150m，开挖深度29.6m。盾构隧道水平长度10226m(竖井中心距)，主要在粉质黏土、粉细砂、粉砂层中通过。

以下分别对北岸始发井、南岸接收井结构设计分别进行介绍。

## 一、始发井

1. 竖井断面尺寸确定

始发井断面净尺寸应满足盾构机组装调试、出渣和管片运输、管道和光缆安装及施工作业人员出入等所需空间要求。

1)规范要求

《油气输送管道工程水域盾构法隧道穿越设计规范》(SY/T 7023—2014)规定：盾构隧道始发井断面净长度(沿隧道轴线方向尺寸)不宜小于12.5m，且应比盾构主机长度大3m；净宽度(垂直隧道轴线方向尺寸)应比盾构外径大3m，并应满足管道安装要求。经调研，本穿越采用的盾构机主机长度为12m，直径为7.92m。根据SY/T 7023—2014要求，始发井内径不小于15m×10.92m。

2)盾构掘进施工需要

盾构机主机长度为12m，直径为7.92m，吊装操作空间为0.7m。竖井上下爬梯为1.4m×2.4m，电梯尺寸为2.2m×3.2m，爬梯和电梯都布置在拐角附近，见图3-6。

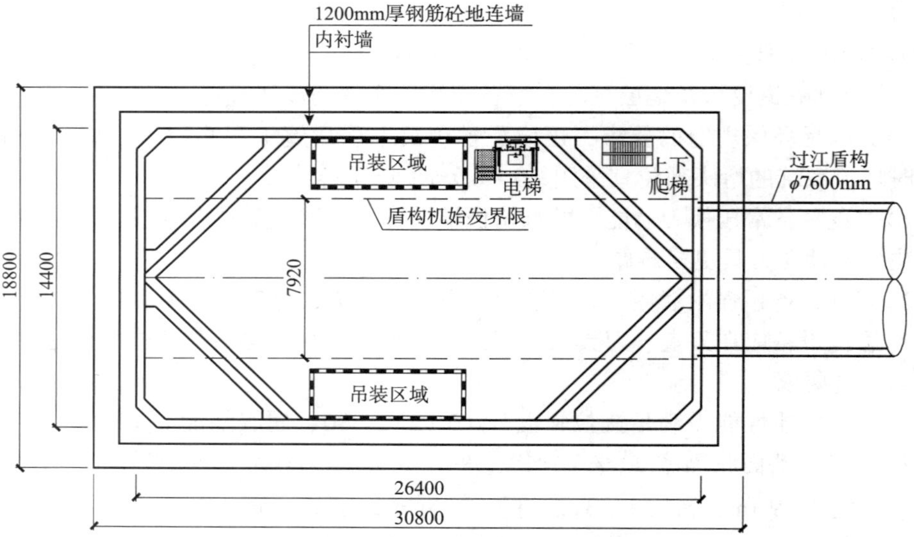


图3-6 盾构机始发尺寸平面图

在盾构正常施工期间，随着隧道掘进距离的增加，施工所需的物料运输时间将会增加，此时盾构掘进的效率主要取决物料运输的时间，所以需要合理布置机车轨道，满足长距离的运输需求。

根据盾构机掘进速度和机车行驶速度测算，需在井底布置4组轨道，分别为A组、B组、C组、D组，机车及轨道相关尺寸见表3-2。井底道岔布置见图3-7。

表 3－2　井底道岔相关尺寸

| 序号 | 名称 | 尺寸 | 单位 | 备注 |
|---|---|---|---|---|
| 1 | 机车轨距 | 0.9 | m | |
| 2 | 机车宽度 | 1.5 | m | |
| 3 | 轨道净距 | 1 | m | |
| 4 | 轨道中心距 | 1.9 | m | |
| 5 | 总轨道宽度 | 7.3 | m | |

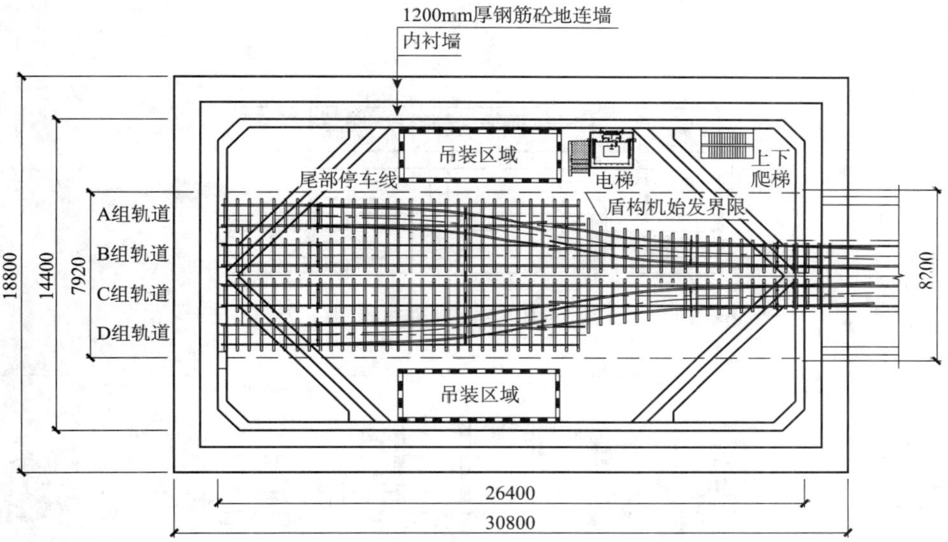


图 3－7　井底道岔布置图

根据机车的布置方案，需在四组轨道上布置相应的机车，各组轨道机车配置见表 3－3。

表 3－3　各组机车相关尺寸

| 序号 | 名称 | 尺寸（长×宽×高） | 单位 | 备注 |
|---|---|---|---|---|
| 1 | 18 座人车 | 4.52×1.5×2.1 | m | |
| 2 | 35t 机车 | 7.3×1.5×1.95 | m | |
| 3 | 8$m^3$ 滚筒砂浆台车 | 10.89×1.5×2.38 | m | |
| 4 | 20t 管片运输车 | 3.95×1.5×2.21 | m | |
| 5 | 预制钢架运输车 | 3.95×1.5×1.53 | m | |
| 6 | A 组轨道编组 | 4.52 | m | |
| 7 | B 组轨道编组 | 18.75 | m | |
| 8 | C 组轨道编组 | 24.6 | m | |
| 9 | D 组轨道编组 | 6.27 | m | |

各组轨道上机车配置见图 3－8～图 3－12。

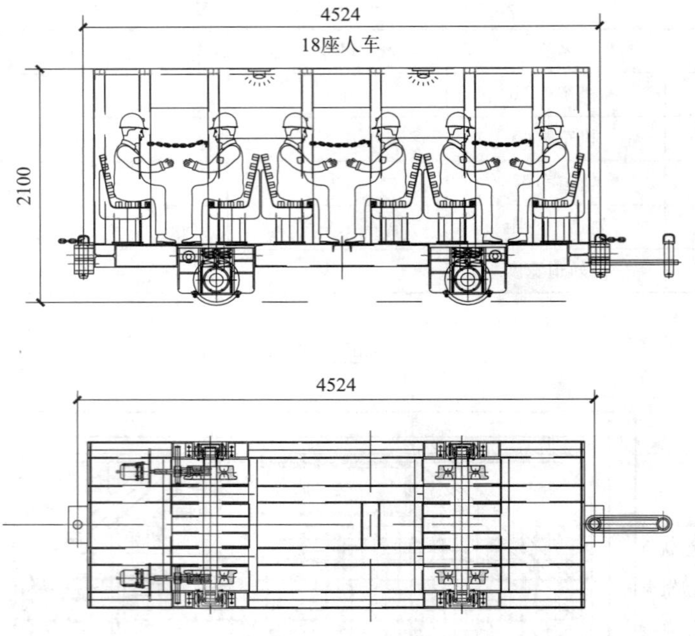


图 3-8　A 组轨道布置图

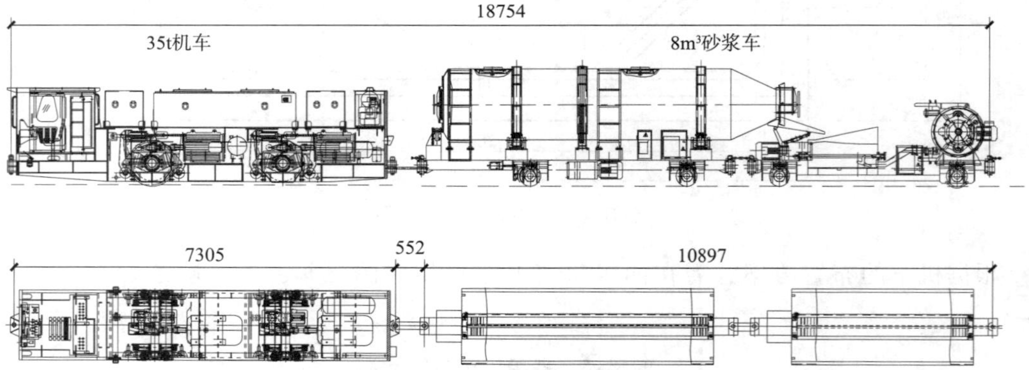


图 3-9　B 组轨道布置图

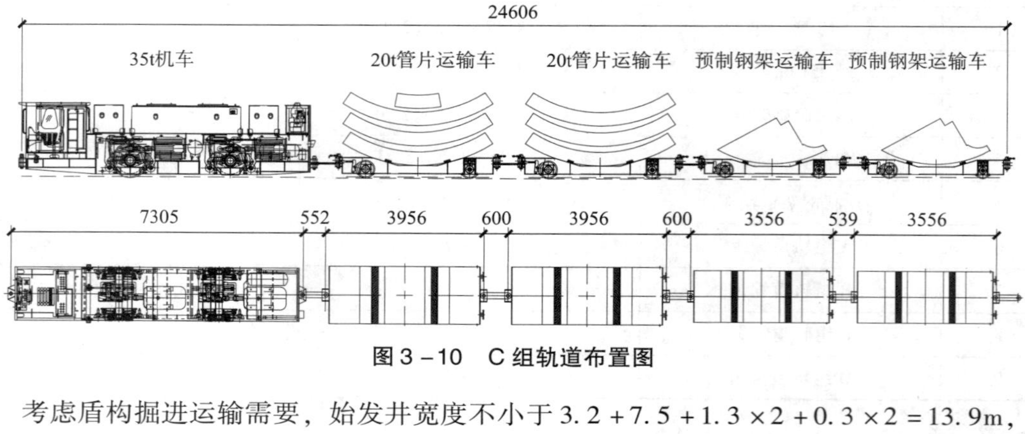


图 3-10　C 组轨道布置图

考虑盾构掘进运输需要，始发井宽度不小于 $3.2+7.5+1.3\times2+0.3\times2=13.9$m，长度不小于 $24.6+1=25.6$m。

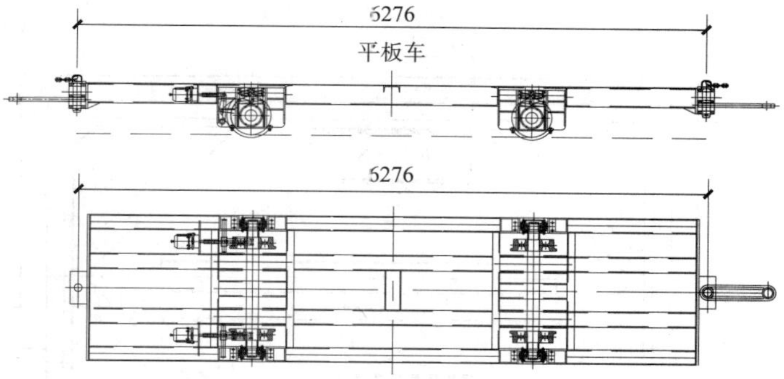


图 3－11　D 组轨道布置图

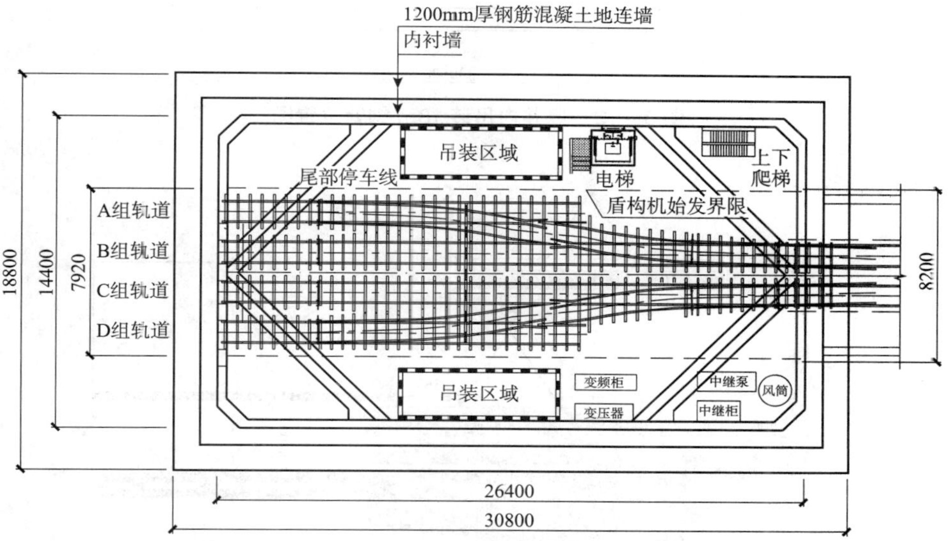


图 3－12　井底轨道布置图

3）管道安装需求

为减少隧道内管道焊口数量，提高管道本质安全，隧道内三根管道拟采用 18m 加长钢管，在隧道内进行管道焊接施工。始发竖井长度为 23.6m 时，18m 钢管下井吊装时不需要倾斜（竖井管道吊装图见图 3－13），有利于施工安全。

北岸竖井长度满足 7.3m 机车运输 18m 钢管装车需求。

详细测算：竖井壁距离机车的安全距离 + 机车长度 + 机车与管道距离 + 管道长度 = 0.5m + 7.3m + 1m + 18m = 26.8m。该尺寸需求大于竖井长度，因此，当管道下放到隧道顶部标高以下，具备沿隧道轴线方向移动后，将管道深入隧道 0.4m，然后下放到位。吊装下放位置尺寸见图 3－14。

4）圆形结构尺寸分析

若始发竖井采用圆形结构，考虑到隧道运输竖井直径不应小于 26m，虽然满足物料运输，但单圆形结构空间利用率不高。相比矩形结构，满足物料运行的前提下圆形井占地面积较大，增大了永久用地面积，并且圆形结构地连墙周长要比矩形结构的长（图 3－15），竖井工程造价也相对较高。

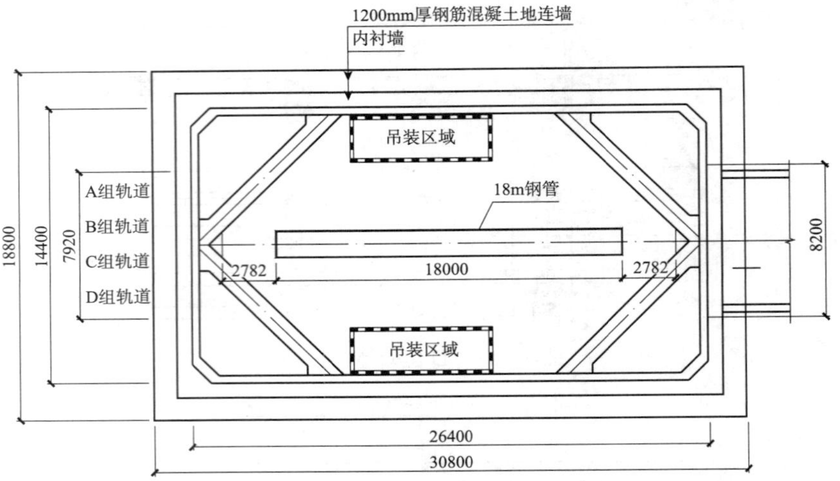


图 3－13　竖井内吊装 18m 钢管位置图

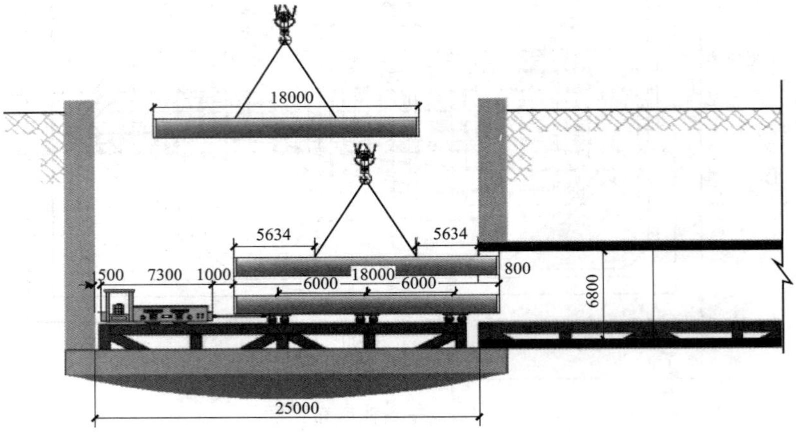


图 3－14　18m 管道吊装下井示意图

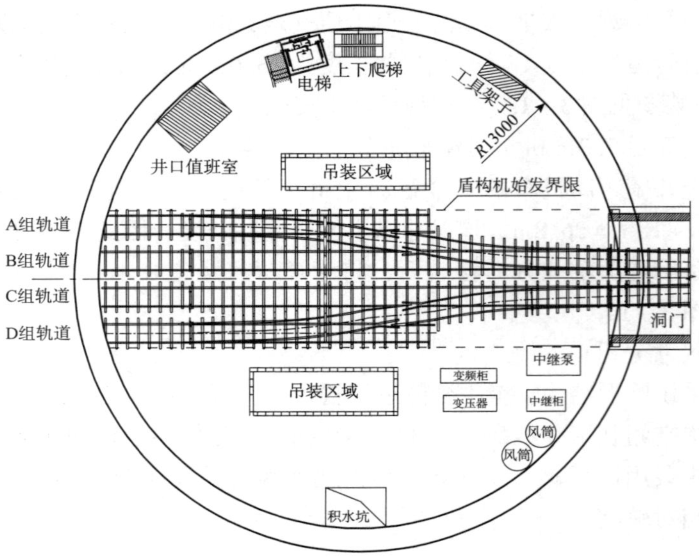


图 3－15　始发竖井圆形结构

5)小结

通过上述分析可知，影响竖井尺寸的因素主要取决于盾构机主机尺寸、盾构掘进运输、管道安装的长度，始发竖井内部净距的尺寸确定为 14m × 26m。

2. 竖井总体结构布置

北岸工作井平面形状为矩形，基坑平面尺寸为 30.8m × 18.8m（长度 × 宽度），基坑开挖深度为 28.2m，竖井平面图见图 3－16。根据场地的地质条件、工程特点和围护结构计算结果，确定北岸工作井采用 58m 深、1.2m 厚地下连续墙作为围护结构，地连墙与主体结构内衬墙形成叠合墙结构，共同受力，基坑竖向设置五层现浇钢筋砼水平框架内支撑。地连墙采用 H 型钢接头。竖井采用逆作法施工。

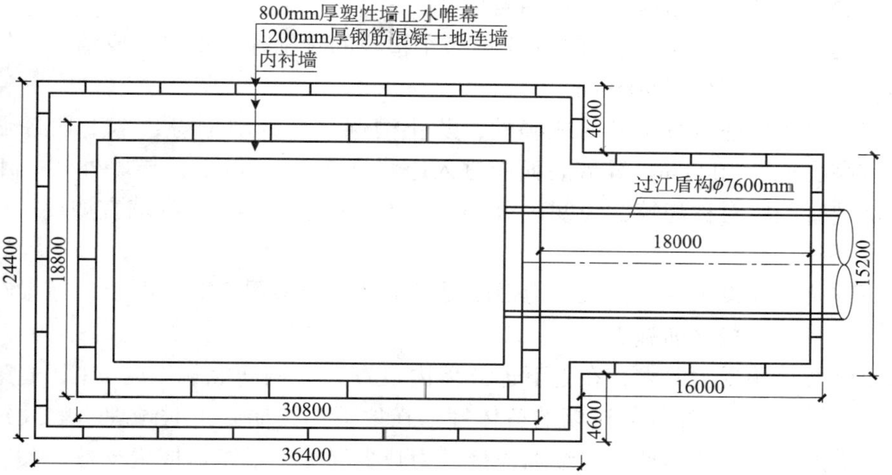


图 3－16　始发井平面布置图

为确保地连墙止水效果，在地连墙外侧设置一圈封闭的塑性砼墙止水帷幕，深约 38.2m，插入坑底以下约 10m。对竖井底板以下 10m 深范围内土层采用 $\phi$850@600mm 超深三轴水泥搅拌桩进行坑底加固，加固平面范围为塑性墙止水帷幕内边缘（钢筋混凝土地连墙所占体积除外）。对竖井底板以下土层加固的水泥掺量建议为 25%，对竖井底板以上土层弱加固，水泥掺量约 7%，避免对土体开挖施工造成困难。最终水泥掺量以工艺试桩结果为准。

本工程盾构机从北岸工作井始发，掘进至南岸工作井吊出。北岸盾构始发端头主要位于③淤泥质粉质黏土、④粉质黏土、④－2 粉砂、⑤粉土中。端头加固采用外包 0.8m 厚塑性混凝土地连墙 + $\phi$850@600mm 三轴搅拌桩加固措施，搅拌桩与地墙之间空隙采用 $\phi$800 旋喷桩填充，搭接不小于 300mm。搅拌桩加固区纵向长度为 18.0m，加固宽度为 13.6m，加固深度为盾构隧道顶、底边缘外不小于 3m 的范围。搅拌桩与旋喷桩 28d 无侧限抗压强度不小于 1.0MPa，渗透系数 $k \leqslant 1 \times 10^{-7}$cm/s。

地下连续墙施工完成后，竖井内由上至下逐层开挖土体，并逐层现浇钢筋混凝土支撑和内衬墙作为竖井的支撑系统，支撑和内衬墙强度等级经过养护增长到设计强度等级的 80% 以上时方可向下继续开挖土体。支撑和内衬墙通过钢筋接驳器与地下连续墙钢筋网连接，使支撑、内衬墙与地连墙形成整体结构，以增加竖井结构的整体刚度。

地下连续墙盾构进出洞部分需要凿除。为保证盾构始发安全，必须先行施工完成盾构始发端头加固区和降水降到洞门以下1m，才允许盾构始发。

3. 结构设计要点

1)地下连续墙

地下连续墙厚度1.2m，深58m。转角处采用“L”形槽段，其他部位均为“一”字形槽段。地连墙顶面高程2m，墙底高程-56m。

在地下连续墙外侧2m设置0.8m厚塑性混凝土墙止水帷幕，深38.2m。塑性混凝土墙槽段间采用锁口管接头。

地下连续墙槽段间接头采用H型钢接头，下端应插入槽底，上端宜高出地下连续墙泛浆高度，同时应制订有效的防止混凝土产生绕流的措施。实施中采用H型钢边缘外包1mm厚止浆铁皮，以防止混凝土发生侧向绕流。

地下连续墙成槽施工应采用间隔一个或多个槽段的跳幅施工工艺。成槽时，护壁泥浆液面应高于导墙底面不少于500mm。

为保护槽口和保证槽段位置的准确性，防止槽壁顶部的坍塌等，本工程必须设置导墙。导墙宜高出地面100mm，导墙底面应进入原状土200mm以上，导墙外侧应用黏性土填实。导墙混凝土应对称浇筑，强度达到75%后方可拆模，拆模后导墙宜加设对撑。

2)支撑系统

在地下连续墙顶设置冠梁，冠梁为钢筋混凝土结构，采用C40混凝土。冠梁在地连墙施工完成后、基坑开挖之前施工。

为满足竖井结构受力要求，在地下连续墙内设置5道钢筋混凝土内支撑(冠梁为第一道内支撑)。为加强内支撑与地连墙的整体性，在地下连续墙施工时预埋直螺纹钢筋接驳器，支撑钢筋通过接驳器与地下连续墙连接。为减少混凝土干缩造成内支撑开裂，支撑采用补偿收缩混凝土进行浇筑。支撑系统平面布置见图3-17。中间对撑待竖井内衬墙和底板浇筑完成且强度达到设计强度后方可拆除，拆除施工可采用绳锯切割。

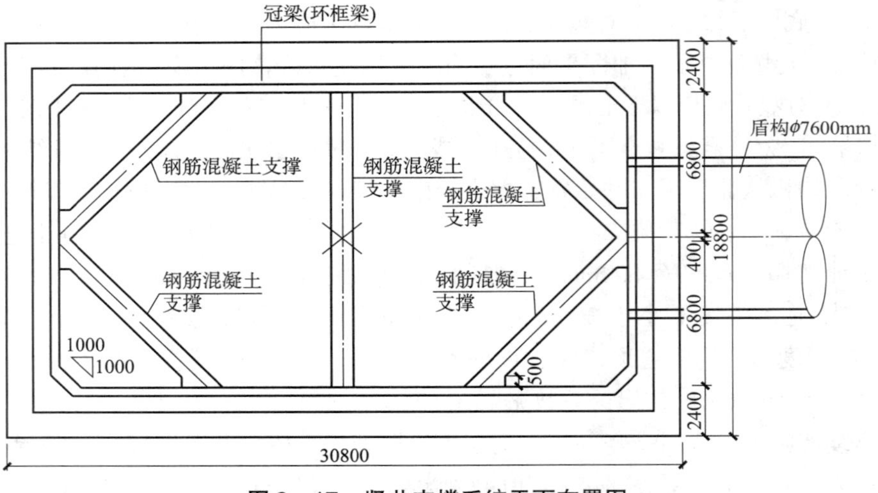


图3-17 竖井支撑系统平面布置图

每层内支撑浇筑后，其强度必须达到设计强度的80%后，方可开挖下一层。

支撑标高的允许偏差为30mm。

支撑设计轴力见表3－4。

表3－4　支撑设计轴力

| 支撑编号 | 轴力标准值/kN | 支撑编号 | 轴力标准值/kN |
|---|---|---|---|
| 第一道支撑 | 1108(1500) | 第四道支撑 | 9100(12620) |
| 第二道支撑 | 5130(7000) | 第五道支撑 | 9700(13290) |
| 第三道支撑 | 5950(8288) | | |

注：轴力值列中括号外数值为对撑轴力，括号内数值为斜撑轴力，为基坑开挖阶段包络值。

3)竖井坑底加固及封底

为保护长江大堤，降低基坑降水对大堤沉降的不利影响，对竖井坑底进行加固处理，与地下连续墙一起形成相对隔水的不透水体。

对竖井底板以下10m深范围内土层采用$\phi$850@600mm超深三轴水泥搅拌桩进行坑底加固，加固平面范围为塑性墙止水帷幕内边缘(钢筋混凝土地连墙所占体积除外)。对竖井底板以下土层加固的水泥掺量建议为25%，对竖井底板以上土层弱加固，水泥掺量约7%，避免对土体开挖施工造成困难。最终水泥掺量以工艺试桩结果为准。施工时应确保加固土体的均匀性、密封性和自立性。

水泥宜采用强度等级不低于P. O 42.5级的普通硅酸盐水泥。

对竖井底板以上的塑性墙止水帷幕和地下连续墙间土体，在坑底加固时可适当提高水泥掺量，确保两墙间土体的自身稳定性。

竖井开挖至坑底0.3～0.5m范围内时，需严格控制施工，改用人工开挖，以减小对土层的扰动和超挖。

基坑底禁止长时间暴露，坑内降水降到底板以下1m以上时，应及时施工钢筋混凝土底板和防水层。底板和地下连续墙通过钢筋接驳器连接。

4)竖井降排水

(1)工作井施工期基坑采用地下连续墙围护墙、止水帷幕、坑底加固结合坑内降水的处理措施，解决抗浮和抗突涌问题，运营期依靠结构与地连墙自重可满足抗浮要求。

(2)基坑开挖前应进行降水试验，由专业降水设计单位根据降水试验结果进一步优化、调整降水设计。建议在开挖前1个月进行坑内降水，水位降至开挖面以下1m，保证基坑无水作业。待工作井底板与侧墙施工完毕，且强度达到100%设计强度后方可停止坑内降水，并应将降水井封堵密实。

(3)在工作井基坑外侧设置坑外备用降水井，如基坑在开挖时侧壁出现渗漏涌沙且一时难以处理或水位监测孔内水位较高，坑底抗突涌安全系数≤1.1时，应及时启用备用降水井，水位应降至坑底以下1m。

(4)围护结构开洞前1个月应进行降水，水位应降至始发洞门以下1m，确保盾构始发安全。

(5)竖井开挖过程中，施工承包商必须做好井内排水工作，通过井内设置积水坑，由排水泵将井内积水及时排出井外，以免影响开挖作业。

(6)降水设计方案

降水井初步布置见图3－18～图3－19，降水井信息统计见表3－5，竖井坑底抗突涌稳定性验算见表3－6。

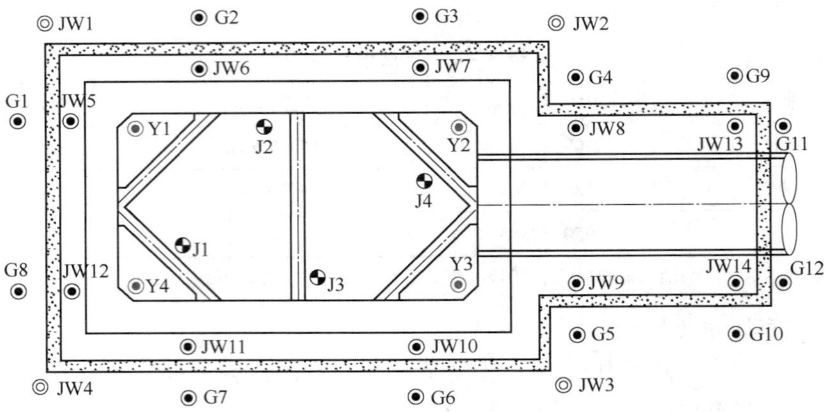


图3－18　竖井降水井平面图

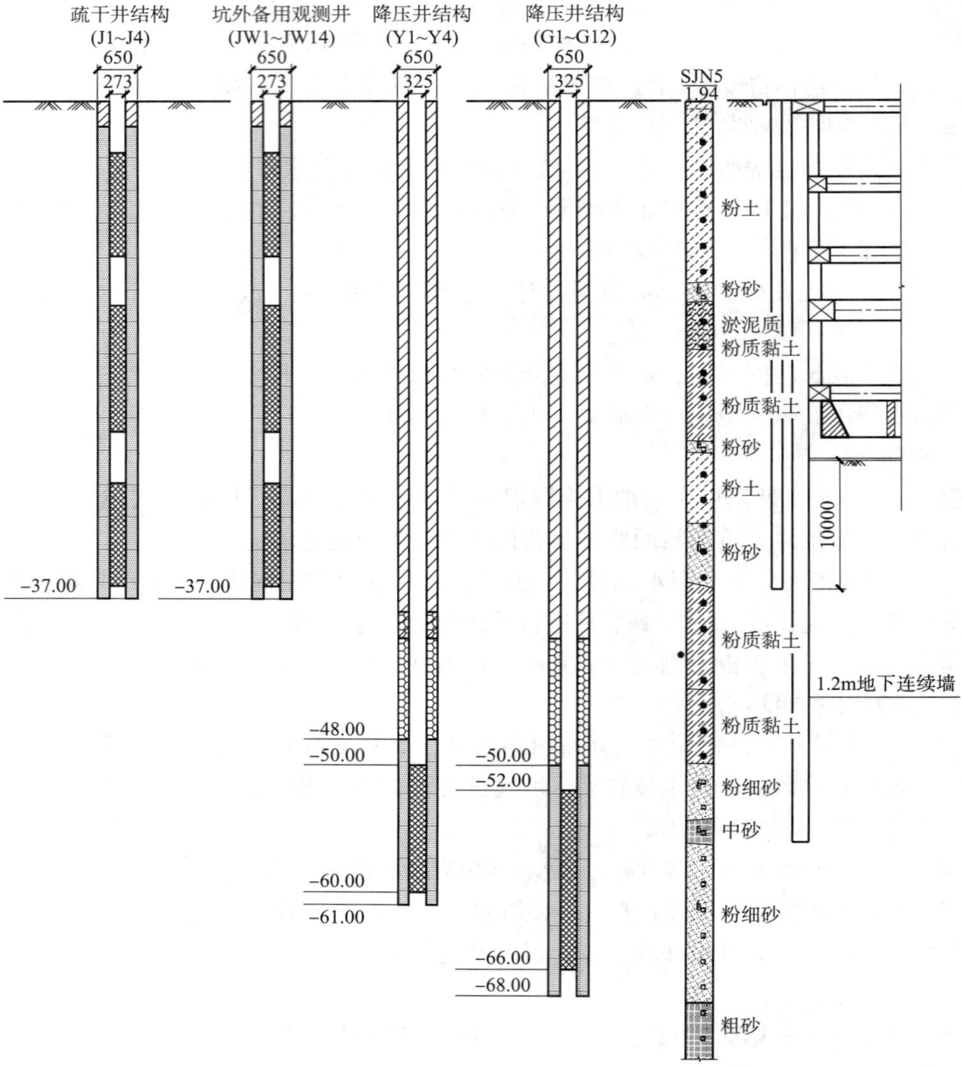


图3－19　竖井降水井剖面图

**表 3－5　降水井信息统计表**

| 分区 | 降水井类型 | 井数 | 孔深<br>m | 孔径<br>mm | 井径<br>mm | |
|---|---|---|---|---|---|---|
| 坑内 | 疏干井 | 4 | 39 | 650 | 273 | 备注 |
| | 减压井兼备用观测井 | 2 | 63 | 650 | 325 | |
| | | 2 | 63 | 650 | 325 | |
| 坑外 | 浅层水位观测兼应急备用井 | 14 | 39 | 650 | 273 | |
| | 深层水位观测兼应急备用井 | 12 | 70 | 650 | 325 | |

**表 3－6　北岸竖井基坑开挖深度与安全水头埋深对应关系表(安全系数取 1.10)**

| 初始水位标高 | 工程部位 | 参考钻孔 | 目的含水层 | 含水层顶标高/m | 坑底标高/m | 安全系数下承压水顶托力/kPa | 上覆土压力/kPa | 水位降深/m | 安全水位标高/m | 临界开挖标高/m |
|---|---|---|---|---|---|---|---|---|---|---|
| －2.50 | 北工作井 | SJN7 | ⑦ | －49.0 | －26.2 | 511.5 | 403.56 | 9.81 | －7.31 | －20.30 |
| | | | ⑦－5 | －68.0 | | 720.5 | 739.86 | 0 | －2.50 | －27.39 |

由北岸竖井的抗突涌计算结果可知，需要对⑦层进行减压降水。

开启坑内 2 口减压井，单井出水量 600m$^3$/d，降水 30d 预测等值线见图 3－20。由计算结果可知，坑内水位降水满足降水需求，实现了“按需降水”(图 3－21)，坑外地表沉降最大值 10.4mm，满足要求(图 3－22)。

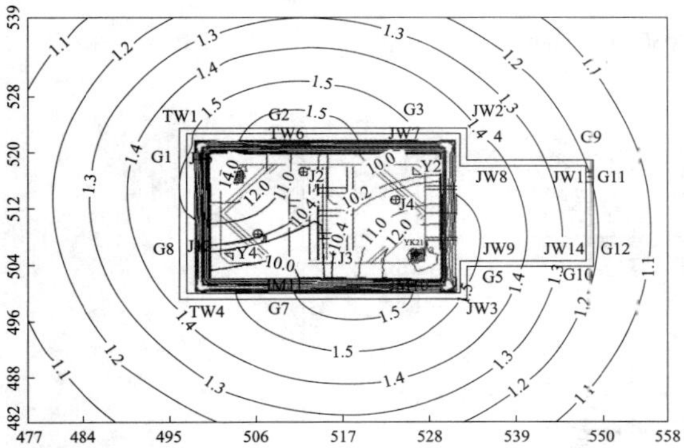


**图 3－20　减压降水 30d 引起的水位降深预测等值线图(单位：m)**

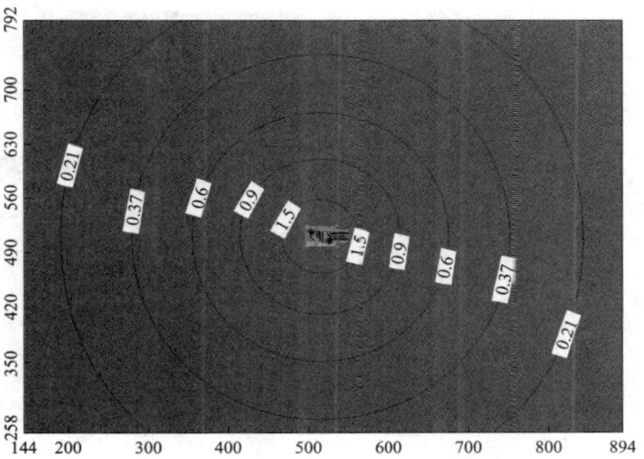


**图 3－21　减压降水 30d 引起的水位降深预测等值线图(单位：m)**

5)端头加固

盾构由北岸工作井始发，端头加固采用外包 0.8m 厚塑性混凝土地连墙＋$\phi$850@600 超深三轴搅拌桩加固措施，搅拌桩与塑性混凝土墙、地连墙之间空隙采用 $\phi$800 旋喷桩填充。端头加固平面布置图见图 3－23。

搅拌桩加固区纵向长度为 18.0m，加固宽度为 13.6m，加固深度为盾构隧道顶、底边缘外不小于 3m 的范围。强加固区水泥掺量建议为 25%，弱加固区水泥掺量为 7%，最终水泥掺量以工艺试桩结果为准。

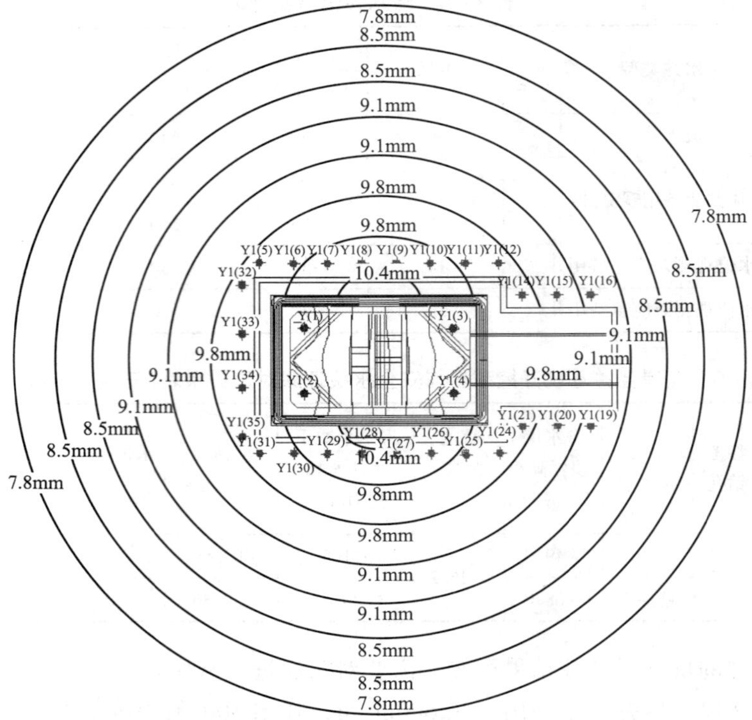


图 3-22　减压降水 30d 引起的地表沉降(单位：mm)

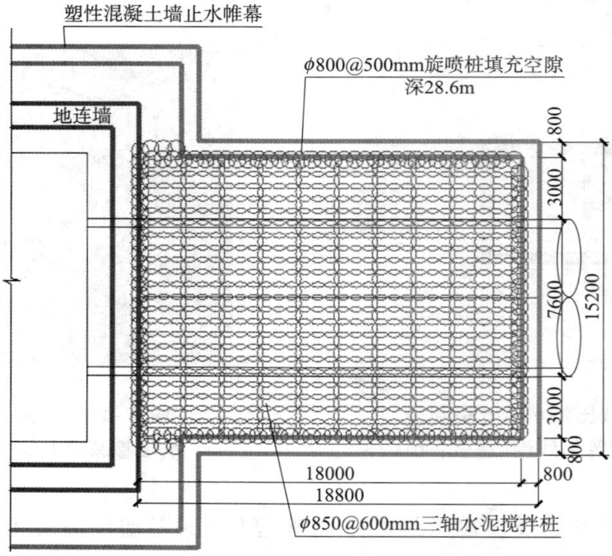


图 3-23　竖井端头加固平面布置图

水泥宜采用强度等级不低于 P. O 42. 5 级的普通硅酸盐水泥。

搅拌桩与旋喷桩 28d 无侧限抗压强度不小于 1. 0MPa，渗透系数 $k \leq 1 \times 10^{-7}$cm/s。

施工前应进行工艺性成桩试验以确定提钻速度、喷浆量等工艺参数，验证搅拌均匀程度及成桩直径。成桩试验不少于 5 根桩。

加固区内布置 4 口降水井兼观测井，加固区外布置 6 口降水井。

盾构始发前 1 个月进行降水，加固区内降水井水位应位于加固区以下才允许盾构始发。

6）防水设计

（1）防水等级

北岸工作井防水等级为二级。不允许漏水，结构表面可有少量湿渍，总湿渍面积不应大于总防水面积的 2/1000；任意 $100m^2$ 防水面积上的湿渍不超过 3 处，单个湿渍的最大面积不大于 $0.2m^2$；隧道漏水的平均渗水量不大于 $0.05L/(m^2 \cdot d)$，任意 $100m^2$ 防水面积上的渗水量不大于 $0.15L/(m^2 \cdot d)$。

（2）结构自防水

北岸工作井主体结构采用 C40，抗渗等级依据深度采用 P8 ~ P12，设计使用年限为 100 年。混凝土的原材料和配合比、最低强度等级、最大水胶比和每立方米混凝土的水泥用量等应符合耐久性要求，满足抗裂、抗渗、抗冻和抗侵蚀的需要。

（3）外包防水层

工作井侧墙采用叠合墙结构，应先将地连墙内表面凿毛，清洗后涂刷 2.0mm 厚水泥基渗透结晶防水涂料防水层，用量不小于 $2.0kg/m^2$。

工作井底板采用 4mm 预铺防水卷材。

（4）接缝防水

北岸工作井不设变形缝与垂直施工缝。采用逆作法施工，围檩兼做永久结构环框梁，每层侧墙留设 1 ~ 2 道水平施工缝。上层水平施工缝设置在环框梁（围檩）下部 500mm 位置的墙体上，做成斜坡型。接缝面涂刷水泥基渗透结晶型防水涂料，并应设置遇水膨胀止水胶和预埋注浆管。上部施工缝设置遇水膨胀止水条时，应使用胶黏剂和射钉固定牢靠。下层水平施工缝留在框梁顶面以上 300 ~ 500mm 位置，涂刷水泥基渗透结晶型防水涂料与中埋式镀锌钢板止水带。

7）预铺防水卷材施工技术要求

（1）基面处理要求

①铺设防水卷材的结构表面应清理干净，平整度应满足 $D/L \leqslant 1/20$（$D$：相邻两凸面间的最大深度；$L$：相邻两凸面间的最小距离）。并要求凹凸起伏部位应圆滑平缓。所有不满足上述要求的凸出部位应凿除，并用 1：2.5 的水泥砂浆进行找平；凹坑部位采用 1：2.5 水泥砂浆填平。基面应洁净、平整、坚实，不得有疏松、起砂、起皮现象。

②不平整部位采用 1：2.5 水泥砂浆圆顺地覆盖处理，当基面条件较差时，可先铺设 $400g/m^2$ 的土工布缓冲层进行保护。

③基层表面可潮湿，但不得有明水流，否则应进行堵水处理或临时引排。

④所有阴角均采用 1：2.5 水泥砂浆做成 5cm × 5cm 的钝角，阳角做成 20mm × 20mm 的钝角。

（2）防水层施工工艺

①预铺防水卷材与现浇混凝土结构外表面密贴面的隔离膜应在浇筑混凝土前撕掉。

②防水层采用机械固定法固定于围护结构表面，固定点距卷材边缘 2cm 处，钉距不大于 50cm。钉长不得小于 3cm，且配合垫片将防水层牢固地固定在基层表面，垫片直径不小

于2cm。避免浇筑混凝土时脱落。

③相邻两幅卷材的有效搭接宽度为10cm(不包括钉孔)，将钉孔部位覆盖住，要求上幅压下幅进行搭接。搭接时，搭接缝范围内的隔离膜必须撕掉(双面粘卷材的两侧隔离膜均要求撕掉)，搭接必须采用与卷材相配套的专用粘胶。

④底板防水层铺设完毕，除掉卷材的隔离膜，并立即浇筑50mm厚C30细石混凝土保护层，侧墙防水层应采取临时保护措施避免防水层受到破坏。

⑤防水层破损部位应采用同材质材料进行修补，补丁满粘在破损部位，补丁四周距破损边缘的最小距离不小于10cm。

8)耐久性设计

工作井结构的设计使用年限为100年，根据地质详勘资料显示，场区地下水、土对混凝土及其内钢筋具有微腐蚀性。根据《混凝土结构耐久性设计标准》(GB/T 50476—2019)、《混凝土结构设计规范》[GB 50010—2010(2015年版)]，采取的结构耐久性保证措施如下：

(1)侧墙结构应采用高性能防水混凝土，防水混凝土的配合比应满足《地下工程防水技术规范》(GB 50108—2008)的要求，胶凝材料总用量不小于400kg/$m^3$，建议添加合适的外加剂，增强混凝土的密实性和抗裂性，以满足本工程结构的防水抗裂要求，混凝土的抗渗等级应满足设计要求；

(2)应严格控制水胶比，其最大限值为0.45；

(3)混凝土中的最大氯离子含量为0.06%，28龄期氯离子扩散系数$DRCM \leqslant 7 \times 10^{-12}$ $m^2/s$；

(4)混凝土宜使用非碱活性骨料，混凝土中的最大碱含量为3.0kg/$m^3$；

(5)配置混凝土的骨料质地应均匀坚固，粒形和级配良好，空隙率小。粗骨料的压碎指标不大于7%，吸水率应小于2%；

(6)混凝土外加剂中的氯离子含量不得大于混凝土中凝胶材料总重的0.02%，高效减水剂中的硫酸钠含量不宜大于减水剂干重的15%。

9)竖井开挖

(1)基坑必须在钢筋混凝土地下连续墙、工作井坑底加固、塑性墙止水帷幕、盾构端头加固、基坑外排水系统、基坑降水达到设计要求之后方可进行开挖。基坑开挖至冠梁底标高后，将墙顶浮浆、低强度混凝土及破碎部分清除，绑扎钢筋，模筑第一层水平框架(冠梁)、第一道钢筋砼支撑及坑顶挡墙，混凝土强度达到设计要求之后进行基坑开挖。

(2)土方开挖的顺序、方法必须与设计工况相一致，并遵循“开槽支撑、先撑后挖、分层开挖、严禁超挖”的原则。基坑开挖时，必须分段、分区、分层、对称进行，不得超挖。对于淤泥和淤泥质土，分层开挖高度不宜超过1m；其他土层每层开挖高度不大于2m。离基坑顶边线30m以内严禁堆载超过20kPa。

(3)基坑开挖后，应及时设置坑内排水沟和集水井，防止坑底积水。

(4)依次开挖并及时施工各层水平框架及其以上的侧墙钢筋混凝土，混凝土达到设计强度80%之后开挖下一层土体，直至基坑底。建议采用拉槽施工水平框架。

(5)开挖至距坑底约0.3m时，必须采用人工挖土，防止超挖。向下开挖至基坑底并验底后，尽快浇筑混凝土垫层。

(6)底板混凝土达到设计强度后，可以依次拆除各道临时支撑。

10）防洪井圈

本工程地处长江岸边，考虑防洪需要，竖井结构设置永久性钢筋混凝土防洪井圈，防洪井圈顶高程5.4m，见图3－24。

根据当地防洪需要及施工实际，防洪井圈可随竖井主体结构一次性施工到位，以达到施工期防洪需要；也可采取其他防洪措施，如在竖井外周设置临时防洪挡墙。

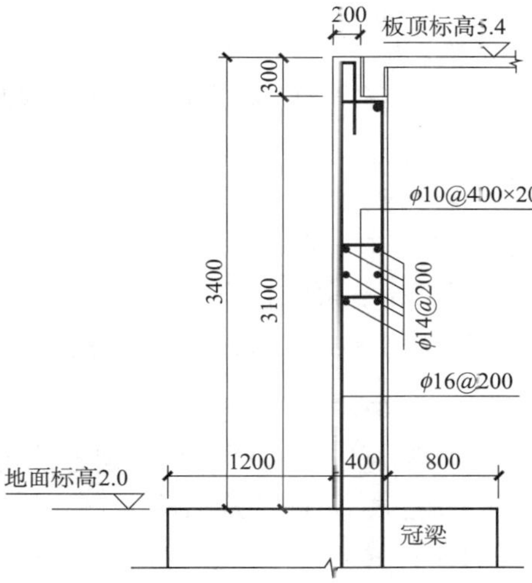


图3－24　防洪井圈结构图

11）施工监测

（1）监测内容

①围护结构顶水平、竖向位移；

②围护结构深层水平位移（测斜）；

③围护结构内力、支撑内力；

④周边地表沉降；

⑤地下水位、孔隙水压力；

⑥围护墙侧向土压力；

⑦坑底隆起；

⑧周边建筑与管线（若有）变形、沉降监测；

⑨周边建筑裂缝、地表裂缝，周边道路竖向位移；

⑩长江大堤堤防安全监测。

（2）测点布置

堤防安全监测包括巡查及施工期堤身沉降监测。在两岸隧道轴线及上下游50m处各布置一个监测断面，每个断面在两侧堤肩、坡脚和距坡脚30m处共布置6个监测点。巡查监测施工期每日2次，施工完成1个月内每日一次。堤身沉降监测施工期每日1次，沉降趋于稳定后每月1～2次。监测时限5年。

测点平面布置见图3－25。

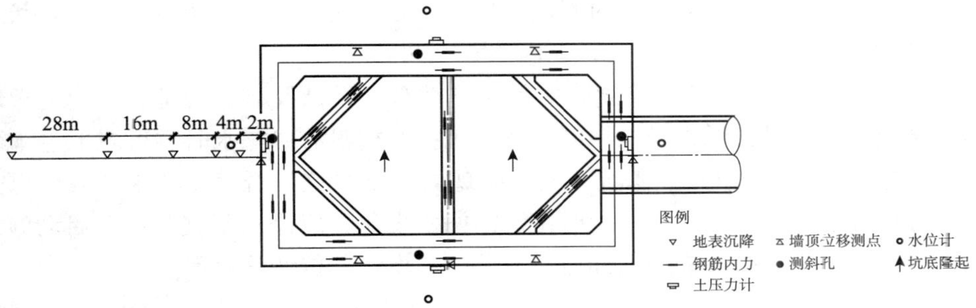


图3－25　监测测点平面布置图

注：地表沉降测点相对竖井中心对称布置，其他三个方向图中未表示。

（3）安全判别要求

根据监测内容，选用墙顶水平位移、墙顶竖向位移、墙体深层水平位移、坑外地表最大沉降、坑底隆起（回弹）、支撑轴力等设定预警值，作为施工安全判别标准。当监测项目的变化速率达到设计规定值或连续3次超过该值的70%应预警，当累计值达到设计规定值时应预警。

当监测项目发生预警时，应加密观测次数，并召集业主、设计、施工及监测等单位进行会诊，对可能出现的各种情况作出估计和决策，并采取有效措施，不断完善与优化下一步的设计与施工。

(4)监测工作要求

监测工作要求应符合《建筑基坑工程监测技术标准》(GB 50497—2019)的有关规定。监测工作应与围护结构施工同步进行。

4. 施工安全措施

(1)实际施工过程中，如发现地质情况与勘察资料不符，应及时通知监理、设计、业主等有关单位，协商处理措施。

(2)工作井基坑采用明挖逆作法施工。动工前必须先查明工程范围内的地下管线的位置、埋深、管线材质以及基础形式，如存在对工程有影响的管线，应会同业主、设计及有关管线部门协商、研究地下管线的迁改、加固、悬吊等施作方法和处理措施。组织专业队伍做好在基坑附近的地下管线的保护和监控工作。迁改、保护及监控方案必须报管线主管部门批准后方可实施。

(3)工作井现场场地主要为农田，地面标高约为2.0m。施工单位进场后对场地进行必要处理、压实，以满足承载力要求。

(4)防洪井圈先行浇筑部位兼做施工期挡水墙，先行浇筑高度高于场平标高0.5~1m。若施工场平标高有变，应同时调整浇筑高度，满足施工期防涝要求。

(5)基坑开挖应严格按照施工工序设置支撑，避免超载造成围护结构过大的变形。

(6)基坑开挖及回筑主体结构期间，严禁施工机具碰损结构。施工期间，基坑周边30m范围内的超载不得大于20kN/m$^2$，并在基坑的四周设护栏，以确保人员的安全。在基坑开挖过程中，应对地下连续墙间渗漏水进行封堵，避免造成地下水的大量流失而危及周边建(构)筑物的安全。

(7)基坑开挖应严禁大锅底开挖，在开挖至基坑底面标高以上300mm处，应进行基坑验收，并改用人工开挖至基底，及时封底，以尽量减小对基底地基土的扰动。基坑底面标高以主体结构设计图为准。

(8)基坑开挖后应检查地下连续墙暴露面是否符合设计及有关规范、规定的要求。基坑主体结构施工前应做好围护结构堵漏工作，围护结构没有渗漏水时方可施工主体结构。

(9)基坑按无水作业设计。基坑开挖前应观测地下水位是否满足要求，确保已达到设计要求，方可开挖基坑。如基坑开挖时出现渗漏水现象，应停止基坑开挖，启动施工应急预案，确保基坑安全，并应立即通知业主、监理、设计单位调整处理。

(10)基坑排水应做好如下工作：基坑顶部设置截水沟和挡水墙，应满足防内涝要求，井顶应适当高出地面；地表裂缝处应予封堵，注意排走地势低凹处的集水，防止地表水流入基坑内；基坑内采取明沟排水疏干，坑内设置备用降水井，设置排水沟及集水井，排除坑内积水及雨水，集水井的设置根据施工分段及水量大小妥善确定。在雨季施工时必须准备足够的抽水设备，做到雨水能及时排除。

(11)基坑位于长江江边，施工中应配备足够容量的自备发电机，一旦发生停电、降雨等，应首先确保降、排水系统的供电和场地不被淹没。基坑施工应避开长江主汛期。

(12)工作井在侧墙和框梁施工前，应对地下连续墙表面浮渣夹泥等进行凿除和清洗处理。

(13)根据地勘报告，场地钻探过程中发现沼气。工作井开挖前，应设置地面抽排沼气孔，加强沼气浓度监测并及时排出地层沼气；沼气浓度合格后方可进行土方开挖，开挖过程加强竖井通风，并设置应急逃生通道等应急预案。开挖时，沼气浓度未降低到安全水平不允许开展电焊或明火作业。

5. 施工质量及检验

1)地下连续墙施工工艺质量要求

(1)成槽。槽宽≥设计墙厚度，有效墙长≥设计长度，墙位平面偏差≤30mm，垂直度允许偏差≤1/500，且在基坑深度范围内不得大于1/600，沉渣厚度≤100mm；泥浆质量满足施工要求，确保孔壁安全和灌注混凝土顺利。

(2)竖向钢筋接头应采用机械连接，水平钢筋可采用机械连或焊接接头，采用焊接接头时在同一连续区段上焊接接头应不超过钢筋总根数的50%。

(3)地下连续墙采用跳段施工方式，一期槽段的混凝土强度达到设计强度的80%以上，方可进行下期槽段的施工。

(4)施工必须按设计要求配筋，每一槽段为一副钢筋笼，为了保证钢筋笼的整体性和刚度，要求钢筋笼必须在同一平台上整体制作或整体预拼装。钢筋笼的加强筋和吊点均由施工单位自行决定。必须防止吊装时产生过大变形造成入槽困难和碰撞槽壁，特别是异形槽段更应注意。

(5)预埋插筋，接驳器和预埋件要求位置准确，符合规范要求，若预估不能满足时应及时提出，以便加大余量，满足使用和后续工序的要求。

(6)在钢筋笼入槽后，应进行第二次清槽，在测得沉渣厚度和泥浆密度符合规定后0.5h内必须灌注混凝土。

(7)工作井每幅钢筋砼连续墙内设置两根外径50mm、壁厚不小于3.2mm的注浆钢管(钢管应满足注浆要求)，注浆管应伸入连续墙底，连续墙浇筑5~8d(达到设计强度)后压注水泥浆，水泥采用P.O 42.5，浆液的水胶比宜为0.5~0.6，注浆压力为0.2~0.4MPa，浆液应过滤，滤网网眼应小于40μm。单管注浆量不小于1.5$m^3$(按水泥浆体积计算)。

2)地下连续墙质量检测

(1)每幅连续墙应进行槽壁垂直度、沉渣厚度检测等，检测要求应符合《建筑地基基础工程施工质量验收标准》(GB 50202—2018)与《建筑基坑支护技术规程》(JGJ 120—2012)等相关规范要求。

(2)地下连续墙中不少于20%墙段应预埋声波透射管，且不得少于3幅。每个检测墙段预埋的声波透射管数不少于4个，宜固定布置在墙身截面的4个中点。当声波透射法判定墙身质量不合格时，应采用钻芯法进行验证。

(3)塑性混凝土地连墙应在成墙28d后对墙体质量进行钻孔取芯检测，检测槽段数为总槽段的10%。抗压强度应为2.0~3.0MPa，渗透系数应小于$1\times10^{-7}$cm/s。取芯钻孔应及时采用0.5:1的微膨胀水泥浆或水泥砂浆回填。其他要求见《现浇塑性混凝土防渗芯墙施工技术规程》(JGJ/T 291—2012)。

(4)地下连续墙每幅接头的平面位置偏差不宜大于20mm。基坑开挖前，应进行抽水试验，检查地下连续墙接头和墙体的渗漏水情况。

(5)地下连续墙的墙体强度、平面位置、垂直度及表面平整度的允许偏差应符合表3－7的规定。

表3－7　地下连续墙墙体允许偏差

| 序号 | 项目 | 测试方法 | 允许偏差 |
|---|---|---|---|
| 1 | 墙体强度 | 查标养试块记录或取芯试压 | ≥设计值 |
| 2 | 平面位置 | 钢尺1点/幅 | ≤30mm |
| 3 | 表面平整度 | 钢尺3点/幅 | ≤100mm |

(6)当采用超声波透射法判定墙身质量不合格、墙体混凝土试件不合格或施工过程中发生堵管等质量事故时，应采用钻芯法进行验证，钻芯深度应小于墙深1m。

(7)墙面应无露筋和夹泥现象。

3)水泥土搅拌桩施工

(1)施工前应通过成桩试验确定搅拌下沉和提升速度、水泥浆液水灰比、水泥掺量等工艺参数及成桩工艺，成桩试验不宜少于5根。

(2)水泥必须经检验合格后方可入场，严禁使用过期、受潮、结块、变质的水泥。

(3)成桩质量要求：桩径偏差±10mm以内，桩底标高允许偏差＋100mm、－50mm，桩位平面偏差≤50mm，桩体垂直度偏差≤1/200。严格控制浆液配比，保证浆液质量，水灰比宜控制在1.0～1.5范围内。

(4)采用连续搭接的施工方法。每根桩开钻后必须连续作业，不得中断喷浆，以保证浆液的连续均匀。

(5)成桩采用二次搅拌工艺，一般下沉喷浆量控制在每幅桩总浆量的70%～80%，提升时喷浆量控制在20%～30%，压浆速度应与钻头提升或下沉速度相配合，确保额定浆量在桩身长度范围内分布均匀。

(6)施工前应制订周密的施工组织设计和操作大纲，确保水泥掺和的均匀度和水泥与土体的搅拌均匀性，并认真做好各项记录工作。

(7)成桩后7d采用浅部开挖桩头检查搅拌桩均匀性，量测成桩直径，检查数量不少于总桩数5%。成桩28d后钻孔取桩身芯样检验抗压强度，检验数量为施工总桩数2%，且不少于3根。加固后无侧限抗压强度应大于1MPa，渗透系数应小于$1\times10^{-7}$cm/s。

4)旋喷桩施工工艺

(1)旋喷桩施工前应进行成桩工艺试验，确定主要工艺参数。

(2)成桩质量要求：孔径≥设计桩径，有效桩长≥设计长度，桩位平面偏差≤50mm，垂直度偏差≤1/300，不出现断层。

(3)水泥必须经检验合格后方可入场，严禁使用过期、受潮、结块、变质的水泥。

(4)浆液配制必须严格按照配比均匀上料，充分搅拌，并经过滤网输入浆管，以防堵塞喷嘴，经常检查测定浆液密度，设专人观察水、浆压力和流量，并做好记录。

(5)严禁在尚未喷浆的情况下提升钻杆，注浆管分段提升搭接长度不得小于200mm。储浆罐的浆液应有一定富余，储浆量不足时，不得进行下一根桩的作业。

(6)施工前应制订周密的施工组织设计和操作大纲。

(7)成桩28d后检验抗压强度(采用钻孔取芯方法)，检验数量为施工总桩数2%，且不少于6点。加固后无侧限抗压强度应大于1MPa，渗透系数应小于$1\times10^{-7}$cm/s。

5）预留孔、洞，预埋件位置和尺寸允许偏差

内衬墙上的预留孔、洞，预埋件位置和尺寸允许偏差要求见表3－8。

表3－8　预留孔、预埋件允许偏差

| 项目 | 允许偏差/mm |
|---|---|
| 预留孔、洞中心线位置 | 15 |
| 预留孔、洞长、宽尺寸（直径） | +25，0 |
| 预埋件中心位置 | 10 |

## 二、接收井

1. 竖井断面尺寸确定

接收井断面净尺寸应满足盾构接收、解体或整体移位要求。同时还应满足管道安装施工空间要求。

1）规范要求

根据《油气输送管道工程水域盾构法隧道穿越设计规范》（SY/T 7023—2014）的规定，接收井断面净长度（沿隧道轴线方向尺寸）不小于12.5m，且应比盾构主机长度大2m；净宽度（垂直隧道轴线方向尺寸）应比盾构外径大3m。本穿越采用的盾构机主机长度为12m，直径为7.2m，故接收井内径长不小于14m，宽不小于10.2m。

2）盾构接收要求

由地质勘查资料可知，盾构贯通地层为粉砂层，且透水性较强。为了保证盾构顺利贯通，计划采用水下进洞（淹水法）贯通。同时为确保洞门盾构机停机时洞门处注浆效果良好（图3－26），在三号主机尾部距离洞门外侧300mm时进行停机注浆。此时，盾构机到达限位板处，限位板距离井壁距离为3.12m，竖井最小直径为16m。

3）盾构拆除要求

待盾构机停机注浆完成后，检查洞门无渗漏后，将井内水排干，进行一号主机和二号主机分离，两节主机分离间距为900mm，考虑人员行走空间，刀盘距离井壁间距需大于600mm（图3－27），因此竖井直径不应小于16m。

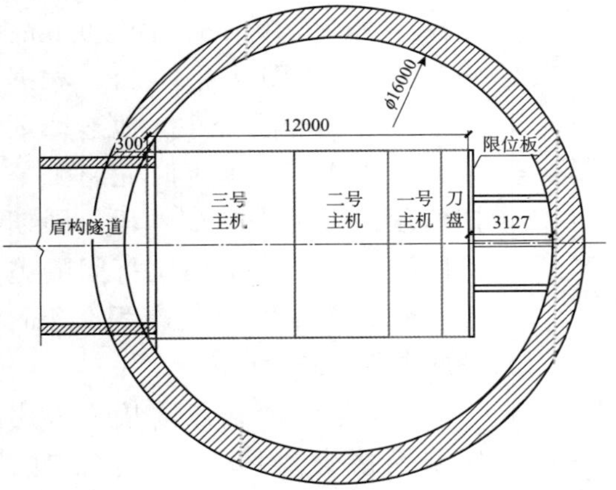


图3－26　盾构机停机位置图

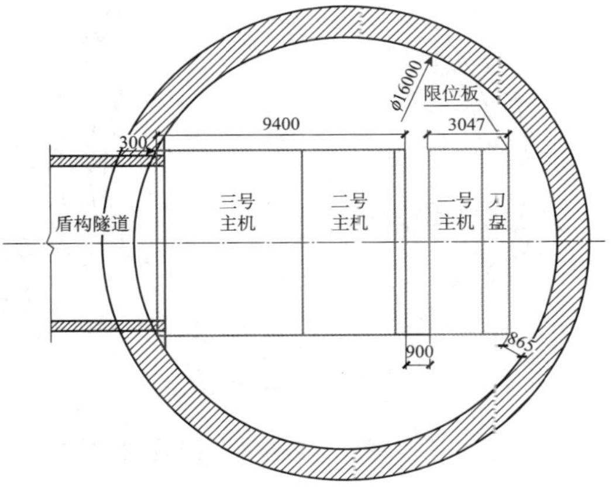


图3－27　盾构拆除示意图

4）小结

通过上述分析可知，根据盾构机的尺寸和停机位置、盾构机拆除的作业空间，接收竖井内径尺寸确定为16m。

2. 竖井总体结构布置

南岸工作井基坑平面尺寸为$\phi$19.6m的圆形井，净尺寸为$\phi$15.2m，基坑开挖深度为29.6m。根据场地的地质条件、工程特点和围护结构计算结果，确定南岸工作井采用59.6m深、1.2m厚地下连续墙作为围护结构，采用逆作法施工，地连墙与主体结构内衬墙形成叠合墙结构，共同受力。基坑设置五层现浇钢筋砼水平内支撑，地连墙采用H型钢接头。

地连墙共分为8个槽段，施工时先施工一期槽段，再施工二期槽段。同期槽段施工时，应采用跳打间隔施工。

为确保地连墙止水效果，对竖井底板以下10.4m深范围内土层采用MJS超高压旋喷桩$\phi$2000@1300进行坑底加固，加固平面范围为地连墙内边缘。对竖井底板以上土层弱加固，水泥掺量约7%，避免对土体开挖施工造成困难。最终水泥掺量以工艺试桩结果为准。

本工程盾构机从北岸工作井始发，掘进至南岸工作井吊出。南岸盾构接收端头主要位于④-1粉砂、④粉质黏土、⑤-1粉砂中。端头加固采用外包0.8m厚塑性混凝土地连墙+超高压旋喷桩(MJS)加固措施。旋喷桩加固区纵向长度15.0m，加固宽度13.6m，加固深度为盾构隧道顶、底边缘外不小于3m的范围。旋喷桩28d无侧限抗压强度不小于1.0MPa，渗透系数$k \leq 1 \times 10^{-7}$cm/s。

地下连续墙施工完成后，竖井内由上至下逐层开挖土体，并逐层现浇钢筋混凝土支撑和内衬墙作为竖井的支撑系统，支撑和内衬墙强度等级经过养护增长到设计强度等级的80%以上时方可向下继续开挖土体。支撑和内衬墙通过钢筋接驳器与地下连续墙钢筋网连接，使支撑、内衬墙与地连墙形成整体结构，以增加竖井结构的整体刚度。

地下连续墙盾构进出洞部分需要凿除。为保证盾构接收安全，必须先行施工完成盾构接收端头加固区和降水降到洞门以下1m，才允许盾构接收。

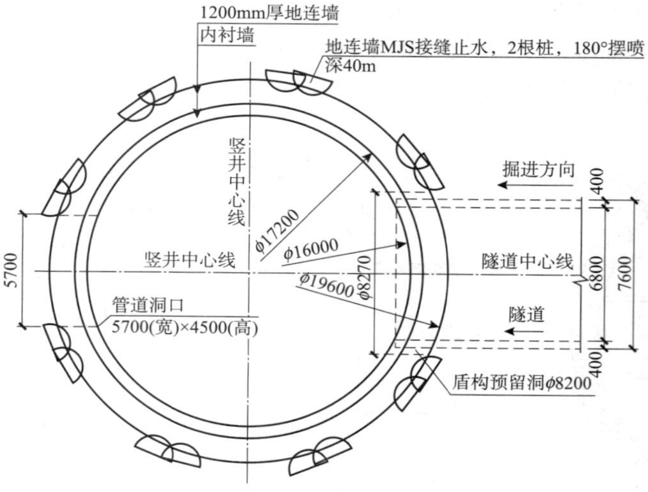


图3-28　竖井平面布置图

3. 结构设计要点

1）地下连续墙

地下连续墙围护结构为厚度1.2m、外径19.6m、深59.6m，竖井平面布置图见图3-28。根据竖井尺寸和开洞大小，地连墙划分为8个槽段，施工时先施工一期槽段，再施工二期槽段。同期槽段施工时，应采用跳打间隔施工。地下连续墙顶面高程2.4m，墙底高程-57.215m。

地下连续墙槽段间接头采用H型钢接头，下端应插入槽底，上端宜高出地下连续墙泛浆高度，同时应制订有效的防止混凝土产生绕流的措施。

地下连续墙成槽施工应采用间隔一个或多个槽段的跳幅施工工艺。成槽时，护壁泥浆液面应高于导墙底面不少于500mm。

为确保基坑止水效果，在地连墙外侧接缝处施作超高压旋喷桩 $\phi$2000（MJS），每处接缝施打2根桩，正向180°摆喷，旋喷桩和地连墙、相邻桩之间搭接长度不小于0.5m，深度40m，28d无侧限抗压强度不小于1MPa，渗透系数不应大于 $1\times10^{-7}$cm/s。

为保护槽口和保证槽段位置的准确性，防止槽壁顶部的坍塌等，本工程必须设置导墙。导墙宜高出地面100mm，导墙底面应进入原状土200mm以上，导墙外侧应用黏性土填实。导墙混凝土应对称浇筑，强度达到75%后方可拆模，拆模后导墙宜加设对撑。

2）支撑系统

在地下连续墙顶设置冠梁，冠梁为钢筋混凝土结构，采用C40混凝土。冠梁在地连墙施工完成后、基坑开挖之前施工。

为满足竖井结构受力要求，在地下连续墙内设置5道钢筋混凝土内支撑，支撑布置图见图3－29、图3－30。为加强内支撑与地连墙的整体性，在地下连续墙施工时预埋直螺纹钢筋接驳器，支撑钢筋通过接驳器与地下连续墙连接。为减少混凝土干缩造成内支撑开裂，支撑采用补偿收缩混凝土进行浇筑。

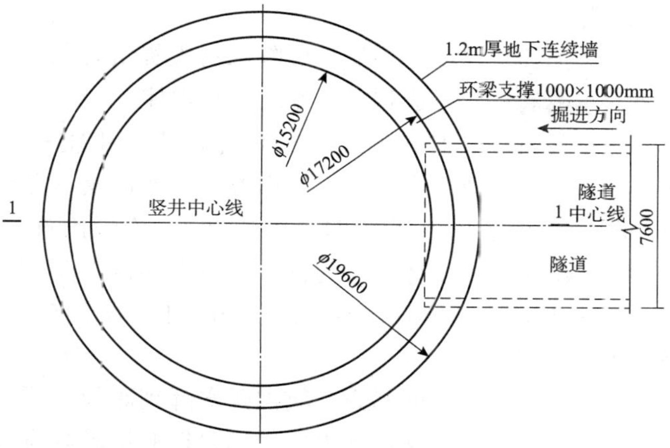


**图3－29　支撑平面布置图**

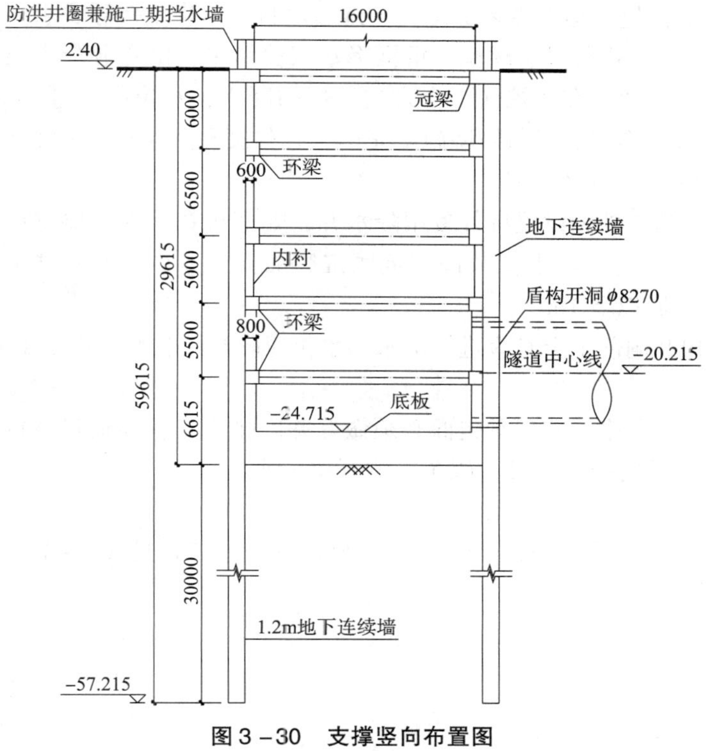


**图3－30　支撑竖向布置图**

每层内支撑浇筑后，其强度必须达到设计强度的80%后，方可开挖下一层。

支撑标高的允许偏差为30mm，支撑设计轴力见表3－9。

**表3－9 支撑设计轴力**

| 支撑编号 | 轴力标准值/kN | 支撑编号 | 轴力标准值/kN |
| --- | --- | --- | --- |
| 第一道支撑 | 200 | 第四道支撑 | 1700 |
| 第二道支撑 | 700 | 第五道支撑 | 2000 |
| 第三道支撑 | 1300 | | |

3）竖井坑底加固及封底

为保护长江大堤，降低基坑降水对大堤沉降的不利影响，对竖井坑底进行加固处理，与地下连续墙一起形成相对隔水的不透水体。

对竖井底板以下10.4m深范围内土层采用MJS超高压旋喷桩 $\phi$2000@1300进行坑底加固，加固平面范围为地连墙内边缘，水泥掺量不宜小于40%。对竖井底板以上土层弱加固，水泥掺量约7%，避免对土体开挖施工造成困难。最终水泥掺量以工艺试桩结果为准。施工时应确保加固土体的均匀性、密封性和自立性。

竖井开挖至坑底0.3～0.5m范围内时，需严格控制施工，改用人工开挖，以减小对土层的扰动和超挖。

基坑底禁止长时间暴露，坑内降水降到底板以下1m以上时，应及时施工钢筋混凝土底板和防水层。底板和地下连续墙通过钢筋接驳器连接。

4）竖井降排水

（1）工作井施工期基坑采用地下连续墙围护墙、坑底加固结合坑内降水的处理措施，解决抗浮和抗突涌问题，运营期依靠结构与地连墙自重可满足抗浮要求。

（2）基坑开挖前应进行降水试验，根据降水试验结果，由专业降水设计单位进一步优化、调整降水设计。建议在开挖前1个月进行坑内降水，水位降至开挖面以下1m，保证基坑无水作业。待工作井底板与侧墙施工完毕，且强度达到100%设计强度后方可停止坑内降水，并应将降水井封堵密实。

（3）在工作井基坑外侧设置坑外备用降水井，如基坑在开挖时侧壁出现渗漏涌沙且一时难以处理或水位监测孔内水位较高、坑底抗突涌安全系数≤1.1时，应及时启用降水井，水位应降至坑底以下1m。

（4）围护结构开洞前1个月应进行降水，水位应降至接收洞门以下1m，确保盾构接收安全。

（5）竖井开挖过程中，施工承包商必须做好井内排水工作，通过井内设置积水坑，由排水泵将井内积水及时排出井外，以免影响开挖作业。

（6）降水设计方案

降水井初步布置见图3－31、图3－32，降水井信息统计见表3－10，竖井坑底抗突涌稳定性验算见表3－11。

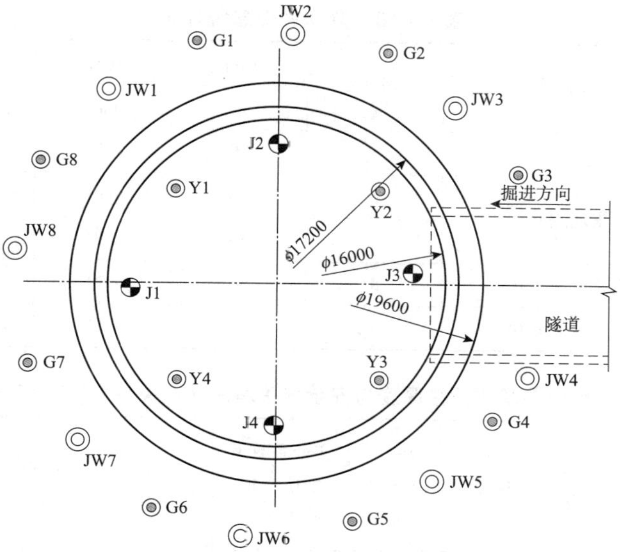


图 3－31　降水井平面图

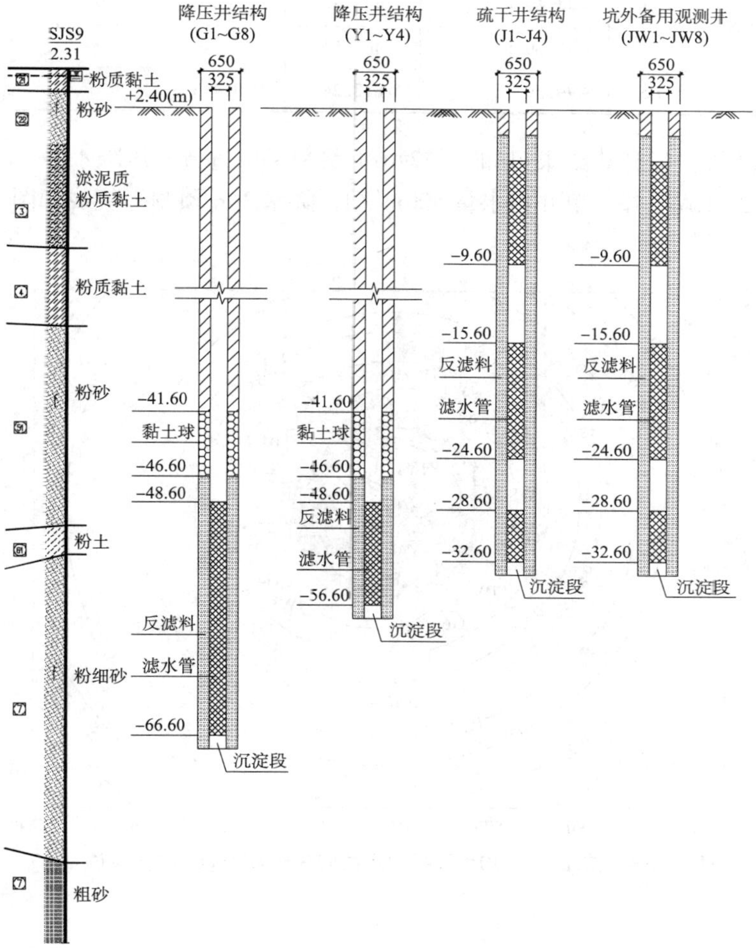


图 3－32　降水井剖面图

表 3-10 降水井信息统计表

| 分区 | 降水井类型 | 井数 | 孔深 | 孔径 | 井径 | |
|---|---|---|---|---|---|---|
| | | | m | mm | mm | |
| 坑内 | 疏干井 | 4 | 36 | 650 | 325 | 备注 |
| | 减压备用兼观测井 | 2 | 60 | 650 | 325 | |
| | | 2 | 60 | 650 | 325 | |
| 坑外 | 浅层水位观测兼应急备用井 | 8 | 36 | 650 | 325 | |
| | 深层水位观测兼应急备用井 | 8 | 70 | 650 | 325 | |

表 3-11 南岸竖井基坑开挖深度与安全水头埋深对应关系表(安全系数取 1.10)

| 初始水位标高 | 工程部位 | 参考钻孔 | 目的含水层 | 含水层顶标高/m | 坑底标高/m | 安全系数下承压水顶托力/kPa | 上覆土压力/kPa | 水位降深/m | 安全水位标高/m | 临界开挖标高/m |
|---|---|---|---|---|---|---|---|---|---|---|
| -5.55 | 南工作井 | SJS9 | ⑤1 | -24.09 | -27.215 | 203.94 | 0.00 | 21.67 | -27.22 | -12.30 |
| | | | ⑥1 | -44.69 | | 430.54 | 325.04 | 9.59 | -15.14 | -21.23 |
| | | | ⑦ | -47.69 | | 463.54 | 380.84 | 7.52 | -13.07 | -22.55 |
| | | | ⑦5 | -79.39 | | 812.24 | 970.455 | 0 | -5.55 | -38.76 |

由南岸竖井抗突涌计算结果可知，需对⑥1 层和⑦层进行减压降水。

开启坑内 2 口减压井，单井出水量 $500m^3/d$，降水 30d 预测等值线如图 3-33、图 3-34 所示。

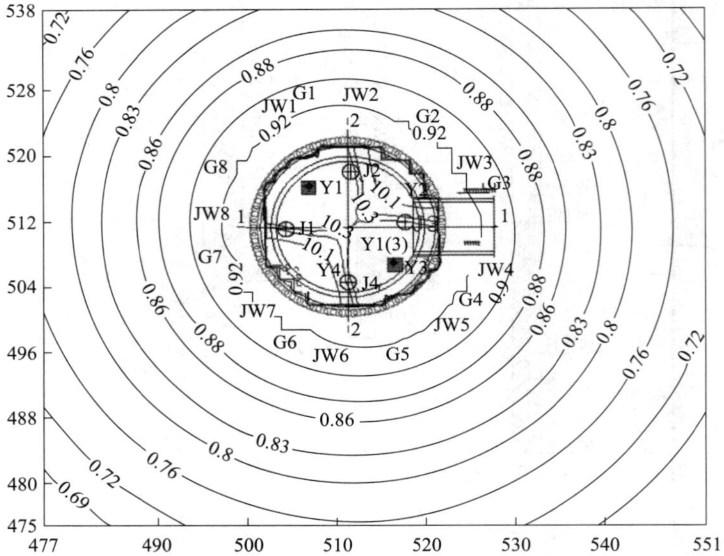


图 3-33 减压降水 30d 引起的水位降深预测等值线图(单位：m)

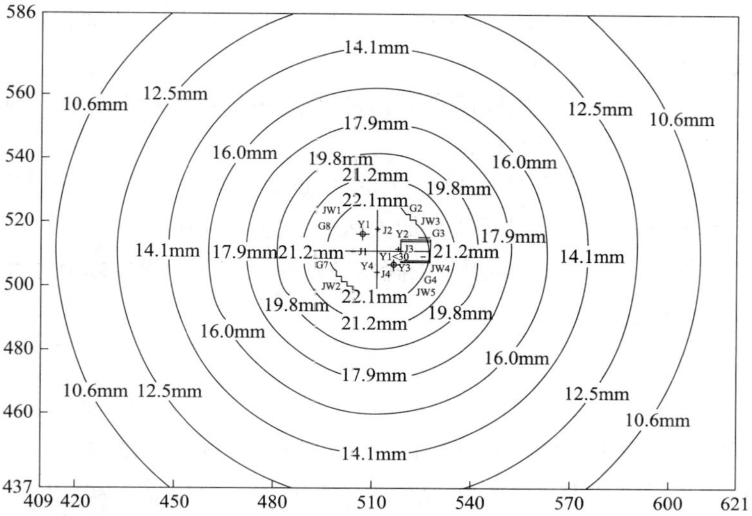


图 3－34　减压降水 30d 的地表沉降预测(单位：mm)

5)端头加固

盾构由南岸工作井接收，端头加固采用外包 0.8m 厚塑性混凝土地连墙 + $\phi$2000@1300 超高压旋喷桩(MJS 工法)地层加固措施，MJS 超高压旋喷桩与钢筋混凝土地下连续墙和塑性混凝土墙止水帷幕之间的搭接长度不小于 0.5m。端头加固平面布置图见图 3－35。

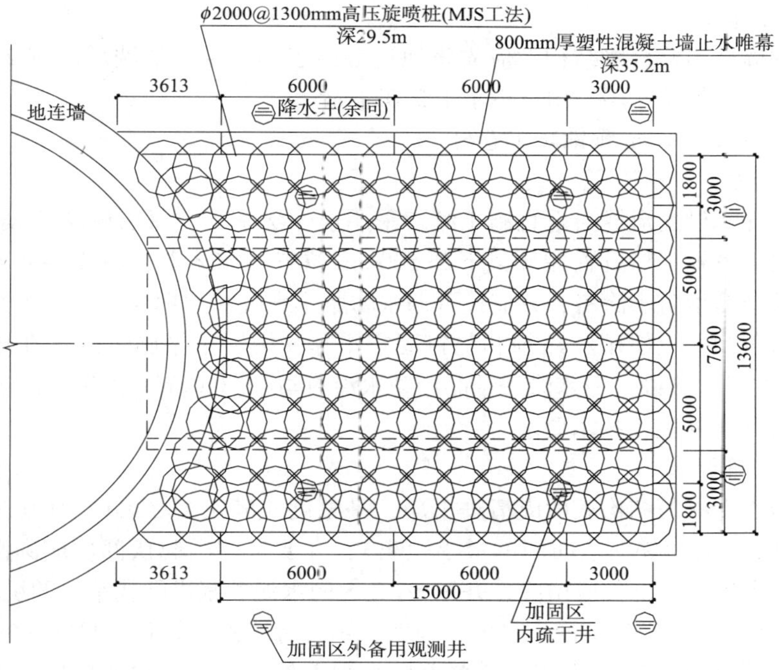


图 3－35　端头加固平面布置图

塑性墙成槽施工应采用间隔一个或多个槽段的跳幅施工工艺。

旋喷桩加固区纵向长度为 15.0m，加固宽度为 13.6m，加固深度为盾构隧道顶、底边缘外不小于 3m 的范围。水泥掺量不宜小于 40%，旋喷桩 28d 无侧限抗压强度不小于

1.0MPa，渗透系数 $k \leqslant 1\times10^{-7}$cm/s。对加固区以上土层弱加固，水泥掺量约7%。最终水泥掺量以工艺试桩结果为准。

施工前应进行工艺性成桩试验以确定提钻速度、喷浆量等工艺参数，验证搅拌均匀程度及成桩直径。成桩试验不少于5根桩。

水泥宜采用强度等级不低于P. O 42.5级的普通硅酸盐水泥。

加固区内布置4口降水井兼观测井，加固区外布置6口降水井。

盾构接收前1个月进行降水，加固区内降水井水位应位于加固区以下才允许盾构接收。

4. 防水设计及施工

1)防水设计

(1)防水等级

南岸工作井防水等级为二级。不允许漏水，结构表面可有少量湿渍，总湿渍面积不应大于总防水面积的2/1000；任意100m²防水面积上的湿渍不超过3处，单个湿渍的最大面积不大于0.2m²；隧道漏水的平均渗水量不大于0.05L/(m²·d)，任意100m²防水面积上的渗水量不大于0.15L/(m²·d)。

(2)结构自防水

南岸工作井主体结构采用C40，抗渗等级依据深度采用P8～P12，设计使用年限为100年。混凝土的原材料和配合比、最低强度等级、最大水胶比和每立方米混凝土的水泥用量等应符合耐久性要求，满足抗裂、抗渗、抗冻和抗侵蚀的需要。

(3)外包防水层

工作井侧墙采用叠合墙结构，应先将地连墙内表面凿毛，清洗后涂刷2.0mm厚水泥基渗透结晶防水涂料防水层，用量不小于2.0kg/m²。

工作井底板采用4mm预铺防水卷材。

(4)接缝防水

南岸工作井不设变形缝与垂直施工缝。采用逆作法施工，每层侧墙留设1～2道水平施工缝。上层水平施工缝设置在环梁下部500mm位置的墙体上，做成斜坡型。接缝面涂刷水泥基渗透结晶型防水涂料，并应设置遇水膨胀止水胶和预埋注浆管。上部施工缝设置遇水膨胀止水条时，应使用胶黏剂和射钉固定牢靠。下层水平施工缝留在环梁顶面以上300～500mm位置，涂刷水泥基渗透结晶型防水涂料与中埋式镀锌钢板止水带。

2)预铺防水卷材施工技术要求

(1)基面处理要求

①铺设防水卷材的结构表面应清理干净，平整度应满足 $D/L \leqslant 1/20$（$D$ 为相邻两凸面间的最大深度；$L$ 为相邻两凸面间的最小距离），并要求凹凸起伏部位应圆滑平缓。所有不满足上述要求的凸出部位应凿除，并用1∶2.5的水泥砂浆进行找平；凹坑部位采用1∶2.5水泥砂浆填平。基面应洁净、平整、坚实，不得有疏松、起砂、起皮现象。

②不平整部位采用1∶2.5水泥砂浆圆顺地覆盖处理，当基面条件较差时，可先铺设400g/m²的土工布缓冲层进行保护。

③基层表面可潮湿，但不得有明水流，否则应进行堵水处理或临时引排。

④所有阴角均采用1∶2.5水泥砂浆做成5cm×5cm的钝角，阳角做成20mm×20mm的钝角。

（2）防水层施工工艺

①预铺防水卷材与现浇混凝土结构外表面密贴面的隔离膜应在浇筑混凝土前撕掉。

②防水层采用机械固定法固定于围护结构表面，固定点距卷材边缘2cm处，钉距不大于50cm。钉长不得小于3cm，且配合垫片将防水层牢固地固定在基层表面，垫片直径不小于2cm。避免浇筑混凝土时脱落。

③相邻两幅卷材的有效搭接宽度为10cm（不包括钉孔），将钉孔部位覆盖住，要求上幅压下幅进行搭接。搭接时，搭接缝范围内的隔离膜必须撕掉（双面粘卷材的两侧隔离膜均要求撕掉），搭接必须采用与卷材相配套的专用粘胶。

④底板防水层铺设完毕，除掉卷材的隔离膜，并立即浇筑50mm厚C30细石混凝土保护层，侧墙防水层应采取临时保护措施避免防水层受到破坏。

⑤防水层破损部位应采用同材质材料进行修补，补丁满粘在破损部位，补丁四周距破损边缘的最小距离不小于10cm。

5. 耐久性设计

工作井结构的设计使用年限为100年，根据地质详勘资料显示，场区地下水、土对混凝土及其内钢筋具有微腐蚀性。根据《混凝土结构耐久性设计标准》（GB/T 50476—2019）、《混凝土结构设计规范》［GB 50010—2010（2015年版）］，采取的结构耐久性保证措施如下：

（1）侧墙及支撑结构应采用高性能防水混凝土，防水混凝土的配合比应满足《地下工程防水技术规范》（GB 50108—2008）的要求，胶凝材料总用量不小于400kg/m$^3$，建议添加合适的外加剂，增强混凝土的密实性和抗裂性，以满足本工程结构的防水抗裂要求，混凝土的抗渗等级应满足设计要求；

（2）应严格控制水胶比，其最大限值为0.45；

（3）混凝土中的最大氯离子含量为0.06%，28d龄期氯离子扩散系数$DRCM \leq 7 \times 10^{-2} m^2/s$；

（4）混凝土宜使用非碱活性骨料，混凝土中的最大碱含量为3.0kg/m$^3$；

（5）配置混凝土的骨料质地应均匀坚固，粒形和级配良好，空隙率小，粗骨料的压碎指标不大于7%，吸水率应小于2%；

（6）混凝土外加剂中的氯离子含量不得大于混凝土中凝胶材料总重的0.02%，高效减水剂中的硫酸钠含量不宜大于减水剂干重的15%。

6. 竖井开挖

（1）基坑必须在钢筋混凝土地下连续墙、工作井坑底加固、塑性墙止水帷幕、盾构端头加固、基坑外排水系统、基坑降水达到设计要求之后方可进行开挖。基坑开挖至冠梁底标高后，将墙顶浮浆、低强度混凝土及破碎部分清除，绑扎钢筋，模筑第一层水平框架（冠梁）、第一道钢筋砼支撑及坑顶挡墙，混凝土强度达到设计要求之后进行基坑开挖。

（2）土方开挖的顺序、方法必须与设计工况相一致，并遵循"开槽支撑、先撑后挖、分层开挖、严禁超挖"的原则。基坑开挖时，必须分段、分区、分层、对称进行，不得超挖。对于淤泥和淤泥质土，分层开挖高度不宜超过1m；其他土层每层开挖高度不大于2m。离基坑顶边线30m以内严禁堆载超过20kPa。

（3）基坑开挖后，应及时设置坑内排水沟和集水井，防止坑底积水。

（4）依次开挖并及时施工各层水平框架及其以上的侧墙钢筋混凝土，混凝土达到设计强度 80% 之后开挖下一层土体，直至基坑底。

(5) 开挖至距坑底约 0.3m 时，必须采用人工挖土，防止超挖。向下开挖至基坑底并验底后，尽快浇筑混凝土垫层。

7. 施工监测

1) 监测内容

(1) 围护结构顶水平、竖向位移；

(2) 围护结构深层水平位移(测斜)；

(3) 围护结构内力、支撑内力；

(4) 周边地表沉降；

(5) 地下水位、孔隙水压力；

(6) 围护墙侧向土压力；

(7) 坑底隆起；

(8) 周边建筑与管线(若有)变形、沉降监测；

(9) 周边建筑裂缝、地表裂缝，周边道路竖向位移；

(10) 长江大堤堤防安全监测。

2) 测点布置

堤防安全监测包括巡查及施工期堤身沉降监测。在两岸隧道轴线及上下游 50m 处各布置一个监测断面，每个断面在两侧堤肩、坡脚和距坡脚 30m 处共布置 6 个监测点。巡查监测施工期每日 2 次，施工完成 1 个月内每日一次。堤身沉降监测施工期每日 1 次，沉降趋于稳定后每月 1 ~ 2 次。监测时限 5 年。

测点平面布置见图 3 – 36。

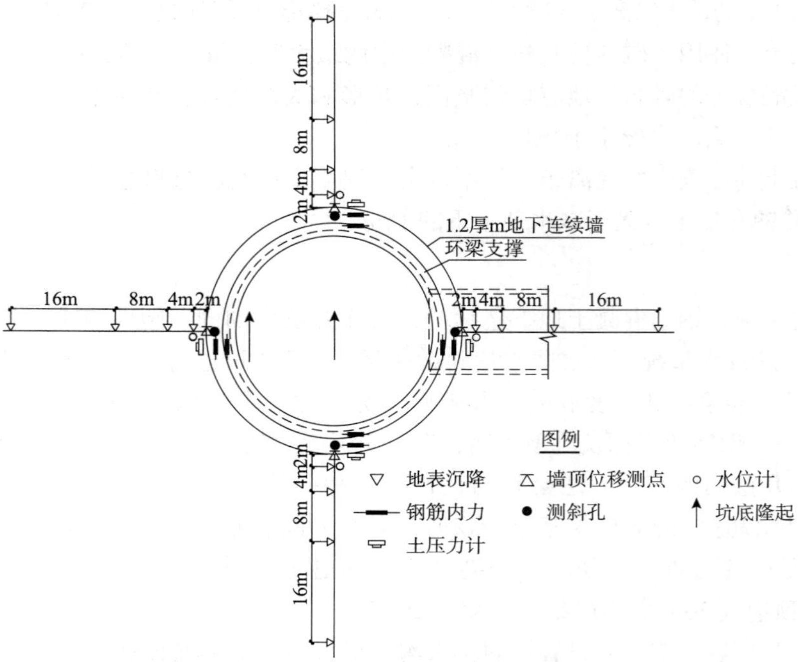


图 3 – 36　测点平面布置图

3)安全判别要求

根据监测内容，选用墙顶水平位移、墙顶竖向位移、墙体深层水平位移、坑外地表最大沉降、坑底隆起(回弹)、支撑轴力等设定预警值，作为施工安全判别标准。当监测项目的变化速率达到设计规定值或连续3次超过该值的70%应预警，当累计值达到设计规定值时应预警。

当监测项目发生预警时，应加密观测次数，并召集业主、设计、施工及监测等单位进行会诊，对可能出现的各种情况作出估计和决策，并采取有效措施，不断完善与优化下一步的设计与施工。

4)监测工作要求

监测工作要求应符合《建筑基坑工程监测技术标准》(GB 50497—2019)的有关规定。监测工作应与围护结构施工同步进行。

8. 防洪井圈

本工程地处长江岸边，考虑防洪需要，竖井结构设置永久性钢筋混凝土防洪井圈，防洪井圈顶高程5.4m。防洪井圈结构图见图3－37。

根据当地防洪需要及施工实际，防洪井圈建议随竖井主体结构一次性施工到位，以达到施工期防洪需要；也可采取其他防洪措施，如在竖井外周设置临时防洪挡墙，临时防洪挡墙高度根据当地水务部门管理要求确定。

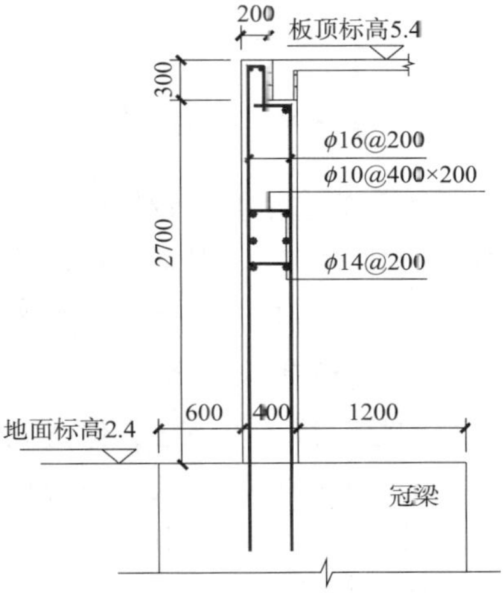


图3－37　防洪井圈结构图

9. 施工安全措施及风险管理

施工安全措施、风险管理及应急预案同始发井，此处不再赘述。

10. 施工质量检验

地下连续墙施工工艺质量要求、地下连续墙质量检测、水泥土搅拌桩施工质量要求与始发井要求一致。

全方位高压喷射注浆(MJS)施工质量检验如下：

(1)旋喷桩施工前应进行成桩工艺试验，确定主要工艺参数；

(2)成桩质量要求：孔径≥设计桩径，有效桩长≥设计长度，桩位平面偏差≤50mm，垂直度偏差≤1/300，不出现断层；

(3)水泥必须经检验合格后方可入场，严禁使用过期、受潮、结块、变质的水泥；

(4)水泥应采用强度等级42.5级及以上的普通硅酸盐水泥或复核硅酸盐水泥，当添加外加剂时，所用外加剂及掺合料的种类、用量应通过试验确定；

(5)水泥浆液的水胶比可取1.0～1.3，水泥浆液的拌制宜采用自动拌浆系统；

(6)主轴旋转速度宜控制在3～5r/min，提升步进间距宜为25mm，每步进间距的喷射范围内桩体切削频率不宜低于3r/min；

(7)高压泥浆泵开启后，宜先行喷射清水，待喷射压力达到20MPa后，切换成水泥浆液；

(8)成桩深度超过30m时应采用套管跟进施工，套管下放深度与设计桩底深度的距离宜为 6 ~ 12m；

(9)施工设备应具有地内压力监测和强制排泥系统，且设备排浆量不应小于 $10m^3/h$；

(10)地内压力控制系数宜取 1.3 ~ 1.6，并应根据地层条件和环境保护要求通过现场试成桩试验确定地内压力控制值及相关施工参数；

(11)施工前应制订周密的施工组织设计和操作大纲；

(12)在施工过程中出现喷射流压力或地内压力异常、地面冒浆、排浆不正常等情况时，应查明产生的原因并采取措施；

(13)成桩 28d 后检验抗压强度(采用钻孔取芯方法)，检验数量不应少于施工总桩数 1%，且不少于 6 点，加固后无侧限抗压强度应大于 1MPa，渗透系数应小于 $1 \times 10^{-7}$cm/s。

# 第四节　管片结构设计

## 一、管片尺寸与选型

本工程隧道主要穿越地层为粉质黏土、粉细砂、粉砂层，最大覆土厚度约 48.2m，最大水压约 0.74MPa。粉细砂及粉砂地层均为强透水层，河床中含水层厚度大，含水量极丰富。因此，隧道具有埋深大、水文地质条件复杂、渗透系数大、高水压等显著特点。

1. 单、双层衬砌选用

衬砌是直接支承地层，保持规定的隧道净空，防止渗漏，同时又能承受施工、运营阶段荷载的结构。衬砌一般是由管片拼装的一次衬砌和必要时在其内部浇注混凝土的二次衬砌所组成。一次衬砌一般作为承重的主要结构，二次衬砌主要是为了补强、防水、防侵蚀等因素而修筑的。

总结国内外大型盾构隧道实例，采用单、双层衬砌结构的均有。实践证明，采用具有一定接头刚度的单层柔性衬砌是成功的、合理的。圆形隧道的变形、接缝张开量及混凝土衬砌裂缝开展、防水效果等，均控制在预期的要求内，完全满足隧道的设计要求。且采用单层衬砌，施工工艺单一、工程实施周期短、投资省。

鉴于上述情况，经综合的技术、经济比较论证，本工程圆形隧道采用单层衬砌。

2. 管片结构形式

管片的结构型式包括管片的材料和管片的形状。

按材料分类：目前制作管片的种类有混凝土、铸铁、钢材、复合材料等。自 1818 年提出运用盾构法修建隧道以来，盾构的施工技术取得了巨大的发展。混凝土管片由于具有一定的强度，加工制作比较容易，耐腐蚀，造价低，从 20 世纪 60 年代以来，盾构隧道衬砌结构逐渐发展为以拼装式钢筋混凝土管片为主。

从工程投资、管片加工、结构耐久性，以及运营维护出发，混凝土管片具有较大的优越性，本次设计采用混凝土管片。

按形状分类：大致将管片分为平板形、箱形、特殊的异形结构等多种形式。在相等厚度的条件下，箱形管片具有重量轻、材料省的优点，但抗弯刚度及抗压条件均不及平板形管片，在盾构千斤顶顶力作用下容易开裂。平板形管片具有较大的抗弯、抗压刚度，尤其在大直径水底盾构隧道工程中，高水压条件下，采用平板型管片，其抗浮、结构刚度均具有较大的优越性，根据国内外应用的实际状况，平板形管片状况良好。

本隧道最大覆土厚度约48.2m，最大水压约0.74MPa，隧道覆土变化较大，结构受力不均衡，因此，要求管片具有较大的抗弯刚度和良好的抗压、抗渗能力。综合以上分析，本工程衬砌管片形式采用C60钢筋混凝土平板形管片，抗渗等级P12。

3. 衬砌环类型

隧道的线路是由直线及与曲线所组成，为了满足盾构隧道在曲线上偏转及纠偏的需要，应设计楔形衬砌环，目前采用较多的类型有三种。

1)楔形衬砌环与直线衬砌环的组合

盾构隧道在曲线上是以若干段折线(最短折线长度为一环衬砌环宽)来拟合设计的光滑曲线。设计和施工是采用楔形衬砌环与直线衬砌环的优选及组合进行线路拟合的。根据线路偏转方向及施工纠偏的需要，设计左转弯、右转弯楔形衬砌环及直线衬砌环三种类型。设计时根据线路条件进行全线衬砌环的排版，以使隧道设计拟合误差控制在允许范围之内。由于采用的衬砌环类型不完全确定，所以给管片供给带来一定的难度，另外在曲线上还要采用楔形贴片。这种衬砌环类型中每种楔形环位置是固定的，灵活性小。

2)左、右楔形衬砌环

左、右楔形衬砌环这种管片组合形式采用两种类型的楔形衬砌环，设计和施工是采用楔形衬砌环与楔形衬砌环的优选及组合进行线路拟合的。根据线路偏转方向及施工纠偏的需要，设计左转弯、右转弯楔形衬砌环，在直线段通过左转弯和右转弯衬砌环一一对应组合形成直线。盾构推进时，依据排版图及当前施工误差，确定下一环衬砌类型。由于采用的衬砌环类型不完全确定，所以给管片供应带来一定难度。另外，在竖曲线上还要采用楔形贴片。

3)通用型管片

通用型管片为只采用一种类型的楔形管片环，盾构掘进时根据盾构机内环向千斤顶的传感器的信息和线路线形设计的要求以及曲线拟合确定下一环衬砌绕管片中心线转动的角度，以达到设计线路和纠偏的目的，使线路的偏移量在规范规定的范围内。该类管片衬砌环在欧洲普遍流行。由于只需一种管片类型，可节省钢模数量，管片拼装自动化程度高，适应自动化作业，易于纠偏，不会因管片类型供给不到位造成工程进度问题。

本工程拟采用通用楔形环管片，理由为：

(1)可以通过管片不同的旋转角度实现平、竖曲线的拟合，可最大限度地减小曲线拟合误差的积累；

(2)本隧道需要承受最大水压约0.74MPa，通过管片的精确定位，能提高管片的拼装质量，减少接缝张开量，从而防水效果更佳；

(3)盾构衬砌拼装机通过计算机软件辅助管片拼装，可实现管片拼装的自动化，同时缩短了管片拼装时间，提高了管片拼装速度及功效；

(4)由于只采用一种楔形管片环拟合线路，不需要设计直线环或专用的转弯环，减少了钢模数量。

4)衬砌环的宽度、厚度及分块

(1)衬砌环宽度

钢筋混凝土管片在整个机械系统配备合理协调的情况下，随着设计、施工经验的成熟，衬砌环宽加大后，使同等长度隧道内环缝数量减少，漏水环节减少，对提高隧道的纵向刚度、加快施工进度、降低造价也均有利。同时，选择环宽时应考虑千斤顶行程能力、线路曲线以及施工技术水平等方面。

按国内外已建盾构隧道的情况，小直径的地铁隧道一般采用1.0~1.5m的环宽较多。大直径的隧道采用2.0m较多，如武汉长江隧道、南京长江隧道、杭州钱江隧道、上海长江隧道、杭州庆春路隧道、荷兰"绿色心脏"隧道等。

随着盾构机施工技术的发展，目前已能够施工较大环宽的管片衬砌。考虑国内、外的成熟经验，结合本工程的线路、工程地质、水文地质以及施工机械、施工技术、管片直径等实际情况，本次设计管片宽度取环宽1.5m。

(2)管片厚度

衬砌的厚度对隧道土建工程量以及工程造价有显著的影响。在结构安全、功能合理的前提下，应尽可能采用较经济的衬砌厚度。衬砌的刚度与厚度的三次方成正比，厚度的改变直接改变了衬砌的整体刚度，以及衬砌与周围地层的刚度比，进而影响衬砌周边土体压力的分布和衬砌本身的受力大小。衬砌厚度的确定应根据隧道所处地层的条件、覆土厚度、断面大小、接头刚度等因素综合考虑确定，并应满足衬砌构造(如手孔大小等)、防水抗渗以及拼装施工(如千斤顶作用等)的要求。

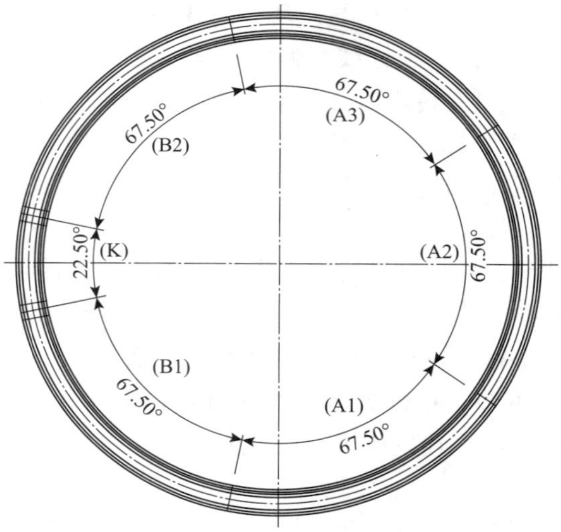


图3-38　5+1分块示意图

考虑结构100年使用寿命，根据隧道覆土厚度、工程地质与水文地质条件、盾构机选型及工程环境条件，经结构计算并结合工程类比，本工程衬砌管片厚度采用400mm。

(3)衬砌环分块

类比国内外类似直径盾构工程，同时考虑到盾构机械的拼装能力，外径7.6m规模的盾构隧道，衬砌环分块一般为6块，对应的衬砌环分块形式为5+1分块(图3-38)，还可采用6+1分块形式等。

5+1分块采用较少的分块数量，可以加快盾构拼装施工速度，有效减少衬砌环接缝数量，从而减少防水材料使用量，降低漏水概率。而分块数量少引起单块管片长度略有增大，进而增加管片制作裂缝控制难度的问题，可以通过掺加聚丙烯纤维，提高管片的抗裂性、抗渗性解决。6+1分块形式导致管片接缝增多，隧道发生渗漏水的部位增加，且螺栓用量加大。

结合国内盾构法隧道管片设计经验，综合考虑结构受力、管片运输、拼装等因素，衬砌环采用5+1的分块方式。

(4)楔形量的设置

本设计通用楔形环考虑为双面楔形，根据本工程的线路情况、盾构机设计的能力，考虑管片模具今后的适用性。楔形量按最小曲线半径计算并考虑盾构施工纠偏的需要，取36mm。

(5)封顶块的接头角度和插入角度

对于本隧道的高水压条件，封顶块（F）应采用轴向插入方式以提高管片接头抗剪能力，同时在1500mm环宽的条件下，考虑施工机械的实际条件，封顶块拼装采用先径向搭接2/3后纵向插入的方式。

5)环、纵缝构造及接头连接方式

目前，盾构隧道常用的螺栓连接主要有三种：直螺栓、弯螺栓、斜螺栓(图3－39)。考虑到弯螺栓刚度小，较易变形，螺栓较长，材料消耗较大，且在螺栓预紧力、高水土压力和地震作用下对端头混凝土产生较大的挤压作用，易造成混凝土破坏，对结构的长期安全不利。直螺栓抵抗弯矩的能力较大，但是对管片的削弱也较大，并且施工中螺栓的安装工序较斜螺栓复杂。斜螺栓在结构上加强了构件的连接，防止接头两边错动，可有效地承担接头处的剪力和弯矩，且螺栓较短，材料消耗小。三种螺栓的优势及适用性见表3－12。

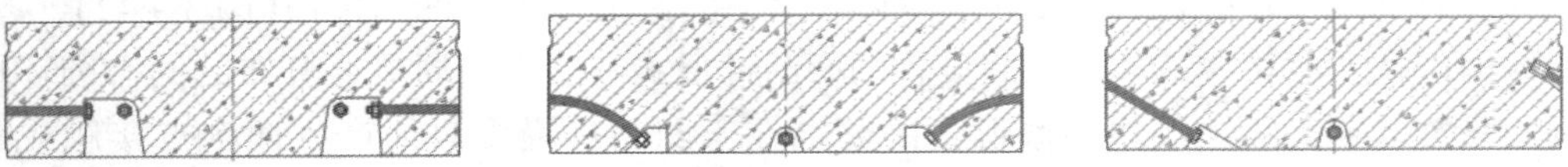

(a)直螺栓连接形式图　　(b)弯螺栓连接形式图　　(c)斜螺栓连接形式图

图3－39　螺栓连接方式示意图

表3－12　三种螺栓接头性能对比

| 螺栓形式 | 优点及适用性 |
|---|---|
| 斜螺栓 | 抗弯性能最强；易受弯破坏部位 |
| | 防水性能较好；隧道穿越承压层区段 |
| | 手孔面积最小，对管片损伤最小；大直径盾构隧道 |
| 弯螺栓 | 抗剪性能最强；易受剪破坏部位 |
| | 接头柔性较好，对管片损伤较小；管片较薄、中小直径盾构隧道 |
| 直螺栓 | 拆除方便；受力较复杂部位，以及有抗震要求区段 |

根据本工程的高水压情况、管片厚度较薄、属于中小直径盾构等综合考虑，本次设计接缝连接采用弯螺栓。通过管片静力工况与地震工况下结构分析计算，在最不利工况条件下，考虑接缝弹性密封垫预紧力的作用，块与块之间每块设置2颗高强度M30环向螺栓(布置于2个手孔内，每个手孔内各1颗，整环共12颗)，见图3－40；环与环之间每环均匀布置16颗高强度M30纵向螺栓(图3－41)，螺栓机械等级8.8级。

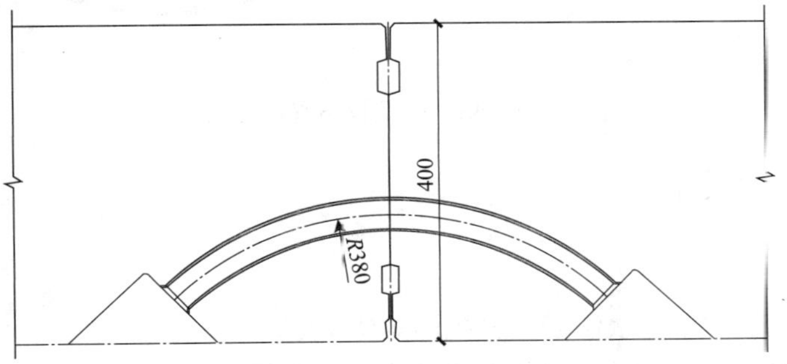


图3－40　纵向连接构造示意图

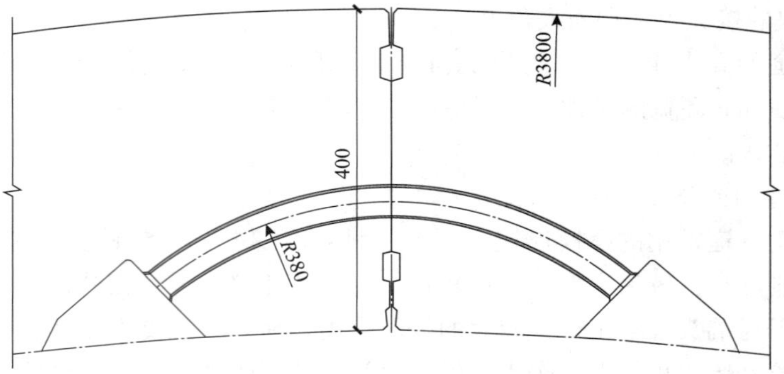


图 3－41　环向连接构造示意图

(6)凹凸榫的设置

为有效抑制管片间错台的发生，本隧道在管片环缝上设置凹凸榫槽(图 3－42)。

国内以往在盾构隧道环与环间设置的凹凸榫形式一般为全周贯通分布的同心圆环块或同圆心布置的不连续矩形块。该形式的弊端在于凹凸榫最多只能产生两个点接触或面接触，在管片衬砌环间产生剪切错动时，会形成很大的集中荷载和局部应力，造成局部混凝土破坏，进而失去抗剪能力。

基于上述原因，本隧道在环与环之间设置分布式圆端形凹凸榫(图 3－42)。分布式圆端形凹凸榫优点在于当管片环间发生错动变形时，所设置的全部凹凸榫能够同时发挥作用和提供抗剪力，从而大幅度提高抗剪能力，抑制错台变形。

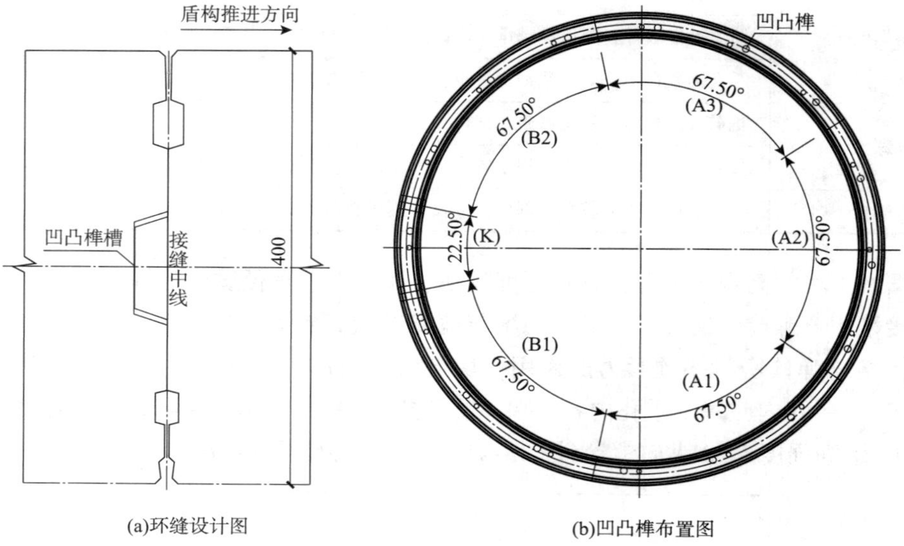


图 3－42　凹凸榫布置示意图

## 二、管片材料要求

1. 混凝土

盾构管片结构：C60 防水混凝土，抗渗等级 P12。

管片连接螺栓：环向螺栓 8. 8 级，纵向螺栓 8. 8 级。

2. 钢筋

混凝土结构中钢筋：采用热轧 HPB300 级（Ⅰ级）、HRB400 级（Ⅲ级）。

采用纵向受力钢筋抗拉强度实测值与屈服强度实测值的比值不应小于 1.25，钢筋的屈服强度实测值与屈服强度标准值的比值不应大于 1.30，钢筋最大拉力下的总伸长率实测值不应小于 9%。

3. 钢材

采用 Q235－B 钢。

4. 焊条

焊条类型：HPB300 级钢筋焊条型号 E43，HRB400 级钢筋焊条型号 E50。焊接熔敷金属的化学成分和力学性能应满足 GB/T 5117—2012《非合金钢和细晶粒钢焊条》和 GB/T 5118—2012《热强钢焊条》的规定。

# 第五节　管片防水设计

## 一、防水等级

防水等级为二级。防水标准为：不允许漏水，结构表面可有少量湿渍，总湿渍面积不应大于总防水面积的 2/1000，任意 $100m^2$ 防水面积上湿渍不超过 3 处，隧道平均渗漏量不大于 0.05L/($m^2$·d)，任意 $100m^2$ 防水面积上的渗漏量不大于 0.15L/($m^2$·d)。

## 二、接缝防水设计

1. 管片接缝防水设计方案

目前管片接缝密封防水有单侧单道防水和单侧双道、双侧双道或多道防水两个方案。

对于电力、油气管道、管廊盾构隧道，由于其一般埋深在 20m 左右、直径多在 5m 以内，抗水压设计不超过 0.5MPa，因此，多采用单侧单道防水方案，例如西气东输钱塘江盾构、北江盾构、中卫黄河盾构、长江盾构、南京污水管道隧道、河北曹妃甸管廊隧道等。因此，一般断面小、埋深较浅、水压小或抗水压要求较低的盾构隧道多采用单侧单道防水方案（图 3－43）。

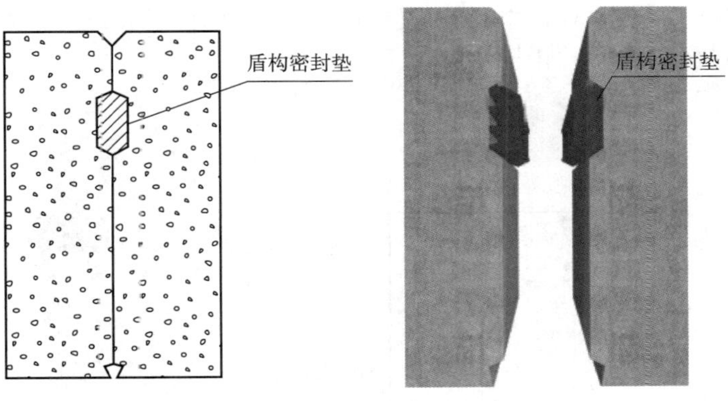

图 3－43　单侧单道防水示意图

对于地铁隧道，由于其埋深一般在 20～30m，盾构直径多在 6m 左右，抗水压力设计 0.6～0.8MPa，这时候往往分情况。当埋藏较浅、地下水不丰富时，多采用单道接缝防水设置；当埋藏较深，地下水比较丰富的工况下多为单侧双道接缝防水设置（图 3－44），此类工程例如广州地铁盾构隧道、深圳地铁盾构隧道、北京地铁盾构隧道、上海地铁盾构隧道等。

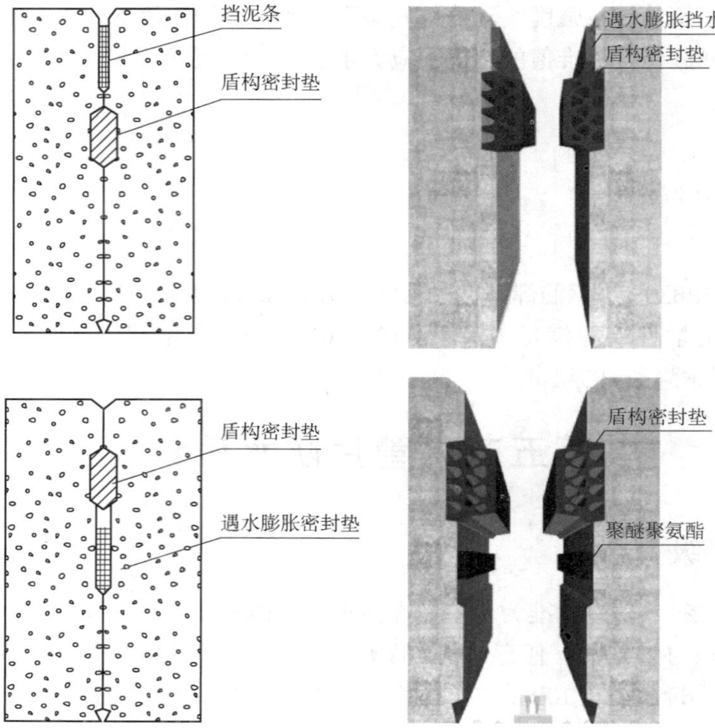


图 3－44　单侧双道防水示意图

大埋深、大直径过江盾构隧道，例如南京过江隧道，武汉过江隧道，北京、天津地下直径线、上海过江隧道等，其埋藏多超过 40m，最高超过 100m，盾构直径多大于 8m，抗水压力设计多在 1.2～2.0MPa，由于埋深较深，地下水非常丰富，这时候多采用双道或多道接缝防水设置。埋藏较深但管片厚度较薄，多采用单道三元乙丙密封垫＋辅助防水（遇水膨胀等）设置；当埋藏较深且管片壁厚较厚时，多采用双道三元乙丙密封垫＋辅助防水的接缝设置，见图 3－45。

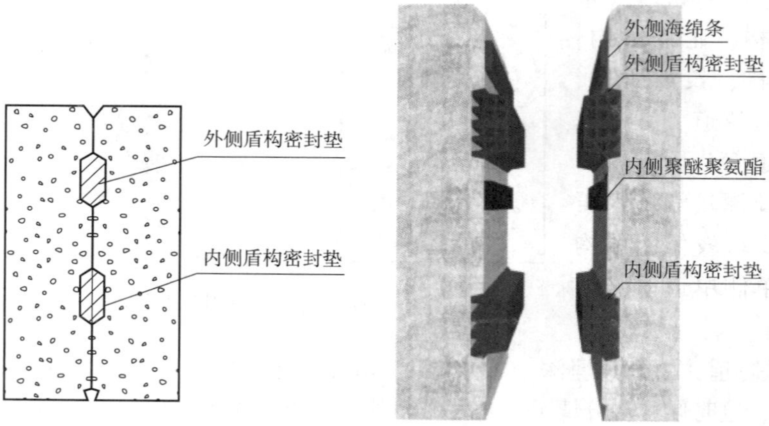


图 3－45　双道三元乙丙密封垫＋辅助防水

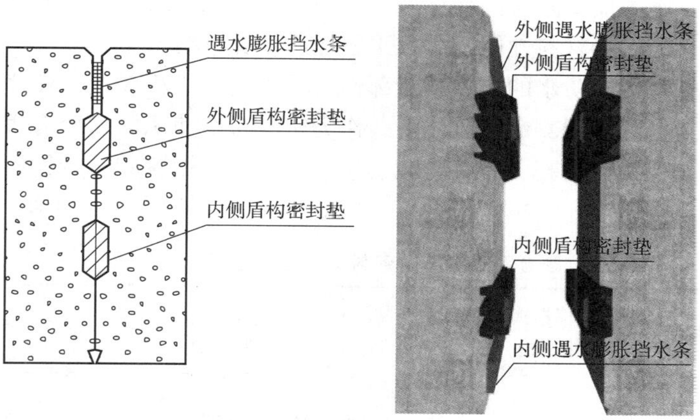


图 3－45　双道三元乙丙密封垫＋辅助防水（续）

从防水效果来看，三道防水效果优于双道，双道优于单道，对于本工程长江穿越，由于运行期最高水压达到 0.75MPa，最大埋深在 42.3m 左右，且盾构通过含粉细砂透水层且隧道具备可抢修管道功能，一旦发生渗漏水，长达 10.23km 的隧道，给隧道的排水和后期抢修带来巨大的隐患，同时地层富含沼气，渗漏水的同时，沼气随之进入隧道，由于隧道内无可燃气体检测和通风设施，隧道气体的聚集，将严重影响管道的安全，因此，这种复杂情况的盾构隧道设置，应该设置多道防水更为有利，但由于管片厚度只有 400mm，设置多道防水，对管片接缝部位结构形成很大的削弱，因此，从管片结构安全、盾构设备的拼装能力以及隧道的防水能力三个方面综合考虑，本工程采用了如图 3－46 所示形式：一内一外的两道弹性密封垫、最外侧的海绵橡胶条以及内侧嵌缝四个方面。

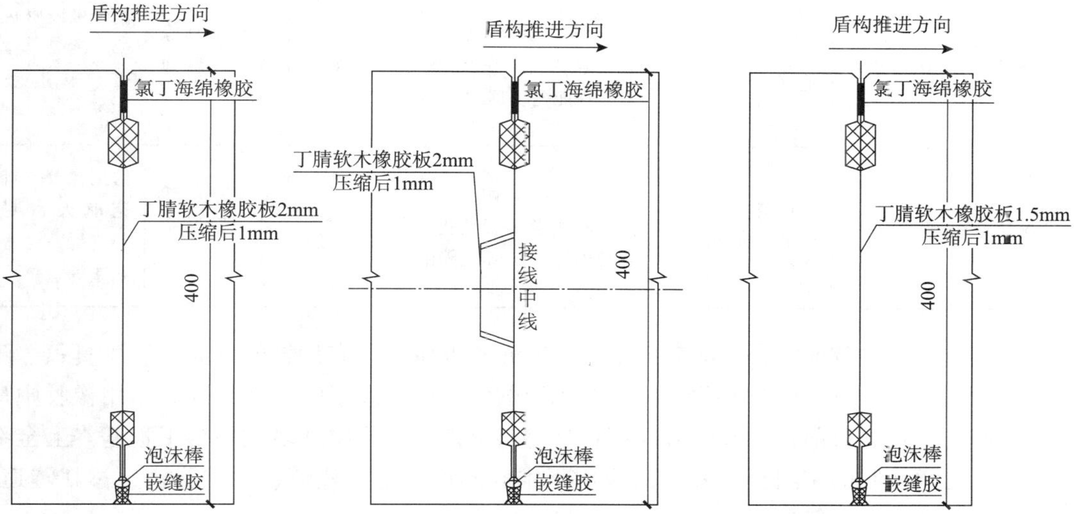


图 3－46　管片接缝防水布置图

2. 密封垫材料选择

通过调研水利、电力、油气管道、地铁、铁路等各行业盾构隧道密封垫材料、密封垫结构，并结合本次工程特点进行分析，并确定最终的密封材料及密封结构。密封防水方案中挡泥条作用是在施工期间阻挡泥沙渗入，一般采用普通海绵材料；而对于下面的盾构密封垫则需要根据目前市场材料性能情况及工程运用情况进行选用。

密封垫作为管片接缝防水的主要功能部件，根据地下工程要求，使用寿命在100年以上，其材质对密封垫的使用寿命影响较大。作为密封材料使用的橡胶有很多种，如天然橡胶、三元乙丙橡胶、氯丁橡胶、丁腈橡胶、硅橡胶等。根据各胶种特性不同，应用领域也不尽相同，见表3－13。

**表3－13　不同密封材料性能指标对比表**

| 橡胶类型 | 适用温度 | 物理机械性能 | 耐气候及老化性能 | 耐化学介质性能 | 耐磨性 | 耐低温性能 | 主要应用领域 |
|---|---|---|---|---|---|---|---|
| 天然橡胶 | －50～80℃ | 良好的综合物理机械性能，强度高，撕裂性能好，弹性好 | 耐天候老化、耐热老化性能差 | 耐油、耐非极性化学介质性能差 | 好 | 属易结晶橡胶，低温弹性差 | 轮胎、胶管、胶带、橡胶减震器等 |
| 三元乙丙橡胶 | －50～140℃ | 良好的物理机械性能，较高的强度和撕裂性能，弹性好 | 耐天候老化、耐热老化、耐臭氧性能好 | 良好的耐水、耐极性化学介质性能 | 良好 | 属非结晶橡胶，低温弹性中等 | 各类密封垫、汽车橡胶制品、盾构密封条防水卷材等 |
| 氯丁橡胶 | －20～80℃ | 良好的物理机械性能，强度高，撕裂性能好 | 耐天候老化、耐热老化、耐臭氧性能好 | 耐油、耐非极性化学介质性能中等 | 好 | 属易结晶橡胶，低温弹性差 | 运输胶带、橡胶密封件、黏合剂等 |
| 丁腈橡胶 | －30～120℃ | 强度高，撕裂性能好 | 耐天候老化、耐臭氧老化性能差 | 耐油、耐非极性化学介质性能良好 | 好 | 属易结晶橡胶，低温弹性差 | 耐油橡胶密封垫、软管、胶带、印染胶辊等 |
| 硅橡胶 | －60～200℃ | 强度低，撕裂性能差，弹性好 | 耐天候老化、耐热老化性能好 | 耐油、耐非极性化学介质性能中等 | 差 | 属非结晶橡胶，低温弹性良好 | 医用橡胶、航空航天密封垫、耐高温密封垫等 |

从以上各类橡胶的综合性能对比来看，三元乙丙橡胶具有优异的耐天候、耐臭氧、耐老化、耐高低温性能，同时对化学品具有优异的耐腐蚀性和耐酸碱性，其在通用橡胶中最适合作密封材料。目前，在盾构管片密封垫材料选择上，国内外多数盾构工程基本上全部选用三元乙丙橡胶的密封垫，其广泛应用于水利隧道、电力隧道、地铁隧道、过江隧道、铁路隧道、跨海隧道等领域。

从材料的耐久性和耐腐蚀性等情况出发，国家重点工程过江通道盾构隧道管片接缝橡胶密封垫采用单一的三元乙丙橡胶作为弹性密封垫的材料。内道、外道三元乙丙橡胶弹性橡胶密封垫性能指标见表3－14，氯丁海绵橡胶材料性能指标见表3－15。

表 3－14　内道、外道三元乙丙橡胶弹性橡胶密封垫性能指标

| 检测项目 | | 指标 | |
|---|---|---|---|
| 硬度(邵尔 A)/度 | | 65 ±5 | |
| 拉伸强度/MPa | | ≥10 | |
| 拉断伸长率/% | | ≥330 | |
| 压缩永久变形/% | | 70℃ ×24h，25% | ≤25 |
| 热空气老化<br>70℃ ×96h | 硬度变化/度 | | ≤6 |
| | 拉伸强度降低率/% | | ≤15 |
| | 拉断伸长率降低率/% | | ≤25 |
| 防霉等级 | | | 不低于二级 |

表 3－15　氯丁海绵橡胶材料性能指标

| 项目 | 单位 | 指标 |
|---|---|---|
| 密度 | g/cm$^3$ | 0.5 ±0.1 |
| 硬度 | shA | 25 ±5 |
| 拉伸强度 | MPa | ≥2.0 |
| 扯断伸长率 | % | ≥200 |

3. 防水压力设计指标

目前对于管片接缝材料设计抵御水压的最明确的规范是上海市标准《盾构法隧道防水技术规程》(DBJ 08－50－96)，其中 2.5.2 条明确指出：规定水压应等于实际承受最大水压的 2 ~3 倍。在制订本隧道设计防水压力时也应参考国内国际相关的工程，表 3－16 为国内外已建工程防水压力设计指标。

表 3－16　国内外已建工程防水压力设计指标

| 类比工程名称 | 埋深/m | 设计水压/MPa | 设计水压与实际水压之比 |
|---|---|---|---|
| 日本东京湾横断道路隧道 | 50 | 1 | 2 |
| 上海地铁区间隧道 | 10 ~20 | 0.6 | 3 |
| 埃及艾哈迈德隧道 | 40 | 0.4 | 1 |
| 武汉长江越江隧道 | 60 | 1.5 | 2.5 |
| 上海延安东路隧道、上海大连路隧道、上海翔殷路隧道 | 35 ~40 | 0.8 | 2 ~2.2 |
| 上海青草沙输水隧道 | 30 | 0.85 | 2.8 |

在日本东洋大学工学部、早稻田大学等科研机构关于盾构法隧道设计的相关研究报告中，多推荐防水安全系数(设计水压与实际水压之比)取值 3。但是在表 3－16 中可以看出：地铁隧道等在水压不高情况下，安全系数多取值为 3，而越江隧道等一般水压较大，故安全系数要做很大的折减，在上海延安东路隧道中最大水压也只达到 0.8MPa。

本工程盾构隧道的最大外水压力水头将近 74m，类比国内外典型工程的防水设计指标

及工程设计经验，根据相关规范、规定，分别对密封垫的抗水压性能指标进行确定，结果如下：

1）外道密封垫

（1）盾构外侧理论水压值：0.74MPa。

（2）设计使用年限：100年。

（3）三元乙丙橡胶100年以后的压缩应力保持率为0.56（56%）。

（4）安全系数：1.2。

（5）外道极限工况考虑张开量6mm、错台量15mm；双道（外道+内道密封垫）极限工况考虑张开量8mm、错台量15mm。

按照以上因素计算防水材料（短期）防水能力指标：1.6MPa。

2）内道密封垫

内道密封垫作为第二道防水措施。考虑到本项目盾构管片只有400mm厚，出于尽量减少沟槽对混凝土管片损伤及双道密封垫装配力限值得考虑，要求内道密封垫能够满足一定的短期防水能力，对突破外道密封垫的渗漏水起到一定的防水与渗漏水阻渗作用，即短期防水能力取设计水压0.74MPa。

3）内外道密封垫双道联动防水能力

考虑外道+内道双道密封垫可能对防水能力有略微提升，张开8mm、错台15mm极限工况下，双道防水能力通过试验验证达到1.6MPa。

4. 弹性密封垫设计

密封垫的止水机理是在管片压密后，靠橡胶本身的弹性复原力密封止水。为了使密封垫的弹性复原力能永久保持，除了密封沟槽的斜度设计之外，最重要的就是密封垫的断面设计。

综合国内外相关工程和材料研究成果可知，管片接缝防水密封垫的设计过程中应主要考虑如下几点：

（1）对止水所需的接触面压力，设计时应考虑接缝的张开量和错位量；

（2）在设计确定的耐水压力条件下，接缝处不允许出现渗漏；

（3）在千斤顶推力和管片拼装的作用力下，不致使管片端面和角部损伤等弊病发生；

（4）要考虑远期的应力松弛和永久变形量。

弹性密封垫材质为三元乙丙橡胶，截面加工为多孔梳形。弹性密封垫加工成棱角分明的框形橡胶圈，将橡胶圈套在四周有沟槽的管片上。要求在接缝张开6mm、错位15mm条件下，设计使用年限内能够抵抗0.74MPa的水压。

1）密封垫断面设计控制因素

在《盾构法隧道防水技术规程》（DBJ 08－50－96）中，对密封垫有着明确的要求。

弹性密封垫沟槽深度与密封垫的高度关系（图3－47），可按下式确定：

$$\alpha = \frac{T-H}{T}$$

$$\alpha' = \frac{T-H-B}{T}$$

式中，$H$ 为沟槽的深度；$B$ 为设计中接缝允许张开量的一半。

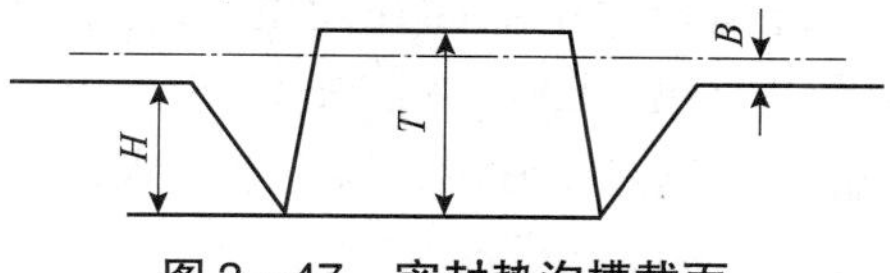


图 3-47　密封垫沟槽截面

为使密封垫完全压密(环缝张开量为 0mm)，密封垫沟槽截面积应不小于密封垫的截面积，其关系可按下式确定：

$$A=(1\sim1.15)A_0$$

式中，$A$ 为密封垫沟槽截面积；$A_0$为弹性密封垫截面积。

如果 $A/A_0<1$ 时，压缩到接缝张开量为 0 时，必然需要过大的压缩力，对管片拼装精度及拼装效率不利，且有导致管片开裂的风险，同时，溢出的密封材料会发生塑性变形，丧失弹性止水功能，即产生所谓的“挤隙”现象。如果 $A/A_0>1.15$ 时，橡胶密封垫达不到预期的止水效果。

2)考虑地震作用的隧道环向接缝张开量计算

管片的张开量指标关系到密封垫工作状态的最小压缩量，不合理的管片张开量设计会影响管片的防水能力，同时带来工程经济效益的降低。根据盾构隧道施工验收规范，隧道贯通后，衬砌环、纵缝张开量≤4mm，衬砌环内错台量应≤10mm，衬砌环间错台量应不≤15mm。

地震工况下隧道结构最大横向相对变形为 7.3mm，纵向接缝张开量为 2.8mm。

综上所述，确定本工程接缝最大张开量为 6mm，错台量为 15mm。

3)密封垫断面形式选型

盾构机环缝拼装的最大拼装能力受千斤顶量程的限制，纵缝依靠管片的自身重量压紧及螺栓紧固力拼装，如果只考虑接缝的防水能力，导致闭合压缩力过大，将直接影响到管片的拼装，进而影响防水效果。弹性密封垫应满足管片拼装要求，即管片拼装应能将管片密封垫完全压缩至接缝完全闭合(张开量为零)，并且在千斤顶推力和管片螺栓的作用力下，应当不致使管片端面和角部损伤等弊病发生。因此，闭合压缩力，即每米橡胶垫完全被压缩到管片沟槽中所需要的力应为一个合理适中的值。

根据内外双道密封垫接缝防水组合形式，从密封垫闭合压缩力符合盾构机装配力和提高防水性能两个方面，对不同截面形式内外道密封垫进行防水和闭合压缩数值模拟优化选型，得到优化后内外道密封垫面形式，见图 3-48。

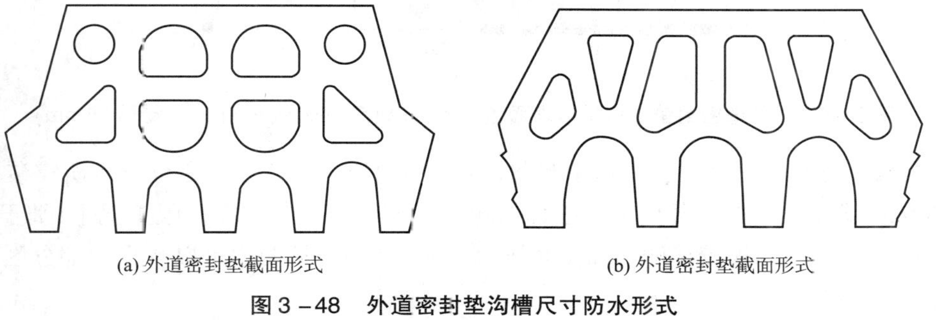

(a) 外道密封垫截面形式　　(b) 外道密封垫截面形式

图 3-48　外道密封垫沟槽尺寸防水形式

根据数值分析计算结果，外道密封垫断面在硬度65条件下，完全压密所需装配力为67kN/m(图3－49)。表面接触应力见图3－50、图3－51，在张6mm、错0mm及张6mm、错15mm时，密封垫表面接触应力满足1.6MPa的防水要求。

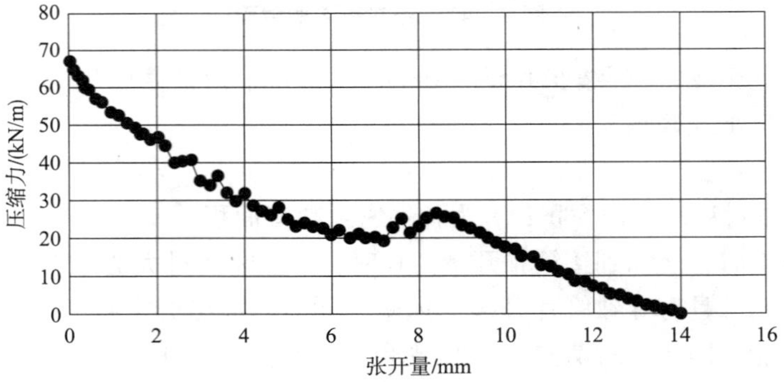


图3－49　外道密封垫数值模拟装配力曲线(硬度65)

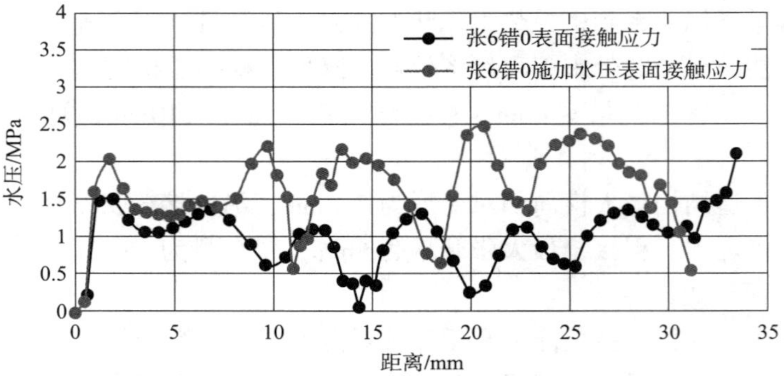


图3－50　外道密封垫数值模拟表面接触压力(硬度65，张开6mm、错缝0mm)

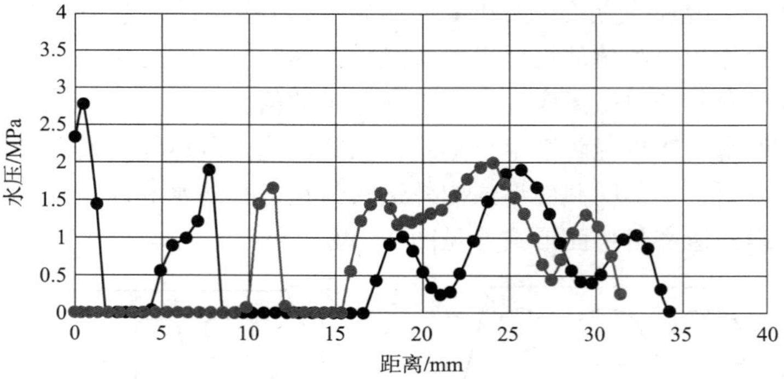


图3－51　外道密封垫数值模拟表面接触压力(硬度65，张开6mm、错缝15mm)

根据数值分析计算结果，内道密封垫断面在硬度65条件下，完全压密所需装配力为36.2kN/m，满足盾构机拼装要求，表面接触应力见图3－52。在极限工况下(张开6mm，错台15mm)三元乙丙橡胶接触表面接触压力见图3－53，从图中可以看出大部分区域接触压力达到0.8MPa。

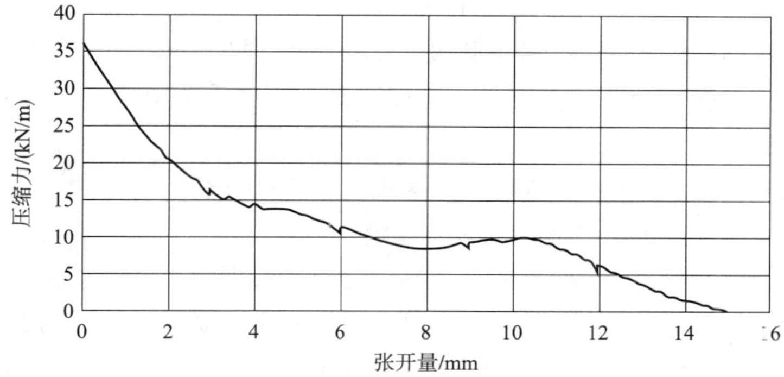


图3－52　内道密封垫数值模拟装配力曲线(硬度65)

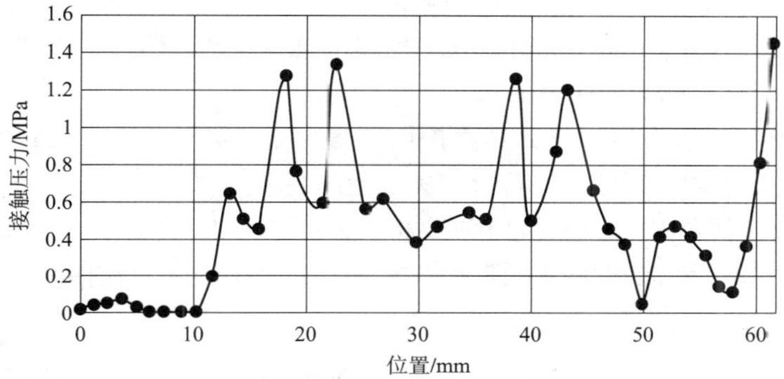


图3－53　内道密封垫接触压力分布(硬度65，张开6mm、错台15mm)

通过数值模拟优选出满足本工程拼装力以及防水要求内外道密封垫，但密封垫的实际防水压力及闭合压缩力还需应通过相关试验进行测试，由于本书在第五章节中对密封垫防水、防气能力试验进行了专门的阐述，因此本章节对此不再进行赘述。

5. 环缝、纵缝外侧海绵橡胶条及内侧嵌缝设计

设于环缝、纵缝外侧的海绵橡胶材质为氯丁海绵橡胶，施工中起到防止泥沙进入弹性密封垫沟槽、防止同步注浆浆液沿管片接缝穿流以及节约盾尾密封油脂的多重作用。

在隧底处于软弱土地段以及施工中错缝较大地段采用聚硫密封胶嵌缝，其余地段采用聚合物水泥砂浆嵌缝。嵌缝防水施工必须在盾构千斤顶顶力影响范围外进行。同时，应根据隧道的稳定性确定嵌缝作业开始时间。嵌缝作业应在接缝堵漏和无明显渗水后进行。嵌缝槽表面混凝土如有缺损，应采用聚合物水泥砂浆或特种水泥修补，修补质量要满足结构受力的要求。

6. 管片自防水

(1)管片结构采用C60高性能防水混凝土，其混凝土抗渗等级≥P12。

(2)管片结构应满足强度、抗裂要求，限制管片裂缝宽度≤0.2mm，不允许出现肉眼可见裂缝，且不允许出现贯穿性裂缝。

(3)管片生产过程中应按要求进行检漏试验，检验方法按设计抗渗压力保持时间不小于2h，渗水深度不超过50mm。连续3次检漏试验均合格，则改为每生产100环抽查1块，再连续3次合格，按最终检测频率200环1块进行检测。如出现1次不达标，则恢复50环抽查

1 块的最初检测频率，如此频率下出现不达标，则双倍复检，如再不达标，必须逐块检测。

(4)防水混凝土的水泥品种宜采用硅酸盐水泥、普通硅酸盐水泥，采用其他品种水泥时应经试验确定；在受侵蚀介质作用时，应按照介质的性质选用相应的水泥品种。水泥标号不低于 42.5 级。

(5)防水混凝土选用矿物掺合料时，粉煤灰的品质应符合现行国家标准《用于水泥和混凝土中的粉煤灰》(GB/T 1596—2017)的有关规定，粉煤灰的级别不应低于Ⅱ级，烧失量不应大于 5%，三氧化硫质量分数不大于 3%，用量宜为胶凝材料总量的 20% ~30%，当水胶比小于 0.45 时，粉煤灰用量可适当提高；硅粉的用量宜为胶凝材料总量的 2% ~5%。

(6)防水混凝土的水、砂、石应符合《地下工程防水技术规范》(GB 50108—2008)第 4.1.10 条、第 4.1.11 条的相关规定。

(7)防水混凝土可根据工程需要掺入减水剂、膨胀剂、防水剂、密实剂、引气剂、复合型外加剂及水泥基渗透结晶型材料，其品种和用量应经试验确定，所用外加剂的技术性能应符合国家现行有关标准的质量要求。

(8)混凝土终凝后应及时养护，其养护期不得少于 14d。管片蒸汽养护的最高温度应不超过 60℃。混凝土的冬期施工应符合相关规范的要求。

(9)防水混凝土拌合物在运输后如出现离析，必须进行二次搅拌。当坍落度损失后不能满足施工要求时，应加入原水胶比的水泥浆或掺加同品种的减水剂进行搅拌，严禁直接加水。

7. 衬砌外注浆防水

本隧道场地地下水及土体对混凝土结构及钢筋混凝土结构中的钢筋具微腐蚀性。不需要采用耐侵蚀的防水混凝土或外涂耐侵蚀的外防水涂料。考虑到本工程为越江隧道，设防水压高，在管片外侧涂刷 1.5mm 厚水泥基渗透结晶型防水涂料。

在衬砌管片与天然土体之间存在环形空隙，通过同步注浆以及二次注浆(视地面沉降、管片裂缝、接缝渗漏等情况必要时采用)充填空隙，形成一道外围防水层。同步注浆采用高密度的水泥砂浆(可掺加膨润土)等材料，二次注浆可采用水泥浆或双液浆。为减小浆材硬化收缩，所有的注浆材料皆宜掺加一定量的微膨胀剂。

同步注浆浆液应具有较好的抗水分散性和可注性。胶凝时间根据地层条件确定，并与掘进速度、注浆作业相匹配，通过现场试验确定。一般不超过 4h(终凝)，以获得早期强度，保证良好的注浆效果。固结体强度 1d 不小于 0.2MPa，28d 不小于 1.0MPa。注浆作业时应对注浆量(充填系数 150% ~220%)和注浆压力同时管理，当注浆压力达到设计压力(掘进面水土压力 +0.1 ~0.2MPa)、注浆量达到设计注浆量的 80% 以上时应结束注浆。

在盾构始发接收段(邻近洞门 20 环)、穿越软硬不均地层段、穿越重要建构筑段(堤防)等应进行二次注浆。

8. 衬砌节点防水

1)螺栓孔防水

螺栓孔设置密封圈，材料为三元乙丙弹性密封垫，螺栓孔采用内部充满丙烯酸乳液防腐蚀水泥砂浆的塑料保护罩套封堵。

2)管片角部加强防水

密封垫外角部覆贴自黏性橡胶薄板，材质为未硫化丁基橡胶薄片。

3）注浆孔防水

注浆孔采用遇水膨胀橡胶止水圈加强注浆孔与管片混凝土间密封防水。

4）其他防水

本隧道穿越长江，地下水丰富，管片接缝外侧加贴氯丁海绵橡胶，以阻挡泥浆、油脂等进入接缝。

9. *盾构始发及到达防水*

盾构机通过洞口时，洞口环形钢板和盾构机外壳或衬砌管片外壁之间存在环形间隙，若不进行密封，外面土体和水极容易从间隙流入工作井内，长时间会使得洞外土体严重流失，导致土体沉降，因此，须在洞口安装出洞防水装置以确保施工安全。同时始发防水装置使得盾构始发后能在盾尾形成相对密封的注浆空腔，以确保盾尾同步注浆能饱满地填充盾尾间隙。

本隧洞在始发区域端头加固的基础上，在盾构隧道与盾构井接口处模筑后浇环梁，在后浇环梁与管片、环梁与端墙结构之间设置膨胀止水条，预埋注浆管，管片与现浇洞口处应设置不锈钢接水槽。

各结构自身的防水材料在接口处应进行自收口处理。

为防止泥沙及水的涌入，盾构进、出洞施工时需在洞口处设置帘布橡胶圈，帘布橡胶由模具分块压制，然后连成一整环，见图3－54、图3－55。

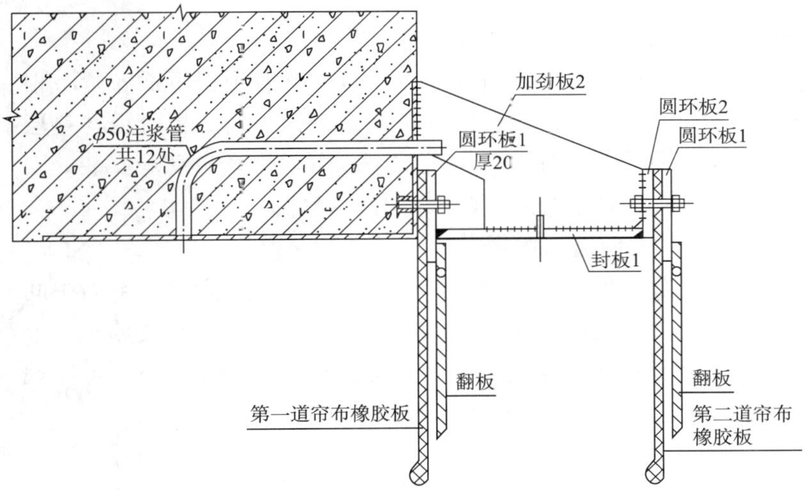


图3－54　始发洞口装置图

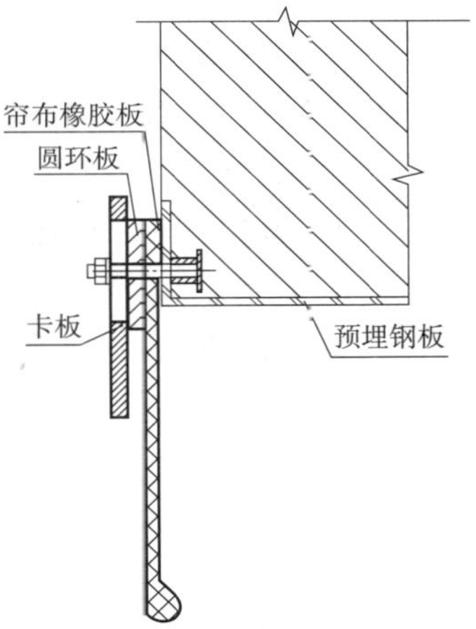


图3－55　到达洞口装置图

# 第六节　管道安装设计

## 一、隧道内径及管道安装可行性分析

1. *隧道内径确定影响因素*

对于长输管道的盾构隧道，其内径的大小主要受隧道内管道数量及管径大小决定。同时，也与管道焊接、安装方式、检修要求、预留通道等因素有关。对于本盾构隧道工程，影响隧道内径的主要因素如下：

(1)隧道穿越距离长，采用竖井内焊接组装或地面组装焊接的方案均不具有可行性，需采用隧道内分段组装焊接方案；

(2)隧道内 *D*1422 管道焊接需采用自动焊方式，管道周围应留有足够的焊接空间；

(3)隧道内多根管道布置，考虑充分利用空间，需考虑上下布置或左右布置等多种方案；

(4)*D*1422 管道管径大，为避免隧道内管道移位带来的设备安全风险，降低管道吊装过程中产生的弯曲应力，管道的布置位置尽量不考虑水平来回移位；

(5)管道安装施工过程中需安装通风、照明、轨道运输等设备，应尽量充分利用盾构主体施工期间的相关设施，避免重复施工；

(6)考虑后期运营维护、管道检修或抢修需要，管道布置中应考虑预留巡检通道；

(7)对于盾构隧道工程，应在充分考虑上述相关因素的基础上，合理确定隧道内径。

2. 前期不同管道数量及管径的方案比选

考虑到过江通道资源的稀缺性，对于隧道内布置管道的数量及管径，经过了多次论证。

在最初的方案中，为满足国家重点工程管道过江通道需要以及地方管网管道过江需求，对隧道内布置 2 根 *D*1422mm +1 根 *D*1016mm、3 根 *D*1422mm 管道、4 根 *D*1422mm 管道等三个方案进行了比选分析。

1)方案一：安装 2 根 *D*1422mm +1 根 *D*1016mm 管道时隧道内径

隧道内管道布置如下：3 根管道上下布置，上面布置 2 根 *D*1422 管道，下面布置 1 根 *D*1016 管道，*D*1016 管道布置在下面的垫层内，垫层内管道先施工，上面 2 根管道与垫层内管道错开一定距离的施工作业面，在合理安排工序的情况下，可实现全自动焊安装。安装 2 根 *D*1422mm +1 根 *D*1016mm 管道时隧道内径为 6.0m(图 3 –56)。

2)方案二：安装 3 根 *D*1422mm 管道时隧道内径

隧道内管道布置如下：3 根管道上下布置，上面平行布置 2 根 *D*1422 管道，下面中间布置 1 根 *D*1422 管道，下面 1 根 *D*1422 管道布置在下面的垫层内，垫层内管道先施工，上面 2 根管道与垫层内管道错开一定距离的施工作业面，在合理安排工序的情况下，可实现全自动焊安装。安装 3 根 *D*1422mm 管道时隧道内径为 6.8m(图 3 –57)。

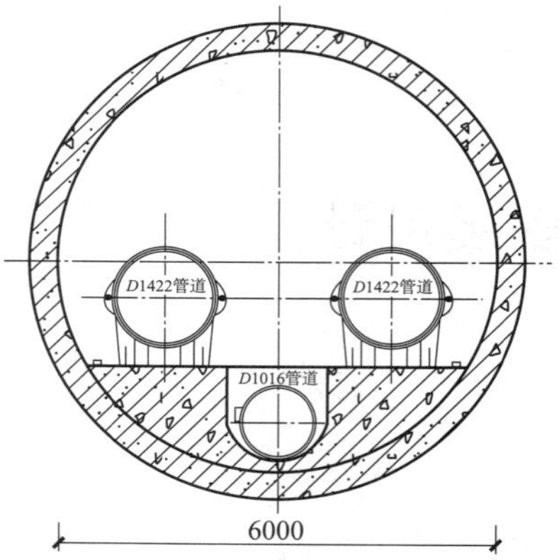


图 3 –56　方案一隧道内管道布置图

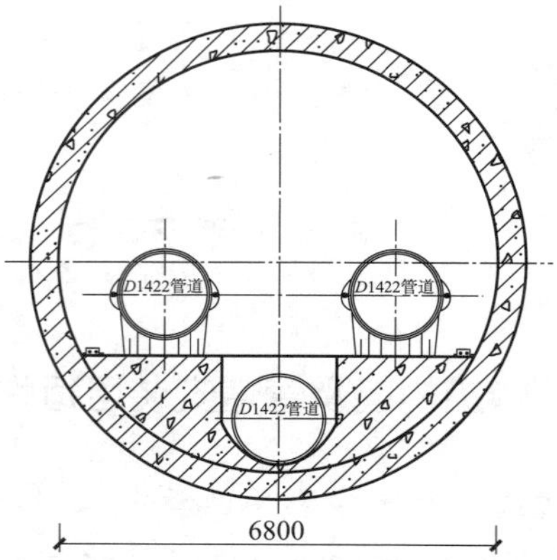


图 3 –57　方案二隧道内管道布置图

3)方案三：安装4根 *D*1422mm 管道时隧道内径

隧道内管道布置如下：4根管道上下布置，上面平行布置3根 *D*1422 管道，下面中间布置1根 *D*1422 管道，下面1根管道布置在下面的垫层内，垫层内管道先施工，上面3根管道与垫层内管道错开一定距离的施工作业面，在合理安排工序的情况下，可实现全自动焊安装。安装4根 *D*1422mm 管道时隧道内径为10m(图3－58)。

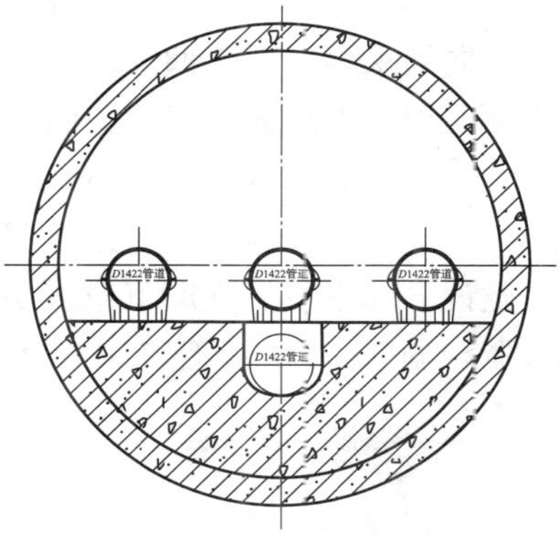


图3－58　方案三隧道内管道布置图

4)隧道内管道布置方案比选

根据上述三种方案，综合考虑隧道竖井、隧道内管道安装空间要求、管道安装工期、工程投资等因素，对上述三个方案进行了综合对比，详见表3－17。

表3－17　三种管道布置方案对比表

| 项目 | $\phi$6.0m 盾构 | $\phi$6.8m 盾构 | $\phi$10m 盾构 |
|---|---|---|---|
| 始发竖井(大小/深度)/m | 26×14/28.4 | 26×14/28.4 | 28×18/32.4 |
| 接收竖井(大小/深度)/m | $\phi$16/29.6 | $\phi$16/29.6 | 28×18/32.4 |
| 隧道内径/mm | $\phi$6000 | $\phi$6800 | $\phi$10000 |
| 穿越深度/m | 71 | 73 | 81 |
| 可安装管道 | 2*D*1422＋*D*1016 | 3*D*1422 | 4*D*1422 |
| 盾构掘进施工工期/月 | 46 | 48 | 50 |
| 管道安装施工工期/月 | 11 | 12 | 18 |
| 总工程费/总工期(相对值/月) | 1.0/59 | 1.2/60 | 1.5/68 |

通过以上分析，相对费用随着隧道直径的增加而增加，隧道的施工空间也将加大，隧道掘进和管道安装的施工难度有所降低。盾构隧道直径增加，并不增加隧道的掘进工期，管道安装工期随着管道数量的增加将相应增加。

经过各方专家多次论证，考虑到长江穿越路由的稀缺性，为充分利用国家重点工程过江通道能力，并为地方管网管道预留过江通道，最终采用了方案二，即隧道内敷设3根 *D*1422 管道，隧道内径定为6.8m。

3. 最终隧道内管道断面布置方案

针对隧道内径为6.8m、3根 *D*1422 管道的设计条件，对隧道内管道布置方式进行进一步论证。管道布置考虑如下3种方案：

(1)方案1：管道上下布置。即上面2根管道布置在垫层预制块上，下面的1根管道布置在垫层预制块内，垫层预制块内管道须先施工，上面两根管道与垫层内管道错开一定距离的施工作业面，在合理安排工序的情况下，此方案具有施工效率高、节省空间等优势(图3－59)。

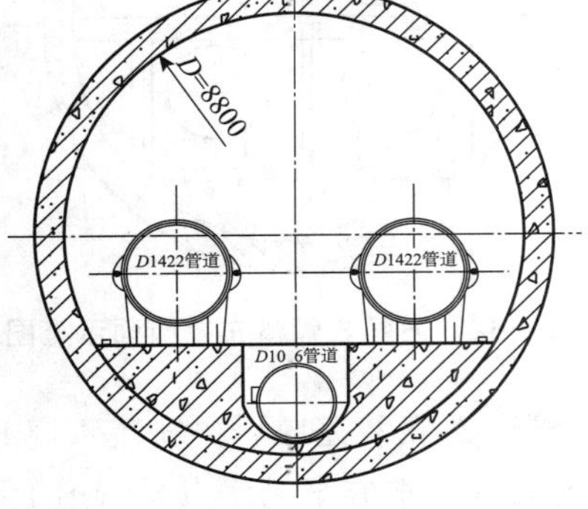


图3－59　方案1管道布置断面示意图

本方案特点是采用拼接的混凝土预制块作为配重垫层，预制块纵向长度为1.5m，预制块纵向间采用混凝土卯榫结构作为抗剪键连接。为减少预制块安装形成的错台现象，混凝土预制块底部纵向设置两道纵向凸台，凸台下放置水泥砂浆，预制块安装完毕后，底部其余空间采用CGM灌浆料回填。

本方案难点和风险主要是下部1根管道A的安装。下面管道A就位焊接时，需要采用弹性敷设方式下放至支座就位，易产生附加弯曲应力，上部2根管道B、C可同步焊接安装(图3－60)。本方案管道施工工期约13个月。

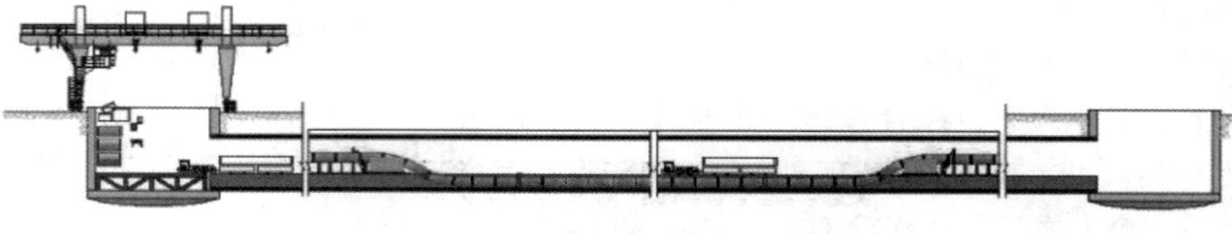

图3－60　方案1下部管道安装纵向示意图

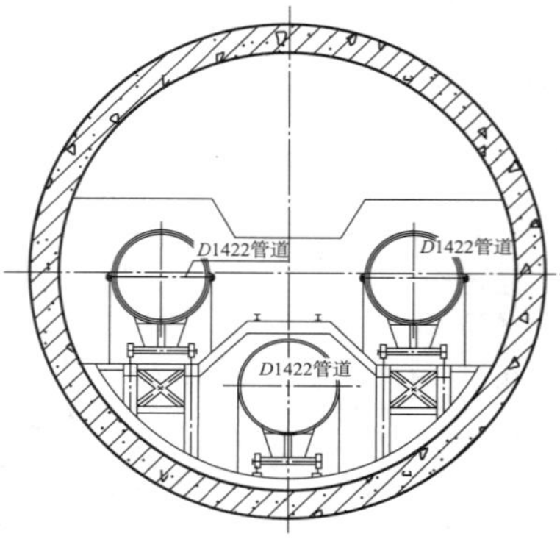


图3－61　方案2管道布置断面示意图

(2)方案2：管道上下布置，布置形式与方案1基本相同。与方案1不同的是，方案2采用预制钢支架代替垫层预制块。管道安装施工时，下面1根*D*1422管道采用轨道小车运至隧道内，管道直接在钢支架就位焊接；上面2根*D*1422管道可同步焊接，同样采用轨道小车运输到位后，直接进行焊接作业，管道安装完成后，轨道小车作为管道支座留至隧道内；3根管道安装全部完成后，采用泡沫混凝土回填。详见图3－61。

本方案的特点是采用预制钢架及上面的1#～5#轨道作为盾构施工及管道安装的运输通道，其优势是钢架形式灵活，占用空间小，可保证管道在就位后直接焊接，不用二次吊装，降低了管道焊口应力。其难点主要是钢架及运输轨道在盾构施工过程中需要进行拼接安装，需要对施工工序进行合理安排。管道安装时首先安装管道A，安装完成后同步进行B、C焊接安装。本方案管道施工工期约13个月。

(3)方案3：2根*D*1422管道在垫层预制块两侧布置，下面管道安装完成后，管道进行钢支架整体施工，然后在钢支架上安装钢轨，进行上面1根管道的安装焊接。3根管道全部安装完成后，回填泡沫混凝土(图3－62)。

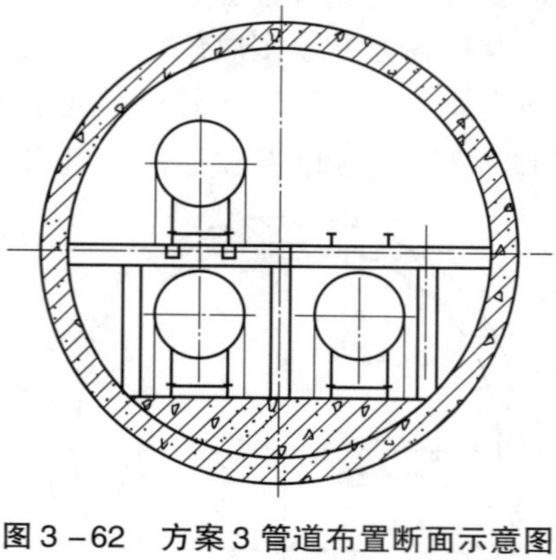

图3－62　方案3管道布置断面示意图

本方案的特点是盾构隧道施工完成后，在底部铺设混凝土垫层，然后完成下部两根管道A、B的安装，管道A安装完成后再安装管道B，管道B完成后铺设钢架支撑，完成后再进行上部管道C的安装。本方案的优点是管道上下布置对撑，但缺点是安装工期长，且预留空间较小。本方案管道施工工期约16个月。

方案推荐：根据以上管道安装方案，从施工技术、工期等进行比选，具体见表3－18。

**表3－18　管道布置方案技术经济比较表**

| 项目＼方案 | 方案1 | 方案2 | 方案3 |
| --- | --- | --- | --- |
| 优点 | （1）采用混凝土垫层预制块，在盾构隧道主体掘进时即可安装，节约工期；<br>（2）上面2根管道可同时安装，节约工期 | （1）管道直接就位焊接，避免了管道二次吊装，增加管道附加弯曲应力的风险；<br>（2）上面2根管道可同时安装，节约工期；<br>（3）采用预制钢支架代替混凝土预制块，减少了盾构环片荷载，有利于提高环片寿命 | （1）管道布置上下对称，较为美观；<br>（2）上层管道焊接时，相对于方案2，采用双轨运输，工期和安全性提高 |
| 缺点 | 管道就位焊接时，需要采用弹性敷设方式下放至支座就位，产生附加弯曲应力 | 采用预制钢架代替垫层预制块，隧道内钢结构连接工作量较大 | （1）三根管道需要按顺序分别焊接，施工工期增加；<br>（2）泡沫混凝土回填后，剩余空间较方案2小，不利于管道抢修工况下施工作业 |
| 工期/月 | 13 | 13 | 16 |

综上对比3种管道布置方案，方案2具有管道安装附加应力小，施工风险最小、工期短、管道抢修工况下空间较大等优势，有利于保证管道的本质安全，故采用方案2管道布置方案。

4. 隧道内管道自动焊接可行性分析

对于上述的管道布置方案，需对其管道焊接可行性、安装空间等进行进一步可行性分析论证，并满足隧道内3根管道运输及全自动焊接的要求。

随着长输管道焊接技术的发展，对管道环焊缝质量要求越来越高，管道焊接方式已经由手工焊、半自动焊接方式发展到自动焊接方式。本工程是国家重点工程的控制性工程，管道焊接需采用自动焊接方式。目前自动焊主要为以下两种工艺。

（1）内焊机根焊＋外焊机（双焊炬）填盖全自动焊工艺

该工艺的配置主要为内焊机＋双焊炬外焊机，通常按照1个内焊机根焊工作站＋3～6个双焊炬工作站布置，对于地形条件较好时特别对于平原、戈壁等适合流水作业的地区，其焊接效率最高。根据统计，$D$1422管径正常焊接日均焊接量为10～15道口，高峰期达到每天20道口；$D$1219管径正常焊接日均焊接量为20～25道口。国家重点工程北段全线采用全自动焊（内焊机＋外焊机自动焊）焊接占比为96.5%。从抽口试验来看，其焊口质量优良。

（2）组合自动焊工艺

该工艺根焊方式主要为半自动配合STT/RMD专用电源或手工低氢焊条或氩弧焊丝进行根焊，气体保护药芯焊丝自动焊填充盖面。工艺特点：设备配置简单灵活，对于不能实现连续大流水焊接，尤其具有实用意义；主要用于局部地形坡度较大地区以及连头段；该工艺的焊口质量同样满足设计要求；该工艺缺点是焊接速度慢，从中俄北段实践来看，对

于 $D1422$ 管道其焊接速度大约 1～2 口/d。用于连头焊时 1 口/2d。

$D1422$ 管道全自动焊接，主要受外焊机操作空间的限制。根据调研，结合外焊机焊炬尺寸、操作空间等要求，要求管道外周应至少保证 600mm 的空间。本工程隧道内径为 6.8m，隧道内布置 3 根 $D1422$ 管道，经过隧道内管道的综合优化布置，可满足隧道内自动焊接的需要。内焊机、外焊机及工程照片见图 3－63、图 3－64。

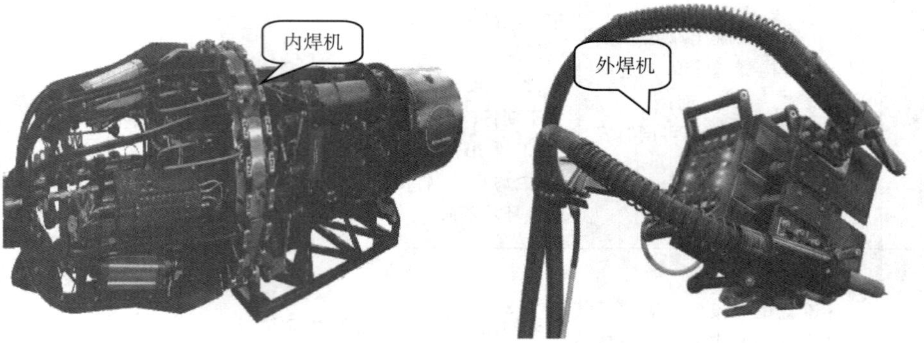


图 3－63　管道内焊机及外焊机照片

图 3－64　管道全自动焊接施工照片

## 二、隧道内管道运营方式分析

1. 不同管道运营方案比选

盾构隧道运营方式有不充水运营、充水运营、充填运营三种方式。通过对国内外油气管道隧道的运营方式进行调研和研究，目前隧道运营主要采取充水、充膨润土或泡沫混凝土、空置三种方式，三种方案均有案例。在国内，绝大部分采用充水方式。

1）隧道内空置运营

不充水运营优势是可以日常维护，但是需采取视频监控、照明、有害气体监测等措施，一次性工程投资高，日常需设专人 24h 值守，运营成本高。

2）隧道内充水运营

调研国内隧道及运营状况，绝大部分采用充水运营，运营状况良好。近年来，总结了相关的隧道运营经验和教训，具有了较丰富的经验。充水运营有以下优势：

（1）充水隧道一次投入低，不需要安装永久性的排水、通电、通风等设施，充水隧道运营成本低，平时不需要进隧道维检修。运营期在竖井上部设置可燃气体泄漏检测装置和安防措施进行运营管理。

(2)充水隧道内钢构件在单一介质中的腐蚀情况好于潮湿环境;

(3)隧道内的水可以抵消环片外的水压,对环片的长期受力有利;

(4)充水不影响隧道施工工期,而采用空置和充填泡沫混凝土,均需要较长的施工周期;

(5)通过一些智能化的监控监测手段,可以随时掌握隧道内管道的运营状态;

(6)隧道充水运营,可保证隧道不受人为因素的影响,隧道的失效概率大大降低。

但是,该方案无法开展相关隧道内检查,当出现抢修作业时,需要先整体隧道内排水作业,作业环境、空间满足要求后,可采用净空隧道方案开展相关工作。

已建盾构隧道有80%以上为充水运营(表3-19)。经了解,在2010年,对充水运营的黄石长江盾构穿越隧道进行了结构安全监测及渗漏水调查,管道防腐层经检测未发现损伤、破损与漏点,管道支架完好,未发现腐蚀,连接与固定完好。该隧道充水运营,管道和管件防腐均完好、无破坏。

**表3-19 部分已建盾构隧道充水情况统计表**

| 序号 | 项目名称 | 工程名称 | 充水 |
|---|---|---|---|
| 1 | 中国石油忠县—武汉输气管道工程 | 红花套盾构穿越工程 | 是 |
| 2 | 中国石化仪征—长岭原油管道工程 | 仪长黄石盾构穿越工程 | 是 |
| 3 | 广东LNG液化天然气工程 | 菠萝庙盾构穿越工程 | 是 |
| 4 | 广东LNG液化天然气工程 | 珠江主航道盾构穿越工程 | 是 |
| 5 | 中国石化川气东送管道工程 | 宜昌盾构穿越工程 | 是 |
| 6 | 中国石化川气东送管道工程 | 黄石盾构穿越工程 | 是 |
| 7 | 中国石化川气东送管道工程 | 武汉盾构穿越工程 | 是 |
| 8 | 中国石油西气东输二线工程 | 九江盾构穿越工程 | 是 |
| 9 | 中石油长长吉输气管道工程 | 松花江盾构穿越工程 | 是 |
| 10 | 中国石油西气东输二线工程 | 钱塘江盾构穿越工程 | 否 |
| 11 | 中国石油西气东输二线工程 | 抚河盾构穿越工程 | 是 |
| 12 | 中国石油西气东输二线工程 | 北江盾构穿越工程 | 否 |
| 13 | 中国石油西气东输二线工程 | 绥江盾构穿越工程 | 是 |
| 14 | 广东天然气管网二期工程 | 南坦海盾构穿越工程 | 是 |
| 15 | 中国石油西气东输三线工程 | 中卫黄河盾构穿越工程 | 否 |
| 16 | 中国石化金陵分公司物料管道工程 | 金陵石化长江盾构穿越工程 | 是 |
| 17 | 浙江省天然气管网甬台温管道工程 | 瓯江盾构穿越工程 | 是 |
| 18 | 中国石油西气东输一线工程 | 三江口长江盾构穿越工程 | 否 |

3)隧道内填充泡沫混凝土运营

国外有部分工程采用隧道内充填泡沫混凝土或膨润土水泥浆。表3-20为部分国外管道隧道填充工程案例。

表 3－20　国外充填隧道情况统计表

| 项目名称 | 国家 | 隧道长度/km | 水压或埋深/m | 隧道内径/m | 管道根数/个 + 管径/mm | 填充材料 | 竣工时间 |
|---|---|---|---|---|---|---|---|
| 科里布盾构 | 爱尔兰 | 4.9 | 埋深 5.5～12 | 4.20 | 1 根 508mm 管道及 2 根 500mm 水管 | 水、水泥和膨润土混合液 | 2015 |
| 伊势湾盾构 | 日本 | 13.3 | 40m 水压 | 3.08 | 1 根 700mm 1 根 600mm | 泡沫混凝土 | 2011 |
| 东京湾盾构 | 日本 | 18.0 | 埋深 35；70m 水压 | 3.08 | 1 根 700mm | 泡沫混凝土 | 2009 |
| Humber 河输气管道隧道 | 英国 | 5.03 | — | 3.65 | 1220 | 充水 | 建设中 |
| Ems 输气管道隧道 | 荷兰和德国 | 4.016 | — | 3 | 1219WT 22.7 7mm 3LPP | 充水 | 2008－10 |
| Curtis 岛输气管道隧道 | 澳大利亚西部 | 4.3 | — | 3.65 | 1219 管道 总长 9.6km | — | 2017 |

隧道采用泡沫混凝土或膨润土水泥浆充填，优点是管道受约束，变形小。缺点是隧道内填充泡沫混凝土或水泥浆施工工期长，工程费用较高。该方案无法开展相关隧道内检查，当出现抢修作业时，需要首先进行局部泡沫混凝土移除，并根据抢修作业需求，确定移除泡沫混凝土相关数量。达到作业空间要求后，可采用净空隧道方案开展相关设计。

4）充填氮气运营

运营期隧道内充填氮气方案，优点是可避免天然气与空气混合发生爆炸。缺点是首先隧道内填充氮气所需气量大、费用较高、运维难度较大，由于隧道无法像管道一样做到完全密封，运营期需不间断补充氮气，保持氮气的浓度；另外，该方案无法开展相关隧道内检查，当出现抢修作业时，需要进行通风，将氮气完全排除，空气质量达到标准后才能作业。据了解，目前没有隧道采用氮气充填。

2. 长江盾构隧道运营方案的确定

为了能够进行检修维护，国内油气管道水域盾构隧道通常采用充水运营方式。表 3－21对隧道内管道不同运营方案进行了对比。

表 3－21　隧道运营方案比选表

| 项目 | 充水运营 | 空置运营 | 泡沫混凝土填充 | 氮气充填 |
|---|---|---|---|---|
| 隧道结构影响 | 结构处于内、外压平衡的状态，对结构有利 | 结构受力随江水水位不断变化，对结构受力不利 | 结构整体性更好，抗震有利 | 结构受力随江水水位不断变化，对结构受力不利 |
| 隧道内管道及管件防腐环境 | 水下环境稳定，与氧气隔绝，利于防腐 | 隧道内湿气重，环境较差，不利于防腐 | 混凝土内部环境稳定，与氧气隔绝，利于防腐 | 隧道内湿气重，环境较差，不利于防腐 |

续表

| 项目 | 充水运营 | 空置运营 | 泡沫混凝土填充 | 氮气充填 |
| --- | --- | --- | --- | --- |
| 隧道防火、防爆 | 不存在可燃气体积聚问题，防火、防爆简单，有利于隧道内消防安全 | 如通风不及时，隧道中可能存在可燃气体积聚问题，火灾风险相对高 | 隧道上部未充填空间中可能存在可燃气体积聚问题 | 不存在可燃气体积聚问题 |
| 抢修、维护 | 日常不维护。<br>可抢修，抢修时隧道内充填水需全部抽出，排放需满足环保要求 | 日常维护，但受断面限制，在设置排水、通风等设施后空间狭小，隧道长度长，巡检难度大 | 日常不维护。<br>可抢修，抢修时需要局部开挖 | 日常需进行充填氮气的维护。<br>可抢修，抢修前需要进行彻底通风换气 |
| 配套设施 | 不需设置永久通风、照明、排水、检测措施，仅需在检修时采取临时措施 | 为满足日常维护需要，需设置防爆照明系统、自动排水系统、可燃气体检测装置、通风系统、周界报警系统 | 不需设置永久通风、照明、排水、检测措施，仅需在检修时采取临时措施 | 不需设置永久通风、照明、排水、检测措施，仅需在检修时采取临时措施 |
| 安全设施 | 隧道内充水保护，井口采用井盖封闭，两岸设置值班人员24h值守，设置周界报警系统和智能监视系统 | 两岸设置值班人员24h值守，设置周界报警系统和智能监视系统隧道内需设置可燃气体报警系统、防爆供电系统和照明系统、排水系统 | 隧道内填充泡沫混凝土，井口采用井盖封闭，竖井内设置燃气体报警系统，两岸设置值班人员24h值守，设置周界报警系统和智能监视系统 | 两岸设置值班人员24h值守，设置周界报警系统和智能监视系统。竖井内设置可燃气体报警系统 |
| 工程投资 | 井盖及充水费用，本工程约需400万元 | 设置防爆照明系统、自动排水系统、可燃气体检测装置、通风系统、周界报警系统，本工程10230m隧道，一次投入费用约1亿(不包括维检费用) | 隧道填充泡沫混凝土116400m$^3$，增加填充费用约7500万元。始发竖井深度可减小10m，接收竖井深度减小14m，节省竖井工程费用约5500万元。综合，隧道填充泡沫混凝土方案增加工程费用约2000万元 | 井盖及充氮气费用，本工程约需500万元 |
| 工期 | 最短 | 较充水长3个月 | 较充水长3个月 | 较充水长1个月 |
| 运营成本 | 可以降低日常通风、排水、照明等维护费用，节能环保，运营费用低 | 需要考虑日常通风、排水、照明、人员值守等维护费用，运营费用高 | 可以降低日常通风、排水、照明等维护费用，节能环保，运营费用低 | 需要考虑日常氮气补充的维护费用，运营费用较高 |
| 优劣势 | 劣势：检修排水不便，补偿受限，管道变形大。<br>优势：投入费用低，工期短 | 劣势：一次性投入费用高，运营费用高，补偿受限，管道变形大。<br>优势：可以随时查看管道状态 | 劣势：一次性投入费用略高，运营费用高。<br>优势：管道变形小，减小竖井深度，降低竖井施工难度，运营成本低 | 劣势：运营费用高，补偿受限，管道变形大。<br>优势：工期短 |

空置运营优势是可以日常维护，劣势是一次性工程投资高，需设置永久性防爆照明系统、自动排水系统、可燃气体检测装置、通风系统、周界报警系统。日常需设专人24h值守，运营成本高。

充水运营优势是无需设置永久通风、照明、排水、检测措施，仅需在检修时采取临时措施，工程投资少，日常运营简单。已建盾构隧道有80%以上为充水运营。

充填氮气运营优势是无需设置永久通风、照明、排水、检测措施，但需在运营期间保持氮气压力，持续注氮气。劣势是抢修时需进行完全通风，日常运营费用较高。且目前没有盾构隧道采用充填氮气运营。

填充泡沫混凝土的优势是无需设置永久通风、照明、排水、检测措施，管道处于混凝土内部封闭环境，利于管道防腐；泡沫混凝土约束了管道，管道应力和变形较空置方案大大减小，同时避免了管道与支架、隧道壁的碰撞；并在抗震工况下，管片结构的内力值是显著低于空置方案，对结构受力更加有利；可使竖井深度减小，大大降低竖井施工的难度和工程费用。劣势是隧道内填充泡沫混凝土施工工期较长，相比较充水运营方案，增加工期约3个月，造价增加2000万。

对于填充材料，国外大都采用泡沫混凝土填充，主要基于泡沫混凝土施工对防腐层基本没有损伤，其质量较轻，性能稳定，对管道有较大的约束，又较普通混凝土施工方便，造价相对较低。如果采用填充沙，由于沙子较松散，对管道的约束弱，不能起到约束管道的作用，管道的热变形较大，竖井内补偿器较长，这样会增加竖井的深度。

目前国内水下隧道绝大多数充水运营，10多年前的隧道，由于经验及防腐技术的限制，有一些腐蚀的问题出现。但是近年建造的隧道，如西二线长江、钱塘江、北江盾构隧道，根据抽水检测结果，管道及钢构件采取措施后，运营状态良好，无明显锈蚀和破坏迹象。采取相应措施后，隧道充水运营是可行的。

隧道充填泡沫混凝土方案相比较传统的充水运营，管道在封闭的混凝土中，事故出现的概率更低，运营更可靠，并且避免了管道位移，工程费用较低。

基于以上因素，长江盾构隧道确定采用填充泡沫混凝土运营的方式。

3. 隧道内泡沫混凝土工程典型案例介绍

下面以欧洲爱尔兰科里布天然气输送隧道工程和日本穿越伊势湾的天然气输送管道建设项目为例，简要介绍一下国外油气管道盾构隧道内采用泡沫混凝土填充案例。上述两个工程的主要概况见表3－22。

表3－22　两条国外盾构隧道充填情况表

| 项目名称 | 国家 | 隧道长度/km | 水压或埋深/m | 隧道内径/m | 管道根数/个＋管径/mm | 填充材料 | 竣工时间 |
|---|---|---|---|---|---|---|---|
| 科里布盾构 | 爱尔兰 | 4.9 | 埋深5.5～12 | 3.5 | 1根508mm＋2根250mm | 水、水泥和膨润土混合液 | 2015 |
| 伊势湾盾构 | 日本 | 13.3 | 40m水压 | 3.08 | 1根700mm<br>1根600mm | 泡沫混凝土 | 2011 |

1)爱尔兰科里布天然气输送隧道工程

(1)工程概况

位于欧洲的爱尔兰克里布天然气项目科里布盾构隧道，长4.9km，隧道外径为4.2m，内径为3.5m，位于斯鲁瓦登湾下5.5～12m。隧道内安装直径为1根*D*500mm天然气管道、2 根 $D250$mm 高密度聚乙烯污水管道。管道安装检测完成后，用水、水泥和膨润土填充隧道，将隧道密封。

(2)管道安装工程

隧道施工完成后，进行隧道内的管道安装及配套设施的安装。第一步，配套线通过轨道运进隧道，然后卷绕起来并附着在隧道壁上。第二步，提前焊接的天然气管道将被分段输送到隧道中，然后整段管道焊接完成。最后一步，整个燃气管道在隧道内进行水压试验；随后 2 根水管道和几根控制电缆采用漂浮法运入隧道。

在拆除隧道掘进机后隧道内安装工程随即展开，包括安装长 5km、直径 500mm 的输气管道，长 10km、直径 250mm 的高密度聚乙烯(HDPE)污水管线，18km 长、直径 180mm 的 HDPE 注浆管线，10km 长的信号电缆和 25km 长的光纤电缆。

在隧道贯通之前，场地地面已经开始机械焊接，将管道焊成 72m 长的管段，这些管段随后会被运输至始发井斜道内，然后拖入隧道。以这种方式提前焊接管道可以减少隧道内的安装时间，以尽可能减少必需的焊接工作。隧道内管道安装之前和安装之后见图 3－65、图 3－66。

图 3－65　隧道内部设施(安装输气管道之前)

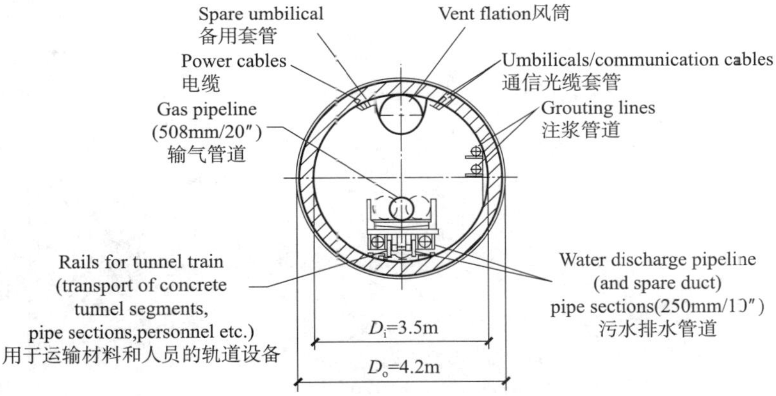


图 3－66　隧道完成后管道和相关设施的安装图

一旦管道及其附属安装和测试完成，隧道内剩余的空间将被一种耐用材料完全填充。这个过程称为隧道注浆或回填。本次注浆作业使用的回填材料为水、水泥和膨润土的混合物，混合物流体可泵送进整个隧道并且固化到约 1～2 MPa 的强度。

在隧道回填水、水泥和膨润土的浆液混合物使隧道密封之前，需要对管道和设施进行试验。当所有试验完成后，可以开始注浆作业，最终完全封闭隧道。

陆上管道隧道段的设计和安装将确保管道在运营期间减少潜在的腐蚀。管道安装后，将对其涂层系统进行彻底的检查，任何损坏都予以修复。一旦安装完成，隧道将充满水泥浆化合物。注浆材料通常有 2%～5% 的收缩率，需要 24h 才能硬化。当注浆材料收缩到管道上时不会损坏防腐涂层，并会形成一个保护层以排除游离水和氧气。该浆液的 pH 值为

12，呈碱性，如果水渗透到浆液中，管道阴极保护系统可以有效地保护暴露在外的钢铁。

隧道注浆养护后，可提供足够的承载力保护管道，支撑周围土体，加强了隧道环片衬砌的功能。在隧道最终状态下，该隧道将无法通行，也不需要进一步的维护。注浆过程已在众多工程中成功实施。最近，德国和荷兰之间长达4km的Ems管道隧道也以类似的方式进行了填充。

在一个月的时间内，现场共分批运送了47000$m^3$的注浆材料，并将其注入隧道。此外，工程实行每天24h每周7d工作制以确保持续泵送，并减低注浆堵管的风险。2015年1月完成隧道内注浆施工。

2）穿越伊势湾的天然气输送管道建设项目

（1）工程概况

日本伊势湾海底隧道包含两条隧道，即赤塔市到川越市的隧道1（长度13.3km，直径3.0m）和川越市到四日市的隧道2（长度4.0km，直径2.0m）。管道安装参数为：1根*D*600mm输气管道+1根*D*700mm输气管道（隧道1）+1根*D*600mm输气管道（隧道2）。

隧道穿越最大深度约为45m，平均覆土厚度约为37m。在隧道1的建设中，两台盾构机分别从隧道两侧，分别位于赤塔市和川越市的竖井开始，以实现海底隧道的长距离和快速施工。然后，在隧道1的中间完成了海底隧道掘进机的直接对接。这种地下对接技术能够非常迅速地建造13.3km的海底隧道。图3－67为隧道纵断面图。

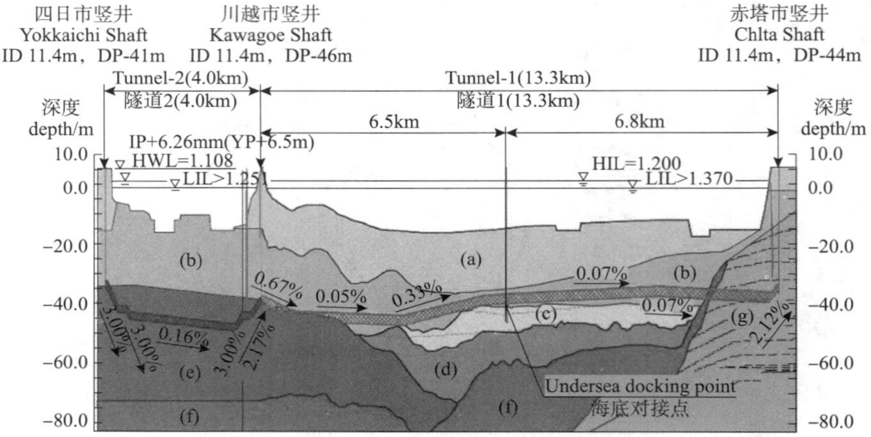


图3－67　伊势湾隧道纵断面图

（2）管道安装工程

管道安装自动化是本隧道建设的又一特点，突出表现在两点：一是隧道内完全采用自动化焊接并开发出一套自动化的远红外线逻辑加热控制系统，该加热系统设备体积小，适合隧道狭小空间，要求低，即使非技术工人也可操作，且施工质量和安全性得到更好的保证；二是建立了适用于隧道工程的现场管理系统，使得地面上的监理可以实时地与隧道工作人员进行沟通并视频监控，提高了隧道内施工的效率和安全性。

本项目管道安装工作需要在长距离海底隧道中实施，需要高效的管道输送和安装系统来减少施工工期和成本（图3－68～图3－70）。为了提高工作效率，隧道1的管道安装工作从中间开始，并分别延伸到两侧的竖井（川越侧竖井和赤塔侧竖井）。

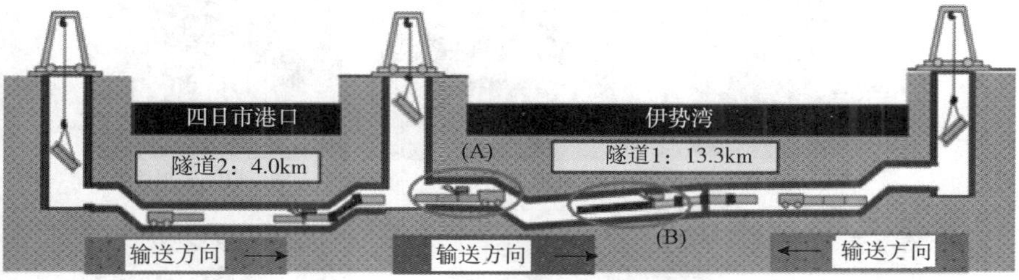


图 3－68　川越市隧道 1 竖井底部图

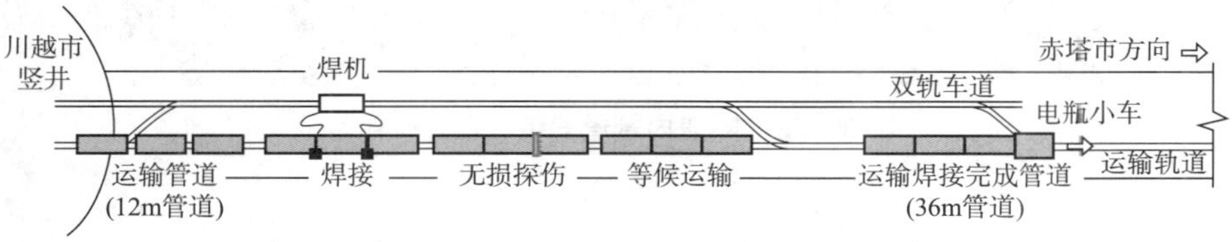


图 3－69　川越市隧道 1 竖井底部的平面视图［指图 3－68 中点（A）］

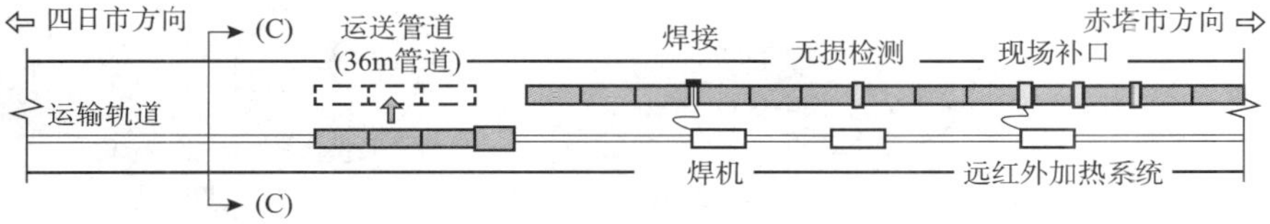


图 3－70　隧道 1 内的平面视图［指图 3－68 中的点（B）］

在竖井的底部，三根长 12m 的管道焊接在一起，成为一根长 36m 的管道。然后，将焊接的 36m 长的管道运送到已经安装并焊接的管道末端。通过该工作流程的周期循环，管道一次延长 36m。由于这种工作程序通常每天在两个竖井内重复 2～3 个循环，因此可以将管道延长 144m 或 216m 长。管道安装见图 3－71、图 3－72。

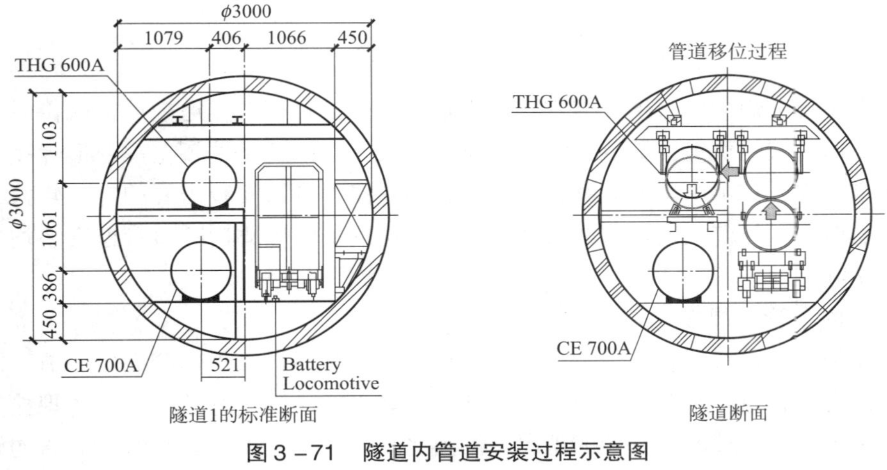


图 3－71　隧道内管道安装过程示意图

隧道内管道安装完成后，采用泡沫混凝土填充整个隧道。图 3－73 为隧道内填充示意图。

图 3－72　隧道内管道安装工程施工照片

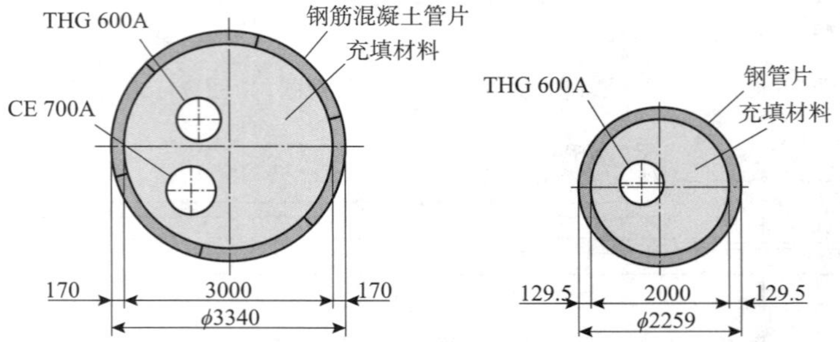


图 3－73　两条隧道内泡沫混凝土填充图

## 三、隧道内管道安装设计

1. 管道安装方案概述

盾构隧道可采用滑动钢支座或管道小车等作为管道支座。根据焊接的地点，管道安装可分为以下三种方式。

1）隧道内布管、焊接

隧道内布管、焊接的管道安装方式最为常用，是指管道在隧道内运输就位后焊接，具有工期短、速度快的优势，缺点是隧道内空间受限，且施工条件较差。管道焊接中采用手工焊、半自动焊方式可采用此方案；采用全自动焊接，管道安装需要的空间较大，相应的隧道断面需增大。目前国内西二线长江、北江、温圳抚河等盾构隧道管道安装均采用此方式（图 3－74）。

2）竖井内布管、焊接

管道在竖井内进行布管、组装、焊接、检测、防腐补口，每焊接完成一节，向隧道内推入一节，直至管道安装全部完成（图 3－75）。该方式适用于隧道内不具备焊接空间、在竖井内采用全自动焊接的大管径的情况。国内国家重点工程黑龙江、嫩江等盾构管道安装均采用此方式。

3）地面布管、焊接

采用地面布管、焊接的管道安装方式，盾构隧道在接收井侧需开挖延伸至地面的坡道，管道在接收井外侧地面进行焊接、检测、防腐补口，完成后分段（100～200m）采用推管机等机械送入隧道内。此种方案尤其适用于管道采用全自动焊接的大口径管道。目前国家重点工程辽河、沭河、大汶河等盾构隧道采用此种方案(图 3－76)。

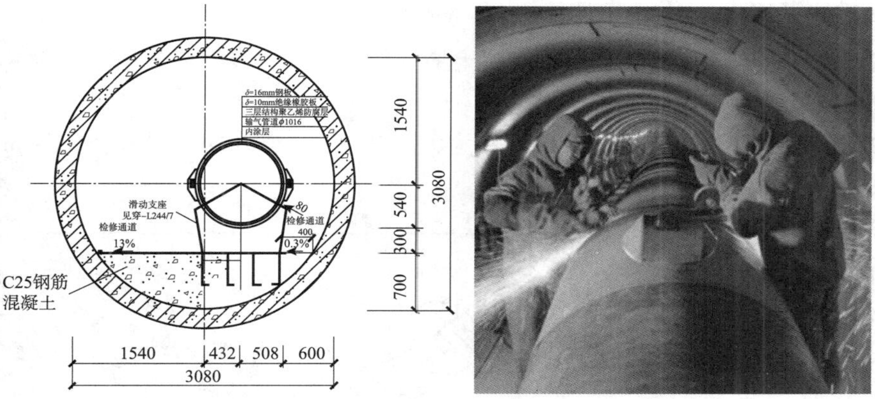


图 3－74　隧道内管道安装示意图

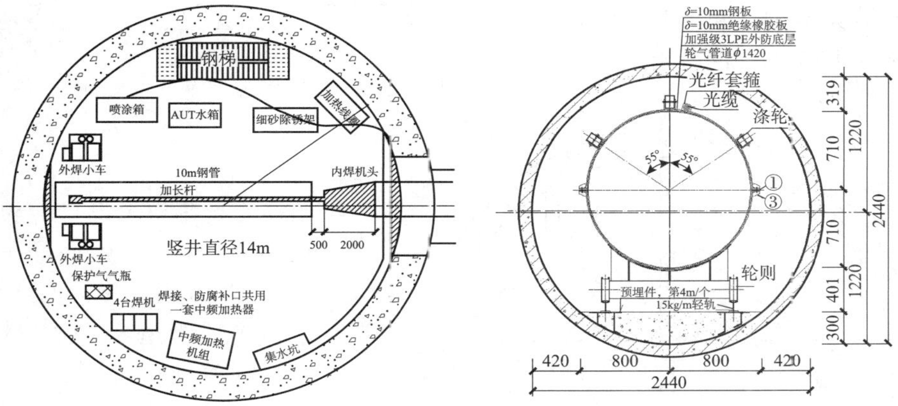


图 3－75　竖井内管道安装示意图

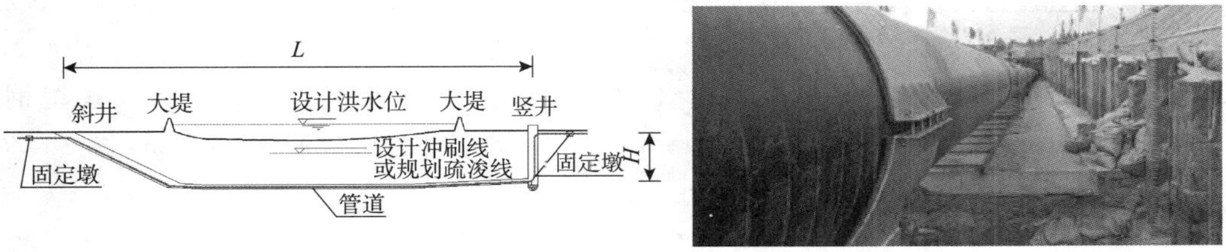


图 3－76　地面管道安装示意图

对于本工程，由于穿越距离长，采用竖井内管道焊接、地面焊接，均需要进行分段焊接回拖，管道安装效率低，管道回拖难度大，因此，竖井内管道焊接和地面焊接均不可行。故本工程需采用隧道内管道安装的方式。

由于采用隧道内管道安装方式，隧道内管道采用自动焊接方式，管道外周需留有至少 600mm 安装空间，因此，管道支座的生根方式较为重要。

中俄长江盾构隧道为特长盾构隧道，内径 6. 8m，掘进长度 10. 226km。以往的盾构隧道垫层都是在隧道贯通后、管道安装施工之前，采用现浇一定厚度混凝土的形式施工垫层，再在垫层面上安装管道支座，架设管道。参照已有的隧道内铺装混凝土垫层的方式，并考虑到大体积混凝土浇筑的水化热、隧道内运输等因素，在工程设计前期设计了预制混凝土垫块的方案，后期根据专家意见进行了钢架支撑的论证设计。以下对上述两种方案进行论证。

2. 隧道内垫层预制块方案设计

前期设计过程中，隧道内采用了混凝土垫层预制块作为管道支撑方案，具体如下。

1) 管道安装设计方案

盾构隧道采用拼接的混凝土预制块作为配重垫层，预制块纵向长度为1.5m，预制块纵向间采用混凝土卯榫结构作为抗剪键连接。预制块排布时每隔30m设置一道变形缝。为减少预制块安装形成的错台现象，混凝土预制块底部纵向设置两道纵向凸台，凸台下放置水泥砂浆，预制块安装完毕后，底部其余空间采用C35细石混凝土回填(图3－77)。

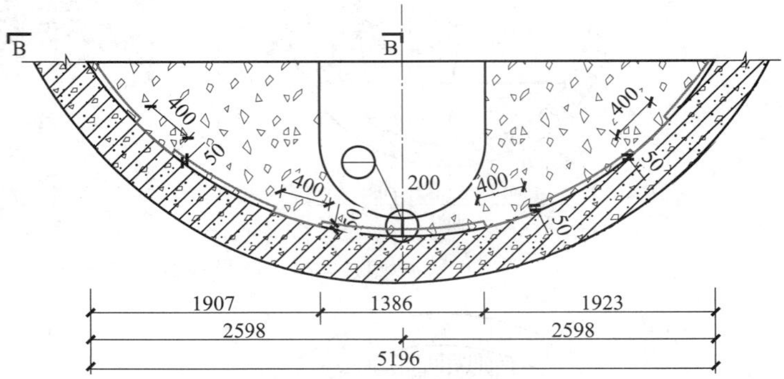


图3－77 混凝土垫层预制块示意图

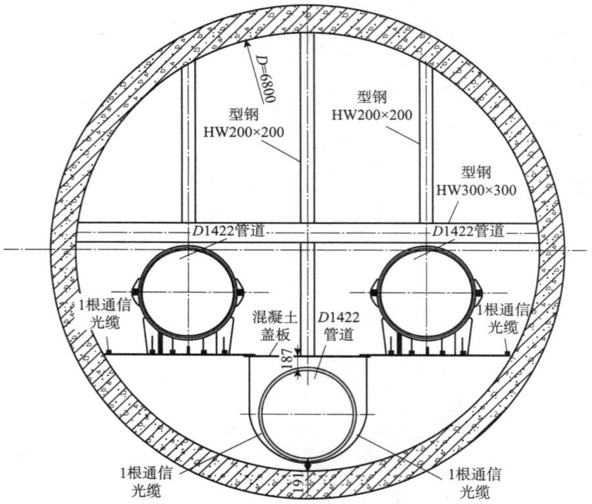


图3－78 隧道内管道安装布置图

混凝土预制块上设置滑动钢支座，支座间距10.5m，管道搁置在支座上，支座与管道之间用10mm厚绝缘橡胶板绝缘。隧道内管道支座采用双螺母固定。隧道内管道敷设隧道一侧，另一侧为铺设光缆和安装通道，在管道出竖井外设固定墩，防止两侧线路段管道变形影响穿越段。为保证*D*1422管道抗浮，*D*1422管道上方设置型钢支撑，型钢支撑间距为21m(图3－78、图3－79)。

图3－79 隧道内管道安装三维图

2)管道安装施工方案

管道安装施工时，3 条管道运管采用电瓶车轨道运输、布管。首先进行下部管道 A 焊接，管道 A 焊接、防腐、补口等完成后，管道开始吊装下沟，给上部腾出作业空间后，上部 2 条 $D$1422mm 管道从后侧开始焊接，最终实现 3 条管道同时施工(图 3－80)。

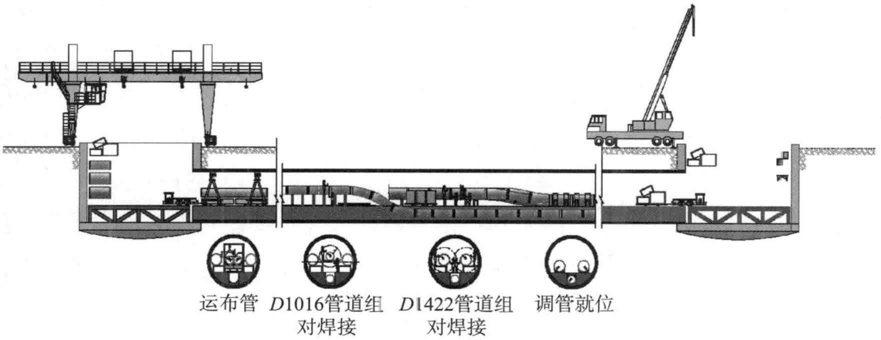


图 3－80　隧道内管道安装施工示意图

3. 隧道内钢结构支撑方案设计

后期专家论证过程中，认为采用混凝土垫层预制块方案，下部管道 A 需要在隧道内采用吊装方式下降就位，在管道下降过程中，管道会产生较大的吊装二次应力，因此，从降低管道吊装应力角度，采用管道小车就位后直接作为管道支座的方式，并考虑到下部管道 A 焊接空间的需要，提出了钢架支撑的设计方案。

管道安装施工时，下面 1 根 $D$1422 管道采用轨道小车运至隧道内，管道直接在钢支架上就位焊接；上面 2 根 $D$1422 管道可同步焊接，同样采用轨道小车运输到位后，直接进行焊接作业，管道安装完成后，轨道小车直接作为管道支座留至隧道内(图 3－81)；3 根管道安装全部完成后，采用泡沫混凝土回填。

为保证盾构隧道及管道安装施工安全，在预制钢架上、施工作业段轨道下顺轨道方向面铺设钢板(图 3－82)，以满足施工操作要求。

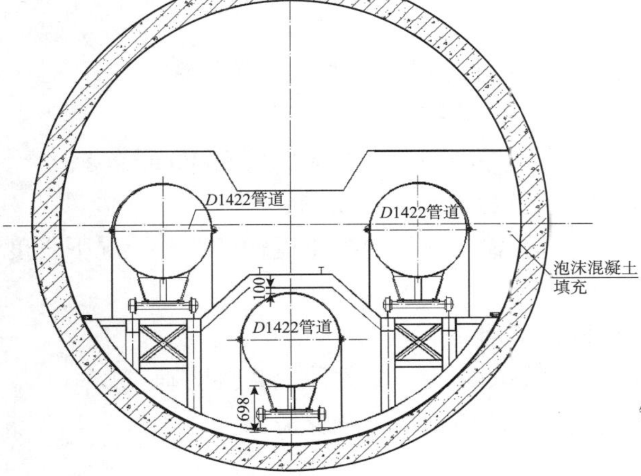


图 3－81　钢架方案隧道内管道布置断面图

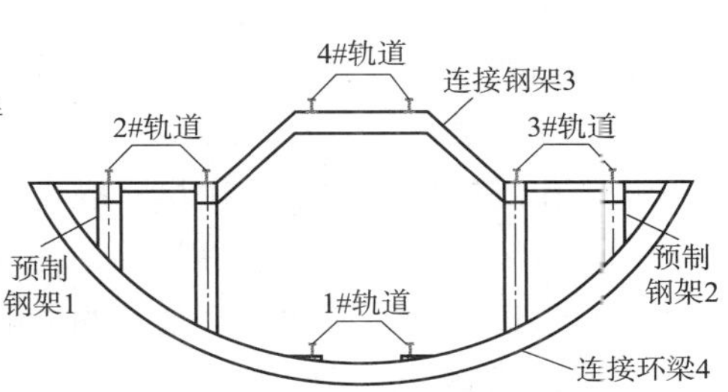


图 3－82　预制钢架示意图

4. 隧道内管道支撑方案确定

在长江管道安装设计过程中，关于管道在隧道内的支撑方式，对混凝土垫层预制块和钢架支撑两种方式，均进行了详细的论证。在前期设计过程中采用了混凝土垫层预制块的方式，后期的专家论证认为采用此方式，下部管道 A 需要在隧道内采用吊装方式下降就位，在管道下降过程中，管道会产生较大的吊装二次应力，二次吊装应力可能对焊口产生不利影响，降低管道后期的运营水平，以下从管道应力计算方面对此进一步分析论证。

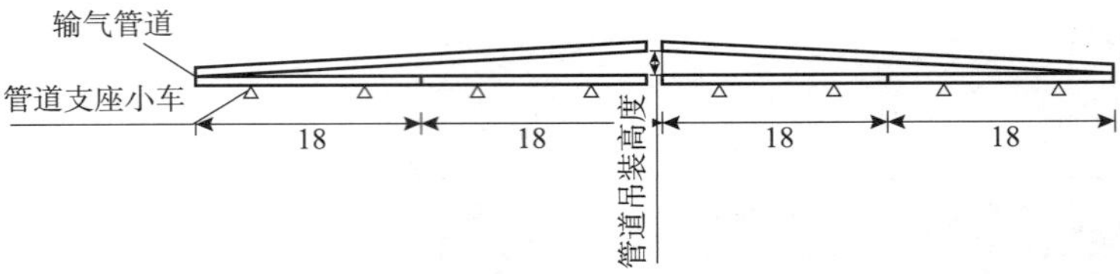

图 3－83　平巷段管道吊装示意图

在计算管道下沟弯曲应力时，参考线路段管沟二次吊装应力计算方法(图 3－83)，采用以下公式进行计算。

$$\sigma_{\max}=\frac{KM_{\max}D}{2I}=KD\sqrt{\frac{3(2-2\sqrt{2})Eqh}{2I}}\approx 0.5073KD\sqrt{\frac{qhE}{I}}$$

经计算：

(1)如采用垫层预制块方案，管道采用吊装方式下沟，下部管道 A 下降高度约 1.8m，经计算，下沟时管道最大弯曲应力约 265MPa，为管道屈服强度的 48%。

(2)如采用钢架支撑方案，管道采用小车发送，管道直接就位焊接方式，根据工程经验，管道最大吊装高度为 10mm，则管道最大弯曲应力为 19.8MPa，为管道屈服强度 3.5%。

通过计算后发现，采用垫层预制块方案，管道弯曲应力大，在管道运营期间增加了管道二次应力，降低管道运营安全水平；采用钢架支撑方案，管道最大弯曲应力下降 92.5%，大大降低了管道弯曲应力。

针对长江盾构隧道穿越特点，考虑到在设计中保证管道本质安全，隧道内管道安装确定采用预制钢架方案，钢架形式灵活，占用空间小，可保证管道在就位后直接焊接，不用二次吊装，降低了管道焊口弯曲应力。

5. 钢支架结构设计

1)钢支架设计考虑因素

隧道内结构主要为预制钢架及上部轨道，在设计过程中考虑了如下因素：

(1)满足盾构隧道主体掘进时环片、设备、机具等物料运输的需要；

(2)满足管道安装采用全自动焊接要求，管道外周环形空间应保证 600mm 净空；

(3)管道安装施工时能够满足 3 根 $D$1422 管道运输、安装要求；

(4)钢架结构设计满足盾构主体管片、管道运输、泡沫混凝土运输等各个工况下强度、刚度及承载力要求；

(5)在隧道内能够快速拼接，满足盾构掘进工期要求；

(6)隧道内结构设计能够与盾构环片具有可靠的连接，传力路径直接明确；

(7)管道安装完成后，其余空间能够满足管道应急情况下抢修需要。

2)钢支架结构设计

考虑到隧道内空间受限，横向钢架在隧道外采用焊接分为 4 段拼接，然后运送至隧道内，并采用高强螺栓拼接成整体横向钢架。钢架底部采用钢环梁形式，均匀分担上部荷载（图 3－84）。钢环梁与隧道环片上预埋钢板采用焊接连接成整体。

隧道内横向钢架拼接完成后，纵向采用纵梁完成拼接，钢架纵向间距 3m，纵梁采用高强螺栓连接成整体（图 3－85、图 3－86）。

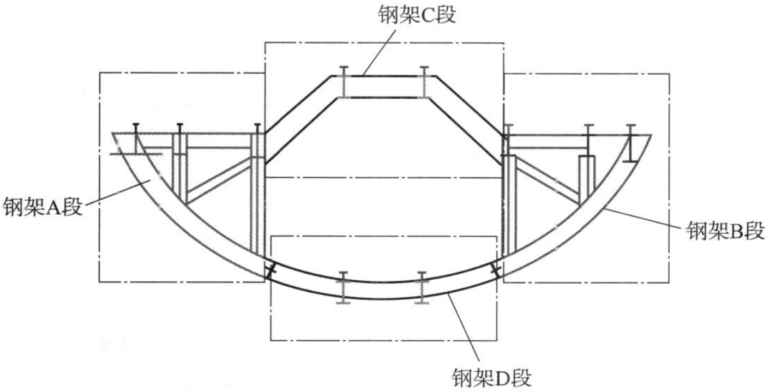

图 3－84　隧道内横向钢架拼接示意图

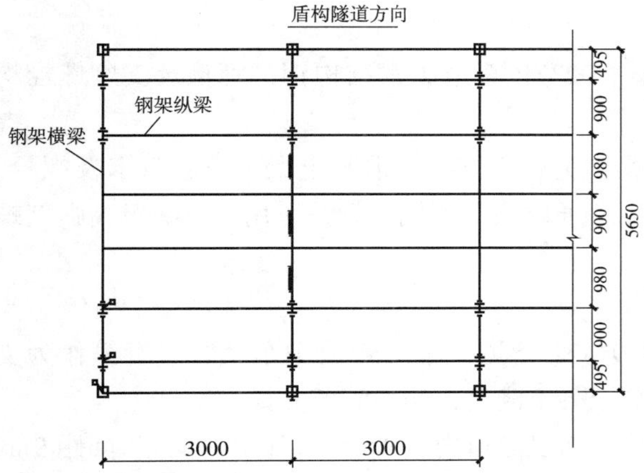

图 3－85　隧道内钢架纵向平面示意图

图 3－86　隧道内钢架三维效果图

6. 管道支座小车设计

1）管道支座小车材质选择

盾构隧道内空间较小，通常采用占用空间小、施工方便的管道钢支座，管道支座材质通常采用 Q235B 普通碳素结构钢，考虑隧道内环境潮湿，支座长期处在水下环境，也可采用抗腐蚀性能较好的不锈钢。下面对两种材质进行分析。

普通碳素结构钢，含碳适中，综合性能较好，强度、塑性和焊接等性能得到较好配合，用途广泛，大量用于建筑及工程结构，用以制作钢筋或建造厂房房架、高压输电铁塔、桥梁、车辆、锅炉、容器、船舶等，也大量用作对性能要求不太高的机械零件。

不锈钢能抵抗大气腐蚀，不锈钢的耐腐蚀性能一般随铬含量的增加而提高。其基本原理是：当钢中有足够的铬时，在钢的表面形成非常薄的致密氧化膜，它可以防止进一步的氧化或腐蚀。氧化性的环境可以强化这种膜，而还原性环境则必然破坏这种膜，造成钢的腐蚀。1Cr13 不锈钢明显比碳素钢耐淡水腐蚀，而且在淡水中使用有极好的特征。这种钢广泛用于例如需要高强度和耐腐蚀的船坞和水坝等用途。在某些情况下，1Cr13 在淡水中可能对中度点蚀敏感，但可以用阴极防蚀方法来避免。1Cr17 和奥氏体型不锈钢在室温（环境温度）下几乎完全可以耐淡水腐蚀，详见表 3－23。

**表 3－23　普通碳素结构钢与不锈钢管道支座比较表**

| 项目 | 普通碳素结构钢管道支座 | 优质不锈钢管道支座 |
|---|---|---|
| 在淡水中的腐蚀速率 | 采用防腐涂层和牺牲阳极后，速率≤0.01mm/a | 0.01mm/a |
| 防腐措施 | 采用无溶剂液态环氧涂层防腐，螺栓处采用黏弹体材料；每个支座处设一个牺牲阳极块 | 采用螺栓连接，避免焊点 |
| 支座总造价/万元 | 1.0 | 1.8 |
| 优点 | 费用低、加工方便 | 材质本身耐腐蚀，不用采取防腐和阴极保护措施 |
| 缺点 | 需采取防腐和阴保措施才能满足使用要求 | 造价高；采用焊接安装方式，焊点处易产生点腐蚀 |

通过以上对比可以看出，采用防腐和阴保措施后，普通碳素结构钢支座与不锈钢管道支座的腐蚀速率基本相同，但费用低、加工方便。因此，本工程采用普通碳素结构钢管道支座，具体材质为：

隧道平巷段内管道支座(管卡)钢材采用 Q235B 普通碳素结构钢，管箍及支座螺栓均采用较高等级的 8.8/B 级普通螺栓。

隧道竖井内采用钢筋混凝土横梁及纵梁作为管道支撑，混凝土梁上设置管卡及螺栓。支撑梁混凝土等级为 C40。钢材采用 Q235B 普通碳素结构钢，管箍采用 10.9S 级高强度螺栓，并施加预紧力。

2)管道支座小车结构设计

在管道安装施工期间，对隧道内 3 根 *D*1422 管道，采用管道小车及管道管箍作为支座，管道安装施工完成后，隧道内采用泡沫混凝土浇筑，作为管道支撑。

管道小车及管箍结构形式：设置在盾构平面段隧道内，管道小车(滑动支座)间距 9m，轨道小车(支座)由滚轴、钢板支托、高强螺栓组成。每个管道小车重量约 0.54t。小车见图 3－87、图 3－88。

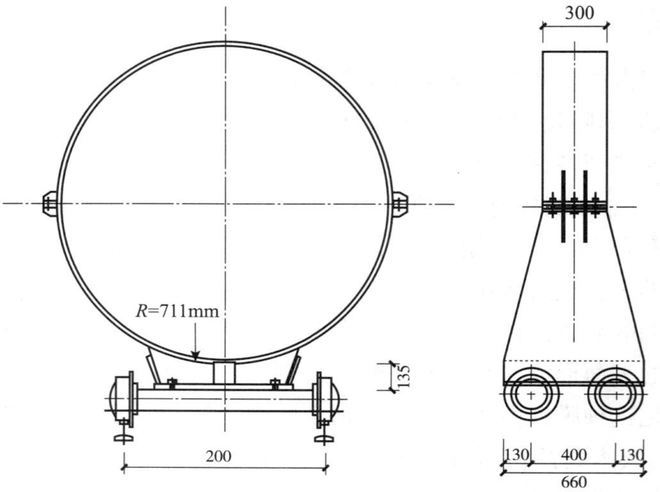


图 3－87　管道小车(滑动支座)示意图

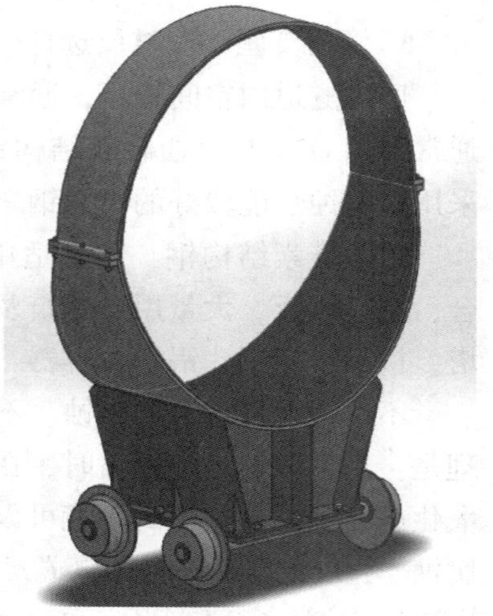

图 3－88　管道小车三维模型图

管道安装就位后，在隧道内安装“U”形管箍支座(图 3－89)，管夹由钢板焊接而成，采用螺栓固定在预制钢支架横梁上。在管道与管卡之间设置 1～2mm 的安装间隙，保证管道自由伸缩。

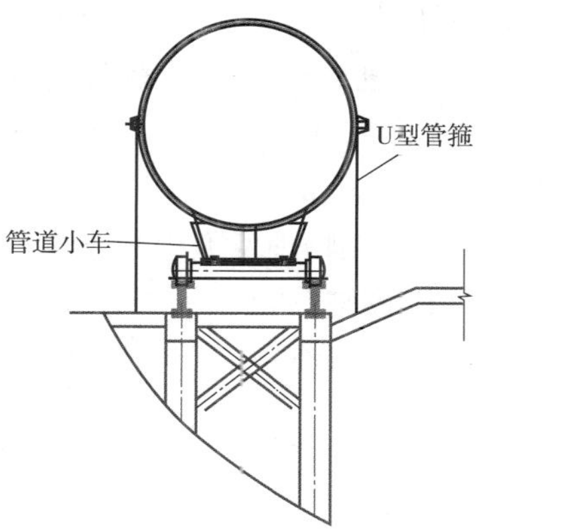

图 3－89　管道“U”形管箍示意图

## 四、隧道内泡沫混凝土设计及施工

1. 泡沫混凝土填充主要技术指标

本工程泡沫混凝土主要技术指标如下：

(1)混凝土密度：密度等级应≥A11，即干密度标准值为 1100kg/m³。

(2)混凝土强度：凝固后混凝土标号达到 FC2，即抗压强度达到 2MPa 以上。

(3)流动性：施工灌注过程中流动度应≥170mm。

2. 原材料要求

(1)水泥选用 42.5 级及以上的水泥。

(2)泡沫混凝土配制中可采用粉煤灰、矿渣粉、硅灰等掺合料。泡沫混凝土用粉煤灰等级不宜低于Ⅱ级，矿渣粉等级不宜低于 S95 级。

(3)泡沫混凝土泡沫剂应满足发泡要求。泡沫混凝土宜选用物理发泡方式，泡沫剂应选用专用泡沫剂，所制得泡沫应具有良好的稳定性，且气泡独立，硬化后的泡沫混凝土性能应符合《泡沫混凝土》(JG/T 266—2011)的规定。

3. 配合比设计

通过计算，1m³泡沫混凝土的配合比设计可采用表 3－24。

表 3－24　密度等级 A11 的泡沫混凝土配合比

| 干密度/(kg/m³) | 水泥/kg | 粉煤灰/kg | 水/kg | 泡沫剂/kg |
|---|---|---|---|---|
| 1050～1150 | 770 | 150 | 500 | 11.3 |

4. 泡沫混凝土料浆制备

1)泡沫混凝土料浆的制备应符合下列规定：

(1)投料顺序宜先投入细骨料、水泥、粉煤灰及其他掺合料，搅拌 1min 后再投入 2/3 的用水量搅拌 1min 以上，然后加入剩余水量和外加剂搅拌 5min 以上，泡沫混凝土料浆应充分搅匀，不应有粉体料硬块，采用强制式搅拌机时，料浆搅拌时间不得少于 10min；

(2)生产过程中应测定骨料的含水率，每个工作班不应少于 1 次，当含水率发生显著变化时，应增加测定次数，并应根据检测结果及时调整用水量和骨料用量，不得随意改变配合比；

(3)制备泡沫混凝土料浆时，应按规定每隔 1h 检查泡沫混凝土的湿密度。

2)物理发泡中泡沫制备应符合下列规定：

(1)泡沫剂的相关性能指标应符合《泡沫混凝土》(JG/T 266—2011)要求，泡沫剂设备的相关参数应符合泡沫剂发泡要求，泡沫剂按生产厂家推荐的最大稀释倍数配成溶液制泡，稀释好的泡沫剂应充分搅拌、混合均匀且其发泡倍数宜为 15～30 倍；

(2)泡沫制备后的性能应符合《泡沫混凝土》(JG/T 266—2011)的规定，对应配合比设计要求调整泡沫用量，泡沫应均匀、无大于5mm以上的气泡。

5. 泡沫混凝土拌合物制备

(1)在物理发泡中，泡沫混凝土料浆与泡沫混合时，应在混合搅拌机中进行，搅拌时间宜为3~5min。

(2)在物理发泡中，连续上料宜采用双桶式搅拌机，上料与出料时差不应小于2min。搅拌机转速不应小于90r/min。

(3)泡沫混凝土拌合物的流动度不应小于170mm。

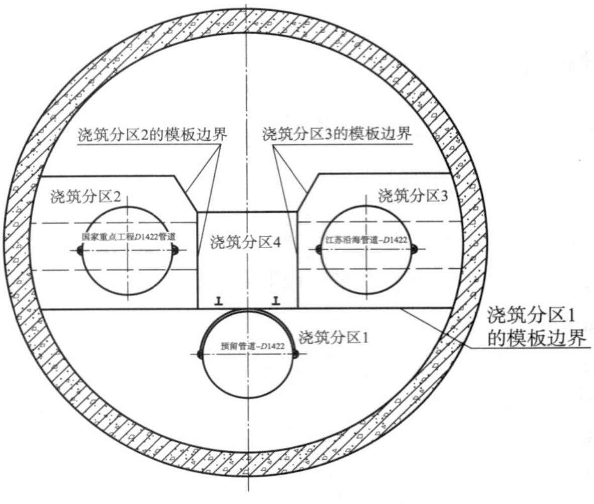


图3－90　隧道内模板设置示意图

6. 模板、伸缩缝材料及支撑体系

泡沫混凝土填筑体沿隧道长度方向，每隔15~25m采用木模板进行分块浇筑(图3－90)。支模过程中采用外部增加斜撑的方式，支模高度根据浇筑厚度相应调整。

(1)为给材料运输留出运输轨道，泡沫混凝土浇筑按图3－90浇筑顺序施工，先行浇筑分区1，分区1养护合格后，再分别浇筑分区2、3，最后浇筑分区4。

(2)沿隧道纵向每隔20~25m设置一道伸缩缝，伸缩缝宽20mm，采用低密度聚苯板填充伸缩缝。

(3)模板的接缝不应漏浆，模板内不应有积水，模板内的杂物应清理干净。模板表面应清理干净并涂刷隔离剂，隔离剂不应影响结构性能或后续工序施工。

模板安装和泡沫混凝土浇筑时，应对模板及其支架进行观察和维护，发生异常情况时，应按施工技术方案及时进行处理。

(4)泡沫混凝土的初凝时间不应大于2h。泡沫混凝土运输、浇筑及间歇的全部时间不应大于泡沫混凝土的初凝时间。同一施工段的泡沫混凝土宜连续浇筑；分层浇筑时，应在底层泡沫混凝土终凝之前将上一层泡沫混凝土浇筑完成。

(5)为加强泡沫混凝土浇筑时对已安装管道防腐层的保护，泡沫混凝土在泵送浇筑过程中降低出料口与浇筑面之间的落差，泵送出料口与浇注面的高度差不应大于0.5m，且出料口宜与管道错开布置，采取泡沫混凝土自然流动方式填实。

(6)隧道内管道安装完成后，待填充的泡沫混凝土达到设计强度后，对于裸露在管片内表面的预埋钢板表面进行除锈处理，达到标准要求的Sa2.5级，然后采用无溶剂液态环氧涂料防腐，涂层干膜厚度≥600μm。

## 五、隧道内管道安装施工方案

1. 隧道内管道安装施工方案比选

隧道内管道安装示意图见图3－91。

(1)方案一：先安装管道A，管道A完成后再进行管道B、C施工。

采用18m长管道从始发井依次吊装下井，通过隧道内1#轨道用电瓶车将管道依次运输至接收井一侧，从接收井一端开始倒退布置管道，管道布置至隧道中部后，开始从隧道中部向两岸竖井方向同时进行管道焊接、无损检测、防腐补口等作业施工；先完成管道A安装，管道A安装过程中，顺序进行4#轨道安装。管道A和4#轨道安装完成后，管道B、C开始吊装下井，分别使用2#、3#轨道作为管道运输通道，同步运输，并按照管道A的作业工序，同步错位由中间向两端进行焊接、检测、防腐补口等作业施工，同向两作业机组保持108m纵向间距。

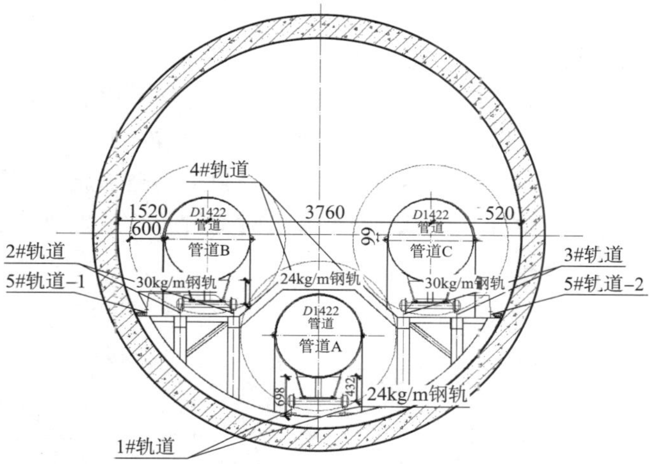

图3-91　隧道内管道安装示意图

(2)方案二：管道A、B、C同时施工，采用分段依次错开顺序施工。

采用18m长管道从始发井依次吊装下井，管道A通过隧道内1#轨道用电瓶车运输至接收井一侧，管道B、C分别通过隧道内2#、3#轨道用电瓶车运输至接收井一侧，管道布置至隧道中部后，开始从隧道中部向两岸竖井方向同时进行管道焊接、无损检测、防腐补口等作业施工；管道A安装施工在前，后续进行4#轨道及下面纵梁拼装，最后管道B、C进行管道焊接、无损检测、防腐补口等作业施工。

(3)方案确定

方案一、方案二优缺点比选见表3-25。

表3-25　隧道内管道安装施工方案对比表

| 施工方案 | 方案一 | 方案二 |
|---|---|---|
| 主要施工方案简述 | 先安装管道A，管道A施工同步铺装4#轨道及下面纵梁，管道A完成后再进行管道B、C施工 | 管道A、B、C同时施工，同时施工4#轨道和下面纵梁，采用分段依次错开顺序施工 |
| 优点 | (1)管道A、管道B和C分开施工，各机组间干扰少；<br>(2)隧道内作业人员相对较少，有利于施工安全 | 三根管道同时施工，工期缩短1个月 |
| 缺点 | 施工工期较长 | (1)管道A、B和C同时施工，同时施工4#轨道和下面纵梁，施工干扰多；<br>(2)隧道内作业人员多，安全风险高 |
| 管道安装工期/月 | 11 | 10 |
| 隧道内高峰期作业人员/人 | 125 | 201 |

方案一及方案二均具有可行性，方案一的优势是施工工序干扰少、隧道内作业人员少，有利于施工安全；方案二的优势是施工工期缩短1个月，从施工干扰少、隧道内作业人员少、有利于施工安全的角度，本工程管道安装施工采用方案一实施。

2. 隧道平巷内管道安装施工方案

1)隧道内轨道布置方案

本工程管道焊接采用全自动焊，管道均一次焊接就位，无二次管道移位，避免管道应力集中。隧道内共布置5条轨道，分别为1#～5#轨道，轨道轨距900mm，轨道规格均采用30kg/m(图3－92)。1#、2#、3#、5#轨道为隧道施工与管道安装共用轨道，在隧道主体施工时铺设，4#轨道在管道安装施工时铺设。轨道主要功能如下：

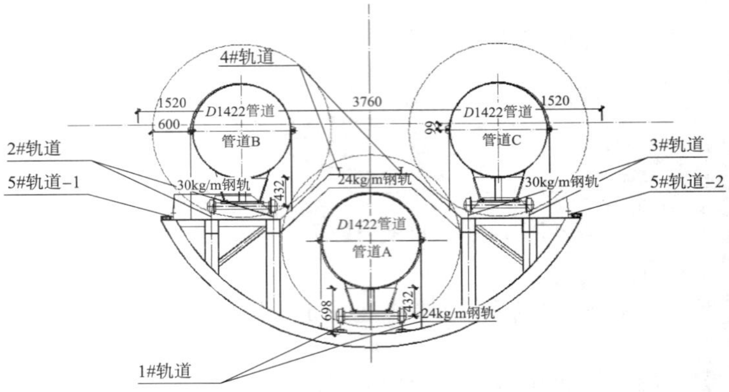


图3－92 管道安装施工总布置图

(1)1#轨道：作为下部管道A的运输通道，在隧道主体掘进时安装，其安装位置、安装时点和吊装方式均与钢支架安装方式相同。

(2)2#轨道：作为隧道主体掘进盾构环片、设备、人员运输通道，作为管道安装时管道A的焊接设备及人员运输通道，作为管道安装时管道B的运输通道。在隧道主体掘进时安装，其安装位置为盾构拖车尾部，安装时点与隧道内泥水管路接续作业同步。

(3)3#轨道：作为隧道主体掘进盾构环片、设备、人员运输通道，作为管道安装时管道A的焊接设备及人员运输通道，作为管道安装时管道C的运输通道。在隧道主体掘进时安装，其安装位置为盾构拖车尾部，安装时点与隧道内泥水管路接续作业同步。

(4)4#轨道：作为管道安装时管道B、C的焊接设备及人员运输通道，作为泡沫混凝土浇筑施工时材料运输通道。在管道A安装时同步铺设。

(5)5#轨道：作为管道安装施工时龙门架运输通道，主要作为管道焊接时管道对口、物料吊装使用。在隧道主体掘进时安装，其安装位置为盾构拖车尾部，安装时点与隧道内泥水管路接续作业同步。

2)隧道内管道安装施工方案

隧道内管道安装施工工序见图3－93。

(1)管道吊装下井。隧道主体完工后，保留隧道内通风管、水电、监测等临时设施，开始管道安装施工。首先安装管道A，管道在地面完成喷砂除锈工作后，从始发井将18m长管道吊装下井。工作井纵向净长度为26m，单根钢管长度为18m，满足钢管吊装入井需要。管道吊装下井后，当管道下放到隧道顶部标高以下，具备沿隧道轴线方向移动后，将管道深入隧道0.8m，然后下放到位。吊装下放位置尺寸见图3－94。

(2)管道运输。通过隧道内1#轨道用电瓶车将管道依次运输至接收井一侧，从接收井一端开始倒退布置管道。为便于管道运输到位后运输机车退出隧道，采用机车推进方式运输钢管。运输数量为每次运输1根管道。详细机车与管道相对位置图见图3－95、图3－96。

(3)管道A焊接。管道布置至隧道中部后，开始从隧道中部向两岸竖井方向同时进行管道焊接、无损检测、防腐补口等作业施工。管道运输采用特制管道小车，小车在管道就位后直接作为管道支座。隧道内5#轨道同步安装龙门吊，作为调整管道对口使用。2#和3#

轨道作为焊接设备及人员运输通道。管道A焊接布置见图3-97。

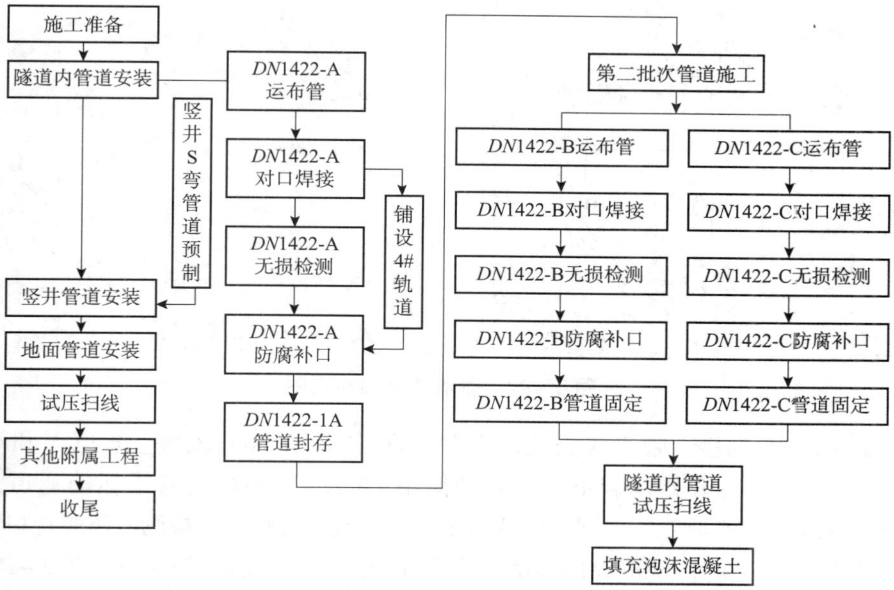


图3-93　管道安装施工工序示意图

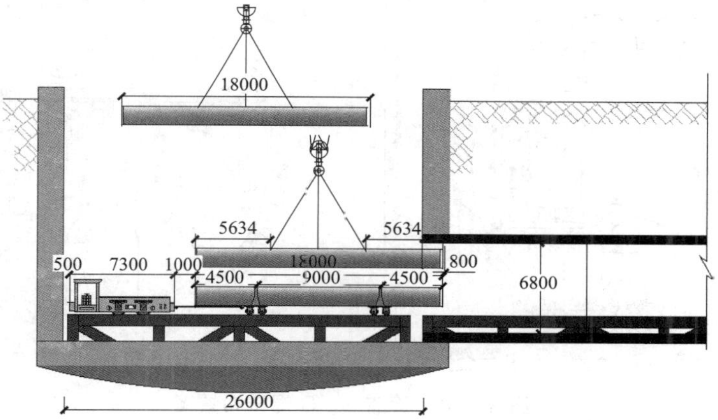


图3-94　18m管道吊装下井示意图

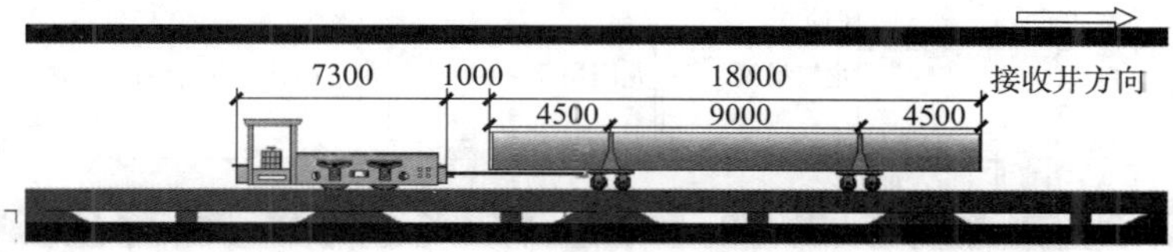


图3-95　管道运输布置图

图3-96　电机车退出隧道图

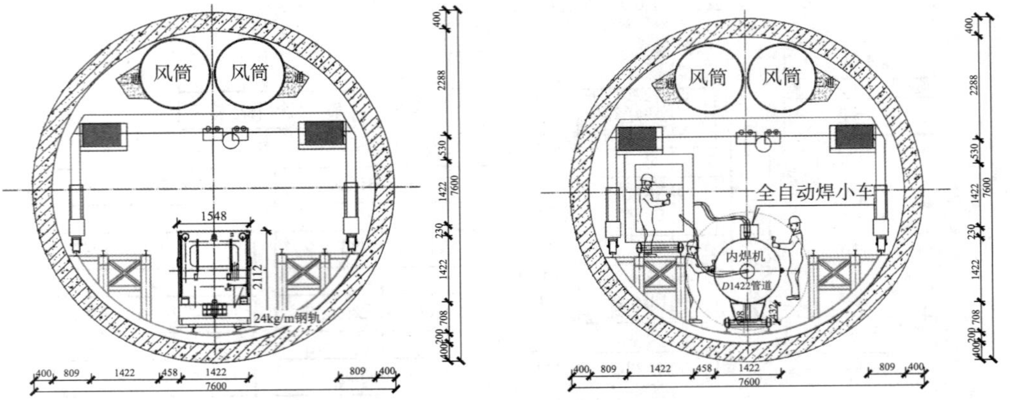


图3－97　管道A焊接布置图

(4)管道B、C焊接。管道A安装过程中，顺序进行4#轨道安装。管道A和4#轨道安装完成后，管道B、C开始吊装下井，分别使用2#、3#轨道作为管道运输通道，同步运输，并按照管道A的作业工序，同步错位由中间向两端进行焊接、检测、防腐补口等作业施工，同向两作业机组保持108m纵向间距。管道B、C焊接布置见图3－98、图3－99。

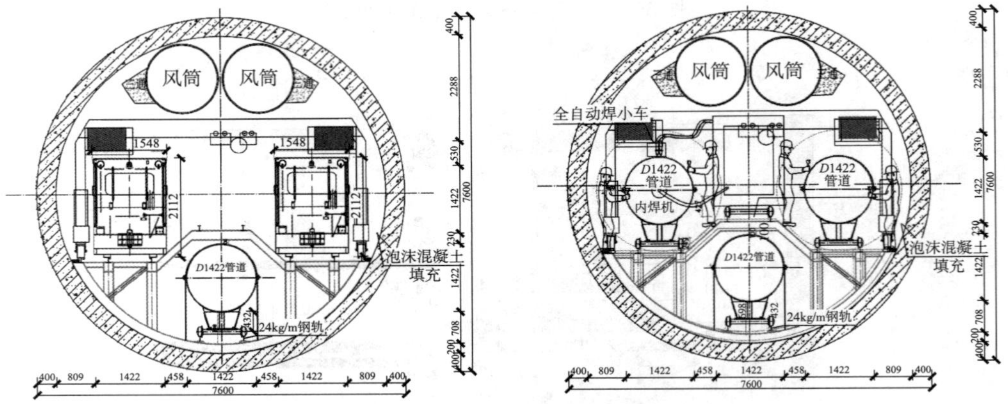


图3－98　管道B、C焊接布置图

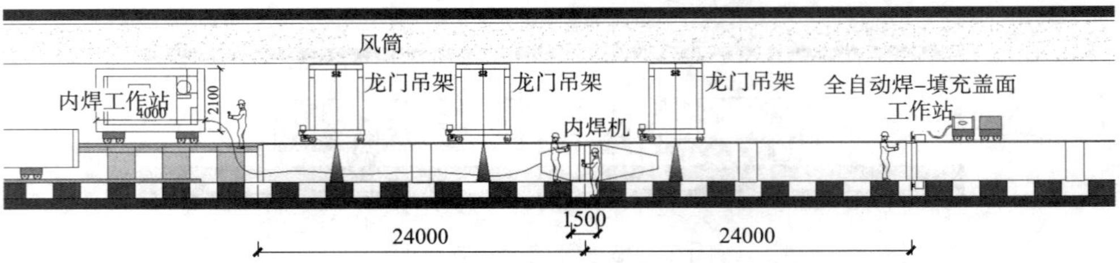


图3－99　管道B、C焊接纵向布置图

(5)竖井内管道安装。隧道内3根管道安装完毕后，进行竖井内管道整体吊装施工(图3－100)，竖井内管道就位后，完成竖井内管道组装和地面埋地段管道和固定墩的施工。

(6)泡沫混凝土浇筑施工。3根管道安装完成后，同时进行管道试压作业，试压合格后开始泡沫混凝土浇筑施工。物料运输通过4#轨道进行，泡沫混凝土在隧道外地面拌制完成后，由两端竖井运输至隧道内，从隧道中部同时向两端竖井方向开始分层、分部浇筑施工。浇筑时分层厚度75cm，纵向每隔15～25m采用木模板进行分块浇筑，模板外部增加斜撑。详见图3－101、图3－102。

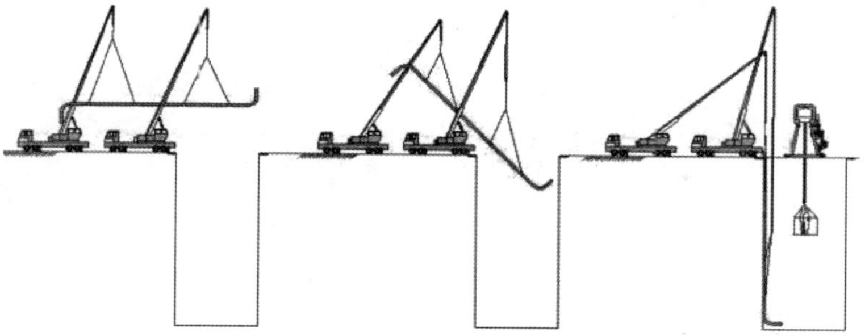

图3－100　竖井内管道吊装示意图

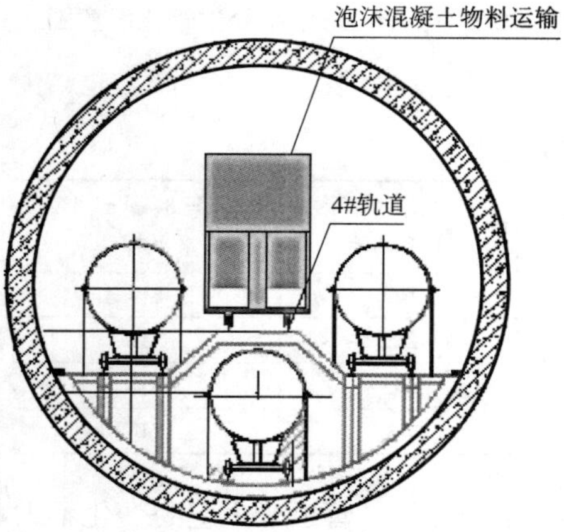


图3－101　泡沫混凝土浇筑运输示意图

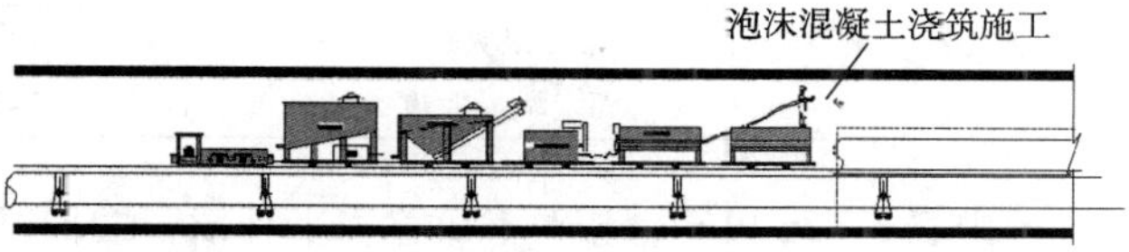


图3－102　隧道内泡沫混凝土浇筑示意图

## 六、管道应力分析

### 1. 架空方案影响因素研究

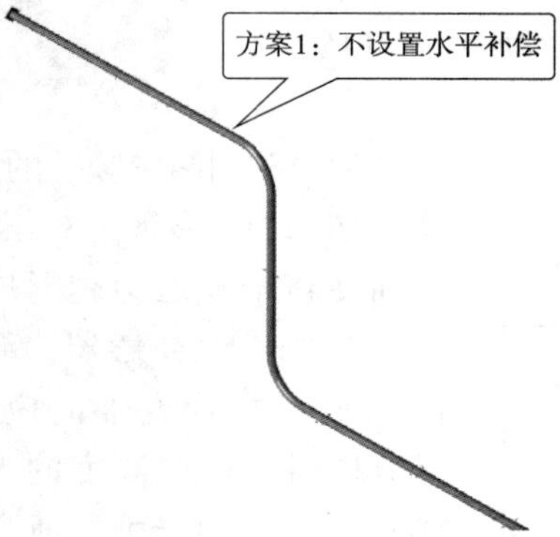


图3－103　方案1：不设置水平补偿管道示意图

在本工程前期设计过程中，基于管道的可维护性等因素考虑，对于管道架空方案及填充方案均进行了相关的研究论证。最初的管道安装方案是考虑管道架空方案，以下对影响架空方案的几个因素进行了分析。

1）竖井内增加平面补偿与不增加平面补偿研究

根据对两岸竖井空间的分析，始发井内具备管道平面补偿的条件，以下对方案1（不设置水平补偿）、方案2（设置“L”形水平补偿）、方案3（设置“π”形水平补偿）进行相关计算比选，计算模型见图3－103～图3－105。

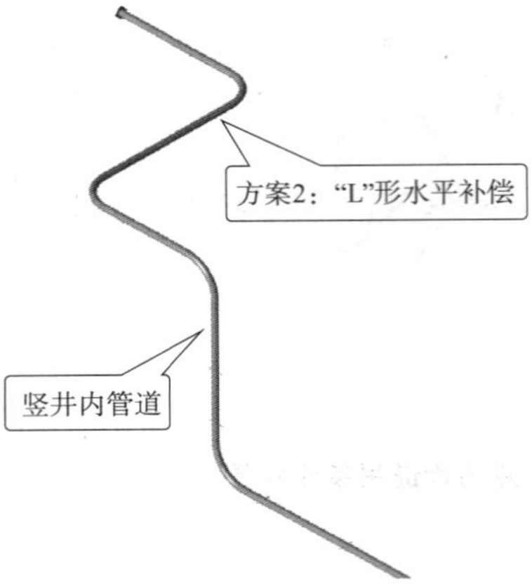


图 3-104　方案 2："L"形水平补偿管道示意图

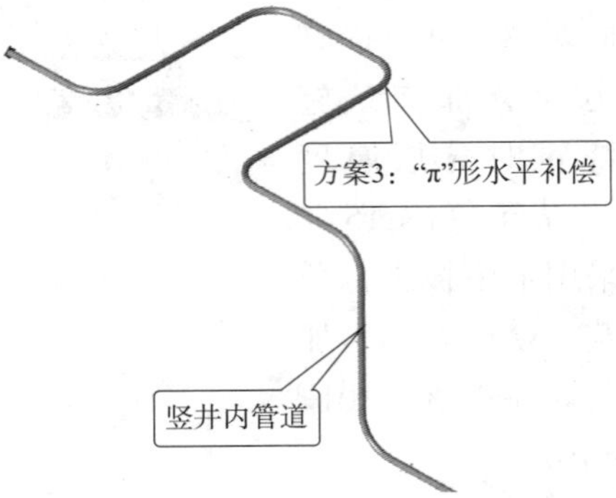


图 3-105　方案 3："π"形水平补偿管道示意图

经计算，以上三种方案管道应力、变形、固定墩推力等见表 3-26。

表 3-26　管道水平补偿方案对比表

| 序号 | 项目 | 方案 1：不设置水平补偿 | 方案 2："L"形水平补偿 | 方案 3："π"形水平补偿 |
|---|---|---|---|---|
| 工况 1：($L_1=W+P_1+T_1$) | 管道最大应力/MPa | 149 | 142 | 144 |
| | 管道允许应力/MPa | 222 | 222 | 222 |
| | 管道最大变形/mm | 704 | 643 | 702 |
| | 固定墩最大推力/kN | 243 | 48 | 60 |

由表 3-26 可知，相对不设置水平补偿，增加"L"形水平补偿后，管道最大应力变化不大(增加 2.6%)，设置前后均满足规范要求，管道最大变形量减小(减少 8.7%)，固定墩推力减小(减小 80%)；相对不设置水平补偿，增加"π"形水平补偿后，管道最大应力减小(减小 15.7%)，设置前后均满足规范要求，管道最大变形量变化不大，固定墩推力减小(减小 72%)。

由上可知，在有竖井内管道补偿的情况下，增加平面内补偿，对管道应力和变形影响不显著。因此，考虑到穿越两岸增加平面补偿难度较大，特别是穿越南岸紧邻常熟分数站，管道平面补偿器增加难度大。因此，确定竖井外不增加平面补偿。

2)竖井内管道竖直段高度的影响分析

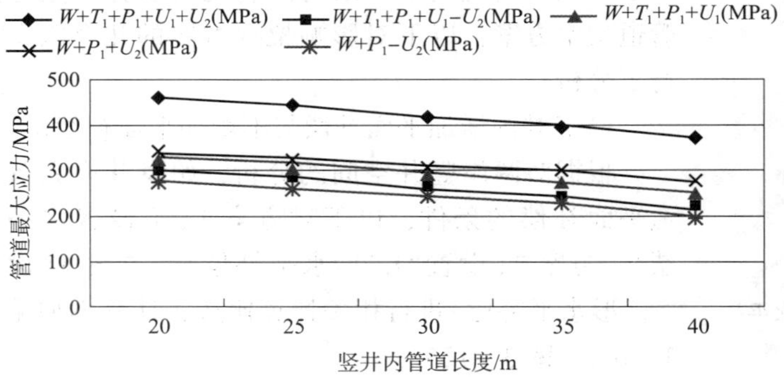


图 3-106　管道最大应力变化图 - $Z$ 向地震力

通过利用两岸竖井的 90°弯管作为"L"形管道补偿器，从而使整个管道穿越形成一个大的"π"形补偿器，释放隧道平巷段管道轴向应力。竖井内管道竖向高度的大小影响管道补偿能力，通过对 20m、25m、30m、35m、40m 五种竖井内竖直段管道高度的比选(图 3-106 ~ 图 3-109)，确定：北岸始发井内采用 30m 长管道；南岸接收井内采用 35m 长管道，此长度为竖井内管道最为经济可行的长度(高度)。

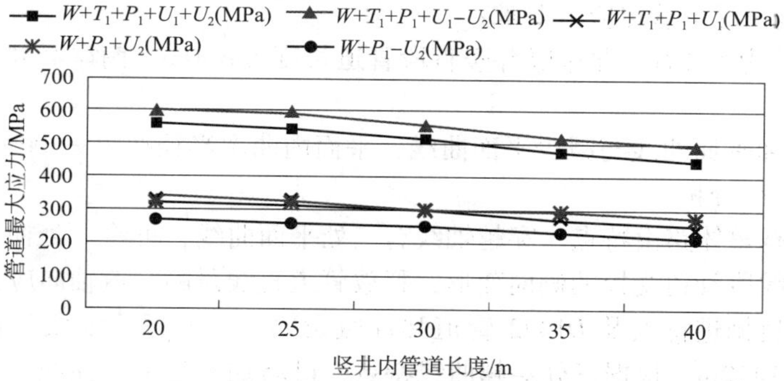


图 3－107　管道最大应力变化图－$X$ 向地震力

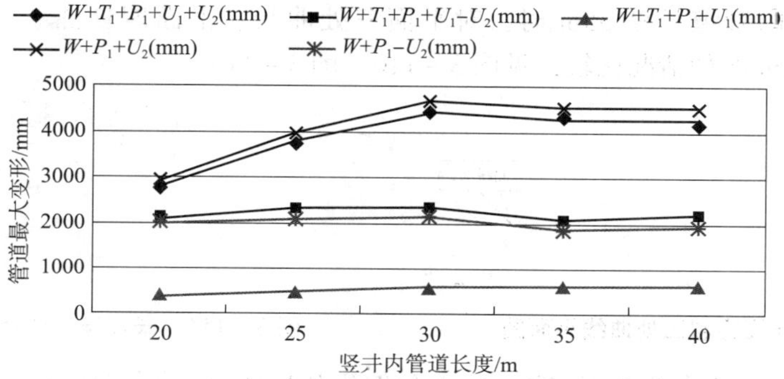


图 3－108　管道最大轴向变形变化图－$Z$ 向地震力

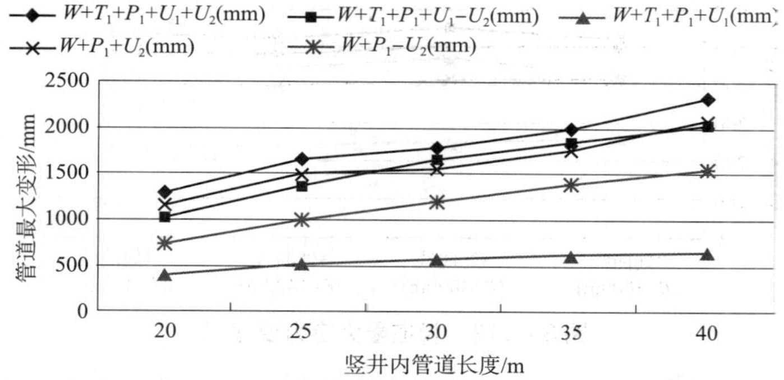


图 3－109　管道最大轴向变化图－$X$ 向地震力

由上图可知：

(1)竖井内管道长度增加 5m，管道各工况最大应力下降约 15～20MPa；

(2)在正温差为 1℃时，管道主要应力如下：

①正常运营工况(不考虑地震荷载)，管道最大当量应力 222MPa，管道允许应力为 222MPa，符合《油气输送管道跨越工程设计标准》(GB/T 50459—2017)要求；

②地震工况 1(考虑地震荷载，采用基本地震动参数 0.13g)，管道最大应力 406MPa，管道允许应力为 444MPa，符合《油气输送管道线路工程抗震技术规范》(GB/T 50470—2017)中基本地震工况下管道应力要求；

③地震工况 2(考虑地震荷载，采用罕遇地震动参数 0.15g)，管道最大应力 445MPa，

管道允许应力为555MPa，符合《油气输送管道线路工程抗震技术规范》(GB/T 50470—2017)中罕遇地震工况下管道应力要求；

(3)在正温差为1℃时，北岸竖井竖直段管道长度$L \geqslant 30$m，南岸竖井竖直段管道长度$L \geqslant 35$m。

3)平面内增加平面曲线与减少平面曲线，平面内曲率半径按$R = 3000$m计算，增加与$R = 1422$m曲率半径分析

根据长江穿越整体路由特点，穿越轴线有三处平面曲线，可将三处曲线设置为管道弹性敷设，利用曲线段管道受控的侧向变形，释放管道直线段的管道轴向应力。

根据盾构隧道掘进特点及$D1422$管道弹性敷设要求，考虑曲线段管道曲率半径采用$R = 3000$m或$R = 1422$m。根据三处穿越曲线特点，可增加一处平面曲线，进一步研究管道应力及变形情况。

在确定竖井内管道长度35m时，对平面三处曲线、平面四处曲线、曲率半径$R = 1422$m、$R = 3000$m四种情况比较，见图3－110～图3－113。

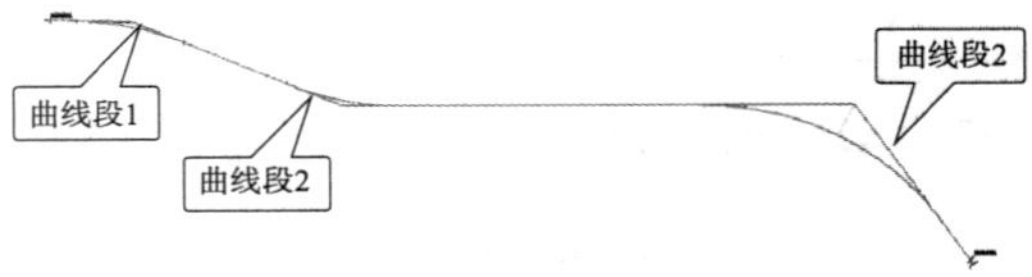


图3－110　长江穿越三处曲线平面图

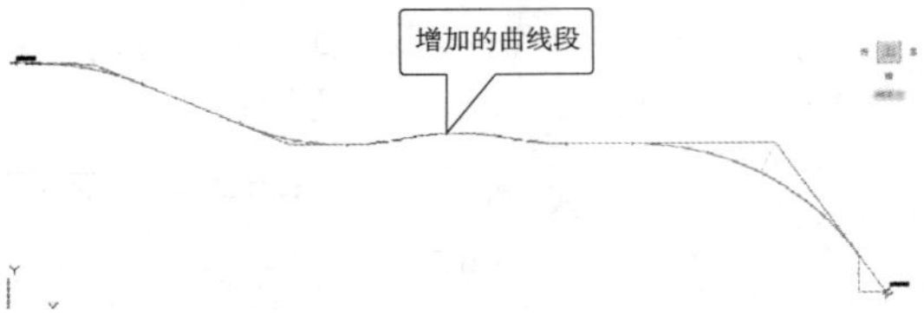


图3－111　长江穿越四处曲线平面图

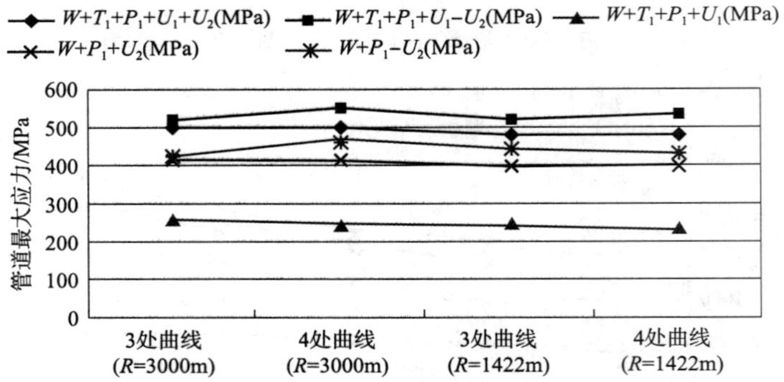


图3－112　管道最大应力变化图

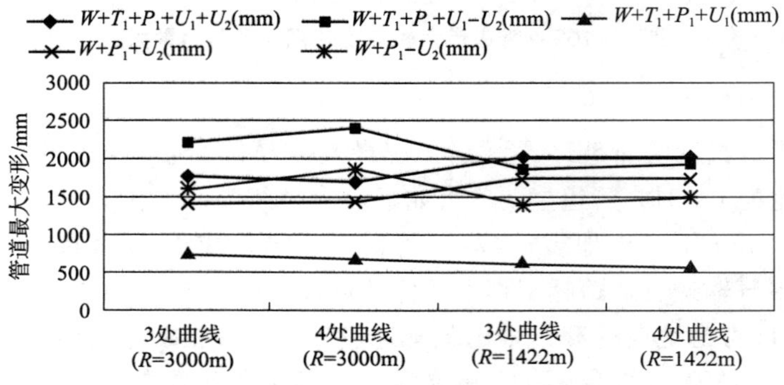


图3－113　管道最大轴向变形变化图

由上图可知：

(1)$R=1422$m 及 $R=3000$m 两种曲率半径对比，曲率半径减小，管道应力相应增加，管道最大轴向变形变化趋势不明显；

(2)增加曲线数量，管道最大轴向变形变化趋势不明显；

(3)综合管道应力、变形情况，结合盾构隧道施工及隧道内管道安装要求，推荐 $R=3000$m。

4)结论

如采用管道架空敷设方案，通过对影响本工程管道应力的相关因素分析，得出如下结论：

(1)竖井内管道弯头处应力水平较高。竖井内管道长度直接影响隧道内管道轴向应力的大小，长度越长，管道最大应力减小，管道轴向变形增加，在正温差为 1℃时，管道最大应力满足规范要求，建议北岸竖井竖直段管道长度 $L\geqslant30$m，南岸竖井竖直段管道长度$L\geqslant35$m；

(2)曲线弹性敷设段曲率半径 $R$ 增加，管道应力有所增加，管道轴向变形量变化趋势不明显，结合盾构隧道施工及隧道内管道安装要求，推荐 $R=3000$m；

(3)增加一条平面内管道弹性敷设段，管道最大应力变化不明显，最大变形有所减小，为减少盾构机在隧道内姿态变换及隧道内管道安装难度，平面内弹性敷设段维持在三段。

2. 架空方案管道应力分析

1)主要计算模型

(1)隧道内管道安装采用支座架空敷设(图 3－114)，隧道内充水方案。

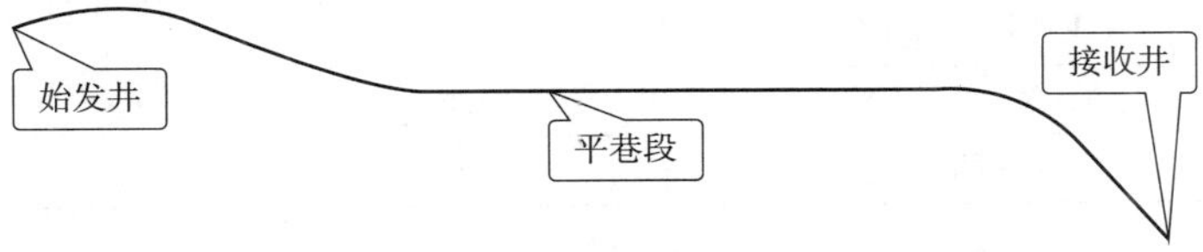


图 3－114　长江穿越管道应力计算模型图(架空方案)

(2)本工程两岸竖井内管道及弯管作为管道补偿器，北岸竖井竖直段管道长度 $L=30$m，南岸竖井竖直段管道长度 $L=35$m，管道在竖井内立管设置支座，支座作为导向支座，可使管道在轴向方向自由变形，同时限制管道侧向位移；同时，平面内管道适当设置若干大曲率半径弯曲曲线可降低管道热胀引起的应力及变形。

(3)采用 18m 加长管，每根管道采用 2 个支座小车，平巷段管道支座间距为 9m。

(4)隧道平巷段，位于平面直线段设置管道滑动支座；位于平面曲线段，设置导向支座，控制管道的侧向位移。

(5)隧道内最大纵向坡度 2.5%，模型考虑重力分量对稳定性的影响。

(6)本工程穿越段两侧设置固定墩。

(7)根据勘察报告，隧道内管道温度较为恒定，隧道内地温为 20.1～25℃；管道运营温度为 0.8～20.9℃，管道安装温度应≥19.9℃，运营期间正温差按 1℃、负温差按 19.1℃考虑。

2)管道应力计算结果

长江穿越管道安装应力分析结果见表 3－27、表 3－28。

**表 3－27　管道架空方案应力计算结果（基本地震动参数 0.13g）**

| 温度工况 | 地震荷载加载 | 荷载工况组合 | 管道最大当量应力/MPa | 管道最大轴向位移/mm | 管道最大侧向位移/mm | 最大管道侧向力/kN | 固定墩推力/kN |
|---|---|---|---|---|---|---|---|
| 升温工况（正温差1℃） | $U_2=0.13G$，$Z$向地震力 | $W+T_1+P_1+U_1+U_2$ | 313 | 430 | 直线段：0mm；三处曲线段：350mm | 按正常充水运营工况（$W+T_1+P_1+U_1$）：第一曲线段26.8kN；第二曲线段35.2kN；第三曲线段37.1kN | 1003 |
| | | $W+T_1+P_1+U_1-U_2$ | 224 | 401 | | | |
| | | $W+T_1+P_1+U_1$ | 222 | 348 | | | |
| | | $W+P_1+U_2$ | 323 | 305 | | | |
| | | $W+P_1-U_2$ | 281 | 196 | | | |
| | $U_2=0.13G$，$X$向地震力 | $W+T_1+P_1+U_1+U_2$ | 342 | 793 | | | 1105 |
| | | $W+T_1+P_1+U_1-U_2$ | 376 | 1064 | | | |
| | | $W+T_1+P_1+U_1$ | 222 | 348 | | | |
| | | $W+P_1+U_2$ | 352 | 661 | | | |
| | | $W+P_1-U_2$ | 392 | 858 | | | |
| 降温工况（负温差－19.2℃） | $U_2=0.13G$，$Z$向地震力 | $W+T_1+P_1+U_1+U_2$ | 222 | 13 | 直线段：0mm；三处曲线段：350mm | 按正常充水运营工况（$W+T_1+P_1+U_1$）：第一曲线段23.5kN；第二曲线段23.4kN；第三曲线段26.7kN； | 91 |
| | | $W+T_1+P_1+U_1-U_2$ | 222 | 9 | | | |
| | | $W+T_1+P_1+U_1$ | 222 | 7 | | | |
| | | $W+P_1+U_2$ | 237 | 13 | | | |
| | | $W+P_1-U_2$ | 236 | 141 | | | |
| | $U_2=0.13G$，$X$向地震力 | $W+T_1+P_1+U_1+U_2$ | 222 | 19 | | | 61 |
| | | $W+T_1+P_1+U_1-U_2$ | 222 | 16 | | | |
| | | $W+T_1+P_1+U_1$ | 222 | 7 | | | |
| | | $W+P_1+U_2$ | 234 | 126 | | | |
| | | $W+P_1-U_2$ | 232 | 141 | | | |

**表 3－28　管道架空方案应力计算结果（罕遇地震动参数 0.15g）**

| 温度工况 | 地震荷载加载 | 荷载工况组合 | 管道最大当量应力/MPa | 管道最大轴向位移/mm | 管道最大侧向位移/mm | 最大管道侧向力/kN | 固定墩推力/kN |
|---|---|---|---|---|---|---|---|
| 升温工况（正温差1℃） | $U_2=0.15G$，$Z$向地震力 | $W+T_1+P_1+U_1+U_2$ | 348 | 506 | 直线段：0mm；三处曲线段：350mm | 按正常充水运营工况（$W+T_1+P_1+U_1$）：第一曲线段30.8kN；第二曲线段41.5kN；第三曲线段40.6kN | 1108 |
| | | $W+T_1+P_1+U_1-U_2$ | 229 | 424 | | | |
| | | $W+T_1+P_1+U_1$ | 222 | 348 | | | |
| | | $W+P_1+U_2$ | 359 | 381 | | | |
| | | $W+P_1-U_2$ | 286 | 218 | | | |
| | $U_2=0.15G$，$X$向地震力 | $W+T_1+P_1+U_1+U_2$ | 440 | 1134 | | | 1136 |
| | | $W+T_1+P_1+U_1-U_2$ | 445 | 1453 | | | |
| | | $W+T_1+P_1+U_1$ | 222 | 348 | | | |
| | | $W+P_1+U_2$ | 450 | 1027 | | | |
| | | $W+P_1-U_2$ | 460 | 980 | | | |

续表

| 温度工况 | 地震荷载加载 | 荷载工况组合 | 管道最大当量应力/MPa | 管道最大轴向位移/mm | 管道最大侧向位移/mm | 最大管道侧向力/kN | 固定墩推力/kN |
|---|---|---|---|---|---|---|---|
| 降温工况（负温差 -19.2℃） | $U_2=0.15G$，$Z$ 向地震力 | $W+T_1+P_1+U_1+U_2$ | 222 | 81 | 直线段：0mm；三处曲线段：350mm | 按正常充水运营工况（$W+T_1+P_1+U_1$）：第一曲线段30.2kN；第二曲线段28.9kN；第三曲线段30.5kN | 91 |
| | | $W+T_1+P_1+U_1-U_2$ | 222 | 66 | | | |
| | | $W+T_1+P_1+U_1$ | 222 | 7 | | | |
| | | $W+P_1+U_2$ | 260 | 164 | | | |
| | | $W+P_1-U_2$ | 260 | 142 | | | |
| | $U_2=0.15G$，$X$ 向地震力 | $W+T_1+P_1+U_1+U_2$ | 222 | 308 | | | 72 |
| | | $W+T_1+P_1+U_1-U_2$ | 222 | 396 | | | |
| | | $W+T_1+P_1+U_1$ | 222 | 7 | | | |
| | | $W+P_1+U_2$ | 298 | 340 | | | |
| | | $W+P_1-U_2$ | 290 | 395 | | | |

由上表可知：

1）管道应力

（1）在地震工况1下（考虑地震荷载，基本地震动参数0.13g），升温时管道最大当量应力为376MPa（图3-115），降温时管道最大当量应力为290MPa（图3-116），管道允许应力为444MPa，符合《油气输送管道线路工程抗震技术规范》（GB/T 50470—2017）要求。

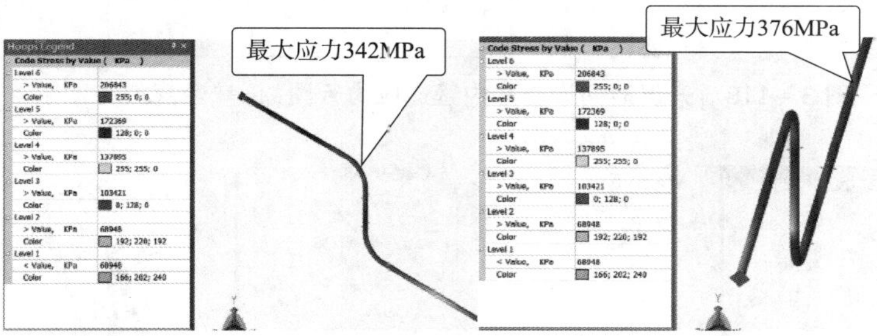


图3-115　升温时两岸竖井内管道应力云图（地震荷载工况1）

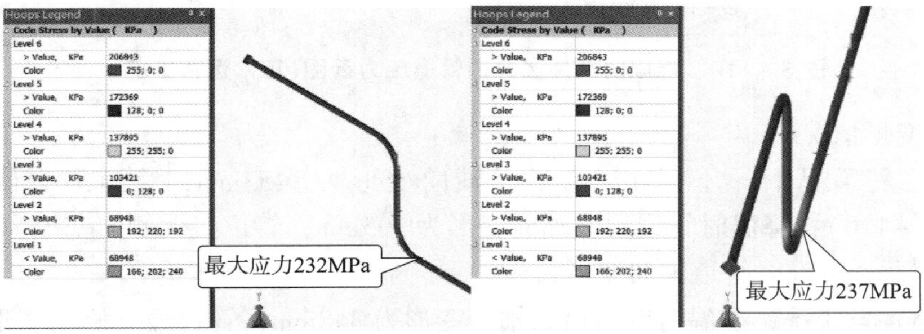


图3-116　降温时两岸竖井内管道应力云图（地震荷载工况1）

(2)在地震工况 2 下(考虑地震荷载，罕遇地震动参数 0.15g)，升温时管道最大当量应力为 460MPa(图 3－117)，降温时管道最大当量应力为 290MPa，管道允许应力为 555MPa，符合《油气输送管道线路工程抗震技术规范》(GB/T 50470—2017)要求。

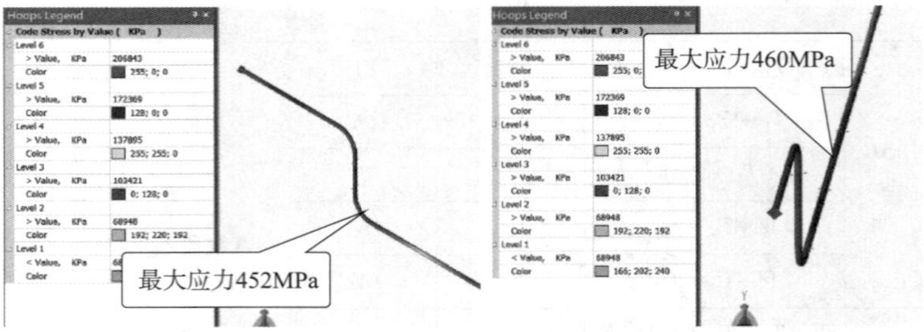


图 3－117　升温时两岸竖井内管道应力云图(地震荷载工况 2)

(3)正常运营工况(不考虑地震荷载)，升温时管道最大应力为 222MPa(图 3－118)，降温时管道最大应力为 222MPa(图 3－119)，管道允许应力为 222MPa，符合《油气输送管道跨越工程设计标准》(GB/T 50459—2017)要求。

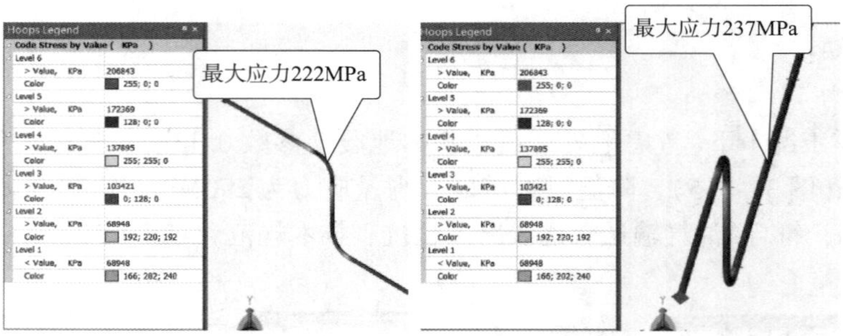


图 3－118　升温时两岸竖井内管道应力云图(正常运营工况)

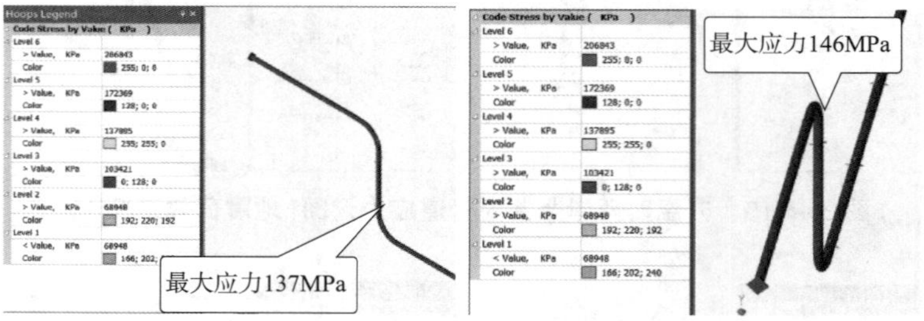


图 3－119　降温时两岸竖井内管道应力云图(正常运营工况)

2)管道变形情况

(1)在地震工况下，升温时管道最大轴向变形为 1453mm，管道最大侧向变形为 350mm(图 3－120)；降温时管道最大轴向变形为 395mm，管道最大侧向变形为 350mm(图 3－121)。因此，升温时管道轴向变形较大。

(2)正常运营工况，升温时管道最大轴向变形为 348mm，管道最大侧向变形为 350mm(图 3－122)；降温时管道最大轴向变形为 395mm，管道最大侧向变形为 350mm(图 3－123)。因此，升温时管道轴向变形较大。

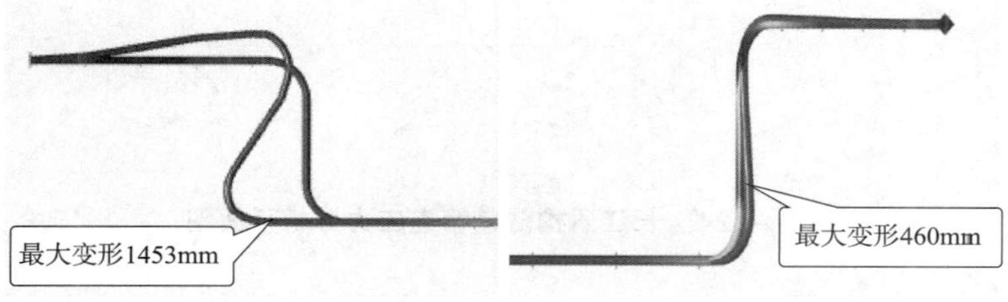


图 3－120　升温时两岸竖井内管道最大变形云图（地震荷载工况 2）

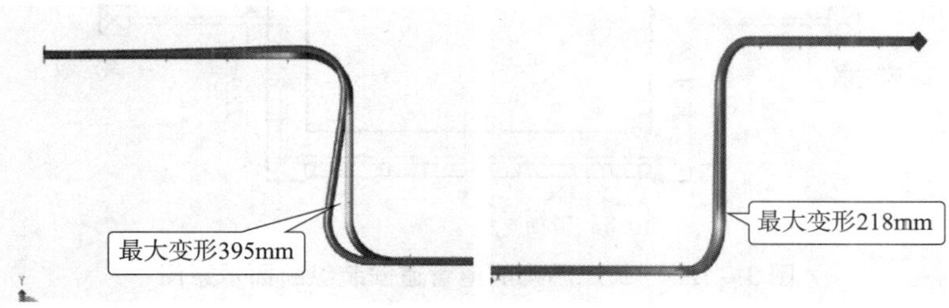


图 3－121　降温时两岸竖井内管道最大变形云图（地震荷载工况 2）

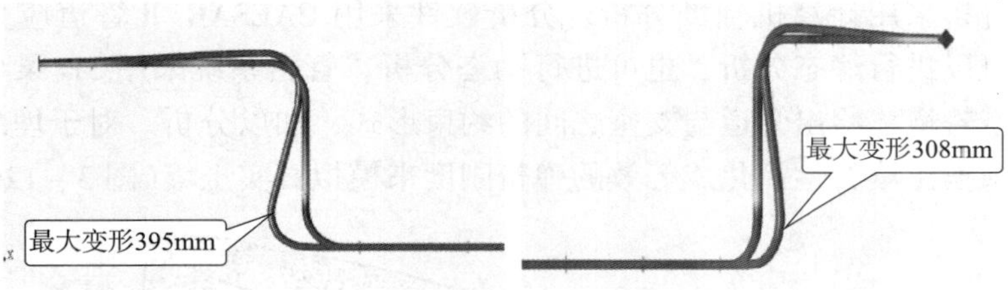


图 3－122　升温时两岸竖井内管道最大变形云图（地震荷载工况）

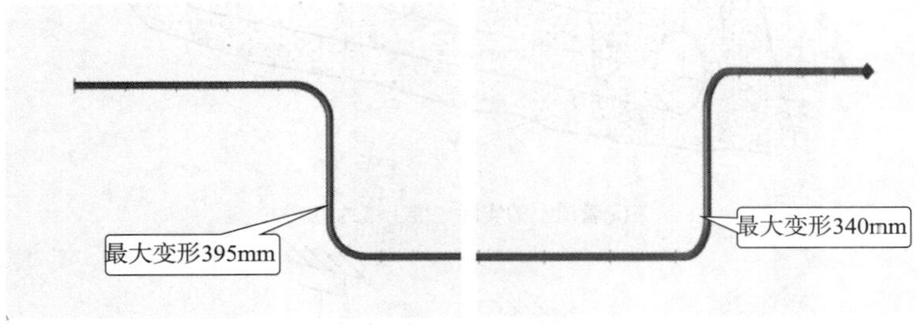


图 3－123　降温时两岸竖井内管道最大变形云图（地震荷载工况）

3）管道约束反力情况

（1）在地震工况下，管道在曲线段的最大侧向力约 42kN。

（2）正常运营工况下，管道在曲线段的最大侧向力约 24kN。

（3）升温时，两岸固定墩最大推力为 1136kN；降温时，两岸固定墩最大推力为 91kN。因此，固定墩推力按 1500kN 计算。

3. 泡沫混凝土填充方案管道应力分析

1）管道计算模型

隧道内填充泡沫混凝土方案，长江穿越管道安装应力分析模型见图 3－124、图 3－125。

图 3－124　长江盾构隧道管道应力分析平面图

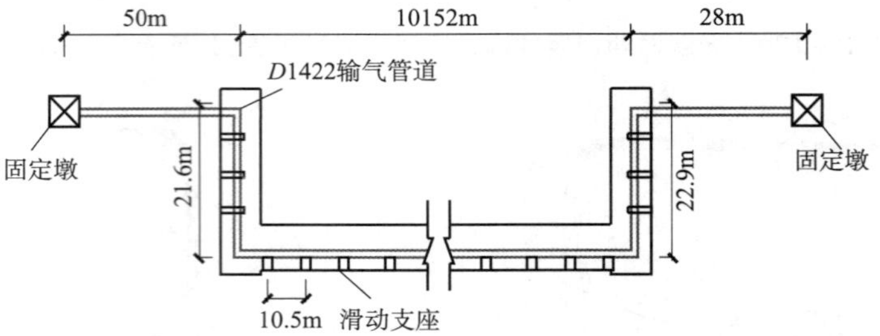


图 3－125　长江盾构隧道管道安装纵断面示意图

2)分析方法

管道应力分析采用计算机辅助分析，分析软件采用 CAESAR Ⅱ管道应力分析专用软件。该软件既可以进行静态分析，也可进行动态分析。管道系统采用 3D 梁单元进行模拟分析。对于架空管道，给出管道与支座之间的约束形式，加以分析。对于埋地管道所承受的土壤约束，根据土壤特性简化成等效的弹簧刚度来模拟真实土壤(图 3－126)。

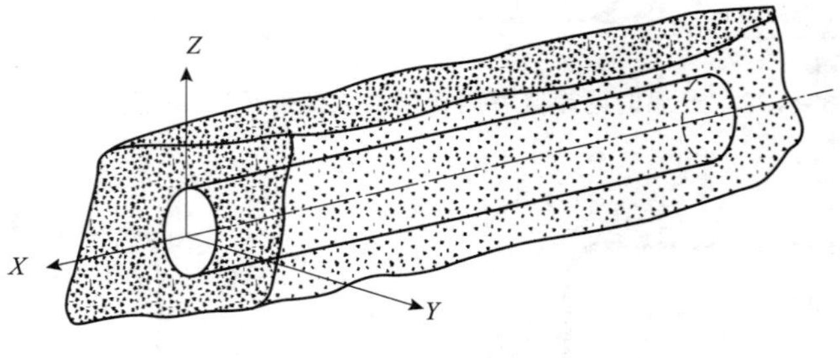


(a)管道上的实际三维土壤约束

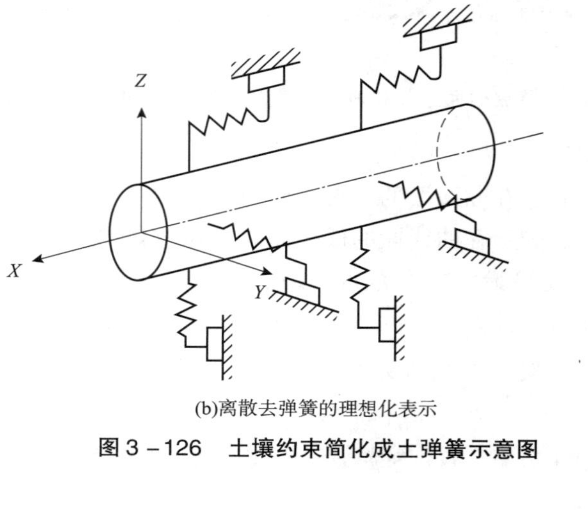


(b)离散去弹簧的理想化表示

图 3－126　土壤约束简化成土弹簧示意图

本工程3条管道均采用泡沫混凝土约束。由于泡沫混凝土硬化后具有一定的自稳性，其与土壤约束模型具有一定的不同。根据目前资料，泡沫混凝土的应力－应变曲线与混凝土类似，在弹性变形阶段，泡沫混凝土可视为泡沫混凝土的变形主要是水泥结晶体在压力作用下产生的弹性变形，其变形遵循虎克定律，可采用弹簧模型进行模拟，详见图3－127。

在CAESAR Ⅱ软件中，将泡沫混凝土约束模拟为三个方向的弹簧(图3－128)，弹簧的刚度和极限荷载可由泡沫混凝土的抗压强度、剪切强度、弹性模量得出，其中$D_1$、$D_2$、$D_3$分别为节点处垂直横向、水平横向和轴向位移，$K_1$、$K_2$、$K_3$分别为节点处垂直横向、水平横向和轴向的弹簧刚度系数。即管道与泡沫混凝土相互作用通过轴向、水平横向和垂直横向的弹簧进行模拟。

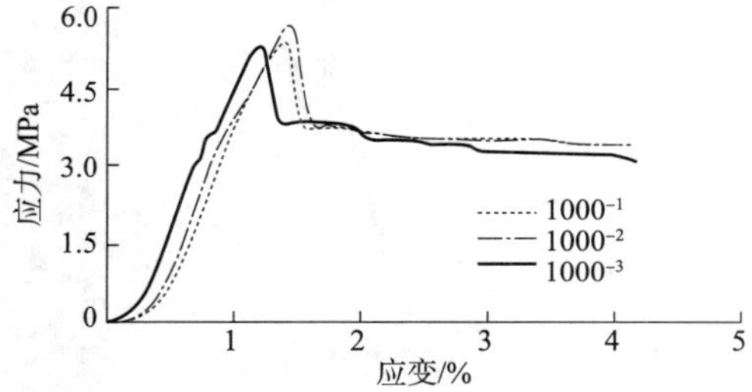


图3－127　某泡沫混凝土应力－应变曲线（试验后数据）

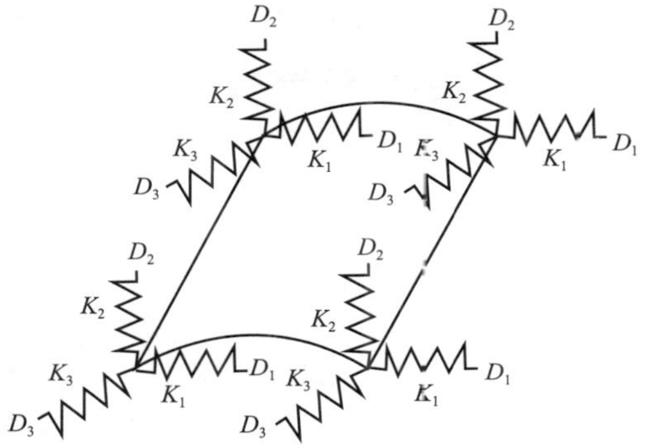


图3－128　管道周围弹簧模型示意图

根据软件计算需要，泡沫混凝土得出相关计算参数，即泡沫混凝土侧向、上向和下向刚度及极限荷载均采用相同参数，实现对泡沫混凝土参数性能的模拟。

3)运营工况管道应力核算结果

隧道内3根D1422管道均采用泡沫混凝土填充方案，在正常运营工况下，管道校核采用应力准则验算，其最大应力应满足《油气输送管道穿越工程设计规范》(GB 50423—2013)相关要求，具体见表3－29。

表3－29　运营工况管道应力计算结果

| 温度工况 | 管道应力类型 | 数值/MPa | 管道允许应力/MPa | 管道最大轴向变形/mm | 管道最大侧向变形/mm | 固定墩最大推力/kN |
|---|---|---|---|---|---|---|
| 升温工况（正温差1℃） | 管道轴向应力 | 142 | 222 | 13 | 9 | 324 |
| | 管道环向应力 | 217 | 222 | | | |
| | 管道当量应力 | 227 | 499.5 | | | |
| 降温工况（负温差－19.2℃） | 管道轴向应力 | 135 | 222 | 5 | 2.8 | 96 |
| | 管道环向应力 | 217 | 222 | | | |
| | 管道当量应力 | 226 | 499.5 | | | |

由表3－29可知：

(1)管道应力情况：升温时管道最大应力为142MPa(轴向)/217MPa(环向)/227 MPa

（当量），见图3－129，降温时管道最大应力为135MPa（轴向）/217MPa（环向）/226MPa（当量），见图3－130，管道允许应力为222MPa（轴向、环向）/499.5MPa（当量），符合《油气输送管道穿越工程设计规范》（GB 50423—2013）要求。

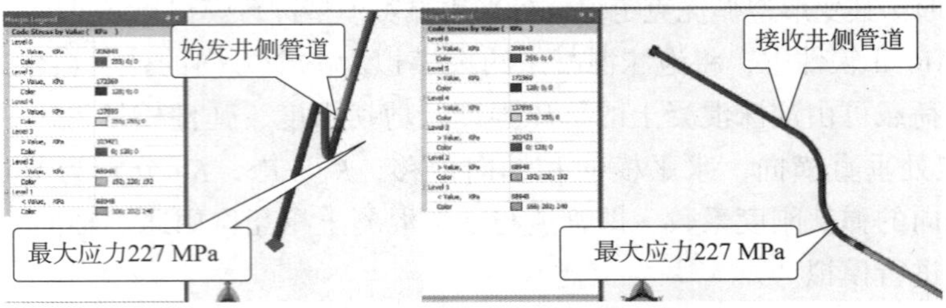


图3－129　升温时两岸竖井内管道应力云图（正常运营工况）

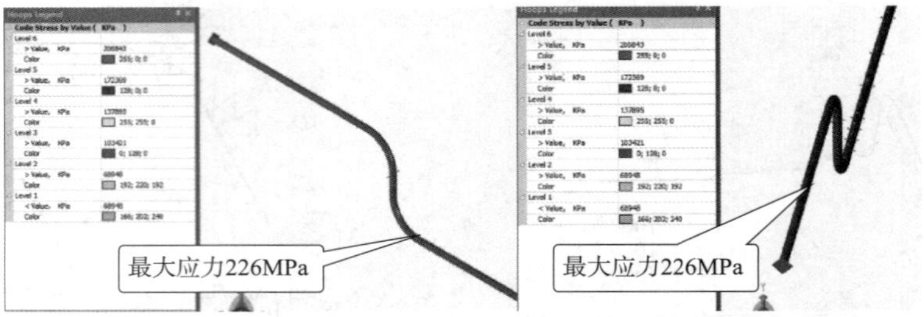


图3－130　降温时两岸竖井内管道应力云图（正常运营工况）

（2）管道变形情况：升温时管道最大轴向变形为5mm，管道最大侧向变形为9mm（图3－131）；降温时管道最大轴向变形为4mm，管道最大侧向变形为2.8mm（图3－132）。升温时管道轴向变形相对较大。

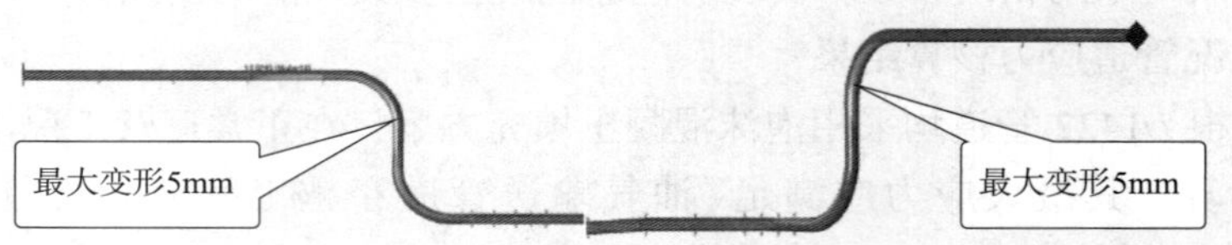


图3－131　升温时两岸竖井内管道最大变形云图（正常运营工况）

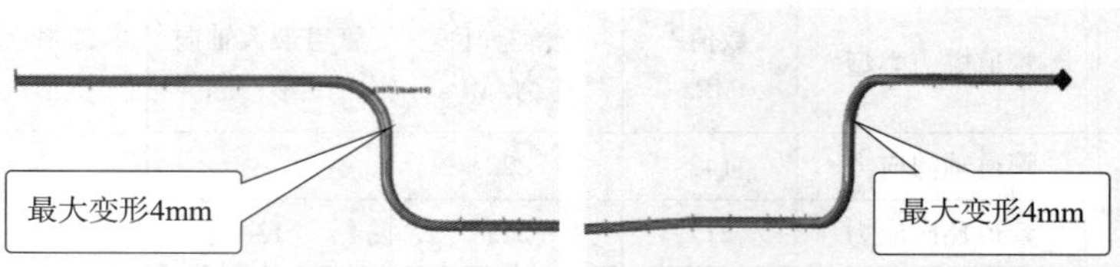


图3－132　降温时两岸竖井内管道最大变形云图（正常运营工况）

4）试压工况下管道应力核算

本工程采用水压试验，在试压工况下管道处于架空敷设状态，且穿越段两端有试压封头，因此，水压试验工况单独考虑。

在试压工况下，隧道内3根$D1422$管道校核采用应力准则验算，其最大应力应满足《油气输送管道跨越工程设计标准》（GB/T 50459—2017）相关要求，具体见表3－30。

表 3－30　试压工况管道应力计算结果

| 工况 | 管道应力类型 | 数值/MPa | 管道允许应力/MPa | 管道最大轴向变形/mm | 管道最大侧向变形/mm |
|---|---|---|---|---|---|
| WW + HP | 管道轴向应力 | 274 | 310.8 | 131 | 104 |
| | 管道环向应力 | 332 | 499.5 | | |
| | 管道当量应力 | 315 | 499.5 | | |

由上表可知：

(1)管道应力情况见表 3－134，试压时管道最大应力均符合《油气输送管道穿越工程设计规范》(GB 50423—2013)要求。

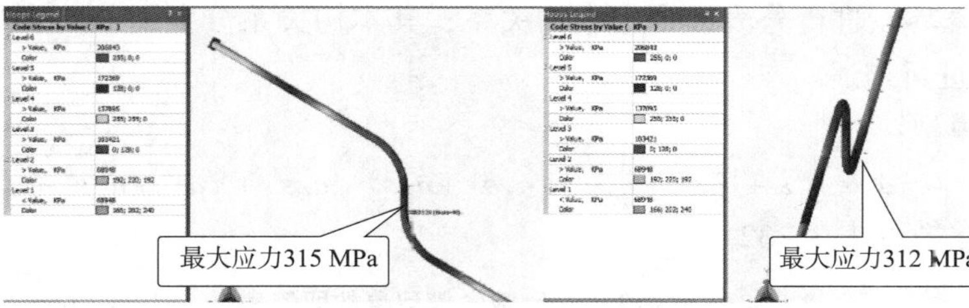


图 3－133　试压时两岸竖井内管道应力云图(试压工况)

(2)管道变形情况见表 3－135，试压工况下，管道最大轴向变形为 21mm，管道最大侧向变形为 9mm。

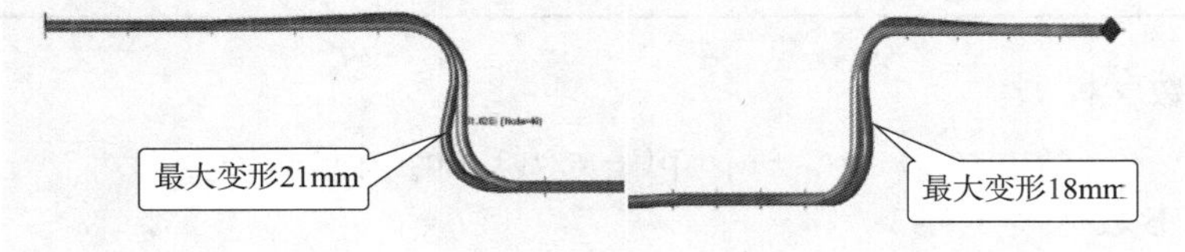


图 3－134　试压时两岸竖井内管道最大轴向变形云图(试压工况)

(3)管道约束反力情况见表 3－31。

表 3－31　国家重点工程 $D$1422mm 管道支撑受力计算结果－试压工况

| 工况 | 管道最大支撑受力 | | | 备注 |
|---|---|---|---|---|
| | 管道轴向力 $f_X$/kN | 管道竖向力 $f_Y$/kN | 管道侧向力 $f_Z$/N | |
| WW + HP | 494 | 1646 | 6 | 最大轴向力 |
| WW + HP | 84 | 283 | 35 | 最大侧向力 |
| WW + HP | 494 | 1646 | 6 | 最大竖向力 |

4. 典型段管道及泡沫混凝土应力有限元分析

1)工程情况简介

本工程隧道内共布置 3 条 $D$1422 管道，管道安装完成后采用泡沫混凝土填充，减小了管道应力及变形，本计算主要针对泡沫混凝土在运营期间的应力应变进行计算分析。

2）分析方法

管道与泡沫混凝土的相互作用关系采用计算机辅助分析，利用 solidworks 3D 三维实体建模软件建立长江盾构隧道三维模型，然后将三维模型导入有限元分析软件 Abaqus 中，设置材料属性、载荷及边界条件，最后提交分析。

泡沫混凝土在固结后，基于简化模型考虑，忽略管道支座对管道的支撑作用，简化为泡沫混凝土对管道起到支撑及约束作用。管道轴向变形主要受泡沫混凝土与管道黏结力影响，通过设置弹簧或阻尼器来模拟管道和混凝土之间的黏结滑移关系，这些特殊的“装置”称为黏结单元。通过在管道与泡沫混凝土的轴线上建立一个相当刚度的弹簧，分析管道轴线移动时其对泡沫混凝土的影响。由于泡沫混凝土同普通混凝土一样，为非线性材料。根据本工程泡沫混凝土的力学参数，对泡沫混凝土应力－应变曲线进行拟合，以棱柱体抗压强度峰值 $f_c$ 为临界点进行分段拟合出本构关系，其本构关系分别用 Poly 数学模型和 ExpDec2 数学模型进行描述。

Poly 数学模型：

$$\sigma(\varepsilon)=a_0+a_1\varepsilon+a_2\varepsilon^2+a_3\varepsilon^3+a_4\varepsilon^4+a_5\varepsilon^5+a_6\varepsilon^6+a_7\varepsilon^7+a_8\varepsilon^8+a_9\varepsilon^9$$

式中相关参数见表 3－32。

**表 3－32　Poly 数学模型参数取值表**

| $a_0$ | $a_1$ | $a_2$ | $a_3$ | $a_4$ |
|---|---|---|---|---|
| －0.003 ±0.005 | 1.036 ±0.317 | －11 ±8.545 | 156.584 ±86.396 | －943.66 ±483.5 |
| $a_5$ | $a_6$ | $a_7$ | $a_8$ | $a_9$ |
| 3274.45 ±1254.56 | －6284.89 ±2113.46 | 7183.2 ±2077.69 | －4144.1 ±1101.9 | 969.34 ±243.5 |

ExpDec2 数学模型：

$$\sigma(\varepsilon)=\sigma_0+a_1\exp(-\varepsilon/t_1)+a_2\exp(-\varepsilon/t_2)$$

式中相关参数见表 3－33。

**表 3－33　ExpDec2 数学模型参数取值表**

| $\sigma_0$ | $a_1$ | $t_1$ | $a_2$ | $t_2$ |
|---|---|---|---|---|
| 1.115 | 4.67E10 ±1.25E11 | 0.042 ±0.004 | 0.695 ±0.761 | 1.746 ±0.761 |

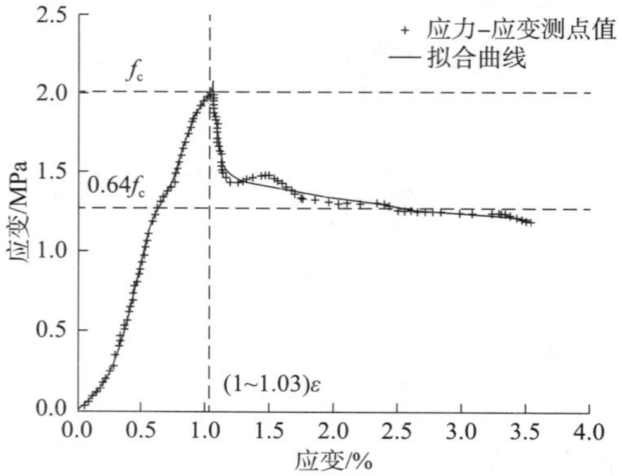


图 3－135　泡沫混凝土应力应变关系

基于上述泡沫混凝土的应力－应变控制方程，得出本项目中泡沫混凝土的应力－应变关系（图 3－135）。

3）三维模型建立

本工程采用实体模型计算，选取典型段进行分析。基于长江盾构平面布置图（图 3－136），分别在平巷直线段与弯曲段截取了 200m 进行分析，分别建立了平巷段与弯曲段的三维实体模型，见图 3－137。

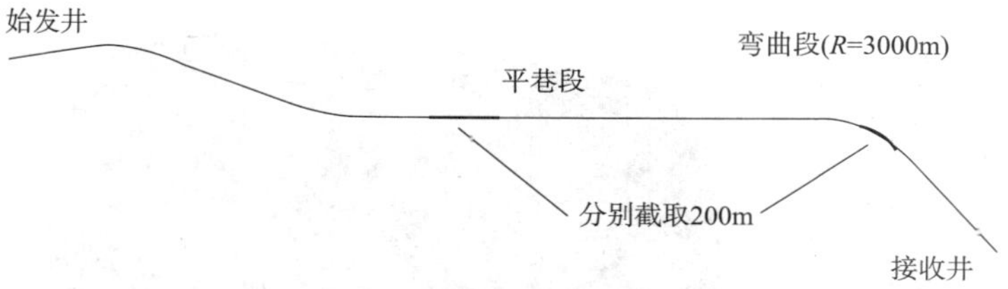


图 3－136　长江盾构布置示意图

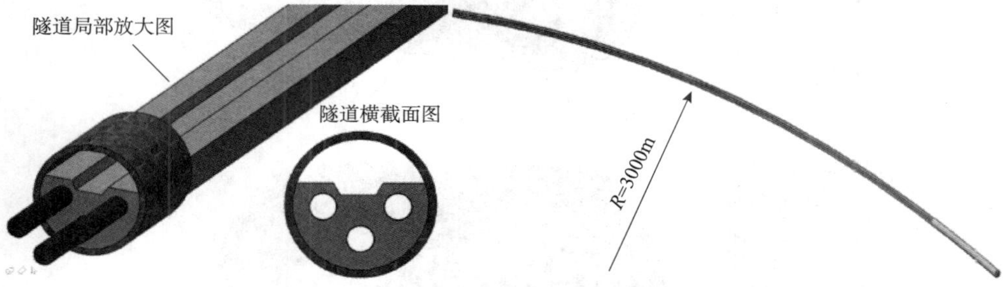


图 3－137　弯管段盾构隧道三维模型

4)计算模型建立

将建立好的三维实体模型导入有限元分析软件 Abaqus 中，通过赋予材料属性、网格划分、边界条件建立、载荷施加等步骤后，分别建立了平巷段与弯曲段的三维有限元计算模型。

管子具体边界条件施加见图 3－138，左边为弹簧模型示意图。管道环片与土层接触，一般不会出现位移，考虑为固定约束；管道因支座支撑，管箍处管道在 $Y$ 轴负向位移为 0，正向不施加约束，$Z$ 轴为弹簧约束，$X$ 轴不施加约束。

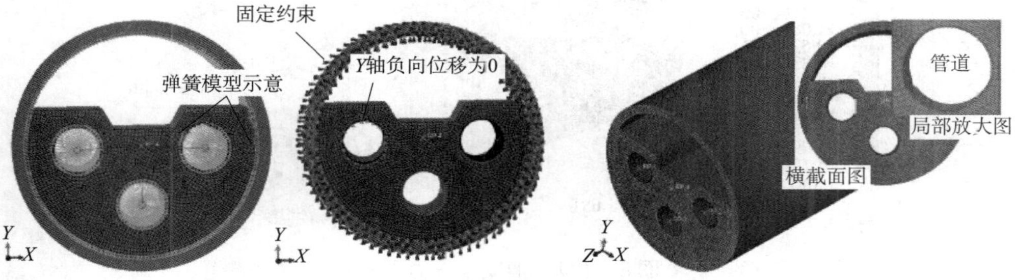


图 3－138　计算模型边界约束示意图

5)分析结果

计算结果分别截取了两个断面进行分析：平巷段与弯曲段，分别建立纵向长度 200m 的实体模型进行数值分析，计算结果如下：

(1)平巷段计算结果

平巷段的计算结果见图 3－139 ~ 图 3－143。泡沫混凝土在管道作用下，应力最大值发生在与管道接触的侧壁上，最大值 1.596MPa < 2MPa(泡沫混凝土抗压强度)，该工况下泡沫混凝土未发生破坏。泡沫混凝土在管道作用下位移最大值为 1.146mm，发生在泡沫混凝土最薄处。管道的最大应力值 203.6MPa < 222MPa(管道许用应力值)，因此，该工况下管道最大应力计算值小于设计允许值。

图 3－139　整体应力云图

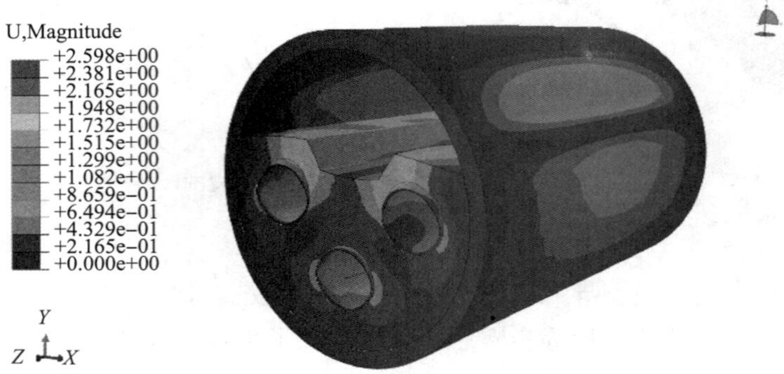


图 3－140　整体变形云图

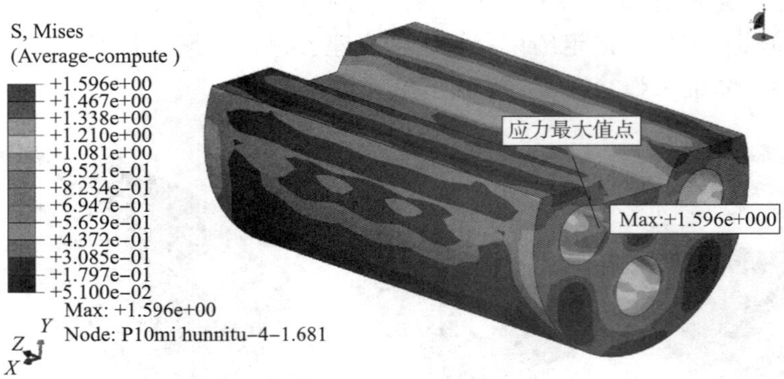


图 3－141　混凝土应力云图

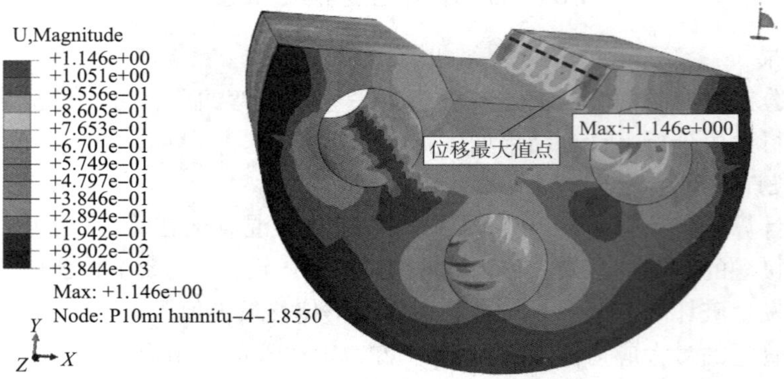


图 3－142　混凝土变形云图

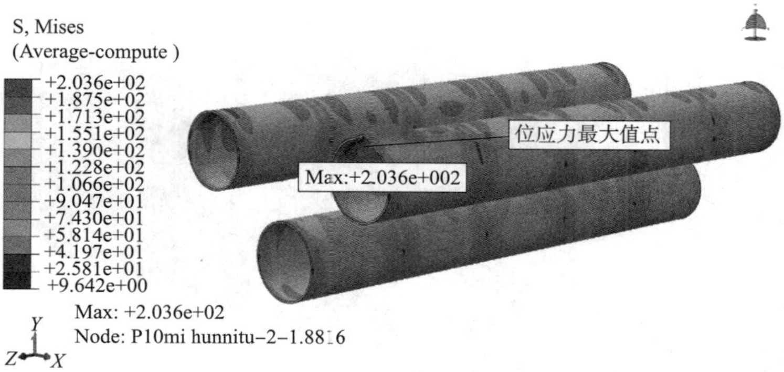


图 3－143　管道应力云图

(2)弯曲段

弯曲段的分析计算见图 3－144～图 3－147。该段泡沫混凝土的最大应力值 1.9MPa < 2MPa(泡沫混凝土的抗压强度)，因此，该工况下泡沫混凝土未发生破坏。泡沫混凝土的最大位移为 1.5mm，最大位移发生在泡沫混凝土最薄弱处，即管道 C 上部。管道最大应力值 215MPa < 222MPa(管道许用应力值)，因此，该工况下管道最大应力计算值小于设计允许值。

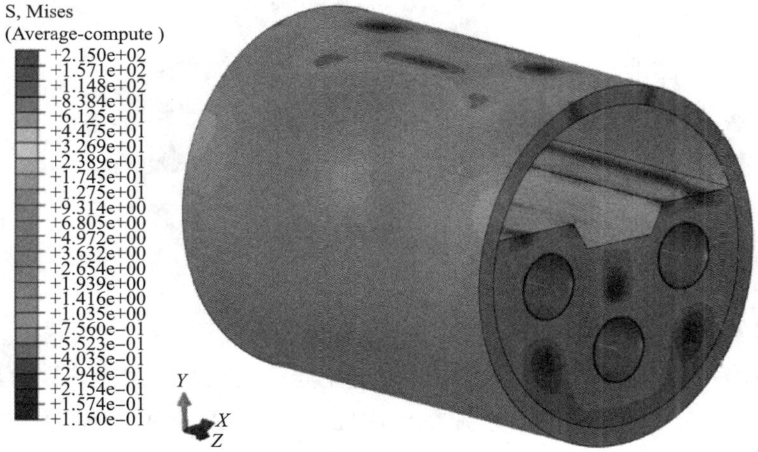


图 3－144　整体应力云图

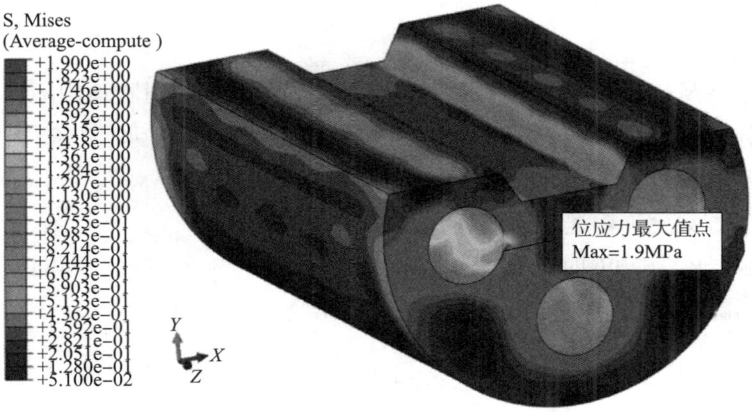


图 3－145　混凝土应力云图

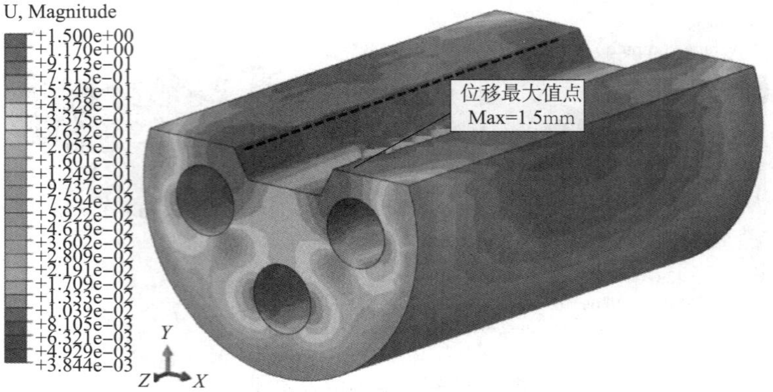


图3－146　混凝土变形云图

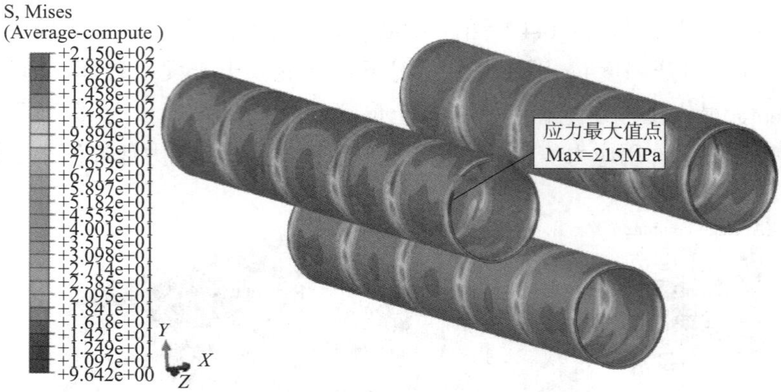


图3－147　管道应力云图

6)结论

通过选取长江盾构隧道管道穿越典型段(平巷段与弯曲段)建立三维模型进行有限元数值分析，在长江盾构隧道运营工况下，泡沫混凝土与管道在弯曲段达到应力最大值，分别为1.9MPa与215MPa，设计允许值分别为2.0MPa与222MPa。泡沫混凝土与管道应力计算值均未超过设计允许值。泡沫混凝土最大位移发生在管道C上部，但均未发生塑性破坏。

5. 隧道不同运营方案允许输送介质温度分析

1)计算说明

考虑到管道最高运营温度20.9℃的不确定性。因此，通过对隧道内不同温差下管道应力及变形进行分析对比，得出了隧道内管道空置、隧道内管道充水、隧道内管道填充泡沫混凝土三种工况下管道最大允许运营温度。

2)隧道空置方案允许输送介质温度核算

在管道安装温度为20℃时，对管道运营温度为－40～30℃区间，不同温度下管道应力进行对比，得出隧道内空置方案管道最大应力对比变化图3－148。

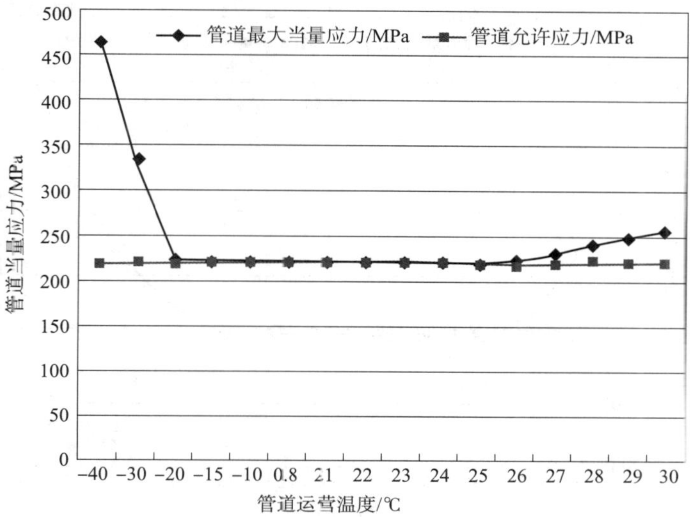


图 3－148　隧道内空置方案管道最大应力对比图

由图 3－148 可知，当管道运营温度在－15～24℃时，管道最大应力小于允许应力。因此，隧道内管道空置时，管道允许运营温度区间为－15～24℃。

3)隧道充水方案允许输送介质温度核算

在管道安装温度为 20℃时，对管道运营温度为－40～30℃区间，不同温度下管道应力进行对比，得出隧道内充水方案管道最大应力对比变化图 3－149。

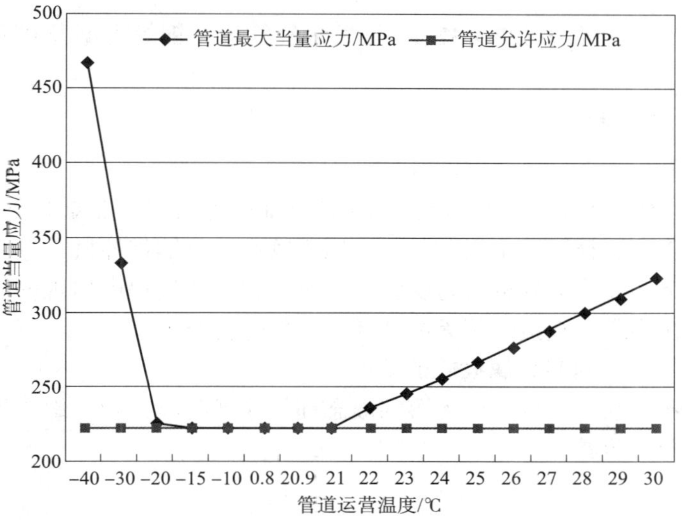


图 3－149　隧道内充水方案管道最大应力对比图

由上图可知，当管道运营温度－15～21℃，管道最大应力小于允许应力。因此，隧道内管道充水时，管道允许运营温度区间为－15～21℃。

4)隧道填充泡沫混凝土方案输送介质温度核算

在管道安装温度为 20℃时，对管道运营温度为－40～50℃区间，不同温度下管道应力进行对比，得出隧道内填充泡沫混凝土方案管道最大应力对比变化图 3－150。

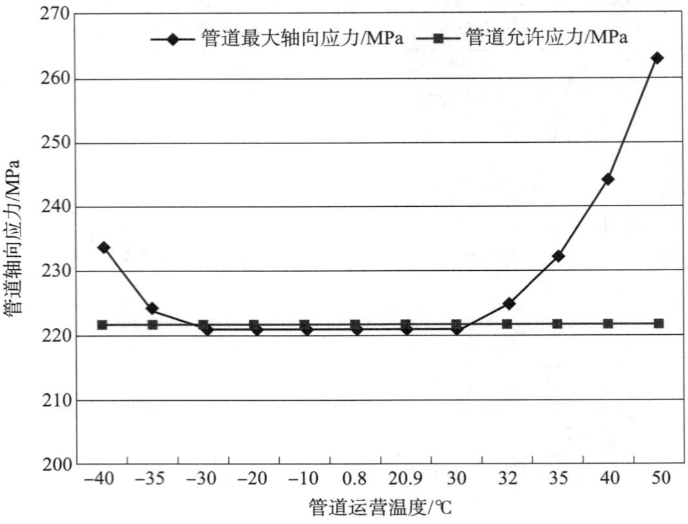


**图 3-150 隧道内填充泡沫混凝土方案管道最大应力对比图**

由图 3-150 可知，当管道运营温度在 -30～30℃时，管道最大应力小于允许应力。因此，隧道内管道填充泡沫混凝土时，管道允许运营温度区间为 -30～30℃。

## 七、穿越段管材、焊接及无损检测

1. 钢管类型及材质

隧道内布置 3 根管径 $D1422\times32.1$mm 天然气管道，钢管类型及材质为 X80M 直缝埋弧焊钢管。

2. 管道防腐与防护

1)防腐层及补口、补伤

本工程直管段管道全部采用常温型加强级 3LPE 防腐层。热煨弯管采用双 FBE 防腐层。隧道管道处防腐层补口：采用黏弹体 + 压敏胶型热收缩带补口。

现场所有钢结构在隧道外进行防腐涂装，对于在安装过程中出现的涂层损伤、破损部位及焊接部位，在隧道内直接采用无溶剂环氧涂料进行修补。

2)隧道内的管件和附属金属设施的防腐

管卡、预留轨道及钢结构采用无溶剂液态环氧涂料防腐；管卡螺栓螺母采用黏弹膏 + 黏弹体胶带进行密封防腐。

3. 管道焊接

本工程焊接选用自动焊接方式，包括内焊机根焊 + 外焊机自动焊的焊接方式和组合自动焊的焊接方式(组合自动焊接：氩弧焊/手工电弧焊/STT/RMD 根焊 + 外焊机自动焊)。

(1)对于直管 - 直管环焊缝焊接：采用内焊机根焊 + 外焊机自动焊的焊接方式。

(2)对于直管 - 热煨弯管、连头段环焊缝焊接：采用组合自动焊的焊接方式。

(3)返修焊采用手工电弧焊焊接方式。

(4)对于内焊机漏焊或成型不良等，采用内补焊工艺，应采用内焊机补焊枪从钢管内部进行内补焊焊接。

4. 管道无损检测

本工程的无损检测方法及验收标准如下：

1）全自动焊接段管道环焊缝的无损检测

环焊缝采用100%的全自动超声波检验（AUT）+100%的射线检验。各检测方法按各自验收规范进行评判。

2）组合自动焊管道环焊缝的无损检测

环焊缝采用100%的射线+100%（PAUT+TOFD）+100%的手工超声检测。各检测方法按各自验收规范进行评判。其中（PAUT+TOFD）检测表示带有TOFD辅助检测的PAUT检测方法。

3）对于返修焊缝的无损检测

AUT检出缺陷后，返修后应采用AUT对返修位置进行再次扫查，检验返修缺陷是否返修完全；同时采用100%（PAUT+TOFD）、100%射线照相和100%手工超声对缺陷位置进行检测，各检测方法按各自验收规范进行评判。

其他检测方法发现的环焊缝缺陷，在修补后采用100%射线照相、100%的手工超声和100%（PAUT+TOFD）检测，各检测方法按各自验收规范进行评判。

4）对于连头焊缝的无损检测

鉴于本工程管材规格，对连头焊口进行射线检测时，采用传统RT射线检测双壁单影透照难度较大，推荐采用DR射线检测替代RT，并对根焊进行分层检测，确保根部无缺陷。

国家重点工程长江盾构工程的重要性高、技术难度大、面临的风险因素多，同时地下隧道工程本身又具有隐蔽性、复杂性及不确定性，因此设计阶段很有必要开展风险分析和控制，通过设计阶段对这些风险因素进行识别和分析，采取有针对性的风险消减措施降低各种风险，包括安全风险、工期风险、费用风险、环境风险等，能够有效地降低风险。

# 第七节　风险管理

## 一、工程的主要风险

针对本工程的特点，分析工程存在的主要风险，并按产生风险的各阶段，将风险分为以下几类：河势演变风险、地质状况风险、施工风险、运营风险、结构安全风险、人员安全风险、环境影响风险、使用年限风险。

1. 河床演变风险

（1）隧址河床冲刷及淤积引起的隧道上覆荷载变化，引起隧道内力变化或抗浮稳定性。

（2）隧道轴线不均匀压力影响隧道纵、横向稳定。

2. 地质状况风险

（1）工程地质勘察风险。

（2）饱和砂土层中明挖施工和盾构掘进时引发流砂的风险。

（3）粉细砂、中粗砂层中刀具磨损的风险。

（4）承压水风险。

3. 施工风险

1)盾构施工风险

(1)地质预测预报准确性风险。

(2)盾构机适应性和可靠性(盾构选型)风险。

(3)盾构始发到达施工风险。

(4)开挖面失稳风险。

(5)盾尾密封、管片接缝防水失效风险。

(6)下穿长江大堤风险。

(7)盾构隧道上浮风险。

(8)开挖面有障碍物风险。

2)明挖施工风险

(1)基坑整体失稳风险。

(2)基坑隆起变形风险。

(3)基坑管涌和流沙风险。

(4)基坑围护墙体破坏风险。

(5)基坑支撑系统破坏风险。

(6)基坑周边大变形风险。

(7)基坑渗漏水风险。

3)突发事件风险

(1)电机车出轨、管片滑落(举重臂)、管片坠落(行车)、火灾、溜车等引起的隧道结构受损与隧道内施工不安全风险。

(2)突发停电、人员触电引起的施工用电风险。

(3)台风、暴雨引起的气象风险。

4. 隧道运营期风险

1)隧道结构稳定性风险

2)隧道防水可靠性风险

(1)高水压下的防水风险。

(2)防水材料质量风险。

(3)接缝防水风险。

(4)管片结构材料的抗裂能力与耐久性风险。

(5)防水材料的耐腐蚀与老化风险。

(6)防水材料长期变形条件下的耐久性风险。

(7)特殊部位的防水风险。

3)地震对隧道工程影响的风险

(1)地震液化引起隧道上浮风险。

(2)变形振幅过大造成隧道破坏风险。

(3)刚度变化所造成的隧道破坏风险。

(4)沉船、抛锚、爆炸、火灾损伤等引起的风险。

(5)管道腐蚀穿孔。

(6)管道应力腐蚀。

(7)管道材料缺陷或焊口缺陷。

5. 人员安全风险

1)火灾风险

2)其他风险

(1)操作失误产生的人员伤亡。

(2)突发性事故引发的人员伤亡。

(3)维修工作适当风险。

6. 环境影响风险

(1)声环境影响风险。

(2)空气环境影响。

(3)水环境影响。

(4)固体废弃物污染影响。

7. 结构耐久性及使用年限风险

(1)河床冲淤风险。

(2)纵向不均匀沉降的影响。

(3)结构受到渗流影响。

(4)侵蚀环境的影响。

(5)衬砌材料老化。

(6)防水材料老化。

(7)防水结构不满足防水要求。

(8)盾构隧道连接螺丝外露部分锈蚀。

## 二、风险分析结果

针对本工程开展了管道盾构隧道风险分析的课题研究，得到了管道与隧道风险综合评价的方法，并首次提出管道盾构隧道风险评估矩阵和接受准则，详见表3－34。

**表3－34　风险评估矩阵及接受准则表**

| 风险损失 / 发生概率 | | 风险损失 | | | | |
|---|---|---|---|---|---|---|
| | | 轻微的(1级) | 中等的(2级) | 严重的(3级) | 重大的(4级) | 灾难性的(5级) |
| 发生概率 | $P<0.03\%$ (A) | 一级(1A) | 二级(2A) | 二级(3A) | 三级(4A) | 四级(5A) |
| | $0.03\% \leqslant P<0.3\%$ (B) | 一级(1B) | 二级(2B) | 三级(3B) | 三级(4B) | 四级(5B) |
| | $0.3\% \leqslant P<3\%$ (C) | 一级(1C) | 二级(2C) | 三级(3C) | 四级(4C) | 五级(5C) |
| | $3\% \leqslant P<30\%$ (D) | 二级(1D) | 三级(2D) | 四级(3D) | 四级(4D) | 五级(5D) |
| | $P \geqslant 30\%$ (E) | 二级(1E) | 三级(2E) | 四级(3E) | 五级(4E) | 五级(5E) |

续表

| 风险指标 | 风险接受准则 |
|---|---|
| 一级 | 可忽略的。日常管理和审视 |
| 二级 | 可容许的。需注意，加强日常管理审视 |
| 三级 | 可接受的。引起重视，需防范、监控措施 |
| 四级 | 不可接受的。需决策，制订控制、预警措施 |
| 五级 | 拒绝接受的。立即停止，整改、规避或启动预案 |

对长江盾构隧道风险分析的结论如下：

(1)长江盾构隧道属于三级风险工程，即有“一定风险”，应引起重视；

(2)穿越段管道属三级风险工程，即有“一定风险”，应引起重视；

(3)综合隧道和管道整体系统风险等级为三级，即有“一定风险”。

综合评价本工程属三级风险，即有“一定风险”，应引起重视。就目前国内设计、施工、管理水平而言，工程在建设和运营期发生不可克服风险的概率很小，工程在建设期和运营期的风险是可接受的。

## 三、风险的消减措施

针对本工程的风险，从设计、施工、管理多角度采取消减措施，具体见表3－35。

**表3－35 长江隧道主要风险消减措施表**

| 主要风险项目 | | 风险因素及对工程潜在的影响 | 初始风险 | | | 设计处理对策 | 主要残余风险概述 | 残余风险 | | | 残余风险应对措施 |
|---|---|---|---|---|---|---|---|---|---|---|---|
| | | | 可能性 | 后果 | 风险等级 | | | 可能性 | 后果 | 风险等级 | |
| 水文风险 | 河床演变 | 由于工程所在水域段河床变化的不确定因素，导致可能出现的河床风险，包括：<br>(1)隧址河床冲刷及淤积引起的隧道上覆荷载变化，引起隧道内力变化或抗浮稳定性；<br>(2)隧道轴线不均匀压力影响隧道纵、横向稳定 | B | 3 | 三 | (1)制订隧址上、下一定区域内严禁采砂等影响河床冲淤的活动；<br>(2)隧道埋深置于系列年＋100年一遇冲刷线以下深度，同时按300年一遇冲刷标高校核，留有余量；<br>(3)加强航道管理；<br>(4)建议在隧道附近河段加强地形测量和冲淤观测，以便及时采取措施 | (1)河床实际冲刷与预测冲刷线相差很大，导致隧道顶部覆土很小；<br>(2)隧址段仍存在非法采砂等影响河床冲淤的活动 | A | 3 | 二 | (1)每年进行2次以上穿越轴向河段水下地形测量，同时对运营期的隧道结构进行沉降变形及内力观测；<br>(2)加强隧址段河道的保护宣传活动 |

续表

| 主要风险项目 | | 风险因素及对工程潜在的影响 | 初始风险 | | | 设计处理对策 | 主要残余风险概述 | 残余风险 | | | 残余风险应对措施 |
|---|---|---|---|---|---|---|---|---|---|---|---|
| | | | 可能性 | 后果 | 风险等级 | | | 可能性 | 后果 | 风险等级 | |
| 地质状况风险 | 工程地质勘察风险 | 由于土体分布的空间变异性、试验方法带来的误差、计算公式的局限性和土体特性参数的统计误差会影响到土层分布误判、土性参数误差、工程性质评价等 | C | 3 | 三 | (1)合理布置钻探孔位；<br>(2)选择合理的试验方法、计算公式；<br>(3)选用满足进度要求的试验仪器 | (1)部分地段因地质复杂性与勘察分析仍存在偏差；<br>(2)提供的设计与施工参数和实际相差较大 | B | 2 | 二 | 施工中加强地质观测，根据实际地质情况调整设计及施工参数 |
| | 流沙、管涌 | 盾构施工时、或竖井及基坑开挖到该土层时存在流砂、突涌等不良地质现象，致使地表塌陷或建筑物地基破坏，给施工带来很大困难，或直接影响附近建筑工程的稳定，或影响盾构掘进及姿态控制 | C | 3 | 三 | (1)根据地质情况，采用泥水平衡盾构机掘进施工；<br>(2)盾构掘进过程中应保持切口泥水压的稳定性和推进速度的均匀性，减少对土体的扰动；<br>(3)加强开挖面泥水质量的检测和控制，及时补充新鲜泥浆；<br>(4)明挖深基坑施工可采用地基处理方法结合基坑降水 | (1)隧道局部涌水；<br>(2)导致项目延期 | B | 2 | 二 | (1)进行补救工程以填充空隙和修复衬砌；<br>(2)制订隧道涌水的应急措施 |
| | 粉细砂、中粗砂层中刀具磨损 | 盾构刀盘、刀具的磨损大，江底换刀风险大 | C | 3 | 三 | (1)在刀盘中心、外缘和每个进渣口周圈进行硬化处理并堆焊耐磨材料，同时在刀盘外圈设置保护刀具；<br>(2)对泥浆进行改良，加入适量膨润土增强泥浆的流动性，以减小刀具的磨损；<br>(3)盾构配备常压换刀，同时具备饱和潜水带压进舱功能 | 刀盘、刀具可能存在过度磨损 | A | 2 | 二 | 施工过程中加强对盾构设备、刀盘、刀具的管理、检修与修护 |

续表

| 主要风险项目 | | 风险因素及对工程潜在的影响 | 初始风险 | | | 设计处理对策 | 主要残余风险概述 | 残余风险 | | | 残余风险应对措施 |
|---|---|---|---|---|---|---|---|---|---|---|---|
| | | | 可能性 | 后果 | 风险等级 | | | 可能性 | 后果 | 风险等级 | |
| 盾构施工期风险 | 地质预报准确性 | 受现有科技水平限制，地质预报准确性达不到100%，仍有可能遇到突然的地质情况，造成掘进困难 | C | 3 | 三 | (1)制订好工程勘察方案，采取多种手段对地质进行综合勘察；<br>(2)盾构配备超前地质预报设备；<br>(3)盾构选型时充分考虑地质勘测资料的不准确性影响，各功能参数选择要留有余地 | (1)造成施工困难；<br>(2)延误施工工期 | B | 2 | 二 | 制订施工应急方案 |
| | 盾构选型 | 盾构机选型关系到盾构机对工程地质、水文条件等的适应性，以及盾构机施工的可靠性，是工程能否成功的重要因素 | B | 4 | 三 | (1)通过详细地质勘探，查明隧道的地质条件，为盾构选型提供尽可能翔实的地质资料；<br>(2)认真研究工程地质和水文地质条件，针对工程特点，明确工程施工对盾构机性能和功能的要求，盾构机设备配置必须考虑突发事故的处理 | 针对详勘地质资料，盾构选型不当的概率几乎为零 | A | 3 | 二 | 无 |
| | 盾构始发到达施工 | 盾构始发到达端头地层处理不当，盾构在始发到达时工作面可能产生突然涌水、涌砂，大幅度地面沉陷，盾构机被掩埋，工作井周边建筑物（包括管线等）损坏，始发基座定位不够准确、反力架刚度不够，可能使盾构机一出洞就偏离设计轴线，盾构机与洞口密封困难 | C | 3 | 三 | (1)严格控制主要掘进参数，减少压力波动，采用低速均匀推进，避免对土体大的扰动，加强开挖量和出土量监控，防止超挖和欠挖；<br>(2)加强盾构姿态控制、同步壁后注浆及监控量测等管理；<br>(3)严格控制始发到达端头地层的加固质量；<br>(4)设置性能良好的密封止水装置；<br>(5)始发和接收端采用可靠的止水、降水措施；<br>(6)盾构机始发托架离掌子面距离不宜太大；<br>(7)反力架和始发架的设计应考虑不利荷载；<br>(8)在合适的时间进行注浆；<br>(9)始发前应检查洞门密封系统安装情况 | 洞门漏水 | B | 2 | 二 | (1)制订盾构止水、隧道沉降和轴线控制方案；<br>(2)信息化施工 |

续表

| 主要风险项目 | | 风险因素及对工程潜在的影响 | 初始风险 | | | 设计处理对策 | 主要残余风险概述 | 残余风险 | | | 残余风险应对措施 |
|---|---|---|---|---|---|---|---|---|---|---|---|
| | | | 可能性 | 后果 | 风险等级 | | | 可能性 | 后果 | 风险等级 | |
| 盾构施工期风险 | 开挖面失稳 | (1)致使前方地表产生较大隆起或沉陷；(2)工作面前方遭遇流砂或发生管涌，盾构机将发生磕头或突沉；(3)推进过程中出现超浅覆土将导致冒顶、江水回灌，泥水冒溢等事故；(4)承压水引起突然涌水回灌，盾构正面塌方；(5)地表产生较大变形，危及地表及周边建(构)筑物及地下管线等的安全 | B | 4 | 三 | (1)正确地计算并选择合理的舱压，经常检查开挖面水压信号；(2)控制推进速度和泥渣排土量，及时补给新鲜泥浆量；(3)利用探测装置进行土体崩塌检查；(4)地表沉降与信息反馈 | 仍有开挖面失稳的可能 | A | 2 | 二 | (1)信息化施工，发现情况及时处理；(2)制订应急方案 |
| 盾构施工期风险 | 盾构机刀盘刀具出现故障 | (1)刀具迎土面、刀盘外圈硬化耐磨保护不足，在刀具有磨损迹象时，没有及时换刀；(2)在石英含量高的砂砾岩等硬岩中掘进；(3)泡沫入口少、泡沫管堵塞导致刀具缺少润滑；(4)刀盘上未设先行刀，造成齿刀磨损快；(5)超前注浆加固时水泥浆液灌入土舱导致刀盘开口堵塞，渣土不能顺利进入土舱，造成掘进速度降低或中止 | C | 3 | 三 | (1)在刀盘中心、外缘和每个进渣口周圈进行硬化处理并堆焊耐磨材料，同时在刀盘外圈设置保护刀具；(2)对泥浆进行改良，加入适量膨润土增强泥浆的流动性，以减小刀具的磨损；(3)盾构配备常压换刀，同时具备饱和潜水带压进舱功能；(4)设计盾构机时应设置足够泡沫入口，泡沫管堵塞时应及时疏通；(5)设置先行刀；(6)超前注浆加固工作应选择适当的时机和位置 | 刀盘、刀具可能存在过度磨损 | A | 2 | 二 | 施工过程中加强对盾构设备、刀盘、刀具的管理、检修与修护 |

续表

| 主要风险项目 | | 风险因素及对工程潜在的影响 | 初始风险 | | | 设计处理对策 | 主要残余风险概述 | 残余风险 | | | 残余风险应对措施 |
|---|---|---|---|---|---|---|---|---|---|---|---|
| | | | 可能性 | 后果 | 风险等级 | | | 可能性 | 后果 | 风险等级 | |
| 盾构施工期风险 | 盾构开舱风险 | 开舱作业过程中存在着气体中毒、泥水喷涌、坍塌等风险，人员在高压下工作可能患减压病 | C | 3 | 三 | (1)配备常压换刀刀盘刀具；<br>(2)开舱后先观察掌子面的稳定情况，经判断稳定后，再进入土舱作业；<br>(3)在作业过程中必须由专人负责掌子面稳定情况观察，一旦发现异常及时撤出施工人员，并关闭舱门，经观察，有坍塌发生时，在可能的情况下必须立即进行处理，若坍塌现象严重必须立即关闭舱门；<br>(4)带压进舱人员必须提前进行身体检查才允许进行带压作业；<br>(5)带压进舱前必须在盾构机前体、刀盘四周注浆加固使其能保住进舱作业环境的气压；<br>(6)进舱前先加压试验，气压大小根据作业地点土层埋深来定，气压能保持稳定方可进舱作业；<br>(7)带压进舱作业不得过长，先关土舱门，然后减压，减压时必须慢而稳 | 人员在高压下工作可能患减压病 | A | 2 | 二 | 加强对进舱人员的身体检查，保障减压时间 |
| | 盾构机吊装风险 | (1)盾构吊装场地地基承载力不足；<br>(2)吊装时发生倾斜、折臂、脱钩、断绳等风险 | B | 4 | 三 | (1)施工前对施工区域进行检查，保证场地承压能力达到要求；<br>(2)施工应对参加施工的机械、机具进行检查，特别是吊机的安全防范措施，确认其性能及状况良好 | 施工前进行严格检查，残余风险极小 | A | 2 | 二 | 无 |

续表

| 主要风险项目 | | 风险因素及对工程潜在的影响 | 初始风险 | | | 设计处理对策 | 主要残余风险概述 | 残余风险 | | | 残余风险应对措施 |
|---|---|---|---|---|---|---|---|---|---|---|---|
| | | | 可能性 | 后果 | 风险等级 | | | 可能性 | 后果 | 风险等级 | |
| 盾构施工期风险 | 盾构机空推风险 | (1)盾构机在空推时，不良的行进姿态可能会对管片拼装质量产生影响；<br>(2)盾构机到达空推段前，随着刀盘前方土体逐渐减少，盾构机对前方的土体扰动也逐渐增加，到达部位可能发生失稳；<br>(3)盾构机在空推段内阻力较小，可能使管片之间挤压力达不到设计要求，从而造成密封性降低 | B | 4 | 三 | (1)应保证混凝土导台的施工精确度，确保盾构机行进姿态良好；<br>(2)盾构机在到达空推段前，应设定合适的掘进参数，保证顺利到达；<br>(3)在盾构机推进过程中需要在刀盘前堆积适量的豆粒石并不断补充，为盾构空推提供足够的反力 | 可能会对管片拼装质量产生影响 | A | 2 | 二 | 对管片采取临时连接补强措施 |
| | 泥水排送系统故障 | (1)排浆管直径过小，石块、木块等造成管路堵塞；<br>(2)结泥饼造成排浆管出口和过滤箱堵塞，舱压变化造成砂粒超量进入切削舱，引起地面沉降；<br>(3)泥浆中的砾石、崩断的刀具等在排浆管中高速流动，对泥浆泵产生冲击，使得泥浆泵被击穿 | B | 4 | 三 | (1)在排浆管前设置沉淀槽或沉淀箱，安装竖向隔栅；<br>(2)做好防结泥饼措施；排浆管发生堵管应及时处理；<br>(3)对刀盘刀具应进行监控，发现刀具脱落及时进行处理 | 排浆管发生堵管 | A | 2 | 二 | 做好排浆管堵管处理预案 |
| | 上软下硬地层中掘进 | (1)导致刀具磨损速度快、推进速度慢、上部地层被扰动向下流失，导致地面发生塌陷，土舱压力上升导致螺旋输送机喷涌，使地面发生塌方；<br>(2)在掘进速度过快的情况下，盾构机出渣能力不够充分，土舱内土压、温度上升导致结泥饼 | B | 4 | 三 | (1)及时更换磨损刀具，对上部软土进行加固；<br>(2)发现出渣量多于正常时要及时采取措施，盾构掘进速度应根据盾构出渣能力制订 | 上部地层被扰动向下流失 | A | 2 | 二 | 监控出渣量，如发生异常及时采取措施 |

续表

| 主要风险项目 | | 风险因素及对工程潜在的影响 | 初始风险 | | | 设计处理对策 | 主要残余风险概述 | 残余风险 | | | 残余风险应对措施 |
|---|---|---|---|---|---|---|---|---|---|---|---|
| | | | 可能性 | 后果 | 风险等级 | | | 可能性 | 后果 | 风险等级 | |
| 盾构施工期风险 | 盾尾注浆 | (1)盾尾油脂注入不及时、注入量不足，导致漏水；<br>(2)盾尾注浆压力过大，导致盾尾击穿，产生涌水、涌砂；<br>(3)二次注浆压力过大，导到管片被压破裂，产生错台和涌水、涌砂 | C | 4 | 三 | (1)及时注入足量盾尾油脂；<br>(2)设定合适注浆压力 | 采取对应措施，残余风险极小 | A | 2 | 二 | 无 |
| | 管片安装机构故障 | (1)油压控制管路故障，使盾构安装机构失去动力；<br>(2)管片拼装时由于管片撞击，使吊装头断裂 | C | 4 | 三 | (1)对于管片安装器油压控制管路应定期检查和维修；<br>(2)拼装机管片就位速度不宜过快，以防管片相互撞击 | 采取对应措施，残余风险极小 | A | 2 | 二 | 无 |
| | 盾尾密封失效 | 盾尾密封装置随掘进而向前滑动，当其配置不合理或受力后被磨损和撕拉损坏时，就会使密封失效，出现隧道涌水涌泥，从而造成开挖面失稳引起严重后果，如注浆浆液、地层中水和砂流入隧道，造成地表过大沉陷（江中段严重时还可能产生冒顶），从而危及地表正上方及周边建（构）筑物、地下管线等的安全，洞内施工困难 | C | 3 | 三 | (1)在盾构机上设置多道密封刷，并采用自动或手动装置经常向密封刷注油脂；<br>(2)避免同步注浆浆液对钢丝刷的损害；<br>(3)提高管片拼装质量，以防盾构与管片之间建筑空隙一边过分增大，一边过分减少，从而可能降低盾尾密封效果；<br>(4)盾尾配备紧急密封装置 | 盾尾漏水 | B | 2 | 二 | 制订应急施工方案 |
| | 管片接缝防水失效 | 由于各种原因导致管片密封失效致使管片接头处漏水、漏浆，在承压水作用下，将导致隧道内突然涌水，及引起过大的地表沉陷 | B | 3 | 三 | (1)对盾构推进的轴线加以严格控制，避免管片就位不准；<br>(2)进行二次注浆，加固地基，减小不均匀沉降的影响；<br>(3)对管片拼装质量加以控制，避免碰撞 | 管片漏水 | A | 2 | 二 | 制订应急防水预案 |

续表

<table>
<tr><th colspan="2" rowspan="2">主要风险项目</th><th rowspan="2">风险因素及对工程潜在的影响</th><th colspan="3">初始风险</th><th rowspan="2">设计处理对策</th><th rowspan="2">主要残余风险概述</th><th colspan="3">残余风险</th><th rowspan="2">残余风险应对措施</th></tr>
<tr><th>可能性</th><th>后果</th><th>风险等级</th><th>可能性</th><th>后果</th><th>风险等级</th></tr>
<tr><td rowspan="2">盾构施工期风险</td><td>下穿长江大堤</td><td>盾构穿越堤防，可能产生较大的地层损失，造成防洪堤产生不均匀沉降，以及堤防工程产生的超载压力引起管片结构较大变形，均会导致堤防破坏</td><td>B</td><td>3</td><td>三</td><td>(1)衬砌设计中考虑堤防工程引起的超载压力；<br>(2)严格保持开挖面的泥水压力和泥膜质量，减少对土体的扰动，不得超挖或欠挖，防止过大的纠偏；<br>(3)加强盾尾同步压浆；<br>(4)加强监测，及时反馈防汛墙变形信息，以便采取二次注浆、防汛墙底部注浆等技术措施；<br>(5)尽量避免超挖、欠挖导致地面沉降(隆起)；<br>(6)设定合理的推进速度、盾构推力、注浆压力和正面土压力；<br>(7)及时注浆，避免注浆量不足，另一方面，也要避免注浆量过大劈裂土体造成地面冒浆；<br>(8)控制盾构姿态，减少地层扰动；<br>(9)建立隧道监控测量与超前地质预报联合分析，设定不良后果的应急补救措施</td><td>大堤产生不均匀沉降或开裂现象</td><td>A</td><td>3</td><td>二</td><td>制订应急施工方案</td></tr>
<tr><td>施工阶段盾构隧道上浮</td><td>由于施工过程中，邻近盾构工作面的隧道所受土层约束作用减小，易产生“上浮”现象，如何有效地控制隧道直接关系到工程的整体质量和安全</td><td>C</td><td>2</td><td>二</td><td>(1)施工期间严格控制隧道轴线，使盾构尽量沿着设计轴线推进，每环均匀纠偏，减少对土体的扰动；<br>(2)提高同步注浆质量，使其遇泥水后不产生裂化，并要求浆液具有一定的流动性，能均匀地布满隧道周围，及时填充建筑空隙</td><td>仍有隧道上浮的可能</td><td>B</td><td>2</td><td>二</td><td>加强隧道上浮及纵向变形的监测，并根据监测的结果进行针对性的注浆纠正，如调整注浆部位及注浆量等</td></tr>
</table>

续表

| 主要风险项目 | | 风险因素及对工程潜在的影响 | 初始风险 | | | 设计处理对策 | 主要残余风险概述 | 残余风险 | | | 残余风险应对措施 |
|---|---|---|---|---|---|---|---|---|---|---|---|
| | | | 可能性 | 后果 | 风险等级 | | | 可能性 | 后果 | 风险等级 | |
| 盾构施工期风险 | 开挖面存在障碍物 | 在江底推进时，工作面前方可能会出现各类障碍物，如大块漂石、大石块、钢筋混凝土桩、废钢材、沉船、哑炮弹等，容易造成盾构机较大破损甚至无法正常推进 | B | 4 | 三 | 对开挖面前方20m超声波障碍物探测，及时查出大石块、沉船、哑炮弹，附设从密封舱隔板中向工作面延伸的钻机，对障碍物破除；设置气压进出闸门，局部气压下进入密封舱排障，对刀盘维修；设置石块破碎机，将块石破碎到粒径100mm以下，以便泥浆泵排出；渣土分离排放系统满足泥水处理及环保要求 | (1)掘进困难；<br>(2)影响工期 | A | 2 | 二 | 制订开挖障碍物的处置施工方案 |
| 盾构施工期风险 | 隧道施工突发事件 | 电机车出轨、管片滑落(举重臂)、管片坠落(行车)、火灾、溜车等引起的隧道结构受损与隧道内施工不安全风险；突发停电、人员触电引起的施工用电风险；台风、暴雨等气象引起的水淹、施工支撑结构倒塌等风险 | B | 2 | 二 | 制订严格的施工制度，施工中不允许出现这类事件；必要时先处理后推进，特别是富含水砂层的推进，必须对工作面土体进行改良；管片在推进结束后及时跟紧，及时成环。特别措施：(1)隧道推进到达的位置，在地面上作出标志，突发事件时，能迅速在地面采取措施；(2)控制施工区段的地面动载，进行全过程的施工监测，电机车运行及管片吊运、拼装必须要专人看护检查，每节车辆均有止动装置；储备充足的消防器材，工作人员能熟练使用 | 影响施工进度 | A | 2 | 二 | 制订应急措施 |
| 明挖隧道施工风险 | 基坑施工风险 | (1)基坑整体失稳风险；<br>(2)基坑隆起变形风险；<br>(3)基坑管涌和流沙风险；<br>(4)基坑围护墙体破坏风险；<br>(5)基坑支撑系统破坏风险；<br>(6)基坑周边大变形风险；<br>(7)基坑渗漏水风险 | C | 3 | 三 | (1)根据基坑结构安全计算，选择合理插入比，增加支撑刚度、控制基坑周边超载；<br>(2)选择插入不透水层的隔水围护，辅以坑底井管降水方式；<br>(3)支撑中间设置格构柱或联系梁；<br>(4)加强基坑周边变形测量及建构筑物沉降观测 | 基坑漏水，变形较大 | B | 2 | 二 | 施工过程制订堵漏措施，发现漏水可采取注浆措施，基坑变形过大可采取停止开挖、进行回填反压的措施 |

续表

| 主要风险项目 | | 风险因素及对工程潜在的影响 | 初始风险 | | | 设计处理对策 | 主要残余风险概述 | 残余风险 | | | 残余风险应对措施 |
|---|---|---|---|---|---|---|---|---|---|---|---|
| | | | 可能性 | 后果 | 风险等级 | | | 可能性 | 后果 | 风险等级 | |
| 隧道运营期风险 | 隧道结构的稳定性风险 | 设计风险、建造风险所传至营运期的隧道结构稳定性风险，以及营运期间的突发事件（如地震、材料老化、构件被腐蚀等）所带来隧道稳定性风险，包括隧道纵横向变形、纵向不均匀沉降、结构裂损、漏水等 | A | 4 | 三 | (1)结构设计中对隧道的施工阶段、运营阶段的强度、刚度、稳定性都进行计算，并有合适的、足够的安全度；<br>(2)从结构、接头、接缝设计，环境保护，施工监测等方面综合考虑，减少、控制结构的沉降及不均匀沉降，防止结构开裂及渗漏 | 满足结构安全等级为一级时的使用要求，即结构的失效概率小于$10^{-4}$ | B | 2 | 二 | 结构体安全检测 |
| | 隧道结构防水的可靠性 | (1)高水压下的防水风险；<br>(2)防水材料的质量；<br>(3)接缝的防水；<br>(4)管片结构材料的抗裂能力与耐久性；<br>(5)防水材料的耐腐蚀与老化；<br>(6)防水材料长期变形条件下的耐久性；<br>(7)特殊部位的防水 | B | 3 | 三 | (1)以防为主，多道防线，因地制宜，刚柔并济，综合治理；<br>(2)以结构自防水为主，附加防水层为辅，重点加强接头、接缝的防水构造措施 | 满足结构安全等级为一级时的使用要求，即防水的失效概率小于$10^{-4}$ | B | 2 | 二 | 制订好注浆堵漏方案 |
| | 地震对隧道工程的影响 | 地震引起的地层变化过大造成隧道破坏；地震荷载引起刚度变化段隧道破坏；地震造成液化土层地基液化 | A | 3 | 二 | (1)结构设计考虑地震的影响，采取抗震构造措施将结构设计成能抵抗相应地震作用的结构；<br>(2)环缝设置衬垫，一定程度上减震消能；<br>(3)隧道中线以下埋设于液化深度以下 | 地震后可能对隧道结构仍造成一定的破坏 | A | 3 | 二 | 对隧道破损部立进行修复 |

续表

| 主要风险项目 | | 风险因素及对工程潜在的影响 | 初始风险 | | | 设计处理对策 | 主要残余风险概述 | 残余风险 | | | 残余风险应对措施 |
|---|---|---|---|---|---|---|---|---|---|---|---|
| | | | 可能性 | 后果 | 风险等级 | | | 可能性 | 后果 | 风险等级 | |
| 隧道运营期风险 | 隧道结构的耐久性 | 影响隧道结构耐久性的主要因素可按作用方式分为结构性影响因素和环境性影响因素两大类，其中后者又可分为使用环境及侵蚀性环境的影响。此外，影响结构耐久性的另一重要指标是设计基准期的取值 | B | 3 | 三 | (1)适当加厚主体结构保护层厚度；<br>(2)混凝土材料应选择惰性骨料，水灰比限制在0.35以下，拌和料采用粉煤灰、硅粉及其他添加剂，严格限制混凝土材料中的碱和氯离子含量，加强养护；<br>(3)密实注浆防水层并加强质量检查，可抵御外界侵蚀性介质危害；<br>(4)选用耐久性能好的防水材料，延长其使用年限；<br>(5)营运期加强通风除湿，改善隧道内环境 | 根据分析，主体结构使用年限低于100年的概率小于$10^{-4}$ | B | 2 | 二 | 制订防止钢构件腐蚀的保护方案 |
| | 沉船、抛锚、地震损伤等 | 沉船、抛锚会增加隧道结构荷载，超出设计范围时可能破坏隧道结构 | B | 4 | 三 | 结构设计时考虑沉船、抛锚等特殊荷载的影响，并留有冗余；加强抗震构造措施 | 部分船只非法抛锚 | A | 3 | 二 | 制订隧址段通航保护区 |
| | 操作失误产生的人员伤亡 | 在盾构隧道管片拼装过程中由于操作不当可能会使施工人员产生不必要的伤亡，例如撞伤、挤伤、擦伤、溺水等问题 | C | 2 | 二 | 制订严格的操作规程及上岗制度 | 仍有可能产生人员伤亡 | B | 2 | 二 | 加强教育及培训，制订应急救援措施 |
| | 施工车辆事故产生的人员伤亡 | 在施工过程中，由于运输车辆交通事故产生的人员伤亡也不容忽视，由于施工车辆载荷一般都比较大，一旦出事，人员伤亡概率很大 | D | 2 | 三 | 制订严格的操作规程及上岗制度 | 仍有可能产生人员伤亡 | B | 2 | 二 | 加强教育及培训，制订应急救援措施 |
| | 突发性事故引发的人员伤亡 | 像突发性的工作井塌方、隧道涌水、管涌等，都可能由于人员来不及及时撤离而产生伤亡 | B | 2 | 二 | 加强监测，发现问题及时采取对应措施 | 影响工期 | A | 2 | 一 | 制订应急方案 |

续表

| 主要风险项目 | | 风险因素及对工程潜在的影响 | 初始风险 | | | 设计处理对策 | 主要残余风险概述 | 残余风险 | | | 残余风险应对措施 |
|---|---|---|---|---|---|---|---|---|---|---|---|
| | | | 可能性 | 后果 | 风险等级 | | | 可能性 | 后果 | 风险等级 | |
| 人员安全风险 | 隧道抢修工作不当引发的人员伤亡 | 隧道抢修中因操作不当会引起人员伤亡，如触电等 | B | 3 | 三 | 制订严格的操作规程及上岗制度 | 仍有可能产生人员伤亡 | B | 2 | 二 | 加强教育及培训，制订应急救援措施 |
| 环境影响风险 | 声环境污染影响 | 施工过程中的重型运输卡车、空压机及其他大型施工机械引起的噪声及运营过程中隧道通风机和列车运营振动产生的噪声，会影响人的生产生活，对仪器设备等造成损害 | E | 1 | 二 | (1)对噪声敏感点设置声屏障防护；<br>(2)工程设计综合考虑了废气和噪声排放的要求；<br>(3)采用减震降噪措施 | 满足声环境保护要求 | D | 1 | 一 | 无 |
| | 空气环境污染影响 | 施工期，工作面的粉尘和沥青烟等有毒气体对施工人员的健康造成严重的影响 | C | 2 | 二 | 废气污染控制：工程采用强制排风 | 满足空气环境保护要求 | A | 1 | 一 | 无 |
| | 水环境污染影响 | 施工期工地施工及生活污水排放故障或不当、江面油污及化学物品泄露、堆放废渣弃土、施工机械对江水扰动以及运营期维护废水排放不当等会使隧道邻近水域产生水污染 | C | 2 | 二 | 施工期的污水、废水经处理后排放至市政管网；运营期的冲洗废水及渗漏水排入市政管网经处理后排放 | 满足水环保要求 | B | 2 | 二 | 无 |
| | 固体废弃物的污染影响 | 固体废物主要来源于施工期征地拆迁的建筑垃圾和隧道开挖所产生的弃土、弃渣 | C | 2 | 二 | 施工期产生的建筑垃圾及弃土弃渣按城市渣土办及环卫部分的规定处理 | 满足固体废弃物环境保护要求 | B | 2 | 二 | 无 |

续表

| 主要风险项目 | | 风险因素及对工程潜在的影响 | 初始风险 | | | 设计处理对策 | 主要残余风险概述 | 残余风险 | | | 残余风险应对措施 |
|---|---|---|---|---|---|---|---|---|---|---|---|
| | | | 可能性 | 后果 | 风险等级 | | | 可能性 | 后果 | 风险等级 | |
| 结构耐久性及使用年限风险 | 河床冲淤 | 覆土过小引起隧道上浮及覆土变化影响隧道纵、横向稳定 | B | 4 | 三 | 设计时隧道埋深应考虑留有余地；<br>同时，在隧道施工及运行管理过程中需加强隧道附近河床冲淤变化检测，若发现问题，应及时采取措施以保证隧道安全正常运行 | 导致灾难性后果的概率几乎为零，导致严重后果的概率小于0.01，导致较轻后果的概率小于0.04，导致基本无风险的概率为大于0.01 | A | 3 | 二 | 工程后长期的地形观测和设置隧道保护区 |
| | 隧道纵向不均匀沉降 | 荷载及地基土层等沿纵向发生变化，引起隧道纵向发生不均匀沉降，导致结构受损防水失效等 | C | 3 | 三 | 对不均匀地层或不同结构引起隧道纵向不均匀沉降一般可通过设置纵向变形缝来调节，并采取计算分析辅以适当的构造措施加以解决 | 发生破坏性后果的可能性几乎为零 | B | 2 | 二 | 运营期加强沉降监测，并针对此课题开展研究，以制订相应对策 |
| | 渗流导致结构受损 | 因隧道漏水造成隧底砂土流失，引起局部结构失稳 | B | 3 | 三 | 加强管片接缝防水，断裂破碎带等渗水地段设内衬 | 根据分析，结构体使用年限低于100年的概率小于$10^{-4}$ | B | 2 | 二 | 无 |
| | 侵蚀性环境影响 | 侵蚀性环境会锈蚀钢筋及钢构件，降低混凝土的抗渗性，加快防水材料的老化 | B | 4 | 三 | 采用高性能耐久性混凝土，加大钢筋保护层厚度，钢构件采取防腐蚀措施，选择抗老化性能高的防水材料 | 根据分析，结构体使用年限低于100年的概率小于$10^{-4}$ | B | 2 | 二 | 无 |
| | 盾构隧道连接螺栓外露部分锈蚀 | 隧道的外接螺栓在江水侵蚀下，有可能产生锈蚀，从而使管片接头处连接出现问题，发生涌水等事故 | B | 2 | 二 | 管片结构接头螺栓并不与土壤直接接触，且由于手孔封堵的施作，螺栓与隧道内大气基本隔绝；管片间采用遇水自膨胀密封防水材料填塞，可使漏水减少；注浆防水层的加强，可使地下水渗漏减小 | 根据分析，连接件外露部分使用年限低于100年的概率小于$10^{-4}$ | A | 2 | 一 | 制订防止钢构件腐蚀的保护方案 |
| | 衬砌材料过早老化 | 由于长时间的钢筋锈蚀，衬砌侵蚀下的物理化学作用，都可能导致衬砌结构的材料老化，从而使结构的承载能力降低，使用寿命缩短 | B | 4 | 三 | 采用高性能耐久性混凝土，加大钢筋保护层厚度，结构设计留有余地 | 根据分析，连接件外露部分使用年限低于100年的概率小于$10^{-4}$ | A | 3 | 二 | 结构体健康监测 |

续表

| 主要风险项目 | | 风险因素及对工程潜在的影响 | 初始风险 | | | 设计处理对策 | 主要残余风险概述 | 残余风险 | | | 残余风险应对措施 |
|---|---|---|---|---|---|---|---|---|---|---|---|
| | | | 可能性 | 后果 | 风险等级 | | | 可能性 | 后果 | 风险等级 | |
| 结构耐久性及使用年限风险 | 防水材料过早老化 | 在化学物质的侵蚀下，隧道外的防水材料有可能出现老化，从而使隧道内出现渗水的问题 | B | 4 | 三 | 选用抗老化性能好的防水材料，设计采取构造措施，尽量降低防水材料老化的风险 | 由于防水材料老化导致的渗漏水如不及时发现，长期渗漏水后果严重 | A | 3 | 二 | 运营期隧道防水质量监测 |

# 第八节　安全防护设计

根据《石油天然气管道系统治安风险等级和安全防范要求》(GA 1166—2014)，长江盾构隧道的安全防范级别为一级，根据规范要求采取了人力防范、技术防范和实体防范的综合措施确保隧道和管线运营安全。

(1)人力防范：隧道穿越设置北岸值班室，至少配备3名兼职治安保卫人员或巡查、巡护人员进行日常巡查、巡护，24h内巡查、巡护。南岸在常熟分输站内，由常熟分输站统一管理。

(2)技术防范：在隧道始发井处设置工业电视监控系统、周界入侵报警系统和可视对讲系统，用于始发井区域的安全防范，监控图像及报警信号在始发井值班室内监看，同时工业电视数据远传至西气东输上海总部。接收井处安全防范系统依托常熟分输站。

(3)实体防范：本工程两岸竖井口加设盖板保护，同时设置实体围墙对竖井进行防护，并设专人24h值守，在运营期间，防止无关人员进入。同时，应在隧道两端设置警示牌，隧道两端的线路段管道上方敷设警示带，起到警示作用。

# 第九节　弃渣环保设计

## 一、渣场的选择

本工程隧道土方量大，开挖土方实方量共计54万$m^3$，因此弃渣场的选择和弃渣的运输都需要重点考虑，避免对环境造成不利的影响，同时也要保证施工进度的需要。

对渣场位置的选择首先考虑的是不占用耕地、不占用河道和泄洪通道、避开环境敏感区，尽量选择在工程附近的洼地、荒地或废弃地等。但经过现场踏勘、多次和规划部门结合，发现两岸的海门经济技术开发区和常熟经济技术开发区用地极其紧张，在当地难以找到弃渣场，弃渣无法就近处理。经过多方调研，确定采用河运方式，在长江沿岸选择弃渣点的方式。最终选择工程上游 45 海里的采石场废矿坑作为弃渣场(图 3－151)。

图 3－151　弃渣场原貌

## 二、河运弃渣的实施

根据两岸的出渣量，北岸始发井侧总出渣达 52.6 万 $m^3$，南岸竖井出渣量为 1.4 万 $m^3$。因此，在北岸设置临时码头，将弃渣由北岸临时码头装船，运至弃渣场；南岸弃渣通过汽车运输至北岸场地进行处理。

河运弃渣的实施方案为：

在盾构场地设置控制室及自动高压水枪装置，预埋注浆及清水管道，将渣土用水稀释成 1∶4 的比例，用泵将水渣混合物注入管道，运输到停靠在临时码头的运输船上。运输船按批准的航线航行到事先设置的临时码头，将渣土稀释后通过管道运输到指定的弃浆点，水经过三级沉淀池沉淀，经过检测达到排放标准后外排(图 3－152)。

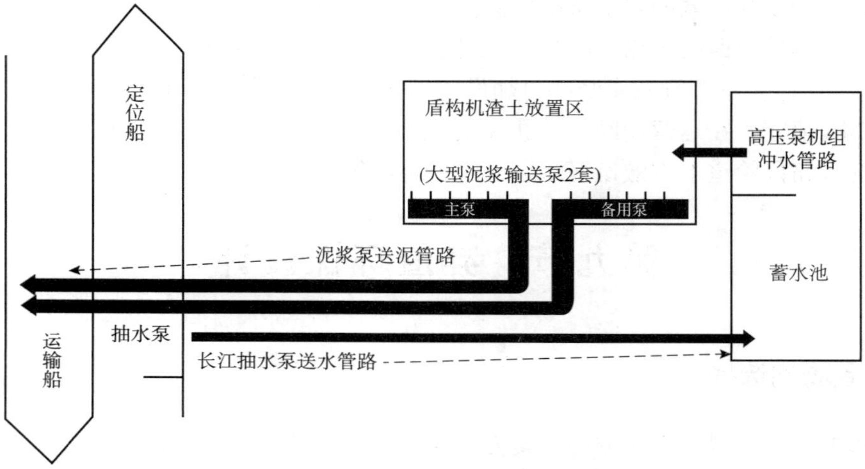


图 3－152　弃渣流程图

陆上运输时，沿途铺设三根 $\phi350$ 的高密度聚乙烯管道，一根主管，一根备用，一根取水及回水管(图 3－153)。场地及清水池都设置主泵及备用泵，当主泵或主管一旦发生故障，启用备用泵管并及时抢修主泵管。

图 3－153　始发井弃渣管路布置图

## 三、弃渣的环保性

本工程渣场采用采石场的废弃矿坑，未占用耕地，同时还物尽其用，将弃渣用于填充矿坑，填充完成后的区域，当地可进行建设利用。渣场的选择，为当地环境做出了一定贡献。

弃渣运输也是极为环保，全程采用管道运输，弃渣不落地，对当地环境基本没有影响。分离的水在排放前需经过三级沉淀，监测合格后方能排放，环保标准高。

通过多方面设计，本工程 54 万 $m^3$ 的弃渣都在安全环保的前提下进行了合理的处理，本工程为油气管道行业首次采用河运弃渣处理，其经验为今后隧道工程弃渣处理展开新的思路，特别适用于南方经济发达地区。

# 第十节　智能管道设计

智能管道是在管道数字化设计的基础上，通过精准、高效的监控和检测等技术手段，实现管道线路的风险受控、隐患的提前发现以及快速的应急响应，从而到达安全高效运行的管道系统。

本工程通过建立全面监测隧道内管道本体和周边环境的监测系统，全面提升运营期内管道感知和控制能力，强化本质安全，为全生命周期管理奠定基础。

## 一、智能巡检机器人

由于隧道长度较长、运行环境恶劣等特点，如发生泄漏将造成经济损失。以前巡检工作主要依靠人工进行定时检查，然而，依靠人工检查容易受个人经验、主观意识的影响，受监测手段、数据记录、数据分析方面的制约，通常花费大量人力不能得到有效的数据结果；另外，隧道长度达 10km、空气质量差、具有易燃易爆气体等，巡检人员在该环境下工作有一定的安全风险。因此，采用防爆型智能巡检机器人系统，在需要进行隧道巡检时，先由防爆型机器人进行巡查，确认环境安全后人员再进入隧道进行检修。

防爆型智能巡检机器人系统以防爆型轨道巡检机器人为核心，配有轨道系统、供电系统、后台管理系统及其他相关设备，能够实现对隧道的全覆盖巡检。在隧道抢修时可以检测隧道内环境状况，以便后续抢修作业。运维人员能够通过控制机器人进行巡检，查看机器人采集的信息，掌控隧道内的状态，能够在减轻运维人员的工作负担和安全风险的基础上，提升巡检频次和巡检质量，推进管道的智能化建设。

防爆型智能巡检机器人系统具有以下功能：

1) 视频监控

视频监控是智能巡检机器人系统的核心功能之一，通过巡检机器人自身携带的高清可见光摄像机，能够完成现场环境、设备的视频图像采集。

2) 红外测温

巡检机器人利用自身携带的红外热成像仪对现场设备进行红外图像的采集，从中提取出设备的温度信息，实现对设备的温度检测；同时，能够准确分析各类检测点温度是否异常，发生异常时自动告警。检测完成后能够自动生成任务报表，存储在后台服务器中供运维人员查看。

3) 音频采集

巡检机器人搭载高灵敏度声音采集设备，并随云台一同转动，采集现场环境声音、设备运行声音等音频信息。

4) 环境监测

巡检机器人自身携带的环境监测模块，能够监测隧道中巡检路线中的可燃气体浓度、氧气浓度、温度、湿度等环境信息，可燃气体探测器准确性 ±3% LEL，能对巡检路线进行定位，并结合巡检离线采集后送到后台管理系统将进行报警，提醒运维人员(图 3－154)。

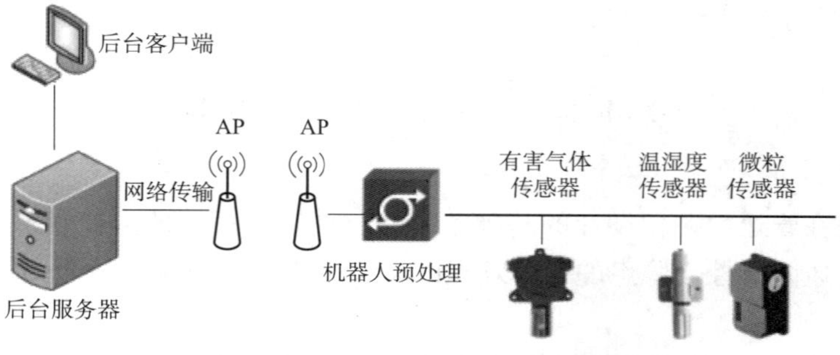


图 3－154　机器人环境监测示意图

5) 巡检功能

自动巡检是巡检机器人按照预设规划路径自动巡视方式，自动巡检的模式主要有：例行巡检、特殊巡检等，各种模式支持互相切换。机器人搭载高清摄像机、高灵敏红外热成像仪、拾音器等多种检测设备，按照既定的规则完成巡检区域内各处的设备进行可见光拍照、表计读数、红外测温及环境监测等巡检活动，能对巡检路线进行定位，并将巡检数据自动传输到后台管理系统保存，生成检测分析报告。

6) 数据报表与信息预警

后台管理系统能够自动存储、统计和智能分析处理海量数据，如巡检点数据查询与统计，告警信息查询与缺陷异常分析，环境记录数据和红外测温数据分析，并生成相关报表。所有报表支持查询、导出和打印。

## 二、竖井弯管应变监测

两岸竖井内弯管作为管道补偿器能缓解管道振动和约束力，对热膨胀起补偿作用。由于曲率的影响，实际工况中弯管的受力状况较为复杂，往往是管道的应力集中部位，从而成为管道系统的最薄弱环节之一。所以有必要在弯管处进行应力监测。

弯管应变监测采用振弦式应变传感器技术测量。弯管应变监测系统由数据采集子系统、数据传输子系统和数据处理与监控子系统组成。

弯管应变监测采用振弦式应变计。在弯管处设置多个截面观测，截面主要设置在弯头前后，每个截面配置 3 个应变计。数据传输到常输分输站数据处理与监控子系统监视。现场数据采集系统由太阳能直流供电系统供电，数据处理子系统通过获取管道真实的应变变化数据，并从基于应力或基于应变判据出发，对管道的安全状态进行定量评价。当管体附加应力超过允许附加应力的 30%、60%、90%，产生不同级别的报警信息，对应相应的预警级别采取相应的应对措施。当检测到报警信息或产生报警时应及时安排运维人员现场确认。变形监测的目的是预警，防止管道轴向及侧向变形过大，管道支座发生变形或与管道支撑梁等结构碰撞。如变形过大，可采取纠正措施，增加限位措施进行处理。

## 三、管道泄漏监测

干线管道的泄漏监测方法很多，大致可分为两类：内部监测和外部监测。

通过国内外泄漏监测技术现状的分析，以及各种技术的分析对比，效果好的泄漏监测方案需要多种技术结合使用，这也是目前国内外泄漏监测方案常用的策略。众多的泄漏监测技术中，光纤法泄漏监测技术是国际上公认的有应用前景的长输管道泄漏监测解决方案，本工程中，天然气管道出现泄漏后，由于焦耳－汤姆逊效应，泄漏位置会迅速发展为低温点，伴随着该位置的温度变化(1～2m 长，见图 3－155)，管道表面周围的泡沫混凝土将形成温度梯度。冷却效应(与气体类型和压力直接相关)与泡沫混凝土温度无关，并且无论环境泡沫混凝土温度如何，冷却效应的量级保持不变。通过对沿光纤温度场进行分析可以确定发生泄漏的部位。

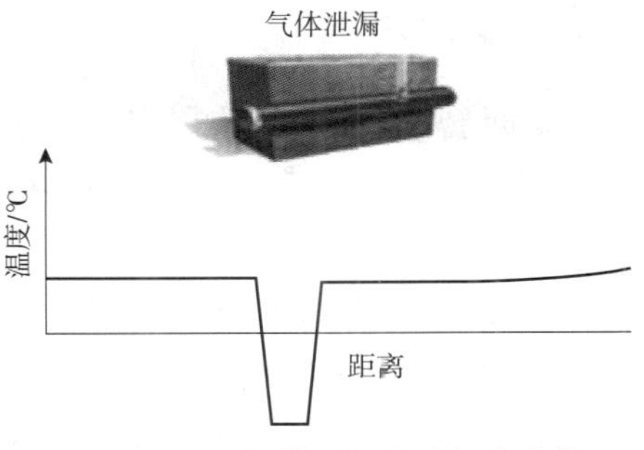

图 3－155　气体泄漏导致温度变化

目前光纤法测泄漏的监测方法在国外已有成功监测案例，且具有正式官方报告，柏林盐水管道项目是全世界第一个商业运用分布式光纤监测泄漏的一个案例，在秘鲁液化天然气管道中也成功检测到泄漏事件。

经过调研和详细比选，本工程采用分布式光纤泄漏监测系统进行管道泄漏监测，通过对隧道内管道周边的温度场分布数据等进行实时监测，结合隧道填充物的特点，对管道泄漏进行报警并跟踪定位。

分布式光纤泄漏监测系统由光纤测温主机、传感兼传输光缆、光纤测温服务器以及显示终端等组成(图3－156)。利用光缆中的一芯光纤，接入分布式光纤测温主机，监控管道的温度分布。

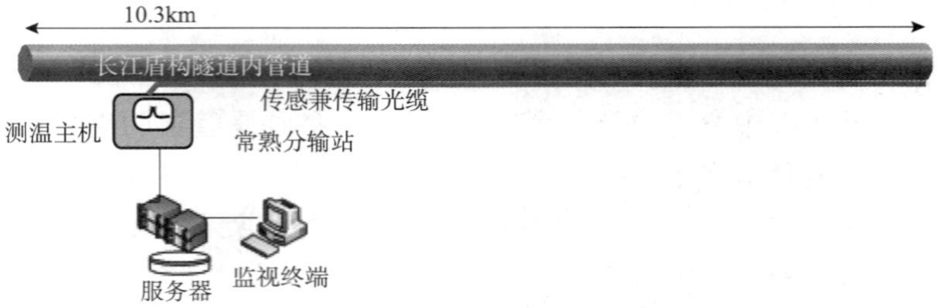


图3－156　分布式光纤泄漏监测系统架构图

## 四、光纤预警系统

在隧道穿越段设置1套光纤预警系统，作为管道泄漏监测的补充手段。光纤传感技术的应用效果依赖于大数据的积累和分析，实现多参量综合判定，降低误报率，通过温度和振动双参数联合判定天然气管道泄漏的准确率理论上要优于只通过温度或者振动来判定。

管道光纤安全预警系统由传感器、预警主机和监控终端组成。利用仪表专业紧贴管道敷设的泄漏检测光缆中的1芯光纤作为分布式传感器，实时监测管道泄漏引起的振动情况。预警主机用于接收、处理振动信号，并将数据和预警信息上传到预警管理终端的设备。预警管理终端用于接收、处理和显示预警主机上传的数据和预警信息，管道控制中心人员可以及时指挥、调度维抢修人员和巡检人员快速、及时、准确地赶到事件发生地点对事件进行处理。

## 五、安防系统

为满足智能管道的感知需求，长江盾构穿越工程北岸始发井设置安全防范系统，包括工业电视监控系统、周界入侵报警系统和可视对讲系统，南岸安全防范系统依托常熟分输站。

1. 工业电视监控系统

在始发井围墙内设置2台球型摄像机，用于监视围墙、井区及大门的情况。在始发井旁设置的值班室内安装带有存储功能的监控终端，对监控图像进行显示和存储，图像存储时间不小于90d。同时该处视频图像将利用干线光缆中的2芯光纤，传输至上游阀室，利用阀室的光传输设备将图像远传至总部工业电视监控平台集中显示。

由于接收井设置在常熟分输站内，接收井处监控摄像机依托常熟分输站安防系统，由国家重点工程常熟分输站统一设置管理。

2. 周界入侵报警系统

为了保证场区周界安全，对非法入侵行为及时报警，本工程在始发井设置防区型振动光缆周界入侵报警系统。前端报警探测器由两部分组成，振动光缆安装在围墙周界处，激光对射前端安装在主要出入口的大门处。在始发井旁设置的值班室内设置报警显示终端，与工业电视系统联动，当报警发生时，联动摄像机监看报警区域，帮助值班人员对事件进行确认和处理。

接收井处周界入侵报警系统由国家重点工程常熟分输站统一设置管理。

3. 可视对讲系统

在始发井值班室设置1套可视对讲系统，便于对外来人员进出站场的安全管理。可视对讲系统由室外机、传输线、室内机等部分组成。在北岸值班室大门门柱安装室外机1套，值班室内设置可视对讲室内机1套，室外机通过传输线与室内机互联实现视频通话及确认等工作。传输线采用管道方式敷设。

## 六、管道内检测

管道内检测是借助流体压差使检测器在管内运动，检测管道缺陷(内外壁腐蚀、损伤、变形、裂纹等)、中心线位置和结构特征(焊缝、三通、弯头等)的方法。几何变形检测用于检测管体几何变形情况。金属损失检测用于检测管壁腐蚀、划痕等金属损失。裂纹检测以检测管壁裂纹为目的。漏磁检测利用磁铁磁化管壁，通过磁通量变化，检测管体和焊缝中存在的缺陷和管道特征。惯性测绘检测使用惯性传感器测绘管道中心线空间位置，通过分析可生成管道高程和平面图。

管道内检测作业实施执行《油气管道内检测技术规范》(SY/T 6597—2018)，缺陷定位精度不低于±1m。采用磁力盒进行标识。磁力盒在管道施工期间安装到位，安装间距采用1km。

# 第四章　专题研究

## 第一节　超长距离盾构施工关键技术及沼气地层安全影响专题

### 一、研究必要性

长江盾构工程为国家重点工程的控制性工程，盾构隧道穿越距离近 11km。本工程面临超长距离盾构施工运输降效、测量累积误差大、隧道通风量大、高水压换刀、工期长等施工问题。因此，对超长距离盾构隧道施工运输方案、通风方案、隧道不通视测量、高水压换刀和带压进舱换刀方案进行研究，为长江盾构隧道施工安全、质量、进度提供技术保障。

本工程穿越地层中存在沼气层分布。含沼气地层存在诸多风险，如：竖井地连墙施工时地层的沼气释放，可能造成槽壁的蠕动引起塌方。在地连墙混凝土浇筑过程中，沼气将引起地连墙内出现孔洞，造成地连墙的渗水和漏水，直接影响地连墙的施工质量和施工进度；盾构机作为高度机电一体化机械设备，一旦局部沼气浓度汇聚到一定程度，容易产生爆炸；在盾构掘进中，由于沼气释放，可能造成开挖面失稳；沼气易从盾尾间隙进入隧道内，聚集到一定浓度，可能引起爆炸。由于沼气地层的存在，增加了盾构隧道施工的质量和安全风险，因此，研究沼气对竖井施工、盾构施工、管道安装、隧道运营的安全影响，采取对应措施，以能够提高盾构隧道施工的质量和安全。

### 二、沼气对盾构隧道施工安全影响研究

本专题基于国家重点工程长江盾构工程超长距离、地层松散、强透水、高水压等工程特点，结合盾构隧道施工及附属工序施工工艺要求，主要研究了沼气地层盾构隧道安全影响、盾构隧道施工运输、隧道内通风、超长距离隧道测量、进舱换刀等 5 项难点内容，提出了对应解决措施，制订了经济适用、安全高效的施工方案。

1. 沼气对竖井施工的影响及应对措施

1) 沼气对竖井施工影响

国家重点工程长江盾构始发和接收竖井均采用地连墙 + 内衬结构，在富含沼气地层进行竖井施工，沼气对竖井工程质量和施工安全的影响如下。

(1) 对地连墙工程的影响

浅层沼气对地连墙施工的影响主要体现在两个阶段：第一阶段是成槽阶段，成槽过程中气体的排放直接影响槽壁的稳定性，易造成槽壁外地层蠕动、塌方，造成成槽困难；第二阶段是混凝土浇筑阶段，混凝土凝固前后，沼气透入混凝土中造成槽壁气孔、夹渣、裂

纹及贯通裂缝等质量缺陷，影响地连墙强度和防水质量。

(2)对内衬施工的影响

内衬施工采用逆作法施工。施工中的开挖作业，人员和机械设备需要在井下作业。在竖井区沼气层气体排放不彻底或周边地层沼气透入竖井区域时可能引起沼气突出事故，若沼气疏散不及时导致浓度增加或措施不到位，易造成沼气燃烧、爆炸等事故。若发生突发性大量沼气透气事故，直接影响作业人员的生命安全，造成财产较大的财产损失。

2)沼气对竖井施工影响的应对措施

地面钻孔抽采，释放沼气：为确保竖井施工的安全，采取排放措施是效果明显且较为可行的方法。该方法在竖井周边的地面布置钻孔预抽沼气，钻孔深度结合地质勘察情况，深入沼气层。根据始发竖井和接收竖井断面结构，预抽沼气钻孔布置见图4－1、图4－2，钻孔直径、间距、数量和深度等关键参数应根据沼气抽采效果进行调整。

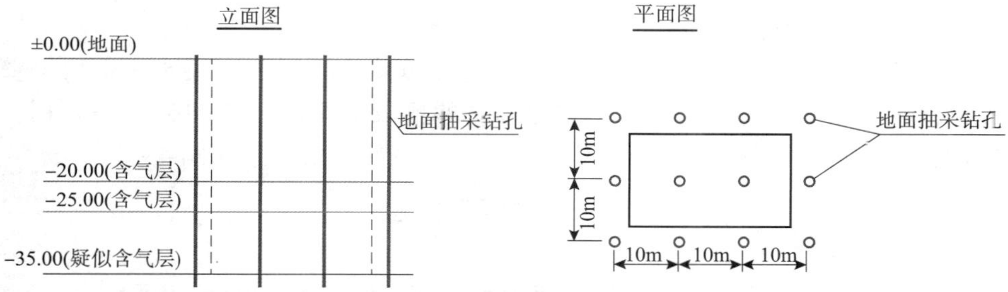


图4－1　始发竖井抽采钻孔布置示意图

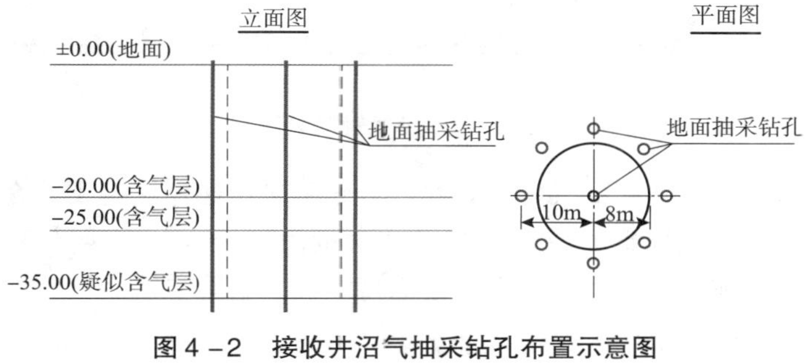


图4－2　接收井沼气抽采钻孔布置示意图

(1)钻孔布置

采用地面抽采或地面排放，为确保沼气抽排效果，可对钻孔进行加密，增加钻孔数量，同时采用大孔径钻孔，钻孔直径大，暴露槽壁面积大，沼气涌出量就大。

(2)封孔工艺

抽采钻孔封孔方式主要有机械封孔泵封孔、聚氨酯封孔、人工水泥砂浆封孔、囊袋注浆两堵一注等方法。为了减少工人劳动强度和封孔质量，一般使用机械封孔泵封孔。

①水泥砂浆封孔

在钻孔中加导管采用水泥砂浆封孔，水泥砂浆由40号以上的硅酸盐水泥、砂子与水混合搅拌而成。封孔方式采用机械封孔。

②聚氨酯封孔

钻孔采用聚氨酯封孔，封孔长度5～7m。常用的封孔方式为卷缠聚氨酯法，在卷缠好聚氨酯的抽采管插入钻孔后约5min药液开始发泡膨胀，20min后停止发泡，逐渐硬化固结。为提高封孔质量，孔口处需用水泥砂浆将抽采管封固，或用木楔封堵。聚氨酯封孔也可采用压注聚氨酯法施工。

③囊袋注浆两堵一注

采用新型囊袋式“两堵一注”封孔，根据所需封孔长度，通过一根注浆管注入“速凝膨胀封孔剂”浆液先快速密封两端囊袋，使两端囊袋鼓起，当注浆压力达到预定值时，注浆管路预留的爆破阀门自动爆破，此时浆液自行向两囊间的密封腔注入，直至注浆压力达到1～1.5MPa时停止，此时钻孔空间及周围裂隙可得到有效密封。

对比三种封孔工艺，其中聚氨酯封孔运用比较广，封孔效果较好；水泥砂浆封孔材料简单，费用低，但封孔效果相对不如聚氨酯封孔；囊袋注浆两堵一注技术，封孔效果比其他方法好，但技术要求高，注浆压力高，国家重点工程长江盾构沼气为地表浅层，受到一定压力限制。故推荐采用聚氨酯封孔技术。

④地连墙槽段增加排气管路

为降低浅层沼气对地连墙施工的影响，防止沼气渗入、透入混凝土中造成槽壁气孔、夹渣、裂纹及贯通裂缝等质量缺陷。在地连墙每幅槽段中安装一根$\phi$168mm排气管，深入沼气层深度下约1m，收集透入混凝土中的沼气。排气管安装位置见图4－3。

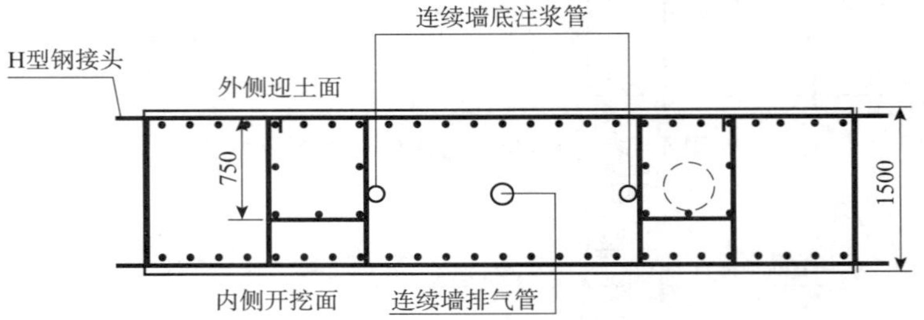


**图4－3 排气管安装图**

安装通风管道置换竖井底部气体：竖井内衬施工采用逆作法施工。在进行土体开挖期间，为防止沼气在竖井底部聚集或发生突发性大量沼气透入，在竖井井壁安装$\phi$1.4m风筒，对开挖断面的气体进行置换，确保开挖面持续供应新鲜空气。

2. *沼气对盾构隧道的影响及应对措施*

沼气对盾构隧道施工的影响主要是易造成掘进面不稳定导致掘进期间控向困难，同时存在后期隧道变形的风险。

1）沼气对盾构施工的影响

（1）对开挖面稳定性的影响

在掘进过程中，因地层沼气压力释放，导致开挖面失稳、塌方，造成开挖面压力频繁波动，影响开挖面的稳定性。在进出洞阶段，开挖面失稳将直接导致洞门涌水涌砂，从而导致地面塌陷、隧道塌方等事故。

透出的沼气进入排浆管路造成排浆泵抽空，出现噪声、管路震动等情况，加速叶轮汽蚀，缩短泵的寿命。

（2）对盾构掘进施工的影响

沼气的存在，使得土体的抗剪强度增加，导致刀盘摩阻力大，增加掘进方向控制难度。因为沼气密度低，流动性好，土体受到刀盘切削后，与土颗粒分离，聚集于上部，而下部的砂质粉土流动性差。上部受到阻力小，下部阻力大，盾构掘进方向控制困难。盾构掘进的过程中，底部土层中的沼气释放，使其上部的盾构机下沉，造成盾构机磕头。

(3)对隧道结构安全性的影响

施工扰动造成土层中沼气的释放，造成隧道底部土体收缩，甚至造成土体与隧道结构脱离，导致隧道发生变形，严重时出现裂缝影响结构安全。

(4)对刀具检查、更换作业的影响

进行刀具检查、更换作业时，人员必须进入刀盘内进行作业。根据刀具损坏情况，必要时还需要进行动火作业。在富含沼气地层进行此类作业，易发生沼气燃烧、爆炸事故或缺氧窒息事故，直接威胁着作业人员的生命安全，增加了作业难度。

(5)对尾刷更换作业的影响

常规盾尾刷的使用寿命一般为 4 ~ 5km。国家重点工程长江盾构一次性穿越长度近 10.3km，属于超长距离盾构，不可避免地要进行尾刷更换作业。在富含沼气地层进行尾刷更换作业，若措施不到位，发生沼气通过尾刷间隙进入隧道，易造成燃烧、爆炸事敀，影响作业人员的生命安全。

2)沼气对盾构施工影响的应对措施

为减小沼气对于盾构施工的影响，从以下几个方面采取措施：

(1)地面钻孔抽采措施

目前对页岩气和煤层气地面钻孔抽采，主要采用压裂技术，破坏原有地层、增加裂隙进行沼气气体的抽采。但长江区域沼气普遍位于地表浅层，沼气深度约为 20 ~ 40m，采用压裂技术抽采沼气，可能破坏浅层地表结构，造成隧道施工时突水、坍塌等事故，同时对江堤造成破坏，故不考虑地面压裂技术抽采。

煤层沼气预抽技术主要用于井下煤层预抽，随着近几年来千米定向钻机成功运用，在井下大巷、底板巷等巷道距离煤层几十米范围施工定向钻孔，预抽煤层沼气。按照国家重点工程长江盾构含气地层距离地面 60m 测算，在地面布置定向钻孔预抽隧道布置层位沼气与煤矿井下大巷等施工定向钻孔预抽煤层沼气相似，可采用地面定向钻孔预排隧道沼气地层沼气。施工隧道若位于含气层内，位于两岸段可采用地面布置钻孔预抽沼气，钻孔参数根据沼气抽采效果进行调整。

在抽排地层沼气过程中和沼气释放后，可能会造成地层失稳、地面沉降、隧道位移等问题，在沼气抽排过程中，应加强地面沉降、管片变形等监测工作，根据监测结果，对隧道进行注浆填充和加固。

(2)盾构机应对沼气地层的适应性设计

①设备防爆性要求

盾构机作为一种高度机电一体化的机械设备，在沼气地层施工，很难做到完全防爆，但是必须进行关键部位、关键部件的防爆处理。在盾构机设计时，应当根据沼气施工特点，针对盾构机盾尾、铰接装置处等重点部位的关键部件进行防爆设计，防止施工中发生火灾甚至爆炸，避免造成人员伤亡、设备损坏、隧道损毁等严重后果。初步规划盾构机防爆设计包括以下内容：

主配电柜、变频柜、刀盘驱动电机、管片拼装机控制盒、插座等。

②刀盘结构设计

刀盘结构应具备常压换刀功能，配置一定数量的可常压更换的刮刀，其轨迹线全断面覆盖，最大限度地减少人员进入沼气地层更换刀具作业，降低施工风险。

③盾尾密封性

盾尾密封是通过盾尾刷与油脂构成密封系统。通常，盾构机盾尾密封配置普通型 3 道盾尾刷和 1 道止浆板。盾尾刷作为盾构机上最易磨损的部位，需要在设计制造时特别加强。针对超长距离、砂层盾构掘进，盾尾刷将会磨损严重，盾构机在设计制造时，应充分考虑需要在施工中具备更换盾尾刷的能力，始终保证盾尾密封性能，防止密封漏气，沼气进入盾构机和隧道内，造成可怕的后果。因此，采用 4 道加强型盾尾刷、1 道钢板束和 1 道止浆板，并能够在盾构施工期间更换两道盾尾刷（图 4 – 4）。

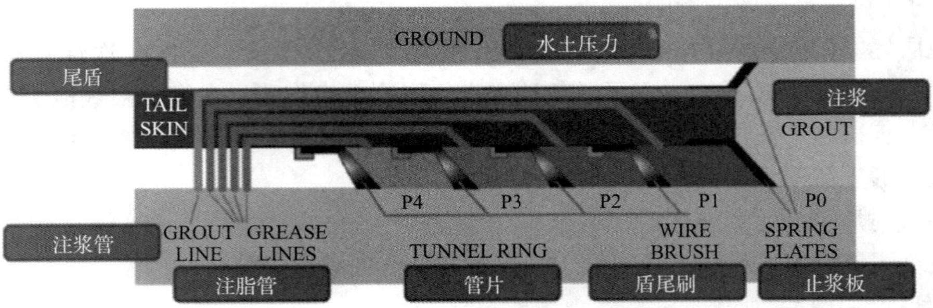


**图 4 – 4　盾尾密封系统示意图**

④沼气浓度监控功能

盾构机配置沼气浓度自动监控系统，以便及时根据沼气浓度采取相应措施。在盾构机泥水舱、前中后盾、拖车，以及角落等位置安装监测装置。沼气自动监控系统应具备信息采集、显示、存储、打印报表、报警、自动切断等功能。

具备甲烷断电仪和甲烷风电闭锁装置的全部功能，必须具有断电状态和馈电状态监测、报警、显示、存储和打印报表功能，实现风、沼气、电闭锁和声光报警。沼气浓度达到报警值时，传感器应发出声、光报警信号，断电仪发出光报警信号，计算机发出声音报警信号。沼气浓度超过断电值时，断电仪可自动切断超限区的电源。

（3）沼气监测监控体系

隧道沼气监测建立以自动监测系统为主、人工检测为辅的沼气监测监控体系，配置沼气自动监控报警系统，对作业面和回风流中甲烷等有毒有害气体浓度进行连续监测。

沼气自动监控系统应具备甲烷断电仪和甲烷风电闭锁装置的全部功能，必须具有断电状态和馈电状态监测、报警、显示、存储和打印报表功能，实现风、沼气、电闭锁和声光报警。沼气浓度达到报警值时，传感器应发出声、光报警信号，断电仪发出光报警信号，计算机发出声音报警信号。沼气浓度超过断电值时，断电仪可自动切断超限区的电源，而自动检测系统仍正常工作。

（4）建立综合安全监控系统

在盾构施工作业期间，随时对隧道内沼气浓度进行检测，确保施工安全。设计安装安全监控系统、人员定位系统视频监控系统、监控室大屏显示系统，用于隧道施工环境安全综合监测。

在地面监控室设置环境安全系统、人员定位系统及视频监控主机，隧道内传感器数据通过光纤网络传输至地面调度室，监控人员可通过主机及调度大屏对隧道内情况进行实时的监视及历史数据的查询等工作，方便施工人员对现场管理，确保了施工的安全。安全监测系统采用独立网络传输，人员定位与视频监控系统合用网络传输系统，在盾构机延伸处设置主传输光缆绞盘，负责主传输光缆延展，整体系统拓扑图见图 4－5。

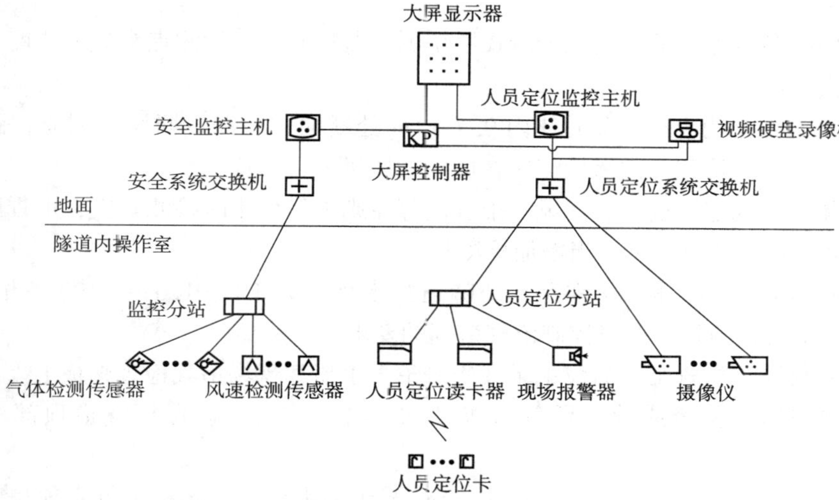


**图 4－5 监控系统拓扑图**

隧道内安装固定式沼气检测仪器，分别安装于人舱门口、尾盾盾尾刷顶部、主机排浆泵、盾构机中部、盾构机尾部、距开挖工作面 20m 回风流处、台车停放处、中继泵处隧道顶部以及电气设备处隧道顶部，可以实现隧道沼气浓度的实时测量、就地显示和超限声光报警等功能，并且能够连续自动地将隧道沼气浓度转换成标准电信号输送给主机室内，以达到检测目的。

配置一氧化碳传感器、硫化氢传感器，分别设置于盾构机中部、盾构机尾部、距开挖工作面 20m 回风流处和隧道中部。

在隧道测风处，设置风速传感器，分别安装于距开挖工作面 20m 回风流处、台车停放处、已衬砌地段回风流处、隧道内主要测风站，隧道内每 1km 设一处测风站，实时监测回风风速。

地面通风机处设置风机开停传感器、一氧化碳传感器、二氧化碳传感器，监测左右隧道主备风机处环境及风机运行状态，当任一值达到报警值，检测控制系统发出报警信号和关联设备的控制指令，盾构司机可紧急关闭螺旋输送机闸门，停止盾构掘进。

（5）人工检测措施

人工检测采用便携式沼气检测仪和光干涉式沼气检测仪对作业区沼气易聚集处的沼气浓度进行检测，确保施工安全。

①测点布置（即检测地点）：

结合盾构施工和设备状况，主要监测点分布在以下部位：

a. 盾构机盾尾密封处；

b. 隧道内电气设备处；

c. 工作面20m回风流处；

d. 盾构机前、中、后内部；

e. 盾构机每节车架上部；

f. 隧道渗漏水处；

g. 其他沼气可能积聚和发生沼气事故的地点。

②检测要求：

a. 隧道中的各测点人员使用光干涉式甲烷测定器检测时，检测点中最大浓度为该处沼气(含二氧化碳)浓度。

b. 盾构机内部检测应在最前盾体内0.5～1m处断面中检测，回风检测应在距回风口往推进面20m断面中检测，进风检测应在压入式风机入口处检测。

c. 检测频率的规定：进风、回风、推进面等原则上每两小时检测一次，电焊时每小时检测一次，其他特殊情况时可适当增加检测频率。

d. 浓度控制及措施：根据《铁路瓦斯隧道技术规范》(TB 10120—2019)等相关规定，结合本隧道施工工程项目需严格控制沼气浓度的要求。

e. 记录：检测工检查沼气后应记录在当班沼气手册和现场沼气检查牌板上。

f. 隧道顶部沼气检查应使用沼气检查杖和折叠人字梯，以保证隧道顶部沼气检查到位。

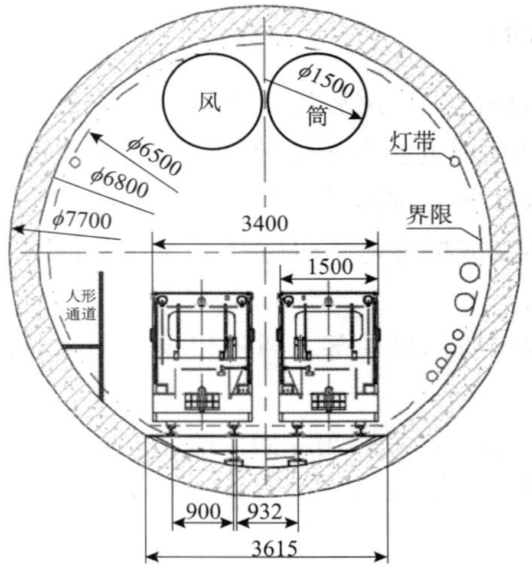


图4－6　ϕ6.8m断面隧道内风筒布局图

g. 光干涉甲烷测定器每半年必须进行一次检定，合格方可使用，使用人员日常使用中发现仪器故障，必须及时送有关专业人员维修，以确保仪器完好。

h. 加强隧道通风。隧道通风时稀释隧道内部沼气，是防止隧道内部形成沼气带的最有效方式。

通过对隧道内施工人员数量、隧道内通风降温、最小风速、沼气涌出量及稀释要求等情况下对需风量的测算，确定隧道内部风筒直径，确保隧道内部各作业面风量的需求。结合隧道断面尺寸、设备尺寸及通风要求，考虑施工期间的一定漏风量，可将风筒直径选择为1.5m(图4－6)。

i. 加强管片拼装质量。严格按照盾构施工规范中管片拼装质量要求，管理现场管片拼装质量。包括管片拼装错缝、错台量，避免管片破损、密封条损坏，防止地层中沼气渗漏进入隧道内。

j. 加强管片注浆质量。在盾构施工时，根据地层配置浆液配合比，保证管片注浆量，控制注浆压力，采用同步注浆与二次补浆相结合的方式，有效填充地层空隙和固结隧道。盾构施工完成后，再对隧道管片整体渗漏水进行统计，制订再次补浆计划，对隧道进行补浆，浆液以双液浆为主，根据地质条件、同步注浆和管片渗漏情况，确定双液浆配合比、注浆压力和注浆量等参数。

k. 盾尾安装加强排放管路。经分析，盾尾刷磨损后易发生渗漏，是沼气透入隧道的关键控制点。因此，可在盾构机盾尾部位，安装一套沼气排放管路，根据沼气浓度监测结果，适时开启排放设备，通过该管路，快速将盾尾区域聚集的沼气，排放至后方隧道内，通过通风进行稀释。

l. 环流系统沼气检查及排放。为便于对盾构泥水环流系统中的沼气进行监测，需首先对环流系统的沼气进行收集，然后进行监测。因气体密度较小，可在环流系统以下几个部位分别收集和监测。

a)在盾构主机泥水舱部位监测。泥水舱与刀盘舱通过连通管连接，沼气在泥水舱顶部易聚集。为便于监测泥水舱沼气含量和压力，在泥水舱安装可燃气体监测探头对气体进行监测，并通过管路连接管路出口处安装压力表和流量表，对气体流量和压力进行监测。

b)隧道内监测。隧道内排浆管路上部安装罐体，收集环流系统中的气体。罐体顶部安装气压表和流量表对气体压力和流量进行检测。

c)地面监测。地面泥浆管路上安装罐体，收集环流系统中的气体。罐体顶部安装气压表和流量表对气体压力和流量进行检测。同时安装排气阀和废弃燃烧放气阀，对排放的可燃气进行燃烧处理。

3. 沼气对管道安装施工的影响及应对措施

1)沼气对管道安装施工安全影响

沼气对管道安装施工的主要影响是盾构隧道靠近或位于沼气含气地层中时，若发生后期隧道变形，管片间的间隙变大，地层中的沼气可能通过隧道管片的缝隙或其他孔隙进入隧道内。管道安装期间，若隧道内存在沼气并形成沼气带，可能会造成人员窒息，在管道焊接产生电火花时发生爆炸事故。

2)沼气对管道安装施工影响的应对措施

(1)建立通风系统

在盾构隧道施工完成后，盾构隧道的通风系统不拆除，作为管道安装施工的通风系统。在隧道贯通后，对隧道内进行全面检测，确定沼气渗漏点。根据管道安装作业计算隧道内通风量，保证隧道内通风。

(2)建立通风管理系统

借鉴盾构隧道通风系统管理经验，建立管道安装施工期间隧道内通风管理系统，包括：

①隧道内沼气监测监控

以自动监测系统为主，人工检测为辅，两者相结合的方式，配置沼气自动监控报警系统，对作业面和回风流中甲烷等有毒有害气体浓度进行连续监测。

沼气自动监控系统应具备甲烷断电仪和甲烷风电闭锁装置的全部功能、必须具有断电状态和馈电状态监测、报警、显示、存储和打印报表功能，实现风、沼气、电闭锁和声光报警。沼气浓度达到报警值时，传感器应发出声、光报警信号，断电仪发出光报警信号，计算机发出声音报警信号。沼气浓度超过断电值时，断电仪可自动切断超限区的电源，而自动检测系统仍正常工作。

②建立综合安全监控系统

在管道安装施工作业期间，应随时对隧道内沼气浓度进行检测，确保施工安全。设计安装安全监控系统、人员定位系统视频监控系统、监控室大屏显示系统，用于隧道施工环境安全综合监测。

在地面监控室设置环境安全系统、人员定位系统及视频监控主机，隧道内传感器数据通过光纤网络传输至地面调度室，监控人员可通过主机及调度大屏对隧道内情况进行实时的监视及历史数据的查询等工作，方便施工人员对现场管理，确保施工的安全。

4. 沼气对管道运营安全的影响研究

1）沼气对管道运营的安全影响

假设地层沼气通过管片缝隙进入隧道内部，盾构隧道是一个封闭场所，一般情况下无动火、第三方作业，不具备沼气引燃的条件，如果管道未发生泄漏，不会造成管道运营安全问题。

2）沼气对管道运营安全影响的应对措施

在两岸竖井设置可燃气体检测装置，实时检测竖井内可燃气体浓度，浓度达到预警值，应及时采取抽排等安全措施。

## 三、盾构隧道施工运输技术研究

1. 机车编组

结合盾构施工工艺及盾构机设备结构特点，为便于高效组织物料吊装、运输及卸料，按照从前至后（掘进方向为前）将机车编组（图 4－7）如下：

管片台车 2 台—砂浆台车 1 台—牵引机车 1 台—钢结构预制件台车 2 台。

平板台车 1 台和人员台车 2 台根据需要单独安排运输。

图 4－7　机车编组

2. 运输物品参数

管片内径 φ6.8m，壁厚 0.4m，宽度 1.5m，每环管片由 6 片组成。

壁后注浆材料（由搅拌罐车运送且途中具备自运行拌和），每环用量约为 $8m^3$。

钢结构支架一榀重约 3.9t。

平板台车满足运送 6m 长的 φ350 ×2 供排泥水、φ150 ×2 冷却、φ100 ×2 压缩空气、φ150 ×1 排污等管道。

人员乘坐台车可满足一次运送 18 人（3 人/排 ×6 排）。

3. 电机车选用

结合本工程隧道坡度、隧道长度、工期跨度大等工程特点，因铅酸电池充电时间长、电解液对环境污染大、后期维护成本高，因此不适合本工程需求。此处对超级电容电机车和液力传动内燃工矿机车进行对比分析。

详细对比见表 4－1。

表 4－1　超级电容电机车和液力传动内燃工矿机车比较

| 机车使用优缺点分析 | | | |
|---|---|---|---|
| 比选项目 | 超级电容 | 液力传动内燃工矿机车 | 结论 |
| 持续牵引力/kN | 122 | 42 | 均满足本工程需求 |
| 重载爬坡能力/‰ | 4% | 3.80% | 满足本工程坡度需求 |
| 持续牵引速度/(km/h) | 8.1 | 12 | 均满足运输安全需求 |
| 牵引重力/t（黏着系数 0.28、30‰） | 182 | 204 | 均满足运输能力需求 |
| 最远运距 | 一次充电行驶里程 60～80km | ≥50km | 超级电容较优 |
| 功率 | 110kW×2 | 发动机功率 232kW | 满足需求 |
| 使用寿命 | ≥8 年，充电次数为 5 万次以上 | ≥8 年 | 满足工期需求 |
| 能源类型 | 电力(一次充电 16～20min) | 柴油 | 满足需求 |
| 对隧道环境影响 | 无 | 尾气对隧道空气质量有影响 | 超级电容交优 |
| 对场地需求 | 无 | 油量需求大，建立油库 | 超级电容交优 |
| 后期维护 | 不用保养 | 定期保养，后期保养费用高 | 超级电容交优 |
| 单台成本 | 一次投入高 | 一次投入成本低 | |
| | 运行成本低 | 运行成本高 | |

通过以上对比分析，电机车和内燃矿机车均满足牵引力、隧道坡度、隧道运距、运输速度、使用寿命等要求的同时，电机车具备占用场地面积小、环保、总运行费用低等方面的性能优于内燃矿用机车。因此建议首选电机车。

35t 交直流变频机车黏重大于 28.9t，本工程隧道最大坡度小于 40‰。在 40‰的坡度，35t 交直流变频机车牵引重力能够达到 122t，大于计算出的总牵引重力 106t，单台机车能够满足需要。因此，建议选用 35t 交直流变频机车。

4. 机车防溜车控制措施

为防止机车溜车情况发生，拟投入机车制动系统需采用电气制动、空气制动和机械制动(手制动)三种制动系统。电气制动为机车制动，以空气为动力的闸瓦制动作为常规或紧急制动使用。手动制动是电机车停放时，为防止溜车，在主司机室操作手动制动装置。

常规制动及重载下坡制动：机车重载下坡需要停车时，首先采用电制动减速停车方式，可避免气制动急停，引起挂接车辆之间的严重冲击，造成不必要的机构损坏。

紧急情况下制动：机车及其后配套设备气制动系统共包括机车气制动系统、渣土车气制动系统、管片车气制动系统、人员车气制动系统。司机操作位于机车内的气动控制手柄来实现机车及其后配套设备的制动和缓解。采用气制动，适用于常规制动，重载长距离下坡制动及紧急制动情况，可保证平稳减速、停车，极大减少闸瓦损耗，节省空压机的功率消耗，延长空压机使用寿命。

驻车制动：当列车停稳后，采取机械制动方式将机械制动拨到制动位置，调速手轮旋至零挡位。如果驾驶员要长期离开机车，还应把主电源开关断开。

5. 轨道布置

1）轨道选择

根据标准《热轧轻轨》（GB/T 11264—2012）和考虑到运输车辆重力和机车特点，推荐采用30kg/m轨道，轨距900mm。

2）始发井轨道布置

根据始发井尺寸长×宽=26m×14m，为方便牵引机车能进入停车线Ⅰ道和Ⅳ道，采用标准单开道岔而不采用简易道岔，轨道布置详见图4-8。根据线路布置，始发井长度为26m，Ⅰ道和Ⅳ道的停车线长度为11m左右。该方案具有牵引机车能进入停车线的优点，运输方便。

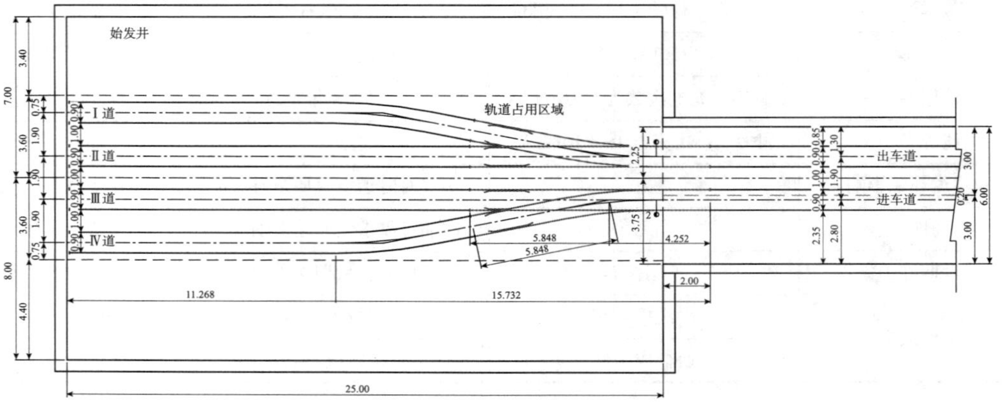


图4-8 始发井轨道布置方案

3）隧道内轨道布置

（1）车场长度计算

根据施工列车编组要求，1列车由牵引机车、管片台车2台、砂浆台车1台、钢结构预制件台车1台；平板台车1台、人员台车2台单独运输。

列车长度：25.313m。

机车制动距离：20m。

车场长度计算 $L=25.313+20=45.313$m。

考虑到一些不定因素，取车场长度为60m。

（2）轨道布置

根据前面计算，车场长度为60m，考虑始发井和盾构机工作面两处调车方便，在始发井和盾构机工作面端头处分别设置调车车场，采用渡线道岔连接。

在盾构隧道施工到9km时，需要4列车同时运行，考虑到机车运行方便，中间渡线道岔间距取1.5km，到隧道贯通时约11km计算，中间需设置7副渡线道岔。

中间设置渡线道岔主要是考虑施工中有一些不定状况，便于停放一些其他车辆而不影响运输，道岔数量是按车场道岔随盾构隧道掘进进度跟进，车场长度（含道岔长度）约116m，若不撤车场道岔，则道岔数量相应增加。

6. 编组机车信息化系统

1）信息化的核心架构

为保证实现施工更高效率、更安全、更智能，编组机车需实现信息化（图4-9），主要实现以下功能：

(1)实现机车、轨道的监视与控制，实现对施工人员位置的监控，对重要位置的视频监控，确保施工更安全；

(2)实现机车与轨道的自动化匹配控制，根据机车运行情况及位置，轨道自动切换，根据需要可实现无人驾驶，自动化控制使施工更高效；

(3)通过手机 APP 进行数据查看，及相关报表生成，使施工数据收集更方便。

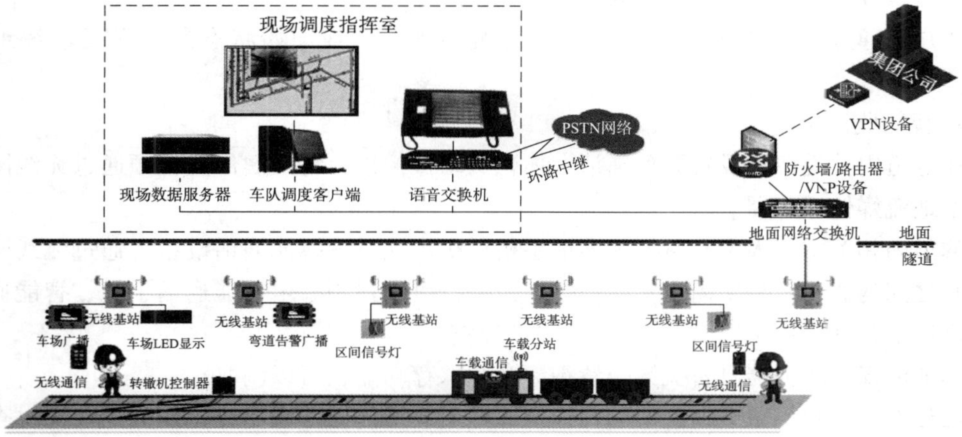


图4-9 信息化系统构架图

基础：通过隧道内安装无线基站(支持 FDD 制式、Wi-Fi)，实现隧道内的通信；水平运输编组与施工相关人员携带无源标示卡，与机车相对位置实现编组与人员准确定位(精度 0.5m)。

信息化、智能监控系统：在机车端布置工控机及 4G 传输模块，采集机车运行数据并通过隧道内无线网络传输至项目部本地服务器，经服务器传输至云平台；隧道内关键位置设置摄像机，关键人员携带专用电话，音频信号通过无线网络传输。

智能调度系统：系统根据已知的信息智能地为机车规划路线，下达指令，通过向 PLC 写入数据来实现，控制机车的启动、停止、行进的速度和方向等。

2)隧道定位系统

通过在隧道内每 1.2km 布置一个基站，实现隧道内无线网络的覆盖，同时支持 Wi-Fi 和 4G(FDD 制式)。

在水平运输编组及人员佩戴的安全帽上设置定位卡(体积很小)，基站采用主动询问的方式获取各定位卡的位置，并将位置信息通过无线网络传输至本地服务器，经过本地服务器处理，精确定位，误差≤0.5m。

每张定位卡 ID 固定，可精确识别每张卡片所在位置，并且定位卡 ID 可与人员及水平运输编组绑定，一一对应。

3)信息化系统

机车车载控制系统通过 PLC 定时采集机车的运行数据(速率、挡位、剩余电量、刹车力等)用于存储和远程传输，采集间隔 1s/组。通过隧道无线网络，将数据自动传输至地面服务器。地面服务器再通过因特网，将这些数据传输至云平台。在网络中断时，在机车和地面服务器的系统上都具备数据缓存和续传功能，以确保历史数据不会丢失，可以完整地同步到云平台。机车历史数据提供离线备份功能，用户可以通过手机连接车载系统拷贝特定格式的历史数据上传至云平台。云平台保存所有历史数据便于历史查询和统计分析。

用户可通过本地控制端、手机 APP(支持安卓和苹果系统)、WEB 端实时查看水平运输编组的运行数据。

用户可通过本地控制端、手机 APP 查看水平运输编组、相关施工人员运行状态，如水平运输编组及施工人员所在隧道内的位置信息。

用户可通过手机 APP、WEB 端下载各类图表形式或原始状态的水平运输编组运行数据。

4)智能监控系统

在隧道内关键位置设置彩色高清一体化网络摄像机，将关键位置视频通过无线网络传输至本地流媒体服务器。

隧道内相关施工人员配备智能通话手机，机车端布置智能通话设备，通过无线网络可以相互之间沟通；监控室内设置通信主控设备，可以强制指定智能通话手机、智能通话设备与之通话，并且还可以对所有设备进行广播。

本地流媒体服务器具备关键位置视频音频保存功能，可以调取。

通过本地流媒体服务器将视频传输至云平台，可通过手机 APP 和 WEB 端实时查看关键位置视频，非关键位置视频可缓存观看。

5)智能调度系统

(1)智能调度系统分为三层：感知层、传输层、应用层(图 4－10)。

①感知层：采集状态信息，如隧道内机车的准确位置、车速等，接收调度指令并执行，如道岔换道信息、机车控制信息。

②传输层：隧道内基站、4G 模组，保障信息的传输。

③应用层：分为三大模块，即机车运行监控模块、机车驾驶控制模块、错车平台控制模块。

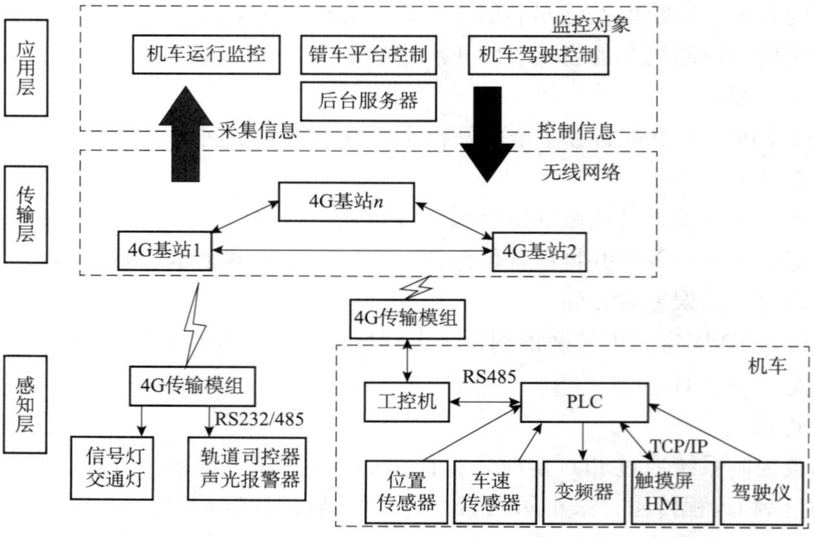


图 4－10　智能调度系统结构

(2)智能调度系统实现的功能：

①在系统内可以对机车、轨道信息进行添加、删除、修改、查看等基本操作；

②配置调度系统的若干参数、阈值，主要包括限速区域与限速值、同向车辆的安全距离、错车的安全距离等；

③驾驶员和监控室人员可以查看隧道地图，包括查看机车、隧道、轨道实时状态，通过此调度系统，实现机车的无人驾驶。

## 四、隧道内通风技术研究

1. 通风设计标准

首先确定隧道施工过程中空气质量安全标准，依据《盾构法隧道施工及验收规范》(GB 50466—2017)的相关规定，作业环境应符合下列职业健康及安全标准：

(1)空气中氧气含量：按体积分数计不得小于20%；

(2)甲烷浓度应小于0.5%(按体积分数计)；

(3)有害气体容许浓度应符合下列规定：

①一氧化碳不应超过30mg/m$^3$；

②二氧化碳不应超过0.5%(按体积分数计)；

③氮氧化物换算成二氧化氮不应超过5mg/m$^3$；

(4)粉尘容许浓度：空气中含有10%及以上的游离二氧化硅的粉尘不得大于2mg/m$^3$，空气中含有10%以下的游离二氧化硅的矿物性粉尘不得大于4mg/m$^3$；

(5)隧道内气温不得高于32℃；

(6)隧道内噪声不得大于90dB。

2. 施工工程条件

国家重点工程长江盾构穿越位置河段具有以下特点：

(1)位于长江下游河段，长江主河道水面宽约7600m，两主堤之间约9300m，穿越长度约11000m；

(2)隧道有多处曲线段施工，最小曲率半径≥3000m；

(3)该河段航运繁忙，为一级航道；

(4)两岸堤防规整，北岸建有围堤和主堤，主堤属于一级河堤；

(5)穿越地层主要为粉土、粉质黏土、粉砂、细砂；

(6)地层富含沼气，根据勘察报告，本次勘察对穿越段154个钻孔进行有害气体(沼气)检测，在8个钻孔区域发现有害气体(沼气)，其中CJ022钻孔检测到的沼气位于穿越轴线上，CJ054钻孔、CJ055钻孔检测到的沼气位于轴线上方约12m处，CJ065检测到的沼气位于轴线下方约3m处，CJ100钻孔、CJ101钻孔检测到的沼气位于轴线上方约12m处，CJ121检测到的沼气位于分别轴线上方约13m、23m处，CJ151检测到的沼气紧邻轴线底板处，沼气浓度在2%～4.2%(体积分数)。

同时，由于穿越区沼气分布比较分散，呈气囊状分布，且本次检测是以点状钻孔为主，有可能在钻孔之间区域还有沼气存在。结合该工程上游已建的苏通特高压GIL盾构过江管廊项目，含瓦斯地层盾构穿越长度约1800m。据此可以判断，该工程穿越地层富含沼气。

3. 通风设计条件和参数

隧道施工通风应能提供隧道内各项作业所需的最小风量：每人应供应新鲜空气 $4m^3/min$。

隧道施工通风风速：隧道内最低风速不应小于1.0m/s，最高风速不应大于6m/s。沼气的扩散速度比空气大1.6倍，易透过裂隙、结构松散层溢(涌)出。当风速在0.3m/s时，甲烷会从发生点反流形成甲烷带。当风速为0.5m/s时，甲烷几乎不会发生反流，但也会形成甲烷带。当风速大于1m/s时，甲烷散乱，则不会形成甲烷带，不会在拱顶上部聚积。因此，在通风需风量计算过程中采取风速不小于0.5m/s，对台车、推进面等沼气可能产生积聚地段通过增设局部扇风机，达到最低风速不小于1m/s。

若采用内燃机车作为运输物料的牵引车，需在机车尾气处理装置上添净化装置及消焰装置。

4. 隧道通风方案

隧道通风方法采用机械通风。穿江隧道为单头掘进，无法布置回风井等通风巷道。根据国家重点工程长江盾构的施工特点，通风形式主要采用局部通风。局部通风主要是针对推进面等局部作业地点的通风，根据隧道内空气流向的不同，通风方式可分为压入式、抽出式和混合式三种方式(表4-2)。

**表4-2 通风方式比较**

| 序号 | 通风方式 | 布置形式 | 优点 | 缺点 |
|---|---|---|---|---|
| 1 | 压入式 | 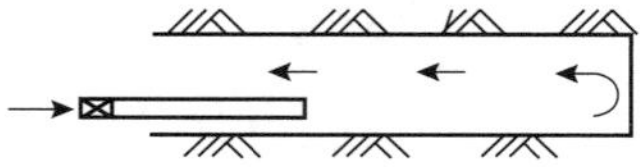 | 能很快排除推进面的污浊空气，拆装简单 | 污浊空气流经全硐 |
| 2 | 抽出式 | 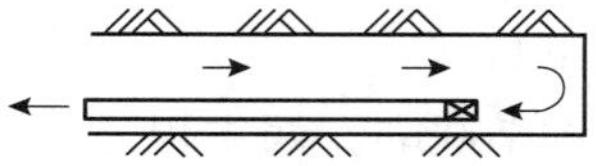 | 推进面空气净化较快，硐内空气较好 | 通风机移动频繁，风机效率相对较低，噪声大，管道漏风可造成循环污染，受空间限制 |
| 3 | 混合式 | 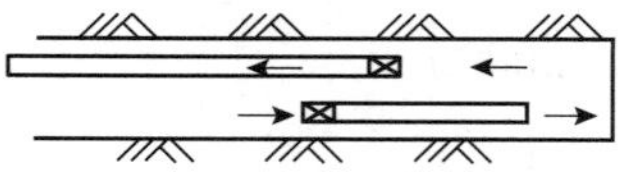 | 硐内空气好、净化快 | 噪声大，受空间限制 |

根据隧道实际情况，综合考虑隧道布置形式、掘进长度、断面大小、开挖方法、出渣运输方式、设备条件等因素，通过分析比较，若采用单纯的抽出式通风方式会导致通风机移动频繁、风机效率相对较低等，从而增加移动风机的工序并影响最终有效风量，因此不推荐抽出式通风方式。

而采用压入式和混合式通风方式进行通风，均可使足够的新鲜空气被送至推进面，保证推进面有足够的风量。

压入式方案风机安装简单、固定，施工过程中仅安装、接长风筒，工艺较为简单，便于快速推进。混合式方案虽然效果好，但抽出风机及风筒布置困难、易遭破坏且需随时移动，在施工中非常难做到，因此不推荐该方案。

综合分析，推荐施工工序少、便于实施的压入式方案。

## 五、超长距离隧道测量技术研究

1. 控制网布设

平面控制网检测分为卫星定位控制网(GPS控制网)测量和精密导线检测；地面高程控制网检测主要为城市一、二等水准网检测；加密控制点检测包括平面加密点检测和高程加密点检测。

根据国家重点工程长江盾构超长距离的特点，地面平面控制网分两级布设，首级为GPS网，二级为精密导线网；地面高程控制网也分两级布设，首级为城市二等水准网，二级为精密水准网。

在工程实施阶段对平面控制网和高程控制网进行定期全面复测和不定期局部复测。平面控制网的复测按照原控制网的网型结构进行观测，复测精度不低于原测精度；高程控制网的复测按照原测水准路线施测，复测精度不低于原测精度。复测成果与原测成果的较差在限差之内时，提交的坐标成果不改变，如果有较差超出限差要求或有新增补的点，必须在提交的坐标成果中说明，并书面通知沿线各用点单位，确保各次测量成果可以科学合理地衔接。

全面复测是指有计划地对整个平面和高程控制网的全部点进行定期复测。在整个工程实施阶段按规范要求进行定期全面复测。开工前，平面及高程控制网全面复测一次，开工后每年复测一次。

局部复测通常情况下是不定期的，根据施工需要进行。通常情况下发生了下列情形需要马上安排进行不定期局部复测：

(1)平面或高程控制点附近有影响其点位稳定的因素产生，如地基降水、桩基施工、土方开挖等；

(2)相邻控制点间距离或夹角检查超限；

(3)其他对控制点稳定性产生怀疑的情形。

2. 联系测量检测

联系测量的目的是通过盾构始发井、接收井等将坐标、方向、高程传递到隧道内，为隧道开挖提供测量依据。联系测量的质量好坏将直接关系到隧道的贯通精度，是隧道贯通的基础。

平面联系测量根据区间竖井的具体情况，选用铅垂仪(钢丝)+陀螺仪定向、一井定向、两井定向、导线直接传递定向、区间地面钻孔投点等方法。对于较长区间，采用陀螺仪定向提高联系测量精度，加强成果可靠性。高程联系测量选用悬吊钢丝、悬吊钢尺等方法。

3. 地下控制测量

地下控制测量是指对隧道内控制点的测量。隧道内控制点是指导施工的基础，受客观条件限制较大，因此需要精心作业，保证控制点成果质量，且应有一定精度储备，为隧道贯通打下良好基础。

通过联系测量传递至地下的起始点的坐标、方位和高程，是地下平面控制测量的基准，在进行地下平面控制测量前，应对这些点进行检核，当确定其稳定和可靠后才能以这些点作为起算点进行地下平面控制测量。

地下控制测量检测主要方法、技术要求、限差见表4－3。

**表4－3　地下控制测量检测要求**

| 检测项目 | 检测方法 | 技术要求 | 限差要求 |
|---|---|---|---|
| 竖井平面和高程控制点检测 | 竖井平面以联系测量引入的平面和高程控制点为基础，按附(闭)合导线和水准线路进行检测 | 按《城市轨道交通工程测量规范》中精密导线和二等水准要求作业 | 平面：<br>≤±16mm<br>高程：<br>≤±5mm |
| 隧道内控制点检测 | 以隧道内的平面和高程控制点为依据，对隧道内控制点进行检测 | 按《城市轨道交通工程测量规范》中10.2、10.3节要求作业 | 平面：<br>近井点：≤±16mm<br>贯通面：≤±25mm<br>高程：<br>≤±5mm |

由于地下结构主要是隧道，因此平面控制测量的形式一般为导线。当施工竖井间隧道未贯通时，以支导线形式布设平面控制点，当施工竖井间隧道贯通后，则应将控制点构成附合导线。如果隧道间有联络通道连接时，则应通过联络通道构成附合路线或结点网。

地下导线测量一般分两级布设：在隧道掘进初期，由于距离短，不宜布设地下控制导线，但为了满足地下控制测量的要求，应布设施工导线；当直线隧道掘进200m或曲线隧道掘进至100m距离后，才能进行地下平面控制测量，即按控制导线边长要求，从施工导线中隔点选择适宜的导线点组成或重新布设地下平面控制点，两级地下导线布设示意图见图4－11(图中虚线为施工导线，实线为控制导线)。隧道内控制点间平均边长为150m，曲线隧道控制点间距不应小于60m。

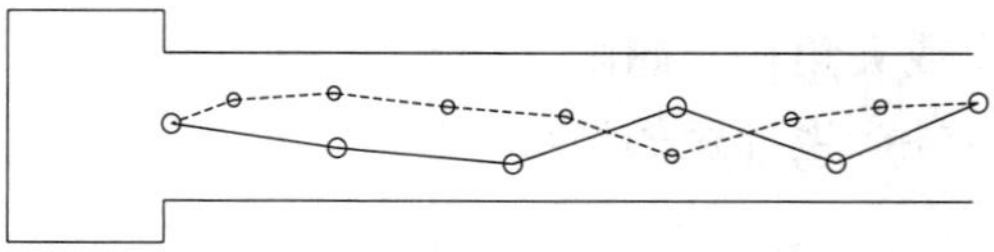

**图4－11　两级地下导线布设示意图**

## 六、进舱换刀技术研究

根据长江盾构工程施工特点，本工程需考虑常压刀盘换刀和带压换刀两种作业方式。

1. *常压刀盘换刀*

常压刀盘换刀适用于各类地质条件和不同水压下的换刀。该换刀技术需要刀盘设计为常压刀盘，刀盘面上安装有常压可更换刀具。换刀作业时，人员可在常压下进入刀盘辐臂开展换刀作业。因此，换刀高效、安全，从根本上消除了松散强透水、高水压且富含沼气地层对换刀作业带来的所有风险。

当刀盘为常压刀盘时，可采用常压换刀技术更换刀具。该技术适用于不同压力、松散强透水等地质条件，适用性强，作业安全高效。

目前该技术在断面直径大于11m的盾构机上应用较为成熟。国家重点工程长江盾构工程拟投入盾构机断面直径约为7.9m，尚无常压刀盘换刀技术成功应用的案例。但经与多家国内外知名盾构机生产厂家沟通，已研发出针对断面直径7.95m的盾构机配备常压刀盘。

常压刀盘的刀盘面板配置有可常压换刀的刀具，并能够做到常压更换刀具切削轨迹覆盖整个刀盘面(图4－12)。换刀作业时，人员可在常压下进入刀盘辐臂开展换刀作业。因此，换刀高效、安全，从根本上消除了松散强透水、高水压且富含沼气地层对换刀作业带来的所有风险。

因常压刀具为背装式刀具，刀腔内设置有闸板，人员从刀腔内抽出刀具后，关闭刀腔闸板，从而将刀盘前方高压舱与刀臂常压舱隔离，待检查更换新刀具后，打开闸板，将刀具安装到位，实现常压更换刀具。

图4－12　常压换刀刀具配置

常压换刀技术的应用，是作业人员在常压刀盘内部有限空间进行的作业，刀具抽出检查及更换需借助专用的换刀装置，并按照严格的作业流程才能够确保换刀的安全高效。换刀作业流程为：

(1)进入安装位置(图4－13)；

(2)安装刀具拆卸装置(图4－13)；

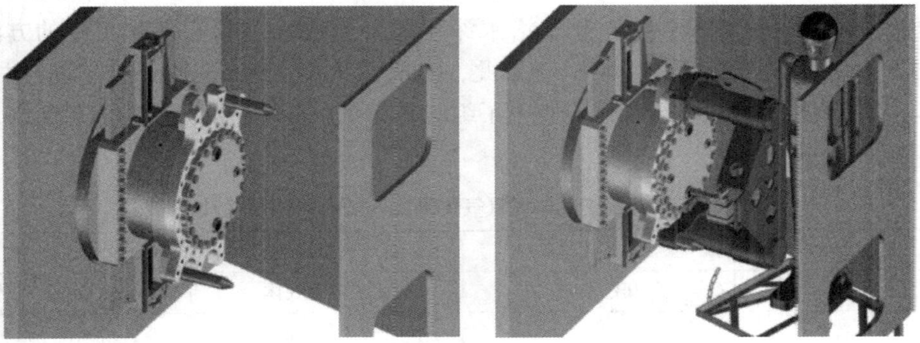

图4－13　安装位置图及安装刀具拆卸装置图

(3)滑管延伸后闭合密封板(图4－14)；

(4)拆除后盖取出刀具(图4－14)；

(5)刀具更换后按照拆卸刀具相反的顺序进行安装。

图 4-14　滑管延伸后闭合密封板图及拆除后盖取出刀具图

2. 带压进舱换刀作业

带压进舱基本适用于盾构施工的各种地层，特别针对掌子面自稳能力差及富水地层，如全断面软弱地层、软硬不均富水地层、破碎带等不良地层，采用带压进舱换刀是最安全的作业方法，但带压进舱工效较低。

由于国家重点工程长江盾构距离较长，水压较高，中砂地层中石英含量较高，对刀具的磨损较大，工程期间必须进行进舱修复或换刀作业，需选在地质条件相对较好和水压相对较低的位置处进行修复或换刀，最低点前后 1km 处应设置换刀位置。结合地质资料，提前设计进舱检查更换刀具里程，一般设置每 2000～3000m 检查一次。对于松散、高水压强透水地层进行换刀作业，目前行业内常采用以下几种作业方法：

(1) 地层压力为 0.36MPa 以下时，员工经培训后可以进行常规带压进舱作业；

(2) 地层压力为 0.36～0.6MPa 时，一般委托专业公司采用氦氧混合气带压进舱作业；

(3) 地层压力为 0.6MPa 及以上时，采用氦氧饱和气进舱作业，该工法是国内外高水压条件下进舱作业最为安全有效的施工方法，需要专有装置并聘请国内外专业机构人员作业。

带压进舱换刀有压缩空气(即常规)带压进舱换刀、混合气体带压进舱和饱和气体带压进舱换刀 3 种模式(表 4-4)。采用压缩空气作为呼吸空气，最大潜水深度是 60m 左右；采用混合气体，采用可呼吸饱和气体，潜水深度可大于 450m，采用潜水工作的方法可以连续工作几天甚至几个星期(表 4-5)。因此，出现了潜水与饱和气体相结合的工法。

“饱和”是潜水员的肌体组织已经吸收了组织本身在该深度所能接受的所有氮气或其他惰性气体的一种状态。

表 4-4　压缩空气与氦氧气体带压进舱的不同与优缺点

| 比选项 | 常规带压进舱 | 混合气带压进舱 | 饱和气带压进舱 |
|---|---|---|---|
| 呼吸气体 | 压缩空气 | 氦氧混合气体 | 氦氧饱和气体 |
| 减压次数 | 每工作一次 | 每工作一次 | 持续工作一段时间 |
| 减压时间 | 短 | 短 | 长 |
| 作业时间 | 短 | 短 | 长 |
| 人员安全(减压病) | 风险大 | 风险大 | 风险小 |
| 辅助设备 | 少 | 较多 | 多 |
| 适用情况 | 小规模 | 大规模 | 大规模 |

表4-5　压缩空气与饱和气体带压进舱的适用性及时间

| 作业方式 | 允许工作压力 | 呼吸气体 | 每次工作时间 | 有效工作时间 | 减压方式 |
|---|---|---|---|---|---|
| 常规带压 | ≤6.0bar | 压缩空气 | 50min | 30min | 作业50min后<br>减压3h |
| 混合气带压 | 6.0bar以上 | 氦氧<br>混合气 | 2h | 60min | 每次工作2h后<br>加压3h以上 |
| 饱和气带压 | 6.0bar以上 | 氦氧氮<br>混合气 | 4h | 3.5h | 工作3~4周后一次<br>减压出舱(72h) |

1)氦氧混合气体进舱作业

混合气带压换刀方案适宜于6bar及以上压力条件下换刀。其中混合气采用氦气+氧气方式供气，费用相对较高。根据混合气的供应方式不同，可以分为舱内供混合气和呼吸面罩供混合气两种方案。舱内供混合气方案因混合气在舱内易流失，需不断补充，因而费用高，但换刀效率相对较高。呼吸面罩供混合气方案费用偏低，但作业效率低。

以上无论采取哪一种换刀方式，均需采取辅助作业措施，确保换刀安全。例如通过调整换刀位置，避开最大水压换刀；采取泥膜支护，稳固地层，并根据需要补充泥膜；换刀前沼气检测及释放等。

综上所述，考虑本工程水压高、透水性强、富含沼气的特点，以及换刀费用和作业效率，专业公司普遍建议采用呼吸面罩供混合气换刀方案，尽管该方案作业效率相对较低，但安全可靠。

2)进舱设备配置

为了满足混合气进舱作业要求，需采购专用于进入盾构机舱室作业的头盔、脐带、供气设备、监控设备、通信器材等设备设施。另外，还需要配置相应的保障设备、应急设备等。

关于舱室的结构设计、舱室的大小、混合气供气接口、清洗设备等，可参照大断面盾构机的布置形式，在盾构机设计阶段应充分考虑，条件准许情况下尽可能扩大生活舱和过渡舱空间。

3)氦氧混合气体进舱作业过程

减压舱分过渡舱和工作土舱。工作土舱与盾构机的刀舱相连，潜水员将佩戴专用头盔进入盾构机刀舱作业，潜水员通过头盔自行呼吸；这样既可以保证潜水员进出方便，又避免沼气对潜水员可能带来的危害。

完成检查或换刀作业任务后潜水员回到盾构机过渡舱自身减压舱进行减压清洗，减压初始阶段仍然通过头盔呼吸混合气，当压力降到适合空气减压的标准时，潜水员去除头盔进入生活舱呼吸舱室内空气到一定压力下，根据减压方案要求进行吸氧减压至出舱。

盾构机压力舱及刀舱通过充入空气的方式达到要求平衡。

舱室内设有水洗设备，便于潜水员出刀舱后清洁卫生。

4)换刀工作时间测算

按混合气作业标准，在6bar压力下，潜水员作业时间可以达到60~70min，减压时间大约 180 ~ 200min。

按照以前的换刀进度，一天 3 班作业，估计可换 4 ~ 6 把，具体视潜水员身体素质、熟练程度而定。

盾构机进场施工前，需安排拟入舱人员、操舱人员、医生、工程师等进行为期约 10d 的培训，让潜水员熟悉施工环境、操舱能力、应急处理措施等；让进入土舱的人员熟练掌握舱刀的转运、拆除方法，以确保实际施工时的工作效率。

5）进舱作业人员安排

按每日 3 个班次的施工计划配置人员，每班次需 1 名潜水监督、3 名混合气潜水员、1 名潜水医生，1 名应急救生员、1 名生命支持、1 名机电工程师、1 名辅助工程师。

更换 80 把刀具所需时间约 15 ~ 20d。

6）作业效率测算

在 6bar 水压，带压作业人员的有效作业时间为 35min，减压时间为 162min。减压可以分 2 次减压，即第一次减压 70min 后，进入移动式减压舱进行二次减压。

一次作业用时测算：结合盾构机人舱的配置情况，按照带压作业 35min—初次减压 70min—二次减压的作业循环测算（不占用人舱，不影响作业循环）。一次作业循环用时为 35 + 70 = 105min，考虑其他环节耗时，可取 120min。

每天作业舱次测算：每天按照 24h 制，除去其他环节用时（其中泥膜修补用时 4h），进舱作业时间为 24 - 6 = 18h。因此，每天作业舱次为 18/2 = 9 舱次。

3. 不同换刀作业在工程中的应用

结合国家重点工程长江盾构工程隧道地质条件，测算不同换刀方式在工程中的应用范围为：

（1）常压刀盘换刀技术适宜用于整条隧道施工中各类地层和不同压力条件下常压刀具的更换；

（2）常规带压换刀技术适宜于地质相对稳定、透水性差、水压小于 0.36MPa 的地层，例如两端陆上隧道中黏土层；

（3）氦氧混合气和氦氧饱和气作业从技术角度，适宜于整条隧道的刀具更换，从换刀效率、周期及经济性角度，适合于隧道中松散、强透水且水压大于 0.36MPa 的地层。

根据国家重点工程长江盾构穿越工程形象进度图，测算各段适宜换刀方式，详见图 4 - 15。

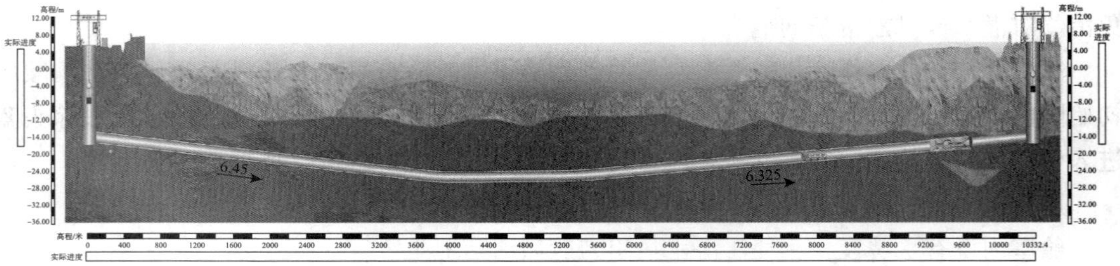


图 4 - 15　不同换刀方式适宜地层示意图

## 七、关键技术及创新点

长江盾构隧道一次掘进距离 10.226km，穿越主要地层为粉质黏土、粉细砂、粉砂，地层含沼气，穿越最大水压为 0.73MPa。超长距离掘进将面临主轴设计使用寿命、刀盘和刀具的磨损、高水压多次更换刀具、密封件的磨损等高风险。本专题主要解决了超长距离施工中以下关键技术：

(1)本专题分析了沼气地层施工中存在的安全风险。在此基础上，结合油气管道隧道施工工艺特点，推荐了地面预放气的沼气预处理措施、盾构设备防爆设计、施工中对沼气监测方案等措施。

(2)对盾构隧道施工运输进行研究，对盾构施工效率进行测算，计算出所需机车数量为 4 辆，另需调运车辆 2 辆，备用车辆 1 辆，共需电机车为 7 辆。并对始发井进行了轨道布设，对机车数量进行了测算。

(3)对隧道内通风进行测算，根据隧道内施工人员数量、隧道内降温需求、隧道内最小风速、隧道内沼气涌出、消除沼气聚集 5 种工况条件下的通风量，确定通风方式为压入式通风，并通过阻力计算，确定隧道通风方式为 2 根 1500mm 通风管路。

(4)根据国家重点工程长江盾构超长距离的工程特点，确定地面控制网布设方式为卫星定位控制网(GPS 控制网)测量和精密导线检测，地面高程控制网检测主要为城市一、二等水准网检测。为提高联系测量精度，提出铅垂仪(钢丝)+陀螺经纬仪组合定向测量和联系三角形法测量两种测量方案。结合国家重点工程超长距离特点和隧道断面形式，确定盾构始发井、接收井、隧道加密控制点及中线、隧道断面等部位的测量方法。针对隧道贯通关键控制点，进行了 GPS 测量、常规控制测量、竖井定向测量、隧道内导线误差引起的横向贯通误差分析和隧道高程贯通中误差分析，确定了误差控制方式。

(5)对常压刀盘换刀和带压换刀两种换刀方式进行研究，推荐本工程各段适宜换刀方式。

# 第二节　长江盾构穿越工程超长距离盾构设备专题

## 一、研究必要性

随着盾构技术的不断发展，盾构设备能力也在不断提升，由最初的挤压式盾构机发展为土压平衡盾构机、泥水平衡盾构机、泥水气玉平衡盾构机。长江盾构隧道穿越长度近 11km，目前国内外没有适应 11km 超长掘进距离、适应沼气地层的盾构设备，因此，通过专题研究提出相关掘进技术要求，采用对应设计，能够进一步提高盾构隧道穿越的安全和质量。

主要研究以下内容：

(1)研究盾构机沼气地层掘进的适应性改造要求；

(2)研究盾构机高水压地层掘进的适应性改造要求；

(3)研究盾构机长距离掘进的适应性改造要求；

(4)编制在沼气地层、高水压、长距离掘进施工的盾构设备技术要求。

## 二、主要研究成果

1. 盾构设备刀盘配置

盾构机作为一种高度机电一体化的机电设备，在沼气地层施工，必须考虑沼气进入隧道内的情况，需对设备进行必要的防爆处理。在防爆化比例方面，有完全防爆和部分防爆两种选择。完全防爆即将所有用电设备100%完全防爆，设备整体造价将是常规设备的2～3倍，难以承受。部分防爆即通过分析盾构机施工过程中可能发生沼气泄漏的关键部位，通过采取防爆、加强监控、通风等多种措施，做到使隐患可控，同时大幅降低设备造价和工程成本。因此，在盾构机设计时，应当根据盾构机结构特点，对可能发生泄漏的关键部位进行防爆设计，防止施工中发生火灾甚至爆炸，避免造成人员伤亡、设备损坏、隧道损毁等严重后果。初步规划必须采取防爆设计的设备部件包括以下内容：液位传感器、压力传感器、温度传感器、气体检测、额外通信电缆、管片吊机遥控、管片安装机遥控、区域吊机遥控、管片运输吊机遥控、换管吊机遥控、紧急照明、人舱辅助工作设备、开挖舱控制面板、插座、不间断电源、紧急发电机组等。

采取的其他措施是加强通风，配备功率足够的风机，提高隧道内的通风量，并将通风直接引入到盾构机最前部，并在局部增加小型轴流风机，确保关键部位通风无死角，降低沼气聚集的概率。

2. 对刀盘刀具配置

本工程地质主要为淤泥质土、粉质黏土、粉土、粉细砂及中砂等，施工水压达到0.73MPa，在这种高水压、松软地层中，滚刀易发生偏磨，且该工程施工距离长，需要频繁进舱更换刀具，在可能含有沼气的高水压、松散地层进舱更换刀具，极大地增加了工程施工风险，为了减少进舱次数，降低施工风险和刀具更换难度，根据地质特点分析，刀具应配置撕裂刀、切刀、刮刀、贝壳刀等，不配置超挖刀。刀具选用抗形变、耐磨损的材料和结构，刀具配备大的耐磨合金块，最大程度增加耐磨性。

盾构机初装刀盘为软土常压换刀刀盘，常压换刀刀具轨迹覆盖整个掘进面。进入常压换刀刀盘舱的舱门达到800mm×600mm的要求，便于物料输送、人员进出，换刀空间满足两人更换刀具的要求。

3. 泥水加压平衡功能配置

本工程水土压力达到0.73MPa，这要求盾构机配置的气压调节系统需具备更高的适应能力，其气压平衡能力不低于0.8MPa。

4. 盾尾密封性的配置

盾尾密封设置不少于4道钢丝刷、1道钢板束、1道应急充气密封，至少2道可进行更换。盾尾密封是通过盾尾刷与油脂构成密封系统。通常，盾构机盾尾密封配置普通型3～4道盾尾刷和1道止浆板。盾尾刷作为盾构机上最易磨损的部位，需要在设计制造时特别加强。对于本工程而言，超长距离、砂层盾构掘进，盾尾刷将会磨损严重，盾构机在设计制造时，应充分考虑需要在施工中具备更换盾尾刷的能力，能够在盾构施工期间更换两道密封刷。始终保证盾尾密封性能，防止密封漏气，沼气进入盾构机和隧道内，造成可怕的后果。

5. 自动监测及切断系统

盾构机应配置沼气浓度监测装置，以便及时根据沼气浓度采取相应措施。初步规划盾构机需重点监控的部位包括：泥水舱、盾尾密封、排气管、隧道最低点。监控方法为配备固定式沼气自动监测系统和探头，同时配备移动式探测系统，定时进行监测，与固定式监测数据进行比对，确保安全。

沼气自动监控系统应具备浓度实时显示、警戒、警报、联电闭锁等功能。甲烷断电仪和甲烷风电闭锁装置必须具有断电状态和馈电状态监测、报警、显示、存储和打印报表功能，实现风、沼气、电闭锁和声光报警。沼气浓度达到报警值时，传感器应发出声、光报警信号，断电仪发出光报警信号，计算机发出声音报警信号。沼气浓度超过断电值时，断电仪可自动切断超限区的电源，而自动检测系统仍正常工作。

6. 刀盘舱、常压换刀舱和泥水舱监测配置

整体配备具备沼气浓度检测、置换、疏散等功能，满足正常掘进和进舱作业人员和设备安全需要。

在盾构机泥水舱内及舱壁上设置沼气检查管路，作为沼气监测系统的一部分，实时监测舱内部沼气浓度，根据其浓度值，采取排放和抽出措施。

在盾构机盾尾部位，安装一套沼气排放管路，根据沼气浓度监测结果，适时开启排放设备，通过该管路，快速将盾尾区域聚集的沼气，排放至后方隧道内，通过通风进行稀释。

(1)高水压换刀是指盾构机刀具磨损后，需要进入到刀盘进行刀具更换的一种作业。常压下，人员可以随意打开舱门进入刀盘舱即可开始换刀作业。但是当盾构机埋深大、地质松散、透水性强时，刀盘前方水压大，常规压力下无法开舱作业，此时需要给压力舱内加入气压，平衡地层压力，待稳定后，人员再进入到刀盘舱中作业。盾构机主机在地层中为密封结构，舱门关闭后主机内即成为压力容器。

(2)高压进舱作业的风险：带压开舱换刀作业具有非常高的风险性，压力越高风险越大，尤其是在松散富含水的地层，刀盘舱内随时面临着掌子面塌方的风险。

7. 高水压换刀作业方法

1)空气常规高压进舱作业方法

盾构机空气常规带压进舱作业是指人员进入压力≤3.6bar的压力容器内作业，且一般为增加带压工作时间和减少减压时间、提高带压工作效率，工作压力均<3bar，3~3.6bar只应用于临时应急作业。常规高压进舱作业人员一般为施工单位施工人员，只需经过简单培训后即可进入作业。盾构机也不需配备特别设备。

2)超高压进舱作业

超高水压换刀作业是指地层水压高于3.6bar以上的进舱作业。通常包括氦氧混合气进舱作业和饱和氦氧进舱作业两种，在该压力下，施工单位人员无能力进入作业，需要经过多年专业训练的体质优秀的人员方可进入作业，尤其是氦氧饱和进舱作业，国内尚无公司能够进行该作业，需要雇佣国外公司来作业，同时需要配备非常专业的设备，盾构机需要进行相关的设计，设备费和人工费均非常高昂。

(1)氦氧混合气常规潜水

氦氧混合气常规潜水指使用人工配制的氦氧混合气(如21%氧气和79%氦气，或其他

比例组合的混合气）作为呼吸介质的水面供气式混合气潜水，但不包括氦氧饱和潜水，所以也称为“氦氧常规潜水”。其对于短时间、大深度潜水，不失为一项最常用的现代深潜水技术手段。

氦氧常规潜水的一般适用范围不超过 120m。采用自携式混合气潜水装具的潜水深度一般不超过 80m；采用开式钟潜水所能到达的最大深度为 90m，水底作业时间在浅水中不超过 3h，在 90m 时为 1h；采用闭式钟潜水的工作深度为 120m，水底停留时间为 1.5h。潜水深度大于 150m 时，必须配备热水服及呼吸气加热设备。

（2）氦氧饱和气潜水

根据潜水员的呼吸气体，饱和潜水分为空气饱和、氮氧饱和、氦氧饱和、氢氧饱和，以及氦氮氧饱和、氢氦氧饱和等多种饱和潜水技术。潜水员在完全饱和的深度下，即使延长暴露时间，其饱和度也不再增加，所需减压时间与初饱和时的时间相同。受制于高分压氧的毒性作用（肺型氧中毒）和高分压氮的麻醉作用（氮麻醉），空气饱和潜水的深度不应超过 18m（最大安全深度为 15m）；氮氧饱和潜水的安全深度为 36.5m，若采用氮氧饱和－空气巡回潜水则深度限制在 76.5m 以内，工作时间可达 45min；氦氧饱和潜水的作业深度一般在 200 ~ 300m。海上作业的最大深度已超过 500m（1988 年法国 COMEX，地中海，534m 氦氧饱和潜水）。

作为实施深水、大规模、长时间水下作业的重要手段，饱和潜水是一项复杂的系统工程，对设备系统、作业人员及医务保障都有较高的要求。在海洋水下工程实践中，潜水员饱和环境下的持续停留时间一般不超过 28d（包括减压）。通常情况下，潜水作业深度超过 120m、作业时间超过 1h，宜采用饱和潜水作业。氦氧饱和进舱专业设备详见图 4－16 ~ 图 4－23。

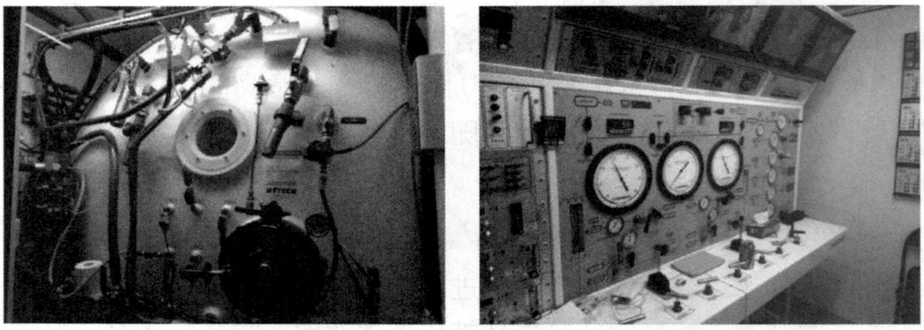

图 4－16　生活舱及生活舱控制室

图 4－17　穿梭舱内部及与生活舱分离过程

图 4－18　穿梭舱运至隧道起吊穿梭舱

图 4－19　行走轨道铺设 1

图 4－20　行走轨道铺设 2

图 4－21　穿梭舱横移并与拼装机吊臂连接

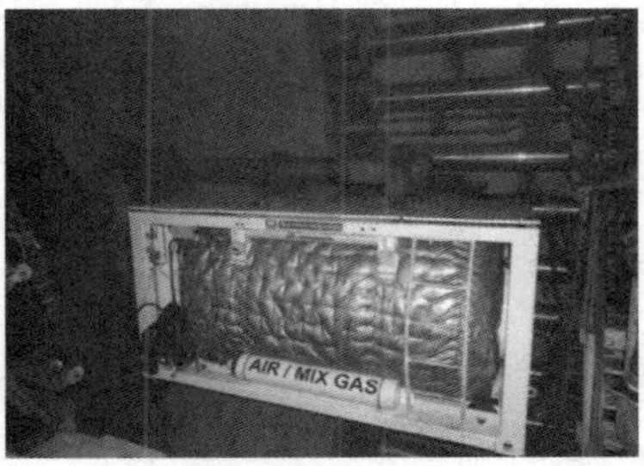


图 4－22　通过拼装机旋转吊运穿梭舱图

图 4－23　穿梭舱与人闸舱对接

3）高水压下常压换刀

目前，高水压进舱换刀比较特殊的方法是常压刀盘方法。常压刀盘是指直径 11m 以上的盾构机，可以将刀盘部分面板及辐臂设计成中空结构，刀具经过特殊设计（图 4－24），人员可在常压下通过刀盘辐臂进入刀盘空腔（工作室）进行换刀作业（图 4－25），由于作业人员的换刀工作室与地层间处于机械隔绝状态，所以这种类型的盾构机可在最高 1MPa 压力下正常进行刀具更换，满足长距离掘进的要求。

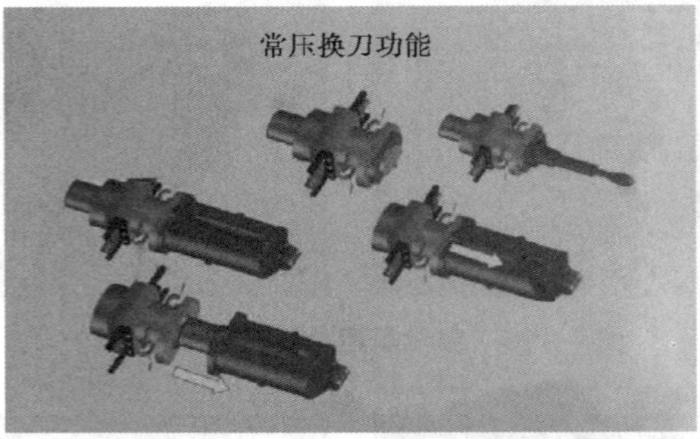


图 4-24　常压刀盘刀具结构

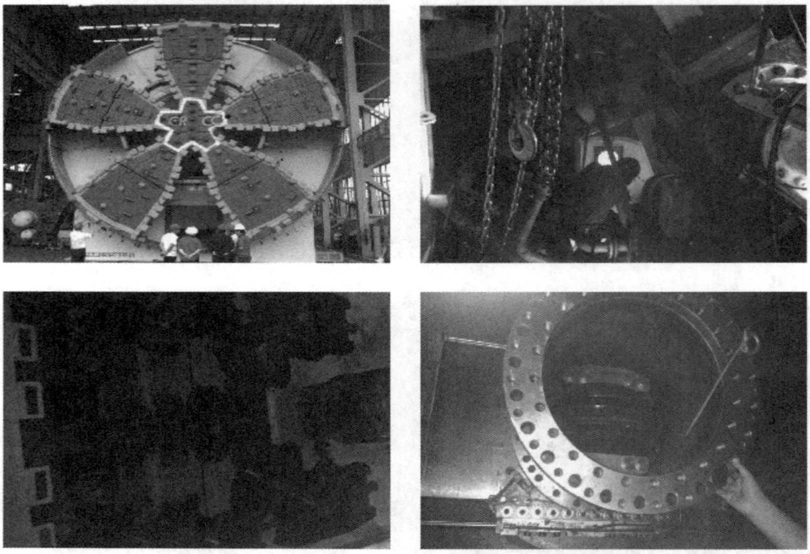

图 4-25　常压换刀实物图

但是，该方法由于结构限制，只能适用于刀盘直径 >11m 的盾构机，而小直径盾构机，由于主机内部和刀盘空间小(图 4-26)，常压换刀装置和结构无设计空间，无法应用。

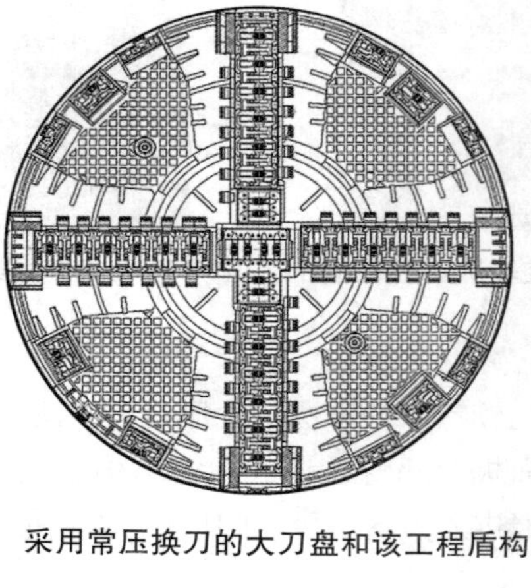

图 4-26　采用常压换刀的大刀盘和该工程盾构刀盘对比

4)本工程计划采用的换刀作业方法

本工程地质以淤泥质土、粉质黏土、粉土、粉细砂及中砂等地层为主，透水性强，水压高达7bar以上，远超常规进舱作业压力的上限，且穿越距离长，盾构机刀具磨损并进行带压进舱换刀作业不可避免。

表4－6为氦氧饱和进舱作业与常压刀盘作业的对比，由表可以看出，该工程采用空气常规进舱作业不可行，氦氧混合气和饱和进舱作业费用高昂，且需要外部单位人员施工，费用、工期均不可控，不能接受。经过与盾构机生产厂家的多次技术交流和技术攻关，实现了盾构技术的突破，直径$\phi$7m的盾构机常压刀盘设计已经成型，能够满足该工程的需要。

**表4－6 氦氧饱和进舱作业与常压刀盘作业对比表**

| 项目 | 氦氧饱和进舱作业 | 常玉刀盘作业 |
|---|---|---|
| 适用作业压力 | 0.45～1.2MPa | 无限制 |
| 刀盘厚度 | 0.8m | 2m(开口率约35%) |
| 刀盘费用 | 400万 | 650万 |
| 配套设备 | 配备氦氧饱和作业专用设备，包括地面生活舱、穿梭舱、医疗舱、气体回收复原再混合系统、运输系统、穿戴设备 | 专用刀具更换工具 |
| 配套设备费用 | 2330万元(回收部分氦氧饱和设备后) | 50万元 |
| 能更换刀具的数量 | 能够更换所有的刀具 | 在常压下只能更换特殊设计的常压刀具，但轨迹线覆盖刀盘全断面。其他刀具需要加压才能更换 |
| 更换刀具平均人工费 | 24万元/把 | 3000元/把 |
| 更换每把刀具所需时间(刮刀) | 2h/把 | 3h/把 |
| 作业人员要求 | 需要国外专业公司及人员来进行作业 | 国内项目部员工经过培训即可进行作业 |
| 技术成熟度 | 该方法技术成熟，主要用于应急打捞作业 | 该方法源于大盾构常压刀盘技术，只是对结构进行了优化，满足小盾构使用，属于成熟技术 |
| 安全性 | 需要带较高压力，风险大，对人体伤害大 | 人员工作不带压力，安全性高 |
| 综合评价 | 该方法满足工程需要，但费用高昂，要求高 | 该方法满足工程需要，费用低，要求低 |

## 三、研究成果在工程设计中的应用

本专题的研究成果——常压刀盘的设计解决了高水压条件换刀的难点，已应用于长江盾构穿越工程的盾构设备订货要求中，盾构机的刀盘采用常压刀盘，可更换常压刀具已能覆盖整个轨迹。

对盾构泥水环流系统、主轴承系统、盾尾密封刷的解决方案已应用于长江盾构设备上，目前施工顺利开展。

## 四、关键技术及创新点

本专题研究解决了沼气对盾构机设备的影响、高水压换刀配置、长距离泥水环流系统、主轴承密封系统、刀盘刀具配置、盾尾密封刷结构等问题。

1. 高水压换刀配置

本工程地质以淤泥质土、粉质黏土、粉土、粉细砂及中砂等地层为主，透水性强，水压高达7.3bar，远超常规进舱作业压力的上限，且穿越距离长，盾构机刀具磨损并进行带压进舱换刀作业不可避免。

针对该工程特点，采用盾构机常压刀盘设计，盾构机具备常压换刀和带压换刀的功能，以满足工程需要。

2. 长距离泥水环流系统

针对长距离泥水盾构隧道施工，在隧道内部设置一定数量的中继平台，安装供排浆泵、电压力补偿柜等设备，确定中继平台安装数量和安装位置。充分考虑不同地层对环流系统的影响，环流系统预留一定的富余压力。

3. 主轴承密封系统

本工程一次掘进距离长、地层水压大、透水性强、地质松散且富含沼气等特征，存在主轴承及密封磨损失效导致工程失败的风险。

为有效消减主轴承密封磨损失效带来风险，从设计方案优化、主轴承密封润滑自动平衡系统的应用、轴套磨损面调整、主轴承密封设计为可更换结构等方面采取措施。

4. 刀盘刀具配置

本工程穿越地质复杂、长距离高水压盾构掘进，对盾构机刀盘和刀具的配置需满足高水压与长距离掘进的要求。刀具选用抗形变、耐磨损的材料和结构，刀具配备大的耐磨合金块，最大程度增加耐磨性，并对刀盘刀具配置进行优化设计，刀盘同轨迹配备合理的刀具数量。刀盘面板可采用全断面耐磨保护网格和边缘焊接硬质合金块来提高刀盘耐磨性。齿刀、贝壳刀、切刀多层次刀高设计，减小刀具磨损，保留第一梯度刀具的破岩能力。

5. 盾尾密封刷结构配置

尾密密封设置不少于4道钢丝刷、1道钢板束、1道应急充气密封，至少2道可进行更换。并需在盾尾壳体设计中新增聚氨酯注入孔，并预留冷冻管路，同时保留气囊式应急密封。

# 第三节　管道安装设计专题

## 一、研究必要性

中俄长江盾构隧道具有穿越距离长、管径大、管道数量多的特点，在隧道内如何实现

三条 $D1422$ 的安全施工、运营，是管道安装设计的重点，也是本工程的难点之一。管道安装设计主要包括确定隧道内管道运营方案，对管道进行应力分析，确定管道补偿方案，确定隧道内管道支撑方案，确定管道焊接、无损检测方案等设计内容。

目前国内对穿越长度超过 10km 的隧道内管道安装研究较少，设计项目组在本工程设计时，充分调研了国内外油气长输隧道内管道安装设计施工案例，特别是借鉴了日本国内相关工程的设计施工经验。本工程在确定隧道内管道是采用架空方案还是填充方案的过程中，本着保障管道安装运营的角度，从减小管道应力应变、保证管道可抢修等方面进行了详细的比选，最终确定了隧道内采用泡沫混凝土填充方案。本专题设计主要包含以下内容：

(1)对三条管道在隧道内不同布置方案进行比选，确定了管道“上二下一，钢架支撑”布置方案；

(2)通过对架空方案管道应力分析，论证了不同影响因素下管道应力应变变化趋势及关键因素；

(3)针对泡沫混凝土填充方案，对不同工况下管道应力应变进行详细分析，保证了管道在泡沫混凝土约束下应力应变满足规范要求；

(4)对管道及泡沫混凝土进行整体有限元分析，研究管道与泡沫混凝土相互作用下的应力应变；

(5)对双联管方案及 18m 加长管方案进行比选研究，确定采用 18m 加长管安装方案。

## 二、主要研究成果

相关的方案及成果在第三章第六节管道安装设计中有详细描述，此处不再赘述。

(1)通过对三条管道在隧道内不同的布置方案进行比选，确定了管道“上二下一，钢架支撑”的布置方案；

(2)通过对架空方案管道应力分析，获得不同影响因素下管道应力应变变化；

(3)针对泡沫混凝土填充方案，对不同工况下管道应力应变进行详细分析；

(4)对采用双联管方案及 18m 管方案进行比选研究，确定采用 18m 加长管安装方案。

①管道本质安全方面

管道的本质安全主要涉及钢管本体和环焊缝，而环焊缝是整个管道系统最为薄弱的环节。根据中国石油统计，2010—2017 年间天然气管道发生泄漏 42 起，其中失效的首位因素为环焊缝破裂，共计 19 起，占管道失效的 45%。因此，管道环焊缝的质量直接与管道系统的本质安全相关。由于长输管道焊接施工现场的环境因素多变(包括地形条件、气象条件等)，管道环焊缝的焊接质量控制存在一定的难度，特别是随着线路钢管直径、壁厚的增大，以及钢级的提高，该问题尤为明显。降低管道环焊缝失效概率最简单有效的办法就是降低环焊缝数量。

本工程穿越设计范围内线路水平长度为 10324m，均为穿越段，盾构隧道穿越水平长度为 10226m(北岸竖井中心—南岸竖井中心)。隧道内排布 3 根 $D1422$mm 管道，总长度为 30678m。采用 12m 管长，平均钢管长度按照 11. 2m 计算，隧道内焊口数量为 2739 道，采用 18m 管长，平均钢管长度按 17. 5m 计算，则隧道内焊口数量为 1753 道，即当使用 18m 加长管时虽然相对双联管方案，隧道内整体焊口数量减少了 1/3，由于环焊缝引起的管道失效风险概率降低了33.3%，提升了管道的本质安全。

②经济费用方面

以采用18m加长管与12m钢管为例，测算钢管及运输成本，详见表4－7，从表中可知，采用18m加长管，管材费用及运输需要增加658.3万元。

表4－7　不同管长钢管费用对比

| 钢管规格 | 钢板成本/（元/t） | 光管加工成本/（元/t） | 涂层加工成本/（元/t） | 水运成本/（元/t） | 汽运成本/（元/t） | 项目合计增加成本/万元 |
| --- | --- | --- | --- | --- | --- | --- |
| 12m钢管 | 5400 | 1400 | 501 | 165 | 120 | 658.3 |
| 18m钢管 | 5565 | 1400 | 501 | 195 | 150 | |

将双联管方案与隧道内采用18m加长管方案进行焊接费用对比(包括坡口加工、预热、焊接等)。方案一指地面焊接双联管后，从始发井吊装进入隧道内，再进行隧道内组焊，接收井一侧仍采用平均管长11.2m单管；方案二指直接采用18m加长管从始发井吊装进入隧道内组焊。其焊接费用对比见表4－8，从表中可知，采用18m加长管，焊接费用减少3020万元。

表4－8　不同钢管方案焊接费用对比

| 方案 | 地面焊接焊口数/口 | 地面焊接费用/（万元/口） | 隧道内焊接焊口数/口 | 隧道内焊接费用/（万元/口） | 总焊接费用/万元 |
| --- | --- | --- | --- | --- | --- |
| 方案一 | 912 | 2.5 | 1827 | 10 | 20550 |
| 方案二 | 0 | 2.5 | 1753 | 10 | 17050 |

此外，采用18m管较12m管焊口数量减少，无损检测费用及补口费用也相应减少，按照100% RT和100% AUT双百考虑，从表4－9、表4－10中可知，采用18m加长管，无损检测费用减少345.1万元，补口费用减少124.6万元。

表4－9　不同钢管方案无损检测费用对比

| 方案 | 焊口数/口 | RT检测费用/（元/口） | AUT检测费用/（元/口） | 单道口检测/（元/口） | 总检测费用/万元 |
| --- | --- | --- | --- | --- | --- |
| 方案一 | 2739 | 2300 | 1200 | 3500 | 958.65 |
| 方案二 | 1753 | 2300 | 1200 | 3500 | 613.55 |

表4－10　不同钢管方案补口费用对比

| 方案 | 焊口数/口 | 补口费用/（元/口） | 收缩带费用/（元/口） | 单道口补口/（元/口） | 总补口费用/万元 |
| --- | --- | --- | --- | --- | --- |
| 方案一 | 2739 | 740 | 523 | 1263 | 346 |
| 方案二 | 1753 | 740 | 523 | 1263 | 221.4 |

从工期角度，采用18m管道，施工工期延长1个月，考虑施工成本因素，增加费用800万。

从建设成本上来看，18m 管长方案较 12m 双联管方案而言，管材及运输费用增加了 658.3 万元，工期影响增加了 800 万，但施工费用减少了 3489.7 万元(焊接 3020 万元，无损检测 345.1 万元，补口减少 124.6 万元)，整体建设费用减少 2031.4 万元。

③双联管与 18m 管方案比选确定

由表 4－11 可以看出，18m 加长管具有焊口数减少、费用低等优势，从管道的本质安全以及建设成本角度来讲，18m 管长方案均有较大优势，技术上均没有障碍。18m 管方案工期稍长，目前只有宝钢有此型号钢材的生产线。从隧道工程的本质安全角度，本工程采用 18m 加长管方案。

表 4－11　双联管与 18m 管方案对比表

| 方案<br>项目 | 双联管方案 | 18m 管方案 |
|---|---|---|
| 主要施工方案简述 | 始发井一侧采用二连管＋单管双向布置方案，地面预制二连管完毕后，然后吊装运输至隧道内进行焊接安装；接收井一侧吊装单管下井运输至隧道内进行焊接安装，按照焊口总量从隧道中部 2/3 处分别向 2 个竖井方向开始施工。隧道内焊接工作量基本相同 | 始发井一侧采用 18m 单管布置方案，待隧道中部至接收井侧管道全部运输完毕后，按照焊口总量从隧道中部处分别向 2 个竖井方向开始施工。隧道内焊接工作量基本相同 |
| 优点 | 1. 施工工期短，比 18m 管方案缩短约 1 个月；<br>2. 生产厂家较多，供货更有保障 | 1. 焊口数总数减少 30%，有利于管道本质安全；<br>2. 费用较低，整体费用减少 2831 万 |
| 缺点 | 1. 焊口数较多；<br>2. 整体费用比 18m 管多 2031 万 | 1. 施工工期比双联管方案增加 1 个月；<br>2. 国内仅宝钢能生产，供应渠道单一 |
| 焊口数/口 | 2883 | 1955 |
| 隧道内焊口数/口 | 1922 | 1955 |
| 管道安装工期/月 | 12 | 13 |
| 相对费用 | 1.1 | 1.0 |

## 三、研究成果在工程设计中的应用

(1)本专题针对架空方案及泡沫混凝土填充方案，在管道应力分析方面进行了详细的论证，最终推荐采用泡沫混凝土填充方案，减小了管道应力及变形，有利于保证管道运营期安全，并满足了管道在运营期间可抢修的需要。

(2)通过采用 abaqus 软件对管道与泡沫混凝土相互作用进行了分析研究，并据此提出了本工程隧道内填充泡沫混凝土密度、强度等技术要求。

## 四、关键技术及创新点

(1)首次在油气盾构隧道内采用泡沫混凝土填充方案，根据管道应力分析结果，提出了泡沫混凝土性能等技术要求。

(2)在盾构隧道内采用18m加长管的运输、吊装及焊接方案，并对运输、焊接施工可行性等进行了详细论证，减少了管道焊口数量，有利于管道本质安全。

# 第四节　长江盾构穿越工程管道焊接及无损检测专题

## 一、研究必要性

由于全自动焊接具有焊接工艺参数易控制、焊接过程稳定、焊缝力学性能优良等优势，中俄长江盾构内3条$D$1422管道均采用自动焊接方式。考虑到管道焊口的质量直接决定管道运营的本质安全，近年来国内由于油气管道环焊缝失效导致的管道爆炸事故时有发生，为进一步提高本工程管道焊接及无损检测技术水平，对本工程管道焊接机无损检测进行了专题研究。本专题主要包含以下内容：

(1)对国家重点工程北段天然气管道自动焊及检测应用情况进行研究总结；

(2)根据本工程对管道焊接质量要求高的特点，对盾构隧道内管道焊接及检测提出设计要求；

(3)结合设计要求，对盾构隧道内管道焊接及检测提出施工技术要求。

## 二、主要研究成果

### 1. 国家重点工程北段自动焊及检测应用情况

1)自动焊焊缝质量

针对国家重点工程(黑河—长岭)管道工程现场焊接施工需求，在低温环境模拟试验室，开展X80M钢管－30℃环境焊接工艺评定试验，共焊接焊口20道，包含了主线路的自动焊工艺和返修焊的焊条电弧焊工艺。焊口的力学性能试验结果表明，焊口性能均满足标准要求。

(1)现场百口磨合焊口质量

按照相关规定，对每个焊接机组在开始现场施焊后的100道焊口内，抽取2道焊口进行力学性能检验。焊接接头力学性能按规定进行拉伸、刻槽锤断、弯曲、夏比冲击、宏观金相、硬度等试验。

①拉伸试验

焊缝的拉伸试验，验收要求为：“如果试样断在焊缝或熔合区，其抗拉强度大于或等于管材规定的最小抗拉强度，且断面缺陷符合要求，则该试样合格。如果试样断在母材上，且抗拉强度不小于管材的规定最小抗拉强度的95%，则该焊接工艺合格。如果试样断在焊缝或熔合区上，其抗拉强度小于管材的规定最小抗拉强度，则该焊接工艺不合格。”

对于X80管线钢环焊缝，如果断在母材，抗拉强度不小于594MPa，如果断在焊缝或熔合区，抗拉强度不小于625MPa。在进行的110组共440个拉伸试验中，所有拉伸结果均满足标准要求。

②刻槽锤断试验

刻槽锤断试验主要检验焊缝断面，标准要求："试样的断裂面应完全焊透和熔合，任何气孔的最大尺寸应不大于1.6mm，且所有气孔的累计面积应不大于断裂面积的2%，夹渣高度应不超过0.8mm，长度应不大于钢管公称壁厚的1/2，且小于3mm。"刻槽试验结果均满足标准要求。

③弯曲试验

弯曲试验主要检验焊缝塑性变形能力，按标准要求："弯曲后，在试样弯曲表面上的焊缝和熔合线区域所发现的焊缝任何方向上或焊缝和熔合区之间发现的任一裂纹或其他缺欠尺寸应不大于公称壁厚的1/2，且不大于3.0mm。若未发现其他明显缺欠，由试样边缘上产生的裂纹长度在任何方向上均小于6.0mm。"弯曲试验满足标准要求。

④低温冲击试验

按设计文件要求："-10℃试验温度下，夏比冲击功单值不小于38J，均值不小于50J。"满足设计文件的要求。

⑤宏观试验

宏观金相检验面不应有裂纹和未熔合，宏观金相检验结果均符合要求。

⑥硬度试验

X80管线钢环焊缝所有硬度测定点HV10硬度值应≤300。所有测试结果均满足标准要求。

(2)现场随机抽口焊口质量

为了验证现有X80管线钢焊接工艺评定的适用性，抽取现场焊口开展机械性能试验。截至目前完成28道现场抽口试验，包括拉伸试验、低温冲击试验、宏观试验、弯曲试验、刻槽试验、硬度试验等，试验结果均满足标准要求。

已完成试验的焊口结果表明，现有X80管线钢焊接工艺评定适用于国家重点工程天然气管道工程，施工单位现场焊接工艺执行情况良好。工程目前采用的各种焊接工艺得到的焊口，其性能均能满足标准要求。

2)无损检测质量

国家重点工程(黑河—长岭)按照相关标准规范和设计文件的要求，针对穿越段实行100%AUT+100%RT双百双评。变壁厚、连头、返修焊口实行100%(PAUT+TOFD)+100%RT+100%UT三百三评。

现场验证了PAUT、TOFD的检测能力，选取国家重点工程试验段的返修口、连头口和部分AUT检测出的不合格焊口，采用PAUT+TOFD的检测方式进行检测，并与AUT、RT结果比较，通过对比分析验证了PAUT+TOFD检测方式的可操作性及可靠性。所以施工过程中采用PAUT+TOFD检测技术能够满足无法采用AUT检测以及普通RT检测比较困难的返修焊口及连头焊口的检测需求，确保返修焊口和连头焊口的质量控制。

为保证检测质量，现场除了开展AUT工艺评定、强化人员管理、加强AUT检测设备管理、细化AUT相关标准要求之外，还开展了第三方检测单位"互评"及第四方复评工作，定期组织第三方检测单位之间对AUT检测数据100%互评，发现问题及时整改。第四方检测单位对全线AUT检测数据100%复评，判断AUT检测数据的有效性，并对第三方检测单位评判结果进行复核，杜绝错评、漏评及数据不合格焊口下沟回填。对缺陷评判存在争议的焊口，组织国内 AUT 专家进行仲裁，确保 AUT 评判结果的准确性。

2. 本工程管道焊接及检测设计要求

(1)考虑到本工程管径大，管道焊接均选用自动焊接方式：

①对于直管—直管环焊缝焊接：采用内焊机根焊 + 外焊机自动焊填充盖面的焊接方式；

②对于直管—热煨弯管、连头段环焊缝焊接：采用组合自动焊(组合自动焊指：氩弧焊/手工电弧焊/STT/RMD 根焊 + 外焊机自动焊填充盖面)的焊接方式；

③返修焊采用焊条电弧焊焊接方式；

④返修不合格后割口的焊口以及抽检验证割口后焊口采用连头焊接工艺；

⑤对于内焊机漏焊或成型不良等缺欠，采用内补焊工艺，采用内焊机补焊枪从钢管内部进行内补焊焊接。

(2)基于目前规范要求及技术水平，本工程的无损检测方法及验收标准如下：

①全自动焊接段管道环焊缝的无损检测

环焊缝采用 100% 的全自动超声波检验(AUT) + 100% 的射线检验。各检测方法按各自验收规范进行评判。

②组合自动焊管道环焊缝的无损检测

环焊缝采用 100% 的射线 + 100%(PAUT + TOFD) + 100% 的手工超声检测。各检测方法按各自验收规范进行评判。

③对于返修焊缝的无损检测

AUT 检出缺陷后，返修后应采用 AUT 对返修位置进行再次扫查，检验返修缺陷是否返修完全；同时采用 100%(PAUT + TOFD)、100% 射线照相和 100% 手工超声对缺陷位置进行检测，各检测方法按各自验收规范进行评判。

其他检测方法发现的环焊缝缺陷，在修补后采用 100% 射线照相、100% 的手工超声和 100%(PAUT + TOFD)检测，各检测方法按各自验收规范进行评判。

④对于连头焊缝的无损检测

鉴于本工程管材规格，对连头焊口进行射线检测时，采用传统 RT 射线检测双壁单影透照难度较大，采用 DR 射线检测替代 RT，并对根焊进行分层检测，确保根部无缺陷。

## 三、研究成果在工程设计中的应用

根据国家重点工程北段管道全自动焊接、无损检测经验，并考虑到本工程对管道焊接质量要求高的特点，针对性地提出了本工程管道焊接、无损检测的设计、施工技术要求。

相关的方案及成果在第三章第六节管道安装设计中有详细描述，此处不再赘述。

## 四、关键技术及创新点

(1)对国家重点工程北段管道焊口质量数据进行整理分析，提出了管道焊接技术关键点控制要素。

(2)针对本工程特点，提出管道焊接中根部焊缝缺陷不允许返修等更为严格的管道焊接质量要求。

# 第五节 长江盾构隧道穿越管道安装施工专题

## 一、研究必要性

中俄长江盾构隧道内径为 *D*6.8m，隧道内布置 3 根 *D*1422 管道，均采用全自动焊接方式，国内尚无类似工程的管道安装施工案例。由于隧道内受限空间的影响，对管道安装施工提出了很大的挑战。本工程在管道安装设计过程中，与国内具有丰富施工经验的管道局四公司进行了深度的研讨结合，考虑了管道安装施工的可行性，隧道内受限空间如何高效地进行管道安装施工组织，以及管道安装施工的相关安全措施，并编制了本专题报告，为本工程管道安装施工提供指导。本专题报告主要包括如下内容：

(1)针对本工程 3 根 *D*1422 管道布置特点，研究了管道安装施工工艺流程，包括 3 条管道安装顺序，平巷管道施工方案，竖井井壁管道安装方案，地面管道安装及清管、测径、试压、扫水施工方案等；

(2)针对超长距离隧道内管道安装施工质量安全，提出了相关施工保证措施，包括烟气消减措施、焊接湿度保证措施、通风及防爆措施等。

## 二、主要研究成果

管道安装施工工艺流程：根据本工程管道施工主要工序，施工方案主要分为平巷管道施工、竖井内管道施工、地面管道施工及试压扫线施工等。

相关的方案及成果在第三章第六节管道安装设计中有详细描述，此处不再赘述。

## 三、研究成果在工程设计中的应用

对隧道内 3 根 *D*1422 管道安装工艺流程的研究，特别是对隧道内管道安装布管、焊接等施工的可行性研究，为本工程今后管道安装施工提供了可实施的方案。

相关的方案及成果在第三章第六节管道安装设计中有详细描述，此处不再赘述。

## 四、关键技术及创新点

(1)针对隧道内空间受限且管道需采用全自动焊接的特点，提出了先安装下部管道 A，管道 A 安装完成后，再同步安装上部管道 B、管道 C，保证了管道施工工期和效率。

(2)隧道内管道安装时，对管道根焊机组、管道填盖机组、检测机组、防腐补口机组的纵向布置数量、间距等进行了研究，保证了有限空间下管道施工的可实施性。

# 第六节　长江盾构隧道穿越抗震设防专项

## 一、研究内容

针对本工程进行一系列的抗震分析，主要包括场地地震动特征分析，盾构隧道横向、纵向和局部的地震响应特征分析，主要研究内容如下。

1. 地层地震响应特征分析

根据隧道埋深、水压、穿越等特点选取了三个典型断面，分别在设防地震作用下和罕遇地震作用下，对其所在地层进行地震响应分析，得到相对位移及剪应力响应规律。

2. 隧道横断面方向的反应位移法分析

基于本工程的基本参数。选取穿越主河槽段的三个断面，建立有限元模型，分别在设防地震作用下和罕遇地震作用下，考虑隧道内是否填充泡沫混凝土对管片衬砌结构受力和变形的影响，并给出优化方案建议，对盾构隧道横断面方向的动力响应规律进行总结。

3. 隧道纵断面方向的动力时程分析

基于本工程的基本参数，建立有限元模型，分别在设防地震作用下和罕遇地震作用下，讨论管片衬砌结构的受力和变形规律。最后，对盾构隧道纵断面方向的动力响应规律进行总结。

4. 隧道竖井的动力时程分析

基于本工程的基本参数以及竖井与隧道的连接方式，建立有限元模型，分别在设防地震作用下和罕遇地震作用时，讨论地震波作用时，管片衬砌结构的受力和变形。最后，对盾构隧道竖井动力响应规律进行总结。

## 二、主要研究成果

1. 地层地震响应特征

根据盾构隧道所在区域的地形地貌、地质构造及水文地质条件，选取了三个典型断面进行地层地震响应特征分析。

本工程分别选取了地下水位最高、地下水位最低以及埋深最大三个断面采用 $FLAC^{3D}$ 来进行地层地震响应分析，且每个工况分别在设防地震和罕遇地震两种地震波作用下进行计算。

由于三个断面计算结果反映的规律一致，因此，本书只列出了地下水位最高断面(断面一)的计算结果。

1)设防地震作用下计算结果

断面一地震场地分析：经计算，隧道顶部、底部的相对位移、顶部和底部的剪力的时程变化曲线见图 4－27～图 4－30。计算统计结果见表 4－12。

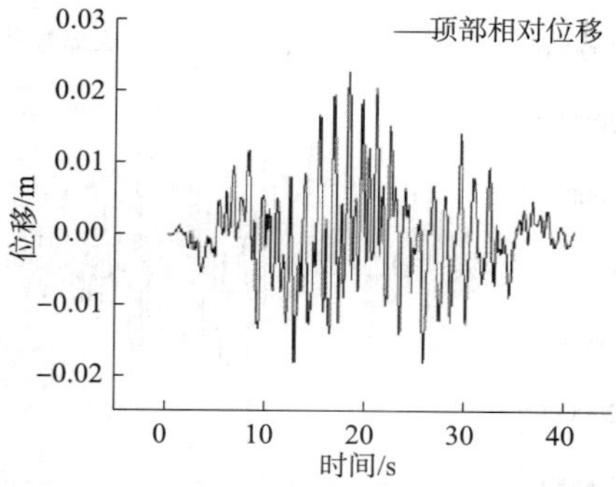


图 4－27　隧道顶部相对位移时程曲线

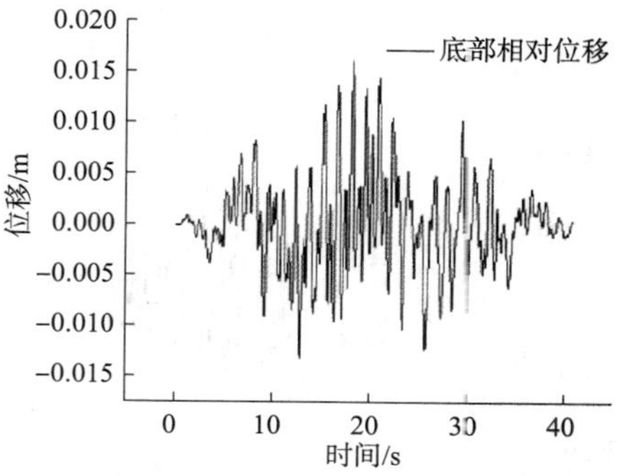


图 4－28　隧道底部相对位移时程曲线

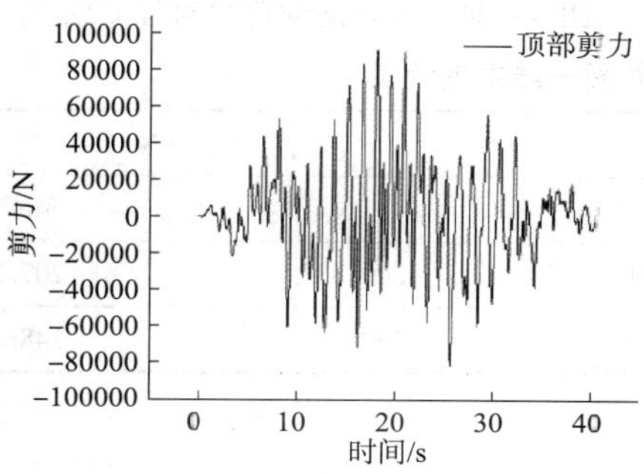


图 4－29　隧道顶部剪力时程曲线

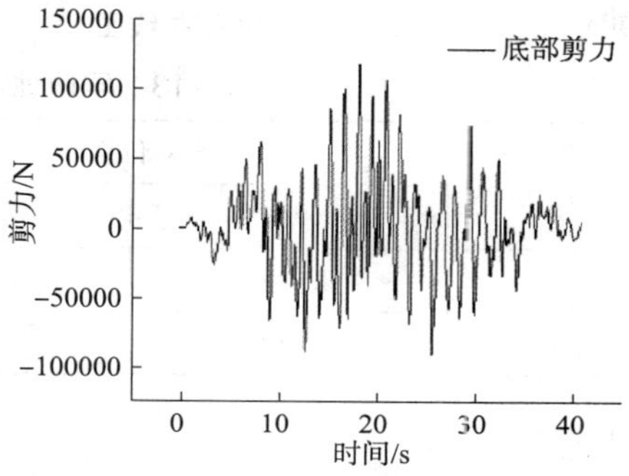


图 4－30　隧道底部剪力时程曲线

表 4－12　设防地震下断面一结果统计表

| 最大值 | 相对位移/m | | 剪力/kN | |
|---|---|---|---|---|
| | Max | Min | Max | Min |
| 隧道顶部 | 0.0229 | －0.0179 | 90.32 | －81.97 |
| 隧道底部 | 0.0161 | －0.0131 | 117.22 | －91.90 |

2）罕遇地震作用下计算结果

断面一地震场地分析：经计算，拱顶、拱底的相对位移、拱顶和拱底剪力的时程变化曲线见图 4－31～图 4－34。计算统计结果见表 4－13。

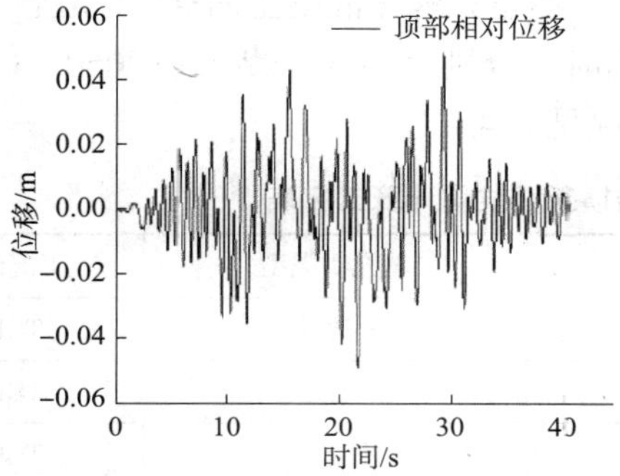


图 4－31　隧道顶部相对位移时程曲线

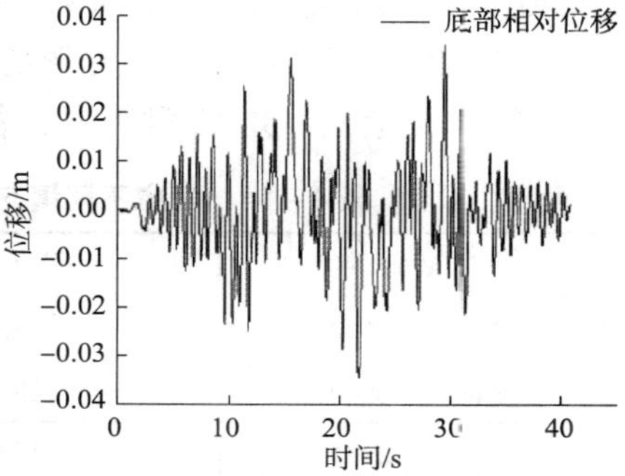


图 4－32　隧道底部相对位移时程曲线

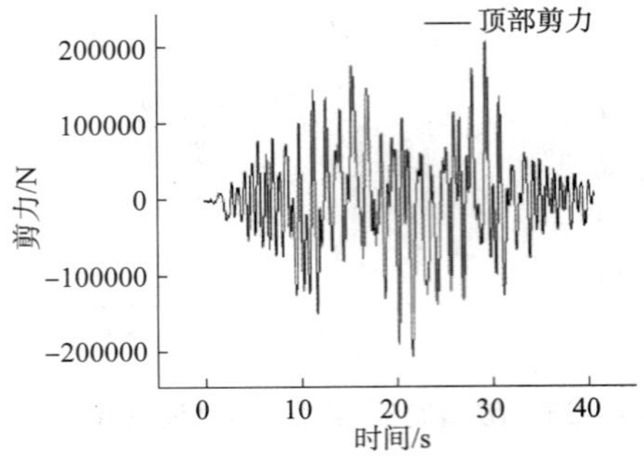


图 4－33　隧道顶部剪力时程曲线图

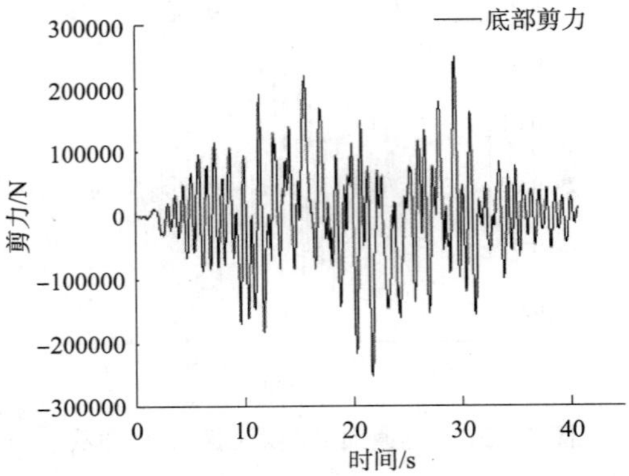


图 4－34　隧道底部剪力时程曲线

表 4－13　罕遇地震下断面一结果统计表

| 最大值 | 相对位移/m | | 剪力/kN | |
|---|---|---|---|---|
| | Max | Min | Max | Min |
| 隧道顶部 | 0.0493 | －0.0491 | 209.83 | －207.30 |
| 隧道底部 | 0.0342 | －0.0343 | 250.38 | －248.57 |

3）结论

计算结果表明，隧道顶部的相对位移大于隧道底部的相对位移，而隧道顶部剪力小于隧道底部剪力。隧道顶部和底部在罕遇地震作用下的相对位移和剪力大小基本上是其在设防地震作用下的 2 倍。

2. 隧道在高水压及不同填充情况下横断面方向的反应位移法分析

1）有限元模型的建立

本工程所处区域属于 7 度地震烈度区，设计地震动参数达到 0.1$g$，罕遇地震动参数达到 0.15$g$，这对隧道横断面方向的抗震是极为不利的，故考虑研究隧道内部不充泡沫混凝土及充泡沫混凝土对隧道结构受力和变形的影响，以便选出对结构受力和变形最为有利的方法，为隧道的修建提供参考。

隧道填充采用泡沫混凝土，其单位体积重度为 11.1kN/m$^3$，弹性模量为 6.5×10$^5$kPa，泊松比为 0.30（以下填充泡沫混凝土简称“充土”，不填充泡沫混凝土简称“不充土”）。

在考虑不同填充物对结构受力和变形的影响时，分别选取 3 个断面（CJ060、CJ145 及 CJ081）进行计算和讨论，一共 12 种工况，各工况见表 4－14。

表 4－14　考虑不同填充物的横断面抗震计算工况表

| 序号 | 断面 | 地震动水平 | 填充物类型 | 工况编号 |
|---|---|---|---|---|
| 1 | 断面一（CJ060） | 设防 | 不充土 | TGK1 |
| 2 | 断面一（CJ060） | 设防 | 充土 | TGK2 |
| 3 | 断面二（CJ145） | 设防 | 不充土 | TGK3 |
| 4 | 断面二（CJ145） | 设防 | 充土 | TGK4 |
| 5 | 断面三（CJ081） | 设防 | 不充土 | TGK5 |

续表

| 序号 | 断面 | 地震动水平 | 填充物类型 | 工况编号 |
|---|---|---|---|---|
| 6 | 断面三(CJ081) | 设防 | 充土 | TGK6 |
| 7 | 断面一(CJ060) | 罕遇 | 不充土 | TGK7 |
| 8 | 断面一(CJ060) | 罕遇 | 充土 | TGK8 |
| 9 | 断面二(CJ145) | 罕遇 | 不充土 | TGK9 |
| 10 | 断面二(CJ145) | 罕遇 | 充土 | TGK10 |
| 11 | 断面三(CJ081) | 罕遇 | 不充土 | TGK11 |
| 12 | 断面三(CJ081) | 罕遇 | 充土 | TGK12 |

本次计算采用 ANSYS 软件进行拟静力计算分析，其有限元模型建立见图 4－35。

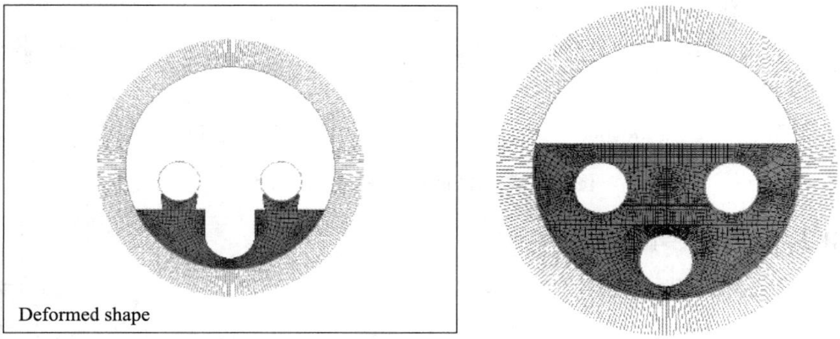


(a)不充土 (b)充土

**图 4－35 隧道横断面有限元模型图**

在横断面范围内一共布置 8 个监测点，监测测点处单元的弯矩、轴力及剪力。监测点布置图见图 4－36。

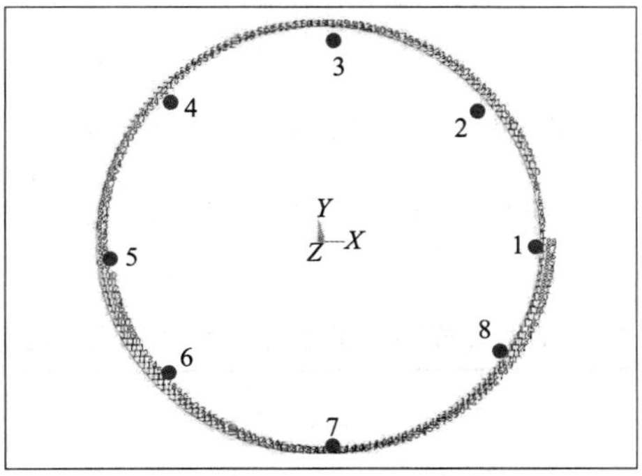


**图 4－36 单元监测点布置示意图**

由于三个断面计算结果反映的规律一致，只是断面内力及位移极大值所处位置不一样，因此本书只列出了地下水位最高断面(断面一)的计算结果。

2)设防地震作用下计算结果

(1)TGK1：不充土(图 4－37)。

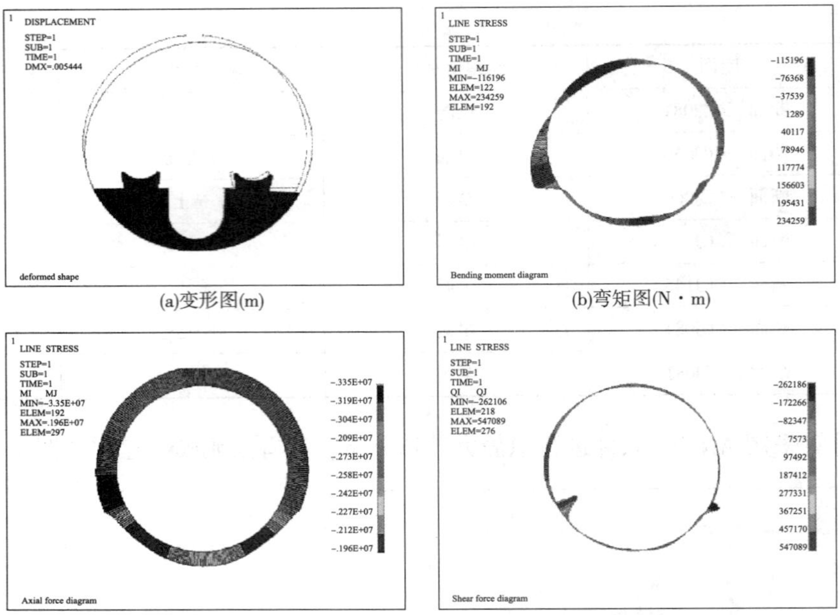


(a)变形图(m)　(b)弯矩图(N · m)

(c)轴力图(N)　(d)剪力图(N)

图 4 －37　TGK1 变形图及内力图

(2)TGK2：充土(图 4 －38)。

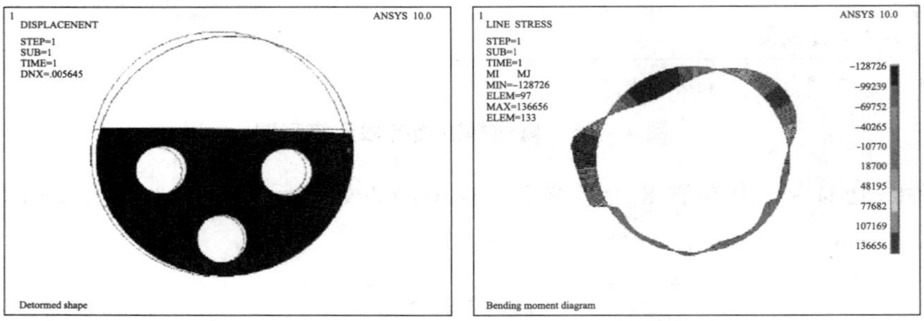


(a)衬砌变形图(m)　(b)衬砌弯矩图(N · m)

图 4 －38　TGK2 变形图及应力图

在设防地震作用下，断面 CJ060 衬砌和管道在不同填充物情况下的位移值及内力值见表 4 －15 ~ 表 4 －20。

表 4 －15　断面 CJ060 衬砌在设防地震作用下位移极值　m

| 不充土 | 充土 |
|---|---|
| 0. 005444 | 0. 005645 |

表 4 －16　断面 CJ060 衬砌在设防地震作用下的测点弯矩值　kN · m

| 测点编号 | 对应位置 | 对应角度 | 不充混凝土 | 充混凝土 |
|---|---|---|---|---|
| 1 | 右拱腰 | 0° | 62. 513 | －16. 97 |
| 2 | 右拱肩 | 45° | 58. 569 | 100. 52 |
| 3 | 拱顶 | 90° | －67. 182 | －74. 15 |

续表

| 测点编号 | 对应位置 | 对应角度 | 不充混凝土 | 充混凝土 |
|---|---|---|---|---|
| 4 | 左拱肩 | 135° | -93.317 | -83.256 |
| 5 | 左拱腰 | 180° | 144.48 | 114.67 |
| 6 | 左连接处 | 205° | 216.10 | 71.985 |
| 7 | 拱底 | 270° | -78.944 | 16.042 |
| 8 | 右连接处 | 335° | -29.988 | -20.844 |

**表4-17　断面CJ060衬砌在设防地震作用下的测点轴力值**　kN

| 测点编号 | 对应位置 | 对应角度 | 不充混凝土 | 充混凝土 |
|---|---|---|---|---|
| 1 | 右拱腰 | 0° | -3154.9 | -3215.8 |
| 2 | 右拱肩 | 45° | -3186.0 | -3262.1 |
| 3 | 拱顶 | 90° | -3071.2 | -3015.3 |
| 4 | 左拱肩 | 135° | -2976.3 | -2920.4 |
| 5 | 左拱腰 | 180° | -3197.7 | -3076.1 |
| 6 | 左连接处 | 205° | -2840.6 | -2763.8 |
| 7 | 拱底 | 270° | -2294.1 | -1700.2 |
| 8 | 右连接处 | 335° | -2685.8 | -2945.7 |

**表4-18　断面CJ060衬砌在设防地震作用下的测点剪力值**　kN

| 测点编号 | 对应位置 | 对应角度 | 不充混凝土 | 充混凝土 |
|---|---|---|---|---|
| 1 | 右拱腰 | 0° | -18.549 | -47.667 |
| 2 | 右拱肩 | 45° | 27.333 | 32.162 |
| 3 | 拱顶 | 90° | 45.781 | 61.424 |
| 4 | 左拱肩 | 135° | -43.149 | -71.975 |
| 5 | 左拱腰 | 180° | -89.937 | 44.736 |
| 6 | 左连接处 | 205° | 496.29 | 313.72 |
| 7 | 拱底 | 270° | 223.17 | 15.831 |
| 8 | 右连接处 | 335° | -232.31 | -129.81 |

**表4-19　管道在设防地震作用下充土时位移极值**　m

| 工况 | TGK2 | TGK4 | TGK6 |
|---|---|---|---|
| 位移极值 | 0.002889 | 0.005452 | 0.004297 |

**表4-20　管道在设防地震作用下充土时内力极值**

| 工况 | TGK2 | TGK4 | TGK6 |
|---|---|---|---|
| 最大正弯矩/(N·m) | 1522 | 1590 | 1973 |
| 最大负弯矩/(N·m) | -2191 | -1399 | -2805 |
| 轴力极值/kN | -286.383 | -296.645 | -319.188 |
| 剪力极值/kN | 29.623 | -21.164 | 37.845 |

3）罕遇地震作用下计算结果

（1）TGK7：不充土（图4－39）。

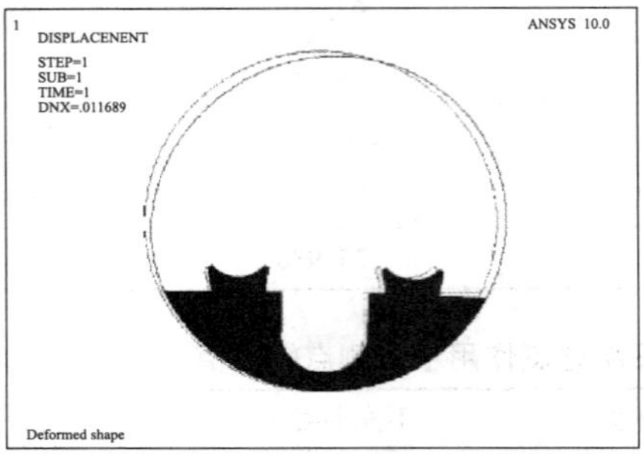


(a)变形图(m)

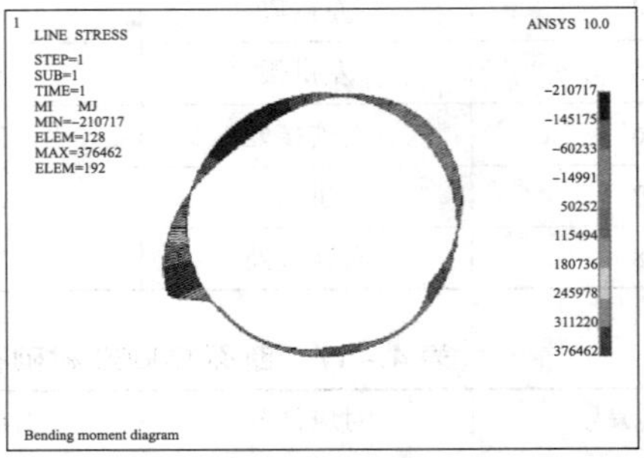


(b)弯矩图(N·m)

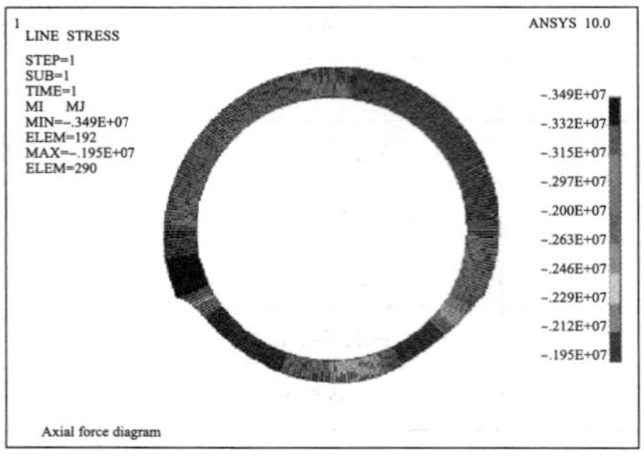


(c)轴力图(N)

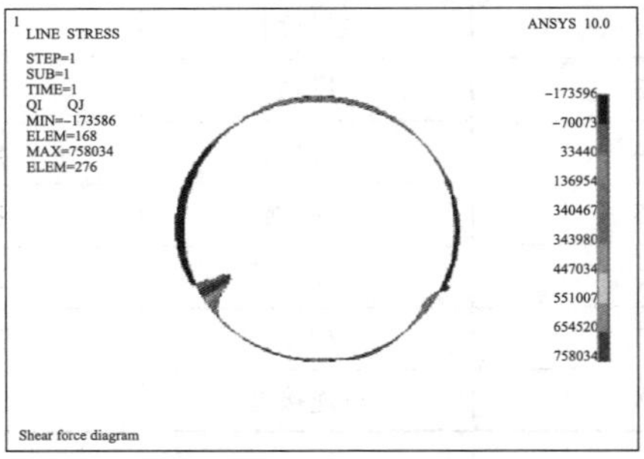


(d)剪力图(N)

图4－39　TGK7变形图及内力图

（2）TGK8：充土（图4－40）。

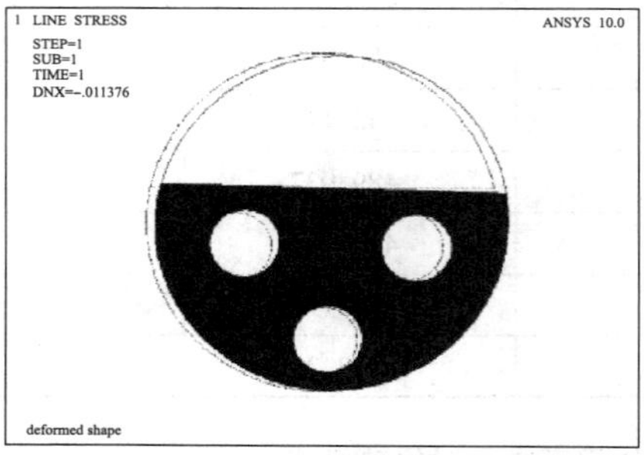


(a)衬砌变形图(m)

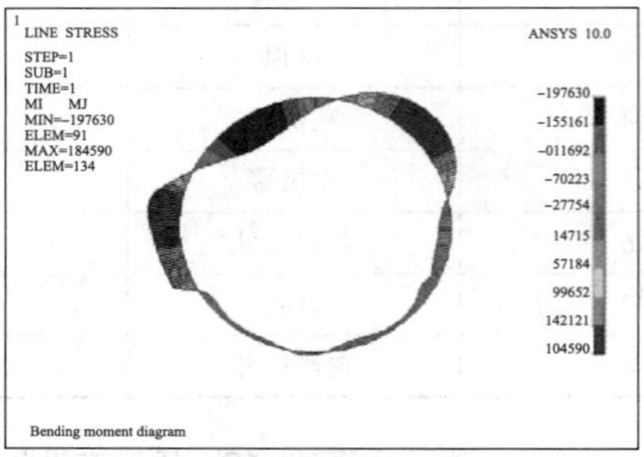


(b)衬砌弯矩图(N·m)

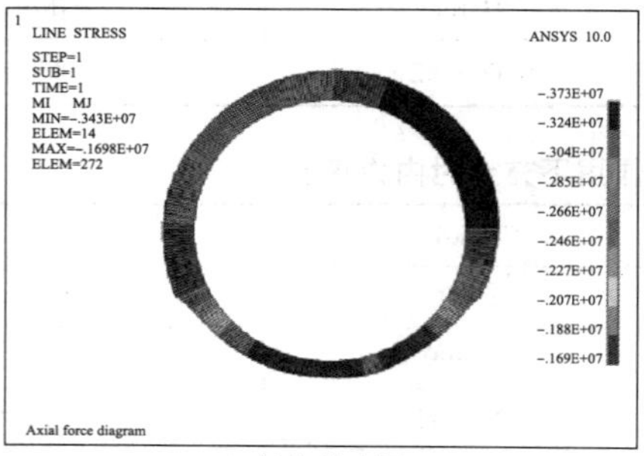


(c)衬砌轴力图(N)

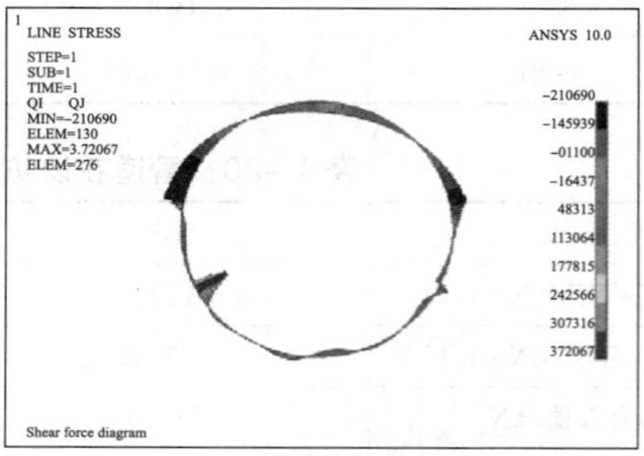


(d)衬砌剪力图(N)

图4－40　TGK8变形图及内力图

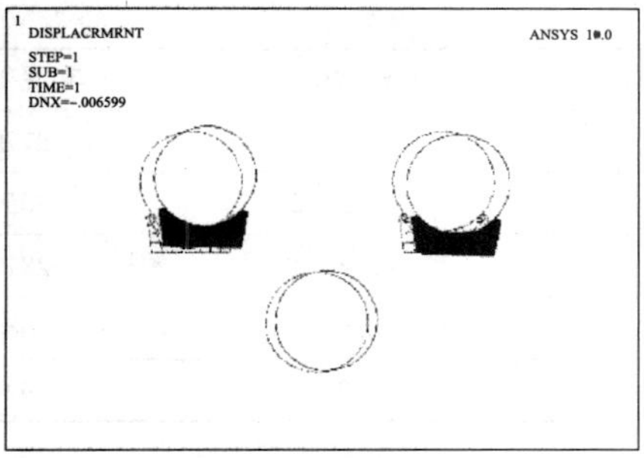


(e)管道变形图(m)

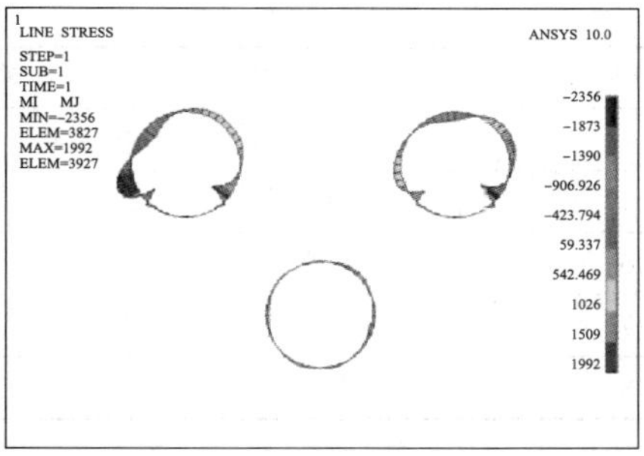


(f)管道弯矩图(N·m)

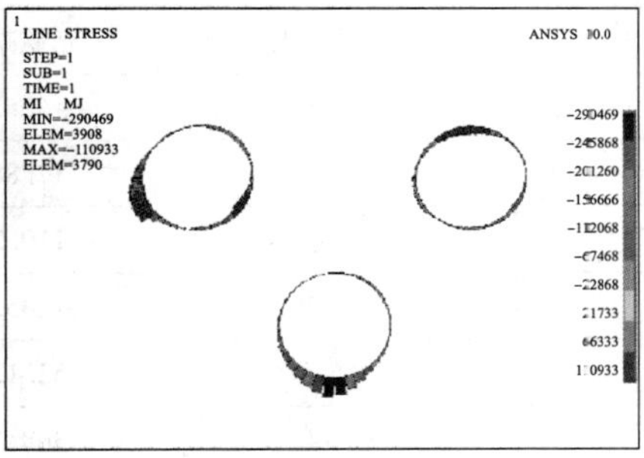


(g)管道轴力图(N)

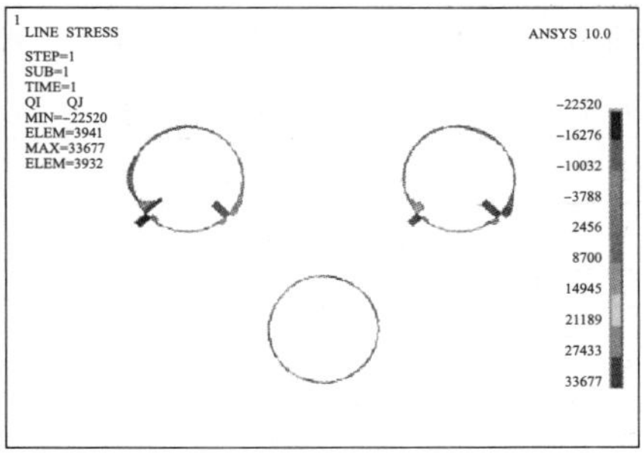


(h)管道剪力图(N)

**图 4－40　TGK8 变形图及内力图(续)**

在罕遇地震作用下，断面 CJ060 及管道在不同填充物情况下的位移值及测点内力值见表 4－21～表 4－26。

**表 4－21　断面 CJ060 衬砌在罕遇地震作用下位移极值**　m

| 不充水 | 充土 |
|---|---|
| 0.011689 | 0.011673 |

**表 4－22　断面 CJ060 衬砌在罕遇地震作用下的测点弯矩值**　kN·m

| 测点编号 | 对应位置 | 对应角度 | 不充混凝土 | 充混凝土 |
|---|---|---|---|---|
| 1 | 右拱腰 | 0° | 24.003 | －65.648 |
| 2 | 右拱肩 | 45° | 154.9 | 169.39 |
| 3 | 拱顶 | 90° | －66.386 | －74.499 |
| 4 | 左拱肩 | 135° | －195.14 | －153.22 |
| 5 | 左拱腰 | 180° | 199.58 | 164.84 |
| 6 | 左连接处 | 205° | 355.12 | 102.72 |
| 7 | 拱底 | 270° | －79.923 | 16.191 |
| 8 | 右连接处 | 335° | －131.03 | －53.323 |

**表 4－23　断面 CJ060 衬砌在罕遇地震作用下的测点轴力值**　kN

| 测点编号 | 对应位置 | 对应角度 | 不充混凝土 | 充混凝土 |
|---|---|---|---|---|
| 1 | 右拱腰 | 0° | －3146.6 | －3246.1 |
| 2 | 右拱肩 | 45° | －3312.8 | －3388.2 |
| 3 | 拱顶 | 90° | －3074.3 | －3015.7 |

续表

| 测点编号 | 对应位置 | 对应角度 | 不充混凝土 | 充混凝土 |
|---|---|---|---|---|
| 4 | 左拱肩 | 135° | -2835.3 | -2779.4 |
| 5 | 左拱腰 | 180° | -3223.2 | -3056.8 |
| 6 | 左连接处 | 205° | -2886.1 | -2810.6 |
| 7 | 拱底 | 270° | -2291.2 | -1688.6 |
| 8 | 右连接处 | 335° | -2720.9 | -2920.5 |

**表4-24 断面CJ060衬砌在罕遇地震作用下的测点剪力值** kN

| 测点编号 | 对应位置 | 对应角度 | 不充混凝土 | 充混凝土 |
|---|---|---|---|---|
| 1 | 右拱腰 | 0° | -85.182 | -42.318 |
| 2 | 右拱肩 | 45° | 19.603 | 17.885 |
| 3 | 拱顶 | 90° | 105.31 | 110.25 |
| 4 | 左拱肩 | 135° | -52.429 | -145.72 |
| 5 | 左拱腰 | 180° | -166.3 | 52.126 |
| 6 | 左连接处 | 205° | 653.74 | 368.34 |
| 7 | 拱底 | 270° | 50.963 | 30.514 |
| 8 | 右连接处 | 335° | -78.336 | 48.335 |

**表4-25 管道在罕遇地震作用下充土时位移极值** m

| 工况 | TGK2 | TGK4 | TGK6 |
|---|---|---|---|
| 位移极值 | 0.002889 | 0.005452 | 0.004297 |

**表4-26 管道在罕遇地震作用下充土时内力极值**

| 工况 | TGK2 | TGK4 | TGK6 |
|---|---|---|---|
| 最大正弯矩/(N·m) | 1522 | 1590 | 1973 |
| 最大负弯矩/(N·m) | -2191 | -1399 | -2805 |
| 轴力极值/kN | -286.383 | -296.645 | -319.188 |
| 剪力极值/kN | 29.623 | -21.164 | 37.845 |

(4)结论

计算结果表明，在考虑不同填充物对结构受力和变形的影响时，通过对三个断面的计算和讨论，发现当隧道采用充泡沫混凝土的方法时，管片结构的内力值是显著低于不充土这种方法的，这可能是由于当隧道内部充满土体时，隧道和周围地层的整体性更好，对结构受力更加有利。此外，设防地震作用下和罕遇地震作用下的结构响应规律相似，但罕遇地震作用下的结果是远大于设防地震作用下的。并且隧道结构充泡沫混凝土时最大正弯矩集中在测点5(左拱腰)处，不充土时最大正弯矩集中在测点6(左连接)、8(右连接)处，最大负弯矩均集中在测点2(右拱肩)、4(左拱肩)处；最大轴力均出现在2(右拱肩)、4(左拱肩)处；最大剪力均出现在测点6(左连接)、8(右连接)处。综合以上分析，盾构隧道内选用填充泡沫混凝土的方式对于隧道结构及管道横断面方向内力与变形的控制更有利。

3. 隧道在高水压及强震作用下纵断面方向的动力时程分析

1)模型的建立与参数的选取

本工程纵断面的地层分层见图4-41，地层材料参数见表4-27。

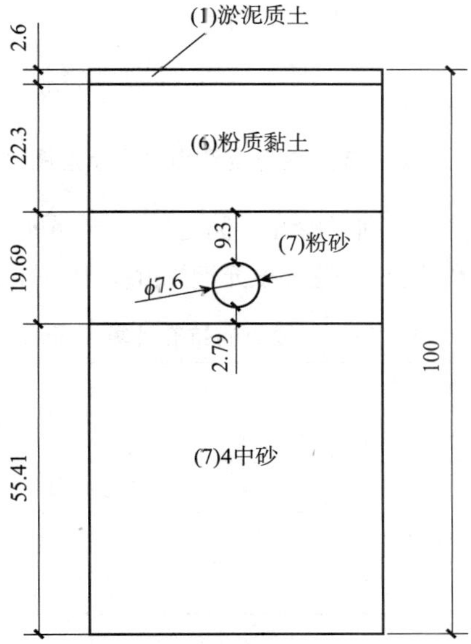


图4-41 纵向分析地层分层示意图

表4-27 纵向分析地层材料参数

| 序号 | 地层类别 | 层厚/m | 密度 $\rho$/(g/cm$^3$) | 动弹性模量 $E_k$/MPa | 动泊松比 |
|---|---|---|---|---|---|
| 1 | (1)淤泥质土 | 2.6 | 1.78 | 11.52 | 0.4 |
| 2 | (6)粉质黏土 | 22.3 | 1.79 | 14.61 | 0.3 |
| 3 | (7)粉砂 | 19.69 | 1.94 | 12.57 | 0.26 |
| 4 | (7)4中砂 | 26.27 | 1.95 | 30.72 | 0.23 |

本次计算采用ANSYS/LS-DYNA模块进行动力时程响应分析。模型尺寸为9764.4m×3000m×100m(分别为$x$、$y$、$z$方向)。有限元模型图见图4-42。

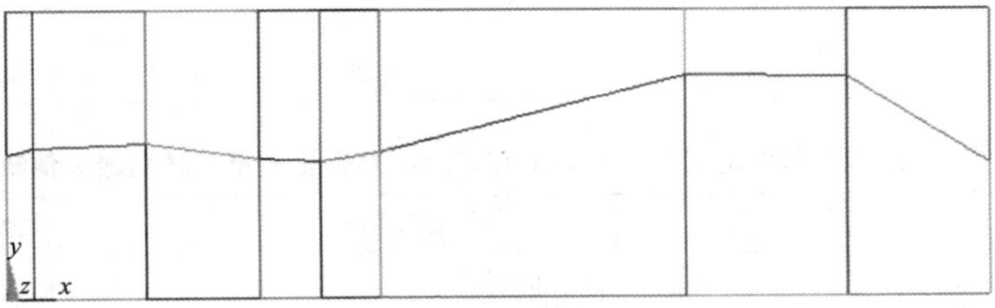


图4-42 隧道纵向分析线框图

考虑到隧道长度较长，模型尺寸较大，本次测点数目为隧道单元数目，即以隧道上每一单元的节点为一个测点，测点沿隧道纵向共有183个。

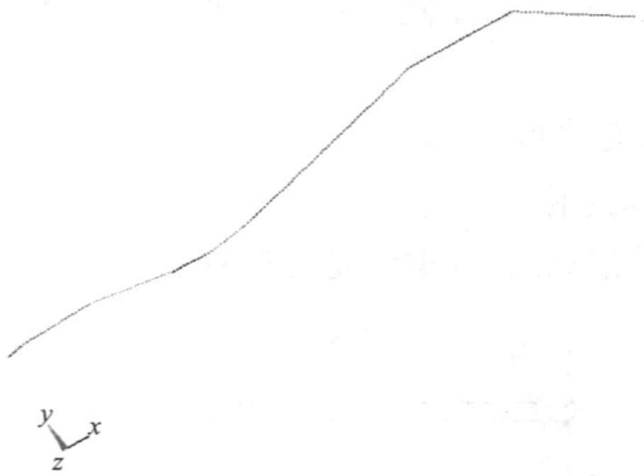


图 4－43　隧道监测点布置示意图

在进行隧道纵向抗震分析时，分别考虑在设防地震和罕遇地震作用下隧道的动力响应情况，而在这两种地震波作用下，又分为隧道空置和填充泡沫混凝土两种工况。各工况见表 4－28。

表 4－28　隧道纵向抗震计算工况表

| 选取位置 | 地震动水平 | 质点振动方向 | 工况编号 |
|---|---|---|---|
| 主河槽段 | PGA＝0.12$g$ | 空置 | ZGK1 |
| 主河槽段 | PGA＝0.12$g$ | 填充泡沫混凝土 | ZGK2 |
| 主河槽段 | PGA＝0.26$g$ | 空置 | ZGK3 |
| 主河槽段 | PGA＝0.26$g$ | 填充泡沫混凝土 | ZGK4 |

2）设防地震作用下计算结果

考虑到实际情况下，地震波为 $x$、$y$、$z$ 三个方向同时作用。根据计算结果，提取了隧道每个单元的内力时程数据，并使用 MATLAB 提取出隧道各单元的内力最大值，内力提取包括 $M_y$ 弯矩、$M_z$ 弯矩、轴力、$Q_y$ 剪力和 $Q_z$ 剪力。

在设防地震作用下，根据隧道空置和填充泡沫混凝土分为 ZGK1 和 ZGK2 两个工况。通过计算得到的隧道内力结果的最大值见表 4－29、表 4－30。

表 4－29　设防地震作用下工况 ZGK1 与工况 ZGK2 隧道纵向分析内力极值统计表

| 工况 | 弯矩 $M_y$ | | 弯矩 $M_z$ | | 轴力 $N$ | | 剪力 $Q_y$ | | 剪力 $Q_z$ | |
|---|---|---|---|---|---|---|---|---|---|---|
| | kN·m | | kN·m | | kN | | kN | | kN | |
| | Max | Min | Max | Min | Max | Min | Max | Min | Max | Min |
| ZGK1 | 169.7 | －197.1 | 871.7 | －863.6 | 3771 | －4540 | 65.72 | －68.36 | 24.05 | －25.27 |
| ZGK2 | 129.7 | －142.1 | 1114 | －888.7 | 2127 | －2841 | 68.51 | －73.01 | 17.66 | －22.46 |

表 4－30　设防地震作用下工况 ZGK1 和 ZGK2 隧道张开量与转角最大值统计表

| 工况 | $M_y$ 弯矩作用下 | | $M_z$ 弯矩作用下 | | 轴力作用下 | |
|---|---|---|---|---|---|---|
| | 张开量 | 转角 | 张开量 | 转角 | 张开量 | 转角 |
| | mm | (°) | mm | (°) | mm | (°) |
| ZGK1 | 16.5 | $5.1\times10^{-3}$ | 16 | $4.9\times10^{-3}$ | 0.062 | — |
| ZGK2 | 7.6 | $2.35\times10^{-3}$ | 12.5 | $4.7\times10^{-3}$ | 0.105 | — |

3)罕遇地震作用下计算结果

因所使用的 BEAM161 单元为三维梁单元，其弯矩和剪力分别有 $y$ 方向和 $x$ 方向两个分量，轴力仅 $z$ 方向一个量值。考虑到实际情况，地震波为 $x$、$y$、$z$ 三个方向同时作用。

在罕遇地震作用下，根据隧道空置和填充泡沫混凝土分为 ZGK3 和 ZGK4 两个工况。通过计算得到的隧道内力结果的最大值见表 4－31、表 4－32。

表 4－31　罕遇地震作用下工况 ZGK3 与工况 ZGK4 隧道纵向分析内力极值统计表

| 工况 | 弯矩 $M_y$ | | 弯矩 $M_z$ | | 轴力 $N$ | | 剪力 $Q_y$ | | 剪力 $Q_z$ | |
|---|---|---|---|---|---|---|---|---|---|---|
| | kN·m | | kN·m | | kN | | kN | | kN | |
| | Max | Min | Max | Min | Max | Min | Max | Min | Max | Min |
| ZGK3 | 443.9 | －410.6 | 1991 | －2340 | 8521 | －8477 | 199.5 | －180 | 49.57 | －53.21 |
| ZGK4 | 307.8 | －258.4 | 2207 | －2741 | 5287 | －5560 | 217.5 | －190 | 42.35 | －44.45 |

表 4－32　罕遇地震作用下工况 ZGK3 与工况 ZGK4 隧道张开量与转角最大值统计表

| 工况 | $M_y$ 弯矩作用下 | | $M_z$ 弯矩作用下 | | 轴力作用下 | |
|---|---|---|---|---|---|---|
| | 张开量 | 转角 | 张开量 | 转角 | 张开量 | 转角 |
| | mm | (°) | mm | (°) | mm | (°) |
| ZGK3 | 23.8 | $7.5\times10^{-3}$ | 39 | 0.012 | 0.063 | — |
| ZGK4 | 10.5 | $3.2\times10^{-3}$ | 33.8 | 0.0101 | 0.14 | — |

4)结论

(1)从隧道弯矩结果来看，隧道在罕遇地震作用下的弯矩远大于隧道在设防地震作用下的弯矩，且隧道的 $M_z$ 方向弯矩远大于 $M_y$ 方向的弯矩，这说明水平方向的地震波对隧道的弯矩影响较大。隧道的最大弯矩位于隧道终止处，且弯矩会由隧道端点处向隧道中间处迅速减小。隧道空置方案下的 $M_y$ 弯矩比隧道填充泡沫混凝土方案的结果大 50% 左右；而隧道空置方案下的 $M_z$ 弯矩比隧道填充泡沫混凝土方案的结果小 10% 左右。

(2)从隧道剪力结果来看，隧道在罕遇地震作用下的剪力远大于隧道在设防地震作用下的弯矩，且隧道的 $y$ 方向弯矩远大于 $z$ 方向的剪力，这说明水平方向的地震波对隧道的剪力影响较大。隧道的最大剪力位于距离隧道终止处一定距离的位置，且剪力会由隧道端点处向隧道中间处迅速减小。隧道空置方案下的竖直方向($z$ 方向)剪力比隧道填充泡沫混凝土方案的结果大 20% 左右；隧道空置方案下的水平方向($y$ 方向)剪力比隧道填充泡沫混凝土方案的结果小 5% 左右。

(3)从隧道轴力结果来看，隧道在罕遇地震作用下的轴力远大于隧道在设防地震作用下的弯矩，隧道所受到的拉力和压力的大小几乎相等，隧道的最大轴力位于距离隧道终止处一定距离的位置，且轴力会由隧道端点处向隧道中间处迅速减小，隧道空置方案下隧道轴向的拉力与压力比隧道填充泡沫混凝土方案的结果大 60% 左右。综合上述结果可知，由于隧道填充泡沫混凝土之后结构整体性更好，所以盾构隧道内选用填充泡沫混凝土的方式对于隧道结构纵断面方向内力与变形的控制更有利。

(4)分析隧道张开量与转角的分布情况，隧道在罕遇地震作用下的结果远大于隧道在设防地震作用下的结果。隧道在 $M_y$ 弯矩、$M_z$ 弯矩和轴力作用下的张开量分布情况基本相同，隧道在 $M_y$ 弯矩、$M_z$ 弯矩作用下的张开量分布情况基本相同，隧道张开量和转角在隧道端部的数值很大，在向中间分布的过程中迅速减小，中间较小且分布平稳。空置方案下，隧道在 $M_y$ 弯矩作用下的最大张开量和最大转角会比填充泡沫混凝土方案的大 130% 左右，隧道在 $M_z$ 弯矩作用下的最大张开量和最大转角会比填充泡沫混凝土方案的大 15% 左右，而隧道在轴力作用下的最大张开量比填充泡沫混凝土方案的小 50% 左右。但隧道在轴力作用下的张开量相对在弯矩作用下的张开量小很多。

对比隧道在填充泡沫混凝土和不填充泡沫混凝土两种方案下张开量和转角的计算结果，发现隧道在填充泡沫混凝土方案下的张开量和转角小于在不填充泡沫混凝土方案下的张开量和转角。

4. 竖井的地震响应特征

1）模型建立与参数的选取

南北岸竖井的建模计算过程基本相似（图 4－44、图 4－45），竖井建模过程中，隧道与竖井的连接处采用柔性连接，地震波从土体底部基岩输入，震动方向为 $x$、$y$、$z$ 三个方向。

隧道采用 C60 混凝土，竖井采用 C40 混凝土。

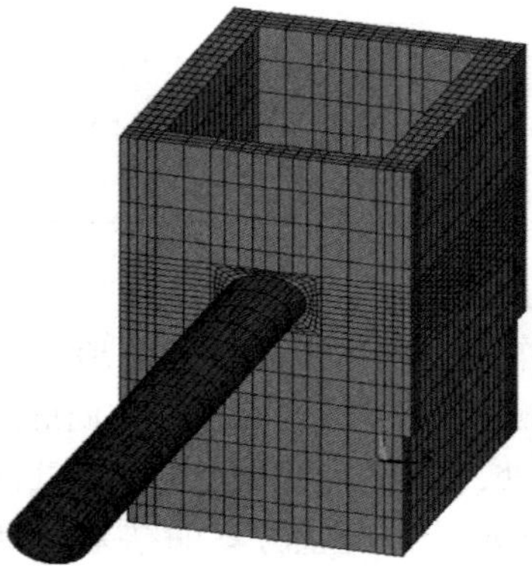

图 4－44　南岸竖井网格图

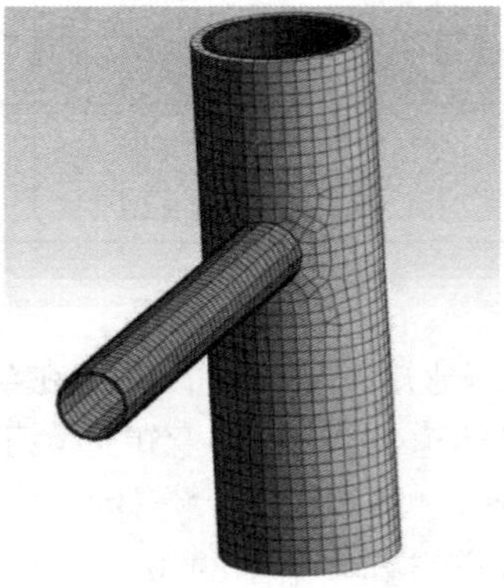

图 4－45　北岸竖井网格图

通过计算得到了竖井分别在设防地震和罕遇地震作用下的结果，本次计算主要提取了隧道、柔性连接以及竖井的位移和应力。

2）南岸竖井设防地震作用下计算结果

（1）位移结果

设防地震作用下，南岸竖井与隧道位移结果见图 4－46～图 4－49。

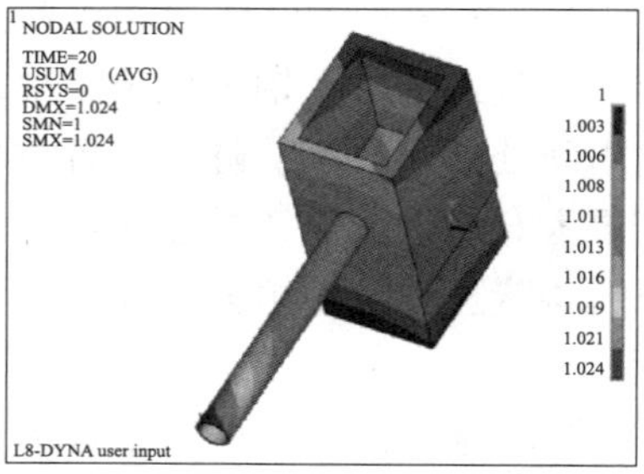


图 4－46　竖井与隧道位移结果云图

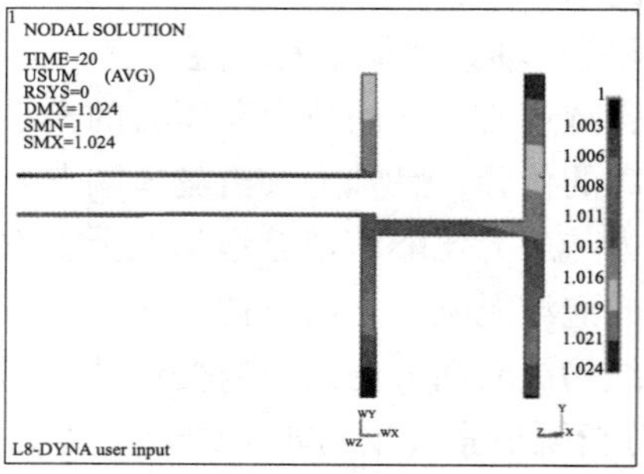


图 4－47　竖井与隧道剖面位移结果云图

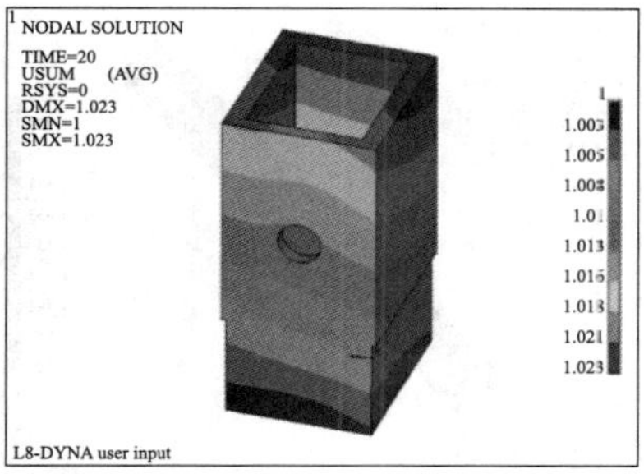


图 4－48　竖井位移结果云图

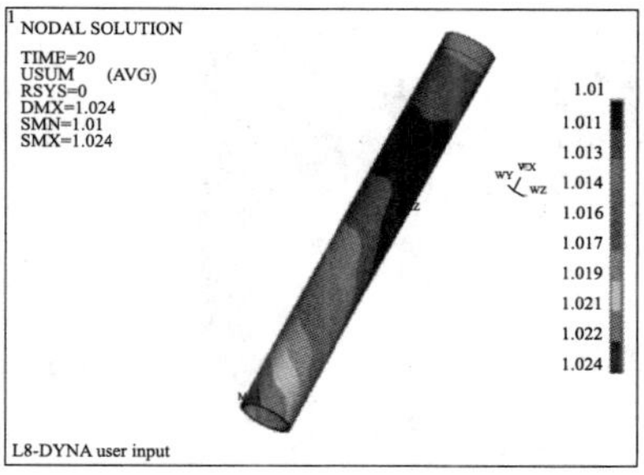


图 4－49　隧道位移结果云图

(2)应力结果

设防地震作用下，南岸竖井与隧道应力结果见图 4－50～图 4－53。

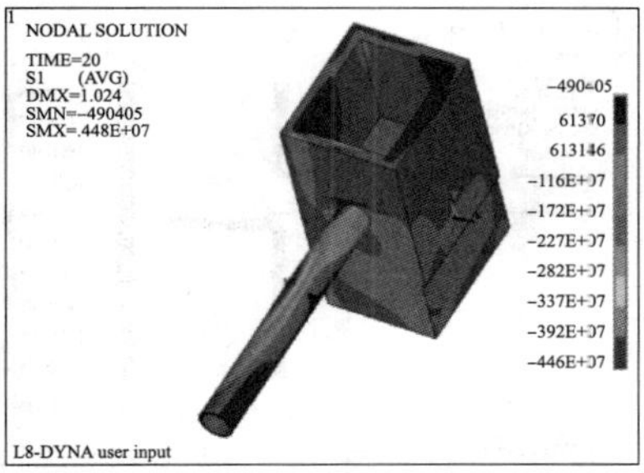


图 4－50　竖井与隧道应力结果云图

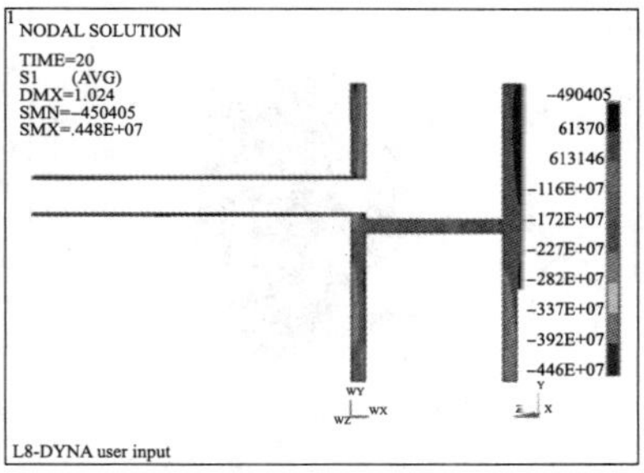


图 4－51　竖井与隧道剖面应力结果云图

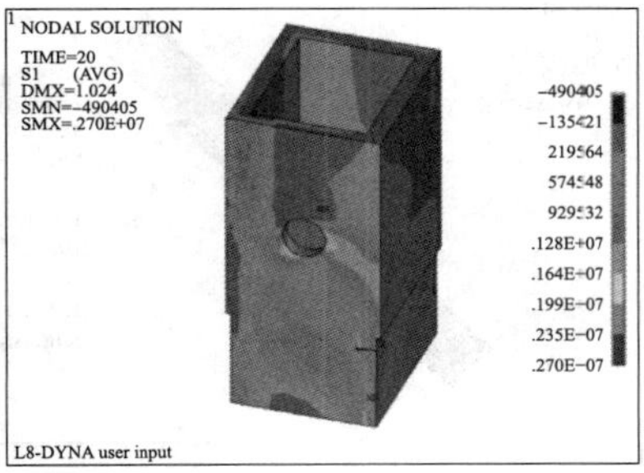


图 4－52　竖井应力结果云图

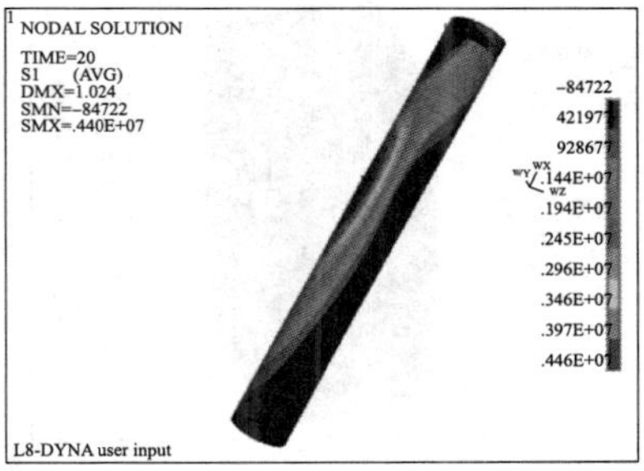


图 4－53　隧道应力结果云图

3)南岸竖井罕遇地震作用下计算结果

(1)位移结果

罕遇地震作用下，南岸竖井与隧道位移结果见图 4－54～图 4－57。

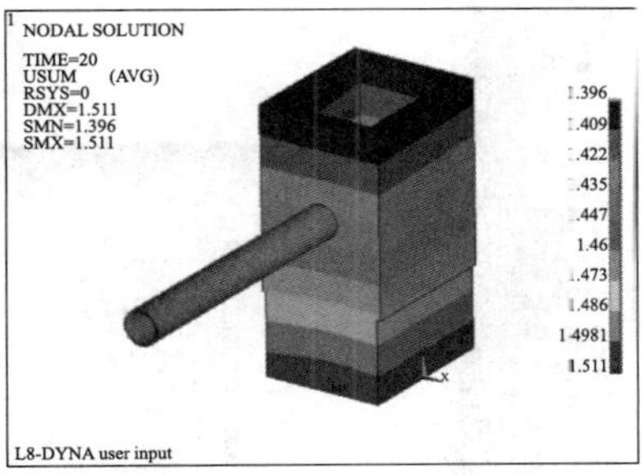


图 4－54　竖井与隧道位移结果云图

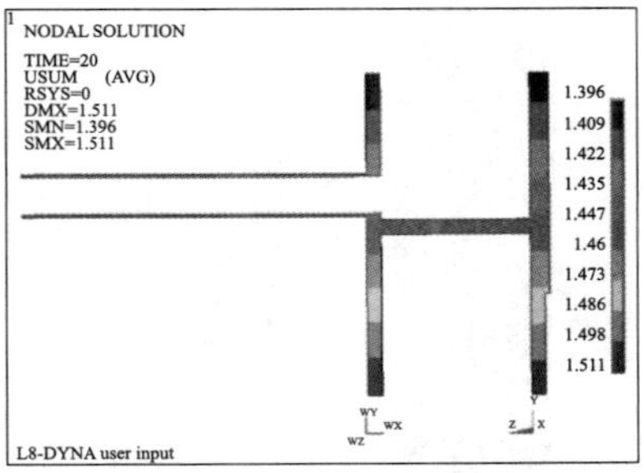


图 4－55　竖井与隧道剖面位移结果云图

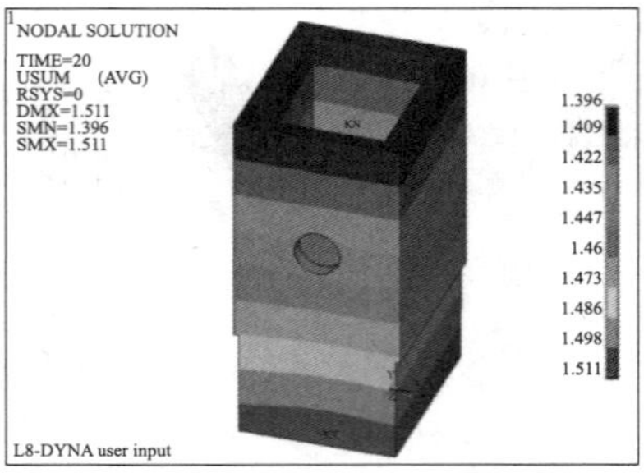


图 4 -56　竖井位移结果云图

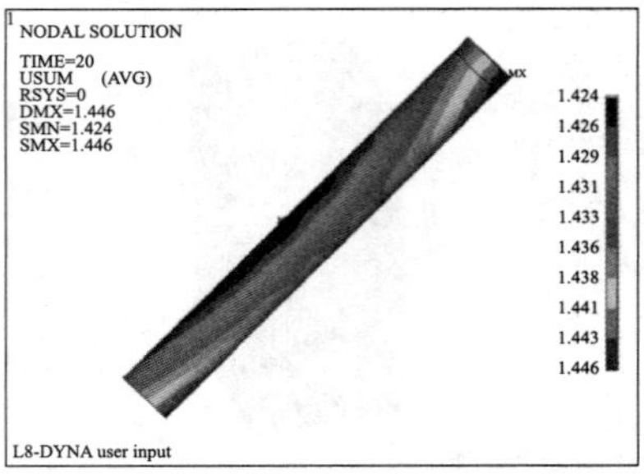


图 4 -57　隧道位移结果云图

(2)应力结果

罕遇地震作用下，南岸竖井与隧道应力结果见图 4 -58 ~ 图 4 -61。

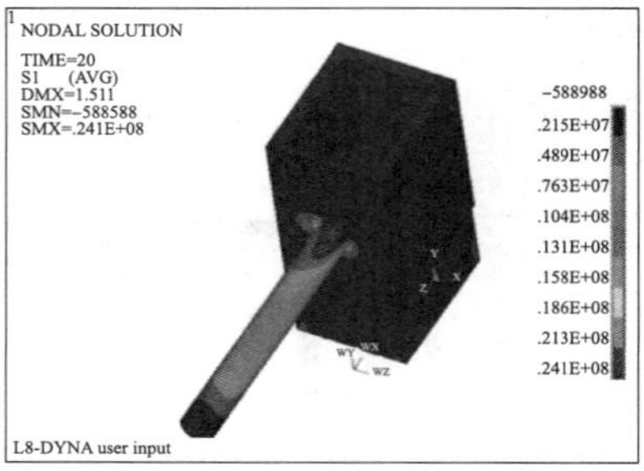


图 4 -58　竖井与隧道应力结果云图

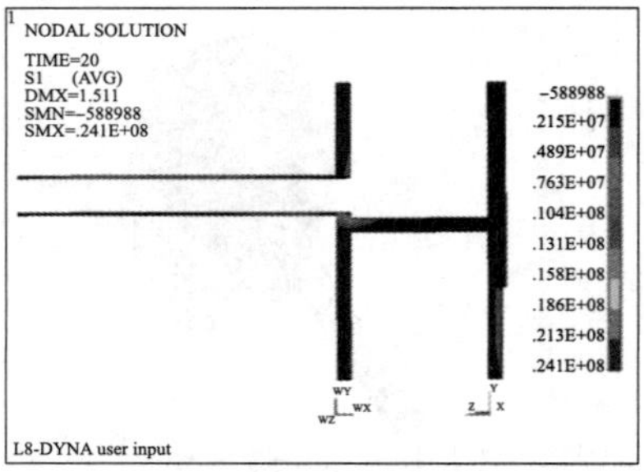


图 4 -59　竖井与隧道剖面应力结果云图

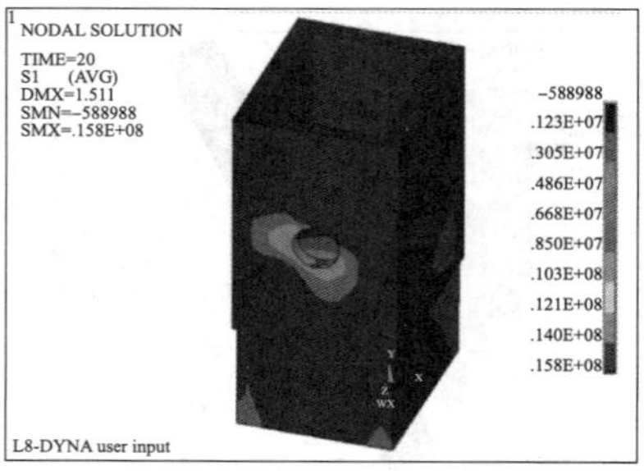


图 4 -60　竖井应力结果云图

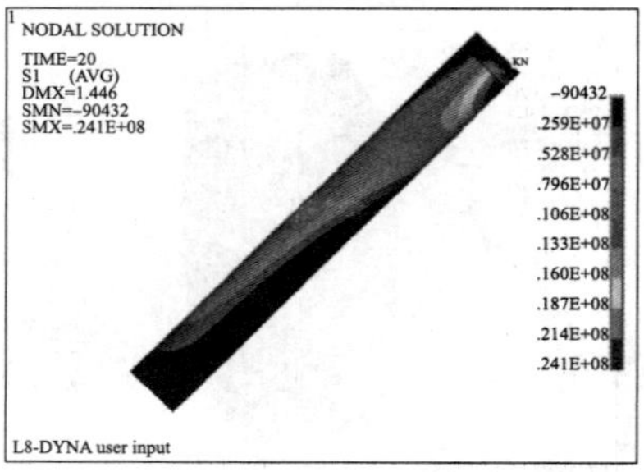


图 4 -61　隧道应力结果云图

4)北岸竖井设防地震作用下计算结果

(1)位移结果

设防地震作用下，北岸竖井与隧道位移结果见图 4 -62 ~ 图 4 -65。

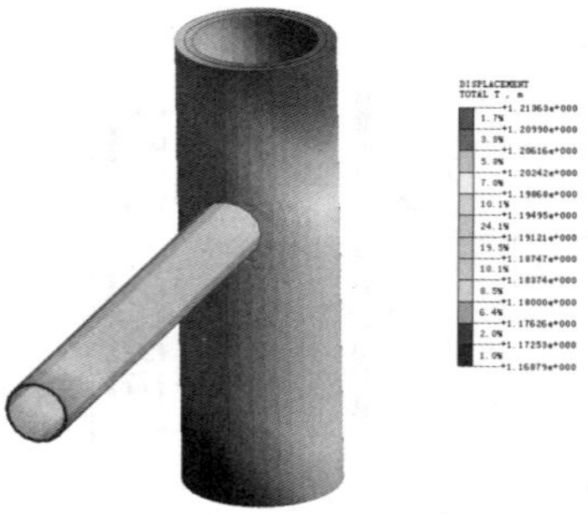

图 4 -62　竖井与隧道位移结果云图

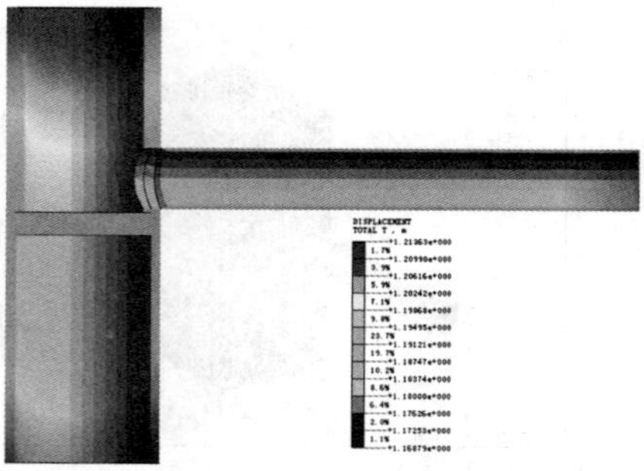

图 4 -63　竖井与隧道剖面位移结果云图

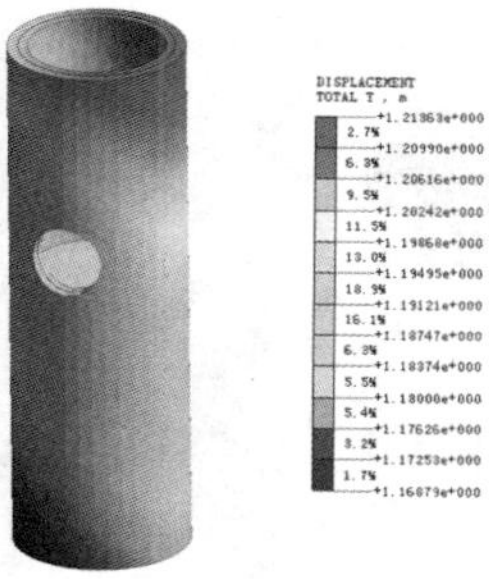

图 4 - 64　竖井位移结果云图

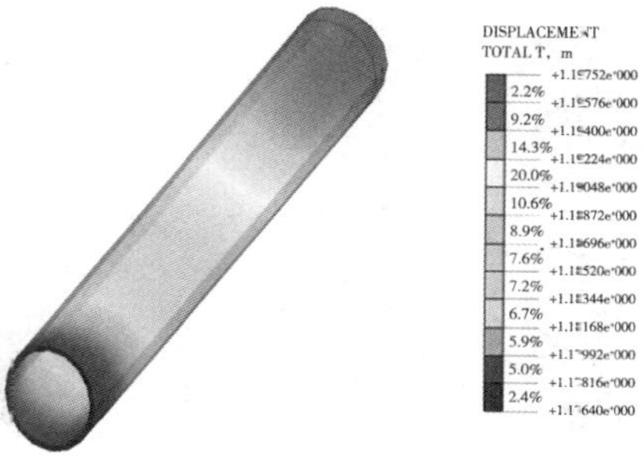

图 4 - 65　隧道位移结果云图

(2)应力结果

设防地震作用下，北岸竖井与隧道应力结果见图 4 - 66 ~ 图 4 - 69。

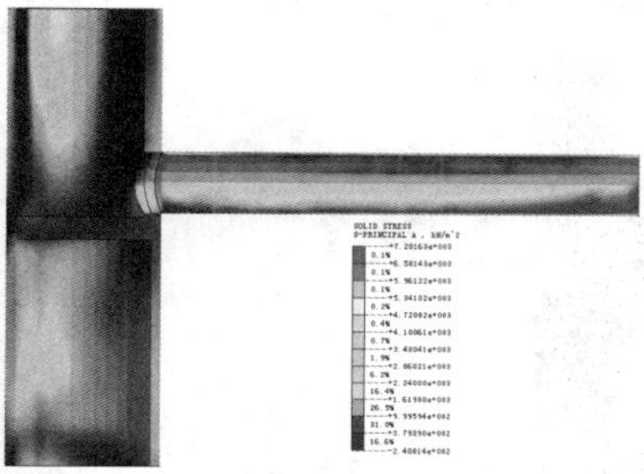

图 4 - 66　竖井与隧道应力结果云图

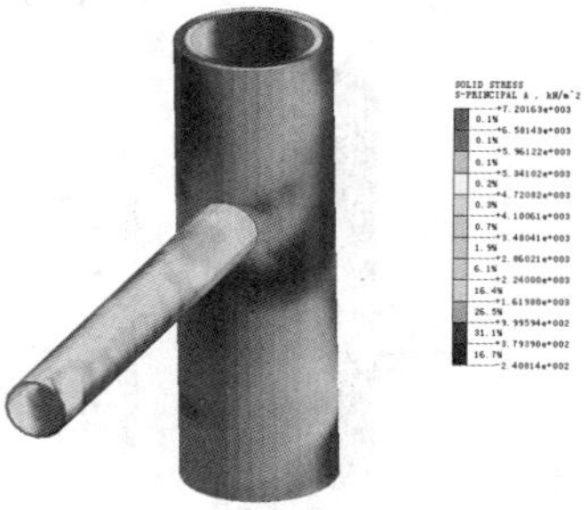

图 4 - 67　竖井与隧道剖面应力结果云图

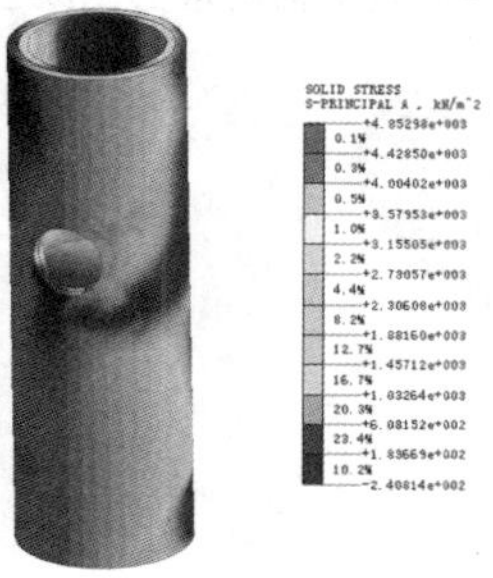

图 4 - 68　竖井应力结果云图

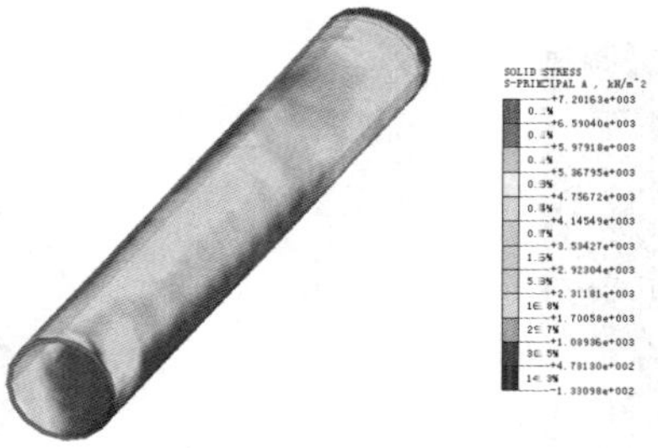

图 4 - 69　隧道应力结果云图

5)北岸竖井罕遇地震作用下计算结果

(1)位移结果

罕遇地震作用下，北岸竖井与隧道位移结果见图 4 - 70 ~ 图 4 - 73。

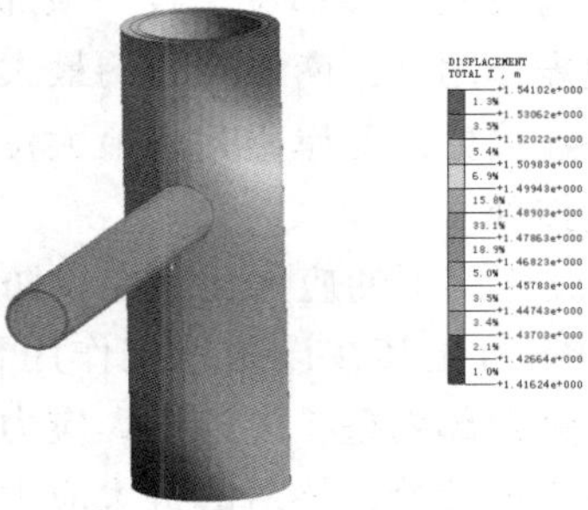

图 4 - 70　竖井与隧道位移结果云图

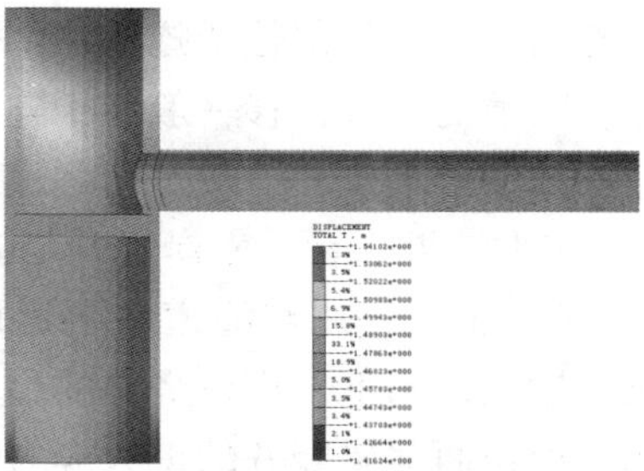

图 4 - 71　竖井与隧道剖面位移结果云图

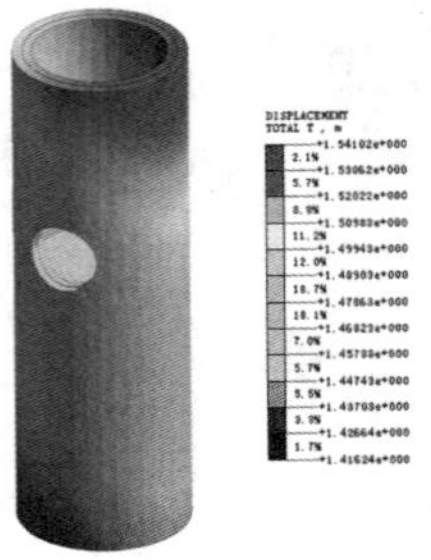

图 4－72　竖井位移结果云图

图 4－73　隧道位移结果云图

(2)应力结果

罕遇地震作用下，北岸竖井与隧道应力结果见图 4－74～图 4－77。

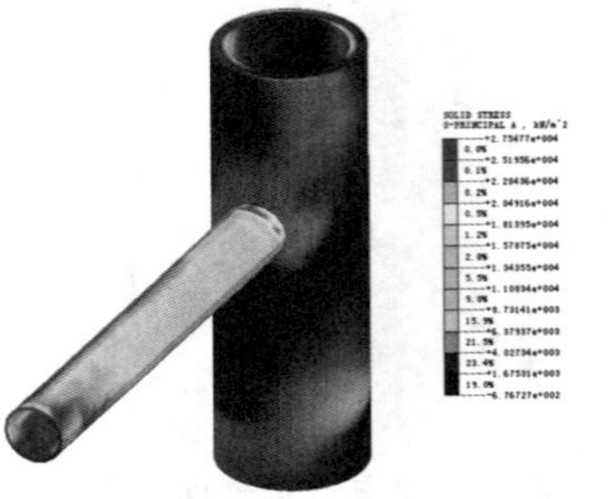

图 4－74　竖井与隧道应力结果云图

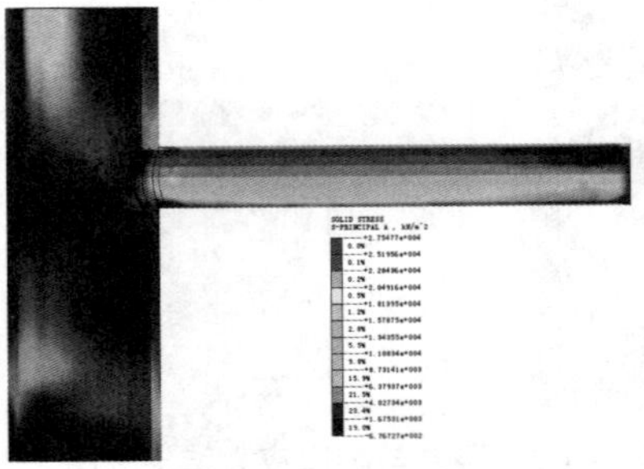

图 4－75　竖井与隧道剖面应力结果云图

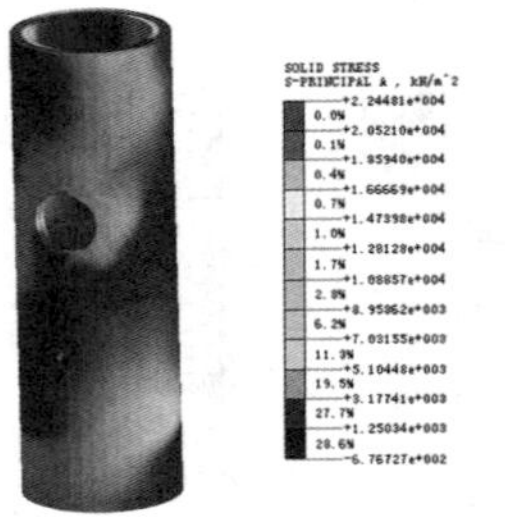

图 4－76　竖井应力结果云图

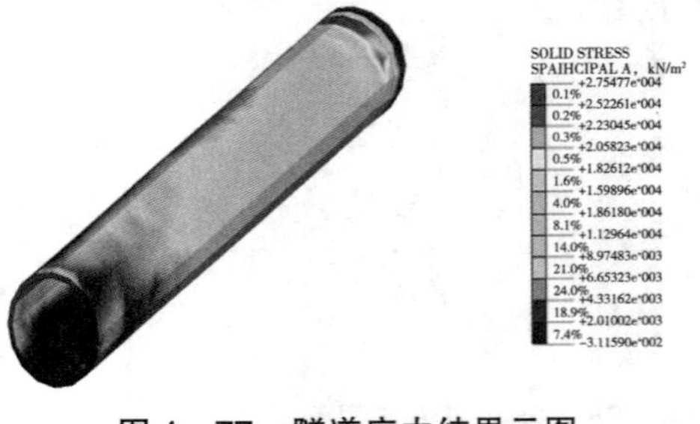


图 4－77　隧道应力结果云图

6)结论

(1)从位移结果来看，竖井和隧道在罕遇地震作用下的位移比其在设防地震作用下大 20% 左右。在设防地震作用下，南岸竖井与北岸竖井的最大位移都位于竖井顶部，而南岸与北岸隧道的最大位移都位于隧道顶部；而在罕遇地震作用下，南岸竖井的最大位移位于竖井顶部，隧道的最大位移一般位于隧道顶部与竖井连接处，北岸竖井的最大位移位于竖井底部，隧道的最大位移一般位于隧道底部与竖井连接处。

(2)从应力结果来看，南岸竖井与隧道在罕遇地震作用下的应力比其在设防地震作用下大 3～4 倍，北岸竖井与隧道在罕遇地震作用下的应力比其在设防地震作用下大 4～5 倍。在设防地震作用下，南岸竖井的最大应力位于竖井顶部内壁，隧道最大应力位于隧道的前端部顶面；而北岸竖井的最大应力位于竖井与隧道连接处，隧道的最大应力位于隧道中部的顶面。罕遇地震作用下的南岸与北岸竖井和隧道最大应力的分布位置基本上相同，竖井与隧道的最大应力基本上都位于竖井与隧道的连接处。

### 三、研究成果在工程设计中的应用

本专项研究采用资料调研和数值模拟等手段，对盾构隧道所在地层，以及盾构隧道横断面、纵向和竖井的地震响应特征进行研究，形成的研究成果对管片配筋、螺栓型号的选取、管片接缝张开量的制订、隧道与竖井的连接以及隧道运营方案提供有力的技术支撑，具体应用情况如下。

(1) 对管片配筋及螺栓强度进行验证

在设防地震和罕遇地震工况下，采用反应位移法和时程分析法对隧道内力和变形、螺栓的内力及变形进行分析计算，计算结果表明管片的配筋及螺栓的强度能够满足抗震要求。

(2) 确定了管片接缝张开量

设计提出的管片接缝张开量不超过 6mm，错台量不超过 15mm，除了考虑施工偏差造成管片的错台外，还需基于设防地震和罕遇地震工况下管片接缝张开量来确定。

(3) 提出的基于本工程的抗震措施

为了解决抗震工况下，竖井与隧道连接处应力和变形大的问题，设计采用了抗震专题中提出的对隧道与竖井连接处进行三轴搅拌桩加固的方案。

### 四、关键技术及创新点

(1) 在设防地震作用下和罕遇地震作用下，考虑隧道内是否填充泡沫混凝土对管片衬砌结构受力和变形的影响，并给出优化方案建议，对盾构隧道横断面方向的动力响应规律进行总结。

(2) 在对盾构隧道横断面方向的动力响应规律进行研究时，除考虑了动力荷载作用下隧道结构的内力和变形，还应了考虑静力荷载作用下结构的内力和变形，并将动荷载和静荷载的结果进行叠加，全面考察隧道横向的动力响应。

## 第七节　长江盾构穿越工程泡沫混凝土填充专题

### 一、隧道填充的必要性

本工程盾构隧道长度达 10.23km，隧道内敷设 3 根 $D$1422 大口径输气管道。由于隧道长度达到 10.23km，输气管道管径大，隧道内不具备设置管道补偿条件，通常只能在两岸竖井进行管道补偿。通过对管道进行应力分析，如果采用常规的空置或充水运营方案，管道应力对输送温度敏感性较大，并且竖井处管道轴向位移较大，不利于输气管道长期运营本质安全。通过借鉴国外的隧道运营经验，本项目采用了隧道内泡沫混凝土填充方案，即隧道内部分填充泡沫混凝土，泡沫混凝土覆盖输气管道管顶不少于 0.5m，见图 4-78。充填的泡沫混凝土对输气管道的约束作用，不仅大大降低了管道应力对天然气输送温度的敏感性，也减小了竖井处管道轴向位移，从而满足设计及规范要求。

泡沫混凝土对管道约束的传力路径如下：管道轴向力传给周围泡沫混凝土，再由泡沫混凝土传给隧道管片。隧道混凝土管片由周边土层进行约束。

泡沫混凝土在建筑工程、路基工程中应用较多，通常作为建筑保温隔热材料、回填材料。但国内在输气管道超长盾构隧道中还未有应用实例，为实现预期的泡沫混凝土对输气管道的约束作用，有必要对泡沫混凝土与管道、混凝土管片的黏结性能进行试验研究，确定泡沫混凝土与管道、隧道管片的黏结强度指标，从而保证泡沫混凝土可实现对输气管道的预期约束作用。

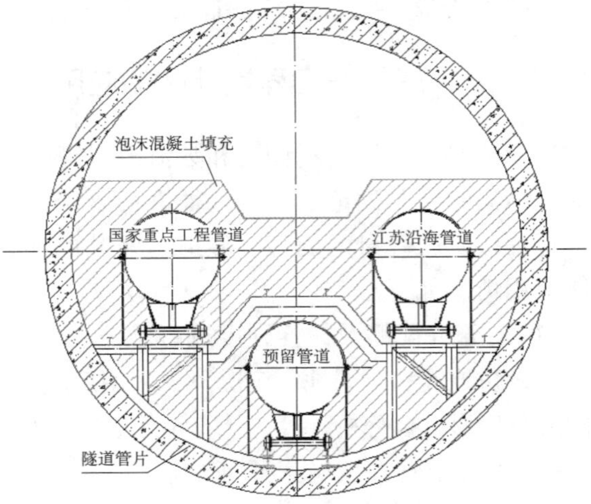

图 4－78　隧道横断面

## 二、泡沫混凝土工艺

1. 泡沫混凝土的特点

《泡沫混凝土应用技术规程》(JGJ/T 341—2014)将泡沫混凝土定义为：以水泥为主要胶凝材料，并在骨料、外加剂和水等组分共同制成的料浆中引入气泡，经混合搅拌、浇筑成型、养护而成的具有闭孔结构的轻质多孔混凝土。

泡沫混凝土的体积密度为 100 ~ 1600kg/$m^3$，导热系数通常为 0.05 ~ 0.46W/(m · K)，抗压强度为 0.2 ~ 30MPa。

近年来泡沫混凝土得到飞速发展，成为广泛应用的材料，主要是泡沫混凝土具有许多优异的性能和优点。

(1)泡沫混凝土的生产工艺比较简单，通常不采用蒸压养护。

(2)泡沫混凝土的体积密度小。泡沫混凝土的体积密度为 100 ~ 1600kg/$m^3$，相当于普通混凝土的 2/3 ~ 1/20 左右，根据需求可以提供不同的密度。采用泡沫混凝土的墙体和屋面大大减轻了建筑物的自重，与此同时，建筑物的基础、梁、柱等结构的尺寸减少，节约了建筑材料和工程费用。

(3)泡沫混凝土的热工性能好。泡沫混凝土内部还有大量的密闭气泡和微孔(图 4－79)，因此具有很好的绝热性能，其导热系数也比较低。实践证明，在中国北方地区，用 200mm 厚的泡沫混凝土外墙，其保温效果优于 490mm 厚的黏土砖墙。

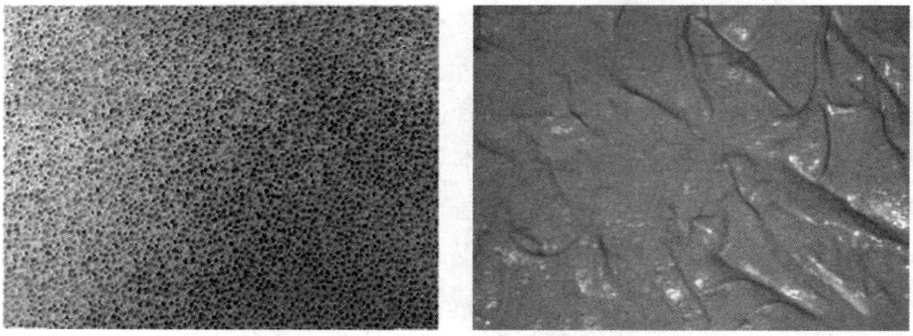
图 4－79　泡沫混凝土的内部气孔

(4)泡沫混凝土的抗震性能好。通常地基荷载越小，其结构的抗震性就越强。泡沫混凝土墙体重量轻，与传统建筑材料相比，建筑物自重可减轻 1/3 ~ 2/5。

(5)泡沫混凝土具有较好的减少噪声污染作用。泡沫混凝土具有良好的气孔结构，在建筑物中能起到良好的隔声作用，如隔墙板等。

(6)超轻泡沫混凝土可工业化生产干体积密度 100kg/m$^3$的制品，这是加气混凝土生产工艺无法实现的。在模具方面，传统的加气混凝土采用大型钢模整体浇注，而泡沫混凝土除大型钢模外，还可以采用各种材料制成的小型模具、组合模具等。

(7)泡沫混凝土具有质轻、密度和强度可调节性、防火阻燃、施工快捷、良好的施工性和可泵性等特性。泡沫混凝土的自流平特点，适于岩溶空洞、基坑肥槽的充填。

2. 泡沫混凝土技术原理

泡沫混凝土在发泡形成气孔结构的技术上，有它自己明显的技术特征。最明显的技术特征有两个：发泡方法多样和免蒸压。

(1)发泡方法

发泡方法分为物理发泡和化学发泡。物理发泡是先用发泡机将发泡剂制成泡沫，再将泡沫用机械搅拌的方法，混入预先制好的水泥净浆或砂浆中。整个工艺过程完全是物理过程，靠机械力产生泡沫并在水泥浆中形成气孔，它的造孔手段是物理方法，这是它在工艺上的明显特征。

化学发泡大多采用过氧化氢为发泡剂，先制备水泥净浆，并在净浆中事先加入一定量的 $MnO_2$或 $KMnO_4$等作为催化剂，然后再将发泡剂加入水泥净浆中，通过过氧化氢与催化剂在一定温度下反应生成氧气而形成气泡，气泡固定在水泥净浆中从而形成气孔。

(2)免蒸压

泡沫混凝土一般不采用蒸压养护，泡沫混凝土生产的都是模制品(如砌墙、墙板)或采用现场浇筑施工，所以一般是无法蒸压养护的。它采用最多的养护工艺是自然养护，少数模制品也有采用蒸汽养护的，而采用蒸压养护的极少。

3. 泡沫混凝土生产工艺过程

根据原材料的品种和质量、产品的不同用途和品质要求、主要设备的工艺特性、各地的不同生产条件等，泡沫混凝土可以采用各种不同的生产工艺。但是在一般情况下，它的生产工艺过程应该是大体相近的。

按照发泡方法分为物理发泡生产工艺和化学发泡工艺两种，见图 4 - 80、图 4 - 81。

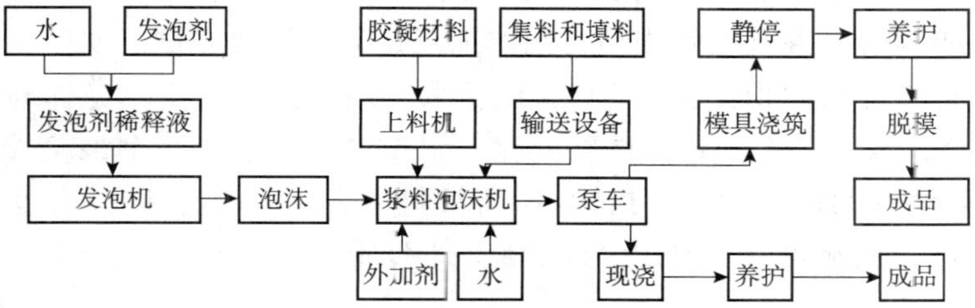


图 4 - 80　物理发泡生产泡沫混凝土工艺流程图

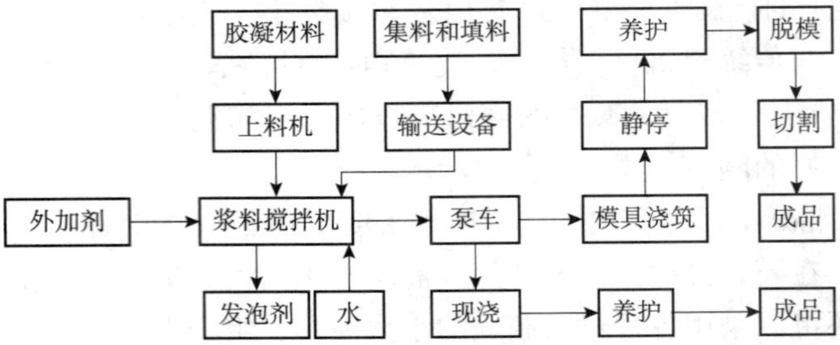


图 4－81　化学发泡生产泡沫混凝土工艺流程图

## 三、泡沫混凝土性能要求

泡沫混凝土具有质量轻、密度和强度可调节性、防火阻燃、施工快捷、良好的施工性和可泵性等特点，成型后具有自立性强、耐久性高、施工速度快等特点，适合作为隧道内填充材料。考虑到管道约束效果，运营期隧道的抗浮、可抢修性，以及泡沫混凝土的施工性能，其性能要求如下：

(1)混凝土密度：密度等级应 > A11，即干密度标准值为 1100kg/m$^3$；

(2)混凝土强度：凝固后混凝土标号达到 FC2，即抗压强度达到 2MPa 以上；

(3)填充率：保证混凝土能覆盖整个管道顶部至少 0.5m；

(4)流动性：施工灌注过程中流动度应 > 170mm；

(5)输气管道防腐层/泡沫混凝土、泡沫混凝土/混凝土管片之间的剪切强度不小于 0.1MPa；

(6)泡沫混凝土不应呈酸性。

## 四、泡沫混凝土与钢质管道及管片力学性能试验

根据泡沫混凝土物理性能要求和《泡沫混凝土应用技术规程》(JGJ/T 341—2014)，设计了泡沫混凝土配合比。试验目的主要包括：获得泡沫混凝土立方体的抗压强度、密度，泡沫混凝土分别与 3LPE 防腐管和混凝土外套管的抗剪切性能指标，以及剪切破坏后管道防腐涂层的受损情况。

1. 试验内容

采用缩尺试验，根据泡沫混凝土填充体与隧道管片的面积比相似的原则，结合实际可采购的成品防腐管、混凝土管规格，制作缩尺试验管进行测试。实际工程中泡沫混凝土填充体与隧道管片的面积比为 0.543，试验采用的泡沫混凝土填充体与混凝土套管的面积比为 0.545，两者基本一致。试验内容 1 制作泡沫混凝土 6 个试验件，测试泡沫混凝土与 3LPE 防腐管的抗剪切性能指标(所需材料见表 4－33)；试验内容 2 制作泡沫混凝土 6 个试验件，测试泡沫混凝土与混凝土外套管的抗剪切性能指标(所需材料见表 4－34)。

表 4－33　试验内容 1 所需材料表

| 序号 | 材料 | 规格 | 数量 | 备注 |
|---|---|---|---|---|
| 1 | 带防腐层 3LPE 管 | $\phi$323.9×12.7mm×12200mm | 1 | |
| 2 | 泡沫混凝土 | 密度 1100kg/m³ | 0.15m³×6 | |
| 3 | 铁皮 | 2100mm×550mm×0.7mm | 24 | 作为泡沫混凝土试件模具 |
| 4 | 支撑环 | 内径 332mm，外径 412mm，深度 50mm | 1 | 剪切试验月 |
| 5 | 木板 | 750mm×750mm×18mm | 1 | |

表 4－34　试验内容 2 所需材料表

| 序号 | 材料 | 规格 | 数量 | 备注 |
|---|---|---|---|---|
| 1 | 带防腐层 3LPE 管 | $\phi$323.9×12.7mm×12200mm | 1 | |
| 2 | 泡沫混凝土 | 密度 1100kg/m³ | 0.15m³×6 | |
| 3 | 混凝土管 | *DN*600×2000mm，厚度 60mm，C60 | 2 | |
| 4 | 支撑环 | 内径 610mm，外径 690mm，深度 50mm | 1 | 剪切试验用 |

2. 试件制作

制作 1 根长 12.2m、规格为 $\phi$323.9mm 的 3LPE 钢管，切割为 0.55m 长的试验管。要求切口平直，端面与混凝土管轴线垂直，多余的备用。

将 *DN*600×2000mm、厚度 60mm、C60 等级混凝土管切割为 0.55m 长的短节。要求切口平直，端面与混凝土管轴线垂直，多余的备用。

试验内容 1 试件详细制作步骤如下：

①在平滑的地面上铺设一张木板；

②在木板上铺设一层塑料膜；

③将长度 0.55m、规格为 $\phi$323.9mm 的 3LPE 钢管垂直放置在塑料膜上；

④将 2100mm×550mm×0.7mm 铁皮卷成直径 600mm 的圆筒，用点焊的方式固定，然后将圆筒套在步骤 3 的钢管上，圆筒的制作要保证端面与轴线垂直；

⑤在底部位置加装固定块，确保圆筒与钢管同心；

⑥在钢管与圆筒之间使用泡沫混凝土填充满，填充完毕后削平顶部、覆盖养护膜进行养护，在填充过程中注意保持圆筒与钢管同心；

⑦重复步骤①～⑥，制作 9 个试验件备用；

⑧将每个试验件按图 4－82 进行切割。

试验内容 2 试件制作方法与上述试验内容 1 类似，不再详述，试验模型见图 4－83。

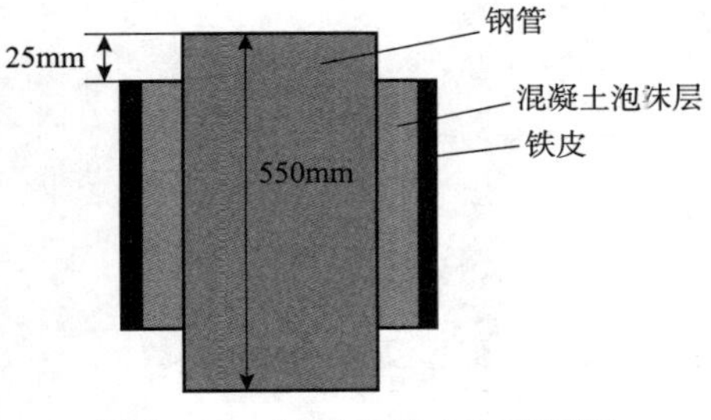

图 4－82　试验内容 1 加载模型

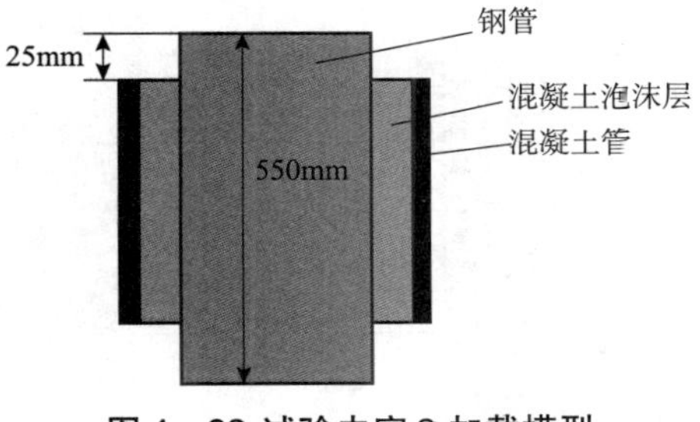

图 4－83 试验内容 2 加载模型

试件制作完成后，泡沫混凝土按相关规范要求进行养护，并达到28d的强度要求后，方可进行加载试验。

3. 试验步骤

(1)试验在试验机或试验台架上进行，试样按规定放置，向钢管端施加轴向力。

(2)试验机加载速度为5mm/min，直至试样破坏。记录最大轴向力并计算出轴向剪切强度。

(3)采用液压千斤顶加载时，荷载自100kN起采用分级加载，每级50kN，且应在30s内完成加荷，然后载荷保持3min，记录每级加载后最终的稳定荷载值，直至试样破坏为止。

先测试1根测试内容1的试验件，测试完毕后将铁皮、泡沫混凝土层沿轴线方向切割开并取下，观察防腐层破坏情况，并对其进行25kV漏点检测。如未检测出漏点，继续测试其他试验件。如防腐层破坏严重并检测出漏点，加倍制作试验件，采用二分法测试出管道防腐层保持完好状态时，管道防腐层能承受的临界力。

再测试测试内容2的试验件。测试完毕后将混凝土管、泡沫混凝土层沿轴线方向切割开并取下，观察泡沫混凝土、混凝土管破坏情况。

4. 试验结果

1)泡沫混凝土/3LPE防腐管剪切强度

采用数显压力试验机，对试件进行轴向加载，加载速率5mm/min，获得试件轴向加载时的力-位移曲线见图4-84～图4-86。经统计分析，泡沫混凝土/3LPE防腐管之间的剪切强度平均值为0.245MPa。加载后对试件进行目视检查，发现3LPE涂层无损伤，25kV检漏无漏点。详细试验记录见表4-35，加载试验试件及试件发生滑移见图4-87、图4-88。

表4-35　泡沫混凝土/3LPE防腐管剪切强度试验记录

| 编号 | 长度 $L$/mm | 直径 $d$/mm | 最大剪切力/kN | 抗剪切强度/MPa | 涂层检查 |
|---|---|---|---|---|---|
| 1# | 400 | 330 | 74.28 | 0.180 | 3LPE涂层目测无损伤，25kV检漏无漏点 |
| 2# | 400 | 330 | 106.64 | 0.258 | 3LPE涂层目测无损伤，25kV检漏无漏点 |
| 3# | 399 | 330 | 122.47 | 0.297 | 3LPE涂层目测无损伤，25kV检漏无漏点 |

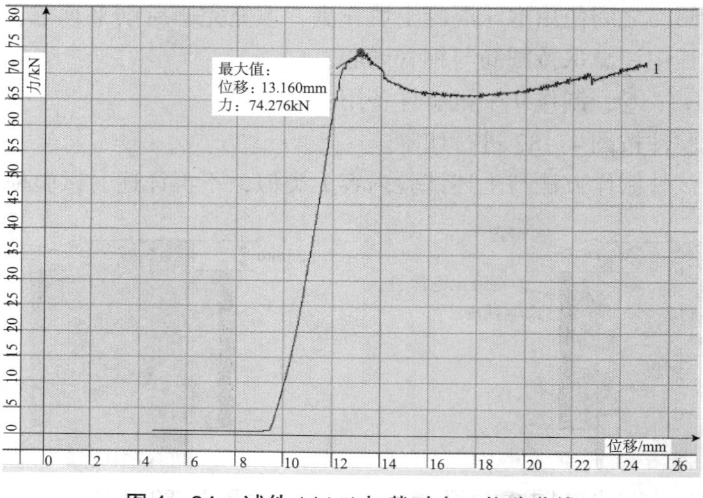


图4-84　试件1(1#)加载时力-位移曲线

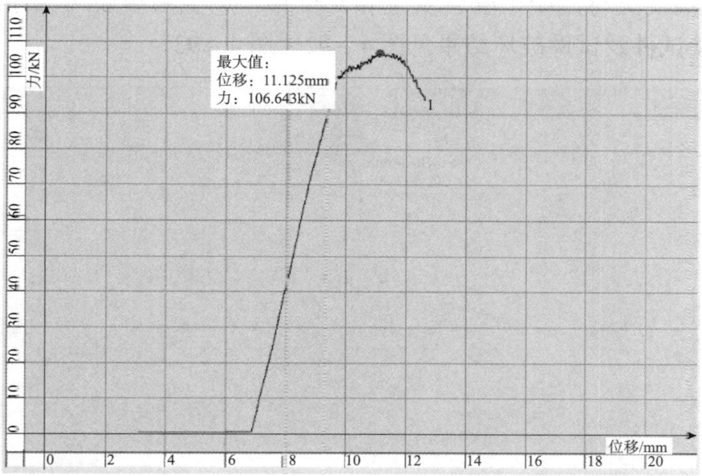


图 4－85　试件 2(2#) 加载时力－位移曲线

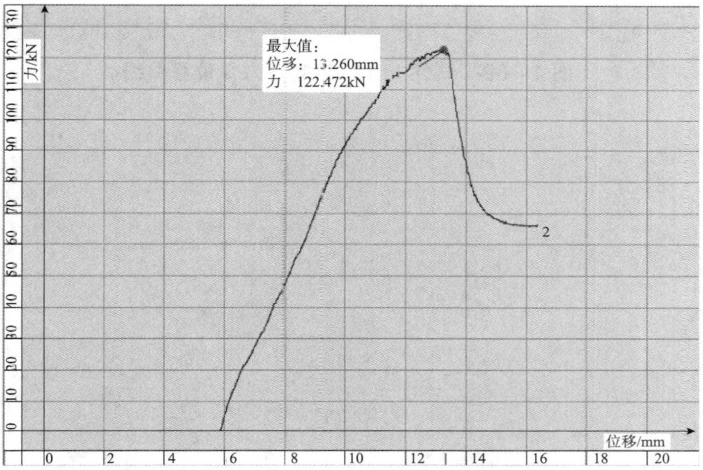


图 4－86　试件 2(3#) 加载时力－位移曲线

图 4－87　剪切试验

图 4－88　防腐管发生滑移

2) 混凝土套管/泡沫混凝土剪切强度

试验过程同 1)，获得试件轴向加载时的力－位移曲线见图 4－89～图 4－91。经统计分析，泡沫混凝土/混凝土套管之间剪切强度平均值为 0.251MPa。加载后对试件进行目视检查，发现泡沫混凝土与混凝土套管发生相对位移，产生黏结破坏。详细试验记录见表4－36，加载试验试件及试件破坏结果见图4－92～图4－93。

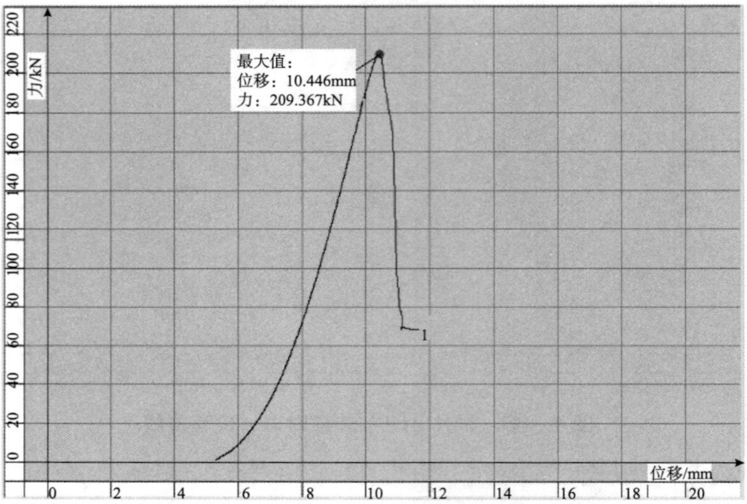


图4－89　试件1(1#)加载时力－位移曲线

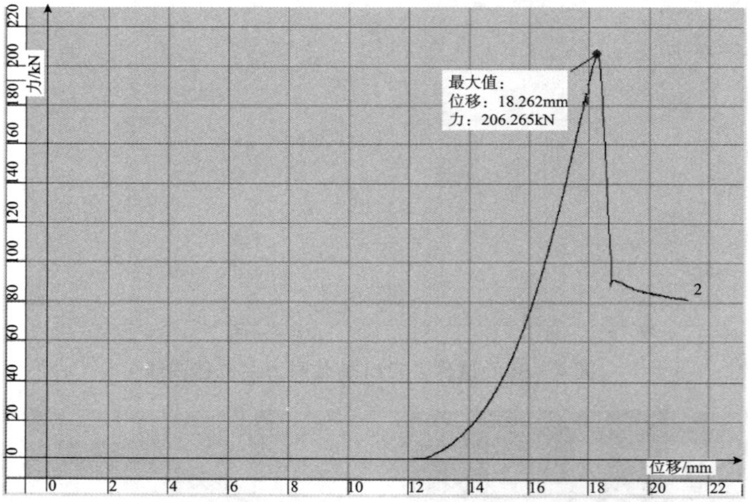


图4－90　试件2(2#)加载时力－位移曲线

表4－36　混凝土套管/泡沫混凝土剪切强度试验记录

| 编号 | 长度 $L$/mm | 直径 $d$/mm | 夹具自重/kg | 最大剪切力/kN | 抗剪切强度/MPa | 涂层破坏情况 |
|---|---|---|---|---|---|---|
| 1# | 499 | 510 | 174 | 209.37 | 0.264 | 混凝土套管开裂 |
| 2# | 495 | 510 | 174 | 206.27 | 0.262 | 混凝土套管开裂 |
| 3# | 444 | 510 | 174 | 159.11 | 0.227 | 混凝土套管开裂 |

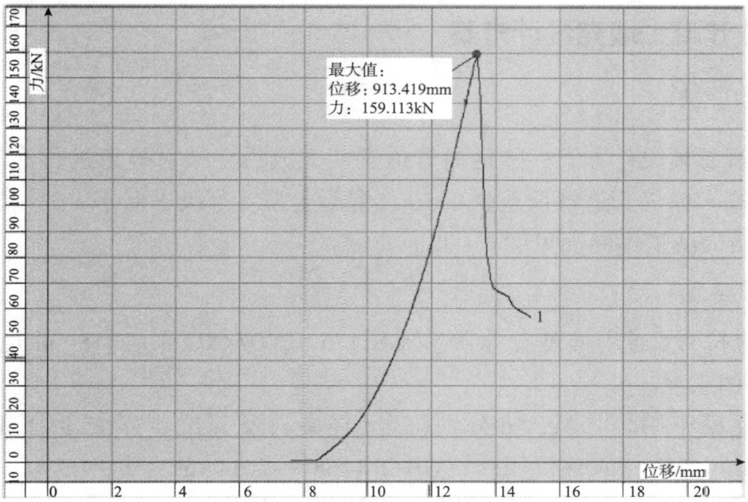


图 4－91　试件 2(3#)加载时力－位移曲线

图 4－92　剪切试验

图 4－93　混凝土套管轴向开裂

图 4－94　混凝土套管发生贯穿性裂纹

5. 小结

(1)泡沫混凝土/3LPE 防腐管剪切强度平均值为 0.245MPa，混凝土套管/泡沫混凝土之间剪切强度平均值为 0.251MPa。

(2)结合管道应力分析结果，为有效约束管道轴向位移，泡沫混凝土/3LPE 防腐管剪切强度、混凝土套管/泡沫混凝土之间剪切强度大于 0.1MPa 即可满足要求。通过上述试验，验证了采用填充泡沫混凝土来约束管道轴向位移是合理可行的，实现了预期目的，也可为以后的隧道内管道设计提供借鉴。

## 五、泡沫混凝土填充设计方案

1. 隧道填充方案

根据本工程总体设计方案，隧道内管道安装完成后，拟对隧道进行泡沫混凝土填充，泡沫混凝土应高于输气管道管顶至少0.5m，混凝土强度等级不低于FC2(抗压强度不低于2MPa)。填充后的隧道横断面见图4－79。

2. 原材料要求

(1)水泥应符合《通用硅酸盐水泥》(GB 175—2007/XG 3—2018)的规定，建议选用42.5级及以上的水泥。

(2)泡沫混凝土用轻骨料、砂分别符合《轻集料及其试验方法 第1部分：轻集料》(GB/T 17431.1—2010)和《建设用砂》(GB/T 14684—2011)的规定。

(3)泡沫混凝土配制中可采用粉煤灰、矿渣粉、硅灰等掺合料。

(4)泡沫混凝土用粉煤灰等级不宜低于Ⅱ级，矿渣粉等级不宜低于S95级。

(5)泡沫混凝土用外加剂应符合《混凝土外加剂》(GB 8076—2008)的规定。

(6)泡沫混凝土泡沫剂应满足发泡要求，发泡后的泡沫混凝土性能应符合《泡沫混凝土》(JG/T 266—2011)的规定。

(7)泡沫混凝土选用物理发泡方式，泡沫剂应选用专用泡沫剂，所制得泡沫应具有良好的稳定性，且气泡独立，硬化后的泡沫混凝土性能应符合《泡沫混凝土》(JG/T 266—2011)的规定。

(8)泡沫混凝土用水应符合《混凝土用水标准》(JGJ 63—2006)的规定。

3. 配合比设计

泡沫混凝土的配合比设计应满足抗压强度、密度、和易性的要求，配合比应通过计算和试配确定。配合比设计应采用同厂家、同产地、同品种、同规格的原材料。

配合比设计应符合下列规定：

(1)新拌泡沫混凝土的流动度不应小于400mm；

(2)试配抗压强度应大于设计抗压强度的1.05倍。

泡沫混凝土设计干密度和泡沫混凝土用水量按下列公式计算：

$$\rho_d = S_a(m_c + m_m)$$

$$m_w = B(m_c + m_m)$$

式中 $\rho_d$——泡沫混凝土设计干密度，$kg/m^3$；

$S_a$——泡沫混凝土养护28d后，各基本组成材料的干物料总量与成品中非蒸发物总量所确定的质量系数，普通硅酸盐水泥取1.2；

$m_c$——$1m^3$泡沫混凝土的水泥用量，kg；

$m_m$——$1m^3$泡沫混凝土的掺合料用量，kg；

$B$——水胶比，未掺外加剂时，水胶比可按0.5～0.6选取。

按泡沫混凝土密度等级A11控制，代入上式，得$1m^3$泡沫混凝土的水泥用量720kg，粉煤灰200kg，水500kg，泡沫混凝土设计干密度为$1104kg/m^3$，符合标准要求。

$1m^3$泡沫混凝土中，由水泥、掺合料、骨料和水组成料浆总体积和泡沫添加量可按下列公式计算：

$$V_1 = \frac{m_c}{\rho_c} + \frac{m_m}{\rho_m} + \frac{m_s}{\rho_s} + \frac{m_w}{\rho_w}$$

$$V_2 = K(1 - V_1)$$

式中 $V_1$——由水泥、掺合料、骨料和水组成料浆总体积，$m^3$；

$\rho_c$——水泥密度，取 $3100kg/m^3$；

$\rho_m$——掺合料的密度，粉煤灰密度取 $2600kg/m^3$；

$m_s$——$1m^3$泡沫混凝土的骨料用量，kg；

$\rho_s$——骨料表观密度，$kg/m^3$；

$\rho_w$——水的密度，取 $1000kg/m^3$；

$V_2$——泡沫添加量，$m^3$；

$K$——富余系数：视泡沫剂质量、制泡时间及泡沫加入到料浆中再混合时的损失等而定，对于稳定性好的泡沫剂，取 1.1～1.3。

代入上述公式，得由水泥、掺合料、骨料和水组成料浆总体积 $V_1 = 0.809m^3$，泡沫添加量 $V_2 = = 0.23m^3$。

物理发泡泡沫剂的用量可按下列公式计算：

$$m_f = \frac{m_y}{\beta + 1}$$

$$m_y = V_2 \rho_f$$

式中 $m_f$——$1m^3$泡沫混凝土的泡沫剂用量，kg；

$m_y$——形成的泡沫液质量，kg；

$\beta$——泡沫剂稀释倍数，取 20；

$\rho_f$——实测泡沫剂密度，取 $1020kg/m^3$。

代入上述公式，得 $1m^3$泡沫混凝土的泡沫剂用量 $m_f = 11.2kg$。

汇总得 $1m^3$泡沫混凝土的配合比设计见表 4－37。

**表 4－37　密度等级 A11 的泡沫混凝土配合比**

| 干密度/($kg/m^3$) | 水泥/kg | 粉煤灰/kg | 水/kg | 泡沫剂/kg |
|---|---|---|---|---|
| 1050～1150 | 720 | 200 | 500 | 11.2 |

最终采用的混凝土配合比应通过试配予以调整。

4. 泡沫混凝土料浆制备

泡沫混凝土料浆的制备应符合下列规定：

(1)投料顺序宜先投入细骨料、水泥、粉煤灰及其他掺合料，搅拌 1min 后再投入 2/3 的用水量搅拌 1min 以上，然后加入剩余水量和外加剂搅拌 5min 以上，泡沫混凝土料浆应充分搅匀，不应有粉体料硬块；

(2)采用强制式搅拌机时，料浆搅拌时间不得少于 10min；

(3)生产过程中应测定骨料的含水率，每个工作班不应少于 1 次，当含水率发生显著变化时，应增加测定次数，并应根据检测结果及时调整用水量和骨料用量，不得随意改变配合比。

(4)制备泡沫混凝土料浆时，应按规定每隔1h检查泡沫混凝土的湿密度。

物理发泡中泡沫制备应符合下列规定：

(1)泡沫剂的相关性能指标应符合《泡沫混凝土》(JG/T 266—2011)，泡沫剂设备的相关参数应符合泡沫剂发泡要求；

(2)泡沫剂按生产厂家推荐的最大稀释倍数配成溶液制泡，稀释好的泡沫剂应充分搅拌、混合均匀且其发泡倍数宜为15～30倍；

(3)泡沫制备后的性能应符合《泡沫混凝土》(JG/T 266—2011)的规定，对应配合比设计要求，调整泡沫用量；

(4)泡沫应均匀无大于5mm以上的气泡。

5. 泡沫混凝土拌合物制备

(1)在物理发泡中，泡沫混凝土料浆与泡沫混合时，应在混合搅拌机中进行，搅拌时间宜为3～5min。

(2)在物理发泡中，连续上料宜采用双桶式搅拌机，上料与出料时差不应小于2min。搅拌机转速不应小于90r/min。

## 六、泡沫混凝土质量检验与验收

1. 原材料质量检验

(1)泡沫混凝土原材料进场时，应按规定批次验收其型式检验报告、出厂检验报告或合格证等质量证明文件，对外加剂产品尚应具有使用说明书。

(2)原材料进场后，应进行现场检验；在泡沫混凝土生产过程中，应对泡沫混凝土原材料进行随机抽样检验，每个检验批不得少于1次。

(3) 散装水泥应按每500t为一个检验批，袋装水泥应按每200t为一个检验批；掺合料应按每200t为一个检验批；外加剂应按每50t为一个检验批；泡沫剂应按每1t为一个检验批。

2. 泡沫混凝土性能质量检验

(1)泡沫混凝土拌合物性能检验应符合下列规定：

①生产前应检查泡沫混凝土所用原材料的品种、规格与施工配合比一致；在生产过程中应检查原材料实际称量误差满足要求，每一工作板应至少检查2次；

②生产前应检查生产设备和控制系统正常，计量设备归零；

③泡沫混凝土拌合物的工作性检查每100$m^3$不应少于1次，且每一工作班不应少于2次；

④泡沫混凝土拌合物流动度的检验应符合《泡沫混凝土应用技术规程》(JGJ/T 341—2014)附录B的规定，流动度允许偏差为±30mm。

(2)泡沫混凝土填筑性能质量检验应符合下列规定：

①新拌泡沫混凝土试样宜在浇筑管管口制取；

②当同一配合比连续浇筑大于400$m^3$时，应按每400$m^3$制取至少一组试件；

③浇筑的质量检验应符合表 4 – 38 规定。

表 4 –38　浇筑的质量检验

| 序号 | 检验项目 | 允许偏差 | 检验方法 | 检验频率 |
|---|---|---|---|---|
| 1 | 泡沫/(kg/$m^3$) | 48 ~ 52 | 《混凝土外加剂匀质性试验方法》(GB/T 8077—2012) | 每工作班开工前自检一次 |
| 2 | 湿密度/(kg/$m^3$) | ±10% | 《泡沫混凝土应用技术规程》(JGJ/T 341—2014) | 每 100$m^3$ 自检一次 |
| 3 | 流动度/mm | 160 ~ 200 | 《泡沫混凝土应用技术规程》(JGJ/T 341—2014) | 每 100$m^3$ 自检一次 |

3. 泡沫混凝土充填工程验收

(1) 泡沫混凝土填筑工程验收应符合下列规定：

①主控项目的质量应全部检验合格；

②一般项目的合格率应达到 80% 及以上，且不合格点的最大偏差值不得大于规定允许偏差值的 1.5 倍；

③具有完整的施工质量检查记录。

(2) 主控项目检验包括干密度和抗压强度，并应符合表 4 – 39 的规定。

表 4 –39　主控项目检验

| 序号 | 检验项目 | 允许偏差 | 检验方法 | 检验频率 |
|---|---|---|---|---|
| 1 | 干密度/(kg/$m^3$) | ±50kg | 《泡沫混凝土》(JG/T 266—2011) | 每 400$m^3$ 一组试件 |
| 2 | 抗压强度/MPa | 《泡沫混凝土应用技术规程》(JGJ/T 341—2014) | 《泡沫混凝土》(JG/T 266—2011) | 每 400$m^3$ 一组试件 |

(3) 一般项目检验包括外观质量检验和实测项目，实测项目主要为泡沫混凝土填筑体顶面高程，顶面高程允许偏差 ±50mm。

## 七、创新点

(1) 首次在行业内将泡沫混凝土填充应用于油气管道盾构隧道内，实现对输气管道的约束，降低管道应力和变形，有利于管道的长期运营安全。

(2) 首次对泡沫混凝土与钢质管道、泡沫混凝土与混凝土管片的黏结性能进行试验研究，获得两者界面间黏结强度，验证了泡沫混凝土对输气管道的约束作用。

# 第八节　长江盾构隧道穿越抢修专题

## 一、抢修主要任务

1. 抢修工作范围

根据隧道内管道相关情况，结合目前管道工程出现的抢修事故，识别本工程抢修作业的工况主要有如下几种。

（1）环焊缝裂纹或开裂。管道运行后期进行检测或抽检检验或测试中，发现焊缝出现裂纹或疑似裂纹，经评定后需要进行处理。

（2）管体缺陷：管道运行后期进行检测或抽检检验或测试中，发现管体出现缺陷，经评定后需要进行处理。

（3）局部点腐蚀；管道运行后期进行检测或抽检检验或测试中，发现管体出现缺陷，经评定后需要进行处理。

上述为隧道内管道相关抢修作业识别工况，其他极端情况，如地震造成隧道坍塌、管道大范围进行换管作业、隧道本体出现结构性损坏等大型事故，需要专业的施工作业队伍开展相关专业施工作业。

2. 主要内容

（1）运行监测检测技术措施。针对本工程特点，开展运行及抢修作业所需监测检测技术方案。

（2）抢修作业通风设计。针对监测和检测结果，确定需要人员进行隧道内进行确认，开展相关作业的前提下，开展相关通风作业设计，满足隧道内开展人员作业、设备运行等的需要。

（3）抢修作业电力设计。电力设计主要针对隧道内应急状态下照明、地面通风设备的用电需要等开展相关设计方案。

（4）通信设计。根据本工程抢修作业需要，进行通信设计，考虑地下语音、视频传输，建立通信传输系统。

（5）抢修设计。包括设备、材料运送方式，作业点开挖、防腐层剥离、支架选择、补强作业、填埋和开挖等设计方案。

根据作业抢修需要，该工程抢修作业流程见图4－95。

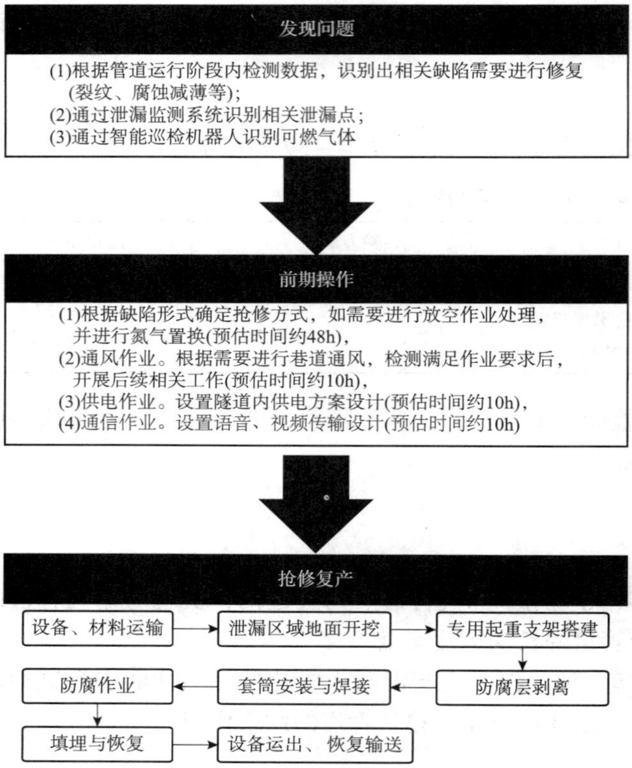


图4－95　抢修作业流程图

## 二、管道内检测

管道内检测是借助流体压差使检测器在管内运动，检测管道缺陷（内外壁腐蚀、损伤、变形、裂纹等）、中心线位置和结构特征（焊缝、三通、弯头等）的方法。几何变形检测用于检测管体几何变形情况。金属损失检测用于检测管壁腐蚀、划痕等金属损失。裂纹检测以检测管壁裂纹为目的。漏磁检测利用磁铁磁化管壁，通过磁通量变化，检测管体和焊缝中存在的缺陷和管道特征。惯性测绘检测使用惯性传感器测绘管道中心线空间位置，通过分析可生成管道高程和平面图。

内检测实施流程见图 4－96。

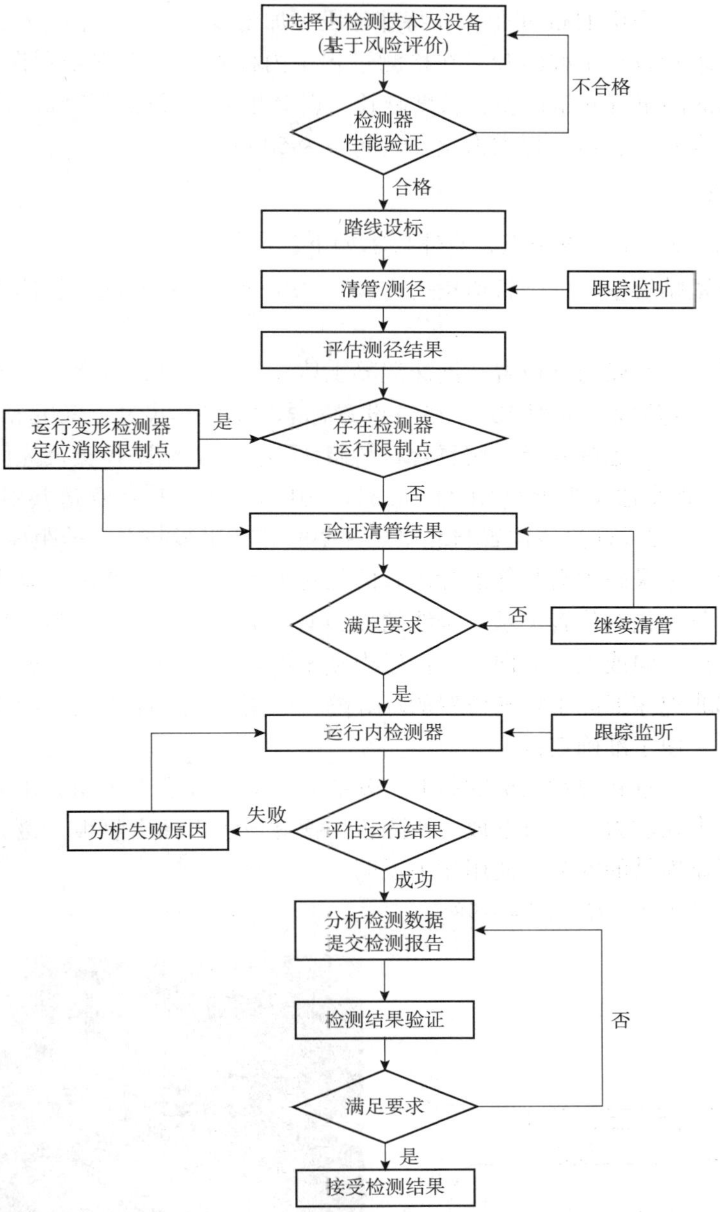


图 4－96　内检测实施流程图

管道内检测作业实施执行《油气管道内检测技术规范》（SY/T 6597—2018），缺陷定位精度不低于 ±1m。考虑到在进行管道内检测时，隧道内部通风、人员进出等问题，内检测参考点不采用常规的人工摆放 Marker 盒的方式，而是采用磁力盒进行标识。磁力盒在管道施工期间安装到位。

1. 设置原则

在《钢质管道内检测技术规范》(GB/T 27699—2011)、《油气管道内检测技术规范》(SY/T 6597—2018)和《管道内检测》(SY/T 6889—2012)中，对管道内检测时设置的标识点提出了建议：一般采用1km间距，在特殊地段可加密设置。

结合规范要求和以往工程经验，在检测过程中内检测器的里程累积误差约千分之一，即1km会存在1m的里程测量误差，长度越长，误差越大。考虑到长江盾构穿越的重要性及缺陷维修定位准确度，本工程磁力盒安装间距为500m。

2. 设置要求

沿管道500m设置1个参考点，具体要求如下：

预埋磁力盒紧贴管壁且位于管道正上方(12:00位置)。磁力盒安装位置宜距离下游环焊缝50cm处。

应准确记录每一块磁力盒位置，泡沫混凝土填充后在预埋磁力盒对应的隧道侧壁位置(与隧道顶部成一定角度，推荐10°~15°)设置标志牌(推荐尺寸：300mm×300mm)，标志牌紧贴隧道内壁。标志牌底板采用复合材料制作，标志面粘贴Ⅳ类反光膜，反光膜的逆反射性能符合《道路交通反光膜》(GB/T 18833—2012)要求。三条管道共用同一组标志牌，标志牌上以km+m方式标注该位置与北岸竖井中心和南岸竖井中心的距离。

施工时要准确记录磁力盒与邻近标志牌的位置关系，同时要准确记录磁力盒下游环焊缝编号及磁力盒与其相对位置关系。全线的磁力盒安装方向应统一，其“N”级应统一指向管道输送介质下游方向或上游方向，任何磁力盒不得与其他磁力盒反向安装。

在隧道内部非泡沫混凝土填充位置的环焊缝，采用模板漆印方法喷涂标记管道环焊缝编号、管道编号，便于准确定位。

在安装时需要注意磁力对人员的影响，安装人员应穿戴手套等相关用品，要求一次性安装完成，可预先在磁力盒下方摆放一块隔板，摆好位置后抽出隔板。磁力盒的具体安装要求需要参照厂家提供的安装、使用相关说明。

安装示意图见图4-97、图4-98。

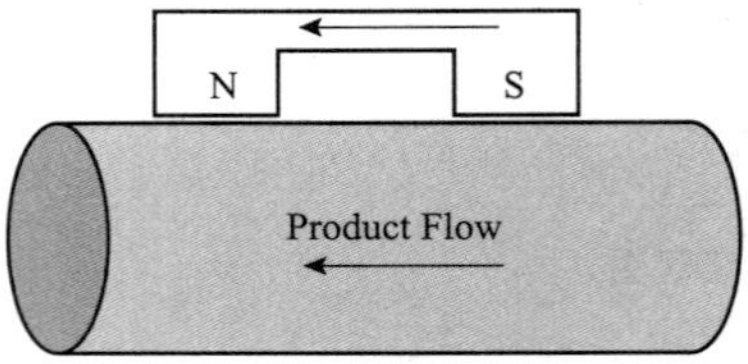


图4-97 磁力盒安装方向示意图

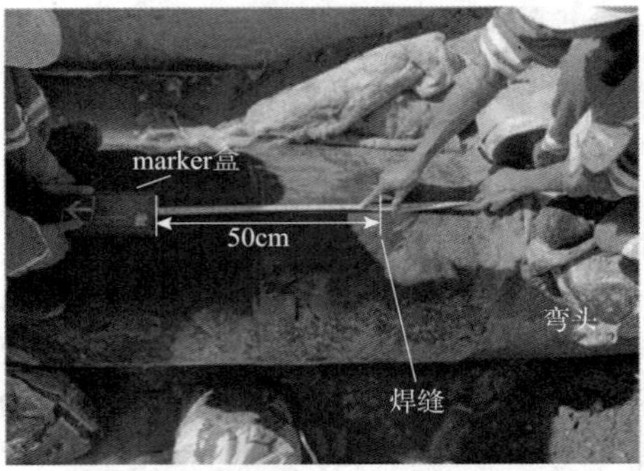


图4-98 磁力盒安装示意图

3. 技术指标要求

预埋磁力盒的推荐外形尺寸：中间为两块钕铁硼永久磁铁，镶嵌在一块非铁磁性材料框架(连接件)中，磁极按照NS和SN排列。两块磁铁的尺寸为80mm×50mm×20mm。连接件采用镀锌 Q235 钢板(厚度一般 10～12mm)。连接件应具有良好的导磁性能。磁力盒与管道接触面应平整光滑，不得有尖锐的凸起、毛刺，其尖角应做倒钝处理，以免损伤防腐层。

本工程管径 *D*1422mm，直管段壁厚 32.1mm，防腐层采用常温加强级三层结构聚乙烯防腐层(3LPE)，防腐层厚度不小于 4.2mm。结合工程管道壁厚和防腐层厚度参数，磁力盒的技术规格指标见表 4－40。

**表 4－40　磁力盒技术规格参数**

| | |
|---|---|
| 制作材料 | 烧结钕铁硼，表面镀 Zn 或 Ni |
| 磁能积指标(BH) | 应不小于 358kJ/m³ |
| 矫顽力 | 应不小于 963kA/m |
| 性能牌号 | 不低于 N45 |
| 最高可工作温度 | 80℃ |

4. 数据采集要求

磁力盒固定后泡沫混凝土充填前应准确记录其相邻下游环焊缝编号、与下游环焊缝的距离，以及与标志牌沿管道纵向的水平距离，并记录磁力盒编号。每套磁力盒安装后采集数据见表 4－41。

**表 4－41　磁力盒安装后采集数据**

| 数据项名称 | 计量单位 | 阈值 | 备注 |
|---|---|---|---|
| 管道编号 | | | |
| 磁力盒编号 | | | |
| 磁力盒安装方向 | | | |
| 磁力盒生产厂家名称 | | | |
| 磁力盒牌号 | | | |
| 下游焊口编号 | | | |
| 磁力盒与下游焊口的距离 | m | | |
| 临近磁力盒的标志牌编号 | | | |
| 临近磁力盒的标志牌与北岸竖井中心距离 | m | | |
| 临近磁力盒的标志牌与南岸竖井中心距离 | m | | |
| 磁力盒与邻近标志牌的距离 | m | | 沿管内介质流向的水平距离 |
| 其他 | | | |

## 三、仪表

本工程设置基于分布式光纤测温原理的泄漏监测系统，由于其属于新建管道，测温光缆可以敷设在最佳监测位置，并且敷设方式可控，通过对隧道内管道周边的温度场分布数据等进行实时监测，结合隧道填充物的特点，对管道泄漏进行报警并跟踪定位。

分布式光纤泄漏监测系统由光纤测温主机、传感兼传输光缆、光纤测温服务器以及显示终端等组成。

利用光缆中的一芯光纤，接入分布式光纤测温主机，监控油气管道的温度分布。考虑到光纤测温主机的功率较大，将光纤测温主机设置在常熟分输站的机柜间。光纤测温主机将传输过来的光信号直接进行解调，光纤测温服务器通过数据处理，监视终端对所监测区域进行远程监控，其运行示意图见图 4－99。

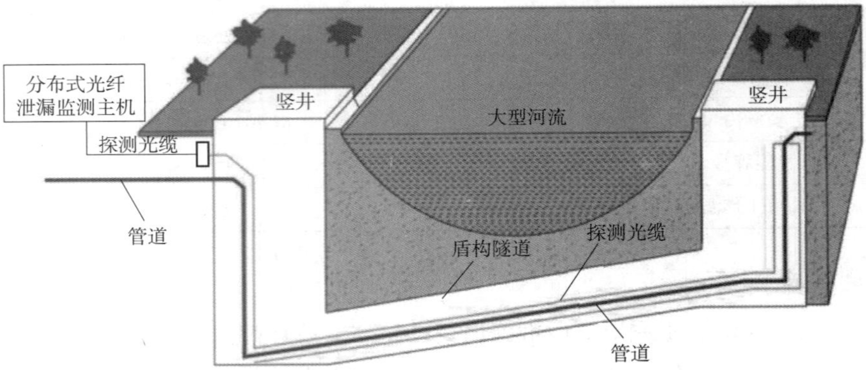


图 4－99　分布式光纤泄漏监测系统运行示意图

分布式光纤泄漏监测系统与其他原理的泄漏监测系统相比，有如下优点：

(1)定位准确(±1m，在各种测漏方法中定位精度最高)；

(2)灵敏度高(能够检测到很小的泄漏量，最低可监测到小于 0.1% 的流量泄漏)；

(3)精度高(温度分辨率 0.1℃，温度精度 1℃)；

(4)误报率低(系统本身受干扰因素少)；

(5)本质安全(系统现场为无电检测，不会给泄漏带来打火、引雷隐患)；

(6)无盲区(管道长度范围内连续性监测，不受如清管、内检测等作业的影响)。

光纤测温主机设置在常熟分输站机柜间，光纤测温系统技术要求见表 4－42。

表 4－42　光纤测温系统技术要求

| 内容 | 要求 |
|---|---|
| 测量距离 | ≥40km 单向 |
| 主机通道 | ≥4 通道 |
| 温度分辨率 | ≤0.1℃ |
| 测温范围 | －50～＋300℃ |
| 空间分辨率 | ≤2m |
| 响应时间 | 3min |
| 通信接口 | 100M 以太网接口/RJ45 |
| 工作电压 | AC220V，50Hz |
| 光缆安装质量要求 | 单模光纤，光缆本身衰减＜0.2dB/km@1550nm |
| 系统监测软件可设定光纤分区及多级温度报警值；对月/年进行统计，输出报表或曲线；可远程对主机状态和传感光缆传输损耗、断纤位置进行自诊断 | |

目前国内外应用分布式光纤技术来检测泄漏的应用案例主要包括：

(1)瑞士 SMARTEC SA 公司的 SMARTape 传感光缆用于意大利 Rimini 地区埋地天然气管道，成功进行了一次气体泄漏模拟试验。

(2)瑞士 Omnisens 公司的 DiTEST – AIM 产品在秘鲁某液化天然气公司的一条 408km 高压输气管道进行了应用，采用了通信光缆中的一根光纤作为温度传感器。

(3)2002 年 Omnisens 公司的 DITEST 产品被用来监测柏林东北部一条长 55km 的盐水管道，2003 年 7 月该系统成功检测到一次泄漏事故，并给出报警。

(4)2013 年阿联酋 Habshan – Maqta – Taweelah 天然气管道泄露监测项目。

(5)国内中石化武陵山天然气管道目前正在进行施工，所用产品也是瑞士的 Omnisens 公司的 DITEST 产品。

目前通过光纤测温测泄漏的监测方法在国内主要应用于测试工程，使用者在使用过程中主要担忧以下问题：

(1)干线通信光缆使用硅管保护敷设是否会影响泄漏事件被检测到的响应时间；

(2)通信光缆的敷设位置是否影响泄漏事件被检测到的响应时间；

(3)实际工程中，光纤的敷设不能保证笔直敷设，弯曲机接头处的盘线，往往光缆的实际长度要比管线长度长很多(10km)，因此对泄漏监测的定位误差带来极大影响；

(4)分布式光纤泄漏监测系统的施工过程相对复杂，成本相对较高。

目前光纤法测泄漏的监测方法在国外已有成功监测案例，且具有正式官方报告，柏林盐水管道项目是全世界第一个商业运用分布式光纤监测泄露的一个案例，在秘鲁液化天然气管道中也成功检测到泄漏事件，根据国外项目的应用经验和国内项目的测试，能得出以下结论：

目前大多数干线通信光缆多以硅芯管保护敷设，大大降低了光缆的安全隐患，虽然在硅芯管内的通信光缆对微小泄漏的响应时间会相对增加，但是大量实验研究发现，对于较大泄漏来说，响应时间相较于不套硅芯管的光缆相差无几。对于长输管道工程项目而言，保护光缆安全显得更为重要，相对增加的对微小泄漏的响应时间并不是最重要的。

通过大量实验研究发现，目前传感光缆的敷设位置在工程应用中已给出了成熟且理想的检测位置(根据管道传输介质的不同，理想敷设位置也不同)，对于新建管道来说，可根据理想位置进行铺设。

实际工程中，光缆在平坦地段会沿管道在管沟中平直敷设，光缆长度与管道长度一致；光缆在易发生滑坡等地段(如上坡或下坡)的管沟中会呈大“S”形敷设，目的是降低山体滑坡时光缆的安全隐患，大“S”形的敷设方式相对实际平直管道的长度会增加，敷设余长约 5‰。因此，需要对于大 “S”形敷设段的光缆进行长度统计，最后可根据计算在系统软件中将此影响消除。另一方面，接头处及特殊位置的盘留光缆都需要确认光缆盘留起止米标以及盘留处的 GPS 信息，最后在系统软件中将盘留的光缆设置为“0”m 的光纤，综上，可控的敷设方式及可控的盘留都不会对泄漏的定位和误差带来很大影响。

由于泡沫混凝土中含有大量封闭的气孔，热工性能良好，密度 1100kg/m$^3$ 的轻质泡沫土，导热系数约为：0.2W/(m·K)，保温性是常规土壤的 10 倍左右。采用泡沫混凝土作为盾构中非承重填充材料，具有良好的保温性能。结合光纤法测泄漏的特点，为提升监测效果，需要在设计和施工时采取以下优化措施：

考虑到被监测管道直径为 $D1422$mm，管径较大，为了减少漏报的可能性，采用在管道中心轴线两侧布置温度光缆进行监测，温度光缆一根敷设在管道前进方向的 10～11 点钟位置，另外一根温度光缆敷设在管道前进方向的 1～2 点钟位置。

光缆紧贴于管道表面敷设——采用干挂胶间隔固定，并辅以捆扎带的方式，并且所敷设光缆直径不宜大（建议采用 4 芯、直径 4mm 以下的温度光缆），重量较轻，便于干挂胶的固定。

考虑到光纤线路损耗及维护问题，隧道中尽量少地设置熔接接续点，定制整盘特种温度光缆（考虑这个敷设区间，整盘光缆应为 11km 左右），能覆盖全部监测长度，提高定位精度。

光缆敷设时，对于光缆敷设路径预先规划，对特殊位置进行标注和缆标采集，盘留起始缆标采集，加强光缆敷设现场数据采集与管理。

控制泡沫混凝土施工过程中对温度光缆的损坏，需要做好测温光缆的保护措施。

当天然气管道出现泄漏后，泄漏位置会迅速发展为低温点，管道表面周围的泡沫混凝土将形成温度梯度。冷却效应（与气体类型和压力直接相关）与泡沫混凝土温度无关，并且无论泡沫混凝土温度如何，冷却效应的量级保持不变。通过对沿光纤温度场进行分析可以确定发生泄漏的部位。

## 四、智能巡检机器人

当管道内检测发现缺陷、泄漏监测系统发生报警或爆管检测到管道泄漏时，隧道需要进行抢修作业。

在抢修作业前，为保证抢修人员的安全，可利用防爆型智能巡检机器人采集隧道内的信息，掌控隧道内的状态，降低抢修人员的安全风险。

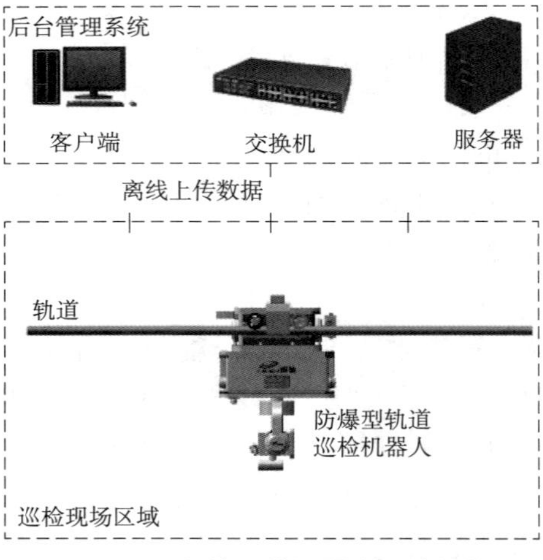


图 4－100　智能巡检机器人系统架构图

防爆型智能巡检机器人系统以防爆型轨道巡检机器人为核心，配有轨道系统、供电系统、后台管理系统及其他相关设备，能够实现对隧道的全覆盖巡检。在隧道抢修时可以检测隧道内环境状况，以便后续抢修作业。运维人员能够通过控制机器人进行巡检，查看机器人采集的信息，掌控隧道内的状态。

防爆型智能巡检机器人系统主要由防爆型轨道巡检机器人、轨道系统、供电系统、后台管理系统组成。系统架构见图 4－100。

防爆型轨道巡检机器人：适用于ⅡB 类防爆区域，是整套系统的核心，主要功能为搭载高清相机、红外热成像仪、环境监测装置等设备进行巡检数据的采集。

轨道系统：包含轨道吊架组件、轨道本体等部分，巡检机器人挂载在轨道上行走。

供电系统：分布式充电站，安装北岸值班室和南岸站控室，为机器人本体蓄电池充电。

后台管理系统：由后台服务器、显示器、交换机等硬件及后台软件构成，是整个巡检系统的数据接收、处理和展示中心。

系统关键参数见表4-43。

表4-43 智能巡检机器人系统关键参数

| | |
|---|---|
| 工作温度 | -20~+55℃ |
| 环境湿度 | 0~100%RH |
| 防爆等级 | EX d ibⅡB T6 Gb |
| 本体防护等级 | IP66 |
| 供电方式 | 蓄电池+分布式充电，自动电量监测 |
| 机器人续航能力 | 单次充满电可连续行走8km，0.5m/s连续运行不小于5h |
| 通信方式 | 支持Wi-Fi/支持离线工作模式 |
| | 通信带宽不大于20Mbps |
| | 安全：WPA-PSK/WPA2-PSK，MAC地址过滤 |
| 行走速度 | 0~2m/s可调 |
| 定位方式 | 里程码盘+RFID校准 |
| 定位精度 | 优于±0.1m |
| 行走安全 | 双向雷达避障 |
| 可见光摄像机 | 1080P全高清，30倍数字变焦 |
| | 最低照度0.01lux |
| | 支持耀斑消除 |
| | 亮度自适应 |
| 机器人补光 | LED补光灯，具备远近补光模式 |
| 红外热像仪 | 分辨率不低于640×480 |
| | 红外热像仪测温范围：-20~+150℃ |
| | 热灵敏度为≤0.05℃@30℃ |
| | 测温精度为max(2℃ or 2%) |
| 机器人云台 | 水平方向360°连续转动，垂直方向-90°~+30°连续转动 |
| | 定位精度不小于±0.1° |
| | 视频编码格式H.264 baseline |
| 避障检测 | 探测距离：0~1.5m，检测精度1cm |
| 环境温度 | 测量范围：-40~+125℃，测量精度：±0.1℃@25℃(典型值) |
| 环境湿度 | 测量范围：0~100%RH，分辨能力：1%RH，测量精度：±2%RH(典型值) |
| $O_2$含量检测 | 检测范围：0~30%vol，分辨能力1%vol，响应时间小于15s |
| $H_2S$含量检测 | 检测范围：0~100ppm，分辨能力1ppm，响应时间小于30s |
| CO含量检测 | 检测范围：0~2000ppm，分辨能力1ppm，响应时间小于30s |
| $CH_4$含量检测 | 检测范围：0~100%LEL或0~5%甲烷，分辨能力1%LEL，响应时间小于30s |
| 机器人轨道形式 | 轻质铝合金轨道，表面阳极化 |
| 后台软件 | B/S架构 |

机器人巡检路径沿管线走向进行，即沿管线走向在隧道顶部敷设轨道系统，机器人沿轨道进行往复巡检。机器人巡检路径从北岸始发井至南岸接收井，机器人进行全离线巡检作业，采集数据在巡检任务结束后，通过离线方式将数据上传至安装于站场站控室的后台管理系统。以便抢修人员了解隧道内状况。

当隧道内可燃气体浓度超过报警值时，禁止抢修作业。通过临时风机进行通风作业。带通风作业结束后再使用机器人进行巡检作业，采集隧道内的环境状况。当隧道内可燃气体浓度、有毒有害气体浓度和含氧量，均达到安全浓度时，抢修人员才携带照明灯与气体监测仪、防爆对讲机下井检查。下井过程中应随时注意气体监测仪检测参数值，气体监测仪各项参数指标处于安全范围内时，人员才能继续下行工作，并应与地面保持沟通。

巡检任务开始之前，系统进行全面的硬件状态及功能指令进行模拟，保证全系统在正常情况下投入运行。

巡检过程中，机器人对关键模组性能及运行参数进行监控，形成实时运行日志；并预置常见逻辑的闭环处理预案，一定程度上保证在故障条件下的返回可能性，结合日志，可对故障进行准确定位及模拟，并对预案进行丰富完善。

同时，日志及详细记录及检测状态的反馈可为系统维修提供准确的信息支撑。

应急及安全保障工作策略如下。

1. 机器人低电量应急策略——自动充电安全保障策略

机器人本体设置最低运行电量，保证应急模式下能够到达任意位置(包括紧急任务的执行和返航)。

2. 互为抢修机工作模式

后期运营时，机器人增加“抢修车”功能，当主巡检及异常时，备机采用抢修模式，实现道路清障，将故障机器人推出隧道。

## 五、通风

隧道通风的目的是稀释并排除有害气体，向隧道内提供足够的新鲜空气，降低粉尘浓度，改善劳动条件，保障作业人员的身体健康。

隧道设计平时封闭，按无水无沼气渗入，抢修时无管道漏气情况发生来考虑。抢修工作中的通风由两部分组成：巷道通风和施工通风。

巷道通风是利用隧道本身作为风道进行通风，排除隧道内污浊气体和沉积的 $CO_2$。按隧道内风速 6m/s 风速计算风量，防止风速过大吹动小砂石产生撞击。

通风设备选用轴流风机。两岸的竖井上均预留通风洞口，边缘预埋法兰。平时以盲板封堵，通风时拆除盲板接入风机。风机工作时，保持其所在一侧的竖井井盖封闭，对岸竖井井盖敞开。

巷道通风在两种情况下使用：

1)人员进入隧道前

人员进入隧道前，先确定抢修位置。打开距抢修位置近一侧的近端竖井盖板，风机接入远竖井上的预留口，向隧道内压入新风，对巷道进行置换通风。当远端竖井出口处测得各项气体指标正常时，再经气体检测仪实地检测合格时，方可认为巷道通风达成目标。

2)人员抢修操作时

当确认隧道安全，抢修人员可以进入后，反向安装轴流风机，对隧道进行抽出式通风。开启风机的数量可根据人员的体感舒适度确定。

抢修操作过程中的通风方案需要考虑如下因素：

(1)隧道内同时工作最多人数需要的空气量；

(2)隧道内各种内燃机械燃烧时需要空气，且同时散发热量、散发尾气；

(3)施工操作时产生粉尘。

根据《铁路隧道工程施工安全技术规程》(TB 10304—2020)中的要求，施工作业环境气体应符合下列规定：

(1)空气中氧气含量不得低于20%(按体积计)；

(2)甲烷浓度应小于0.5%(按体积计)；

(3)有害气体容许浓度应符合下列规定：

①一氧化碳不应超过30mg/$m^3$；

②二氧化碳不应超过0.5%(按体积计)；

③氮氧化物换算成二氧化氮不应超过5mg/$m^3$；

(4)粉尘容许浓度，空气中含有10%及以上的游离二氧化硅的粉尘不得大于2mg/$m^3$，空气中含有10%以下的游离二氧化硅的矿物性粉尘不得大于4mg/$m^3$；

(5)隧道内空气温度不应高于28℃；

(6)隧道内工作地点的噪声不应大于90dB。

隧道内的通风量应考虑下面因素：

隧道内施工通风风量计算按同时工作最多人数计算风量、内燃机作业需要风量、按允许最小风速计算的风量、排除粉尘的计算风量几项计算，取其中最大值作为计算风量。

1)隧道内人员需要的通风量

根据铁路、矿山等部门颁发的隧道施工技术规范规定，每人每分钟供给风量不得少于4$m^3$，则 $Q=4N$

式中 $Q$——工作量风量，$m^3$/min；

$N$——隧道内最多人数。

$$Q=4\times15=60m^3/min$$

(本项目隧洞内最多人数为15人)

2)内燃机作业需要风量

$$Q=100\times3=300m^3/min$$

(隧道内燃机总功率为100kW)

3)按隧道内允许最小风速计算所需风量

$$Q=60\times0.25\times0.25=180m^3/min$$

(最小风速取0.25m/s，隧道空间的断面面积为12$m^2$)

4)排除粉尘的计算风量

$$Q=18\times12=216m^3/min$$

(排尘风速取18m/min，隧道空间的断面面积为12$m^2$)

上述4种隧道施工通风量的计算结果分别为60$m^3$/min、300$m^3$/min、180$m^3$/min、

216m³/min，取最大值，并乘以漏风系数 1.3 修正后为 390m³/min，作为本项目的风机选型风量。考虑风筒直径、长度进行系统阻力计算，计算结果见表 4－44。

**表 4－44　系统阻力计算表**

| | | | |
|---|---|---|---|
| 风筒长度 $L$/m | 5100 | 雷诺数 $Re \times 10^5$ | 5.416666667 |
| 风筒直径 $D$/m | 1 | 摩擦阻力系数 $\alpha$/(N·s/m⁴) | 0.0037 |
| 风筒周长 $U$/m | 3.14 | 延程阻力值/Pa | 5175 |
| 风筒截面积 $S$/m² | 0.79 | 局部阻力取延阻力的 5% 计 | 259 |
| 风量 $Q$/(m³/s) | 6.5 | 总阻力修正系数 | 1.3 |
| 风量 $Q$/(m³/h) | 23400 | 系统总阻力/Pa | 7064 |
| 风筒内风速/(m/s) | 8.28 | | |

通风系统设计为压入式送风方式。风机选用两台离心风机，并联使用。风管选用直径 1000mm 的 PVC 塑布柔性风筒。

离心风机设置在距抢修位置近端的竖井口外，风筒一直敷设到抢修位置处。

风机选用风压高的离心风机，由风机厂家配套提供软启动装置、变频器控制箱、消声器、启动调节和风量调节的阀。

柔性风筒采用具有阻燃，抗静电，风阻小，耐负压性强，风筒直径收缩率小，随意弯转，耐热，耐寒性能稳定，机械强度高，体轻，色泽鲜艳，适用于各种运输方式，储存方便，使用寿命长，安装简单，价格相对较低等特性的材料。风筒的所有接缝 100% 热合焊接，包括拉链安装，不得采用缝纫机缝纫工艺；拉链接头设有内外密封保护衬，漏风率不得高于 2%。风筒表面涂覆有高质量、无异味、无污染 PVC 面层。风管布具备止裂筋，如遇损伤，可防止创口进一步扩大。

风机安装位置距离操作竖井不小于 20m，风系统直角转弯处的弯头使用镀锌钢板制作。隧道内的风筒在隧道角落落地放置，将风筒上的挂环固定在隧道壁环形钢带上预留的挂件上。因不能确定风筒放于哪一侧，隧道两边均需要预留挂件。

## 六、通信

### 1. 无线对讲通信

由于隧道为屏蔽空间，无法接收手机等无线信号，为了解决隧道内应急抢修时的通信需求，本工程采用无线自组网系统。该无线自组网是由一组带有无线收发装置的可移动节点所组成的临时性多跳自治系统，不需预设基础设施，使用时可直接采用无线自组网转发台以链状手拉手形式实现隧道内的无线信号覆盖，使隧道内维抢修人员可通过无线对讲机实现与岸上人员的通话。

在北岸值班室和南岸常熟分输站各配置 5 台便携式无线自组网转发台和 4 部无线防爆对讲机，进行隧道内应急抢修作业时，采用链状组网方式分别在竖井口、竖井底部和平巷内布署无线自组网转发台，通过该网络隧道内的抢修人员可采用无线对讲机与隧道外指挥人员进行对讲通信。

无线自组网转发台技术要求：

(1)自组网规模：≥10 台；

(2)中继能力：≥10 跳；

(3)单跳时延：≤10ms；

(4)电源：支持外接电源和内置电池供电；

(5)内置电池工作时间≥10h；

(6)冷启动时间：≤60s；

(7)防护等级：不低于 IP66；

(8)工作温度：-30~60℃。

2. 视频监控

根据实际工程建设质量、安全管理需求，满足管道抢修施工进度管控、安全隐患监控等需求，本工程在抢修施工时增加视频监控手段，对抢修施工现场进行监控。

抢修施工监控点采用球型摄像机+移动支架的方式搭建(图 4-101)，监控数据传输利用光纤收发器组网，利用仪表专业紧贴管道敷设的泄漏检测光缆作为通道，在管道抢修点断开光缆后，将常熟站侧光缆中的 2 芯引接至球型摄像机，与光纤收发器连接，组成临时传输网。视频监控数据传至常熟站后，进入常熟站工业电视监控系统，在站控室工业电视监控终端进行显示、控制。摄像机电源由抢修现场发电机提供。

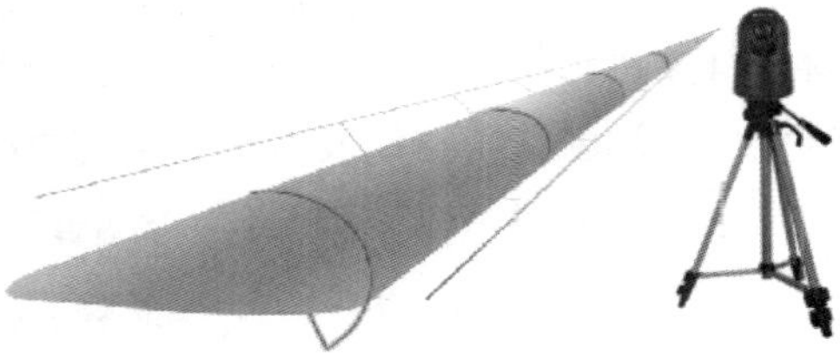

图 4-101 移动式抢修施工监控点

球型摄像机技术要求如下：

(1)摄像机采用高清网络摄像机，视频编码为 H.265，分辨率不小于 1920×1080(1080P)支持双码流，能够实现图像稳定等功能；

(2)图像传感器：最小 1/2.8in 逐行扫描 CMOS；

(3)灵敏度：黑白 ≤0.01Lux/F1.2，彩色 ≤0.1Lux/F1.2；

(4)信噪比：优于 50dB；

(5)焦距：10~25 倍变焦；

(6)支持双码流：主码流为 1080P30fps；

(7)工作温度和湿度：-40~60℃，湿度小于 90%；

(8)防护等级：不低于 IP66；

(9)主输出接口：基本接口为 10/100M 或 10/100/1000M)以太网接口，符合 IEEE802.3 标准，采用 RJ45 连接器；

(10)辅助数据传输接口：辅助数据传输接口应采用 RS-485 或 I/O 接口、USB、以太网等多种接口，实现单向或双向辅助数据或报警数据传输；

(11)存储卡接口：应具备内置存储卡接口。

## 七、供电

抢修工况下，相关用电设备主要包括地面通风设备、隧道中使用的专业抢修设备、排水设备、隧道应急照明设备。其中在抢修段作业的专业抢修设备需自带移动发电机供电，排水设备采用柴油发动机直接拖动的应急排水车。因此，需要额外电源供电的设备包括地面安装的通风设备和隧道应急照明设备。隧道内设备通电运行之前均要保证环境内可燃气体低于安全线以下并由人员现场核实，确保安全后方可通电运行。

1. 通风设备供电方案

应急抢修状态下，地面通风设备的功能分为两个阶段：(1)排除管道内存在的可燃气体，确保不发生燃气爆炸；(2)为抢修施工作业的人员及设备提供足量新鲜空气并排除发动机燃烧带来的废气。

在排除可燃气体阶段，风机设备为5组11kW的风机工作，总功率55kW；在抢修作业阶段，风机设备为2组55kW的风机以及5组11kW的风机协同工作，总功率165kW。通风设备峰值用电负荷为抢修作业阶段的165kW。

考虑到抢修工况发生的概率极低，站内设置变配电设备为通风设备供电会增加日常维护费用且需要占用场区，因此，不推荐设置固定配置的供配电设备。由于各应急抢修中心或维抢修队均配置了移动发电机，且容量满足风机运行的需求，因此，在抢修工况时使用移动发电机为风机供电即可。

2. 隧道应急照明

隧道应急照明设备的设置原则为满足隧道内人员通行时的要求，参考《城市综合管廊工程技术规范》(GB 50838—2015)，人员通行时不小于15lx，疏散时照度最小为5lx。由于隧道内不设置需要日常维护的设备，因此，照明相关设备材料也采用便于携带、安装的可移动型。

抢修作业面的施工照明，由维抢修设备自带的照明灯具负责，随抢修人员及机具一并达到隧道内抢修点。此类灯具应常备于应急抢修中心或维抢修队，已包含在沿线各抢修队及应急抢修中心的新增设备清单中。

抢修人员在隧道内行进时应依靠个人头戴式或手持式带有电量显示的强光LED灯具作为主要照明光源。头戴式灯具(图4－102、图4－104、图4－105)可满足2h以上照明，照明范围不低于100m。手持式灯具(图4－103)可满足8h以上照明，照明范围不低于300m。以上两种均满足抢修人员在隧道内行进的需求。此类产品购买方便，可在需要时临时购买。

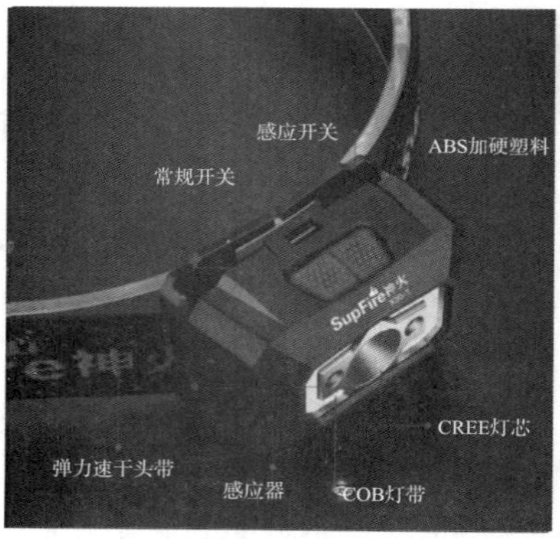

PRODUCT PARAMETERS
产品参数

| | |
|---|---|
| 品牌/BRAND | SUPFIRE神火 |
| 产品型号/MODEL | X30-T |
| 射程范围/RANGE | 强光约130米(相对射程) |
| 芯片型号/CHP | 晶锐×G2+COB |
| 瓦数/POWER | 5W |
| 电池/BATTERY | 内置3.7V可充电锂电池(1500MAH) |
| 外壳材质/MATERIAL | ABS塑料 |
| 重量/WEIGHT | 约79.5克(裸灯+头带) |
| 换挡/MODE | 强光 COB 全亮 红灯长亮/爆闪 |
| 尺寸/S2E | 60*45*35MM |

图4－102　头戴式灯具

图4－103　手持式灯具

以上照明可满足抢修人员在隧道内安全行进的需要。当出现极端情况，确实需要在隧道内进行长距离连续照明时，可采用以下两种照明方案。由于各设备均采购方便，因此极端情况所需的设备只在实际需求发生时购买即可。

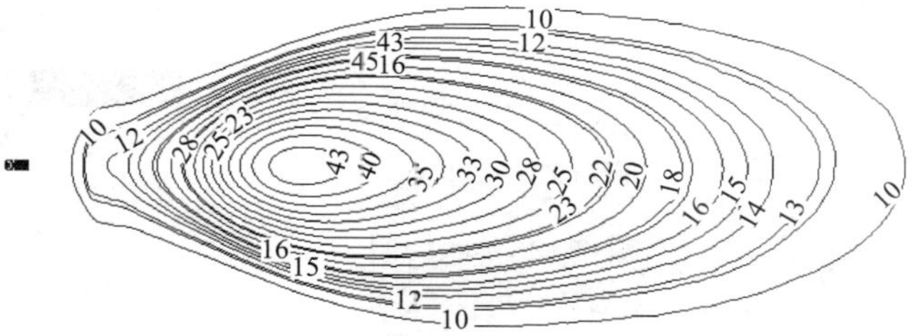

图 4－104　单人头戴灯具照射范围(15lx 范围约 6m)

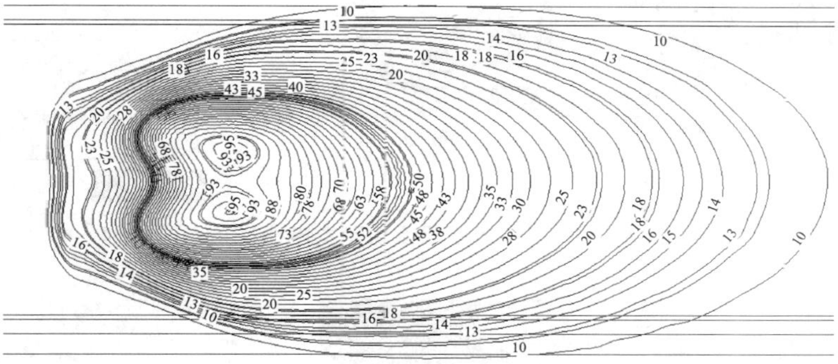

图 4－105　双人并行头戴灯具照射范围(15lx 范围 7m 以上)

3. 便携式单相低功率发电机＋LED 灯带方案

目前在隧道管线安装阶段，内部照明普遍采用低电压高亮度的 LED 灯带作为照明设备。LED 灯带具有功率小、亮度高的特点，工作电压低，本体防护等级达到 IP65，适合在潮湿多尘的环境使用。应急抢修工况下安装时，提前根据发电机的功率分割组装成合适的长度，在地面上完成通电测试，进入隧道后可直接悬挂在隧道环片上。

LED 灯带见图 4－106。

图 4－106　LED 灯带

隧道内设置多台便携式单相低功率发电机(图 4－107)作为 LED 灯带的电源，发电机功率为 0.5～4kW，重量为 20～50kg，便于抢修人员用轨道车搬运。发电机以汽油作为燃料，满负荷运转可维持 10h 以上，并可运转状态下加油。配合低功率 LED 灯带(3～8W/m)，供电长度可达到 500～1000m。

4. 便携式自带电池 LED(聚/泛)灯方案

便携式自带电池 LED 灯(图 4－108)具有良好的防水防尘及便携性，单台重量不超过 10kg，整机防护等级不低于 IP54，电池后备时间在满负荷状态下不小于 8h 并可充电。照明方式有聚光、泛光多种，抢修人员可根据现场照明效果及实际需求随意摆放，空间占用极小。目前国内多个厂家均有生产，如华荣防爆 GAD5116 型、海洋王 OK－6116 型、勤上源光 KSL6108 型等。此方案为极端状态下的推荐方案。

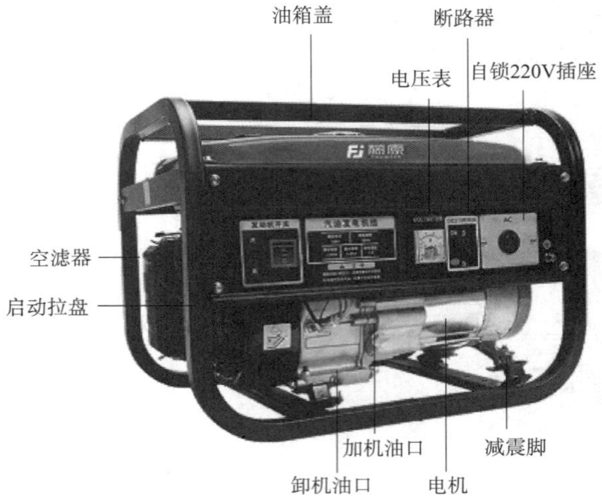


3.3kW汽油发电机

| 参数规格 | |
|---|---|
| 品牌 | 藤原FUJIWARA |
| 额定功率 | 3.0kW |
| 最大功率 | 3.3KW |
| 额定电压 | 225V |
| 频率 | 50/60Hz |
| 功率因素 | 1.0 |
| 噪音 | 65db(A)/7M |
| 机油容积 | 0.6L |
| 燃油容积 | 15L |
| 油耗(满载/空载) | 0.6L/kW/h 0.2L/h |
| 动力排量 | 210cc |
| 净重(不含外箱) | 约45kg |
| 包装尺寸 | 60cm×45cm×45cm |
| 启动方式: | 手拉启动/无钥电启动 |

图 4－107　携式单相低功率发电机(3kW)

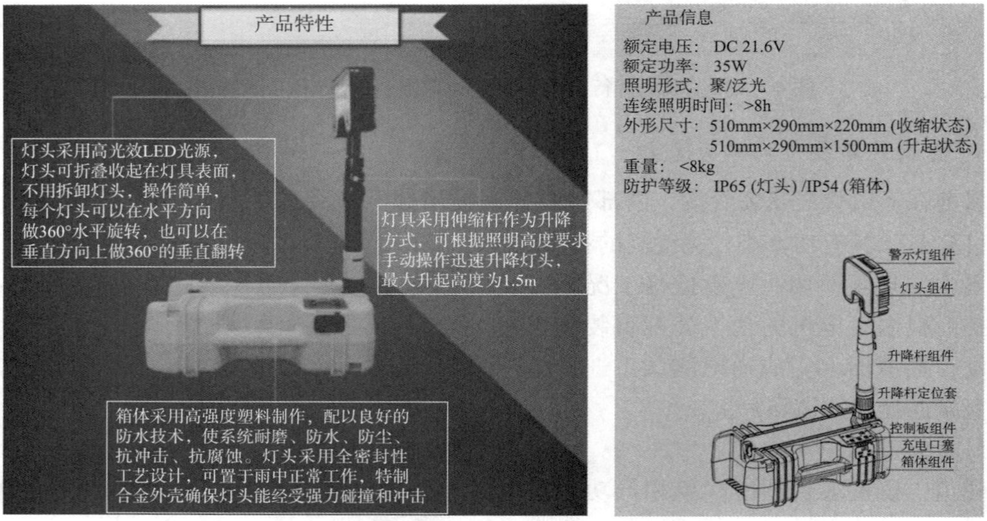


图 4－108　便携式自带电池 LED(聚/泛)灯

## 八、抢修设计

### 1. 抢修方案

本抢修方案是在抢修任务，结合前期确定了泄漏点，具备开展抢修作业外部条件(通风满足抢修作业要求，电力已经完成沿线照明设施设置要求，通信设施满足通信要求的前提下）进行的统一设计。

本抢修设计结合前述分析，确定采用 B 型套筒进行修复缺陷管段开展抢修设计。

抢修流程见图4－109。抢修作业现场图见图4－110、见图4－111。

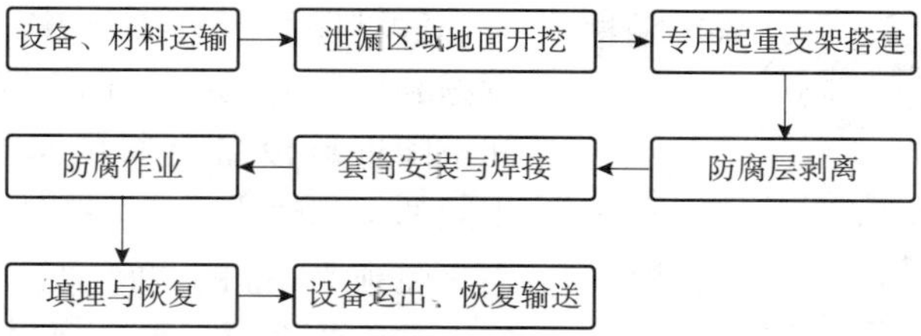


图4－109　抢修作业流程

图4－110　抢修作业现场图1

图4－111　抢修作业现场图2

2. 始发竖井运输方案

针对始发竖井方案中结构支撑布置方案，考虑利用竖井四角空间进行人员、设备材料的运送(图4－112)，根据结构尺寸，四角三角内部形成的空间约为直径为3.5m的空间。

其中两个角为人员通道，另外两角为设备、材料通道，通过起重机或临时电动葫芦进行上下运送。

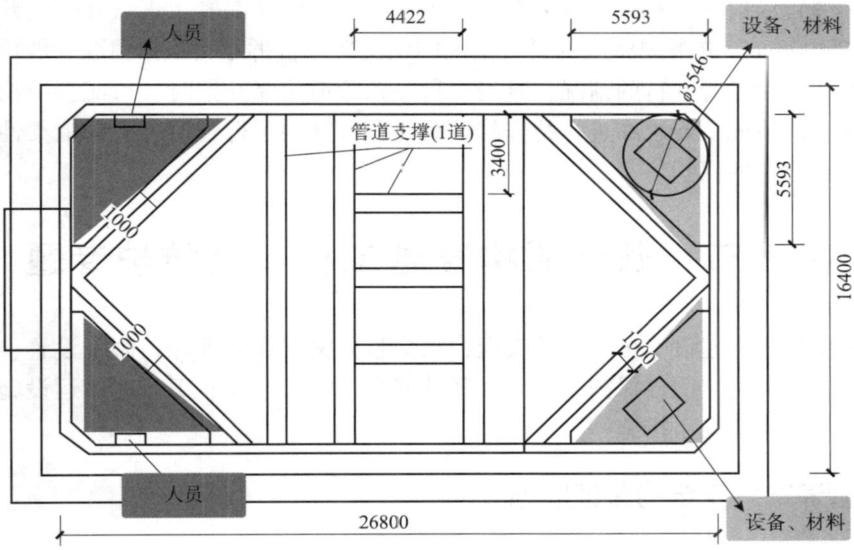


图4－112　始发竖井人员、设备运送示意图

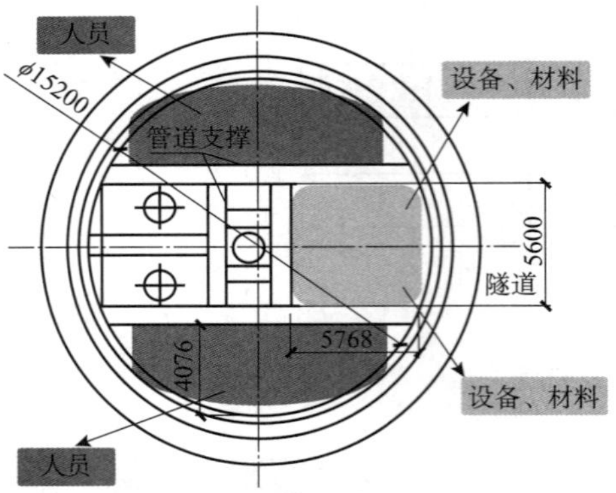


图 4-113　接收竖井人员、设备运送示意图

3. 接收竖井运输方案

针对接收竖井方案中结构支撑布置方案，考虑利用竖井两侧对称空间进行人员运送，中间空间进行设备材料的运送，根据结构尺寸，中间的空间约为 5.6m×5.7m 的长方形空间，侧面为弧顶为 4m 的空间(图 4-113)。

其中两个角为人员通道，另外两角为设备、材料通道，通过起重机、或临时电动葫芦进行上下运送。

4. 管道抢修方案

根据隧道内设施布置，考虑隧道内空间需求，隧道内尽量考虑通行高度的要求，在满足管顶埋深要求的同时，考虑中间部分为行车道，行车道宽度约为 1.56m，故此要求配置的抢修小车宽度不大于 1.5m。

另外，考虑通风管布置在一侧，根据计算需要 1m 直径通风管，再次，基础进行统一设置。

鉴于上述空间要求，配置的运输小车采用电动，装载高度不大于 2m，采用电源驱动。

本工程采用泡沫混凝土进行填充，地面开挖目前受到空间限制，初步方案按照空压机 + 风镐方式开展，本工程上面两条管道区域混凝土断面面积约 13.65$m^2$，当一条管道出现问题，需要进行开挖作业时，按照断面 2/3 开挖考虑，开挖范围约 15m。总开挖量约 137$m^3$。

按照人工风镐开挖考虑，泡沫混凝土每班拆除工程量为 4$m^3$/人，本次考虑每次隧道内人员 15 名(5 名运输人员、5 名开挖人员、3 名装卸、2 名指挥及安全监测人员)，据此需要约 55h 开挖完毕。

当最下部管道出现问题时，需要对隧道内底部管道上部混凝土进行开挖，开挖范围为管道两侧各 400mm，并考虑将底部管道上部的钢支架进行拆除，根据情况开展抢修工作。

考虑到隧道为三管并行的情况，且当进行一条管道抢修开挖时，可能会影响到已经运行的管道的实际情况，要求在进行抢修时，需要在裸露的运行管道表面铺上柔性防砸保护套，用于运行管道的保护。

## 第九节　长江盾构穿越工程安全防护专题

为了确保管道的建设安全、运营安全，从穿越方案、穿越埋深、阀室设置、管道本体安全、防腐方案优化、阴极保护、隧道和竖井安全、管道运营、工艺和储运设施、智能管道等多方面提出管道安全措施。

### 一、管道本体安全的保证措施

1. 管道用管类型的选用

盾构隧道穿越钢管材质为 X80M 直缝埋弧焊钢管，最小屈服强度 $\sigma_s$ 为 555MPa。

X80M 直缝埋弧焊钢管已经在长输输气管道大口径、高压力管道上进行了大规模应用。针对 $D$1422mm 管道，开展了重大专项课题研究，并先后组织了多家钢厂、管厂进行了 $D$1422mm X80M 钢管的试制并在工程中进行了应用。产品稳定性和国内产能符合管材标准要求，能够满足工程的需要。

本工程线路用管钢管管径为 $D$1422mm，设计压力 10MPa。从目前我国钢管制造厂家生产情况和管道建设及应用情况来看，对大于 $DN$1000 的大口径输气管道用钢管，可供选择的制管方式主要有直缝埋弧焊钢管（SAWL）和螺旋缝埋弧焊钢管（SAWH）两种类型。这两种管型均在国内外一些大口径工程上，如：西气东输一线、二线、三线、陕京四线管道、中靖线、中亚管道工程以及国家重点工程黑河－长岭段等进行了较大规模应用，总长度超过 25000km，技术已非常成熟。国内钢厂、管厂的生产能力满足本工程用管需求。

对于 $D$1422mm 管道，根据国家重点工程干线的工程经验，国内主要钢管制造厂对于 25.7mm 及以上规格只能够生产直缝埋弧焊钢管。在尽量国产化的前提下，根据大量科研成果、国内制板和制管能力、输气管道建设经验，本工程线路用直管、冷弯弯管和热煨弯管母管均采用直缝埋弧焊管。

2. 穿越管道用管严格的断裂控制

天然气管线的断裂控制问题是管道安全可靠运行的关键。天然气管线断裂控制要考虑两个方面：首先是保证管线在工作压力下已有缺陷不发生开裂，即管材要有足够的韧性防止管材内的缺陷在运行压力下起裂扩展；其次是管线万一发生开裂时，要防止裂纹发生长距离的扩展。通常管道的韧性在满足防止裂纹长距离扩展要求的同时能够防止起裂的要求，因此对天然气管道的止裂控制则尤为重要。

管道止裂控制的判据是，当裂纹扩展速度低于天然气的减压波速度时裂纹就会停止，国际上主要有以下四种方法来计算高钢级、高压力工况下管材的止裂韧性：BTC 双曲线法、BTC 加 Wilkoski 修正法、BTC 加 Leis 修正以及 BTC 加 1.43 修正系数四种方法。

由于输送压力不变，随着管材壁厚的增加，管道的环向应力会逐渐降低，故大壁厚钢管的止裂韧性要求低于小壁厚钢管。因此，将钢管壁厚最小的条件下所需止裂韧性要求确定为本工程管材的止裂韧性指标。

本工程钢管的夏比冲击韧性要求详见表 4－45。

**表 4－45　夏比冲击韧性要求**

| 位置 | 钢级 | 壁厚/mm | 最小夏比冲击功/J | | 最小剪切面积百分比/SA% | | 试验温度/℃ |
|---|---|---|---|---|---|---|---|
| | | | 单值 | 三个试样均值 | 单值 | 三个试样均值 | |
| 管体横向 | X80M | 32.1 | 140 | 180 | 70 | 85 | －10 |
| 焊缝及热影响区 | | — | 60 | 80 | 报告 | 报告 | －10 |

3. 管道壁厚的选用

长江盾构隧道穿越段为三级地区，穿越管段的强度设计系数采用最小设计系数 0.4，计算的钢管壁厚为 32.03mm，实际选用的钢管壁厚等级为 32.1mm。

4. 穿越管道强度、稳定性校核

根据《油气输送管道穿越工程设计规范》（GB 50423—2013），对盾构隧道穿越管段的试压阶段和运营阶段各工况分别进行强度核算和稳定性核算，保证穿越管道强度和稳定性满足要求。

主要校核结果见表 4-46。

**表 4-46 $D$1422mm 穿越管段应力校核计算结果**

| 设计基础参数 | | | 钢管参数及荷载计算 | |
|---|---|---|---|---|
| 输送钢管外径 $D_s$/mm | 1422 | | 钢管内径 $d_s$/mm | 1360.4 |
| 输送钢管壁厚 $\delta$/mm | 32.1 | | 钢管截面抵抗矩 $W/m^3$ | 0.047 |
| 管道设计压力 $p$/MPa | 10 | | 钢管截面惯性矩 $I/m^4$ | 0.0338 |
| 输送介质重度 $\gamma_j$/(kN/m³) | 0 | | 钢材的重度 $\gamma_s$/(kN/m³) | 78.5 |
| 钢材的屈服强度 $\sigma_s$/MPa | 555 | | 钢材的弹性模量 $E_s$/MPa | $2.05\times10^5$ |
| 管道强度设计系数 | 0.4 | | 钢材的线膨胀系数 $\alpha$/[m/(m·℃)] | $1.2\times10^{-5}$ |
| 管道闭合环境温度 $t_1$/℃ | 10 | 20 | 管道自重 $q_1$/(kN/m) | 6.49 |
| 输送介质温度 $t_2$/℃ | 22 | | 输送介质自重 $q_2$/(kN/m) | 0 |
| 试压环境温度 $t_3$/℃ | 5 | 20 | 试压充水重 $q_3$/(kN/m) | 10.8 |
| 相邻支墩间距 $L$/m | 20 | | | |
| 穿越管段应力校核 | | 试压阶段 | | 运营阶段 |
| | | 最低温度 | 最高温度 | |
| 作用于管段上的竖向均布荷载 $q$/(kN/m) | | 25.48 | | 11.0 |
| 竖向均布荷载产生的弯矩 $M$/(kN·m) | | 1133 | | 489 |
| 介质内压产生的环向应力 $\sigma_h$/MPa | | 317.24 | | 211.5 |
| 介质内压产生的轴向应力 $\sigma_{a_1}$/MPa | | 158.62 | | 105.75 |
| 温度变化产生的轴向应力 $\sigma_{a_2}$/MPa | 最低闭合温度 | 0 | -25.2 | 106.71 |
| | 最高闭合温度 | 37.8 | 0 | 81.1 |
| 竖向均布荷载产生的弯曲应力 $\sigma_{a_3}$/MPa | | 23.78 | | 0.23 |
| 管道悬垂引起的轴向应力 $\sigma_{a_4}$/MPa | | 13.38 | | 5.78 |
| 总轴向应力 $\Sigma\sigma_a$/MPa | 最大拉应力 | 233.58 | | 106.71 |
| | 最大压应力或最小拉应力 | 123.02 | | 81.05 |
| 最大当量应力 $\sigma_e$/MPa | | 284.91 | | 184.85 |
| 许用应力[$\sigma$]/MPa | | 288.6 | | 222 |
| $0.9\sigma_s$/MPa | | 499.5 | | |

5. 穿越段管段应力校核

为了保证管道的安全，采用 CAESAR Ⅱ管道应力分析专用软件进行管道应力分析。该软件被国际管道工程公司及运营商广泛认可，既可以进行静态分析，也可进行动态分析。

正常运营工况，升温时管道最大应力为 160MPa(轴向)/217MPa(环向)/222MPa(当量)，降温时管道最大应力为 120MPa(轴向)/217MPa(环向)/222MPa(当量)，管道允许应力为 222MPa(轴向、环向)/499.5MPa(当量)，符合规范《油气输送管道穿越工程设计规范》(GB 50423—2013)要求。

正常运营工况（不考虑地震荷载），升温时管道最大轴向变形为 60mm，管道最大侧向变形为 50mm；降温时管道最大轴向变形为 2mm。管道最大侧向变形为 2mm。升温时管道轴向变形相对较大。

6. 盾构隧道内管道抗漂浮措施

管道安装分为竖井内管道安装和隧道内管道安装。两岸竖井内分别设置 65°($R=5D$) 热煨弯管及 25°($R=5D$) 热煨弯管组成 90°补偿器，在两岸竖井内设置混凝土横梁及纵梁作为竖井内管道支撑，管道在混凝土梁上沿轴线方向可自由变形，其余方向固定在横梁上，对管道进行抗漂浮约束。

盾构隧道内管道，上部 2 根 $D1422$ 管道，采用管箍支座作为管道抗浮支座，将管道固定在垫层预制块上，支座间距 10. 5m，支座与管道之间用 10mm 厚绝缘橡胶板绝缘。管沟内 1 根 $D1422$ 管道，管道两侧及顶部采用泡沫混凝土回填。管道管箍支座按照管道上浮锚固到垫层内计算。

管道安装完成后，运营期间隧道内充泡沫混凝土，泡沫混凝土与垫层及管道连成一体，垫层与盾构环片紧密接触，对管道抗浮起到有利作用，本工程将其作为安全储备，抗浮计算未考虑该有利作用。

7. 采用先进可靠的焊接工艺

1）焊接方式

为保证管道焊接工程质量，在国家重点工程进行了焊接工艺试验，对焊接接头的拉伸性能测定，从试验结果可以看出，跟半自动焊接比较，自动焊的焊接热输入量较小，高强钢的焊接热影响区软化不明显，其焊接接头拉伸试验时断裂位置多为母材，见图 4－114。而半自动焊接由于其热输入量大，对于 X80M 钢，其热影响区软化明显，其焊接接头在拉伸试验时，其断裂位置往往出现在焊接接头上，见图 4－115。可以看出自动焊的环焊接头强度匹配更优良。

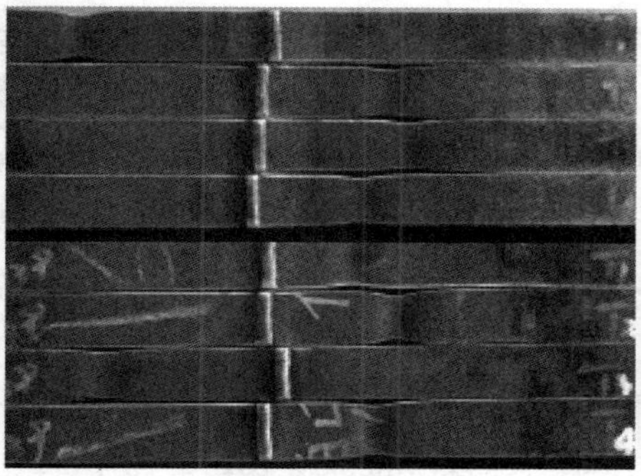

图 4－114　自动焊接接头拉伸结果

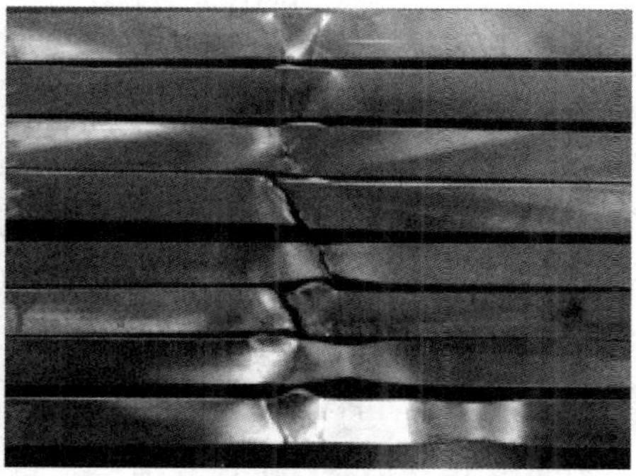

图 4－115　半自动焊接接头拉伸结果

针对在保证高强度的前提下要同时保证良好的韧性是高强度管线钢使用时的难点所在。对半自动焊接以及自动焊接两种焊接方式分别用螺旋埋弧焊钢管以及直缝埋弧焊钢管进行了焊接试验，实验结果为采用半自动焊时，在－30℃时环焊接头的最低冲击功值达到 110J；而采用自动焊接时，在－30℃时环焊接头的最低冲击功值达到 180J，且在－60℃时，半自动焊环焊接头的最低冲击功值则降为 50J，而自动焊接接头的冲击功值仍然达到

120J 以上。由此可见，采用全自动焊接所形成的焊接接头的低温韧性更加优良。

本工程焊接选用了与母材匹配和低温韧性更加优良的自动焊接方式，包括内焊机根焊 + 外焊机自动焊填充盖面的焊接方式和 STT/RMD/手工焊根焊 + 外焊机自动焊填充盖面的焊接方式。

对于直管 - 直管环焊缝焊接，采用内焊机根焊 + 外焊机自动焊填充盖面的焊接方式；对于直管 - 热煨弯管、连头段环焊缝焊接，采用 STT/RMD/手工焊根焊 + 外焊机自动焊填充盖面的焊接方式。返修焊推荐采用手工电弧焊焊接方式。

2）焊接材料选择

对于 X80M 钢管的焊接，为使焊缝的力学性能与管体母材相匹配，针对不同的焊接方式，选用不同焊接材料，同时应根据实际管材的强度指标来进行焊材匹配，所选焊接材料须经焊接工艺评定试验合格后方可使用。本工程焊接材料选用见表 4 - 47。

**表 4 - 47　焊接材料推荐**

| 序号 | 焊接方式 | 打底焊 | 填充、盖面 | 备注 |
| --- | --- | --- | --- | --- |
| 1 | 内焊机根焊 + 外焊机自动焊填充盖面 | AWS A5. 18/ GB/T 8110 ER70S - G<br>或<br>AWS A5. 28/ GB/T 8110 ER80S - G | AWS A5. 28/ GB/T 8110 ER80S - G<br>或<br>AWS A5. 28/ GB/T 8110 ER90S - G | |
| 2 | 手工焊根焊 + 外焊机自动焊填充盖面 | AWS A5. 1/GB/T 5117 E7016 | AWS A5. 29/ GB/T 17493 E91T1 | |
| 3 | STT 根焊 + 外焊机自动焊填充盖面 | AWS A5. 18/ GB/T 8110 ER70S - G | AWS A5. 29/ GB/T 17493 E91T1 | |
| 4 | RMD 根焊 + 外焊机自动焊填充盖面 | AWS A5. 29/ GB/T 17493 E80C - Ni1H8 | AWS A5. 29/ GB/T 17493 E91T1 | |
| 5 | 手工电弧焊 | AWS A5. 1/GB/T 5117 E7016 | AWS A5. 5/GB/T 5118 E10018 - G | |

3）焊接工艺评定要求

本工程焊接工艺评定执行了严格的标准，规定焊接接头拉伸试验中试样断裂位置不得位于焊缝、熔合线和焊接热影响区，要求符合《外径 1422mm 天然气输送管道技术规范第 12 部分：线路焊接》（Q/SY 05019. 12—2017）和 DEC 相关规定。

8. *更严格的焊缝质量要求*

对焊缝质量提出更严格的要求。当焊口出现弧坑裂纹以外的裂纹缺陷时，该焊口应该从管线上切除，重新焊接。出现其他焊接缺陷时应予以返修。每处返修长度应大于 100mm，相邻两处返修的距离小于 100mm 时按照一处缺陷进行返修，累计返修长度不应超过管周长的 1/3。同一位置焊缝返修次数不超过 1 次，根部焊缝缺陷不允许返修，应采用割口处理，固定口连头的裂纹缺陷不应进行返修，应采用割口处理，其他缺陷只应返修 1 次。

9. *加强管道无损检测*

为提高管道本体安全，长江盾构隧道穿越段管道对所有环焊缝进行 100% 的全自动超声波检验（AUT）+100% 的射线检验，即双百检测。对于返修焊缝，进行 100% 的射线 +

100%（PAUT + TOFD）+100% 的手工超声检测，即三百检测。

无损检测方法及验收标准如下：

1）自动焊接段管道环焊缝的无损检测

环焊缝采用 100% 的全自动超声波检验（AUT）+100% 的射线检验。各检测方法按各自验收规范进行评判。

2）STT/RMD/手工焊根焊 + 外焊机自动焊填充盖面焊接段管道环焊缝的无损检测

环焊缝采用 100% 的射线 +100%（PAUT + TOFD）+100% 的手工超声检测。各检测方法按各自验收规范进行评判。其中（PAUT + TOFD）检测表示带有 TOFD 辅助检测的 PAUT 检测方法。

3）对于返修焊缝的无损检测

AUT 检出缺陷后，返修后应采用 AUT 对返修位置进行再次扫查，检验返修缺陷是否返修完全；同时采用 100%（PAUT + TOFD）、100% 射线照相和 100% 手工超声对缺陷位置进行检测，各检测方法按各自验收规范进行评判。

其他检测方法发现的环焊缝缺陷，在修补后采用 100% 射线照相、100% 的手工超声和 100%（PAUT + TOFD）检测，各检测方法按各自验收规范进行评判。

10. 穿越管道单独进行清管、测径和试压

穿越段管道将单独进行试压，试压包括强度试验和严密性试验。穿越管段在安装完成后，分别进行一次强度试验和严密性试验。通过试压，验证管道系统的强度，检验管道系统的严密性，检验管道施工质量、管材性能、管道整体性，从而保证管道运行期的安全。

试压介质采用无腐蚀的洁净水。试压前，应采用清管球或清管器进行清管，清管次数不应小于 2 次。清管合格后需进行测径，测径宜采用铝质测径板，直径为试压段中最大壁厚钢管或者弯头内径的 92.5%，当测径板通过管段后，无变形、无褶皱为合格。

试压宜在环境温度 5℃以上进行，否则应采取防冻措施。强度试验压力为 1.5 倍设计压力（即 15MPa），稳压不应少于 4h，待稳压合格后，降至设计压力，进行严密性试验，严密性试验压力为 1.0 倍设计压力（即 10MPa），稳压 24h。在稳压时间内压降不大于 1% 的试验压力为合格。

11. 压力管道监督检验

管道严格执行《压力管道监督检验规则》。安全质量监督检验是对压力管道安装安全质量进行的监督验证，具有法定检验性质。监督检验工作应在压力管道安装现场，且在安装施工过程进行。在压力管道安装施工中，建设单位、设计单位、安装单位、监理单位、检测单位、防腐单位和其他相关单位，必须接收并配合监督检验工作，并应承担压力管道安装安全质量责任。

## 二、管道及钢结构防腐方案的优化、可靠的阴极保护方案

1. 管道防腐方案的优化

1）防腐层

长江盾构隧道为水下隧道，耐水渗透性是选择防腐层的重要性能指标，3LPE 相对于 FBE 防腐层致密性好，耐水气渗透能力强，耐划伤、耐冲击等机械性能优异，再结合以往

工程隧道用3LPE防腐层的应用情况，以及从其他工程实际使用的情况看，3LPE防腐层无论是在需长途运输的新疆，施工条件恶劣的吕梁山、太行山等山区石方地段或多种穿越方式的河流地区，还是平原的水网地区，都表现出较强的现场适应性，管道投入生产运行的使用反馈情况也比较好。

综合各种因素，对长江盾构隧道穿越管道的外防腐层进行比选优化，确定长江盾构隧道穿越管道外防腐层采用常温加强级三层结构聚乙烯防腐层(3LPE)。

2)防腐补口

总结已有隧道工程的运行效果，在以往设计及经验基础上，采用黏弹体加玻璃钢外护层的结构进行防腐密封，它具有以下几方面的技术特征：

(1)可以做到防腐层基本上不与水接触，通过形成的密闭内压防止水汽的进入；

(2)防腐层有一个坚硬、厚实、不溶水、抗渗的外壳，这种外壳一定不能发生变形(否则就会被水胀开)，而且在成形之后的固化过程中产生一定的收缩，从而保证了防腐层内压的形成；

(3)整个防腐结构在受到外来冲击、管线少量变形、温度变化时不会变形，从而保障不会进水；

(4)由于防腐层的材料绝大部分永远不接触水，从而保证了防腐层材料的稳定，可增加防腐层的寿命；

(5)该补口防腐结构制作用时短、功效高，可保证制作过程中在潮湿的隧道环境里水汽不能进入补口防腐层内。

在补口施工时，加强施工管理，加强对施工操作人员的岗前培训和现场质量监督，引入完善的施工程序文件，健全施工记录和质量检查文件记录，采取质量追溯制。通过以上措施，确保补口质量和补口防腐层的完整性。

2. 隧道内钢结构防腐方案的优化

目前从以往运行隧道的情况来看，黏弹体对螺栓防腐的效果不错。但是黏弹体属于胶带类，对于螺栓的包裹不是很方便，而且黏弹体材料要求表面处理至少达到ST3级，对带锈地面粘接不好，对于缝隙填充困难，对混凝土粘接不牢，对管卡以及桁架的死角部位需要大量黏弹体膏作为填充，并且需要缠绕一周以施加一定的紧固力，补贴片黏接力不强，很容易脱落，对管片螺栓无法实现防腐密封。

自硫化液体橡胶属于涂料类，自身流动性较强，可以渗透到任何缝隙和死角，可以带锈涂刷，省去表面处理工序。和混凝土粘接良好，能够解决黏弹体不能对地脚螺栓的混凝土防腐问题。由于该产品有橡胶的特性，具有较好的防水密封作用，可作为隧道内钢构件的防腐材料。

隧道内所用钢构件均采用自硫化防腐密封液体橡胶进行防腐。

3. 采用可靠的阴极保护

调查以往隧道管卡和螺栓，采用了牺牲阳极进行保护，总体来说保护效果较好。牺牲阳极受保护体均处在水中时，被保护体的防腐蚀效果较好，腐蚀速度较慢；但是在潮湿空气中与半浸泡时的腐蚀速率最快。

本工程隧道填充泡沫混凝土，但运行一段时间后可能会有水渗入，因此，隧道中所有钢构件都进行了防腐，并对管卡和螺栓（不含管片）采用牺牲阳极进行保护。

隧道穿越内管道采用强制电流阴极保护方案，以控制防腐层缺陷处管道的电化学腐蚀，在隧道上游值班室设置一座阴保站，为管道提供阴极保护。并在下游常熟分输站也设置一座阴保站，作为备用。将线性 MMO 阳极布设置在泡沫混凝土中。

## 三、盾构隧道的安全

1. 穿越方案的选择

针对长江穿越的特点，对穿越方案进行了充分分析比选后，推荐采用目前穿越能力最强的泥水平衡盾构穿越方案。

盾构法进行隧洞施工具有自动化程度高、节省人力、施工速度快、一次成洞、不受气候影响、可控制地面沉降、减少对地面建筑物的影响和在水下开挖时不影响地面交通等特点。

泥水平衡盾构机是通过加压泥水或泥浆（通常为膨润土悬浮液）来稳定开挖面，其刀盘后面有一个密封隔板，与开挖面之间形成泥水室，里面充满了泥浆，开挖土料与泥浆混合由泥浆泵输送到洞外分离厂，经分离后泥浆可重复使用。

该方案具有以下优点：

（1）盾构隧道穿越施工时，没有水上、水下作业，不影响航道通航；

（2）不损坏航道两侧堤坝及河床结构；

（3）施工不受季节限制；

（4）穿越精度较高，隧道埋设深度大；

（5）对周边环境及建（构）筑物影响较小；

（6）盾构施工技术成熟、盾构推进、出土、拼装衬砌等全过程可实现自动化作业，施工劳动强度低，施工安全可靠；

（7）钢筋混凝土管片拼装形成一个钢筋混凝土隧道，保护其内部敷设的输气管道，运营安全可靠。

2. 穿越埋深的确定

为了确保长江航道的畅通、安全，以及管道的建设安全、运营安全，隧道埋深的确定至关重要。

1）与规范要求对比

根据《油气输送管道穿越工程设计规范》（GB 50423—2013），水域盾构隧道上部所需覆土层的最小厚度，应根据工程地质、水文地质条件、设备类型因素决定，应大于 2.0 倍隧道外径（本工程为 15.2m），且低于设计冲刷线以下 1.5 倍隧道外径（本工程为 11.4m）。

长江盾构隧道结构顶部距穿越轴线河床最小覆土厚度为 34.0m，超过规范规定厚度 20m。隧道顶部距长江的河床演变最大冲刷线最小覆土厚度为 26.1m，满足规范要求。

2）与锚地评价要求对比

《国家重点工程天然气管道工程（南段）长江盾构隧道穿越工程与常熟海轮锚地影响专项研究报告》的结论：“考虑到常熟海轮锚地的远期规划，建议国家重点工程江苏段长江盾构隧道穿越工程隧道穿越锚地下部分埋深不小于泥面以下 21.91m。”隧道穿越段锚地泥面最小底高程为 –15.7m，锚地下方隧道顶面高程为 –45.62m，隧道管顶距离泥面约

39.92m，大于《国家重点工程天然气管道工程(南段)长江盾构隧道穿越工程与常熟海轮锚地影响专项研究报告》建议的泥面以下21.91m，有18.01m的安全富余量。

3)与航道评价要求对比

《国家重点工程天然气管道项目隧道穿越工程航道通航条件影响评价报告》的结论“长江隧道工程所在河段的长江主航道底标高规划与现状一致。在河床演变、数学模型和应急抛锚入土试验研究专题的基础上，经综合分析表明，拟建隧道所在各航道考虑航道设计水深、极限冲刷以及应急抛锚入土深度等情况下，隧道顶面高程布置仍有较大富余量，隧道在各航道处顶部设置合理，满足规范要求。”在长江主航道范围内河床最低点高程为-15.9m，此处拟建盾构隧道顶高程为-56.0m，盾构隧道顶位于远期规划航道底高程以下40.1m。河床演变最大冲刷深度为13.8m，满足航道通航要求。

4)与长江大堤关系

盾构隧道始发井距离大堤背水坡坡脚为340m，接收井距离大堤背水坡坡脚为150m。始发井和接收井与长江大堤距离较远，对堤防整体结构不造成直接影响。

## 四、隧道及竖井结构安全

### 1. 隧道结构

管片设计中综合考虑垂直土压力、水平土压力、水压力、地层抗力、管片自重、地基反力(垂直荷载反力和管片自重反力)、地面超载、千斤顶推力、壁后注浆压力及内部荷载、地震力等作用力。

荷载统计结果见表4-48。

**表4-48　荷载统计表**

| 作用分类 | 作用名称 | 荷载值/(kN/m$^2$) | 结构重要性系数 |
|---|---|---|---|
| 永久作用 | 隧道结构自重 | 10 | 1.1 |
| | 管道自重 | 1.59 | |
| | 隧道铺底混凝土自重 | 5.74 | |
| | 隧道充填泡沫混凝土自重 | 3.75 | |
| | 隧道渗水产生的水自重荷载 | 6.98 | |
| | 顶部竖向土压力 | 132.24 | |
| | 顶部水平土压力 | 66.99 | |
| | 底部水平土压力 | 98.31 | |
| | 顶部竖向水压力 | 620 | |
| | 顶部水平水压力 | 622 | |
| | 底部水平水压力 | 694 | |
| 可变作用 | 施工荷载 | 18.84 | |
| | 注浆压力 | 670 | |
| 地震作用 | 地震力 | 1.81 | |
| 偶然作用 | 沉船或抛锚荷载 | 20 | |

根据施工、运营各阶段不同设计工况进行作用组合，按最不利组合工况进行设计，考虑的工况如下：

1)基本工况

主要荷载作用下的环片受力。荷载组合：结构自重+土压力+水压力+地基反力。

2)施工工况

主要荷载和施工荷载的作用。荷载组合：结构自重+土压力+地基反力+注浆压力+施工荷载。

3)运营工况

主要荷载和运营荷载的作用。荷载组合：结构自重+土压力+水压力+地基反力+隧道渗水产生的水自重荷载+混凝土底板垫层&管道荷载+隧道充填泡沫混凝土自重。

4)地震工况

主要荷载和地震作用。荷载组合：结构自重+土压力+水压力+地基反力+隧道渗水产生的水自重荷载+混凝土底板垫层&管道荷载+隧道充填泡沫混凝土自重+地震作用。

5)偶然工况

主要荷载和沉船(或抛锚)荷载的作用。荷载组合：结构自重+土压力+水压力+地基反力+隧道渗水产生的水自重荷载+混凝土底板垫层&管道荷载+隧道充填泡沫混凝土自重+(沉船或抛锚荷载)。

根据各工况的内力计算结果，采用修正惯用法和有限元软件分别计算管片内力。

承载能力极限状态分别按基本工况、施工工况、运营工况、地震工况、偶然工况计算；正常使用极限状态按管道运营工况计算。经计算，最不利工况计算结果见图4－116～图4－118。

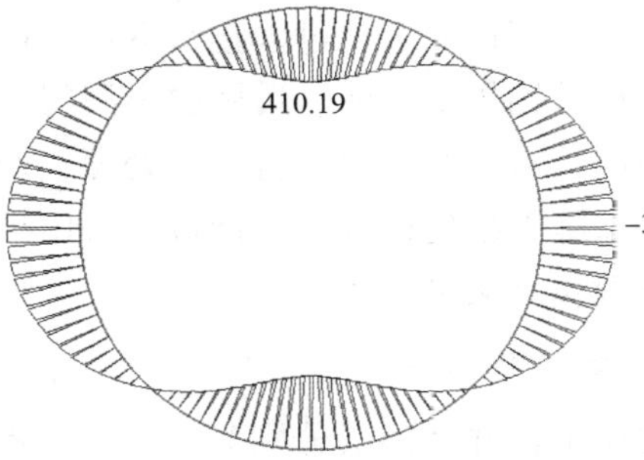


图4－116 盾构环片弯矩图

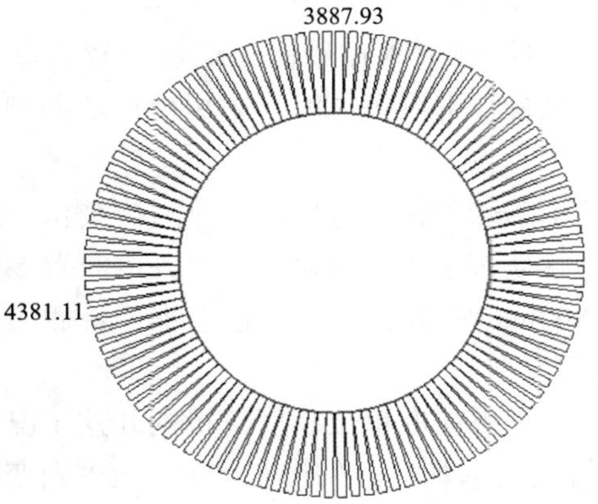


图4－117 盾构环片轴力图

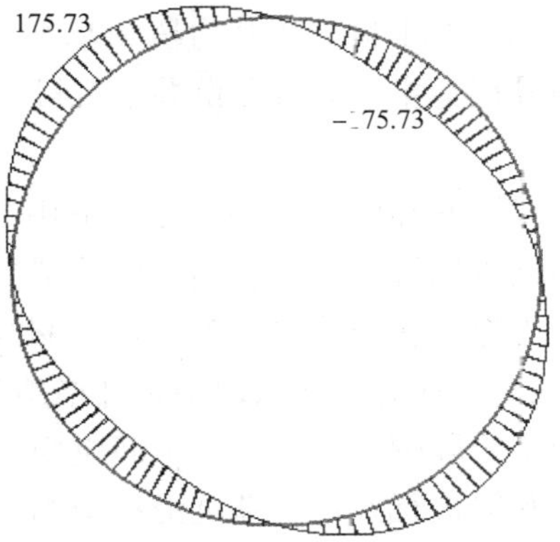


图4－118 盾构环片剪力图

采用400mm厚的C60钢筋混凝土环片，经计算，按最不利内力计算管片截面和配筋，并进行管片裂缝验算，均满足规范要求，能够保证隧道结构安全稳定。

2. 隧道防水

盾构段隧道防水等级为二级，主要包括衬砌环片自身的防水、接缝的防水、隧道壁后注浆、工作竖井与圆形隧道接头部位防水四个方面的内容，具体要求如下：

盾构隧道防水主要包括结构主体防水、接缝及特殊部位防水。盾构隧道防水设计遵循以防为主、多道设防、综合治理的原则，以结构主体防水为基础，接缝防水为重点，并对特殊部位进行防水处理，形成完整的防水体系。防水等级盾构平巷段为二级，竖井为二级。

竖井井筒(内衬)和底板、盾构管片采用防水混凝土，通过在混凝土内添加外加剂，达到混凝土结构自防水。管片混凝土强度等级为C60，抗渗等级为P12。竖井混凝土强度等级为C40，抗渗等级根据深度分别为P8、P10、P12。

根据多个盾构隧道工程的实践经验，在使用高精度管片的基础上，采用弹性密封的原理、线状密封方式、密封材料预制成型的施工方法进行接缝防水，被证明是成功的。本工程衬砌管片接缝防水采用氯丁海绵橡胶＋三元乙丙密封垫＋聚醚聚氨酯密封垫＋聚硫密封胶的方案。连接螺栓孔密封圈采用遇水膨胀橡胶。

为达到及时有效地充填环片与地层的间隙，采用同步注浆的方式，在盾构推进的同时进行壁后注浆，以起到隧道防水的功效。

在进出洞口周边处设置止水钢板，在接头部位采用密封橡胶圈及柔性密封材料等进行防水。在盾构机出洞前、盾尾脱离洞门时，为防地质改良区与井壁之间的地下水携带泥沙涌入洞门，需要对洞门进行密封处理，安装注浆管路进行注浆处理。

井壁施工缝处设置止水钢板，采用柔性密封材料进行防水。底板与井壁接缝处采用缓膨胀橡胶止水条进行防水。

3. 竖井结构安全

北岸工作井处地层分别为：粉土、粉砂、淤泥质粉质黏土、粉质黏土、粉土、粉砂、粉质黏土、粉细砂、中粗砂层。根据管道补偿要求，确定北岸工作井开挖深度为28.4m。

南岸工作井处地层分别为：粉土、粉砂、淤泥质粉质黏土、粉质黏土、粉砂、粉土、粉细砂、中粗砂层。根据管道补偿要求，确定南岸工作井开挖深度为29.6m。

考虑到本工程工作井为超深基坑，且临江地区地下水位较高，地层以较为软弱的粉土、粉砂层为主，为避免沉井下沉过程中出现涌砂、突沉等风险，采用地连墙围护的明挖方案。

北岸竖井和南岸竖井，分别采用1.5m和1.2m厚地下连续墙作为围护结构，地连墙与主体结构侧墙形成叠合墙结构共同受力，地连墙按永久结构设计，竖井内布置5道钢筋混凝土支撑。在地连墙外侧设置一圈封闭的800mm厚素混凝土墙止水帷幕，插入坑底以下约5m，并在施工期采取降水井措施保证施工安全。

施工阶段围护结构按照平面应变问题考虑，沿纵向取单位长度，根据开挖工况按竖向弹性地基梁进行计算。基坑围护结构设计采用理正深基坑软件进行计算，按“先变形、后支撑”的原则，采用“增量法”原理分阶段进行结构分析和稳定性验算。支护结构安全等级为一级，地连墙嵌固深度30m，采用C40混凝土。分别进行了地连墙内力和位移计算、坑底抗隆起验算、突涌稳定性验算，经计算均满足要求。对地下连续墙断面进行承载能力计算，地下连续墙断面尺寸合理，含钢量适中，最大变形满足周边环境控制要求。各道支撑受力合理，断面尺寸满足结构要求。

待主体结构开挖到底，底板与侧墙浇筑达到设计强度后即可拆除中间对撑，保留四边角撑（需拆除第5道整个支撑），满足盾构施工要求。

工作井底板厚度为2m，内衬墙厚度依据深度分别为0.8m、1.0m。

竖井采用逆作法，主体结构设计应考虑基坑开挖、施工期主体结构（盾构吊装、掘进阶段）、运营期主体结构（井内充水）三个工况，其中施工期主体结构阶段为控制工况。盾构吊装荷载按照70kPa考虑。

对北岸工作井分别进行施工阶段、运营阶段结构模型进行，综合现行规范对各构件承载力极限状态和正常使用极限状态的横断面进行验算，各断面尺寸合理，配筋情况满足规范要求，裂缝宽度满足控制标准。经过抗浮计算，考虑地连墙自重后，工作井施工期抗浮安全系数为1.4，满足抗浮要求。

## 五、盾构始发端头加固

盾构由北岸工作井始发，端头加固采用外包0.8m厚塑性混凝土地连墙 + $\phi$850@600mm超深三轴搅拌桩加固措施，搅拌桩与塑性混凝土墙、地连墙之间空隙采用$\phi$800旋喷桩填充。搅拌桩加固区纵向长度18.0m，加固宽度13.6m，加固深度为盾构隧道顶、底边缘外不小于3m的范围。搅拌桩与旋喷桩28d无侧限抗压强度不小于1.0MPa，渗透系数$k \leq 1 \times 10^{-7}$cm/s。同时确保加固土体的均匀性、密封性和自立性。施工前应进行工艺性成桩试验以确定提钻速度、喷浆量等工艺参数，验证搅拌均匀程度及成桩直径。成桩试验不少于3组。

加固区内布置4口降水井兼观测井，加固区外布置6口降水井，井深约43.5m，进入5－2层粉质黏土层。降水方案应进行专业设计，并由专业队伍进行施工。

盾构始发前1个月进行降水，加固区内降水井水位应位于加固区以下才允许盾构始发。

## 六、盾构穿堤技术保证措施

（1）盾构穿越大堤从密实地层穿越，穿越深度不小于3倍隧道外径。

（2）盾构始发时，应在开始段地表布设沉降观测点，若地表沉降严重，应及时调整注浆配比和掘进参数，监测数据作为穿越大堤和正常掘进时控制沉降的资料。

（3）施工前应在堤身和边坡处预先埋设沉降观测桩并及时进行测量，此数据作为堤身目前高程的参考依据。始发后及时跟进测量，对施工前和施工初期施工引起的堤防沉降及其对岸坡的影响进行精确预测。施工中加强对大堤的变形监测分析，以测量结果为基础，加强地表隆陷监测反馈指导施工。大堤沉降量应严格控制在堤防管理部门规定范围内。

（4）严格规范控制盾构机操作模式的选择、转换，精心操作控制，及时注浆充填环形间隙，减少地层变形。使环片尽早支承地层，以控制围岩松弛和塑性区的扩大。

（5）对于盾构段隧道，在必要时，根据地表监测情况，及时做好二次补强注浆，对隧道周边地层进行加固，减少地层损失，控制地表隆陷。

（6）堤防监测项目应符合堤防管理部门的要求，施工监控的数据和结论必须及时地反馈给监理、设计、业主和施工方，为现场出现问题的解决提供基础数据或参考依据，以保证工程安全、顺利进行。

(7)避免在雨量大的季节和汛期进行穿堤坝施工，避免不了时，可以加强地面排水，或者在堤坝表面施作隔水措施等。

(8)设置刀盘轴力及扭矩等掘进参数时，应考虑堤坝超载的影响。

(9)掘进速度的选定必须合理，不能盲目求快。

(10)配备经验丰富的操作人员和工程师，最大限度地避免人员因素带来的风险。

(11)做好应急准备，如监测到大堤沉降过大时，可采取地面灌浆、隧道内部二次注浆等措施。

## 七、保障盾构施工安全的措施

1)刀具磨损

刀盘和主轴承是盾构机的核心部件，施工前尽量选用质量更好的尼龙主轴承密封代替橡胶密封，提高主轴承密封的使用寿命，从而保护主轴承。刀盘在使用过程中，注意推力不要超过设计极限，地层对刀盘的寿命极为重要，提前做好地勘，避免恶劣地层损坏刀盘。要求盾构机具备进入刀盘舱，修复刀盘和更换刀具的功能。

2)运输降效

长距离运输，容易造成管片和砂浆供应不及时，影响掘进效率，也可能发生砂浆在未运输到位的情况下在砂浆台车中凝结。要采取措施提高运输能力，包括双轨运输，隧道内设置多道道岔，每条轨道上同时存在 5～6 辆车接力，保证物资供应。

本工程可采用设置 2 条轨道，每隔 3000m 左右要设置道岔，保证 2 台运输机车同时运输。在竖井底部中间布置 2 条轨道，向两侧各设置 1 条道岔，用于存放砂浆台车或人员交通车，同时在进入隧道约 20m 位置设置道岔用于 2 台以上电机车交替运输。通过合理布置运输方式，可以减小长距离引起的运输降效问题。

3)导向误差影响贯通精度

长距离隧道，地面控制测量用全站仪不能满足测量精度，只能采用 GPS 测量，但是 GPS 的高程控制测量精度相对较低。

建议引入专业测量检测队伍，增加复核次数，保证贯通误差在允许范围内。

4)隧道内通风保障

长距离隧道内通风首先要充分考虑供风裕量，特别是管道安装期间，要保证大量的烟尘能够及时排出，并考虑备用方案和应急预案，避免因停电或其他紧急时间造成隧道前方供风不足。

为了保障隧道内通风，可采用低噪声轴流式通风机压入式通风，当风筒压入通风超过 2500m 时，为确保压入风流速，采取风筒接增压轴流风机串联通风，约 100m 安装一个反向轴流风机用于隧道排风，加大隧道内空气流通速度。

在掘进过程中，对隧道内的气体要严格进行检测，在盾构机内安装有毒气体检测仪、氧气浓度检测仪等气体检测设备，在隧道内通过移动式气体检测仪进行巡检。

5)盾构设备密封要求高

在高水压超长距离掘进时，由于盾构机的导向油缸和盾尾铰接油缸，施工中需要经常调节，容易造成密封磨损，在高水压的软土和砂地层条件下，容易发生涌水涌砂，同时，盾尾密封刷也会发生磨损严重问题，发生涌水涌砂。

因此，建议取消盾构铰接密封装置，降低施工中涌水涌砂风险，同时加强盾尾密封油脂注入量的管理，提高盾尾密封刷的使用寿命。

6)主轴承及密封损坏

一般情况下，主轴承寿命为10km，本项目在高水压条件下掘进11km，主轴承及其密封有损坏的可能性，如果密封失效，泥沙将进入主轴承导致其损坏，在江底更换密封极其困难。

因此，本工程盾构设备必须针对性定制，提高主轴承及其密封的使用寿命。

7)盾构掘进时遭遇障碍物，处理困难

在长江流域进行盾构施工，由于古河道的变迁、千百年来航道内沉船等原因，造成江底各种不明物种类和数量繁多。盾构掘进时，容易遇到沉船、木头、炮弹弹壳以及其他一些障碍物，需要对这些障碍物进行处理。在流量大、流速快、水压高、埋深大的水域对障碍物处理非常困难。

因此，需加强地质勘探和盾构机复杂特殊地质处理能力。

8)三废处理

废水主要有生活污水和现场清洁污水、盾构施工废水。施工现场泥浆应该经过多级净化处理，经泥水分离系统初步分离后，再经过压滤机压滤，将处理后的液体回收再利用。

9)沼气对竖井施工的影响

沼气对竖井施工主要影响为地连墙施工和内衬施工两个阶段。在地连墙成槽过程中气体的排放直接影响槽壁的稳定性，易造成槽壁外地层蠕动、塌方，造成成槽困难，而在混凝土浇筑时，混凝土凝固前后，沼气透入混凝土中造成槽壁气孔、夹渣、裂纹及贯通裂缝等质量缺陷，影响地连墙强度和防水质量。在内衬开挖时，在竖井区沼气层气体排放不彻底或周边地层沼气透入竖井区域时可能引起沼气突出事故，若沼气疏散不及时导致浓度增加或措施不到位，易造成沼气燃烧、爆炸等事故。

为确保竖井施工的安全，采取排放措施是效果明显且较为可行的方法。该方法在竖井周边的地面布置钻孔预抽沼气，钻孔深度结合地质勘察情况，深入沼气层。根据始发竖井和接收竖井断面结构布置钻孔。钻孔直径、间距、数量和深度等关键参数应根据沼气抽采效果进行调整。

10)长距离掘进泥浆管路使用寿命

在长距离盾构掘进过程中，泥浆管路易受到泥浆和渣土的磨损变薄，从而导致管路接口及弯头处漏浆，尤其是设备内部及靠近刀盘舱的泥浆管路磨损较为严重。

因此，需对泥浆管路的壁厚进行加厚设计，易磨损的弯头内侧堆焊耐磨层，外侧进行贴敷钢板，同时在泥浆出渣口处设置前置式泥浆门，用于阻隔地层与设备内管路的连通。

## 八、管道运营安全

1)管道自动化控制

国家重点工程管道工程自控采用SCADA(监控和数据采集)系统。SCADA系统分三级：调度中心控制级、站场控制级和就地控制级。

由设置在北京的中国石油油气管网调控中心作为主调度控制中心，廊坊调度控制中心作为备用调度控制中心，负责全线的集中监控、优化运行和统一调度管理，确保管线的安全运营。

2)穿越上、下游设置阀室和站场

为了减小因管道损坏造成的次生灾害影响，结合本工程沿线线路截断阀室的设置情况，在长江穿越北岸始发井1.5km处设置监控阀室，南岸接收井处设置常熟分输站(表4-49)。线路截断阀室的间距符合《输气管道工程设计规范》(GB 50251—2015)的规定。

在管道发生紧急事故时，自动关闭线路截断阀能有效控制管道内输送介质的泄漏量，减小次生灾害影响。

**表4-49　阀室设置表**

| 序号 | 名称 | 里程/km | 间距/km | 地区等级 | 类型 | 位置 | 备注 |
|---|---|---|---|---|---|---|---|
| 1 | YS57A#阀室 | 0 | 0 | 三级地区 | B类监控 | 海门市经济开发区 | 长江穿越北岸 |
| 2 | 常熟分输站 | 11.9 | 11.9 | 三级地区 | — | 常熟市经济技术开发区 | 长江穿越南岸 |

为了减少由于地震、火灾、泄漏等事故引起的天然气的损失，阀室设置线路截断阀，线路截断阀由气液联动执行机构驱动，当主管道(或备用管道)发生事故时，可关闭相应的线路截断阀，进行主管道和备用管道之间的切换，同时进行线路放空作业。

阀室放空系统的安全可靠性：

(1)阀室放空系统安全性分析

根据《输气管道工程设计规范》(GB 50251—2015)的要求，应保证每段管道均能放空，根据本工程特点，YS57A#阀室设置的放空系统，应满足在事故工况和计划性检修时放空的需要。

阀室设置的放空立管主要用于本阀室上下游线路段的放空，按照YS57A#阀室—常熟分输站的放空间距，对YS57A#阀室的放空系统进行核算。

放空条件如下：YS57A#阀室放空管管径$DN500$，放空立管管径$DN500$，立管高度15m，按照站间距12.9km(YS57A#阀室—常熟分输站)的放空间距、1~20m/s的风速进行计算。在放空前先利用下游压缩机将线路段压力降至5MPa，在12h内把事故段管内天然气全部放空。

(2)放空作业要求：

①放空作业前，对阀室放空点周边设置警戒线进行戒严，防止人员、车辆靠近；

②放空作业严格按照放空作业指导书(或放空作业管理规定)进行操作实施，放空操作人员需配备个人防护用品；

③放空作业时，须配备必要的消防措施，做好周边警戒防护，同时操作人员须穿戴防火服，防止意外点燃时造成不良后果。

(3)更安全的隧道运营方式

长江盾构隧道穿越距离长达10.3km，安全高效的运营方式格外重要。

填充泡沫混凝土的优势是无须设置永久通风、照明、排水、检测措施，管道处于混凝土内部封闭环境，利于管道防腐；隧道内管道运营时，约束了管道位移，避免了管道与支架、隧道壁的碰撞；可使竖井深度减小，提高施工的安全性，同时降低竖井施工的难度和工程费用。缺点是隧道内填充泡沫混凝土施工工期较长，相比较充水运营方案，增加工期约3个月。

对于填充材料，国外大都采用泡沫混凝土填充，主要基于泡沫混凝土施工对防腐层基本没有损伤，其质量较轻，性能稳定，对管道有较大的约束，又较普通混凝土施工方便，造价相对较低。如果采用填充沙，由于沙子较松散，对管道的约束弱，不能起到约束管道的作用，管道的热变形较大，竖井内补偿器较长，这样会增加竖井的深度。但是盾构施工时输出的沙子可以作为泡沫混凝土的原料。

目前国内水下隧道绝大多数充水运营，10多年前的隧道，由于经验及防腐技术的限制，有一些腐蚀的问题出现。但是近年建造的隧道，如西二线长江、钱塘江、北江盾构隧道，根据抽水检测结果，管道及钢构件采取措施后，运营状态良好，无明显锈蚀和破坏迹象。采取相应措施后，隧道充水运营是可行的。

充填泡沫混凝土，运营更可靠。隧道充填泡沫混凝土方案相比较传统的充水运营，管道在封闭的混凝土中，事故出现的概率更低，运营更可靠，并且避免了管道位移，应急工况的排水量也较小，工程费用较低。

## 九、安全防范设计

根据《石油天然气管道系统治安风险等级和安全防范要求》(GA 1166—2014)，长江盾构隧道的安全防范级别为一级。采取人力防范、技术防范和实体防范等综合措施确保隧道和管线运营安全。

(1)穿越北岸始发井处设置实体围墙防护和值班室，配备3名专职治安保卫人员24h职守。南岸竖井纳入常熟分输站一同进行运营管理。

(2)在隧道两侧竖井内部上端设置可燃气体泄漏监测报警装置。

(3)隧道内管道弯管处设置应力监测。

(4)在隧道两岸竖井口设置智能识别监测系统。

(5)在隧道两岸竖井采用实体防护，并设置周界报警。

(6)在穿越竖井两侧位置安装智能测试桩，对管道阴极保护运行参数进行自动采集与传输。同时能够人工测试穿越段管道阴极保护电流，用来评估穿越段管道防腐层的绝缘性。

(7)北岸竖井值班室和南岸常熟分输站阴极保护设备采用一体化智能控制系统，智能分析管道阴极保护水平，根据分析结果，对恒电位仪运行参数进行远程调整。

以上监测数据实时上传控制中心，通过系统自动分析实现预警功能。

## 十、运营安全维护

(1)定期对穿越隧道附近水域水下地形的监测，确保隧道埋深不小于设计深度。

(2)结合河势演变情况和长江通航状况，加强隧道的保护，确保隧道始终处于安全状态。

(3)隧道建成后，试输之前，要对实际埋深进行全线实测，并通报各有关部门。

(4)运营单位与工程所在地应急、水利、环保、海事、港口、航道、消防等部门建立正常联系，及时通报隧道建设、运行和保护情况，提请协调和帮助解决事关隧道安全的事宜，并支持配合有关部门履行职责，开展工作。

## 十一、管道应急预案

高压天然气管道发生泄漏甚至燃烧、爆炸时，将极大威胁到事故点周围的生命财产安全。对事故的及时发现和正确处理，是最大限度减少损失的关键所在。对事故现场情况和输气场站仪表的正确判断，可以在第一时间发现、报告天然气管道的泄漏、燃烧、爆炸事故，为救援抢险赢得宝贵时间。

当出现隧道内管道有泄露需要应急抢修，运营单位应先截断上下游阀室，排空管道内气体，当隧道内管道需要抢修等紧急状态出现时，需要及时排除竖井、隧道内积水，并提供隧道内应急状态用电，经过检测，确保隧道内安全后，进隧道进行作业。泡沫混凝土可以采用机械挖掘，开挖出足够的施工作业面，再按照相应的规程进行管道维抢修。

## 十二、智能管道设计

长江盾构隧道穿越是国家重点工程的重点安防地段，具有抢修周期长、造价高、维护困难等特点。建设期采取监控设施设计，将建设初期的监控数据上传至管道管理平台系统，将管道施工阶段、运营阶段的状态记录下来，形成穿跨越段管道完整的数据，便于运营管理。在运营阶段可以预设报警值，当出现高风险情况及时报警，可提前进行维护，避免事故的发生，实现管道安全、环保、经济、高效地运行。

智能管道设计方案如下：

(1)在隧道两侧竖井内部上端设置可燃气体泄漏监测报警装置；

(2)隧道内管道弯管处设置应力监测；

(3)在隧道两岸竖井口设置智能识别监测系统；

(4)在隧道两岸竖井采用实体防护，并设置周界报警；

(5)在穿越竖井两侧位置安装智能测试桩，对管道阴极保护运行参数进行自动采集与传输，同时能够人工测试穿越段管道阴极保护电流，用来评估穿越段管道防腐层的绝缘性；

(6)北岸竖井值班室和南岸常熟分输站阴极保护设备采用一体化智能控制系统，智能分析管道阴极保护水平，根据分析结果，对恒电位仪运行参数进行远程调整。

以上监测数据实时上传控制中心，通过系统自动分析，实现预警功能。

# 第五章　课题研究

## 第一节　管道安全风险分析与控制研究

### 一、研究内容

目前，国内外常用的管道风险评价方法及可接受准则的应用对象主要是一般线路段管道，对于隧道内敷设管道的失效数据、失效后果及综合风险分析等均未见相关研究；此外，对于盾构隧道本体的风险分析，在油气管道行业尚无先例。因此，对于长江盾构隧道及穿越管道的风险分析与控制没有成熟的行业经验或标准规范等可以借鉴，有必要开展系统的研究，建立风险分级体系和风险可接受准则，通过识别各阶段盾构隧道及穿越管道的风险因素，确定其风险水平并制订相应的措施，以保证长江盾构隧道的风险处于可接受范围，保证长江盾构隧道穿越的顺利实施和安全运行。此课题研究对设计、施工、运营阶段的风险进行系统分析。

本课题以长江盾构穿越工程为研究对象，通过研究盾构隧道安全风险控制，以降低盾构一次掘进 10.23km 的设计、施工、运营风险，将风险降低在可接受范围。主要研究内容如下：

(1) 长江盾构穿越设计、施工、运营阶段的风险源的识别；

(2) 盾构穿越的风险分级标准的研究，确定风险概率等级、风险损失等级、风险分级标准；

(3) 风险分析方法的研究，确定长江盾构穿越的风险分析方法；

(4) 长江盾构穿越的风险分析。

### 二、主要研究成果

*1. 管道盾构隧道安全风险分析方法*

对国内外盾构隧道风险评估技术研究现状调研和分析，确定了盾构穿越风险评价的方法。

对国内外风险评价方法和风险评估现状、各行业规范情况进行调研，并对各行业不同规范风险评价进行了对比。目前工程项目风险评价的方法主要有检查表式综合评价法、优良可劣评价法、道氏指数法、pcisson 法、R = P × C 法、模糊评判法及 Bayes 估计法等。

(1) 检查表式综合评价法、优良可劣评价法、道氏指数法等是建立在对工程项目所存在的各类风险进行客观量度的基础上，没有体现风险评价过程中专家的作用，且系统性不强，对风险大小的描述比较模糊，缺少直观的结论，不便于决策者做出进一步的决策。

(2)poisson 过程法常用于自然灾害风险评估，不适用于隧道及管道评估，bayes 估计法则是基于以往的大量经验(先验概率)建立的数据库提高现有样本的完备度改进统计结果，若无足够充足的数据库则会极大影响评估结果，本工程具有“重、长、高、险、难”五大特点，以往无较多类似工程，因此也不适用。

(3)R = P × C 法和模糊综合评判法同时考虑定性与定量，将一些边界不清、不易定量的因素定量化，使风险评价更加客观、科学和有针对性，因此，本工程采用该方法。

R = P × C 定级法是综合考虑风险因素发生概率和风险后果，给风险定级的一种方法，是表示风险因素发生概率和风险因素产生后果的级别的组合。R = P × C 定级法是一种定性与定量相结合的方法，是目前国内外比较推崇的一种风险评价方法，采用此法对建设工程项目风险因素实施定级步骤如下：

①找出工程项目存在的各种主要风险因素；

②根据实际情况，并借鉴以往类似建设工程项目风险管理的经验，分析各个风险因素的发生概率；

③根据发生后可能产生的后果，对人、环境和工程项目本身造成影响的程度，采用定量计算的方法给这些风险因素划分后果等级，一般划分为 5 个等级(灾难性、重大、严重、中等、轻微)，通过定量计算确定各个风险因素的后果等级 C；

④最后综合风险因素的影响程度等级 C 和其发生的概率 P，将两者组合起来，制订风险评估矩阵并参照 R = P × C 定级方法的风险评估矩阵，确定各个风险因素的等级并制订不同的方案，用比较合理的措施实施风险管理和风险控制。

本次研究结合风险矩阵法和模糊数学理论，根据系统层次按次序揭示系统、分系统和设备中的危险，进行定性和定量分析，在评价过程中弱化了专家主观判断的影响，对难以量化的模糊概念进行有效分析，其评价结果具有绝对性，且较为准确。

2. 识别盾构隧道和管道的风险因素

对盾构穿越工程的设计、施工、运营期风险因素进行了充分识别，共识别出盾构隧道一级风险 7 项，二级风险 34 项；管道一级风险 5 项，二级风险 15 项，具体见表 5 - 1 ~ 表 5 - 4。

**表 5 - 1　盾构隧道一级风险因素表**

| | |
|---|---|
| 一级风险因素 | 河床演变风险 U1 |
| | 地质状况风险 U2 |
| | 施工风险 U3 |
| | 运营期风险 U4 |
| | 人员安全风险 U5 |
| | 环境影响风险 U6 |
| | 结构耐久性风险 U7 |

**表 5-2 盾构隧道二级风险因素表**

| | |
|---|---|
| 河床演变风险 | 河床冲淤风险 U11 |
| | 纵向不均匀压力的影响 U12 |
| 地质状况风险 | 工程地质勘察风险 U21 |
| | 饱和砂土层中明挖施工和盾构掘进时引发流砂的风险 U22 |
| | 粉细砂、中粗砂层中刀具磨损的风险 U23 |
| | 承压水风险 U24 |
| 施工风险 | 地质准确性风险 U31 |
| | 盾构机适应性和可靠性(盾构选型)风险 U32 |
| | 盾构始发到达施工风险 U33 |
| | 开挖面失稳风险 U34 |
| | 盾尾密封、管片接缝防水失效风险 U35 |
| | 下穿长江大堤风险 U36 |
| | 盾构隧道上浮风险 U37 |
| | 开挖面有障碍物风险 U38 |
| | 明挖施工风险 U39 |
| | 突发事件风险 U310 |
| | 在含沼气地层中的掘进风险 U311 |
| 运营期风险 | 隧道结构稳定性风险 U41 |
| | 隧道防水可靠性风险 U42 |
| | 地震对隧道工程影响的风险 U43 |
| | 沉船、抛锚、爆炸、火灾损伤等引起的风险 U44 |
| 人员安全风险 | 突发事故风险 U51 |
| | 其他风险(包括操作不当) U52 |
| 环境影响风险 | 声环境影响风险 U61 |
| | 空气环境影响 U62 |
| | 水环境影响 U63 |
| | 固体废弃物污染影响 U64 |
| 结构耐久性及使用年限风险 | 结构受到渗流影响 U71 |
| | 衬砌材料老化 U72 |
| | 防水材料老化 U73 |
| | 防水结构不满足防水要求 U74 |
| | 盾构隧道连接螺丝外露部分锈蚀 U75 |
| | 河床冲淤风险 U76 |
| | 纵向不均匀沉降的影响 U77 |

表 5－3　管道一级风险因素表

| | |
|---|---|
| 管道一级风险 | 管道腐蚀/疲劳开裂 W1 |
| | 缺陷 W2 |
| | 机械损伤 W3 |
| | 误操作 W4 |
| | 自然与地质灾害 W5 |

表 5－4　管道二级风险因素表

| | |
|---|---|
| 管道腐蚀/疲劳开裂 | 外腐蚀 W11 |
| | 内腐蚀 W12 |
| | 应力腐蚀开裂 W13 |
| | 凹陷疲劳损伤 W14 |
| 缺陷 | 管体焊缝缺陷 W21 |
| | 管体缺陷 W22 |
| | 管道环焊缝缺陷 W23 |
| | 制造焊缝缺陷 W24 |
| | 褶皱弯曲或屈曲 W25 |
| | 管子破损 W26 |
| 机械损伤 | 第三方破坏 W31 |
| | 管道旧伤 W32 |
| | 蓄意破坏 33 |
| 误操作 | 不正确操作 W41 |
| 自然与地质灾害 | 地震 W51 |

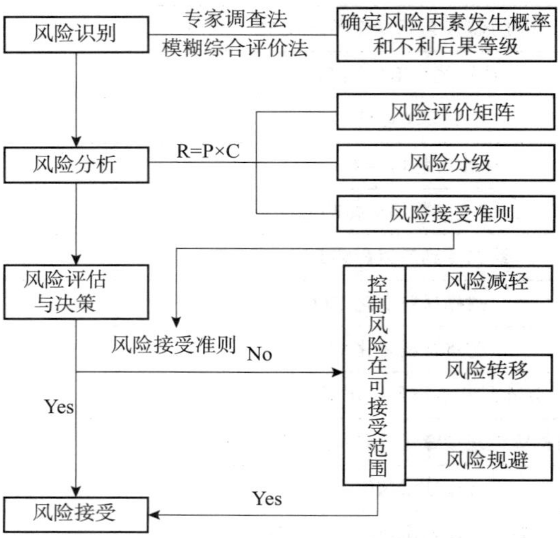


图 5－1　盾构风险评价与评估的模型

3．确定盾构隧道和穿越段管道风险评估模型与准则

（1）建立了盾构穿越风险分析与评估模型。通过研究其他行业和目前国内外的风险评价技术，确定盾构风险评价与评估的模型（图 5－1）。

（2）确定了管道盾构隧道和隧道内穿越段管道的风险概率、风险后果等级，并制订风险评估矩阵、风险接受准则。

这是油气管道行业首次建立了管道盾构穿越风险分析与评估模型，也是首次制订管道盾构隧道风险概率、风险后果等级，并制订风险评估矩阵、风险接受准则，填补了管道盾构穿越风险评估技术的空白。风险评估矩阵和接受准则见表5-5。

表5-5 风险评估矩阵及接受准则表

| 发生概率 \ 风险损失 | | 轻微的（1级） | 中等的（2级） | 严重的（3级） | 重大的（4级） | 灾难性的（5级） |
|---|---|---|---|---|---|---|
| 发生概率 | P<0.03%（A） | 一级（1A） | 二级（2A） | 二级（3A） | 三级（4A） | 四级（5A） |
| | 0.03%≤P<0.3%（B） | 一级（1B） | 二级（2B） | 三级（3B） | 三级（4B） | 四级（5B） |
| | 0.3%≤P<3%（C） | 一级（1C） | 二级（2C） | 三级（3C） | 四级（4C） | 五级（5C） |
| | 3%≤P<30%（D） | 二级（1D） | 三级（2D） | 四级（3D） | 四级（4D） | 五级（5D） |
| | P≥30%（E） | 二级（1E） | 三级（2E） | 四级（3E） | 五级（4E） | 五级（5E） |

| 风险指标 | 风险接受准则 |
|---|---|
| 一级 | 可忽略的。日常管理和审视 |
| 二级 | 可容许的。需注意，加强日常管理审视 |
| 三级 | 可接受的。引起重视，需防范、监控措施 |
| 四级 | 不可接受的。需决策，制订控制、预警措施 |
| 五级 | 拒绝接受的。立即停止，整改、规避或启动预案 |

**4. 确定管道盾构隧道综合风险评估方法，对长江盾构隧道开展了风险评估**

（1）对长江盾构隧道开展了风险评估，评估结果见表5-6。

表5-6 盾构风险评估表

| 一级风险因素 | 二级风险因素 | 可能性 | 后果 | 风险等级 | 处理对策 |
|---|---|---|---|---|---|
| 河床演变风险U1 | 河床冲淤风险U11 | B | 3 | 三 | 1. 制订隧址上下一定区域内严禁采砂等影响河床冲淤的活动；<br>2. 隧道埋深置于系列年+100年一遇冲刷线以下深度，同时按300年一遇冲刷标高校核，留有余量；<br>3. 加强航道管理；<br>4. 建议在隧道附近河段加强地形测量和冲淤观测，以便及时采取措施 |
| | 纵向不均匀压力的影响U12 | C | 3 | 三 | |

续表

| 一级风险因素 | 二级风险因素 | 可能性 | 后果 | 风险等级 | 处理对策 |
|---|---|---|---|---|---|
| 地质状况风险 U2 | 工程地质勘察风险 U21 | C | 3 | 三 | 1. 合理布置钻探孔位；<br>2. 选择合理的试验方法、计算公式；<br>3. 选用满足进度要求的试验仪器 |
| | 饱和砂土层中明挖施工和盾构掘进时引发流砂的风险 U22 | C | 3 | 三 | 1. 根据地质情况，采用泥水平衡盾构机掘进施工；<br>2. 盾构掘进过程中应保持切口泥水压的稳定性和推进速度的均匀性，减少对土体的扰动；<br>3. 加强开挖面泥水质量的检测和控制，及时补充新鲜泥浆；<br>4. 明挖深基坑施工可采用地基处理方法结合基坑降水 |
| | 粉细砂、中粗砂层中刀具磨损的风险 U23 | C | 3 | 三 | 1. 在刀盘中心、外缘和每个进渣口周圈进行硬化处理并堆焊有耐磨材料，同时在刀盘外圈设置保护刀具；<br>2. 对泥浆进行改良，加入适量膨润土增强泥浆的流动性，以减小刀具的磨损；<br>3. 盾构配备常压换刀，同时具备饱和潜水带压进舱功能 |
| | 承压水风险 U24 | B | 3 | 三 | 1. 精心优化挡墙与支撑体系结构设计及开挖施工工艺；<br>2. 对竖井地基薄弱部分，预先进行可靠而合理的地基加固以抵抗竖井坑底承压水水压力的顶托力；<br>3. 竖井外侧或内侧以深井点降低承压水水压，同时在附近建筑物旁边地层中用回灌水法以控制地层沉降、保护建筑设施等措施 |
| 施工风险 U3 | 地质预测预报准确性风险 U31 | C | 3 | 三 | 1. 制订好工程勘察方案，采取多种手段对地质进行综合勘察；<br>2. 盾构配备超前地质预报设备；<br>3. 盾构选型时充分考虑地质勘测资料的不准确性影响，各功能参数选择要留有余地 |
| | 盾构机适应性和可靠性（盾构选型）风险 U32 | B | 4 | 三 | 1. 通过详细地质勘探，查明隧道的地质条件，为盾构选型提供尽可能翔实的地质资料；<br>2. 认真研究工程地质和水文地质条件，针对工程特点，明确工程施工对盾构机性能和功能的要求，盾构机设备配置必须考虑突发事故的处理 |

续表

| 一级风险因素 | 二级风险因素 | 可能性 | 后果 | 风险等级 | 处理对策 |
| --- | --- | --- | --- | --- | --- |
| 施工风险 U3 | 盾构始发到达施工风险 U33 | C | 3 | 三 | 1. 严格控制主要掘进参数，减少压力波动，采用低速均匀推进，避免对土体大的扰动，加强开挖量和出土量监控，防止超挖和欠挖；<br>2. 加强、盾构姿态、同步壁后注浆及监控量测等管理；<br>3. 严格控制始发到达端头地层的加固质量；<br>4. 设置性能良好的密封止水装置 |
| | 开挖面失稳风险 U34 | B | 4 | 三 | 1. 正确地计算并选择合理的舱压，经常检查开挖面水压信号；<br>2. 控制推进速度和泥渣排土量，及时补给新鲜泥浆量；<br>3. 利用探测装置进行土体塌检查；<br>4. 地表沉降与信息反馈 |
| | 盾尾密封、管片接缝防水失效风险 U35 | C | 3 | 三 | 1. 在盾构机上设置多道密封刷，并采用自动或手动装置经常向密封刷注油脂；<br>2. 避免同步注浆浆液对钢丝刷的损害；<br>3. 提高管片拼装质量，以防盾构与管片之间建筑空隙一边过分增大、一边过分减少，从而可能降低盾尾密封效果；<br>4. 盾尾配备紧急密封装置；<br>5. 对盾构推进的轴线加以严格控制，避免管片就位不准；<br>6. 进行二次注浆，加固地基，减小不均匀沉降的影响；<br>7. 对管片拼装质量加以控制，避免碰撞 |
| | 下穿长江大堤风险 U36 | B | 3 | 三 | 1. 衬砌设计中计算堤防工程引起的超载压力；<br>2. 严格保持开挖面的泥水压力和泥膜质量，减少对土体的扰动，不得超挖或欠挖，防止过大的纠偏；<br>3. 加强盾尾同步压浆；<br>4. 加强监测，及时反馈防汛墙变形信息，以便采取二次注浆、防汛墙底部注浆等技术措施 |
| | 盾构隧道上浮风险 U37 | C | 2 | 二 | 1. 施工期间严格控制隧道轴线，使盾构尽量沿着设计轴线推进，每环均匀纠偏，减少对土体的扰动；<br>2. 提高同步注浆质量，使其遇泥水后不产生裂化，并要求浆液具有一定的流动性，能均匀地布满隧道周围，及时填充建筑空隙 |

续表

| 一级风险因素 | 二级风险因素 | 可能性 | 后果 | 风险等级 | 处理对策 |
| --- | --- | --- | --- | --- | --- |
| 施工风险 U3 | 开挖面有障碍物风险 U38 | B | 4 | 三 | 对开挖面前方 20m 超声波障碍物探测，及时查出大石块、沉船、哑炮弹；附设从密封舱隔板中向工作面延伸的钻机，对障碍物破除。设气压进出闸门，局部气压下进入密封舱排障，对刀盘维修。设置石块破碎机，将块石破碎到粒径 100mm 以下，以便泥浆泵排出。渣土分离排放系统满足泥水处理及环保要求 |
| | 明挖施工风险 U39 | C | 3 | 三 | 1. 根据基坑结构安全计算，选择合理插入比、增加支撑刚度、控制基坑周边；<br>2. 选择插入不透水层的隔水围护，辅以坑底井管降水方式；<br>3. 支撑中间设置格构柱或联系梁；<br>4. 加强基坑周边变形测量及建构筑物沉降观测 |
| | 突发事件风险 U310 | B | 2 | 二 | 制订严格的施工制度，施工中不允许出现这类事件；必要时先处理后推进，特别是富含水砂层的推进，必须对工作面土体进行改良：管片在推进结束后及时跟紧，及时成环；特别措施：(1)隧道推进到达的位置，在地面上作出标志，以防突发事件时，能迅速在地面采取措施；(2)控制施工区段的地面动载；进行全过程的施工监测；电机车运行及管片吊运、拼装必须要专人看护检查。每节车辆均有制动装置；储备充足的消防器材，工作人员能熟练操作 |
| | 在沼气地层中的掘进风险 U311 | C | 3 | 三 | 沼气的防范措施，应该在隧道内部设置相应的沼气浓度监测点。如果当有害气体浓度达到规定的数值后，需要立即撤离施工人员，保证生命健康。切断电源，禁止明火，禁止人员入内，还要确保隧道内部通风状况，不能使沼气在隧道内部聚集。需等到沼气浓度达到安全值以下后，方可重新安排施工人员进入隧道内部施工。<br>除此之外，因为在勘察过程中其中有钻孔发生过沼气喷溢现象，在此区段在施工前可以增加地质钻孔数，一方面确保勘察资料的准确性，另一方面可以起到释放沼气的作用，减少地层中沼气的聚集 |

续表

| 一级风险因素 | 二级风险因素 | 可能性 | 后果 | 风险等级 | 处理对策 |
| --- | --- | --- | --- | --- | --- |
| 运营期风险 U4 | 隧道结构稳定性风险 U41 | A | 4 | 三 | 1. 结构设计中对隧道的施工阶段、运营阶段的强度、刚度、稳定性都进行计算，并有合适的、足够的安全度；<br>2. 从结构、接头、接缝设计，环境保护，施工监测等方面综合考虑，减少、控制结构的沉降及不均匀沉降，防止结构开裂及渗漏 |
| | 隧道防水可靠性风险 U42 | B | 3 | 三 | 1. 以防为主，多道防线，因地制宜，刚柔并济，综合治理；<br>2. 以结构自防水为主，附加防水层为辅，重点加强接头、接缝的防水构造措施 |
| | 地震对隧道工程影响的风险 U43 | A | 5 | 四 | 1. 结构设计考虑地震的影响，采取抗震构造措施将结构设计成能抵抗相应地震作用的结构；<br>2. 环缝设置衬垫，一定程度上减震消能；<br>3. 隧道中线以下埋没于液化深度以下 |
| | 沉船、抛锚、爆炸、火灾损伤等引起的风险 U44 | B | 4 | 三 | 结构设计时考虑沉船、抛锚等特殊荷载的影响，并留有冗余 |
| 人员安全风险 U5 | 突发事故风险 U51 | B | 2 | 二 | 加强监测、发现问题及时采取对应措施 |
| | 其他风险(包括操作不当)U52 | B | 3 | 三 | 制订严格的操作规程及上岗制度 |
| 环境影响风险 U6 | 声环境影响风险 U61 | E | 1 | 二 | 1. 对噪声敏感点设置声屏障防护；<br>2. 工程设计综合考虑废气和噪声排放的要求；<br>3. 采用减震降噪措施 |
| | 空气环境影响 U62 | C | 2 | 二 | 废气污染控制：工程采用强制排风 |
| | 水环境影响 U63 | C | 2 | 二 | 施工期的污水、废水经处理后排放至市政管网；运营期的冲洗废水及渗漏水排入市政管网经处理后排放 |
| | 固体废弃物污染影响 U64 | C | 2 | 二 | 施工期产生的建筑垃圾及弃土弃渣按城市渣土办及环卫部门的规定处理 |
| 结构耐久性风险 U7 | 结构受到渗流影响 U71 | B | 3 | 三 | 加强管片接缝防水，断裂破碎带等渗水地段设内衬 |
| | 衬砌材料老化 U72 | B | 4 | 三 | 采用高性能耐久性混凝土，加大钢筋保护层厚度，结构设计留有余地 |
| | 防水材料老化 U73 | B | 4 | 三 | 选用抗老化性能好的防水材料，设计采取构造措施，尽量降低防水材料老化的风险 |

续表

| 一级风险因素 | 二级风险因素 | 可能性 | 后果 | 风险等级 | 处理对策 |
|---|---|---|---|---|---|
| 结构耐久性风险 U7 | 防水结构不满足防水要求 U74 | B | 4 | 三 | 采用高性能耐久性混凝土，加大钢筋保护层厚度，钢构件采取防腐蚀措施，选择抗老化性能高的防水材料 |
| | 盾构隧道连接螺丝外露部分锈蚀 U75 | B | 2 | 二 | 管片结构接头螺栓并不与土壤直接接触，且由于手孔封堵的施作，螺栓与隧道内大气基本隔绝；管片间采用遇水自膨胀密封防水材料填塞，可使漏水减少；注浆防水层的加强，可使地下水渗漏减小 |
| | 河床冲淤风险 U76 | B | 4 | 三 | 设计时隧道埋深应考虑留有余地。同时，在隧道施工及运行管理过程中需加强隧道附近河床冲淤变化检测，若发现问题，应及时采取措施以保证隧道安全、正常运行 |
| | 纵向不均匀沉降的影响 U77 | C | 3 | 三 | 对不均匀地层或不同结构引起隧道纵向不均匀沉降一般可通过设置纵向变形缝来调节，并采取计算分析辅以适当的构造措施加以解决 |

由表 5－6 可知，绝大多数工程项目风险等级为三级，少数风险等级为二级，个别项目风险为四级，引入计算综合评价向量 $B$ 进行评判，得到

$$B=\{B1/B1\rightarrow\max\}=0.62001$$

$$B'=\{B2/B2\rightarrow\max\}=0.22121$$

隧道风险概率等级和后果等级分别为 B 和 4 级，根据之前制订的风险评估矩阵可知：本工程风险等级为三级，即有“一定风险”，应引起重视。就目前国内设计、施工、管理水平而言，工程在建设和运营期发生不可克服风险的概率很小。

(2)研究了穿越段管道风险评估综合评定方法，并对长江盾构穿越管道进行了风险评估，评估结果见表 5－7。

**表 5－7　穿越段管道风险评估表**

| 一级风险因素 | 二级风险因素 | 可能性 | 后果 | 风险等级 |
|---|---|---|---|---|
| 管道腐蚀/疲劳开裂 | 外腐蚀 W11 | B | 1 | 一 |
| | 内腐蚀 W12 | B | 1 | 一 |
| | 应力腐蚀开裂 W13 | A | 2 | 二 |
| | 凹陷疲劳损伤 W14 | B | 2 | 二 |
| 缺陷 | 管体焊缝缺陷 W21 | A | 2 | 二 |
| | 管体缺陷 W22 | A | 2 | 二 |
| | 管道环焊缝缺陷 W23 | A | 3 | 二 |
| | 制造焊缝缺陷 W24 | B | 2 | 二 |
| | 褶皱弯曲或屈曲 W25 | B | 3 | 三 |
| | 管子破损 W26 | E | 2 | 三 |

续表

| 一级风险因素 | 二级风险因素 | 可能性 | 后果 | 风险等级 |
|---|---|---|---|---|
| 机械损伤 | 第三方破坏 W31 | A | 5 | 四 |
| | 管道旧伤 W32 | B | 2 | 二 |
| | 蓄意破坏 33 | B | 3 | 三 |
| 误操作 | 不正确操作 W41 | B | 2 | 二 |
| 自然与地质灾害 | 地震 W51 | C | 3 | 三 |

由表 5 - 7 可知，绝大多数工程项目风险等级为二级，少数风险等级为一级和三级，个别项目风险为四级，风险等级差距较大，此时引入计算综合评价向量 $B$ 进行评判，得到：

$$B = \{B1/B1 \to \max\} = 0.580952$$

$$B' = \{B2/B2 \to \max\} = 0.364444$$

管道风险概率等级和后果等级分别为 B 和 4 级，根据之前制订的风险评估矩阵可知：本工程风险等级为三级，即有"一定风险"，应引起重视。就目前国内设计、施工、管理水平而言，工程在建设和运营期发生不可克服风险的概率很小。

(3)综合风险评估。考虑到隧道本体和内部管道存在一定的联系，其各自独立的风险等级不能较好地描述整体风险等级，因此，需要对隧道本体和管道构成的整体系统进行风险评估。

将隧道和管道所有的共 49 个风险因素一起纳入同一个模糊评判矩阵 $R_Z$：

$$R_{Z1} = \begin{Bmatrix} 0.07 & 0.87 & 0.07 & 0.07 & 0 \\ \cdots & \cdots & \cdots & \cdots & \cdots \\ 0.53 & 0.40 & 0.07 & 0.07 & 0 \end{Bmatrix}_{49 \times 5}$$

$$R_{Z2} = \begin{Bmatrix} 0.27 & 0.27 & 0.13 & 0.07 & 0.27 \\ \cdots & \cdots & \cdots & \cdots & \cdots \\ 0.07 & 0 & 0.33 & 0.07 & 0.53 \end{Bmatrix}_{49 \times 5}$$

管道可视为隧道的内部结构存在，因此，隧道风险会传递给管道，管道发生风险也会对隧道造成一定的影响，具体的传递关系与内部充填情况有关。如果内部空置条件，隧道发生衬砌强度失效风险会对内部管道运营造成很大的影响，而管道发生管子破损等风险则依然影响的是管道部分，对隧道影响不大，此时可认为隧道风险所占权重更大；如果内部充填泡沫混凝土，则可认为隧道和管道联系紧密，隧道发生较大变形会压迫内部混凝土，从而影响管道，管道内压泄漏也会通过混凝土传递压力给管片，由此可知，隧道和管道的风险存在一个传递关系，具体的传递系数此处采用 AHP 层次分析法获取。

考虑到在整体系统中的风险传递，基于内部结构配置情况计算出权重分配比为{0.24，0.76}，得到整体系统的权重矩阵

$A_Z = \{z_1, z_2, \cdots, z_{49}\}$

$= \{0.022, 0.028, 0.028, 0.044, 0.057, 0.051, 0.066, 0.044, 0.044, 0.057, 0.073, 0.044, 0.07, 0.066, 0.066, 0.004, 0.004, 0.002, 0.010, 0.010, 0.005, 0.018, 0.01, 0.002, 0.018, 0.01, 0.01, 0.001, 0.005, 0.004, 0.009, 0.01, 0.005, 0.0007, 0.009, 0.004, 0.005, 0.002, 0.0007, 0.009, 0.0004, 0.005, 0.014, 0.005, 0.0050.002, 0.004, 0.004, 0.018, 0.0007, 0.022, 0.009\}$

从而得到整体系统的综合评判矩阵

$B_{Z1} = A_Z \times R_{Z1}$

$= (b^1, b^2, b^3, b^4, b^5) = (0.3648, 0.5903, 0.0837, 0.0301, 0)$

$B_{Z2} = A_Z \times R_{Z2}$

$= (b^1, b^2, b^3, b^4, b^5) = (0.0965, 0.1890, 0.1622, 0.3301, 0.2262)$

即风险概率最大隶属度为0.5904，对应第二级，即风险概率为B级。

即风险后果最大隶属度为0.3301，对应第四级，即风险后果为4级。

根据风险评估矩阵可知：整体系统风险等级为三级，即有“一定风险”，应引起重视。就目前国内设计、施工、管理水平而言，工程在建设和运营期发生不可克服风险的概率很小。

5. 结论

(1)本工程施工及运营期发生风险破坏的模式很多，通常对这些风险模式处理分为永久作用和可变作用对隧道系统影响，偶然作用对隧道结构、人员安全、使用功能影响和环境作用对隧道结构使用年限影响三个方面。在考虑永久作用和可变作用及环境作用对隧道系统影响方面，在本工程项目结构及设备设计中通过对各风险模式采取针对性措施，并留有一定的安全储备，以保证工程在施工和运营中不会发生体系破坏。如能及时监理适当的结构健康监测系统，可改变隧道结构的风险分布，降低风险水平。

对应偶然作用对隧道结构、人员安全、使用功能影响，诸如隧道火灾，由于影响它的不确定因素太多，一旦发生往往会造成人员伤亡。因此，在设计中，我们首先设定以满足正常运营时隧道安全为风险控制要求，然后对现有设计方案中存在的不确定因素所诱发的风险状况进行定性和定量的分析和综合评估。再根据评估意见，对影响隧道工程整体风险水平的结构等各子系统的安全、功能进行平衡和冗余设计，并通过监控系统将各子系统构成一个有机的整体，从而实现在限制风险不超过规定值条件下的最佳安全设计。

(2)本工程属三级风险，即有“一定风险”，应引起重视。就目前国内设计、施工、管理水平而言，工程在建设和运营期发生不可克服风险的概率很小。在总结出主要风险的情况下，分析出主要风险集中在施工期和运营期，对施工期和运营期风险进行单独分析，得出结论如下：

①在考虑上述施工期主要风险的情况下，后续需要引入土体参数的变异性，对管片接缝张开量、拉压强度及螺栓强度进行可靠度分析。

②运营期盾构隧道的可靠度分析需要在土体参数变异性和管片衬砌材料变异性的基础上，增加地震工况，对隧道管片衬砌和内部管道的各项性能进行计算。但由于上节对施工

期隧道风险进行分析时已经考虑了管片衬砌的各项性能，对施工期隧道和运营期隧道的管片衬砌的性能进行分析。若运营期管片性能劣于施工期或无明显关系，则需要单独分析；若施工期管片衬砌性能明显劣于运营期，则在施工期隧道管片衬砌可靠度较高的情况下，运营期隧道管片衬砌可靠度只会更高，无需重复计算。

(3)经过对隧道和管道的相互影响进行研究，针对最危险断面分别计算施工期(未充填泡沫混凝土和施作内部管道)和运营期(充填泡沫混凝土和施作内部管道)，即管道不同输油情况下隧道及内部结构的内力和变形特征，得到结论如下：

①油气隧道盾构施工完成后由于受到外侧土层压力的作用，外衬管片竖向向内收敛，水平向外扩张，提高放大系数可发现其整体呈现扁椭圆形变化趋势。在回填混凝土后，内部结构的存在限制了盾构管片的变形，降低了竖向收敛位移，极大降低了水平扩张位移。油气管道输送后，由于内压无法通过泡沫混凝土传递给上部管片，导致管片下部竖向收敛位移降低，水平扩张位移增加，且上部竖向收敛位移在水平扩张位移的增加下受到拉力而增加。

②盾构隧道在建设完内部结构后更加安全，其结构内力有很大程度的减小，并且极大地减少了盾构管片的受拉区域，对于结构受力是有利的。在油气管道输送后，盾构管片的最大拉压应力都随着内压的增大而增大，最大拉、压应力出现在管片顶部，这也验证了上一条结论。最大拉应力接近设计值，最大压应力远小于设计值，说明盾构隧道管片顶部有受拉破坏的风险，需要验证配筋和裂缝计算来保证其安全性。总体上运营期盾构隧道结构受力优于施工期结构受力。

③泡沫混凝土的最大应力一开始出现在与隧道管片接触处，在油气管道输气后，接触处的最大应力开始降低，当内压超过 4MPa 后，最大应力处转移到管道周围，说明在无内水压的情况下，泡沫混凝土受到管片传递的压力，导致最大应力在与管片接触处。当内压逐渐增加，内压通过管道传递给混凝土，方向与外侧土压力方向相反，导致与管片接触处应力降低，与管道接触处应力增加。同时由于内压的存在，使得泡沫混凝土应力分布变得不均匀，这对结构受力是不利的。

④管道应力随着内水压的增加而增加，运营状态下的最大应力为 206MPa，小于容许应力 220MPa，未发生破坏。

(4)隧道可靠性分析：包括施工期隧道可靠性分析、运营期内部管道可靠性分析、地震作用下横向结构可靠性分析、地震作用下纵向结构可靠性分析。

①施工期隧道可靠性分析

以国家重点工程长江盾构穿越工程实际为背景，考虑了岩土性能参数、隧道深、结构尺寸、荷载等因素的不确定性，选取 3 个典型断面进行盾构隧道施工期可靠性分析，得到结论如下：对于 K0 +063. 3 断面，得到本段隧道施工期间管片衬砌最大应力，管片的最大变形、螺栓的最大剪应力和接缝的最大张开量等 4 种力学响应的可靠度均为 95%，所有的响应值均在允许值的范围之内；对于 K5 +169. 4 断面，得到本段隧道施工期间管片衬砌最大应力，管片的最大变形和接缝张开量 3 种力学响应的可靠度均为 95%，所有的响应值均在允许值的范围之内，当螺栓的最大剪应力取 156kN 时，螺栓的可靠度为 94. 6866%；对于 K7 +244. 4 断面，4 种力学响应的可靠度均为 95%，在允许范围之内。

②运营期内部管道可靠性分析

选择了3个经典断面进行运营期管道可靠性分析，得到结论如下：管道的环向应力、轴线应力和当量应力响应的可靠度均为95%，均在允许范围之内。

③地震作用下横向结构可靠性分析

设防地震下，盾构隧道的管片最大变形、管片应力及其内部管道各项应力等6种力学响应的可靠度均为95%，虽然管片衬砌出现了拉应力，但是其响应值在允许范围内，结构处于安全状态。

罕遇地震下，盾构隧道的各项内力及应力值较设防地震有了极大的增加，其管片最大变形、管片压应力及内部管道的各项应力等5种力学响应的可靠度为95%，但出现在距拱顶40°处的最大拉应力响应值超过了允许值，此处易出现小范围混凝土脱落，但对隧道整体结构影响不大，对内部管道的影响微乎其微。

④地震作用下纵向结构可靠性分析

设防地震下，盾构隧道的管片最大变形、管片应力及环缝张开量各项应力等3种力学响应的可靠度均为95%，虽然管片衬砌出现了拉应力，但是其响应值在允许范围内，隧道整体失效概率最大为结构处于安全状态。

罕遇地震下，盾构隧道的各项内力及应力值较设防地震有了极大的增加，拉压应力均超过限制，易出现小范围混凝土脱落，但对隧道整体结构影响不大，对内部管道的影响微乎其微。

## 三、研究成果在工程设计中的应用

本课题的研究成果应用于长江盾构隧道穿越，在初步设计和施工图设计中进行了风险分析和控制。这也是油气管道行业首例对于管道盾构隧道进行综合风险分析的工程。

对国家重点工程长江盾构隧道穿越的安全风险分析与控制设计包括以下几方面：

### 1. 长江盾构穿越设计、施工期风险因素识别及控制措施

对长江盾构穿越设计、施工、运营可能面临的风险因素进行识别，并制订了风险控制措施。

### 2. 确定盾构穿越风险分级

分析长江盾构穿越风险因素的发生概率等级、风险事故发生的后果等级，评定了相应风险等级。

### 3. 风险综合评价

通过对盾构工程性质和环境条件，对长江盾构穿越的风险进行综合评价。

### 4. 风险控制

根据风险接受程度进行风险控制，采取对应控制措施。

### 5. 风险控制交底

将风险控制成果进行设计交底，用于指导长江盾构隧道的施工和运营风险管理。

通过对长江盾构隧道及穿越管道的风险评估，确定其风险水平并制订相应的措施，保证长江盾构隧道的风险处于可接受范围，目前长江盾构隧道穿越施工正在顺利实施中。

## 四、关键技术与创新点

1. 关键技术

目前油气管道盾构穿越的安全风险管理技术还是空白，因此，本次课题研究需从风险识别开始研究，主要解决以下三个关键技术：

(1)管道盾构穿越的设计、施工、运营不同阶段的风险识别，全面分析和识别了盾构隧道风险因素、穿越段管道的风险因素；

(2)穿越段管道和盾构隧道风险因素的发生概率等级、风险事故发生的后果等级及相应风险等级的方法；

(3)监理穿越段管道、盾构隧道和综合评估的风险可接受准则及风险控制方法。

因此，对于长江盾构隧道及穿越管道的风险分析与控制没有成熟的行业经验或标准规范等可以借鉴，有必要开展系统的研究，建立风险分级体系和风险可接受准则，通过识别各阶段盾构隧道及穿越管道的风险因素，确定其风险水平并制订相应的措施，以保证长江盾构隧道的风险处于可接受范围，保证长江盾构隧道穿越的顺利实施和安全运行。

2. 创新点

本课题的研究内容“管道盾构隧道的风险评估与控制”，在油气管道行业尚无先例。目前国内外的管道风险评价方法及可接受准则的应用对象是一般线路段管道，对于隧道内敷设管道的失效数据、失效后果及综合风险分析等均未见相关研究，因此，本课题的研究成果均为开创性的，其中突出的创新技术有：

(1)采用了模糊综合评价法将定性的调查结果转换为定量的结论，给出管道盾构隧道穿越风险因素发生的概率等级、风险事故发生的后果等级，评定相应风险等级；

(2)用定量风险发生概率建立管道盾构隧道风险评价矩阵和风险接受准则，对盾构隧道和管道整体系统进行综合风险评估，建立了管道盾构穿越风险分析与评估模型。

# 第二节　承压水降水研究

本工程采用盾构隧道方式穿越长江，北岸工作井位于江苏省南通市海门区，竖井开挖深度28.2m，南岸工作井位于江苏省常熟市，竖井开挖深度29.6m。北岸工作井所处地层从上到下主要为②粉土、③淤泥质粉质黏土、④粉质黏土、⑤粉土、⑤－1粉砂、⑤－2粉质黏土、⑥粉质黏土、⑦粉砂、⑦－5粗砂，其中下部⑤－1层、⑦层、⑦－5层为承压水，含水性较好，渗透性强，承压水稳定水位埋深4.5m，标高－2.5m。南岸工作井所处地层从上到下主要为②－1粉质黏土、②－2粉砂、③淤泥质粉质黏土、④粉质黏土、⑤－1粉砂、⑥－1粉土、⑦粉细砂、⑦－5粗砂，其中下部⑤－1～⑦－5层为承压水含水层，岩性为粉细砂、粗砂，含水性较好，承压水头稳定埋深8.0m，标高－5.55m。由于竖井场区濒临长江，地表水资源十分丰富，松散含水层内的地下水与长江江水发生直接的水力联系。

北岸工作井距离长江大堤堤脚的水平距离为340m，南岸工作井距离长江大堤堤脚的水平距离为150m。由于工作井距离长江大堤较近，竖井开挖、降水施工不能对长江大堤安全造成影响，需要充分考虑竖井开挖、降水对大堤沉降的不利影响，将竖井施工对长江大堤的影响降在可接受范围内。

一般情况下，对于基坑降水涌水量、基坑降水设计单井降深的计算可参考相关标准、规范计算。

《建筑基坑支护技术规程》(JGJ 120—2012)附录E给出基坑降水的总涌水量计算，但该法仅适用于均质含水层、远离补给源条件下井的涌水量计算。长江盾构隧道穿越有多层承压含水层，为非均质含水层，且基坑紧挨着长江，靠近补给区，规范公式适用性较差。

《建筑地基基础设计规范》(GB 50007—2011)中给出基坑降水设计单井降深的计算，用裘布衣公式计算。该公式适用条件为：进入井中的水流主要是径向水流和水平流；在整个水流深度上流速是均匀一致的(稳定流状态)。这就要求含水层是均质、各向同性、无限延伸，降深不能过大。对于超深基坑，降深过大，水流以垂直分量为主，与公式假定不符，规范公式适用性较差。常见的基坑降水计算资料，只是一种粗略的计算，解析法不易取得理想效果。

基于以上因素，考虑到本工程的重要性，如果直接按经验公式进行降水计算，带来的计算误差较大。鉴于计算技术的发展，数值法在降水设计中已有大量研究成果，并已在水资源评价中得到了应用。在基坑降水设计中已开始在重大实际工程中应用，并已取得与实测资料相应的印证。因此，针对本工程的基坑降水设计，可采用有限元数值方法进行降水专项设计。为此，我们进行了竖井承压水的专项研究。

## 一、研究内容

(1)进行工程地下水风险分析，浅层潜水降水的影响、疏干降水效果的分析。

(2)超深基坑渗流计算规范的适用性分析。

(3)减压设计，确定减压井数量、深度以及减压的要求。

(4)根据竖井的实际含水层分布及边界条件，进行减压降水的三维渗流数值分析，减压降水效果的预测，对环境影响的分析及采取的工程措施。

## 二、主要研究成果

北岸工作井、南岸工作井降水设计方案，包括降水井布置、现场抽水试验、现场排水系统布置、降水井构造、成井施工工艺及技术要求、降水井运行管理、应急预案、封井方案、验收要求等内容。

## 三、研究成果在工程设计中的应用

### (一)北岸工作井降水设计

#### 1. 北岸工作井地下水工程分析

1)基坑底板抗突涌稳定性验算

基坑开挖后，由于承压含水层上覆土层厚度变薄，其上覆土的压力降低。当上覆土的压力小于或等于承压含水层的顶托力时，承压水将可能使基坑底面产生隆起，严重时使土体被顶裂产生渗水通道，从而发生基坑突涌。

基坑抗承压水突涌稳定性示意图见图5－2。通常采用式(5－1)判别基坑开挖后是否处于抗底部承压含水层突涌(以下简称“抗突涌”)稳定(安全)的状态。

$$\frac{P_s}{P_w}=\frac{\gamma D}{h_w\gamma_w}\geqslant K_h \tag{5-1}$$

式中 $P_s$——承压含水层顶面至基底面之间的上覆土压力，kPa；

$P_w$——初始状态下(未减压降水时)承压水的顶托力，kPa；

$D$——承压水含水层顶面至坑底的土层厚度，m；

$\gamma$——承压水含水层顶面至坑底土层的天然重度，kN/m³，对多层土，取按土层厚度加权的平均天然重度；

$h_w$——承压水含水层顶面的压力水头高度，m；

$\gamma_w$——水的重度，工程上一般取10，kN/m³；

$K_h$——安全系数，工程上一般不应小于1.10。

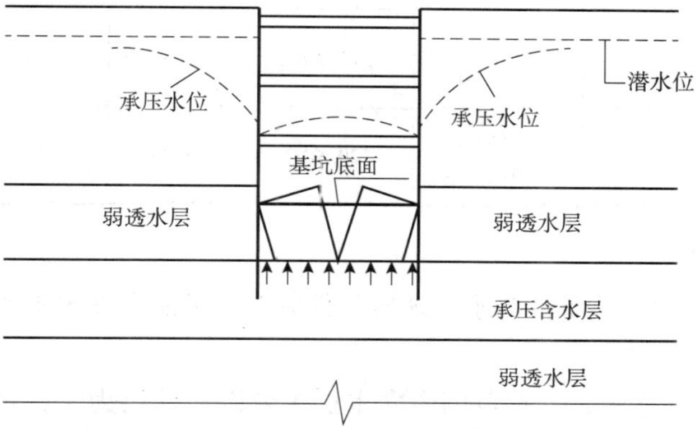


**图5－2 基坑抗承压水突涌稳定性示意图**

当验算得$\frac{P_s}{P_w}=\frac{\gamma D}{h_w\gamma_w}\geqslant K_h$时，我们认为基坑当前开挖面处于抗承压水突涌稳定的安全状态。否则需要考虑采取减压降水措施。

对于需采取减压降水措施的基坑工程，在计算减压降水幅度时一般取临界状态进行计算，即

$$\frac{P_s}{P'_w}=\frac{\gamma D}{(h_w-s)\times\gamma_w}=K_h \tag{5-2}$$

式中 $P'_w$——当前施工工况下抗突涌稳定安全时，承压水的顶托力临界值，kPa；

$s$——当前开挖工况下抗突涌稳定安全时，需降低的承压水幅度，m。

由式(5－2)可推导出：

$$s=\frac{K_h\times h_w\times\gamma_w-\gamma D}{K_h\times\gamma_w} \tag{5-3}$$

可以根据式(5－3)计算需降低承压水的幅度。

根据勘察资料，对本工程有影响的承压水分布在⑦～⑨层中，承压水水位埋深4.5m，水头高度－2.5m。土的重度根据勘察报告取平均值17.7kN/m³。

根据表5-8、表5-9计算结果可知，北岸工作井⑦层承压水层的抗突涌安全系数小于1.10，需设置降压井和备用兼观测井。

**表5-8 抗突涌安全系数计算结果**

| 工程部位 | 含水层 | 开挖绝对标高/m | 承压含水层顶板标高/m | 承压水顶托力/kPa | 上覆土压力/kPa | 安全系数 | 控制安全系数 |
|---|---|---|---|---|---|---|---|
| 北岸工作井 | ⑦ | -26.20 | SJN7<br>(-49.00) | 465.00 | 403.56 | 0.868 | 1.10 |
| | ⑧ | | SJN7<br>(-68.00) | 655.00 | 739.86 | 1.129 | |

**表5-9 安全水位控制计算结果(安全系数1.10)**

| 工程部位 | 含水层 | 开挖绝对标高/m | 承压含水层顶板标高/m | 承压水顶托力/kPa | 上覆土压力/kPa | 降深需求/m | 控制水位标高/m | 临界开挖标高/m |
|---|---|---|---|---|---|---|---|---|
| 北岸工作井 | ⑦ | -26.20 | SJN7<br>(-49.00) | 511.50 | 403.56 | 9.81 | -7.31 | -20.30 |
| | ⑧ | | SJN7<br>(-68.00) | 720.50 | 739.86 | 0 | -2.50 | -27.39 |

2)工程降水风险

根据工程场地工程地质条件与水文地质条件分析，可能引发本工程施工风险的主要含水层为上部潜水和承压水。

(1)本工程基坑面积大，开挖范围内含水层主要以粉砂层为主，具有含水量高、强度低的特点，若不采取措施降低土层含水量，将造成开挖面软弱，开挖面积水等不良现象，影响开挖面上的施工，较高的含水量也使得土体自立性差，影响开挖效率。

(2)本工程基坑底板以下分布有⑦和⑧层承压含水层，经验算，本工程需考虑降低⑦层承压水位9.81m。现止水帷幕未隔断承压含水层，后期坑内降压降水会对坑外环境产生影响，需在坑内布置降压井，坑外布置回灌兼观测井。

(3)基坑降水引发周边环境问题。在工程施工中，基坑内降水会在一定程度上导致基坑外地下水位降低，从而诱发周边环境问题，需要采取相应的降水与管理措施，保障基坑施工安全。

3)工程降水对策

针对本工程特点，充分利用专业降水设计及地下水控制经验，采用以下措施解决降水工程中的难点：

(1)对于坑内浅层潜水，采用疏干管井降水措施对其进行疏干，预抽水时间不少于三周；

(2)对承压水采用深井进行“按需减压”降水，保证基坑安全及施工顺利进行；

(3)在基坑内、外布置水位观测井，进行日常水位观测，并根据地下水位监测结果指导降水运行；

(4)待开挖前进行生产性试抽水试验，根据试验结果，必要情况下增设坑外备用兼应急回灌井，并单独布置坑外水位观测兼备用井；

(5)建议在坑外针对潜水布设一定的水位观测点用于监测降水期间坑外水位的变化，并密切关注坑外环境影响可根据保护等级要求设置警报。

2. 基坑降水设计

1)疏干井设计

基坑施工过程中，需及时疏干开挖范围内土层的含水量，保证基坑无水开挖的顺利进行。因此，开挖前需要在基坑内布设若干降水井，对基坑开挖范围内土层疏干，降水井深度结合基坑开挖深度及地层分布情况进行确定。

本工程疏干降水井数量及布置情况见表 5 – 10。

**表 5 – 10　疏干井数量及布置**

| 降水井类型 | 数量/口 | 井深/m | 滤管长度/m | 滤管范围/m |
|---|---|---|---|---|
| 疏干井 | 4 | 39 | 26 | 4 ~ 12、16 ~ 26、30 ~ 38 |

基坑共布置 4 口疏干井，由于粉土含水层较厚，为保证疏干井的疏干效果，深度应考虑穿透含水层，即井深 39m，其中滤管设置根据竖井围护结构的支撑位置尽量避开支撑布置。

正式开挖前预留 20d 以上的预抽水时间。

2)承压含水层减压降水设计

(1)水文地质概念模型

本次承压水减压降水设计中，将上覆潜水含水层以及下伏深层承压含水层组一起纳入模型参与计算，并将其概化为三维空间上的非均质各向异性水文地质概念模型。

为了克服由于边界的不确定性给计算结果带来随意性，定水头边界应远离源、汇项。通过试算，本次计算实际计算平面尺寸为 1055m × 1025m，四周均按定水头边界处理。

在地下水降水过程中，基坑外的地下水将通过基坑周围的止水帷幕底绕流进入基坑，在坑内地下水位大幅度下降的同时，坑外地下水位亦下降，地下水流态为三维非稳定流，基坑内降水井是唯一的源、汇项。

(2)基坑降水数值模拟

①地下水运动数学模型

根据上述水文地质概念模型，建立下列与之相适应的三维地下水运动非稳定流数学模型：

$$\begin{cases} \dfrac{\partial}{\partial x}\left(k_{xx}\dfrac{\partial h}{\partial x}\right)+\dfrac{\partial}{\partial y}\left(k_{yy}\dfrac{\partial h}{\partial y}\right)+\dfrac{\partial}{\partial z}\left(k_{zz}\dfrac{\partial h}{\partial z}\right)-W=\dfrac{E}{T}\dfrac{\partial h}{\partial t}\cdots\cdots(x,\ y,\ z)\in\Omega \\ h(x,\ y,\ z,\ t)\big|_{t=0}=h_0(x,\ y,\ z)\cdots\cdots(x,\ y,\ z)\in\Omega \\ h(x,\ y,\ z,\ t)\big|_{\Gamma_1}=h_1(x,\ y,\ z,\ t)\cdots\cdots(x,\ y,\ z)\in\Gamma_1 \end{cases} \tag{5-4}$$

$$E=\begin{cases} S & \text{承压含水层} \\ S_y & \text{潜水含水层} \end{cases} \tag{5-5}$$

$$T=\begin{cases}M & \text{承压含水层}\\ B & \text{潜水含水层}\end{cases} \tag{5-6}$$

$$S_s=\frac{S}{M} \tag{5-7}$$

式中 $S$——储水系数；

$S_y$——给水度；

$M$——承压含水层单元体厚度，m；

$B$——潜水含水层单元体地下水饱和厚度，m；

$k_{xx}$、$k_{yy}$、$k_{zz}$——各向异性主方向渗透系数，m/d；

$h$——点$(x, y, z)$在$t$时刻的水头值，m；

$W$——源汇项，1/d；

$h_0$——计算域初始水头值，m；

$h_1$——第一类边界的水头值，m；

$S_s$——储水率，1/m；

$t$——时间，d；

$\Omega$——计算域；

$\Gamma_1$——第一类边界。

对整个渗流区进行离散后，采用有限差分法将上述数学模型进行离散，就可得到数值模型，以此为基础编制计算程序，计算、预测降水引起的地下水位的时空分布。

根据已有的岩土工程勘察报告、水文地质条件、钻孔资料，模拟区平面范围按下述原则确定：以试验区为中心，边界布置在抽水井影响半径以外，以基坑各边向外扩展约500m设定为定水头补给边界，本次建模范围为1055m×1025m。

剖面上，根据勘察资料，将场区在垂向上概化为3个模拟层：第1层为粉土、粉砂、粉质黏土互层；第2层为粉质黏土层；第3层为由粉砂、中粗砂等组成的承压含水层；地墙、塑性墙设置为隔水边界。

②渗流数值模型建立

a. 含水层的结构特征及网格剖分　本次数值模拟计算采用含水层三维模型，其网格剖分情况见图5-3、图5-4。

图5-3　三维网格剖分图

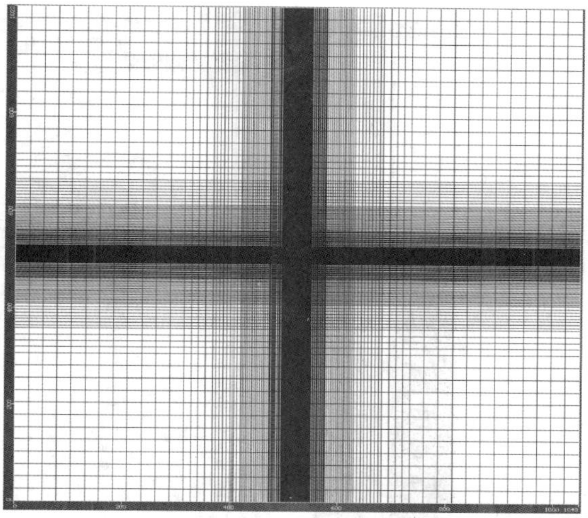

图 5－4　平面网格剖分图

b. 水力特征　地下水渗流系统符合质量守恒定律和能量守恒定律；含水层分布广、厚度大，在常温常压下地下水运动符合达西定律；考虑浅、深层之间的流量交换以及渗流特点，地下水运动可概化成空间三维流；地下水系统的垂向运动主要是层间的越流，三维立体结构模型可以很好地解决越流问题；地下水系统的输入、输出随时间、空间变化，参数随空间变化，体现了系统的非均质性，但没有明显的方向性，所以参数概化成水平向各向同性。

综上所述，模拟区可概化成非均质水平向各向同性的三维非稳定地下水渗流系统。模拟区水文地质渗流系统通过概化、单元剖分，即可形成三维非稳定地下水渗流模型，见图 5－5。

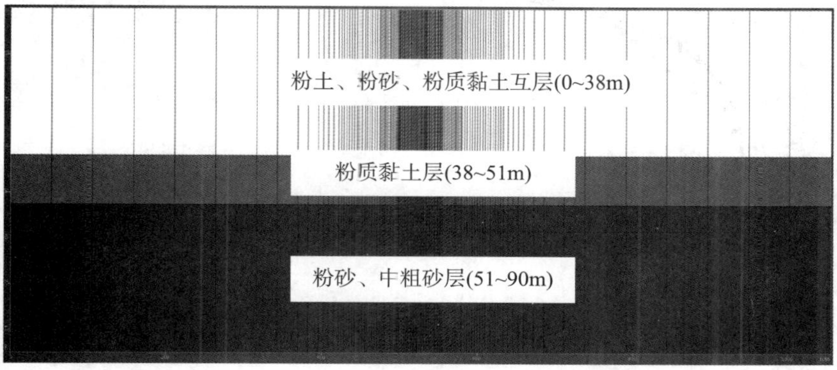


图 5－5　概念模型示意图

c. 模拟期及应力期确定　数值模拟的模拟期和相应计算周期视试验不同而设定不同值，在每个计算周期中，所有外部源汇项的强度保持不变。

d. 源汇项处理方式　包含试验井处理和边界条件处理。

试验井处理：抽水井可以设置过滤器长度、出水量等参数，与实际数据具有很强可比性。抽水井、观测井设置见图 5－6。

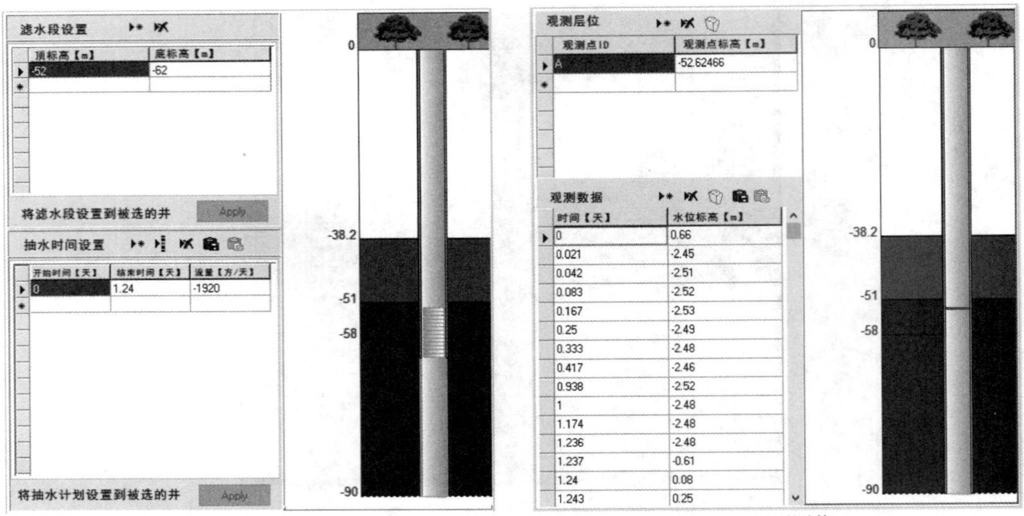

(a)抽水井　　　　(b)观测井

**图 5－6　试验井设置图**

边界条件处理：根据勘察报告，本次模型中将模型边界定义为定水头边界，水头高程设置为 0.95m，水位不变，边界设置在抽水影响范围之外。

③模型识别及校正

a. 模型识别　此处以 YJ6 单井抽水试验为模拟原型，以不同井结构观测井的水位数据为拟合基准。根据各观测井的实测数据与模型计算数据进行对比分析确定相关地层参数。YJ6 抽水试验拟合情况结果见图 5－7。

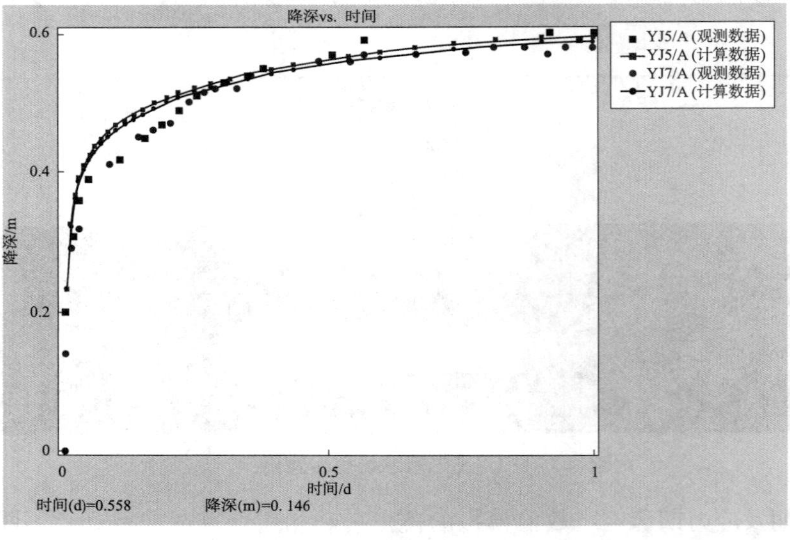


**图 5－7　单井试验时观测井拟合曲线**

b. 模型可靠性分析　根据群井试验拟合的数据进行可靠性分析，结果见图 5－8。

建立地下水三维渗流模型，进行数值模拟参数反演，采用 YJ6 单井抽水试验数据拟合求参，其参数均在 95% 的置信区间范围内，参数拟合结果可靠，见表 5－11。

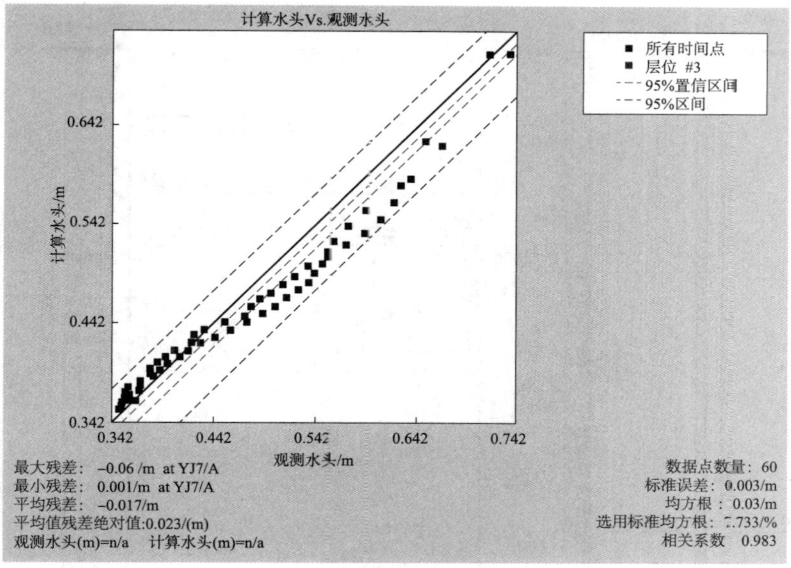


**图 5-8 群井试验可靠性分析**

**表 5-11 含水层拟合参数表**

| 含水层层位 | 水平渗透系数/(m/d) | 垂向渗透系数/(m/d) | 贮水系数 Ss/(1/m) |
|---|---|---|---|
| 粉砂、中粗砂 | 55 | 15 | $3\times10^{-5}$ |

c. 模型校正 为了进一步验证模型及参数的可靠性，根据试抽水情况及现场条件，于2020年12月24日安排进行群井验证试验，抽水井为YJ1～YJ2、YJ4～YJ6、YJ8～YJ9，共7口，观测井为YJ3，共1口。

井深63m，泥孔径650mm；井管为直径325mm、壁厚5mm钢管；滤管为同规格桥式滤水管，外包60～80目尼龙滤网；滤料为中粗砂，滤料以上回填10m厚黏土球止水。抽水井布置见图5-9。试验井结构剖面见图5-10。

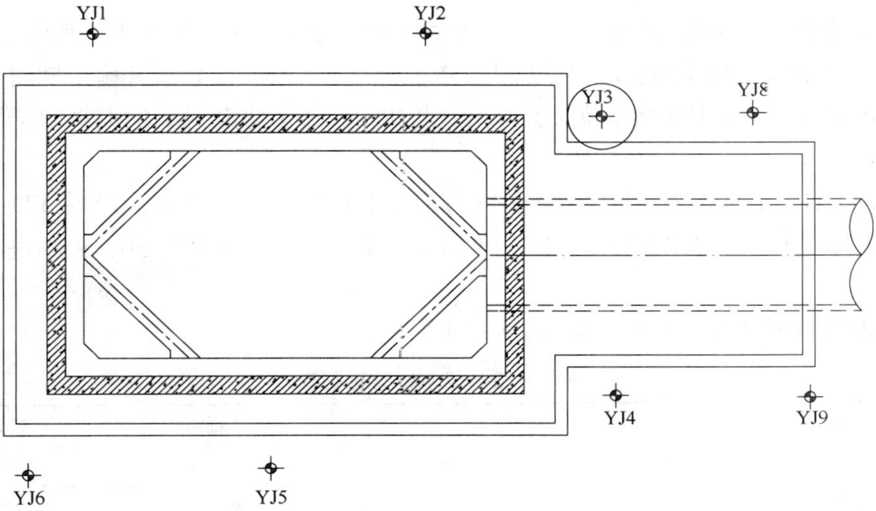


**图 5-9 群井试验平面布置图**

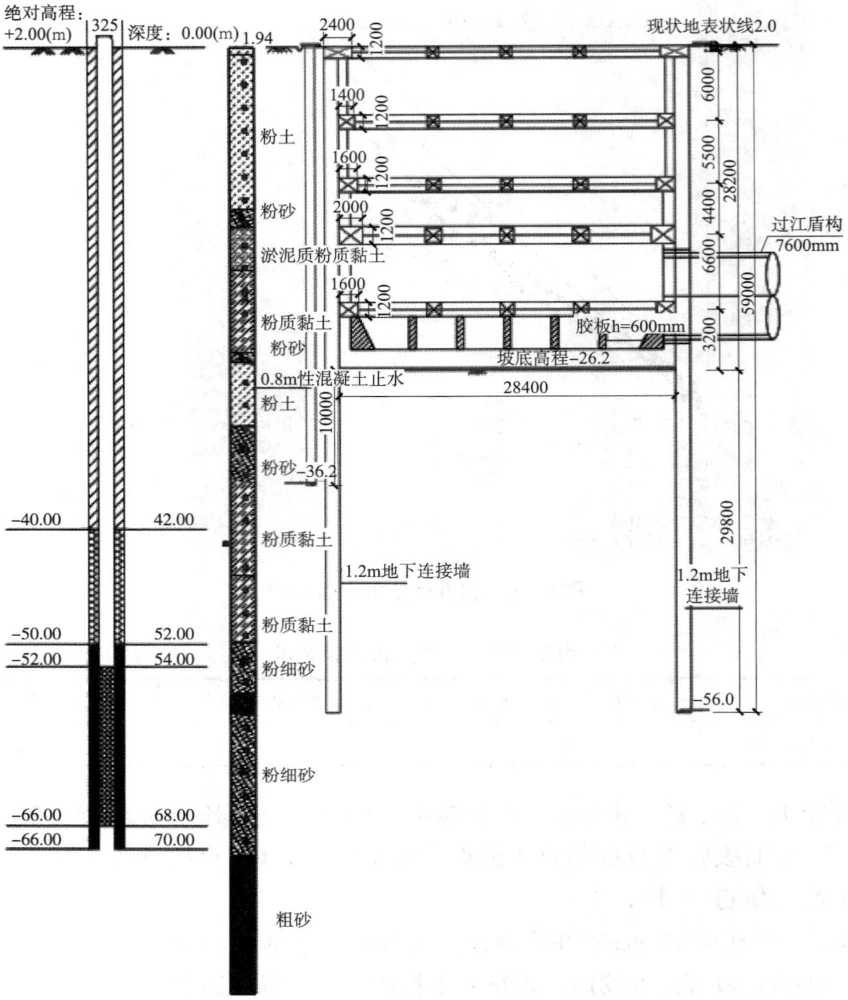


图 5-10 试验井结构剖面示意图

正式抽水前，于 2020 年 12 月 24 日上午进行静止水位观测，测得水位埋深（水位至井口）为 1.7～2.07m。相应的静水位标高为 +0.53～+0.85m。结合成井施工期间测得的水位标高 +0.95m，方案中初始水位标高取为 +0.95m，高于详勘资料中提供的⑦层水位标高 -2.5m。

12 月 24 日 10:00 至 12 月 25 日 15:40 开启 YJ1～YJ2、YJ4～YJ6、YJ8～YJ9 共 7 口井进行群井抽水，以 YJ3 为观测井。12 月 25 日 15:40 至 12 月 26 日 6:30，停抽进行恢复水位观测。

试验期间数据整理见表 5-12、表 5-13。

表 5-12　降水试验过程表

| 试验阶段 | 抽水井 | 观测井 | 试验时间 |
|---|---|---|---|
| 抽水阶段 | YJ1～YJ2、YJ4～YJ6、YJ8～YJ9 | YJ3 | 1780min |
| 恢复阶段 | — | 所有试验井 | 890min |

表 5-13 试验期间数据整理

| 井号 | 井口绝对标高/m | 初始水位埋深/m | 初始水位标高/m | 抽水后水位埋深/m | 水位降深/m | 涌水量/($m^3$/h) | 备注 |
|---|---|---|---|---|---|---|---|
| YJ1 | +2.74 | 2.01 | +0.73 | 18.5 | 16.49 | 80 | 动水位 |
| YJ2 | +2.64 | 2 | +0.64 | 21.46 | 19.46 | 92 | 动水位 |
| YJ3 | +2.59 | 1.93 | +0.66 | 5.07 | 3.14 | — | 静水位 |
| YJ4 | +2.6 | 2.07 | +0.53 | 21.9 | 19.83 | 82.7 | 动水位 |
| YJ5 | +2.7 | 2.03 | +0.67 | — | — | 33.9 | 动水位 |
| YJ6 | +2.78 | 2.07 | +0.71 | — | — | 79.4 | 动水位 |
| YJ8 | +2.55 | 1.7 | +0.85 | 15.22 | 13.52 | 81.1 | 动水位 |
| YJ9 | +2.54 | 1.87 | +0.67 | 32.85 | 30.98 | 60.4 | 动水位 |

抽水达到稳定时，YJ3 观测井水位降深为 3.14m，水位标高为 -2.48m。

根据水位降深时间曲线(图 5-11)可知，在抽水过程中，水位容易稳定且停抽后恢复很快，停抽 1min 后水位恢复约 60%，停抽 15min 后水位恢复约 90%，反映了含水层分布广、透水性很好、水量补给非常充沛的特点。

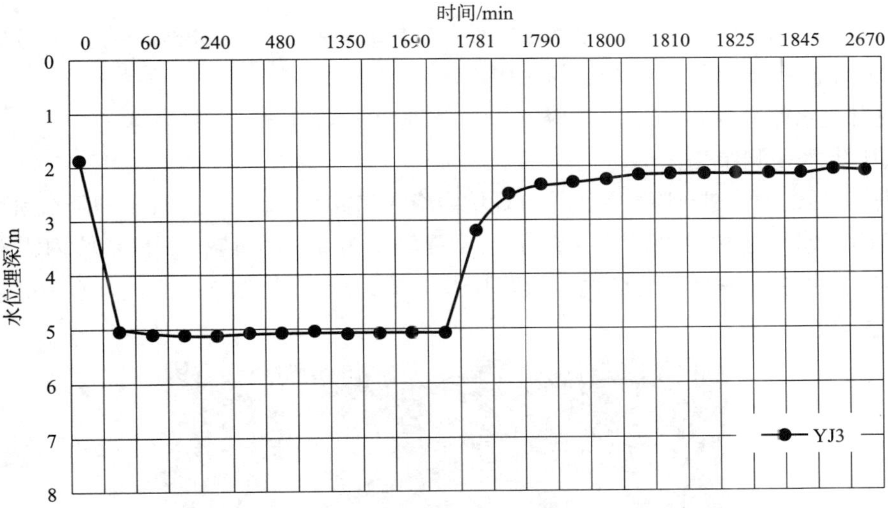


图 5-11 群井验证抽水期间水位动态曲线图

此处根据前期建立的地下水渗流模型，代入本次群井抽水试验数据进行拟合，验证含水层的水文地质参数(表 5-14)。群井试验拟合情况结果见图 5-12。

表 5-14 含水层拟合参数表

| 含水层层位 | 水平渗透系数/(m/d) | 垂向渗透系数/(m/d) | 贮水系数 *Ss*/(1/m) |
|---|---|---|---|
| 粉砂、中粗砂 | 65 | 20 | $2\times10^{-5}$ |

(3)降水结果预测

①本次减压降水设计计算说明

a. 计算时承压水头标高取 -2.50m。

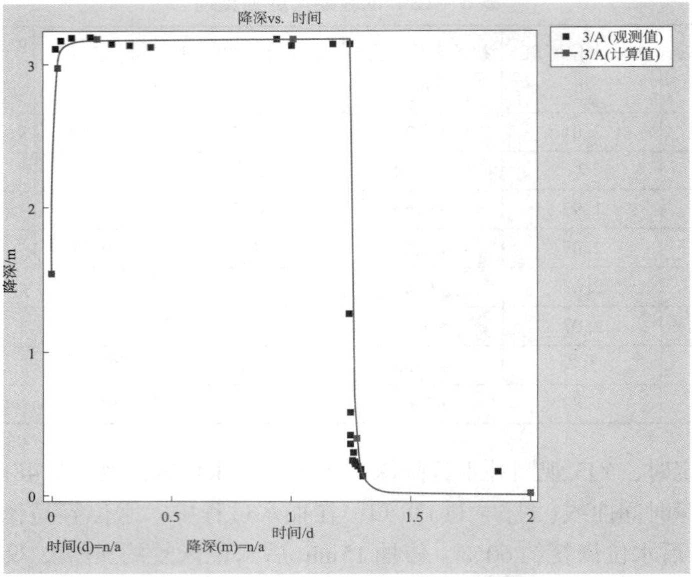


图 5－12　群井验证试验时 YJ3 观测井计算值与观测井拟合曲线

b. 本次降水设计针对微承压含水层稳定性计算结果进行“按需降水”。不考虑超深前期勘察孔及监测孔未有效封堵引起的深层承压水的突涌问题。

c. 现有止水帷幕深度下的减压降水设计及地面沉降预估

②减压降水预测结果

利用校正后的模型进行降水预测，分析坑内降水和坑外降水两种工况下的降水预测记过。

a. 坑内降水　通过模型计算，在止水帷幕深度为 58m 的情况下，基坑内需布置降压抽水井 4 口，井深 63m。开启坑内 4 口降压井，单井出水量 2200m³/d，降水 30d 后预测等值线见图 5－13。

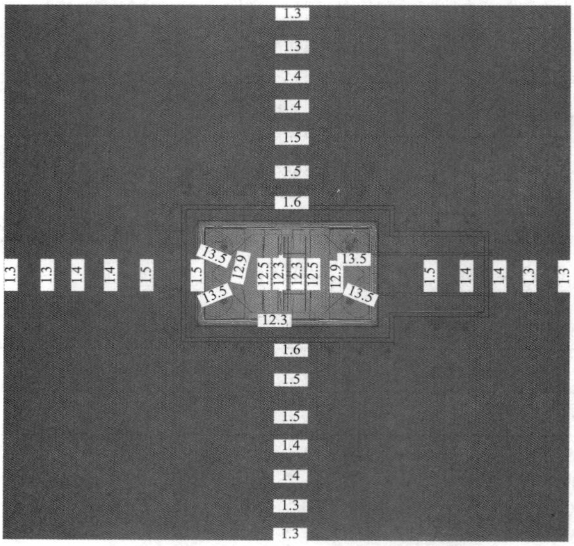

图 5－13　群抽 30d 后预测⑦层水位降深等值线图(单位：m)

群抽累计运行 30d 后预测基坑承压水位降深等值线图见图 5－13，基坑水位降深 12.3～13.5m，满足降深需求，坑外最大承压水位降深约 1.6m。

b. 坑外降水　通过模型计算，在止水帷幕深度为 58m 的情况下，基坑外需布置降压抽水井 26 口，井深 63m。开启坑外 26 口降压井，单井出水量 2400m³/d，降水 30d 后预测等值线见图 5－14。

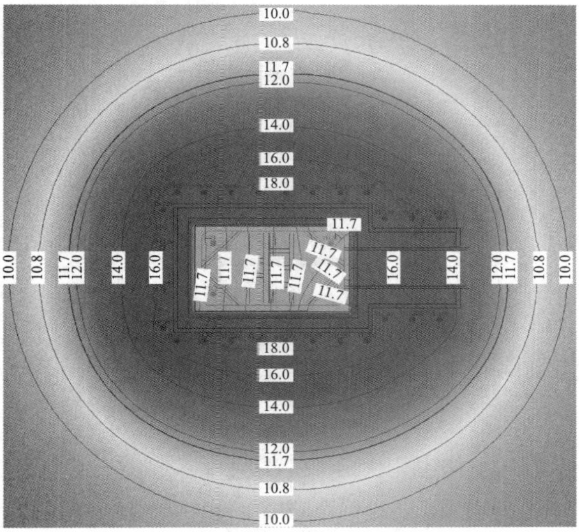


图 5－14　群抽 30d 后预测⑦层水位降深等值线图(单位：m)

群抽累计运行 30d 后预测基坑承压水位降深等值线图见图 5－14，基坑水位降深 11.7m，满足降深需求，坑外最大承压水位降深约 18m。

c. 坑内外联合降水　通过模型计算，在止水帷幕深度为 58m 的情况下，基坑内需布置降压抽水井 4 口，井深 63m，基坑外需布置降压抽水井 13 口，井深 63m。开启 2 口坑内井，13 口坑外井，单井出水量 2200m³/d，降水 30d 后预测等值线见图 5－15。

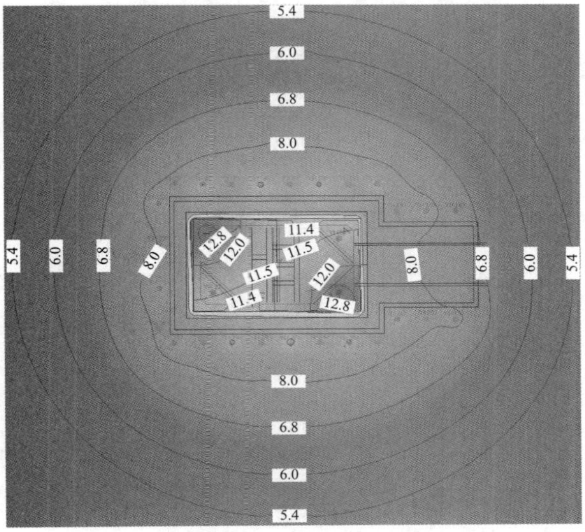


图 5－15　群抽 30d 后预测⑦层水位降深等值线图(单位：m)

群抽累计运行 30d 后预测基坑承压水位降深等值线图见图 5－15，基坑水位降深 11.4～12.8m，满足降深需求，坑外最大承压水位降深约 8m。

(4)由减压降水引发地面沉降预估

①坑内降水

预测基坑开启 4 口降压井累计抽水 30d 后，因降压降水引起的地面沉降预测结果见图 5－16。

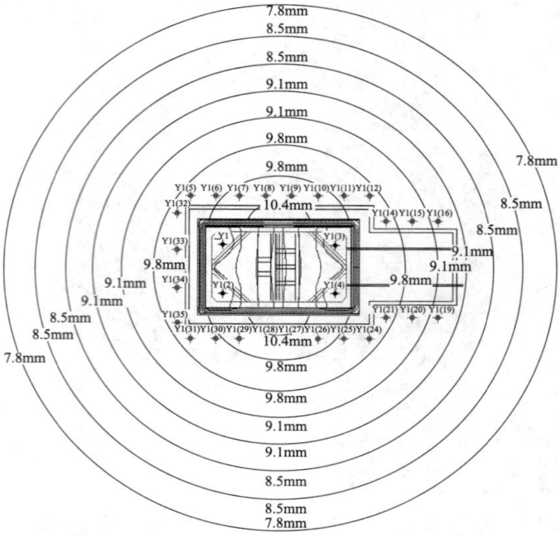

图 5－16　减压降水累计运行 30d 引发的地面沉降预测等值线图(单位：mm)

根据上述预测结果，由于止水帷幕未隔断承压含水层，基坑抽水累计运行 30d 后由降压降水诱发周边环境最大沉降约为 10.4mm。

②坑外降水

预测基坑外开启 26 口降压井累计抽水 30d 后，因降压降水引起的地面沉降预测结果见图 5－17。

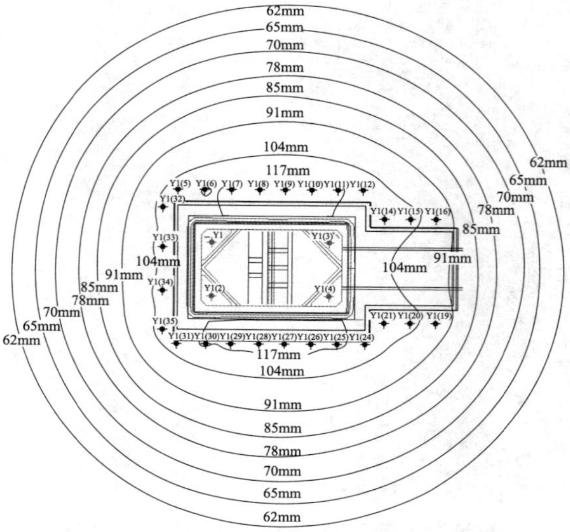

图 5－17　减压降水累计运行 30d 引发的地面沉降预测等值线图(单位：mm)

根据上述预测结果，由于止水帷幕未隔断承压含水层，基坑抽水累计运行 30d 后由降压降水诱发周边环境最大沉降约为 117mm。

③坑内外联合降水

预测基坑内外共开启 17 口降压井累计抽水 30d 后，因降压降水引起的地面沉降预测结果见图 5－18。

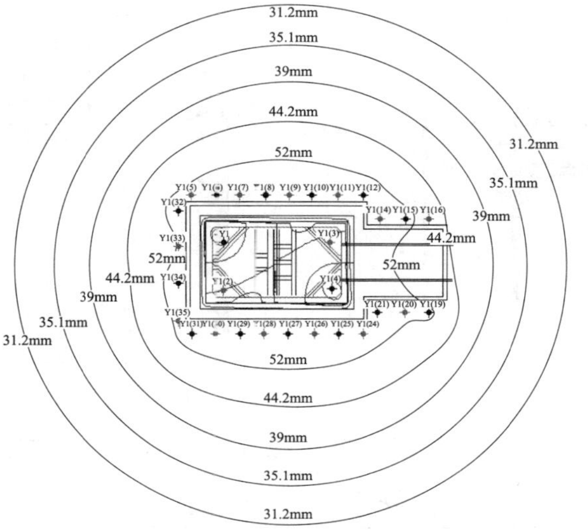

图 5－18 减压降水累计运行 30d 引发的地面沉降预测等值线图(单位：mm)

根据上述预测结果，由于止水帷幕未隔断承压含水层，基坑抽水累计运行 30d 后由降压降水诱发周边环境最大沉降约为 52mm。

3)应急状态下的抽灌一体化减压降水建议

理论计算下，在现有止水帷幕未能隔断含水层的情况下，坑内降压降水对坑外环境的影响控制在 11mm 内，但由于本工程特殊性，需在坑外设置一些回灌兼观测井。待开挖前进行试抽水试验，根据试验结果，必要情况下增设坑外备用兼应急回灌井。

(1)应急状态下的抽灌一体化设计机理

在基坑和被保护建(构)筑物之间(靠近被保护建筑物一侧)设一排回灌井，在坑内含水层渗水的同时通过回灌井向地下灌水，使基坑周围被保护地域实际地下水位保持不变或变化在允许的范围内。

将水注入回灌井里，井周围的地下水位就会不断地上升，上升后的水位称之为回灌水位 $h_c$，由于回灌井中的回灌水位与地下水位之间形成一个水头差，注入回灌井里的水才有可能向含水层里渗流。当渗流量与注入量保持平衡时，回灌水位就不再继续上升而稳定下来，此时在回灌井周围形成一个水位的上升锥，其形状与抽水的下降漏斗十分相似，只是方向正好相反。回灌水位 $h_c$ 与地下水位 $H$ 之差，称为水位升幅 $S_c$，见图 5－19。

回灌井的回灌量与含水层的渗透性有密切关系，在不同渗透性能的含水层中，井的回灌量差别很大。在保持一定的回灌量与满足回灌效果的前提下，渗透性好的含水层中，回灌井中所需的回灌水位较小；反之，渗透性愈差，回灌井中所需的回灌水位就愈高。

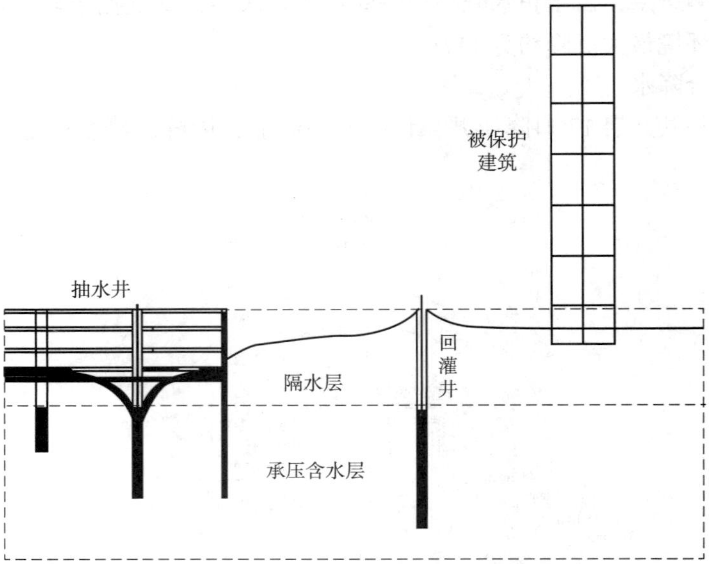


(a)工程地下水回灌井原理一

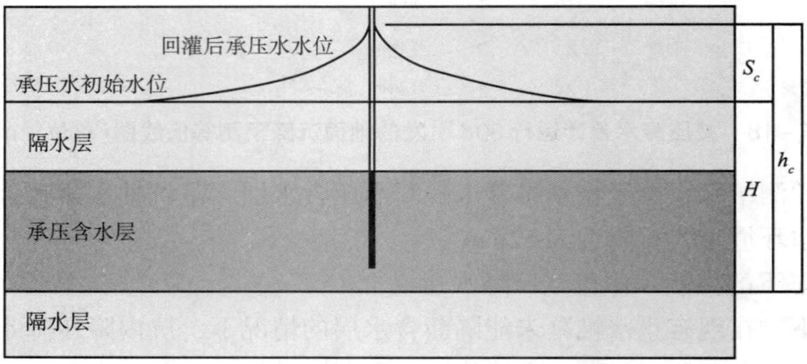


(b)回灌原理图二

**图 5－19　回灌原理图**

(2)应急回灌井布设原则

①应急回灌井考虑布置在尽量靠近受保护建筑并相对远离基坑的位置，以降低回灌影响坑内的降水同时又能有效地减少保护建筑区域的降深量。

②在回灌区域内应设置单独的水位观测井，以检验回灌后的水位变化情况。

③应密切监测坑外水位和沉降变化。可根据保护等级要求设置警报值。同步开启备用兼回灌井或达到警报值时开启回灌井。

④待开挖前进行生产性试抽水试验，根据试验结果，必要情况下增设其他区域的坑外备用兼应急回灌井。

4)观测井、备用兼回灌井设计

(1)坑内观测井

坑内减压降水时，设置 4 口备用兼观测井，井深 63m。

(2)坑外观测井、备用兼回灌井

坑外沿基坑周围分别设置浅层水位与深层水位观测兼应急备用井，浅层水位井共 14

口，井深39m，深层水位井共12口，井深70m。待开挖前进行生产性试抽水试验，根据试验结果，必要情况下增设坑外观测兼应急备用井。

(3)降水井工作量

布置疏干井4口；坑内布置降压井2口；坑内备用减压兼备用观测井2口；坑外浅层水位观测井14口，深层水位观测井12口。

各降水井工作量统计见表5－15。

表5－15 降水井工作量统计

| 分区 | 降水井类型 | 数量/口 | 井深/m | 滤管长度/m | 滤管范围/m | 孔径/mm | 井径/mm |
|---|---|---|---|---|---|---|---|
| 坑内 | 疏干井 | 4 | 39 | 26 | 4～12、16～26、30～38 | 650 | 273 |
| | 降压井 | 2 | 63 | 10 | 52～62 | 650 | 325 |
| | 降压兼备用观测井 | 2 | 63 | 10 | 52～62 | 650 | 325 |
| 坑外 | 浅层水位观测兼应急备用井 | 14 | 39 | 26 | 4～12、16～26、30～38 | 650 | 273 |
| | 深层水位观测兼应急备用井 | 12 | 70 | 14 | 54～68 | 650 | 325 |

3. 现场施工情况

北岸工作井于2020年7月28日开工建设，2021年2月20日完成竖井钢筋混凝土底板浇筑。竖井开挖到设计坑底标高时，经实测观测井水位，均位于承压水控制水位标高以下，满足设计要求，实现了设计预期的竖井无水开挖。坑底现场施工照片见图5－20。

图5－20 北岸工作井坑底现场照片

## (二)南岸工作井降水设计

1. 南岸工作井地下水工程分析

1)基坑底板抗突涌稳定性验算

计算方式同北岸工作井。

场区第⑤－1～⑧层为承压水含水层，拟建竖井底板埋深29.6m，⑤－1层承压水顶板埋深25.5m，底板埋深48.0m，竖井底板位于承压水层内，必然突涌。因此，需对⑤－1层承压水水头降至坑底以下1.0m，动水位埋深30.6m。

对第7层承压水水头降至标高－15m以下，动水位埋深17m，此时：

$k=\gamma D/\gamma_w h_w=23\times18/10\times36=1.119>K_h=1.1$，基坑底部土抗承压水头稳定。

具体水位降幅根据基坑开挖深度计算，见表5－16和表5－17。

据计算结果可知，南岸接收井第⑥1～⑦层承压水层的抗突涌安全系数小于1.10，需设置降压井和备用兼观测井。

表 5-16　坑内各部位抗突涌稳定性验算

| 初始水位标高 | 工程部位 | 参考钻孔 | 目的含水层 | 含水层顶标高/m | 坑底标高/m | 安全系数下承压水顶托力/kPa | 上覆土压力/kPa | 控制安全系数 |
|---|---|---|---|---|---|---|---|---|
| -5.55 | 南工作井 | SJS9 | ⑤1 | -24.09 | -27.215 | 203.94 | 0.00 | / |
| | | | ⑥1 | -44.69 | | 430.54 | 325.04 | 0.83 |
| | | | ⑦ | -47.69 | | 463.54 | 380.84 | 0.90 |
| | | | ⑧ | -79.39 | | 812.24 | 970.455 | 1.31 |

表 5-17　安全水位控制计算结果(安全系数 1.10)

| 初始水位标高 | 工程部位 | 参考钻孔 | 目的含水层 | 含水层顶标高/m | 坑底标高/m | 安全系数下承压水顶托力/kPa | 上覆土压力/kPa | 水位降深/m | 安全水位标高/m | 临界开挖标高/m |
|---|---|---|---|---|---|---|---|---|---|---|
| -5.55 | 南工作井 | SJS9 | ⑤1 | -24.09 | -27.215 | 203.94 | 0.00 | 21.67 | -27.22 | -150 |
| | | | ⑥1 | -44.69 | | 430.54 | 325.04 | 9.59 | -15.14 | -21.23 |
| | | | ⑦ | -47.69 | | 463.54 | 380.84 | 7.52 | -13.07 | -22.55 |
| | | | ⑧ | -79.39 | | 812.24 | 970.455 | 0 | -5.55 | -38.76 |

2)工程降水风险

根据工程场地工程地质条件与水文地质条件分析，可能引发本工程施工风险的主要含水层为上部潜水和下部承压含水层水。

(1)场地上部地下水类型属潜水，潜水含水层主要为赋存于上部①~④层的粉质黏土、淤泥质粉质黏土和砂土夹层中，稳定水位埋深为 0.7~1.1m，具有含水量高、强度低的特点，若不采取措施降低土层含水量，将造成开挖面软弱，开挖面积水等不良现象，影响开挖面上的施工，较高的含水量也使得土体自立性差，影响开挖效率。

(2)南岸承压水含水层分为两层：第一层承压水含水层为⑤-1 层粉细砂；第二层承压水含水层为⑥~⑧层粉细砂、粗砂。两层承压水在穿越段处于连通状态，具有一致的承压水头，承压水稳定埋深 8.0m，标高 -5.55m。由于南岸工作井无法通过设置止水帷幕隔断承压含水层，后期降压降水会对坑外环境产生影响，需在坑内布置降压井、坑外布置水位观测兼应急备用井。

(3)基坑降水引发周边环境问题

在工程施工中，基坑内降水会在一定程度上导致基坑外地下水位降低，从而诱发周边环境问题，需要采取相应的降水与管理措施，保障基坑施工安全。

本工程坑外环境复杂，距离长江大堤较近，需密切关注坑内降水对其造成的影响。

3)工程降水对策

工程降水对策同北岸工作井，不再赘述。

2. 基坑降水设计

1)疏干井设计

基坑施工过程中，需及时疏干开挖范围内土层的含水量，保证基坑无水开挖的顺利进行。因此，开挖前需要在基坑内布设若干降水井，对基坑开挖范围内土层疏干。

坑内疏干井数量按式(5－8)确定：

$$n = A/a \tag{5-8}$$

式中：$n$——井数，口；

$A$——基坑需疏干面积，$m^2$；

$a$——单井有效疏干面积，$m^2$；

结合本工程地质特征，本次降水工程疏干降水井单井有效抽水面积 $a$ 取 80$m^2$。降水井深度结合基坑开挖深度及地层分布情况确定。

本工程疏干作用降水井数量布置情况见表5－18。

表5－18　疏干井设计

| 工程部位 | 工程面积/$m^2$ | 计算井数/口 | 井深/m |
| --- | --- | --- | --- |
| 南岸接收井 | 232.2 | 4 | 36 |

基坑共布置4口疏干井，疏干井深度应考虑深入至坑底以下5～6m，即井深36m，其中滤管设置时根据支撑位置尽量避开支撑布置。

正式开挖前预留20d以上的预抽水时间，各分区内选择1～2两口疏干井作为坑内潜水水位观测井。

2)承压含水层减压降水设计

(1)渗流数值模型建立

根据研究区的几何形状以及实际地层结构条件，对研究区进行三维剖分。垂向剖分图见图5－21。

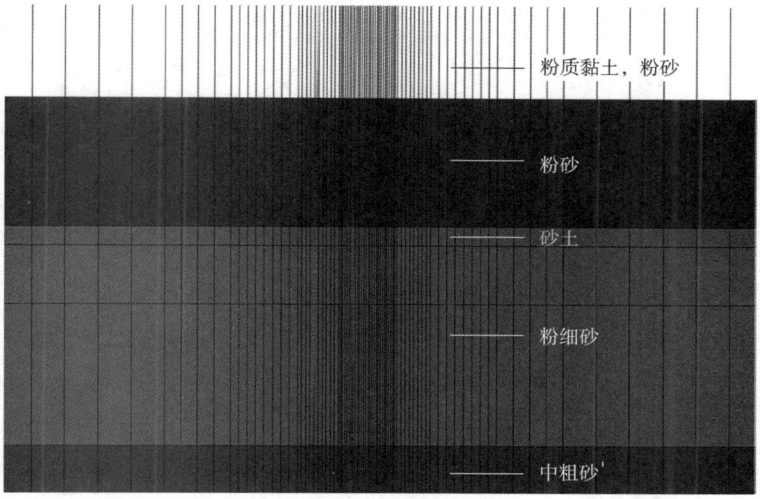


图5－21　剖面网格剖分图

(2)减压降水设计计算说明

本次减压降水设计计算说明：

①计算时承压水头标高取－5.55m；

②本次降水设计针对微承压含水层稳定性计算结果进行“按需降水”。不考虑超深前期

勘察孔及监测孔未有效封堵引起的深层承压水的突涌问题。

(3)减压降水设计及地面沉降预估

通过数值模型计算，在现有竖井围护结构深度的情况下，南岸工作井坑内需布置降压抽水井4口，井深60m。

开启坑内2口减压井，单井出水量500m³/d，降水30d预测水位降深等值线见图5-22。

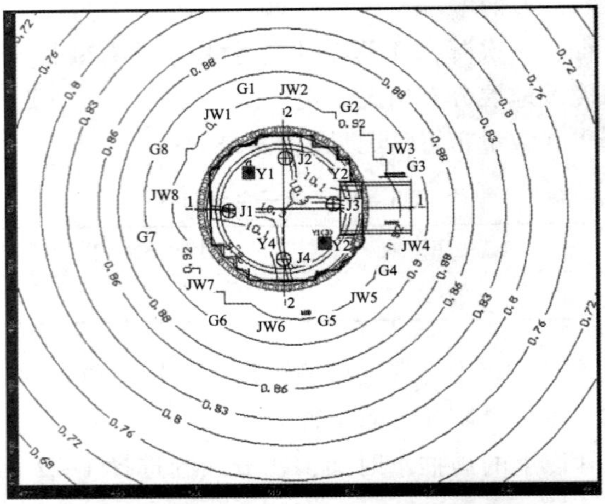

图5-22 减压降水30d引起的水位降深预测等值线图(单位：m)

南岸工作井基坑内承压水累计抽水30d后，因降压降水引起的地面沉降预测结果见图5-23。

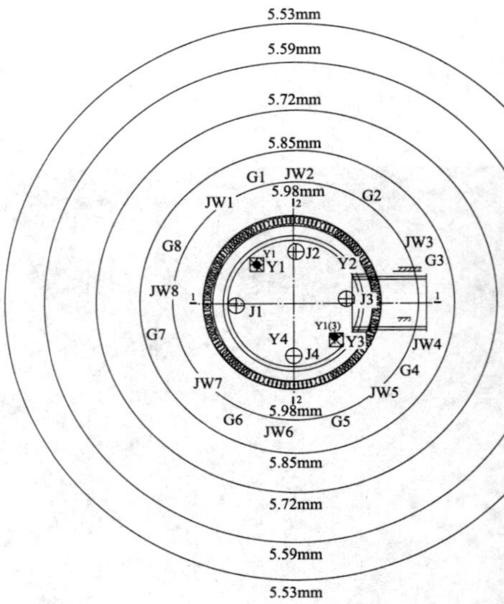


图5-23 减压降水累计运行30d引发的地面沉降预测等值线图(单位：mm)

根据上述数值模拟计算结果，由于南岸工作井无法通过设置止水帷幕隔断承压含水层，抽水累计运行30d后由降压降水诱发周边地表沉降约为5.53~5.98mm。

3)应急状态下的抽灌一体化减压降水建议

应急状态下的抽灌一体化减压降水建议同北岸工作井，不再赘述。

4)观测井、备用兼回灌井设计

(1)坑内观测井

坑内减压降水时，各分区设置 1 ~ 2 口备用兼观测井，井深 44m。

(2)坑外观测井、备用兼回灌井

坑外暂考虑设置 11 口回灌兼观测井，井深 44m，待开挖前进行生产性试抽水试验，根据试验结果，必要情况下增设其他区域的坑外备用兼应急回灌井。

(3)降水井工作量

布置疏干井 4 口；坑内布置降压井 2 口；坑内备用减压兼备用观测井 2 口；坑外浅层水位观测井 8 口，深层水位观测井 8 口。

各降水井数量及布置情况统计见表 5 – 19。

表 5 – 19　降水井数量及布置情况统计

| 分区 | 降水井类型 | 数量/口 | 井深/m | 滤管长度/m | 滤管范围/m | 孔径/mm | 井径/mm |
|---|---|---|---|---|---|---|---|
| 坑内 | 疏干井 | 4 | 36 | 26 | 4 ~ 12、16 ~ 27、31 ~ 35 | 650 | 273 |
| | 降压井 | 2 | 60 | 10 | 51 ~ 59 | 650 | 325 |
| | 降压兼备用观测井 | 2 | 60 | 10 | 51 ~ 69 | 650 | 325 |
| 坑外 | 浅层水位观测兼应急备用井 | 8 | 36 | 26 | 4 ~ 12、16 ~ 27、31 ~ 35 | 650 | 273 |
| | 深层水位观测兼应急备用井 | 8 | 70 | 14 | 51 ~ 69 | 650 | 325 |

## 四、关键技术

通过对北岸工作井的降水设计、施工实践分析，总结出软土地层超深竖井承压水控制的关键技术如下：

(1)基坑降水三维非稳定渗流数值模拟技术。根据工程地质、水文条件和周边环境以及竖井围护结构设计情况，合理地对地层进行概化，确定可信的岩土层输入参数，建立三维渗流模型，对基坑降水及对周边环境影响进行有效分析。

(2)基坑降水三维非稳定渗流数值模拟参数反演技术。根据竖井开挖前的单井抽水试验，开挖后正式降水前的群井试抽水试验进一步反演与实测值吻合的岩土层渗流参数，通过模型验证，采用更符合现场实际的精细化三维渗流模型进行降水专项设计，指导现场降水施工。

# 第三节　盾构管片高水压防水试验研究

## 一、研究内容

针对穿越长江高水压输气管道盾构隧道工程的覆土特点确定试验工况，基于本书第五章中确定的内外道密封垫断面形状开展试验研究，主要包括密封垫压缩力学试验及防水性能试验。

## 二、主要研究成果

1. 管片接缝防水密封垫装配应力试验研究

试验加载仪器采用同济大学试验室的“高精度小型静力双向加载试验系统”，见图5－24，该试验系统可以进行密封垫的压缩试验，可以通过连接位移传感器以及设备自带的力学传感器，自动读取试验过程中密封垫的压缩量和压缩力，得到密封垫的压缩性能曲线。现场使用的内外道密封垫断面结构见图5－25。

图5－24 密封垫压缩力学试验加载仪器

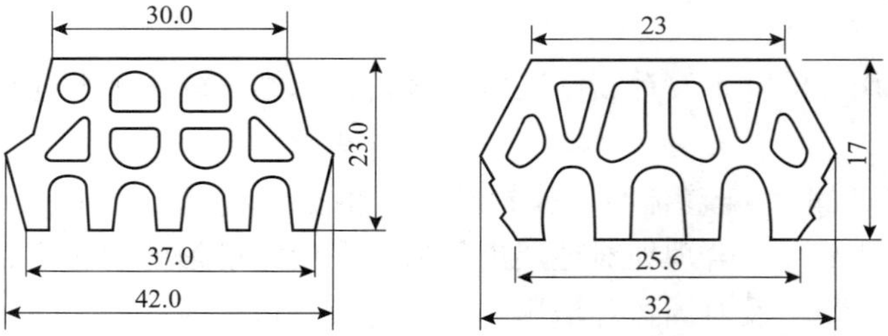


(a)外道断面　(b)内道断面

图5－25 现场使用的内外道密封垫断面(单位：mm，硬度：65HA)

根据密封垫装配应力试验研究，外道密封垫断面在约65kN/m的压缩力下，可压缩20mm，即张开量为0mm；在压缩量19mm，即张开量1mm的情况下，压缩力约为50kN/m(图5－26)。

根据密封垫装配应力试验研究，内道密封垫完全压密时需要压缩力6.8kN，由于试件长度为20cm，换算成每延米装配力，即得内道密封垫断面在约33.9kN/m的压缩力下，可压缩15mm，即张开量为0mm(图5－27)。

通过密封垫闭合压缩力试验可知：内外道密封垫闭合压缩力之和为98.9kN/m，小于盾构机120kN/m拼装力的要求，满足管片拼装要求。

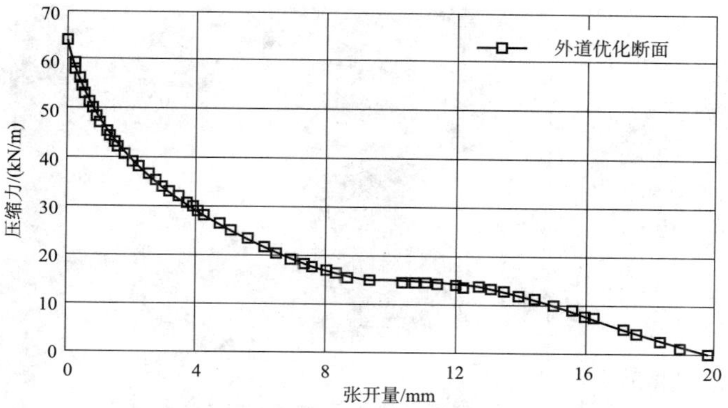


图 5-26　外道密封垫断面压缩性能试验结果（硬度：65HA）

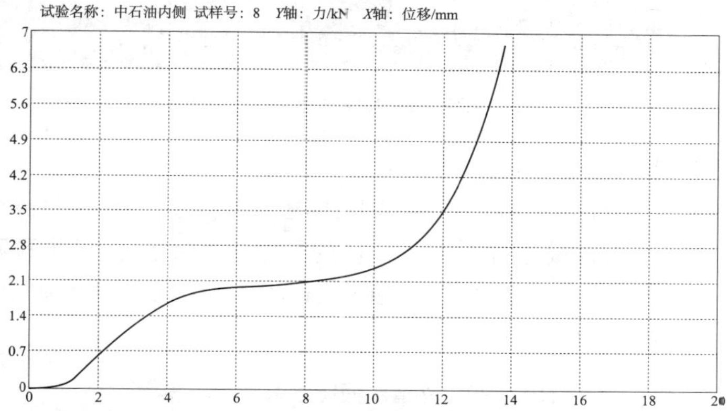


图 5-27　内道密封垫断面压缩性能试验结果（硬度：65HA）

2. 管片接缝一字缝防水密封垫防水性能试验研究

防水性能试验依托基于同济大学自主研发的三向加载设备 GPJ-3900（赵明，丁文其，2013），通过浇筑与实际管片沟槽一致的混凝土构件，利用水压加载装置施加水压，开展不同张开量、错台量下的防水性能试验，防水性能试验系统见图 5-28、图 5-29。

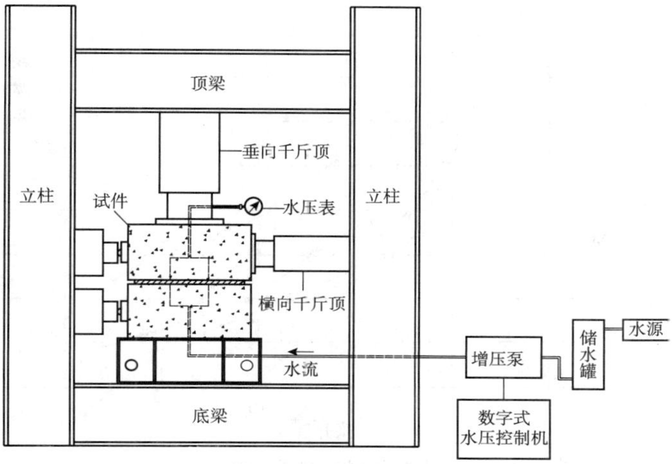


图 5-28　防水性能试验系统示意图

图 5 -29　防水性能试验系统图

1) 外道密封垫防水试验

根据外道密封垫防水性能试验，按照试验工况，设计了三种不同错台量(错台 0mm、10mm、15mm)，每一种错台量进行不同张开量的防水试验工况，一共开展 27 个工况的外道防水性能试验，试验工况表总结见表 5 -20。试验过程中错台量以初始设置为准，张开量以实际接缝张开量测量结果为准。

表 5 -20　外道断面防水试验工况表

| 工况 | 断面 | 错台量/mm |
| --- | --- | --- |
| 1 - 1 | 外道 | 0 |
| 1 - 2 | 外道 | 10 |
| 1 - 3 | 外道 | 15 |

外道密封垫断面的防水性能整体较高(图 5 -30)，在一字缝接缝张开量 7.2mm、错台

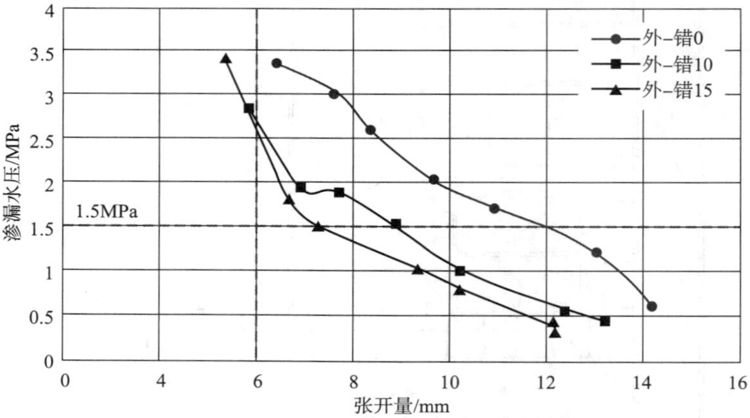


图 5 -30　外道密封垫防水性能曲线(硬度：65HA)

量 15mm 时的防水压力已经达到 1.6MPa，在一字缝极限设计指标"张开量 6mm、错台量 15mm"的情况下，外道密封垫断面的防水性能已经超过 1.6MPa 的防水能力设计指标。

2）内道密封垫防水试验

根据内道防水性能试验，按照试验工况，设计三种不同错台量（错台 0mm、10mm、15mm），每一种错台量进行不同张开量的防水试验工况，一共开展 27 个工况的内道防水性能试验，试验工况表总结见表 5－21，试验结果见图 5－31。试验过程中错台量以初始设置为准，张开量以实际接缝张开量测量结果为准。

表 5－21　内道密封垫断面防水试验工况表

| 工况 | 断面 | 错台量/mm |
|---|---|---|
| 2－1 | 内道 | 0 |
| 2－2 | 内道 | 10 |
| 2－3 | 内道 | 15 |

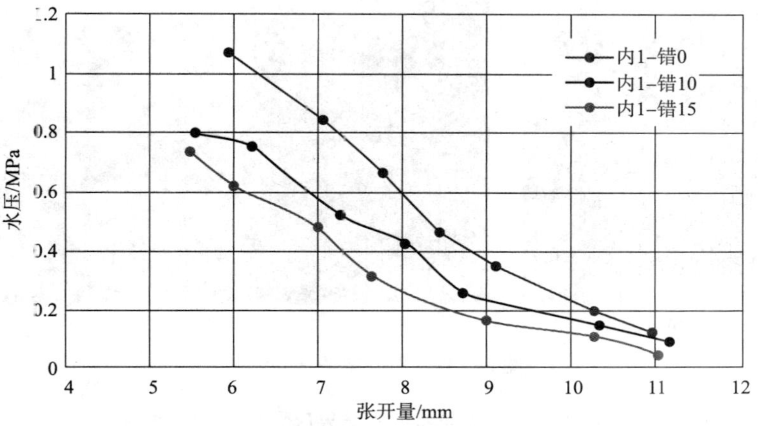


图 5－31　内道密封垫断面防水性能曲线（硬度：65HA）

内道密封垫断面在接缝张开 6mm、错台 15mm 的极限工况下防水能力超过 0.6MPa。本项目双道防水体系中，外道作为第一道主要防水措施，其防水能力如前文所述，满足防水设计要求，内道密封垫作为第二道防水措施，在第一道防水失效时作为补充防水措施。

3. 管片接缝"T"字缝防水密封垫防水性能试验研究

考虑到"一"字缝试验中已充分考虑了不同的工况，因此"T"字缝防水性能试验只开展极限工况（张开 6mm、错台 15mm）下的密封垫耐水压试验，外道样品数量共 3 组，内道样品数量共 3 组，试验过程中错台量以初始设置为准，张开量以实际接缝张开量测量结果为准。试验试件及部分流程见图 5－32。外道密封垫断面"T"字缝防水试验结果见表 5－22，测试曲线见图 5－33～图 5－35。内道密封垫断面"T"字缝防水试验结果见表 5－23，测试曲线见图 5－36～图 5－38。

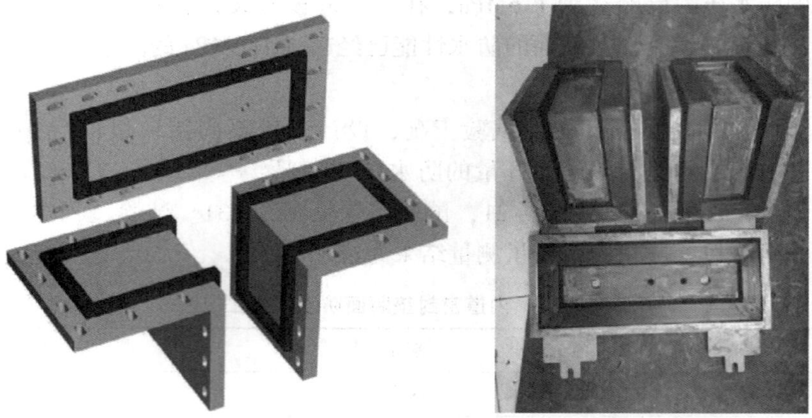

(a)“T”字缝试件示意图及实物

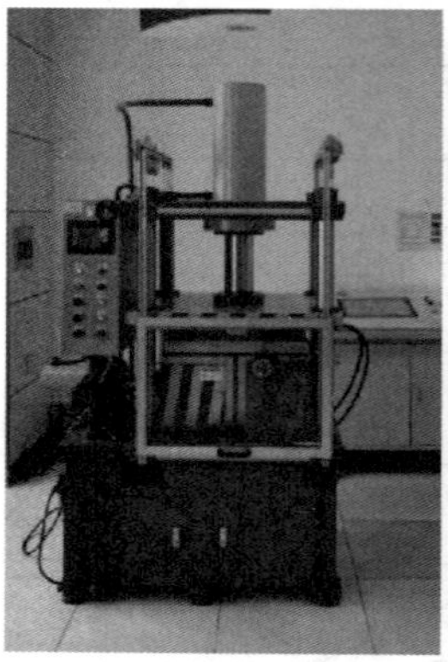

(b)加载仪器

(c)试件安装

图 5－32 “T”字缝试验情况

表 5－22 外道密封垫断面“T”字缝防水试验结果(硬度 65HA，张开 6mm，错缝 15mm)

| 样品序号 | 耐水压值/MPa |
| --- | --- |
| 1 | 2. 3 |
| 2 | 2. 2 |
| 3 | 2. 0 |

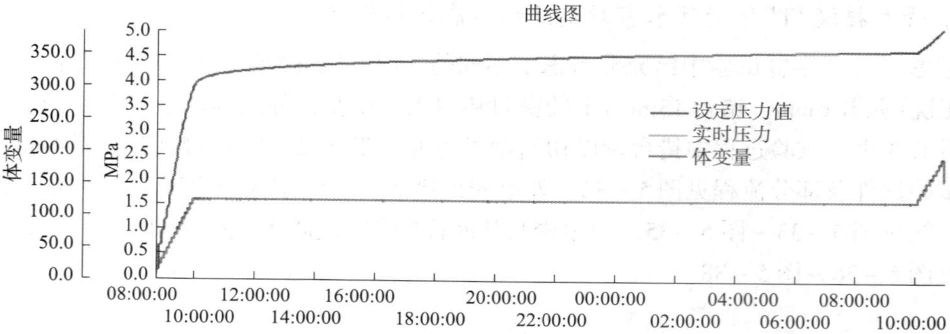


图 5－33 样品 1 水压测试曲线

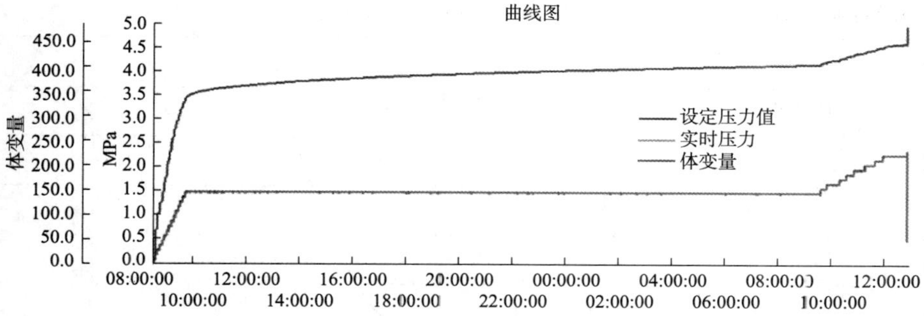


**图 5－34　样品 2 水压测试曲线**

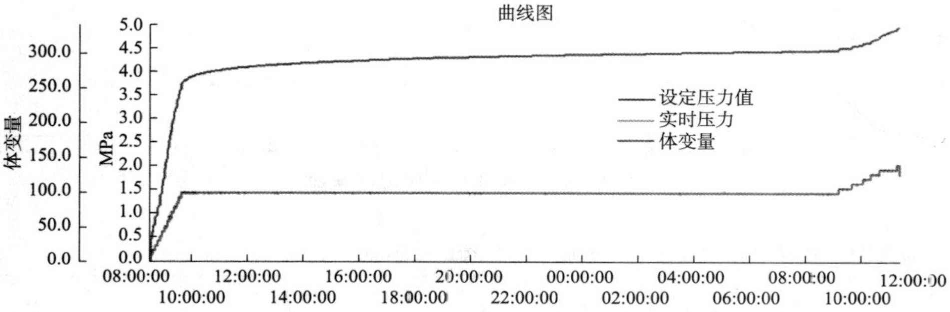


**图 5－35　样品 3 水压测试曲线**

**表 5－23　内道密封垫断面"T"字缝防水试验结果（硬度 65HA，张开 6mm，错缝 15mm）**

| 样品序号 | 耐水压值/MPa |
|---|---|
| 1 | 1.0 |
| 2 | 1.1 |
| 4 | 1.3 |

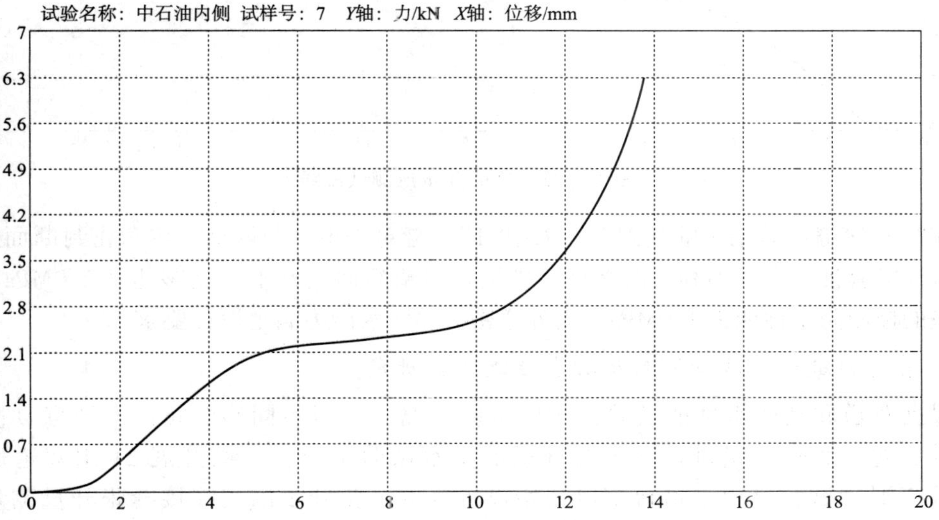


**图 5－36　样品 1 水压测试曲线**

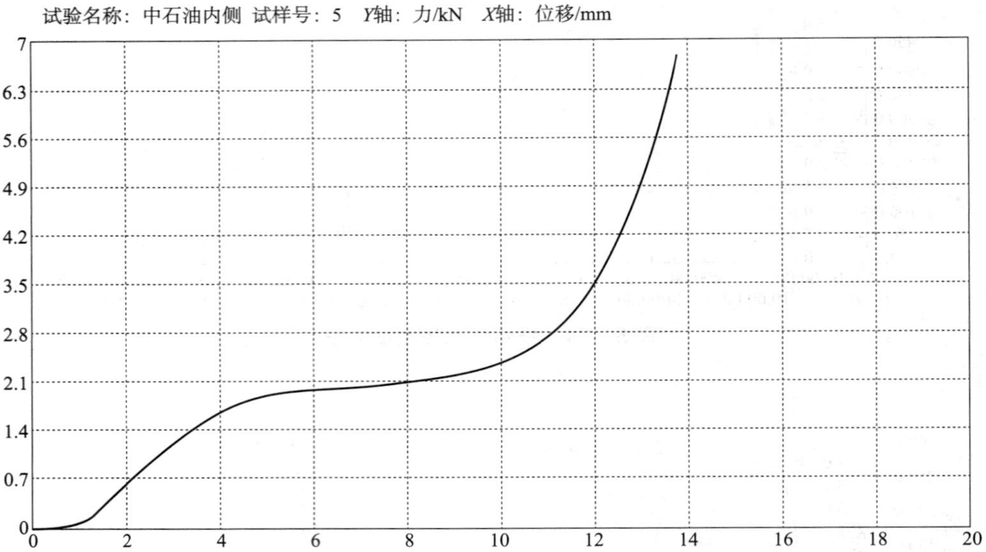


图 5－37　样品 2 水压测试曲线

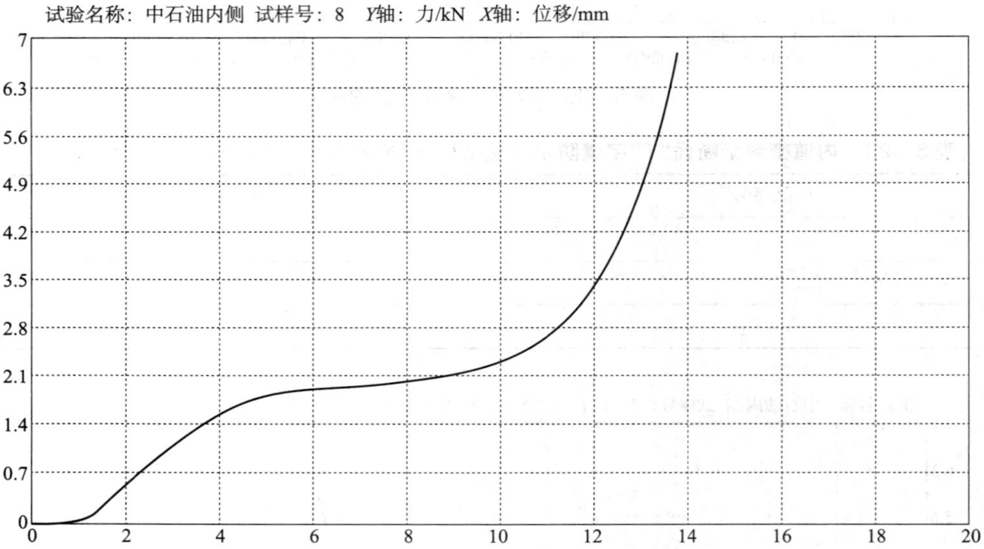


图 5－38　样品 3 水压测试曲线

在“一”字缝试验结果的基础上，采用“T”字缝对外道密封断面、内道密封断面进行密封防水性能验证，在最不利工况条件下外道密封垫断面设计水压能够达到 2.0MPa，内道密封垫的极限防水性能为 1.0MPa，内外道密封垫防水能力满足设计要求。

4. 管片接缝双道联动密封垫防水性能试验研究

根据双道联动防水性能试验，按照试验工况，开展不同错台量的双道联动防水性能试验，每一种错台量进行不同张开量的防水试验工况，总共开展 21 组双道联动防水试验工况。试验过程中错台量以初始设置为准，张开量以实际接缝张开量测量结果为准。

双道联动防水性能试验时，预设错台量及张开量，向内圈空腔逐级施加水压，通过水压表确定外道密封垫的防水性能，待外道密封垫稳定渗漏后，记录此时接缝张开量，内、外圈之间的空腔水压逐渐增加，直到内道密封垫发生渗漏，通过水压表确定内道密封垫的防水性能，同时记录接缝张开量，然后卸载内、外空腔的水压，继续压缩进行后续双道防水试验。

盾构隧道双道防水性能试验，按照试验工况，设计三种不同错台量（错台 0mm、10mm、15mm），每一种错台量进行不同张开量的防水试验工况（表 5－24）。试验过程中错台量以初始设置为准，张开量以实际接缝张开量测量结果为准。

**表 5－24　双道防水性能试验（外道＋内道）工况表**

| 工况 | 断面 | 错台量 |
|---|---|---|
| 5－1 | 外道＋内道 | 0 |
| 5－2 | 外道＋内道 | 10 |
| 5－3 | 外道＋内道 | 15 |

（1）外道＋内道组合双道联动错台 0mm 试验结果见图 5－39。

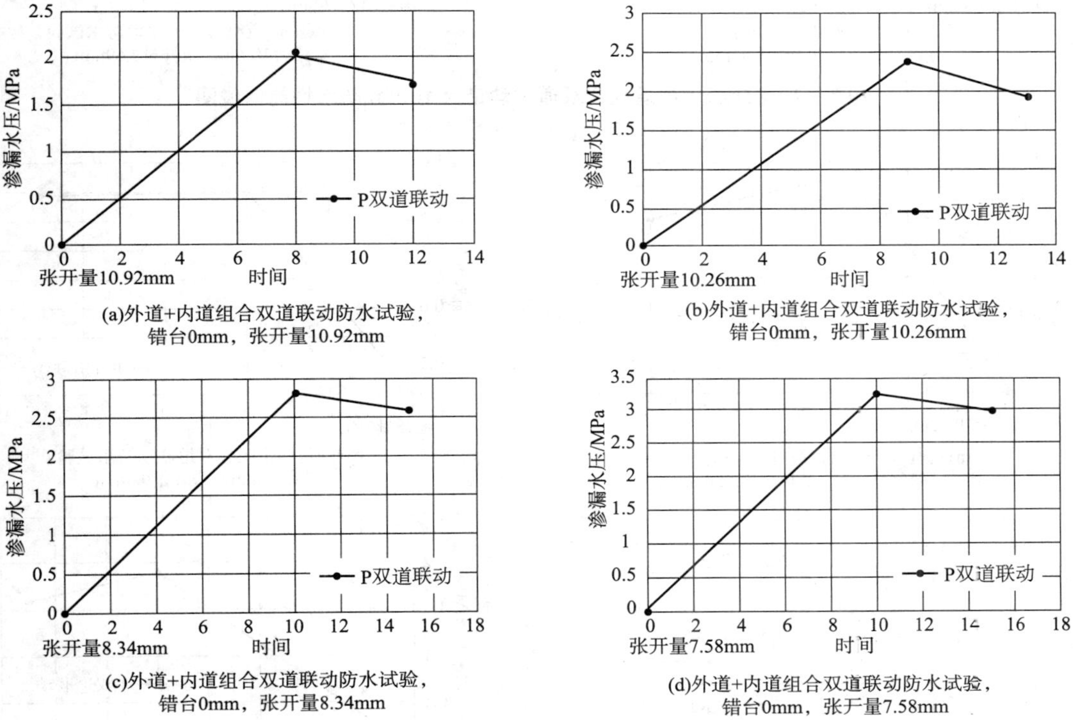


**图 5－39　外道＋内道组合双道联动错台 0mm 防水性能曲线图**

（2）外道＋内道组合双道联动错台 10mm 试验结果见图 5－40。

（3）外道＋内道组合双道联动错台 15mm 试验结果见图 5－41。

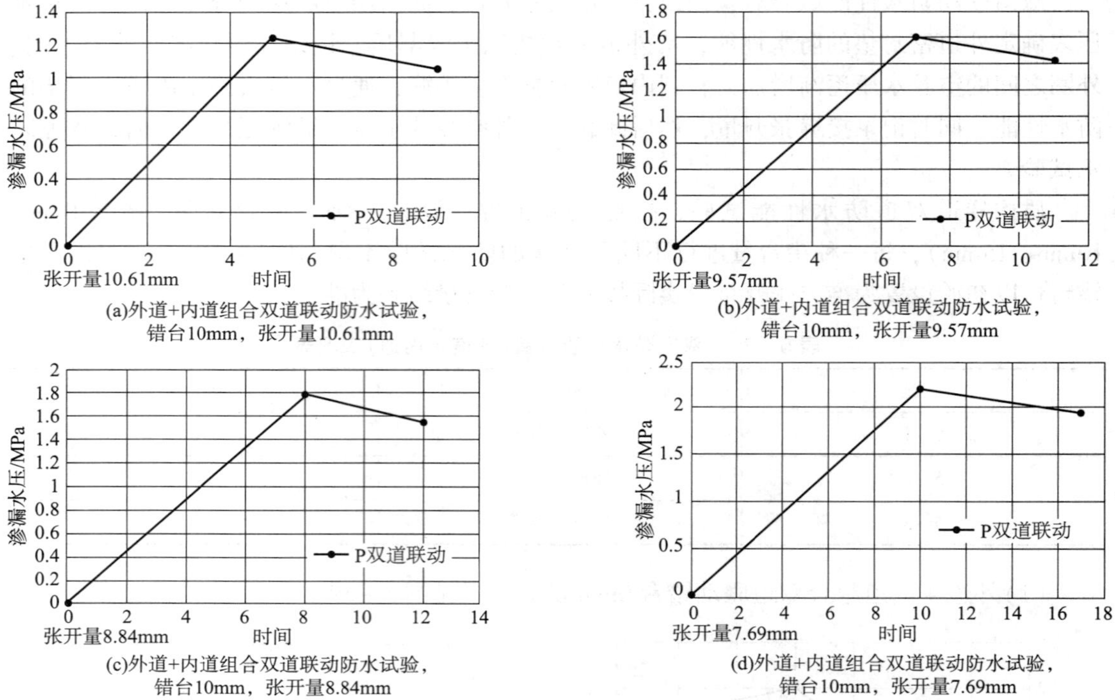


图 5-40 外道 + 内道组合双道联动错台 10mm 防水性能曲线图

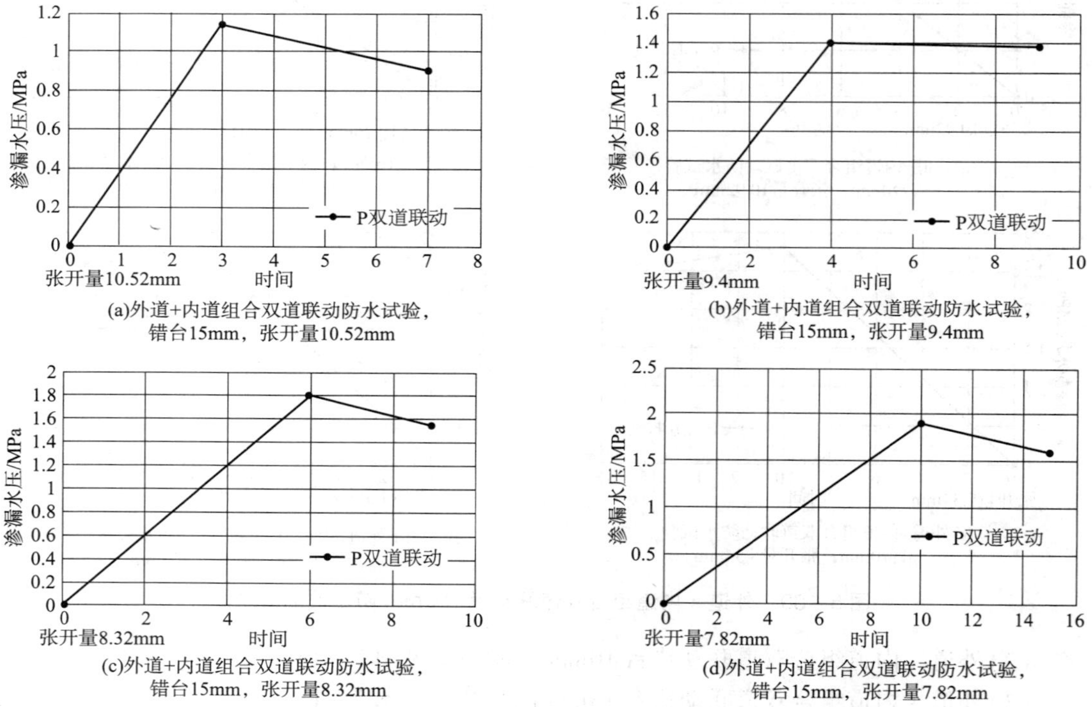


图 5-41 外道 + 内道组合双道联动错台 15mm 防水性能曲线图

根据双道联动防水试验结果，基于目前的双道防水设计，由于外道防水能力高，因此，根据防水试验结果，主要防水能力依靠外道防水密封垫的方式性能，外道渗漏之后，内道能够提供一定的防水能力，起到一定阻挡渗漏水的作用，但是当外道渗漏量较大，两道之间的压力逐渐增大，最终内道也会出现渗漏。在双道张开量8mm、错台量15mm工况下，外道+内道双道联动的渗漏水压超过1.8MPa，与单道防水试验能力相比，可以发现双道密封垫的防水能力高于单独外道密封垫的防水能力。

### 三、研究成果在工程设计中的应用

(1)试验成果直接体现在管片接缝结构图蓝图设计中，并用于现场管片模具加工。

(2)管片接缝防水设计图蓝图中，防水的材质、截面形式以及尺寸均采用试验成果，并用于现场管片接缝防水材料的加工和制造。

### 四、关键技术与创新点

(1)用数值模拟与试验相结合的方法对三元乙丙密封结构防水能力进行预测与优化，抗水压试验中，考虑了双道弹性密封垫联动在不同错位量及张开量下密封垫接缝防水能力。

(2)装配应力试验中，考虑了不同错位量对密封垫的接触应力(装配力)和变形的影响。

## 第四节　盾构管片沼气气密性试验研究

### 一、研究内容

针对盾构隧道穿越富含有害气体的地层，基于本书确定的内、外道密封垫断面形状(图5-42)，开展了如下研究内容：

(1)建立密封垫在沟槽中受侧向气压作用的精细化有限元分析模型，利用该密封垫精细数值模型分析了密封垫的变形模式、压缩力以及气压对接触应力的影响。

(2)设计了接缝防气性能测试试验装置，通过接缝防气试验评估了初步设计密封垫和最终设计密封垫的防气性能。

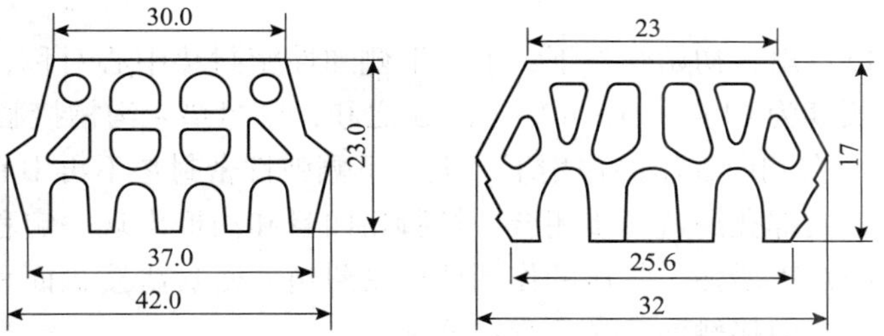


(a)外道断面　　(b)内道断面

图5-42　现场使用的内外道密封垫断面(单位：mm，硬度：65HA)

## 二、主要研究成果

### 1. 侧向气压对密封垫力学性能的影响

1)变形模式

为方便说明问题，本文对密封垫的各个表面进行了编号，见图 5 –43，其中 CI(Contact Interface)指的是密封垫外轮廓上的边。

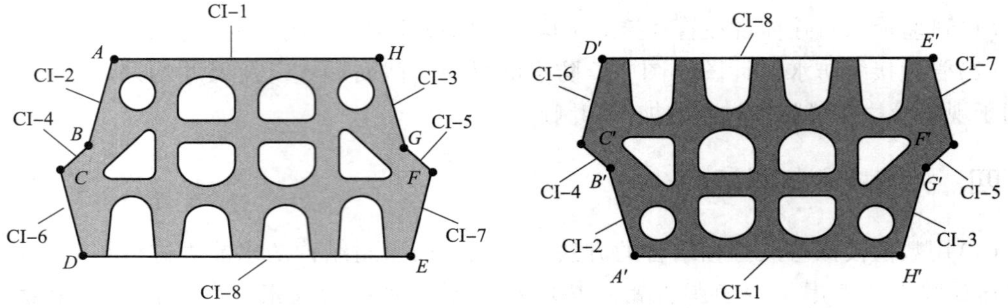

(a)下侧密封垫–沟槽 (b)上侧密封垫–沟槽

**图 5 –43　密封垫表面编号示意图**

通过数值模拟可以发现管片拼装完成后在气压作用下的密封垫在沟槽中的变形全过程，图 5 –44(a)为管片拼装完毕后的初始变形状态，图 5 –44(b) ~ (f)分别为密封垫在气压 $p$ =0. 3594MPa、0. 7188MPa、1. 0782MPa、1. 4376MPa、1. 797MPa 时的变形状态。

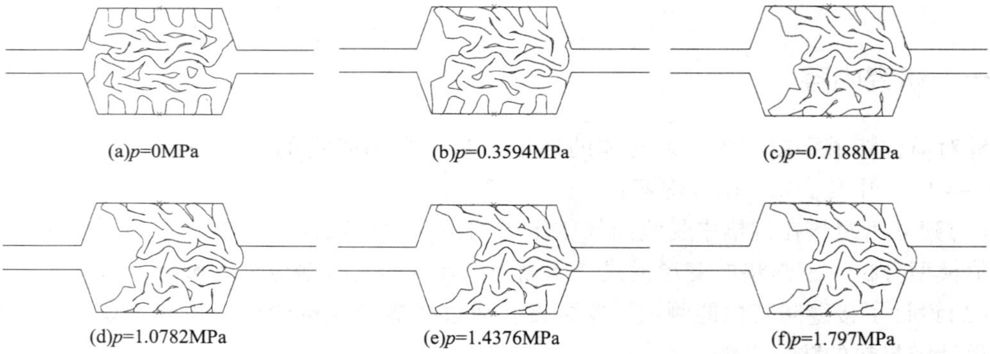
(a)$p$=0MPa (b)$p$=0.3594MPa (c)$p$=0.7188MPa
(d)$p$=1.0782MPa (e)$p$=1.4376MPa (f)$p$=1.797MPa

**图 5 –44　气压作用下密封垫在沟槽中的变形全过程**

由图 5 –45 可以看出，初始状态下，上、下侧弹性密封垫中心对称，从左到右，密封垫 – 密封垫接触面长度为 CI –1、CI –2、CI –3 之和，密封垫 – 沟槽接触面长度为 CI –6、CI –8、CI –7 之和。在侧向气压的作用下，上、下侧弹性密封垫不再中心对称，密封垫朝沟槽内侧挤压变形，内部孔洞进一步闭合，柱脚扭曲且和沟槽出现一定程度的脱开，密封垫受到沟槽内侧翼的约束增强，气压的作用使得密封垫 – 密封垫接触面和密封垫 – 沟槽接触面的长度有所减少，但接触面的贴合程度增加。

2)接触应力分布

对于密封垫 – 密封垫接触面，图 5 –45 为不同气压作用过程中密封垫接触应力的分布情况。在气压作用前，CI –1 的接触应力沿着接触长度不均匀分布，且由于应力集中，最大接触应力出现在左右两个端点附近，在气压作用后，由于密封垫发生朝沟槽内侧的挤压侧移，两侧的接触应力有所减少，但其他位置，接触应力明显升高。在施加气压前，CI－2 的大部接触应力为 0；在施加气压后，CI－2 接触应力为 0 的部分进一步增加。这是因为气压作用使得上下侧 CI－2 脱开，同时，气压作用使得密封垫产生水平向侧移，相应地，CI－3 大部分位置的接触应力增大。不同接触边的接触应力分布见图 5－46。

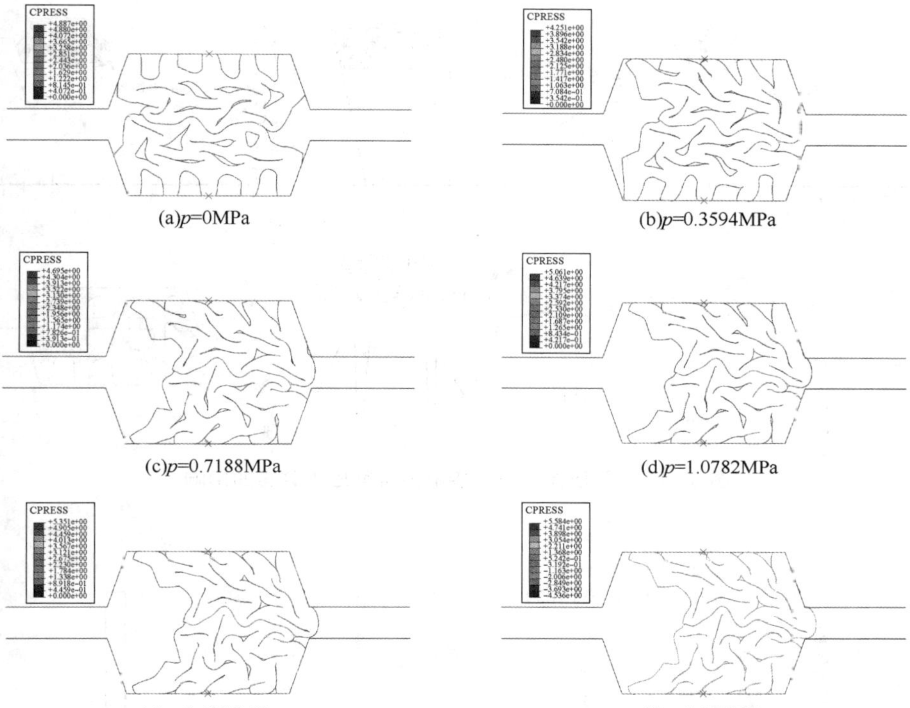


**图 5－45　气压作用过程中密封垫接触应力分布**

通过对气压作用前后各接触边的最大接触应力(图 5－47)和平均接触应力(图 5－48)的比较。气压作用下，CI－1、CI－3 的最大接触应力均有所降低，但平均接触应力均很大程度提高；CI－2、CI－4、CI－6 的最大接触应力及平均接触应力均有所降低；CI－5、CI－7、CI－8 的最大接触应力及平均接触应力均大幅度提高。在气压作用下，密封垫右侧接触边与沟槽贴合更加紧密，密封垫－沟槽接触面出现较大的接触应力，无论是最大接触应力还是平均接触应力，密封垫－密封垫接触面的接触应力始终小于密封垫－沟槽接触面的接触应力，因此，渗漏会率先发生在弹性密封垫之间。

3)小结

通过建立密封垫－沟槽有限元模型，分析了管片拼装过程密封垫的力学性能，以及气压作用对密封垫力学性能的影响。从上述分析过程中可以得到以下结论：

(1)相比于无错位正常拼装，错位 15mm 在拼装前期更容易拼装，但是在拼装后期，由于错位 15mm 拼装中的原始未接触的密封垫临空部分开始与沟槽接触，所需要的拼装力远远大于无错位正常拼装。为方便施工，在施工中应尽量做到无错位正常拼装。

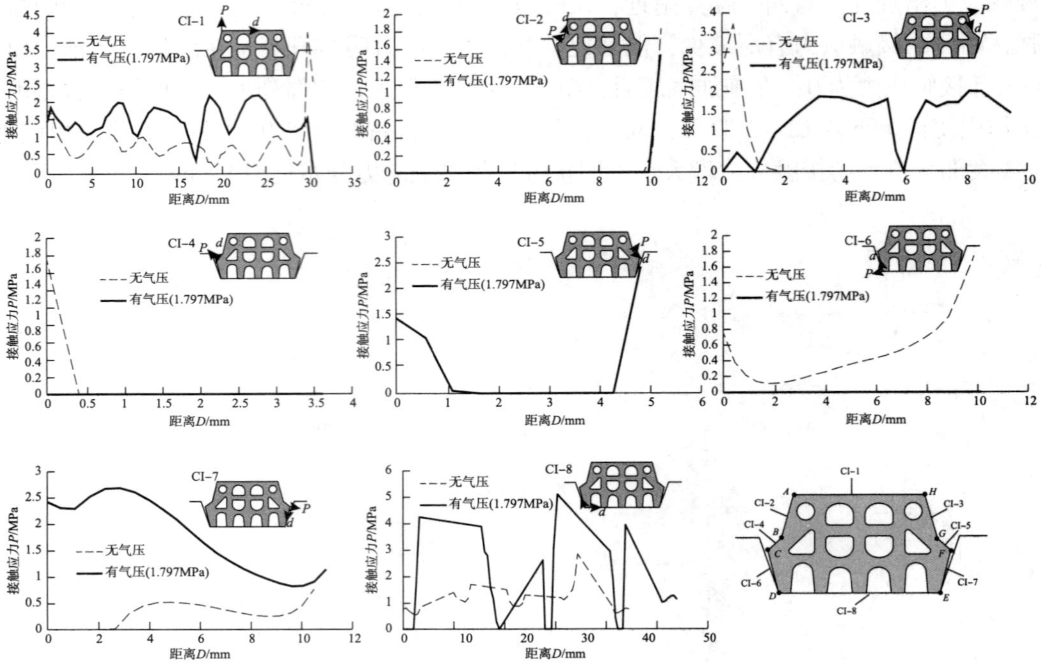


图 5－46　气压作用对各接触面接触应力分布的影响

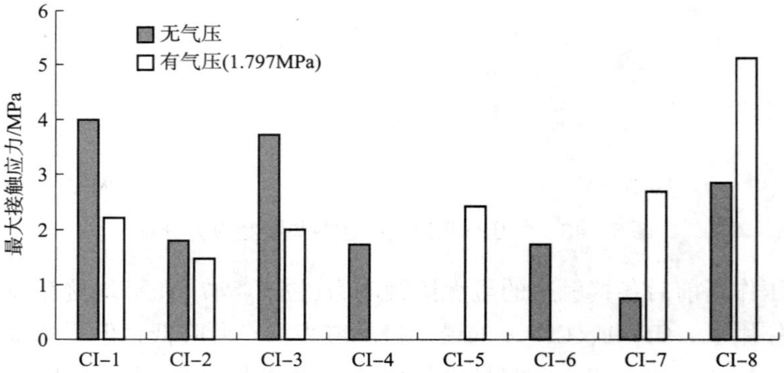


图 5－47　最大接触应力

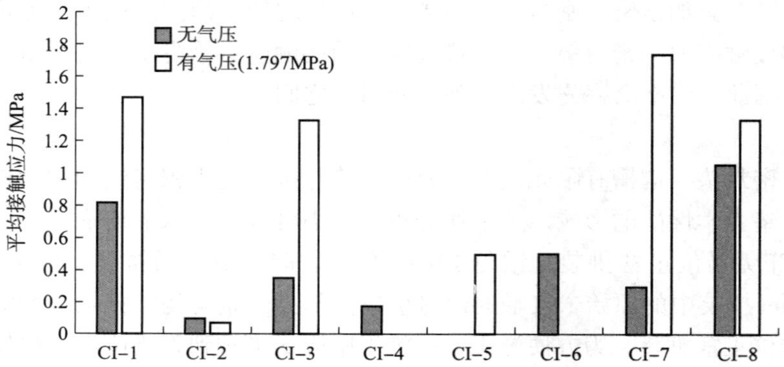


图 5－48　平均接触应力

(2)可以通过施工过程中压缩力与压缩量的大小，来判断此时的管片是否正常拼装。在压缩后期，当压缩力急速增加时，应该适时调整拼装姿态以使管片正常拼装。

(3)对于设计工况(错位 15mm)，密封垫的密封垫－沟槽接触面的最大接触应力相比于理想工况有所降低。密封垫悬空部分与刚性沟槽的接触使得密封垫－密封垫接触面上的最大接触应力有所提高，但是密封垫与密封垫的直接接触面上的接触应力的减小，导致在该接触面上的平均接触应力相比于正常拼装仍有大幅度的减少。

(4)气压的作用使得密封垫－密封垫接触面和密封垫－沟槽接触面的长度有所减少，但接触面的贴合程度增加。密封垫右侧接触边与沟槽贴合更加紧密，密封垫－沟槽接触面出现较大的接触应力。

(5)在气压作用下，密封垫－密封垫接触面的最大接触应力以及平均接触应力均小于密封垫－沟槽接触面，气体在密封垫－密封垫接触面之间发生泄漏的概率更大。

2. 接缝防气试验装置

由于本工程采用“双道密封垫”布置形式，同济大学专门针对本试验装置进行了设计，接缝防气模拟装置由内外两圈回形密封垫垫圈、带沟槽混凝土构件及 4 个预埋管道装置组成，该接缝模拟装置能够模拟工程中的“一”字缝构造(环缝和纵缝)。试验内、外两圈“回”形密封垫垫圈分别模拟实际隧道外道和内道防气密封垫，混凝土构件(图 5－49、图 5－50)模拟管片结构，预埋管道装置用于加气和连接测量仪器。

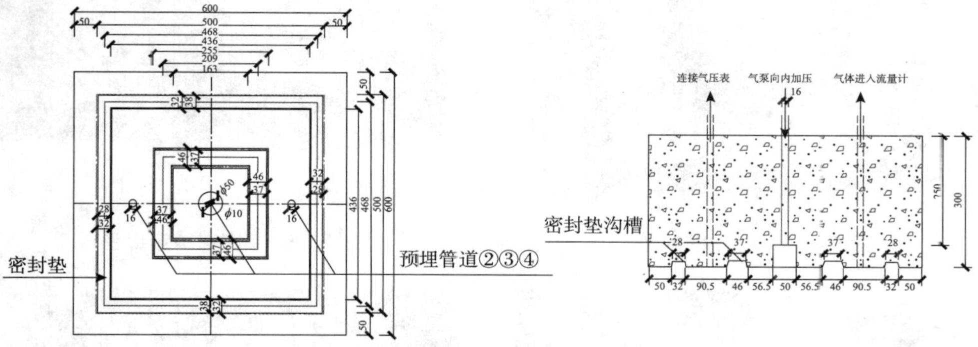


图 5－49　上部混凝土构件示意图

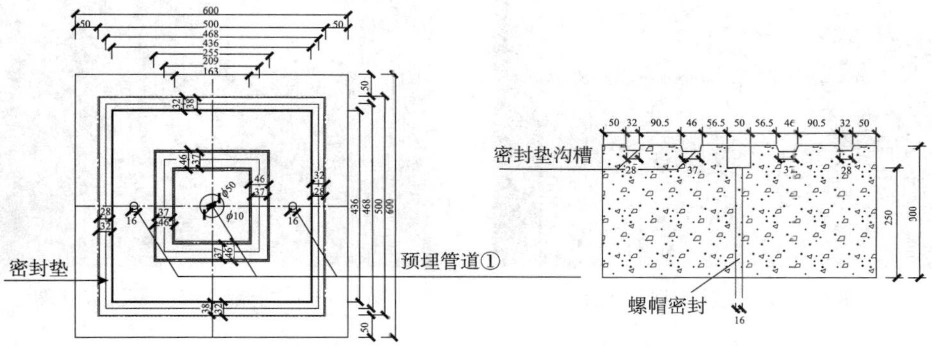


图 5－50　下部混凝土构件示意图

本试验采用基于同济大学自主研发的三向加载设备 GPJ－3900，见图 5－51。该设备包括电脑控制界面、纵向/垂向/横向作动器、自平衡反力框架、混凝土试件及密封垫、数据采集器和加载装置等六大组件。试验过程见图5－52～图5－56。

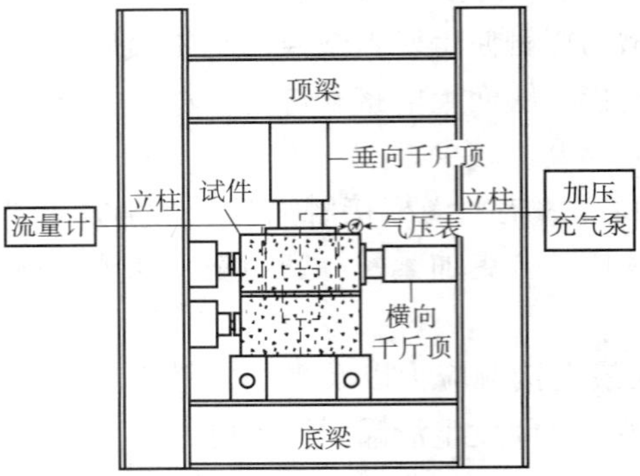


图5－51　自主研发的三向加载设备GPJ－3900

图5－52　试验现场全景图

图5－53　粘贴密封垫

图5－54　密封垫错缝受压

图5－55　试验现场局部图

图5－56　上部混凝土管道连接图

3. 密封垫防气性能试验研究

1)试验工况

对于内圈和内外圈联动试验，选择了2个错缝量和4个张开量；对于外圈试验，选择了3个错缝量和4个张开量，共计28个工况对最新设计的内、外道密封垫的气密性能进行测试，具体工况组合见表5-25。

表5-25 防气试验工况表

| 工况 | 类型 | 错缝量/mm | 张开量/mm |
|---|---|---|---|
| 1 | 内道密封垫 | 0 | 6、8、10、12 |
| 2 | 内道密封垫 | 15 | 6、8、10、12 |
| 3 | 外道密封垫 | 0 | 6、8、10、12 |
| 4 | 外道密封垫 | 10 | 6、8、10、12 |
| 5 | 外道密封垫 | 15 | 6、8、10、12 |
| 6 | 内外道联动 | 0 | 6、8、10、12 |
| 7 | 内外道联动 | 15 | 6、8、10、12 |

设置好错缝量后，从张开量由低至高进行试验。拟定初始加载气压为0.125MPa，根据实际情况每级增压0.05～0.2MPa，最大加载气压拟定为2.2MPa，远超本工程目前最大勘测气压0.12MPa。

2）管片外道密封垫防气能力

由图5-57可知，试验中，随着加载气压的升高，每延米泄漏率根据加载气压的大小和接缝的变形（张开量及错缝量）主要分为两个阶段，微弱泄漏阶段和大规模泄漏阶段。接缝的变形越小，其微弱泄漏阶段越长，接缝的气密性越高，接缝的张开量和错缝量都对接缝的气密性能起重要作用。

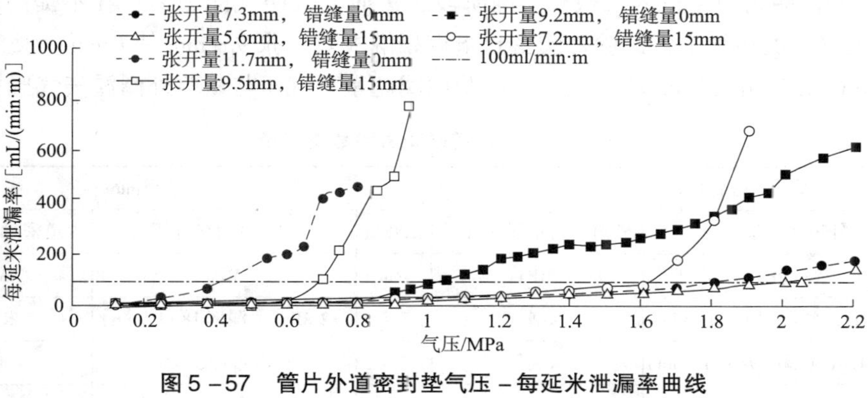


图5-57 管片外道密封垫气压-每延米泄漏率曲线

3）管片内道密封垫防气能力

结合现场试验和图5-58可知：

（1）在张开量6.0mm，错缝量15mm的工况下，管片内道密封垫的泄漏气压为0.65MPa，小于管片内道密封垫的防水设计指标1.3MPa。

（2）在试验外圈密封垫出现微弱漏气后，气压稍微增大0.05～0.15MPa，就会出现剧烈漏气，气体剧烈喷出或冲出，接缝处有明显的气流冲击感和气流声，甚至出现尖锐的气鸣。

（3）在相近张开量下，错缝量的增大，会导致泄漏气压的降低，错缝量0mm较错缝量

10mm 和错缝量 15mm 的工况泄漏气压增长明显，而错缝量 10mm 和错缝量 15mm 在较大的张开量的工况下，泄漏气压相近。

该试验结果说明：保证设计控制张开量对保障盾构内道密封垫的防气能力十分重要。

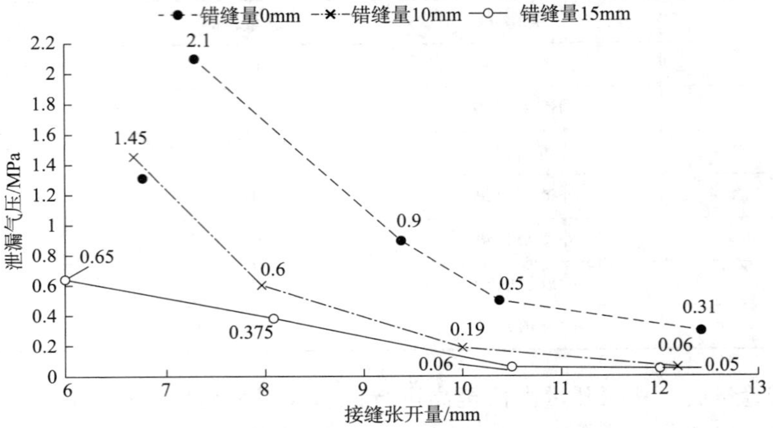


图 5－58　管片内道密封垫张开量－泄漏气压曲线

4）双道联动密封垫防气能力

针对两道联动密封垫的防气能力，共进行了 2 组错缝量，共 6 个工况的试验。

由现场试验和表 5－26 可知：

（1）在张开量较小的工况下，即使加载气压达到 2. 2MPa，试验内圈密封垫依旧能保持良好的防气性能，此时试验外圈密封垫同样并不会出现漏气。

（2）试验内圈密封垫进入大规模泄漏阶段，进而失去防气能力后，在不提高加气气压或稍微增大气压的情形下，试验外圈密封垫也相继失效。张 9. 1mm 错 0mm、张 8. 7mm 错 15mm 和张 6. 4mm 错 15mm 的工况中，试验内圈超量程气压与试验外圈漏气气压相同。

表 5－26　两道联动试验数据记录

| 错缝 0mm | | | 错缝 15mm | | |
|---|---|---|---|---|---|
| 张开量 | 外道密封垫气压 | 外道密封垫漏气气压 | 张开量 | 内道密封垫气压 | 内道密封垫漏气气压 |
| mm | MPa | MPa | mm | MPa | MPa |
| 5. 8 | 2. 2MPa（泄漏率 13mL/min） | 未漏气 | 5. 8 | 2. 2MPa（泄漏率 18mL/min） | 未漏气 |
| 7. 2 | 2. 2MPa（泄漏率 788mL/min） | 未漏气 | 7. 4 | 1. 7（流量计超量程） | 1. 7 |
| 9. 1 | 1. 75（流量计超量程） | 1. 75 | 8. 7 | 0. 75（流量计超量程） | 0. 75 |

5）小结

（1）在气压作用下，盾构接缝不能实现完全的气密性，密封垫防气性能失效分为微弱泄漏阶段和大规模泄漏阶段。当气压不高或接缝变形较小时，密封垫的气密性能保持良好，仅发生微弱泄漏，对于人员和结构安全没有严重威胁，但长期运营阶段需要注意地层变形和隧道内的气体浓度累积带来的火灾及爆炸等危害。当气压升高或接缝变形增大时，接缝由微弱泄漏阶段进入大规模泄漏阶段，泄漏率会随着气压增大而升高，密封垫失去防气能力，此时地层变形与沼气浓度的升高皆可能造成严重工程事故。

(2)外道密封垫进入大规模泄漏阶段，进而失去防气能力后，在不提高加气气压或稍微增大气压的情形下，内道密封垫也相继失效。

(3)接缝的张开量和错缝量对密封垫的防气性能皆有显著影响。随着张开量和错缝量的增大，密封垫的接触应力减小，密封垫的泄漏气压急剧减小。超过设计控制标准的张开量和错缝量可能会带来大规模的强泄漏，进而给施工和运营带来巨大的安全隐患甚至失稳灾害。因此，在实际工程中，要严格控制管片接缝处的张开量和错缝量，保证密封垫的防气能力。

(4)结合上述分析结果和防气能力实验结果可以发现，富含有害气体地层盾构隧道的最大风险来源于：长期微泄漏情况下的隧道内气体浓度累积，遇到火源带来的火灾及爆炸等危害；超过设计控制标准接缝张开量、错缝量以及超高气压引起的大规模强泄漏，可能带来泥、水、气涌出造成的地层结构失稳变形灾害，以及遇到火源造成的火灾及爆炸等灾害。需要制订有针对性的、切实可行的管控措施，以保证本工程施工和运营安全。

## 三、研究成果在工程设计中的应用

管片接缝试验采用的管片内外道弹性密封垫均为现场实际使用的，通过气密性试验，验证了现场实际使用的管片接缝弹性密封垫能够抵抗地层沼气气压，气密性满足工程要求。

## 四、关键技术与创新点

(1)建立了密封垫在沟槽中受侧向气压作用的精细化有限元分析模型，利用该密封垫精细数值模型分析了密封垫的变形模式、压缩力以及气压对接触应力的影响。

(2)设计了接缝防气性能测试试验装置，通过多工况下的接缝防气试验，评估了内外道密封垫的防气性能。

# 第六章　设计质量控制

## 第一节　设计技术、质量控制目标

### 一、设计技术目标

本工程设计工作积极响应十九大报告中提出“加快生态文明体制改革、推进绿色发展、建设美丽中国”的战略部署，认真总结国内外大型水下盾构隧道的设计、施工、运行管理经验，充分吸纳国家重点工程过境段黑龙江盾构穿越、中俄北段嫩江盾构、中俄中辽河盾构、兰州出站三公里隐患改造项目、西一线三江口长江盾构隧道、西二线九江长江盾构、西三线中卫黄河盾构等水下盾构隧道工程设计、施工及运营过程中的经验，同时充分借鉴苏通 GIL 电力长江盾构隧道、日本东京湾盾构隧道、伊势湾盾构隧道、东京 23km 燃气盾构隧道等国内外类似盾构隧道的设计、施工、运营经验，结合本项目的工程特点，提出技术目标如下：

(1)秉承“安全第一、质量至上、环保优先、以人为本”的设计理念；

(2)以“安全、环保、可靠、适用、经济”为目标，做到技术先进、安全可靠、高效、节能环保；

(3)设计各项工作符合国家、地方各项法律法规及相关标准规范的要求，确保合法合规性；

(4)争创精品工程和国家优质工程，设计技术水平达到国内领先、国际一流，工程设计争创全国优秀工程勘察设计行业奖；

(5)充分贯彻盾构隧道“免维护、可抢修”的总体目标要求；

(6)智能管道设计满足“全数字化移交、全智能化运行、全生命周期管理”目标要求，做好建设期管道数据的管理和存储，实现全数字化移交；

(7)做好“五新”的研究和应用，让长江盾构成为中国油气管道盾构隧道史上一个里程碑式工程。

### 二、设计质量目标

为切实做好中俄长江设计质量管理工作，按照质量管理体系的需要，结合质量管理方针和质量目标，本项目的质量目标和要求如下：

(1)满足争创国优工程的目标，争创全国优秀工程勘察设计行业奖；

(2)设计文件编制深度及内容满足《油气管道工程施工图设计文件编制规定》《国家石油天然气管网集团有限公司工程建设项目设计与技术管理暂行办法》等国家法律法规、国家及行业标准、中石油和国家管网公司企业标准及业主的相关要求；

(3)严格按照初步设计批复成果和专篇开展施工图设计，满足经批复或备案的各类专项评价、报告、专篇的成果要求；

(4)设计成果满足合法、合规、质量、安全要求，充分考虑投资效益、节能和国产化要求；

(5)数字化设计成果及深度满足全生命周期管理的数据规定；

(6)满足智能管道建设的目标要求；

(7)设计交付质量合格率 100%。

# 第二节　设计质量控制策划

## 一、设计质量管理主要原则

项目运行执行一体化管理体系以及《质量管理体系要求》(GB/T 19001—2016)的要求。

一体化管理体系包括质量手册以及项目管理模块，手册简要介绍了质量管理原则和做法，说明了 GB/T 19001 要求在企业管理体系及项目交付活动中是如何实施的。

## 二、设计质量目标和关键绩效指标

项目质量目标基于委托方的质量目标制订，将通过向顾客提供质量可靠、符合相关规范、标准、规定和业主要求的可交付文件、服务。

项目的设计质量目标详见表 6－1。

**表 6－1　项目的质量目标**

| 类别 | KPI 关键绩效指标 | 目标水平 | 措施 |
| --- | --- | --- | --- |
| 产品 | 产品合格率 | 100% | 严格设计过程控制程序，编制设计执行计划和设计基础文件并严格执行 |
| 合规性 | 满足法律法规、强制性技术标准及顾客要求 | 100% | 编制项目法律法规清单并发送给所有设计人员，杜绝出现作废标准 |
| 设计成果 | 满足争创国优工程的目标，争创全国优秀工程勘察设计行业奖 | 实现全国优秀工程勘察设计行业奖 | 1. 做好创优计划，成立创优小组；<br>2. 严格执行公司一体化文件和项目的质量管理控制程序要求；<br>3. 全面应用成熟可靠的新技术，提高工程勘察设计的工作效率和科技含量；<br>4. 认真做好方案论证比选和设计成果验证和审查 |
| | 达到委托考核要求，各类成果一次性审查通过 | 100% | 1. 严格执行公司一体化文件和项目的质量管理控制程序要求；<br>2. 过程要求各专业进行严格执行设校审、会签会审程序；<br>3. 质量工程师不定期进行质量检查 |
| 顾客反馈 | 业主满意度 | 100% | 提高设计人员服务意识；开展顾客满意度调查活动 |

## 三、项目设计质量保证措施

(1)项目策划。

按一体化管理体系文件要求完成项目策划，包括项目概况、项目目标、组织机构及职责、项目特点、重难点及对应措施、知识和风险管理、项目管理等。

(2)施工图设计文件审查做到设计、校对、审核/审定责任明确、程序合理。审查主要分为内部审查和外部审查。

注册建筑师、注册结构工程师等注册执业人员应当在设计文件上签字，并对设计文件负责。

(3)设计过程检查(质量工程师检查和技术质量安全部抽查)。

## 四、设计过程要点

(1)严格按照设计程序对设计文件进行校审和会签，保证设计质量。

(2)根据建设单位安排，做好施工图设计审查工作。

施工图设计文件重点关注涉及公共利益、公众安全、工程建设强制性标准的执行情况；工程界面、各专业间的衔接；施工图设计文件与初步设计文件、各专项评价和政府部门批复意见的一致性；应用的工程建设“五新”验收、鉴定程序是否完善；CDP 文件偏离及执行情况。

对施工图审查单位提出的审查意见，积极响应，加强沟通，确保涉及公共利益、公众安全、工程建设强制性标准偏离的意见，全部整改到位。

(3)根据建设单位安排，做好施工图图纸会审及设计交底工作。

(4)严格遵守建设单位应制订的施工图设计变更的管理规定，对施工阶段发生的变更进行复核并出具设计变更单。

## 五、设计质量风险识别与控制

设计质量风险识别与控制措施见表6－2。

表6－2　设计质量风险识别与控制措施表

| 序号 | 风险要素 | 风险描述 | 风险影响 | 风险等级 | | | 防范与控制措施 |
|---|---|---|---|---|---|---|---|
| | | | | 重大 | 较大 | 一般 | |
| 1 | 路由报批选址与政府结合 | 长江盾构隧道穿越常熟海轮锚地未获交通运输部批复 | 线路局部路由及方案需要调整 | √ | | | 1. 项目部及时书面报告业主，并积极配合业主开展工作，办理相关审批文件；<br>2. 尽早开展相关报审流程，取得交通运输部批复 |

续表

| 序号 | 风险要素 | 风险描述 | 风险影响 | 风险等级 | | | 防范与控制措施 |
|---|---|---|---|---|---|---|---|
| | | | | 重大 | 较大 | 一般 | |
| 2 | 设计变更 | 由于地方规划变化、沿途敏感区范围变化、现场地形地物变化、现场地下构筑物变化、业主要求变化以及其他设计不可抗原因造成穿越方案局部调整，导致施工工期增加，投资费用变化 | 影响工期、项目费用，项目投资变化 | | √ | | 1. 认真研究招标文件中的关于变更的合同条款，制订互利的设计方案；<br>2. 在原方案可行的基础上，尽量减少变更；<br>3. 变更方案的决策要慎重考虑，尽可能召开专家评审会详细进行比选和讨论；<br>4. 按变更程序上报变更方案；<br>5. 增派设计人员对变更方案及时重新设计或修改；<br>6. 保留好地方政府公文、上级单位批复等相关的变更依据；<br>7. 在施工图设计开始前，对并行段已建管道进行探测，待地下管道位置确定后，再进行并行段施工图设计；<br>8. 及时与地方政府或相关主管部门进行沟通协商 |
| 3 | 外电批复意见 | 按照国家电网公司的用电管理规定，10kV外电需要在项目实施阶段进行用电报装后供电部门才出具正式的供电方案，本项目初步设计阶段的供电方案存在后期发生变化的风险 | 外电供电方案的变化可能引起内电施工图设计方案及设备材料选型的调整 | | √ | | 1. 提醒业主及时进行用电报装并取得正式的供电方案；<br>2. 加强与业主确定的外电设计单位结合，由外电设计单位将内外电图纸一同报供电部门审查 |
| 4 | 自然灾害 | 施工过程中遭遇台风，发生安全事故，导致施工受阻 | 影响工期、项目费用，项目投资变化 | | √ | | 1. 密切关注台风等天然变化，做好相应的预案；<br>2. 视情况适时购买保险 |
| 5 | 设计现场服务 | 现场服务人员没有及时就技术问题与施工单位进行沟通、交流，并按时到现场解决施工中的技术问题 | 影响施工进程，施工人员不了解施工图设计技术要求，导致施工错误，返工等 | | √ | | 1. 做好设计技术交底；<br>2. 按照投标要求选派有经验的现场服务人员，及时解决现场问题；<br>3. 根据施工进度，合理确定现场专业需求和人员需求；<br>4. 加强现场服务管理 |
| 6 | 专题研究进度 | 管片结构性能试验、管片接缝性能试验、沼气对管片结构和接缝的影响试验的试验进度没能配合上施工图进度，导致施工图没能根据试验结果进行优化 | 管片和接缝施工图设计，未能通过专题试验进行验证和进行优化，无法确保生产出来的管片和接缝能够达到设计要求 | | √ | | 1. 尽快开展管片结构性能试验、管片接缝性能试验、沼气对管片结构和接缝的影响试验研究；<br>2. 设计加强与专题试验单位的沟通，及时了解试验进度和试验结果 |

## 六、关键质量控制点及保障措施

坚持计划、实施、检查、改进的循环工作方法，持续改进设计过程的质量，保证交付的设计产品质量达到国家标准及业主要求。

为了便于检查和控制设计质量，将下列各项工作作为主要控制点，并制订关键质量控制点技术措施和质量管理保障措施。具体见表6－3。

表6－3　施工图设计关键质量控制点的技术和质量管理保障措施

| 序号 | 质量控制点 | 技术保障措施 | 质量管理保障措施 |
|---|---|---|---|
| 1 | 产品要求的识别 | 1. 业主已经明确的要求，如招标书、合同草案、委托书、协议草案、邀请函、口头要求、要求的更改等；<br>2. 业主未明确，但规定或已知预期用途所必要的产品要求；<br>3. 法律法规和规范的要求 | 1. 口头要求要转成文字记录，并得到业主确认；<br>2. 业主要求发生更改要及时识别并与顾客沟通确认，并进行再次评审 |
| 2 | 项目组人员 | 1. 项目经理由项目管理部门推荐，公司主管生产副总经理确认；<br>2. 专业负责人由各专业科室主任推荐，项目经理认可；<br>3. 各专业的设计人、校对人、审核人应由专业科室推荐，专业负责人认可；<br>4. 每个专业应配置国际项目经验人员，经项目经理认可；<br>5. 校对人、审核人应配置参与国家重点工程(黑河—长岭)和中段人员，经项目经理认可 | 1. 关键岗位人员满足标书要求且为不可替换人员；<br>2. 设计人员资质满足《设计岗位任职资格管理规定》和业主的要求；<br>3. 专业人员中具有较强英语交流能力；<br>4. 校对人、审核人能够充分吸取国家重点工程(长岭—永清)、国家重点工程(黑河—长岭)设计经验教训 |
| 3 | 设计策划 | 1. 项目经理负责编制《项目设计策划》；<br>2. 项目设计策划至少包括工程概况及设计阶段说明、项目质量目标、项目组人员情况、进度安排、项目对资源的特殊需求等方面 | 1. 未制订设计策划不能开展工作；<br>2. 策划不根据项目实际编制，公司项目管理部门不予批准，要求重新编制；<br>3. 计划变更后及时修改已发布计划，并重新审批发布 |
| 4 | 基础设计数据 | 1. 项目基础设计数据由各专业技术负责人整理，项目经理审查后签署、发布；<br>2. 项目经理组织编制设计基础文件 | 修改项目基础设计数据时，与业主协调并经业主批准后才能发布 |
| 5 | 数字化设计 | 1. 各专业应采用公司已有标准化、模块化设计；<br>2. 所有专业设计应严格按照数字化移交要求执行；<br>3. 所有专业设计应在线路、建筑两大设计平台中进行，严格多专业三维协同设计；<br>4. 采办文件应对供货商需提交的数字化模型和数据提出明确要求 | 1. 标准化、模块化设计应是公司技术标准体系中最新版本；<br>2. 满足全数字化移交要求；<br>3. 满足线路载体平台数据要求 |

续表

| 序号 | 质量控制点 | 技术保障措施 | 质量管理保障措施 |
| --- | --- | --- | --- |
| 6 | 内外部接口管理 | 1. 向外部组织提出的技术文件需经项目经理审核，项目主管领导批准；<br>2. 项目经理负责组织验证外部组织提交的技术文件；<br>3. 专业间的协调，互提资料等；<br>4. 配置专职界面管理工程师进行内外部工程设计界面管理协调 | 1. 外部来文有效性确认；<br>2. 严格按照内部接口要求执行；<br>3. 界面管理工程师制订界面管理要点，严格全过程管理协调 |
| 7 | 设计标准 | 1. 项目设计须遵守的法令、法规，采用的主要标准、规范和规定；<br>2. 项目经理组织各专业负责人提出本专业采用的标准、规范和规定，编制项目使用规范、标准清单，并单独成册发布 | 1. 定期检查质量标准的有效性；<br>2. 及时更新标准 |
| 8 | 技术统一规定 | 项目经理组织各专业设计人员，结合自身特点编制本项目更具有针对性和可实施性的、更为详细的各专业施工图设计统一技术规定并下发。主要包括：<br>测量、勘察、线路、穿越、站场、工艺、总图、建筑、结构、防腐及阴保、通信、机械、供配电、暖通、热工、给排水及消防、仪表施工图设计统一技术规定 | 1. 各专业严格按照施工图统一技术规定开展设计；<br>2. 确保设计标准和设计风格统一；<br>3. 充分吸取国家重点工程(黑河—长岭)、国家重点工程(长岭—永清)经验教训 |
| 9 | 设计输入评审 | 1. 项目经理组织项目整体设计输入，专业负责人组织本专业部分的设计输入；<br>2. 项目经理组织各专业负责人对设计输入内容充分性和适宜性进行评审，项目总工程师审批；<br>3. 设计输入条件有变化的，及时按程序补充设计输入 | 1. 如果不组织设计输入或设计输入不完整应补充设计输入，对已进行的设计进行核实，是否与输入条件一致，必要时重新组织设计输入；<br>2. 如果设计输入不评审，要补充评审设计输入，如有不适宜或错误的输入条件，应进行相应修改；<br>3. 如果新的设计输入内容没有及时补充，要补充设计输入，并进行评审后执行 |
| 10 | 设计文件的内容深度 | 设计输出文件的内容深度满足相应的标准规范、业主要求和公司文件要求 | 如果设计文件内容深度达不到，校审、评审中发现直接返回设计人重新设计 |
| 11 | 设计校审 | 1. 设计、校对、审核、审定等各级校审提出意见修改并得到验证后，提交下一级；<br>2. 各专业设计成品应由符合资格的校对、审核、审定人员对设计成品进行校审；<br>3. 校、审后应保存原始的校审记录卡和校审白图 | 1. 各专业严格按照公司一体化体系文件程序执行，实行抽查；<br>2. 未进行校审，需补充校审，修改设计文件；<br>3. 校审人员级别、校审深度不够时，需补充校审，修改设计文件；<br>4. 校审人员按要求校审图纸，深度不够，拒绝签字 |

续表

| 序号 | 质量控制点 | 技术保障措施 | 质量管理保障措施 |
|---|---|---|---|
| 12 | 设计评审 | 以下文件若与初步设计文件有重大改变时，应开展评审：<br>1. 总体布置；<br>2. 盾构隧道主体结构；<br>3. 管道安装方案；<br>4. 管道材料、焊接检测规定；<br>5. 智能检测方案 | 1. 评审后文件按要求修改，及时后续跟踪验证不，所属专业主任工程师要对专业成果文件修改补充验证；<br>2. 不进行评审的，要在设计计划中说明，并经过公司项目管理部审批；<br>3. 评审主持人要验证评审意见落实，并在评审记录上给予确认 |
| 13 | 专业互提资料 | 1. 委托资料单要进行校对、审核；<br>2. 委托资料提交要设校审签署；<br>3. 接受专业签署确认；<br>4. 专业负责人对委托资料提交和接收登记 | 1. 设计文件没有校对、审核，接收专业拒接；<br>2. 委托资料没有设校审签署，接收专业拒收，要求重新提交；<br>3. 提出专业及时通知接收专业；<br>4. 设计资料修改时，其变更内容必须进行校对、审核，所有专业间的资料往来，包括文字说明均需要采用正规的格式 |
| 14 | 设计文件会签 | 1. 多专业协作时，相关专业需要会签；<br>2. 接受其他专业委托设计的图纸，委托专业组织会签 | 1. 会签是工程设计完成前的重要环节，会签专业要按照委托资料核实设计图纸；<br>2. 会签前发起专业应组织相关专业进行会议审查，质量工程师、界面管理工程师参与；<br>3. 通过会签发现的问题应及时协调解决 |
| 15 | 设计交底与图纸会审 | 1. 设计交底应在数字化设计三维模型中进行；<br>2. 委派负责本项目主要设计人员参与；<br>3. 图纸会审原则上采取会议审查修改后会签 | 1. 模型和数据应完整；<br>2. 按照会审意见进行设计修改、验证；<br>3. 涉及变更的按设计变更管理程序执行 |
| 16 | 设计更改 | 1. 特大设计更改，由项目总工程师主持进行公司级评审，主管生产副总经理批准；<br>2. 重大设计更改，由项目总工程师主持进行公司级评审，并批准更改；<br>3. 较大设计更改，变更主体专业提出更改通知，进行更改，相关专业负责人会签，项目经理批准；<br>4. 一般设计更改，变更专业提出更改通知，进行更改，项目经理(或授权现场负责人)批准；<br>5. 其他方提出的变更，相关专业确认合理可行后，提出设计更改；<br>6. 由于设计错误影响设计原理、设计结构、设计安全等方面的设计更改要修改升版已存档文件 | 1. 设计更改需要行相应级别的审核，根据审核结果，修改完善变更方案；<br>2. 设计更改需要专业会签的，应进行会签确认；<br>3. 设计更改单所附文件应进行校审；<br>4. 最终的设计更改文件应统一编号存档 |
| 17 | 施工图与初设偏差控制 | 严格按照业主提供的初设成果和专项评价成果完成施工图设计，确因不可抗原因需要对初设方案做出重大调整的，需经过公司评审后书面报告报业主批准后才能实施 | 1. 项目经理、QHSE 工程师及相关专业人员参加设计评审，形成书面报告上报业主批准后，由项目经理组织开展相应施工图设计工作；<br>2. 各专业负责人对设计文件内容是否完整无遗漏，是否符合有关标准、规范和规定进行核实和检查 |

续表

| 序号 | 质量控制点 | 技术保障措施 | 质量管理保障措施 |
|---|---|---|---|
| 18 | 环片密封设计 | 1. 通过调研水利、电力、油气管道、地铁、铁路等各行业盾构隧道密封垫材料、密封垫结构，并结合本次工程特点进行分析，确定最终的密封材料及密封结构；<br>2. 对密封材料进行多方案比选，结合国内外目前在盾构管片密封垫材料的使用情况进行充分论证；<br>3. 考虑地震作用的隧道环向接缝张开量计算 | 1. 委派有环片设计经验并熟悉专业分析软件的人员进行设计；<br>2. 加强设计过程检查和质量监控；<br>3. 邀请行业内外盾构专家会诊；<br>4. 充分借鉴公路、市政大断面盾构中的施工经验进行设计；<br>5. 与行业外相关院校开展技术交流，汲取经验 |
| 19 | 地质改良 | 1. 通过调研水利、市政、公路、铁路等其他行业相似工况下的地质改良方案，进行多方案比选论证；<br>2. 对地质改良后的效果进行分析；<br>3. 提出针对性的施工技术要求 | 1. 成立穿越工程专家团队，专家团队人员均是院级技术带头人及专家人才组成；<br>2. 组织行业内外知名施工专家对方案的可行性和可实施性进行讨论和分析，确定合理、可行的穿越方案，确保施工安全、顺利、成功实施 |
| 20 | 降水 | 1. 总结以往工程的经验教训，并经过多方案技术比选；<br>2. 降水设计采用三维渗流数值分析，初步确定降水方案。施工中应先进行降水试验，以便调整降水井数量、井深、位置，降水方案应进行专业设计，并由专业队伍进行施工；<br>3. 设计对施工提出详细技术要求和监测要求，提高施工质量 | 1. 委派有降水设计经验的专家型人员进行设计；<br>2. 加强设计过程检查和质量监控；<br>3. 邀请行业外内设计、施工、结构、水利专家作为设计顾问，对技术方案进行把关；<br>4. 充分借鉴国家重点工程(黑河—长岭)及以往盾构中的施工经验进行设计 |
| 21 | 高水压管片结构 | 1. 合理选择外部荷载；<br>2. 根据国内外常用的模型和计算方法，选择均质圆环法和梁－弹簧模型法两种模型进行分析；<br>3. 结合其他大断面盾构工程高水压管片成功经验；<br>4. 吸纳《非常规盾构关键技术研究》课题中关于高水压下环片结构分析成果 | 1. 委派有环片结构设计经验并熟悉专业分析软件的人员进行设计；<br>2. 加强设计过程检查和质量监控；<br>3. 邀请行业内外盾构专家会诊；<br>4. 充分借鉴公路、市政大断面盾构中的施工经验进行设计；<br>5. 与行业外相关院校开展技术交流，汲取经验 |
| 22 | 管道应力计算 | 1. 开展超长盾构内管道安装的专题研究；<br>2. 通过采用有限元软件和管道应力分析专用软件对超长距离管道补偿方案进行分析，解决管道因温差和内压产生变形和应力的变化及隧道内3根$D$1422mm管道变形的相互影响的问题；<br>3. 进行强度、刚度、抗震等必要的校验，确保管道安全 | 1. 委派有管道设计经验并熟悉专业分析软件的人员进行设计；<br>2. 加强设计过程检查和质量监控；<br>3. 邀请行业内应力分析专家把关；<br>4. 充分借鉴国家重点工程及以往盾构中的施工经验进行设计 |
| 23 | 现场设计问题处理 | 1. 线路专业人员按要求参加现场交桩，结构设计人员或委托现场设计代表参加按要求验槽，保持记录；<br>2. 参加现场工作例会会议，处理与设计相关的技术问题；<br>3. 现场实行首问负责制，第一个了解问题(问题不限于本专业)的人员必须负责到底，直至问题解决 | 1. 现场服务人员需从事相关专业工作2年以上；<br>2. 现场服务人员需进行相关培训；<br>3. 对现场需要处理的问题24h内进行响应；<br>4. 现场人员记录《现场勘察设计服务日志》，每周向项目经理提交《现场勘察设计服务周报》 |

# 第三节 设计重难点识别及控制应对措施

## 一、盾构总体设计

1. 重、难点分析

1）盾构隧道穿越港池、锚地、航道的安全

本工程穿越新江海河港池、常熟港海轮锚地、长江主航道、常熟港专用航道、白茆塘航道区域，将面临沿岸码头施工、船只抛锚、河道疏浚的影响。如何保证盾构隧道穿越港池、锚地、航道的安全是本工程的设计重点。

2）徐六泾深槽对盾构穿越的影响

本工程穿越轴线位于徐六泾节点河段，河段边界大部分稳定，各汊道现有主、支汊格局基本不会改变。工程河段河道地质床面泥沙以淤泥质土和粉土为主，抗冲性能较差。历年实测成果表明，受上游来沙减小、上下游涉水工程建设的影响，工程河段总体呈冲刷的趋势，并以冲槽为主，且工程所在徐六泾节点河段深槽存在进一步刷深和下移的趋势。避免徐六泾深槽对盾构穿越安全影响是本工程的设计重点。

3）长江盾构穿越长江大堤

长江大堤是保护长江两岸人民生产和生活的重要堤防，其安全性极其重要。本工程两次穿越长江大堤，需要考虑本工程对堤防的影响，将本工程对堤防的影响尽量减小，这是本工程的设计重点和难点。

4）盾构环保设计及弃渣处理

本工程穿越长江刀鲚水产种质资源保护区核心区，施工场地对环境保护要求高，降低弃渣、现场施工、盾构掘进对环境的影响是重点。盾构隧道的弃渣处理、渣场的选择对环境保护都有着重要的影响，应有针对性的技术方案，避免弃渣对环境敏感区的不利影响。

长江盾构穿越弃渣处理是本工程的设计重点。

2. 应对措施

1）盾构隧道穿越港池、锚地、航道的安全

针对穿越新江海河港池、常熟港海轮锚地和航道，需采取措施避免抛锚、疏浚对隧道的影响。具体措施有：

（1）设计阶段根据专项评价成果，从穿越深度上保证盾构隧道不受船只抛锚和河道疏浚的影响。锚地影响评价的要求：隧道穿越锚地部分埋深不小于泥面以下21.91m。实际锚地区域隧道最小覆土厚度为35m，远大于21.91m的要求。在航道区域，隧道顶面高程均低于规划航道底标高再加富裕深度4m的要求。

（2）加强对穿越隧道附近水域水下地形的监测，确保隧道埋深不小于设计深度。从建设期开始每年进行2次水下地形监测，密切观察隧道处覆土厚度变化。

（3）隧道建成后，投产之前，要对实际埋深进行全线实测。

(4)与工程所在地应急、水利、环保、海事、港口、航道、消防等部门建立正常联系，及时通报隧道建设、运行和保护情况，提请协调和帮助解决事关隧道安全的事宜，并支持配合有关部门履行职责，开展工作。

2)徐六泾深槽对盾构穿越的影响

首先根据深槽影响分析报告的成果，在预测深槽冲刷线下隧道埋深大于1.5倍隧道外径，保证隧道埋深。

根据深槽影响分析报告的建议，对施工期和运营期每年进行2次水下地形监测，并提前制订应急预案，如发现工程隧顶埋深小于1.5隧道外径，立即启动应急预案，采取工程措施。另外考虑到工程局部河段人类活动较为频繁，工程建设单位应密切关注人类活动实施情况，遇大型整治工程实施或其他大型人类活动，应增加水下地形监测频次，必要时进行专题研究分析。

3)长江盾构穿越长江大堤

盾构穿越长江大堤，需进行沉降监测，并采取措施减小盾构穿越对大堤的影响，严格控制地面沉降量。具体措施有：

(1)在盾构掘进开始100m，监测地面沉降变形，调整掘进参数，及时注浆充填环形间隙，控制地层变形；

(2)制订大堤沉降监测方案，盾构掘进施工前预埋监测点和基准点，提前进行大堤沉降观测，施工掘进中根据监测数据及时调整注浆配比和掘进参数；

(3)在必要时，根据地表监测情况，对隧道周边地层进行加固，控制地表隆陷；

(4)避免在雨量大的季节和汛期进行穿堤坝施工。

4)盾构施工环保设计及弃渣处理

针对穿越水产种质资源保护区核心区，采取以下措施降低对环境的影响：

(1)开工前建立健全HSE管理组织机构，成立以项目经理为组长的HSE管理领导小组，明确各级人员的环境保护职责。加强环境保护培训，不断提高施工人员的环境保护意识。编制施工方案进行报批，邀请当地水土保持和环境监测部门等主管单位加强对施工队伍的监督和指导。合理安排进入自然保护区施工的季节或时间，减少对保护区环境的影响。设置保护区专职环境监督人员，加强对环境保护的监督、检查和管理。

(2)合理安排保护区内的施工计划，尽量避开保护区主要保护对象刀鲚和其他保护生物如中华鲟、长吻鮠、大口鲇、鳜、“四大家鱼”、长江江豚等鱼类的主要繁殖季节(4~8月)，尽量减轻工程施工对各类生物的负面影响。

(3)施工期与保护区管理部门及渔业主管部门及时沟通，建立协调机制。

(4)禁止向水体内排放一切污染物；施工过程中产生的弃渣要经处理后运至指定弃渣点，不准随意堆弃，不能影响河道水质；施工结束后要尽快恢复出、入土场地的原貌，减少水土流失。

(5)弃渣处理

本工程隧道共计开挖土石方量540289$m^3$，考虑1.3的堆渣虚渣系数，两岸出渣共计702375$m^3$，其中北岸竖井及平巷出渣约684431$m^3$，南岸竖井出渣约17944$m^3$。

由于海门经济技术开发区和常熟经济技术开发区用地紧张，在当地难以找到弃渣场。参考苏通GIL综合管廊项目弃渣经验，采用河运，将弃渣运至长江沿岸的弃渣点。据调研目前可用的弃渣点有：上游45海里的常熟海虞镇福山(原国家电网指定弃土场)，已同意接收57万$m^3$，剩余约13万$m^3$弃土。福山不可接收部分，可利用船只运输到南京江北新区凌霄路工程上作为道路回填使用。

要求河运弃渣施工，均采用封闭管路和封闭运输船进行输送，并有第三方对河运弃渣的施工进行跟踪监测，确保弃渣过程不会对环境和河道造成污染。

## 二、竖井设计

1. 重、难点分析

1)竖井结构设计

长江盾构工程始发竖井内部净空为26m×14m，竖井的平面外包尺寸为28.4m×16.4m(不含围护墙厚)，竖井开挖深度达28.2m。接收竖井内径15.2m，开挖深度达29.6m。场区地层主要为粉土、粉砂层，且含沼气。地连墙施工时，如遇地层中的沼气，可能造成槽壁的蠕动引起塌方，可能导致地连墙内出现孔洞，造成地连墙的渗水和漏水。

本工程的竖井具有平面尺寸大、开挖深度深、地层渗透性强、含沼气的特点，是管道行业目前设计难度最大的竖井工程。而始发竖井和接收竖井是盾构穿越施工和管道安装施工时所有人员、物资、设备的进出通道，竖井结构设计安全是保证工程安全的根本。

竖井结构设计是本工程的重点。

2)竖井降水设计

始发竖井开挖深度达28.2m，接收竖井开挖深度达29.6m，场区地下水埋深0.6m，降水深度近30m深，且场区地层主要为粉土、粉砂层，其中粉砂层为强透水层，开挖区域下部有承压水层，竖井又紧邻长江这个水源补给区，降水难度很大。

如果降水控制不好，基坑围护结构渗漏，易发生外侧土层塌陷、地面下沉，从而引发基坑周边的环境问题，如大堤沉降和地下管线沉降变形等。如果地下水控制不好，在下部土层承压水作用下，易发生井底突涌、流砂等风险。竖井降水的成功与否，直接影响到竖井结构安全、长江大堤安全。

竖井降水设计是本工程的重点和难点。

3)盾构始发和接收端的地质改良

本工程盾构隧道进、出洞口段地层为粉砂层，透水性高。盾构在透水性高的地层中始发和接收的风险较高，如果始发、接收端地质改良处理不当，盾构始发和到达时可能发生涌水、涌砂，将造成地面沉陷、盾构机被掩埋、隧道偏离设计轴线、管片错台和拼缝加大、盾构机与洞口密封困难的风险。

盾构始发和接收端的地质改良是本工程的重点。

2. 应对措施

1)竖井结构设计

为保证竖井结构安全可靠，采取以下措施：

(1)采用地连墙与主体结构侧墙形成叠合墙结构共同受力结构形式，结构受力更合理。

(2)围护结构计算采用荷载－结构模式，按施工顺序逐阶段计算。根据施工阶段和运营阶段可能出现的最不利荷载组合进行计算。竖井主体结构考虑基坑开挖、施工期主体结构(盾构吊装、掘进阶段)、运营期主体结构(井内充水)三个工况，结构计算采用荷载－结构模式，工作井为永久结构按荷载最不利组合进行计算。采用包络设计。

(3)对结构设计采用三维计算与二维计算相结合，并采用两种计算方法进行复核。

(4)始发竖井地连墙外侧设置一圈封闭的塑性混凝土墙止水帷幕，插入坑底加固区，确保地连墙止水效果。接收竖井接缝处采用 MJS 超高压旋喷桩进行接缝止水。

(5)进行基坑监测，提前发现风险，及时处理。

(6)针对地层含沼气，在地连墙内预埋排沼气管路，避免浇筑过程中沼气侵入，造成地连墙内出现孔洞。

(7)在施工前进行沼气排放。钻孔直径、间距、数量和深度等关键参数根据沼气抽采效果进行调整。

2)竖井降水设计

为保证竖井内降水设计可靠，采取以下措施：

(1)为保障基坑的止水效果，始发竖井在地连墙外侧设置一圈封闭的塑性混凝土墙止水帷幕，接收竖井在接缝位置设置 MJS 桩止水，基坑底设置坑底加固区，竖井内形成封闭区域。

(2)降水设计采用三维渗流数值分析，并通过现场降水试验进行验证，保证降水效果。

(3)施工前进行试桩和降水试验，验证止水效果和降水效果。

3)盾构始发和接收端的地质改良

为降低盾构始发和接收的风险，采取了以下措施：

(1)始发端头加固采用外包 0.8m 厚塑性混凝土地连墙 + $\phi$850600mm 超深三轴搅拌桩加固措施，搅拌桩与塑性混凝土墙、地连墙之间空隙采用 $\phi$800 旋喷桩填充。搅拌桩加固区纵向长度 18.0m，加固宽度 13.6m，加固深度为盾构隧道顶、底边缘外不小于 3m 的范围。

加固长度能保证盾构机在刀盘推出加固区之前建立泥水平衡，保证开挖面稳定。同时将加固体视为厚板，按照弹性力学理论公式计算，在承受外部水土压力的情况下，加固体的强度及稳定性安全系数均大于 1.5，可保证安全始发。

(2)接收端头加固采用超高压旋喷桩加固措施。加固区纵向长度 18m，加固宽度 13.6m，加固深度为盾构隧道顶、底边缘外不小于 3m 的范围。

(3)盾构在始发过程中，为防止泥水从洞门圈与盾构壳体形成环形的建筑空隙大量窜入盾构工作井内，影响盾构机开挖面泥水压力、开挖面土体的稳定及盾构内施工，在盾构始发前在洞门处设置性能良好的密封装置。据类似大直径盾构经验，本设计采用双层折叶式(翻板)密封装置，双层翻板之间可以压注油脂，形成的防水箱体具有受力好、密封好、操作简单、刚度大、安全可靠的优点。

(4)始发前，应进行现场抽水试验，检验端头加固区内降水井的降水能力。盾尾脱出加固区距离不小于 10 环且已拼装管片无渗漏，方可停止降水，否则不得停止降水并应进行二次注浆止水。外包洞门完成前，需保证端头加固区域内的降水井可正常运转，以作为应急处理措施。加固土体及始发临时防水装置达到设计要求，盾构机组装调试到位后，凿除洞门范围内的工作井围护墙，盾构机前推至掌子面建立泥水平衡后开始掘进。

## 三、盾构隧道设计

1. 重、难点分析

1）超长距离盾构设备

长江盾构穿越单向掘进距离长达10.226km，盾构内径6.8m，设计水压0.73MPa，穿越地质主要为砂层，石英含量高，穿越地层含沼气。

为保证盾构设备在长达10.226km的掘进过程中不出现故障，不能更换的部件能满足10.226km掘进使用寿命的要求、在沼气地层中掘进的安全，本工程的盾构设备较以往工程都不同，对盾构设备从主轴承设计使用寿命、刀盘和刀具的耐磨性、更换刀具的方式、盾尾密封的性能、沼气检测、电器防爆都要提出特殊要求。特别是换刀方案，本工程穿越地层以砂层为主，石英含量高，掘进过程中必然需要更换刀具，而在高水压条件下，不能采用常规的带压换刀方法进行刀具更换，目前国际上通常采用氦氧饱和换刀技术。但是氦氧饱和换刀技术受制于国外和国内少数事业单位，且一次更换刀具时间需1～2个月，费用昂贵、工期长、效率低、风险高，对本工程施工的进度、安全影响大。

长江盾构穿越的盾构设备技术要求和设计制造是本工程的重点和难点。

2）长距离穿越沼气地层，采取措施降低盾构施工风险

长江下游南通地区的地层为海相沉积层，地层中存在沼气层分布。沼气对竖井及隧道施工带来非常大的安全隐患。盾构机作为高度机电一体化设备，沼气的泄露可能会在设备内部聚集，频繁的电气动作将非常容易导致沼气着火甚至产生爆炸；在盾构掘进中，泥水加压平衡调节、管道接续、设备密封失效等情况均有可能导致地层的沼气释放，造成开挖面失稳、沼气进入隧道等情况，当大量气体连带泥沙喷溢还会造成隧道空间扭曲、破坏甚至坍塌损毁。

由于沼气地层的存在，增加了盾构隧道施工的质量和安全风险，充分分析沼气对竖井施工、盾构设备设计制造、盾构掘进施工、隧道内管道安装、隧道运营的安全影响，采取对应措施，降低盾构施工风险，提高施工质量和安全。

针对沼气地层盾构掘进，采取针对性措施是本工程的重点。

3）盾构管片结构及接缝设计

本工程最高水压达0.73MPa，覆土厚度最大达48m，穿越地层含沼气，管片受力变化大，管片接缝防水要求高。而管片是盾构隧道的主体结构，管片结构安全是盾构隧道安全的关键，接缝设计是隧道正常运营的保证。本工程隧道结构设计使用年限为100年，管片和接缝防水材料等耐久性设计均应满足耐久性的要求。

管片结构及接缝设计是本工程的重点。

4）抗震设计

根据国家重点工程天然气管道工程（永清—上海段）场地地震安全性评价报告，本区抗震设防烈度为Ⅶ度，穿越场区50年超越概率10%的地震动峰值加速度为0.10$g$，50年超

越概率 2% 的地震动峰值加速度为 0.15$g$，需对隧道和管道进行抗震计算。本工程隧道内敷设 3 根 $D$1422mm 管道，采用泡沫混凝土进行覆盖。因此对隧道结构、管道进行抗震计算时，必须要考虑泡沫混凝土的作用，这是首次对管道和隧道进行整体抗震分析，需解决管道、隧道和泡沫混凝土间的耦合问题，有一定难度。根据抗震计算结果进行针对性的抗震设计。抗震设计是本工程的重点和难点。

5）结构耐久性设计

隧道结构的设计使用年限为 100 年，如何保证建筑材料、预埋金属构件、防水材料等耐久性设计满足项目运营要求，是本工程的重点。

2. 应对措施

1）超长距离盾构设备

针对性地提出盾构设备技术要求，解决超长距离盾构施工主轴承设计使用寿命、刀盘和刀具的耐磨性、常压更换刀具、盾尾密封性能和更换及防爆等问题，保证超长距离、高水压、含沼气软土地层盾构掘进施工安全。

（1）高水压换刀配置

本工程地质以淤泥质土、粉质黏土、粉土、粉细砂及中砂等地层为主，透水性强，水压高达 7bar 以上，远超常规进舱作业压力的上限，且穿越距离长，盾构机刀具磨损并进行带压进舱换刀作业不可避免。

该工程采用空气常规进舱作业不可行，氦氧混合气和饱和进舱作业费用高昂，且需要外部单位人员施工，费用、工期均不可控，不能接受。针对该工程特点，将常压刀盘设计技术应用于 $\phi$6.8m 盾构机上，以满足工程需要。

（2）长距离泥水环流系统

泥水盾构是通过泥水循环方式将渣土运送到隧道外部，泥水输送渣土是泥水盾构施工的重要特征，泥水循环系统的配置和选型直接决定了泥水盾构的施工效率。对于长距离泥水盾构隧道施工，需要在隧道内部设置一定数量的中继平台，安装供排浆泵、电压力补偿柜等设备，确定中继平台安装数量和安装位置。

结合实际工程实践，并充分考虑不同地层对环流系统的影响，环流系统应预留一定的富余压力。实际工程应用中，应结合供浆流量、压力等参数的变化，确定送泥浆是否满足需要，进行送泥泵安装数量和安装位置的调整。

（3）主轴承密封系统

盾构机变速箱及主轴承系统是盾构机前部核心部件，起着调整刀盘转速、传递刀盘扭矩和承受轴向与径向荷载的作用，一旦安装完成，掘进过程中将无法更换。该工程一次掘进距离长、地层水压大、透水性强、地质松散且富含沼气等特征，存在主轴承及密封磨损失效导致工程失败的风险。

为有效消减主轴承密封磨损失效带来风险，可从设计方案优化、主轴承密封润滑自动平衡系统的应用、轴套磨损面调整、主轴承密封设计为可更换结构等方面采取措施。

（4）刀盘刀具配置

本工程穿越地质复杂、长距离高水压盾构掘进，对盾构机刀盘和刀具的配置需满足高水压与长距离掘进的要求。

刀盘刀具采用撕裂刀、切刀、刮刀、贝壳刀等，不配置超挖刀。刀具选用抗形变、耐磨损的材料和结构，刀具配备大的耐磨合金块，最大限度增加耐磨性，并对刀盘刀具配置进行优化设计，刀盘同轨迹配备合理的刀具数量。

针对长距离盾构施工掘进，刀盘面板可采用全断面耐磨保护网格和边缘焊接硬质合金块来提高刀盘耐磨性。齿刀、贝壳刀、切刀多层次刀高设计，减小刀具磨损。

(5)盾尾密封刷结构配置

盾尾钢丝刷主要起到封堵管片与盾尾间隙，防止地层水土进入隧道内部的作用，施工过程中会逐步磨损，正常使用寿命约3km。本工程主要穿越地质为粉质黏土、粉土、粉砂等地层，且富含沼气，当盾尾密封刷磨损失效后，若不能及时更换，后果将十分严重。

尾密密封设置不少于4道钢丝刷、1道钢板束、1道应急充气密封，至少2道可进行更换。并需在盾尾壳体设计中新增聚氨酯注入孔，并预留冷冻管路，同时保留气囊式应急密封。

(6)盾构机设备应具备防爆功能

根据勘察报告，该盾构工程掘进轴线上存在沼气，必须考虑沼气渗透进入盾构机和人员进舱作业时的防护、处置措施。

一是要求盾构机配置有害气体监控系统，在盾构机各关键部位安装监控探头，比如刀盘舱、气泡舱、盾尾、主机舱、拖车内、隧道最低点，能够实时显示各部位的数值，并按浓度范围设置报警、动作联锁，做到风电闭锁、瓦电闭锁。即浓度达到一定值时，系统将会自动关闭高压电，但通风系统不会关闭，继续工作，直到浓度降低符合要求后，才能重新启动。

二是要求关键部位采用防爆设备，比如气压舱内的液位传感器、设备舱内的压力、液位传感器、部分关键电机、照明等。

三是加强通风能力，采用气动风机，能够快速将设备内的沼气稀释。

2)长距离穿越沼气地层，采取措施降低盾构施工风险

(1)在有条件进行沼气排放的区域，在施工前采用钻孔预抽沼气，钻孔深度结合地质勘察情况，深入沼气层进行排气。

(2)盾构机应配置沼气浓度自动监控系统，以便及时根据沼气浓度采取相应措施，在盾构机泥水舱、前中后盾、拖车，以及角落等位置安装监测装置。沼气自动监控系统应具备信息采集、显示、存储、打印报表、报警、自动切断等功能。

(3)具备甲烷断电仪和甲烷风电闭锁装置的全部功能，必须具有断电状态和馈电状态监测、报警、显示、存储和打印报表功能，实现风、沼气、电闭锁和声光报警。沼气浓度达到报警值时，传感器应发出声、光报警信号，断电仪发出光报警信号，计算机发出声音报警信号。沼气浓度超过断电值时，断电仪可自动切断超限区的电源。

(4)施工单位应建立沼气检测监控体系，配置沼气自动监控报警系统，对作业面和回风流中甲烷等有毒有害气体浓度进行连续监测，发现问题及时采取安全措施。

3)盾构管片结构及接缝设计

盾构环片是盾构隧道的主体结构，为保证高水压下环片结构安全、环片密封可靠，需采取以下技术措施：

(1)采用数值模拟软件，对0.73MPa水压管片内力进行基于地层-结构模式和荷载-结构模式的数值仿真，对不同工况(施工、运营、充水)的结构受力进行分析，得出高水压作用下盾构管片内力特征。

(2)对高水压下盾构隧道管片构造及接头型式进行分析对比，确定管片接缝型式、止水带型式、几何尺寸及材料关键参数。利用ABAQUS软件模拟，设置不同的加载步，进行显式动力学分析，并通过控制顶部橡胶带的压缩量来分析密封垫在实际工程中不同受压阶段的变形情况和受力情况，确定0.73MPa水压下管片密封设计。

(3)通过开展盾构隧道管片结构性能参数实验、有害气体地层盾构隧道结构力学实验、隧道接缝防水性能实验的相关技术研究，进行实验验证，验证实际结构能否可达到设计要求的荷载边界条件和性能要求，根据实验结果进行设计优化和确认。

4)抗震设计

(1)采用数值模拟的方法，针对长江盾构进行一系列的抗震分析，主要包括场地地震动特征分析、盾构隧道横向、纵向和局部的地震响应特征分析。对管道、盾构的不利区段进行分析，并根据分析结论，提出抗震措施建议。

(2)采取的抗震措施主要有以下两项：

①对始发和接收端头加固、提高盾构与竖井连接影响区段的刚度；

②提高接头区段管片纵向螺栓强度，对隧道与竖井连接区段进行加强处理。

5)结构耐久性设计

根据本工程的特点，从混凝土材料及其性能要求、混凝土保护层厚度、表面最大裂缝宽度等方面确定耐久性设计的总体要求，具体措施如下：

(1)为了延长结构使用寿命，盾构管片采用强度等级C60的高性能混凝土，工作井主体结构采用C40混凝土。

(2)预埋金属构件的耐久性设计

①连接螺栓表面采用锌基铬酸盐涂层+封闭的防腐蚀法，涂层总厚度为6~8μm。

②钢构件采用环氧富锌底漆和超厚浆型环氧沥青漆，两道漆的干膜总厚度为290μm。

③隧道内金属预埋件采用乙烯基脂玻璃鳞片涂料，其底漆与面漆干膜总厚度为350μm。

(3)弹性密封垫的耐久性控制

①将70℃中72h下EPDM橡胶拉伸强度、延伸率的变化率，以及压缩永久变形量等通过阿累尼乌斯公式推断100年的应力松弛量控制在≤25%。

②以遇水膨胀橡胶长期始终浸泡下的树脂溢出率(168d≤5.0%)，与反复干湿循环下拉伸强度、延伸率、膨胀率的变化率(如40次，≤3%)认定其耐久性。

③嵌缝密封胶(聚氨酯类、聚硫类)在酸、碱液中浸泡后物理性能的变化率来控制其满足耐久性的要求。

(4)衬砌背后注浆材料

采用耐久性好的水泥砂浆材料。

(5)制订混凝土结构使用寿命的检测及维护保养方案。

## 四、隧道防水设计

1. 重、难点分析

长江盾构隧道运营方式为填充泡沫混凝土干式运营方式，日常不进入维护，仅在抢修时进入隧道。如果隧道发生渗漏水，隧道内积水将影响隧道抢修工作的开展，且不利于隧道内钢结构的防腐。因此，隧道防水是本工程设计的重点。

2. 应对措施

1)管片自防水

管片自防水的关键在于混凝土配置及质量控制。隧道管片的混凝土等级采用C60，抗渗等级P12，限制裂缝开展宽度≤0. 2mm。

采用高性能硅酸盐水泥，掺入二级以上优质粉煤灰和粒化高炉矿渣等活性粉料(掺量≤20%)配置以抗裂、耐久为重点的高性能混凝土，减缓碳化速度。管片水泥采用抗水性能好、泌水性小、水化热较低、干缩性小的中热硅酸盐水泥，避免水泥水化热过高而产生膨胀裂缝。

管片预制中采用双掺技术(掺加钢纤维与聚丙烯纤维)，有效抑制管片裂缝的产生。

2)衬砌外注浆防水

在衬砌管片与天然土体之间存在环形空隙，通过同步注浆以及二次注浆(必要时采用)充填空隙，形成一道外围防水层。同步注浆采用双液浆。为减小浆材硬化收缩，所有的注浆材料皆宜掺加一定量的微膨胀剂。注浆材料应具有较好的抗水分散性和可注性，并具有合适的胶凝时间和强度，其配比由试验确定。

3)衬砌接缝防水

到本工程位于强透水粉砂层，深槽位置水头高，如果结构产生渗漏水极有可能携带粉细砂颗粒，进而造成地层损失，加剧隧道纵横向变形，直接威胁隧道、防洪堤及其他地面建构筑物的安全。

从确保防水效果、工程及周边环境的安全角度出发，接缝防水由外侧两道弹性密封垫防水组成。接缝防水包括两道弹性密封垫、最外侧的海绵橡胶条以及内侧嵌缝四个方面。

4)弹性密封垫设计

弹性密封垫材质为三元乙丙橡胶，弹性密封垫加工成棱角分明的框形橡胶圈，将橡胶圈套在四周有沟槽的管片上。要求在接缝张开8mm、错位15mm条件下，设计使用年限内能够抵抗0. 8MPa的水压。密封垫防水压力及耐久性应开展相关试验进行测试。

5)衬砌节点防水

螺栓孔防水：采用遇水膨胀橡胶密封圈作为螺孔密封圈，利用其压密和膨胀的双重作用加强螺孔防水。

管片角部加强防水：在密封垫外角部覆贴自黏性橡胶薄板，材质为未硫化丁基橡胶薄片。

注浆孔防水：采用遇水膨胀橡胶止水圈，加强注浆孔与管片混凝土间密封防水。

6)盾构始发及到达防水

本隧洞在始发区域端头加固的基础上，始发洞口临时防水装置采用双道翻板及帘布橡胶板辅以 $\phi32$ 注浆管、油脂加注孔等作为临时防水措施。

盾构到达接收端处于粉砂层，渗透性强，与长江水力连接性较好，为降低施工风险，在接收端头加固的基础上，临时防水装置采用卡板及帘布橡胶板辅以 $\phi32$ 注浆管的接收方式。

## 五、管道安装设计

1. 重、难点分析

1)长距离管道应力分析

长江盾构隧道内敷设3根 $D1422$mm 管道，管道外覆盖泡沫混凝土，穿越段管道水平长度达10.324km。其应力分析工况与以往工程不同，首先要正确分析泡沫混凝土对管道的作用，然后确定合理可行的闭合温度，核算运营工况、试压工况、地震工况下管道的应力和变形是否满足规范要求，根据计算情况确定合理的管道支座布置。超长距离管道穿越，管道应力和变形都将加大，准确的应力分析成果是管道运营安全的重要保证。

管道应力分析是本工程设计的重点。

2)18m 加长钢管的吊装、运输

为提高管道本质安全，减少焊口数量，本工程管道安装采用18m加长钢管。这是18m加长钢管首次应用在盾构隧道管道安装中。18m加长管自重大，单管重量达19.8t，需特别关注18m加长管的吊装和运输风险，避免管道倾斜、滑落。

18m加长钢管的吊装、运输是本工程的重点。

3)隧道内管道安装施工

隧道内为受限空间，内径仅6.8m，要满足3根管道在隧道内运输、就位、自动焊接、补口、检测、返修等施工作业的需要，同时要避免各施工机组相互干扰，影响管道焊接效率和质量，尽量减少隧道内人员、降低施工风险的要求，难度较大。

隧道内管道安装施工是本工程的难点。

4)盾构隧道与管道安装设计及施工的结合

从设计目的来看，盾构隧道是穿越的主体结构，但是为管道穿越服务的，应满足管道安装的需要。设计中，管片设计要充分考虑隧道内结构及管道安装的需要，根据管道安装布置进行结构计算和预埋件的设置。施工中，盾构主体施工的部分设施、设备可以供管道安装施工使用，如轨道、通风设施、照明设施、气体监测设施、排水设施、电缆、运输设备等。因此，盾构隧道与管道安装设计和施工的结合是本工程的重点。

5) $D1422\times32.1$mm $\times18$m 大壁厚加长钢管应用计划

从目前我国钢管制造厂家生产情况和管道建设及应用情况来看，对大于 $DN1000$ 的大口径输气管道用钢管，可供选择的制管方式主要有直缝埋弧焊钢管(SAWL)和螺旋缝埋弧焊钢管(SAWH)两种类型。其中螺旋缝埋弧焊钢管所能生产的最大壁厚为22mm，超过22mm的规格只有直缝埋弧焊钢管，故本工程的用管推荐为$D1422\times32.1\mathrm{mm}\times80\mathrm{M}$直缝埋弧焊钢管，为了提高管道的本质安全，减少焊口，采用18m加长管。因此，本工程的$D1422\times32.1\mathrm{mm}\times18\mathrm{m}$大壁厚加长钢管的应用计划是本项目的重点。

6)泡沫混凝土应用计划

本工程运营期间，采用泡沫混凝土填充，填充高度至管道顶面0.5m。

泡沫混凝土以水泥为主要胶凝材料，并在骨料、外加剂和水等组分共同制成的料浆中引入气泡，经混合搅拌、浇筑成型、养护而成的具有闭孔结构的轻质多孔混凝土。

泡沫混凝土充填隧道在日本应用较多，如日本伊势湾盾构隧道工程、东京湾盾构隧道工程，在国内的引黄工程连接段PCCP管输水工程、国家重点工程北段南引水库干渠顶管隧道中应用。

泡沫混凝土作为隧道填充物在国内应用得比较晚，但日本多条长距离盾构隧道均选用泡沫混凝土作为填充物，隧道建成后不考虑维修与检修。填充后管道运营安全、稳定，风险低，对隧道结构的影响比充水要小。本工程泡沫混凝土的应用计划是本工程的重点。

2. 应对措施

1)长距离管道应力分析

采用两种计算方法相结合，进行管道安装应力分析。首先采用CAESAR Ⅱ进行管道整体应力分析，再采用有限元软件对运营期的管道、泡沫混凝土、盾构管片的应力应变进行分析，确保管道安装的安全。

(1)采用CAESAR Ⅱ进行管道整体应力分析，分别分析试压工况、运营工况、地震工况，采用泡沫混凝土覆盖后，确保管道应力和变形均满足要求。

(2)采用有限元软件分析运营期间的管道和泡沫混凝土的应力应变。

2)18m加长钢管的吊装、运输

(1)18m加长钢管吊装

始发工作井纵向净长度为26m，单根钢管长度为18m，满足钢管吊装入井需要。管道吊装下井后，当管道下放到隧道顶部标高以下，具备沿隧道轴线方向移动后，将管道深入隧道0.8m，然后下放到位。

(2)18m加长钢管运输

通过隧道内1#轨道用电瓶车将管道依次运输至接收井一侧，从接收井一端开始倒退布置管道，管道具体运输方案为：为便于管道运输到位后运输机车退出隧道，采用机车推进方式运输钢管。运输数量为每次运输1根管道。

3)隧道内管道安装施工

本工程管道焊接采用全自动焊，管道都为一次焊接就位，无二次管道移位，避免管道应力集中。

三根管道安装完成后，同时进行管道试压作业，试压合格后开始泡沫混凝土浇筑施工。

4）盾构隧道与管道安装设计及施工的结合

（1）运用BIM数字化三维设计技术，将隧道结构与隧道内部结构及管道安装结构统一起来，做成一个统一的数字化模型。在数字化模型中，可以准确把握隧道与管道安装及隧道内部结构相互关系、尺寸、碰撞情况，并通过数字化，准确提取相关参数和数据及工程量，保证隧道设计与管道安装设计的准确性。

（2）通过采用有限元软件分析盾构隧道、管道和泡沫混凝土的相互作用及影响，分析管道因温差和内压产生变形和应力对泡沫混凝土、隧道管片的作用。

（3）管片的预埋件充分考虑隧道内结构及管道安装需要，预埋件结构布置、位置及构件尺寸，充分考虑隧道内钢架布置的位置以及管道安装过程中对其他预埋设施的需要。

（4）隧道内钢结构、轨道尺寸的布置、大小、规格均需要考虑隧道掘进、运输及施工需要，充分考虑隧道施工与管道安装施工荷载情况，选取最不利荷载进行结构选型和计算，确保隧道施工与管道安装施工均满足要求。

（5）对盾构主体施工与管道安装施工衔接或需要共用的设施、设备，在施工技术要求中提出具体要求。

一是隧道内临时施工设施（轨道、通风设施、照明设施、气体监测设施、排水设施、电缆、运输设备等）。

①隧道施工运输的两组轨道同时作为两条$D$1422mm管道安装运输的轨道；

②通风管路、通风量同时满足隧道掘进作业和管道安装作业（人员、焊接、检测、补口等）需要；

③施工时照明设施、临时排水设施、固定式气体检测设施同时满足隧道掘进和管道安装施工需要；

④照明电缆和焊机、风机等设备设施用380V动力电缆预留共用；

⑤运输设备方面，电瓶机车、人员运输机车、设备运输机车共用。

二是竖井及井口施工临时设施（门吊、发电机、施工电梯、爬梯等）。

①门吊采用盾构施工的25t双跨门吊，同时满足盾构设备、管片、隧道施工设备、管道、管道安装设备的吊装要求；

②应急发电设备满足隧道施工与管道安装施工要求；

③竖井内升降电梯为隧道施工与管道安装施工共用；

④竖井上下井门禁系统共用。

三是场地临时施工设施（钢结构加工设备、排水设施、水处理设施、场地通信、电力、辅材、备品备件、临时施工机具或吊具等）。

①场地钢结构加工设备、设施均应满足隧道及管道安装材料设施的加工需要；

②场地与隧道内排水、水电供应、通信网络、混凝土制作等设备设施共用；

③电机车及电机车充电器等全套配套设备设施共用。

四是临时建构筑物（宿舍及配套设施、钢结构加工车间、存储等）。

办公室、宿舍等员工生活办公及后勤设施及相关建构筑物共用，包含建构筑物内部的空调、洗浴、厨房、取暖等设施。

五是智能工地及软件系统（智能门禁系统、会议系统、智能运输系统、监控及数据传输系统等）。

5）$D1422\times32.1\text{mm}\times18\text{m}$ 大壁厚加长钢管应用计划

从目前我国钢管制造厂家生产情况和管道建设及应用情况来看，对大于 *DN*1000 的大口径输气管道用钢管，针对本工程用 *D*1422mm，壁厚 32.1mm 的直管及 35.2mm 热煨弯管，国内主要管厂分别开展了单炉和小批量试制工作。其中小批量试制工作于 2019 年 7 月份启动，同年 8 月底完成质量评价，9 月初完成环焊缝适用性评价工作，主要情况如下：

对于壁厚 32.1mm 的直管，试制厂家组合为宝钢 – 宝钢 1000t，鞍钢 – 宝世顺 1000t，沙钢 – 巨龙 1000t，湘钢 – 南京巨龙 1000t，南钢 – 南京巨龙 1000t。对于壁厚 35.2mm 的热煨弯管，试制厂家为巨龙、宝世顺、中油机械公司，每家各 5 根。

试制后对钢管及板材进行了抽检，结果如下：

（1）抽检钢管的化学成分分析结果符合国家重点工程天然气管道工程（南段）技术规范推荐范围的要求；

（2）抽检钢管的拉伸性能、导向弯曲、夏比冲击、落锤撕裂、维氏硬度试验结果符合国家重点工程天然气管道工程（南段）技术条件的要求；

（3）抽检钢管的管体晶粒度、带状组织和非金属夹杂物分析结果符合国家重点工程天然气管道工程（南段）技术条件的要求；

（4）抽检钢管的焊缝尺寸检验结果符合国家重点工程天然气管道工程（南段）技术条件的要求。

2019 年 10 月 25 日，中国石油天然气集团有限公司完成 32.1mm 直缝埋弧焊钢管及 35.2mm 感应加热弯管进行了钢管产品鉴定，产品满足要求。

6）泡沫混凝土应用计划

本工程对泡沫混凝土性能、施工工艺、对管道防腐的影响、填充施工、质量检验和验收进行了专题研究。

首先对采用泡沫混凝土或膨润土水泥浆充填的隧道进行调研。日本燃气隧道多采用泡沫混凝土进行填充，主要考虑防止外力破坏、免于日常维护、管道约束效果佳、结构抗震性能好，特别是在地震多发地区。此外，日本燃气隧道的设计理念就是全寿命周期内的本质安全，从设计、施工、材料等各方面严格把关，因此，不考虑后期隧道内的检修及更换，采用一次泡沫混凝土填实，既可以提高管道运行安全性，也使管道运营管理更为方便。

通过开展泡沫混凝土填充对管道防腐性能影响及黏结试验研究，掌握泡沫混凝土与管道 PE 层、混凝土管之间的黏结力情况，进行充填泡沫混凝土设计方案，设计中将提出隧道充填泡沫混凝土的主要技术要求，以保证填充泡沫混凝土的质量。

考虑到隧道内浇筑泡沫混凝土，其凝固过程中产生的水化热影响隧道内人员健康，对泡沫混凝土的浇筑应在 3 根管道安装完成后一并进行。同时，浇筑施工时应分层浇筑，避免水化热温度太高，影响管道运营温度。设计文件中提出施工技术要求，用于指导施工作业。

## 六、运营期隧道与管道智能监测

1. 重、难点分析

长江盾构穿越距离超长，盾构隧道按照“免维护、可抢修”的运营方式，隧道内无电力和通信依托。如果存在泄漏或存在沼气积聚而没有被检测到，将对管道运行产生极大的风险。所以在运营期隧道与管道的安全状态监测将至关重要。

2. 应对措施

针对运营期隧道与管道的安全状态监测，结合本工程隧道内无电力、通信的环境，将采取以下措施来保障运营期管道本质安全运行：

(1)智能巡检机器人定期巡检，防爆型智能巡检机器人系统以防爆型轨道巡检机器人为核心，配有轨道系统、供电系统、后台管理系统及其他相关设备，防爆型轨道巡检机器人搭载高清相机、红外热成像仪、可燃气体气体检测装置等设备进行巡检数据的采集，对巡检点进行定位，能够实现对隧道的全覆盖巡检。运维人员能够通过控制机器人进行巡检、查看机器人采集的信息，掌控隧道内的状态。

(2)设置分布式光纤泄漏监测系统，利用紧贴管道的光纤作为分布传感器，天然气管道出现泄漏后，管道表面周围的泡沫混凝土将形成温度梯度。通过对沿光纤温度场进行分析可以确定发生泄漏的部位，实现对管道泄漏事件做出检测和定位，避免造成管道运行重大安全事故。

(3)通过国内外泄漏监测技术现状的分析，以及各种技术的分析对比，效果好的泄漏监测方案需要多种技术结合使用，这也是目前国内外泄漏监测方案常用的策略。设置光纤预警系统作为管道泄漏监测的补充手段，实时监测管道泄漏引起的振动情况。光纤传感技术的应用效果依赖于大数据的积累和分析，通过温度和振动双参数联合判定天然气管道泄漏的准确率要优于只通过温度或者振动来判定，能够降低误报率。

(4)定期实施管道内检测，管道内检测是借助流体压差使检测器在管内运动，检测管道缺陷(内外壁腐蚀、损伤、变形、裂纹等)、中心线位置和结构特征(焊缝、三通、弯头等)的方法。几何变形检测用于检测管体几何变形情况。金属损失检测用于检测管壁腐蚀、划痕等金属损失。裂纹检测以检测管壁裂纹为目的。漏磁检测利用磁铁磁化管壁，通过磁通量变化，检测管体和焊缝中存在的缺陷和管道特征。惯性测绘检测使用惯性传感器测绘管道中心线空间位置，通过分析可生成管道高程和平面图。

考虑到在进行内检测时，隧道内部通风、人员进出等问题，本工程内检测参考点采用磁力盒进行标识。磁力盒在管道施工期间安装到位。

## 七、干线光缆的选型以及敷设方式

1. 重、难点分析

干线光缆主要用于传输管道生产运维相关数据，一旦光缆中断将造成部分数据的中断，给管道的生产运维造成不便。光缆中断后需采用熔接的方式将光缆连通，而光缆熔接将增加光缆的衰减，降低光传输系统的可用性。以上因素要求干线光缆安装后应安全可靠，不易受到损伤；安装过程中应尽量减少光缆接头，以减少光缆的衰减，保证光传输系统的可用性。

但本工程盾构长度长、深度深，竖井壁突出有高低不平的圈梁，管道施工工序复杂，这些均不利于光缆的安装；正常运营期间隧道内无通风和照明，不便于光缆的维护；隧道在运营期间存在着因材料老化等多种不确定因素造成隧道内涌水的可能性，这就要求光缆和接头盒具备阻水和抗压的能力。

基于以上分析，为了保证光缆的安全可靠性，本工程干线光缆的选型以及具体敷设方式将成为重点。

2. 应对措施

1）光缆选型

为了保证干线光缆的可靠性，本工程综合考虑隧道内各种工况下光缆所需承受的最大压扁力，竖井内光缆需承受的最大拉伸力等因素，选用 $GYTA_{33}48B1.3d$ 水下光缆。

2）光缆在平巷内的安装位置

为了保证光缆的安全性，本工程在隧道平巷内将光缆挂于两侧隧道壁上，高度距离泡沫混凝土表面 500mm。这个位置既保证了后期管道抢修时不易对光缆造成损伤，又避免了安装时光缆与管道交叉施工，同时避让了后期抢修时需临时放置通风管道的空间。而且在后期运营期间，这个位置也便于对光缆的抢修。

3）光缆在竖井内的安装位置

本工程两侧竖井深约 30m，且竖井内有多个厚度不一的圈梁，突出竖井壁，使光缆无法沿竖井壁敷设。为了保证光缆在竖井内安装的稳定性以及施工的便利性，在竖井内由管道施工方负责预留光缆的“U”形安装支架，支架间距不大于 1.5m，且高度高于圈梁。支架的安装位置需位于竖井内施工临时爬梯附近，便于施工。光缆施工方采用绑扎带将光缆固定于“U”形支架上，以保证竖井内光缆的稳固安装。

4）光缆的盘长选择

为了保证光缆指标的优异性，尽量减少光缆接头。同时综合考虑水下光缆的重量，保证运输及施工的便利性。根据整个盾构的长度，两侧从竖井敷设至平巷内的光缆采用 2.3km 盘长，平巷内采用 3km 盘长。

5）光缆接头的保护

根据本工程盾构内的环境情况，采用的接头盒为埋地光缆接头盒，具备良好的阻水性。但随着使用时间的增加，接头盒内密封橡胶圈的老化，接头盒处存在进水的风险。接头盒内熔接的都是裸纤，没有任何保护措施，故接头盒进水极易造成光缆的损伤以及光缆指标的劣化。而隧道内的环境不便于定期对接头盒进行更换，因此避免光缆接头盒进水对于保证光缆的传输指标显得尤为重要。故本工程在隧道段光缆安装完成且光缆指标测试合格后，采用树脂材料对接头盒进行浇筑密封，以实现对光缆接头的保护。

## 八、焊接接头质量控制

1. 重、难点分析

管道的本质安全主要涉及钢管本体和环焊缝，而环焊缝是整个管道系统最为薄弱的环节。根据已有数据统计，2010—2017 年间天然气管道发生泄漏 42 起，其中失效的首位因素为环焊缝破裂，共计 19 起，占管道失效的 45%。管道环焊缝失效的主要原因包括组对应力过大、焊接接头存在超标缺陷、焊接接头力学性能不达标等因素。本工程主要在隧道内进行管道焊接施工，操作空间受限，焊接的难度相对更大。管道环焊缝的质量直接与管道系统的本质安全密切相关，因此，对本工程焊接接头质量的控制是本工程的重点。

2. 应对措施

保证焊接接头的最有效的措施就是减少焊接接头，因此，本工程采用 18m 管方案，采用 18m 管长，平均钢管长度按 17.5m 计算，则隧道内焊口数量为 1753 道，即隧道内整体焊口数量相比常规 12m 管则减少了 1/3。

此外还应加强对焊接及检测的方案制订及施工过程管控角度来进一步控制接头质量：

(1)本工程采用的全自动的焊接方式(内焊机自动焊根焊 + 外焊机自动焊热焊、填充和盖面)，即用自动焊接装置完成全部焊接操作的焊接方法。焊工无须对电弧或焊丝进行操作。同时该焊接方法能够对根焊、热焊、填充、盖面焊等各个焊层的焊接电流、电压、熔敷速度等各环节参数进行设点，并基于智慧工地建设的基础对所有数据能够进行实时采集、实时监控以及实时上传，确保焊接记录可追溯及无可更改。

(2)本工程焊接材料的选用采用“高强匹配”的原则，确保焊接强度具有足够的强度。

(3)本工程要求对管道焊接施工单位进行焊接工艺现场验证，以评价其对焊接工艺的执行情况，具体做法是：机组开工后 100 道口随机抽取 2 道焊口进行理化性能试验。

(4)本工程规定的无损检测方式为：100% 的全自动超声波检验(AUT) + 100% 的射线检验。同时要求检测承包商应通过建设单位认可的认证机构的全自动超声波检测工艺评定，方可实施检测。采用 RT 射线检测时，检测承包商应采用高于《石油天然气钢质管道无损检测》(SY/T 4109—2020)标准的像质计检测灵敏度进行检测。射线检测底片应及时进行扫描后数字化存档，扫描后图片质量应满足评判要求。

此外，现场宜根据焊接质量、设备稳定性、检测人员技术水平，结合检测情况，确定额外割口抽检的数量。

## 九、管道防腐补口

1. 重、难点分析

本工程隧道长度达 10.226km，隧道内三管敷设，需在隧道内狭小空间内完成焊接、检测和防腐补口。在隧道内完成防腐补口的安装，确保防腐补口质量是本工程的重点。

2. 应对措施

在隧道内狭小空间内完成防腐补口的安装确保防腐补口质量，CPPE 将采取如下应对措施：

(1)应根据设计和产品说明书要求，在施工前进行工艺评定，制订防腐补口作业规程，并报业主(或监理)批准后实施；

(2)按 SY/T 0407 中规定的喷砂除锈方式在隧道外对管道表面进行处理，除锈等级应达到 Sa2.5 级；在隧道内管道焊接后对焊缝部位进行手工除锈，应达到 St 3.0 级；

(3)补口施工、质量检验以及其他要求按照业主(或监理)批准的《防腐补口工艺评定》和《防腐补口作业规程》执行；

(4)泡沫混凝土填充前，应对管道防腐层漏点进行全面检测，发现漏点必须修补，确保防腐层无漏点。

## 十、盾构隧道内抢修设计

### 1. 重、难点分析

本工程为首次考虑隧道内抢修作业工况，且为 3 条管道同隧道情况，抢修难度大，如何能够保证抢修作业顺利进行等方面提出了空前的挑战。受限空间内抢修设备人员运送、设施预留、专用机具设计与选型、受限空间抢修总体工艺流程设计与实施等成为抢修作业的重点和难点。

1)隧道抢修时，与通风相关的前期预留工作

本工程隧道抢修时，在下入前和抢修操作时需要通风。通风设施均为临时架设，但前期预留的开洞、预埋件均需在本次施工图阶段完成。需要与结构专业配合做好此项工作。

2)隧道抢修阶段供电设计

本工程隧道长度超长，隧道抢修难度大，抢修时隧道内抢修设备供电以及隧道内应急照明设计是本工程的重点。

### 2. 应对措施

本工程为首次考虑隧道内抢修作业工况，且为 3 条管道同隧道情况，抢修难度大，如何能够保证抢修作业顺利进行等方面提出了空前的挑战。针对本工程重难点内容，在施工图阶段主要应对措施如下：

1)受限空间内抢修设备人员运送

充分受限空间尺寸，充分利用填充泡沫混凝土中间空间，主要考虑车辆及人员通道的运送高度要求，另外合理充分考虑抢修作业时的相关通风、通信、电力等设施布置，并考虑满足运送车辆的耗氧量等要求，初步选择电池作为运送车辆的动力来源。另外在隧道内设置会车点，满足车辆局部会车要求。

2)设施预留

充分考虑后期抢险作业的需要，如风道铺设、管道焊缝位置、通信及后期电缆的铺设等要求，在隧道壁上预留相关锁扣和支架，满足后期使用要求。

3)专用机具设计与选型

施工图阶段，将针对空间内相关作业要求，针对专用机具开展相关研究，针对特种作

业环境(受限空间、通风受限等情况)等条件，进行设备机具配置。

4)受限空间总体工艺流程设计与实施

针对受限空间内抢修总体工艺流程进行细化设计，与运行单位密切结合，提高各个环节的无缝对接，挺高抢修作业的时效性和实用性，满足本工程抢修作业需要。

(1)隧道抢修时，与通风相关的前期预留工作。

为隧道抢修时的通风操作，需要做好前期预留。关注设计节点，及时向上游专业提资料。在两岸的竖井壁上预留通风接口，通风时打开封堵盲板快速接口风机；在隧道内预制管片上预留挂环，方便柔性风筒快速固定。

(2)隧道抢修阶段供电设计

隧道抢修时，抢修设备供电以及隧道内应急照明设计方案如下：

①隧道抢修时，专业抢修设备由自带移动式发电机供电；

②隧道抢修时，地面上通风风机由应急抢修中心提供移动发电机供电；

③隧道抢修时，作业面区域照明由抢修设备自带移动式发电机组供电；

④隧道内人员通行时的照明采用便于携带头戴式或手持式强光 LED 灯具。

# 第七章　施　工

## 第一节　总体施工思路与顺序

### 一、主要阶段划分

本工程主要分为施工准备、工作井施工、盾构始发、盾构掘进、盾接接收、工程验收移交六个阶段，每个阶段又具体分为不同的施工任务。

(1)施工准备阶段包括四通一平、临建场地建设、盾构制造、钢构件预加工等。

(2)工作井施工阶段包括地下连续墙、槽壁加固、坑底加固、端头加固、基坑开挖、结构施工等。

(3)盾构始发包括盾构进场、端头加固检测、始发基座及反力架安装、盾构下井组装调试、洞门破除、负环拼装、洞门密封、始发掘进等。

(4)盾构掘进包括泥浆制备、垂直运输、水平运输、管片拼装、同步注浆、二次注浆、钢结构施工、盾构换刀、盾构换装等。

(5)盾构接收包括端头加固检测、接收基座安装、洞门密封、测量复核、接收掘进、盾构拆机、吊出外运等。

(6)工程移交包括主体工程移交、临时设施移交、竣工资料移交等。

### 二、施工主线(关键线路)组织与顺序

针对项目的特点，以北岸工作井、管片生产、盾构施工为关键线路；以深基坑施工、盾构始发与接收施工、盾构穿越不良地质地层、盾构穿越邻近建(构)筑物保护、盾构高水压换刀为管理与卡控重点。

按照“充分认识本工程沿线地质，有力规避施工风险，高度重视组织协调，严格遵循节点计划，接口界面衔接顺畅，技术方案安全可行，智能、信息施工贯穿始终，建设智慧化工地”的原则进行现场施工组织。

### 三、总体施工顺序

根据本工程的特点，围绕盾构隧道施工为关键点进行组织施工，总体施工顺序见图7－1。

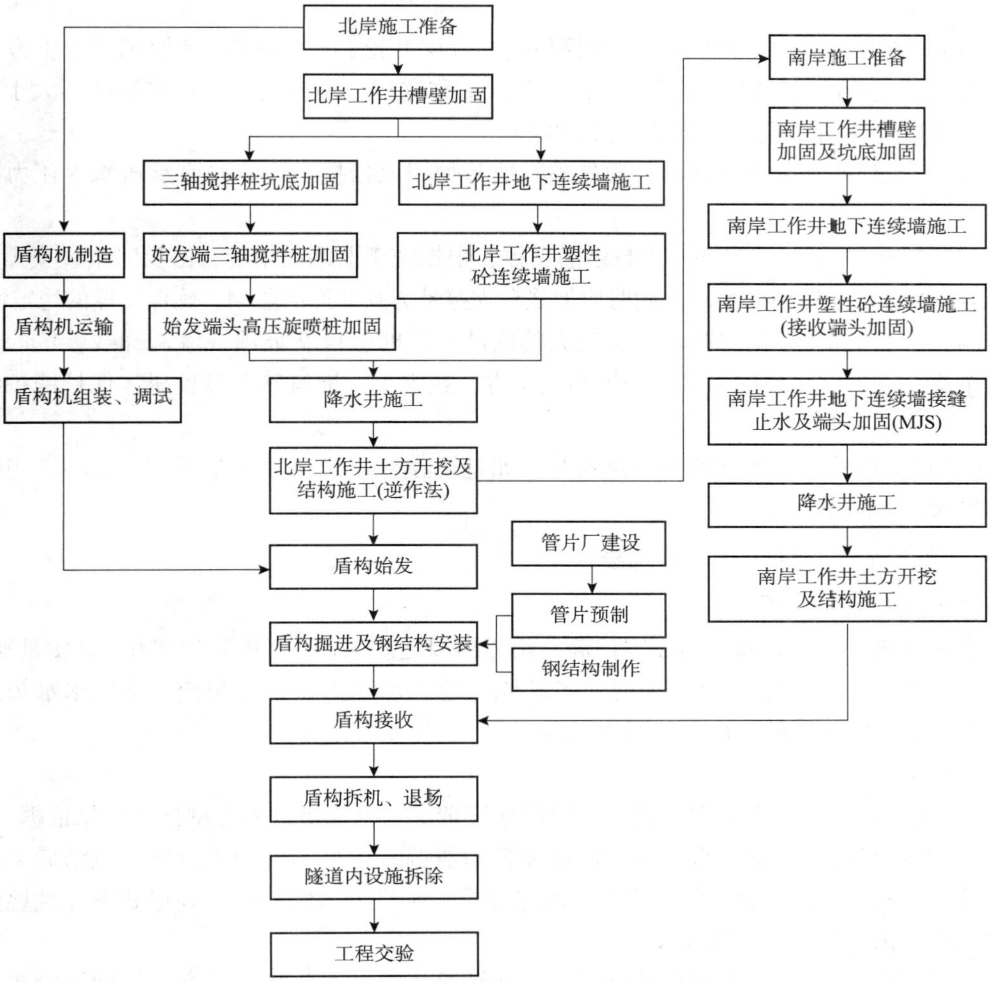


图 7－1　总体施工顺序图

# 第二节　竖井施工方案

## 一、工作井施工的主要难点、风险分析及对策

1. 深基坑施工风险高

1) 难点及风险分析

南、北岸工作井紧邻长江，普遍分布有一定厚度的粉砂层，其状态主要以稍密～密实为主，周边地层富含地下水且地层渗透强、承压水水头压力大。工作井地基薄弱，在水动力条件下易产生流砂、管涌和基底隆起等现象，可能造成地面沉降、基坑支护失稳及主体结构破坏等问题。

2）对策

（1）土方开挖遵循“开槽支撑、先撑后挖、分层开挖、严禁超挖”的原则组织土方及结构施工，基坑开挖时，必须分段、分区、分层对称进行，不得超挖，每层厚度不大于2m，离基坑项边线30m以内严禁堆载超过20kPa。

（2）对工作井地基薄弱部分，预先进行地基加固以抵抗工作井坑底承压水水压力的顶托力。

（3）基坑开挖时，应准备一定数量的支撑，根据施工监测的情况，必要时增设支撑，以更好地控制地下连续墙的变形。同时应加强对支撑轴力及变形的监测，确保支撑的稳定性。

（4）当有内撑支护的围护墙发生较大的内凸变位时，应在坡项或墙后卸载，坑内停止挖土作业，适当增加内撑，尽快回填超挖土方，或堆土、堆筑砂石袋反压，保护围护结构稳定。

（5）在基坑外侧设置坑外备用降水井，如基坑在开挖时出现渗漏涌砂，及时启用降水井，将水位应降至坑底以下1m。

2. 地下连续墙接缝处漏水风险

1）难点及风险分析

本项目地下连续墙属于超深围护墙，相邻槽段之间易产生“开叉”“错位”等质量缺陷，软弱地层中易出现“夹渣”“夹泥”等质量缺陷；地下水压力大，易塌槽。承压水水头压力大，地下连续墙接缝处易出现渗漏水风险。

2）对策

（1）施工前进行地质补勘，进一步探明地质情况，为成槽设备选型提供可靠依据。

（2）利用设备自带的垂直度显示仪表和自动纠偏装置控制成槽垂直度。成槽后采用超声波成孔检测仪进行检测，如垂直度不满足要求，则进行二次修槽。确保地下连续墙的垂直度，防止相邻地下连续墙开叉。

（3）地下连续墙接头选用合理型式；一期槽段接口采用防绕流措施，二期槽段接头刷壁干净；整个施工过程采用优质泥浆，水下混凝土灌注连续防止断层夹泥，保证地下连续墙接头处混凝土灌注的密实性。基坑开挖前采用ECR检测技术对围护结构渗漏进行检测，发现渗漏采用地面注浆或旋喷桩堵漏。

3. 逆作法混凝土接缝处质量缺陷

1）难点分析

由于逆作法施工先期与后期施工的结构间存在施工缝，理论上混凝土会因收缩在其表面形成空隙，同时接缝表面也会存在析水或聚集气泡等质量缺陷。

2）对策

（1）结构采用高流态微膨胀混凝土，配合比必须根据逆作法特点经试验确定，保证混凝土的强度、耐久性和防水等级均须符合设计及规范要求。

（2）在施工缝灌注混凝土前，严格按设计和施工规范要求进行处理，铺设一层2～3cm厚同等级水泥砂浆或细石混凝土。

（3）通过浇捣孔用振动棒对侧墙结构混凝土进行内部振捣，钢筋密集处加强振捣，分区分界交界处向外延伸振捣范围不少于500mm。

4. 沼气地层施工风险高

1)难点分析

根据地质勘察资料，始发工作井和接收工作井地层富含沼气。对工作井施工质量和安全的影响如下：

(1)地下连续墙施工阶段：浅层沼气会影响槽壁的稳定性，易造成槽壁外地层蠕动、塌方，造成成槽困难；地下连续墙混凝土凝固前后，沼气透入混凝土中造成槽壁气孔、夹渣、裂纹及贯通裂缝等质量缺陷，影响地下连续墙强度和防水质量。

(2)工作井基坑逆作施工阶段：沼气层气体排放不彻底或周边地层沼气透入工作井区域时可能引起沼气突出事故，若沼气疏散不及时或措施不到位，导致浓度增加，易造成沼气燃烧、爆炸等事故。若发生突发性大量沼气透气事故，将直接影响作业人员的生命安全，造成财产损失。

2)对策

(1)钢筋笼制作时在每幅槽段中间安装一根 $\phi$100 排气管，伸入沼气层 1m，收集透入混凝土中的沼气，防止沼气在混凝土凝固前透入混凝土中造成槽壁气孔、夹渣、裂缝及贯通裂缝等质量缺陷，影响地下连续墙强度和防水质量。

(2)工作井开挖施工前，预先在地面施作钻孔，抽排开挖范围的沼气，施工过程中随时监测坑底沼气浓度，加强坑底通风。

## 二、围护结构施工

1. 地基加固及槽壁加固

北岸工作井地基加固到底板以下 10m，塑性混凝土墙止水帷幕外缘外扩 2m，采用 $\phi$850@600mm 三轴水泥搅拌桩施工。槽壁加固为地表以下 8m，采用 $\phi$850@600mm 三轴水泥搅拌桩加固。

南岸工作井地基加固采用超高压旋喷桩 $\phi$2000@1300(MJS)，加固范围底板以下 10.385m，平面范围为地下连续墙外缘外扩 3m。槽壁加固采用 $\phi$850@600mm 三轴水泥搅拌桩，深度地表以下 13m。

北岸工作井和南岸工作井先地基加固，再槽壁加固。

1)三轴搅拌桩施工方法

(1)三轴搅拌桩施工流程(图 7－2)。

(2)测量放线

利用坐标控制点和设计图坐标点，经计算并复核有关测量数据后，准确放出搅拌桩中心线位置，设置好护桩。

(3)开挖导沟

搅拌桩导沟施工，根据加固区域内边控制线，采用挖机开挖，清除地面和地下障碍物。开挖导沟余土应及时处理，以保证水泥搅拌桩正常施工。

(4)放置定位型钢

沿开挖好的导沟放置定位 H 型钢，根据设计要求间距在轨面设定施工分挡刻度标记准确定位出每一根搅拌桩的位置并编号，型钢放置见图 7－3。

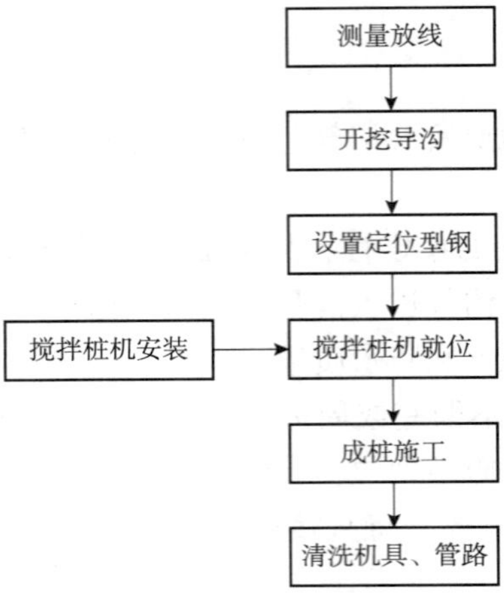


图 7-2　三轴搅拌桩施工工艺流程图

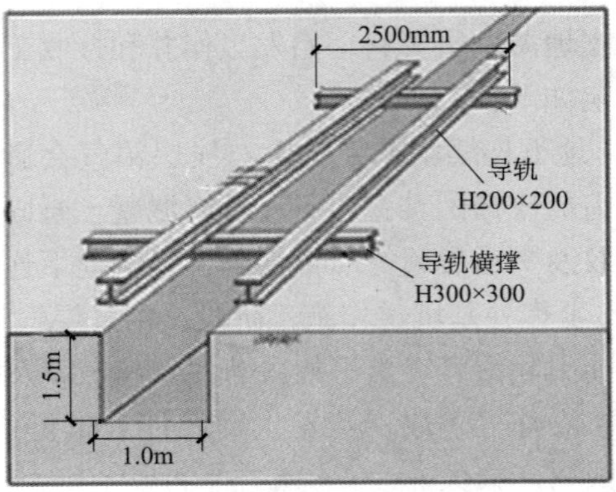


图 7-3　定位型钢放置示意图

(5)搅拌桩机就位

由专人统一指挥桩机就位，移动前看清上、下、左、右各方情况，发现障碍物应及时清除，桩机移动结束后认真检查定位情况并及时纠正。桩机应平稳、垂直，并用经纬仪对龙门立柱垂直定位观测以确保桩机的垂直度。机械就位后，对桩位进行复核，桩位偏差不得大于 50mm，利用经纬仪校直钻杆垂直度，钻杆垂直度控制在 1/200(H)内。

(6)成桩施工

电脑控制自动拌浆系统拌浆，在预搅下沉的同时，即开始按批准的配合比拌制水泥浆，压浆前将水泥浆倒入集料斗中。严格控制浆液配比，保证浆液质量，水灰比控制在 1.0~1.5 范围内。

待搅拌机的冷却水循环正常后，启动搅拌机电机，放松起重机钢丝绳，使搅拌机沿导架搅拌切土下沉。成桩采用二次搅拌工艺，一般下沉时喷浆量控制在每幅桩总浆量的 70%~80%，在桩底部分必须重复搅拌注浆，停留 1min 左右，提升搅拌机，提升时喷浆量控制在每幅桩总浆量的 20%~30%。根据设计所标深度，钻机在钻孔和提升全过程中，保持螺杆匀速转动，匀速下钻，匀速提升，并采取高压喷气在孔内使水泥土翻搅搅拌，保证整桩搅拌充分均匀，确保搅拌桩的质量。搅拌桩施工工艺见图 7-4。

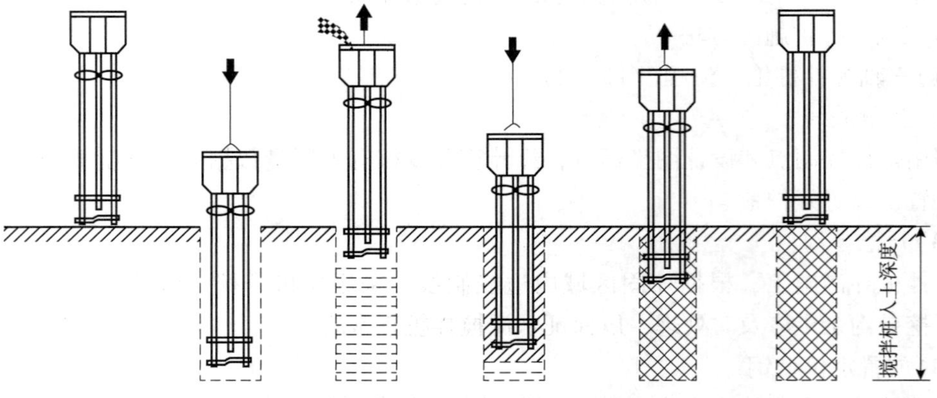


(a) 定位　(b) 预搅下沉　(c) 喷浆搅拌上升　(d) 重复搅拌下沉　(e) 重复搅拌上升　(f) 完毕

图 7-4　三轴搅拌桩施工工艺示意图

2)MJS 施工方法

(1)MJS 施工流程(图 7－5)。

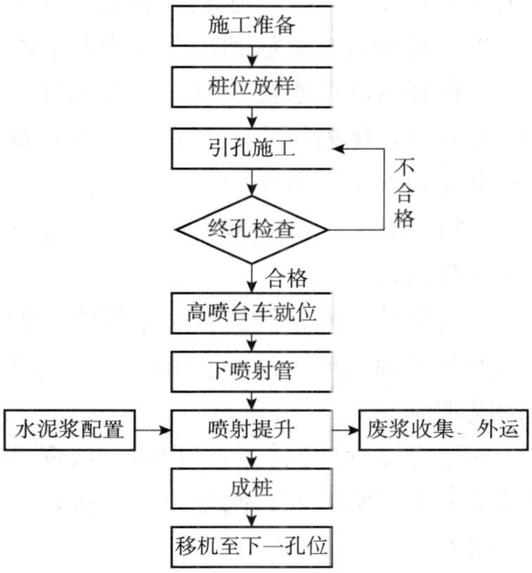


图 7－5 MJS 施工流程图

(2)施工准备

场地平整：正式进场施工前，进行管线调查后，清除施工场地地面以下 2m 以内的障碍物，不能清除的做好保护措施，然后整平、夯实；同时合理布置施工机械、输送管路和电力线路位置，确保施工场地的“四通一平”。

修建排污和灰浆拌制系统：旋喷桩施工过程中将会产生一定量的返浆量，将废浆液引入集浆池中，集中处理，统一外运。

灰浆拌制系统主要设置在水泥罐附近，便于作业，主要由灰浆拌制设备、灰浆存储设备、灰浆输送设备组成。

(3)桩位放样

施工前用全站仪测定高压旋喷桩施工的控制点，埋石标记，经过复测验线合格后，用钢尺和测线实地布设桩位，并用竹签钉紧，一桩一签，保证桩孔中心移位偏差小于 50mm，引孔深度大于设计深度 50cm。

(4)引孔施工

①为了保证工期，需预先成孔。

②引孔机选用 xy－2 型钻机，钻头需配备三叶钻头及金刚石钻头，以便破除局部障碍。

③由于成孔质量对 MJS 施工有很大影响，必须按技术参数进行施工，保证成孔中心与桩位中心误差小于 50mm，深度大于设计深度 1m 以上，垂直度误差小于 1/300(H)。

(5)插入高喷管

①采用 $\phi$850@600mm 三轴水泥搅拌桩连接电源、数据线、各路管线、钻头和地内压力监测显示器连接，确认在钻头无荷载的情况下清零，管线连接确保密封，使管内没有空气。

②检查设备的运行情况，确保主机、高压泵、空压机、泥浆搅拌系统、MJS 管理装置等都能正常工作状态下进行主机就位，机架放置平稳后开始校零。

③钻杆下放，即在引孔内将钻杆下放至设计深度，如果在钻杆下放过程中下放困难，打开削孔水进行正常削孔钻进。

④对接钻杆和钻头，对接时，认真检查密封圈情况，看是否缺失或损坏，地内压力是否显示正常。

⑤重复③步骤和④步骤，直到钻头到达预定深度，钻杆到位。

(6)喷射提升

①钻头到达预定深度后，开始校零，使动力头“0”刻度、喷嘴、钻杆上白线处于同一条直线，然后设定各工艺参数，包括摇摆角度、引拔速度、回转数等等，设定好之后，开始改良。

②定位置喷射，先开倒吸水流和倒吸空气，在确认排浆正常时，打开排泥阀门，开启高压水泥泵和主空气空压机。首先用水向上喷射50cm，压力为10MPa，然后把水切换成水泥浆，钻杆重新下放到位后开始向上喷射改良。

③在开启高压水泥泵时，压力不可太高，应逐步增压，直到达到指定压力，在达到指定压力并确认地内压力正常后，才可开始提升。水切换成水泥浆时，压力会自动上升，压力有突变时方可调节压力。

④施工时密切监测地内压力，压力不正常时，必须及时调整排浆阀大小控制地内压力在安全范围以内。

⑤当提升一根钻杆后，对钻杆进行拆卸，需把水泥浆切换成水后方可拆卸，当水泥浆泵压力有下调趋势，说明水流已经到达喷嘴位置，此时关闭水泥浆泵、主空气、倒吸空气和倒吸水流。

⑥注意在拆卸钻杆的过程中，认真检查密封圈和数据线的情况，看是否损坏，地内压力显示是否正常，如有问题应及时排除方可继续喷浆。拆卸钻杆后，需及时对钻杆进行冲洗及保养。

⑦重复以上步骤，直到施工结束。

2. 地下连续墙及接缝止水

1）地下连续墙施工方案

北岸工作井围护结构形式为1.2m厚地下连续墙+0.8m厚塑性混凝土地下连续墙，南岸工作井围护结构形式为1.2m厚地下连续墙+槽段接头处超高压旋喷桩$\phi$2000@1300（MJS）止水帷幕。

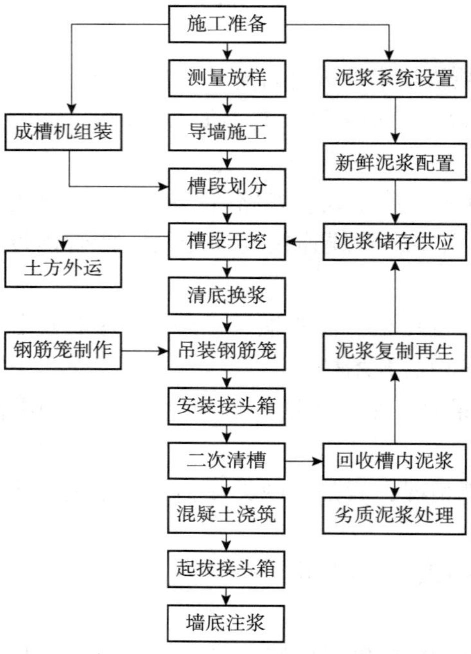


图7-6　地下连续墙施工工艺流程图

（1）施工流程

地下连续墙施工工艺流程见图7-6。

（2）测量放样

根据施工主要控制网在施工场地内引测施工用平面控制点和水准点。施工过程中要经常复测基点，确保其精度符合要求。

（3）导墙施工

导墙采用挖掘机挖槽，人工修整槽壁，分段施工，人工现场绑扎钢筋，模板采用竹胶板组合木模，人工现场安装模板，混凝土采用商品混凝土，混凝土运输车运抵施工现场，混凝土泵车泵送入模，手持插入式振捣器振捣。

导墙采用C25钢筋混凝土结构，断面为倒“L”形，两导墙间设计净空宽度根据地下连续墙厚度为1.20m（外侧加宽5cm考虑），导墙高度为1.5m。导墙分段进行施工，各施工段端部设施工缝，施工缝在前段混凝土初凝后做凿毛处理，露出粗骨料并用清水冲洗干净。

(4)槽段划分

根据设计图纸将地下连续墙分幅，幅长按设计布置。槽段开挖前，在导墙上用红油漆作出地下连续墙分幅槽段标记。

(5)泥浆制备

地下连续墙成孔施工时，采用膨润土泥浆进行护壁。施工中将泥浆液面不得低于到墙面0.3m，并高出地下水位0.5m以上，确保施工时槽壁的稳定。施工时，定期观测周围地下水位。当槽孔内外液位差小于1.0m时，不得继续进行槽孔施工；小于1.5m时，不宜施工。

(6)槽段开挖

地下连续墙采用跳段施工方式，一期槽段的混凝土强度达到设计强度的70%以上，方可进行二期槽段的施工。开挖过程中要实测垂直度，并及时纠偏，开挖槽段采用的成槽机均配有垂度显示仪表和自动纠正偏差装置。开挖槽段采用液压成槽机。成槽顺序见图7－7。

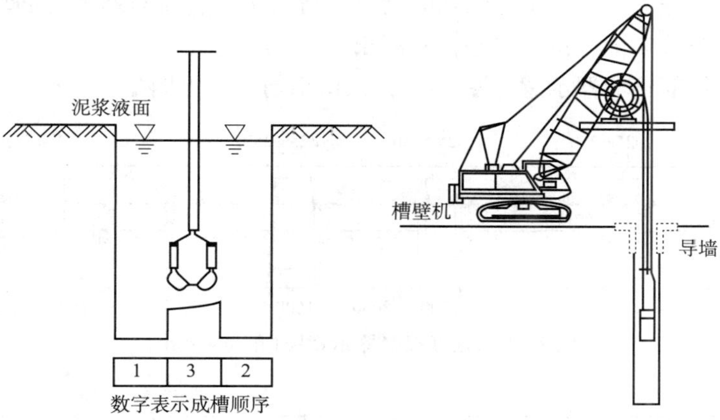


**图7－7　地下连续墙成槽顺序示意图**

槽段成槽质量检测完成后，开始进行槽段接头刷壁施工。刷壁器必须紧贴工字钢腹板从下至上刷壁，刷壁刷到底部，刷壁次数不得小于20次，且刷壁器上无泥，刷壁示意见图7－8。

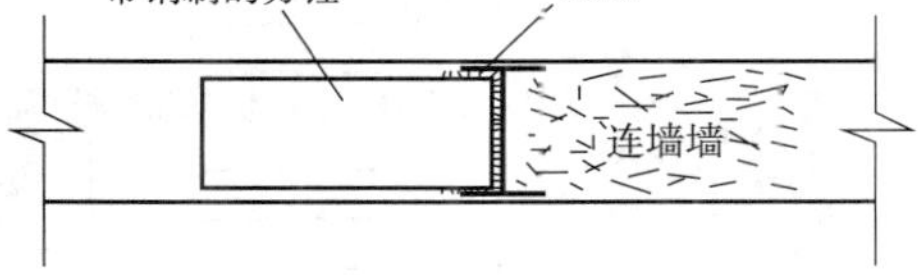


**图7－8　地下连续墙刷壁施工**

(7)清底换浆

由于地下连续墙成槽完成后，泥浆内含有大量的泥沙，静置过程中易发生沉淀，造成槽底大量堆积泥渣，影响地下连续墙的施工质量。因此，刷壁完成后，进行清底、换浆作业，通过泥浆置换，降低泥浆内的含砂率，减少泥沙沉淀。

清基采用泵吸法，将槽段底部的泥浆通过泥浆管置换至后台筛分系统，通过筛分设备分离出泥浆内的大颗粒杂质，同时补充循环泥浆或新浆入槽段，保持槽段内液面平衡。通过不断的泥浆循环，最终达到槽段内泥浆比重、含砂率等指标达到规范要求的范围。

清基后对槽段内泥浆进行检测，每幅槽段检测2处，取样点距槽底0.5～1.0m。

(8)钢筋笼制作及安装

钢筋笼制作：地下连续墙最大成槽深度为59.615m，钢筋笼采用整体制作，分节入槽，节点处采用直螺纹套筒连接。钢筋笼在场地内的钢筋笼加工平台上加工制作，钢筋笼制作平台采用型钢制作，平整坚实，排水畅通平整度控制在2mm以内。根据设计的钢筋间距、插筋、预埋件及钢筋接驳器的设计位置画出控制标记，以保证钢筋笼和各种预埋件的布设精度。钢筋笼主筋采用直螺纹套筒连接，主筋与水平筋采用点焊连接。主筋与水平筋交点除桁架和钢筋笼四周全部点焊外，其余部分采用50%交错焊接。钢筋笼映射保护层垫板，纵向设间距2.0m，定位垫板采用5mm钢板制作，与主筋焊接。钢筋笼内预留纵向混凝土灌注导管位置，并上下贯通。钢筋笼设置桁架、剪刀撑等加强整体刚度，防止吊装时钢筋孔发生变形。

地下连续墙接头采用H型钢接头，施工时接头钢板与地下连续墙钢筋笼焊接并整体吊装入槽，工字钢接头顶部偏差应小于20mm。

地下连续墙钢筋笼对应混凝土支撑梁及底板位置处预留钢筋接驳器，其余位置处预埋钢筋梅花形布置，间距1000mm×900mm，钢筋笼下放时预埋钢筋弯折成“L”形以便钢筋笼下方，待基坑开挖完成施工主体结构时掰直。所有预留套筒与预埋钢筋均核对安装位置并与钢筋笼主筋连接牢固，钢筋接驳器外漏出应包扎严密。

钢筋笼预埋钢筋接驳器示意见图7－9，预留钢筋示意见图7－10。

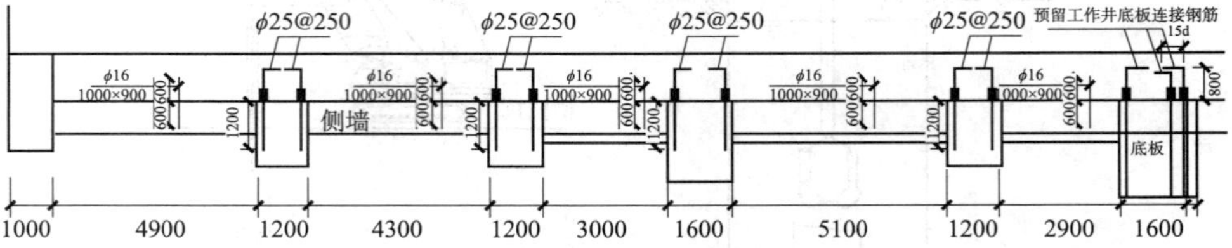


图7－9　预埋接驳器示意图(单位：mm)

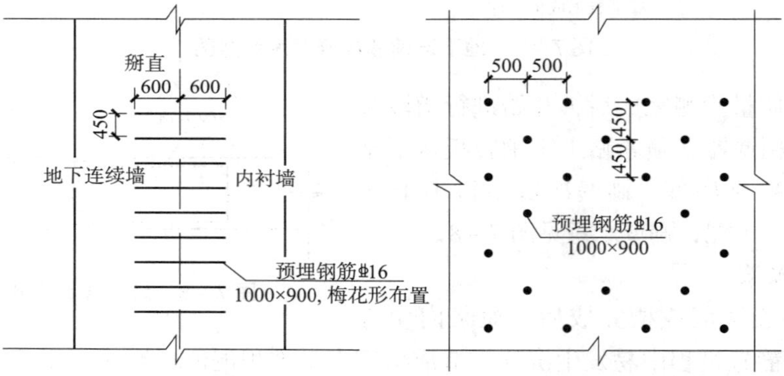


图7－10　预埋钢筋示意图(单位：mm)

每幅地下连续墙内设置两根外径50mm，壁厚3mm注浆钢管，注浆管伸入地下连续墙底。

根据沼气分布情况，在地下连续墙每幅槽段中安装一根内径不低于100mm的排气管，深入沼气层深度下不小于1m，及时排除槽段内可能产生的沼气。

(9)接头箱安装

接头箱安装采用履带吊逐节吊起，对准槽段孔口位置后逐渐缓慢下放，在导墙设置卡位棒，到位用卡位棒进行固定后，再吊下一节段与前一节段连接固定，连接好后再下放至槽段内，直至接头箱完全到位，然后用顶拔器机架将接头箱上部进行固定。

(10)二次清槽及混凝土灌注

钢筋笼下放后进行二次清槽，泥浆比重及沉渣厚度合格后0.5h内必须灌注混凝土。

钢筋笼下设完成后，抓紧灌注混凝土墙体，具体灌注方法及工艺要求为：

①采用泥浆下直升导管法灌注。导管内径为$\phi$200mm，下设导管前，应进行水密性试验。每一槽段混凝土设置两根导管同时灌注(灌注导管距槽孔端头不大于1.5m，导管间距不得大于3m)。导管内放隔水栓，即向导管内一次连续注入混凝土将隔离球压至导管底口，此时混凝土注满整根导管，逐步提升并拆除导管进行灌注，灌注过程中须保持连续均匀灌注。导管下端距离槽底宜为300～500mm。混凝土初灌后，混凝土中导管埋深需大于500mm。地下连续墙水下混凝土灌注示意见图7－11。

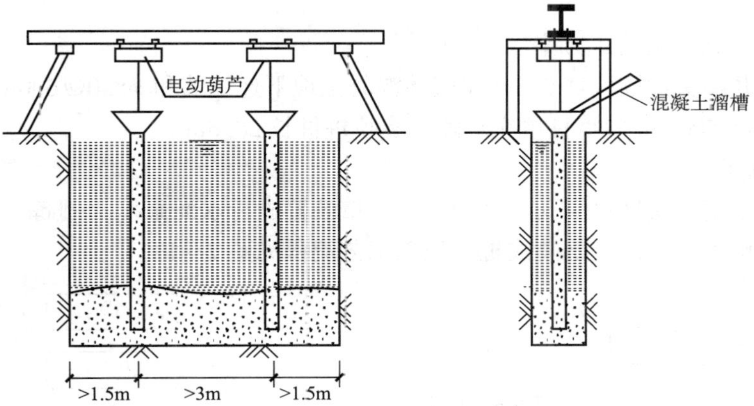

图7－11 水下混凝土灌注示意图

②灌注时严格控制槽内混凝土面高差和导管埋深，以防混浆和夹泥，同时，也要控制好进料速度以防止产生压气现象。各导管保持均匀进料，以保证槽孔内混凝土面高差不大于0.5m，导管埋深为2～4m。

③灌注时应检查导管内是否渗进泥浆。灌注过程中每间隔30min测一次槽内混凝土面，测点设置在两导管间及槽孔两端头。每隔2h测量一次导管内的混凝土面，并在现场绘制灌注图，及时核对灌注方量，分析灌注中出现的问题，以此作为灌注工作和拆卸导管的依据。在开始浇和终止浇阶段应缩短测量混凝土上升面的间隔时间。

④槽内混凝土面平均上升速度控制在3～5m/h。

⑤混凝土灌注应连续，间隔时间不宜超过30min。

⑥终止浇高程：经测量，孔内混凝土面达到设计高程且高于设计高程50cm时，即可停止灌注。

⑦钢筋笼吊放就位后及时灌注混凝土，间隔不得超过4h。

(11)接头箱起拔

接头箱起拔采用液压顶拔机，待开始灌注混凝土2～3h后(根据混凝土初凝时间确定初次起拔时间)，用起拔千斤顶进行第一次起拔，以后每20～30min提升一次，每次50～100mm，直到终凝后全部拔出，正式顶拔接头箱采用吊车配合作业，分段拆卸。

(12)墙底注浆

灌注5～8d后压注水泥浆，通过预埋注浆管注浆，水泥采用P.O42.5，水灰比0.5～0.6，注浆压力2～4MPa，单管注浆量不小于1.5m$^3$。

(13)地下连续墙墙身检测

地下连续墙混凝土的密实度采用超声波检查，总抽取比例为20%且不得少于3组，每个检测墙段预埋不少于4个超声波管，布置在墙身界面的四边中点处。当声波投射法判定墙身质量不合格时，需要时采取钻孔抽芯检查强度。

2)塑性混凝土防渗墙施工方案

本地区地层主要以粉砂、粉质黏土、淤泥质粉质黏土、粉土、粉细砂，通过对施工工期及地质条件分析，选择施工方案为“液压抓斗成槽工艺”(纯抓法)成槽，膨润土泥浆护壁，钢筋笼分节起吊，导管法灌注水下混凝土。塑性混凝土地下连续墙施工工艺流程见图7-12。

3)接缝高压旋喷桩施工方案

北岸工作井端头加固区域0.8m厚塑性混凝土地下连续墙和$\phi$850@600mm三轴搅拌桩之间采用$\phi$850@500mm旋喷桩填充空隙，旋喷桩桩长28.6m。

(1)施工流程

高压旋喷采用地质钻机引孔，采用自动计量装置进行水泥浆搅拌制备，注浆泵进行浆液泵送，高压旋喷桩机进行旋喷成桩。施工工艺流程见图7-13。

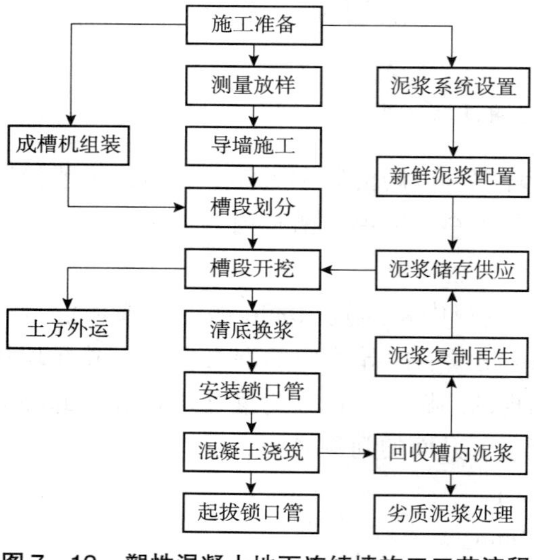


图7-12　塑性混凝土地下连续墙施工工艺流程

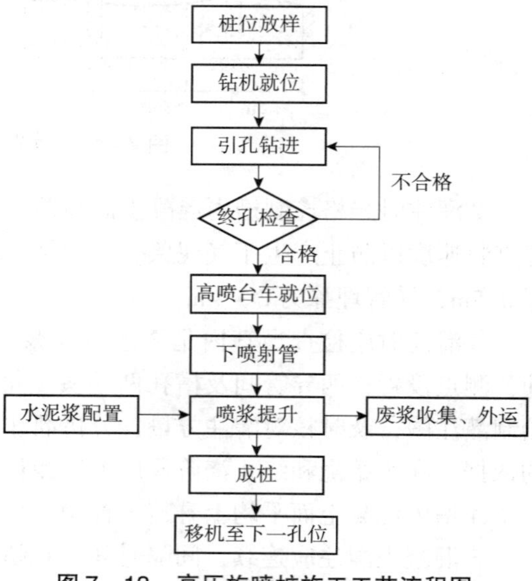


图7-13　高压旋喷桩施工工艺流程图

(2)桩位放样

施工前用全站仪测定旋喷桩施工的控制点，经过复测验线合格后，用钢尺和测线实地布设桩位，并用红色喷漆标注出来，保证桩孔中心移位偏差小于50mm，在进行桩位点放样时，桩点中心距离导墙边长度按照现场实际施放点位施工，避免在进行喷射施工时出现漏喷。

(3)钻机就位

经测量放样后，在指定位置上设置钻机，对钻机进行调平、对中误差要小于50mm，并保持钻机垂直，施工时旋喷管的允许倾斜度不得大于桩长的1/150。钻孔前应调试空压机、泥浆泵，使设备运转正常；校验钻杆长度，并用红油漆在钻塔旁标注深度线，保证孔底标高满足设计深度。

(4)引孔

钻机施工前，应首先在地面进行试喷，在钻孔机械试运转正常后，开始引孔钻进。钻孔过程中要详细记录好钻杆节数，保证钻孔深度的准确。

(5)拔出岩芯管、插入注浆管

引孔达到设计深度后，拔出岩芯管，并换上喷射注浆管插入预定深度。在插管过程中，为防止泥沙堵塞喷嘴，要边射泥浆边插管，水压不得超过1MPa，以免压力过高，将孔壁射穿，高压水喷嘴要用塑料布包裹，以防泥土进入管内。

(6)旋喷提升

当喷射注浆管插入设计深度后，接通水泥浆泵，然后由下向上旋喷，同时将泥浆清理排出，水泥浆液的水灰比为0.8～1.2。喷射时，先应达到预定的喷射压力、喷浆后再逐渐提升旋喷管，以防扭断旋喷管。为保证桩底端的质量，喷嘴下沉到设计深度时，在原位置旋转10s左右，待孔口冒浆正常后再旋喷提升。钻杆的旋转和提升应连续进行，不得中断，钻机发生故障，应停止提升钻杆和旋转，以防断桩，并立即检修排除故障，为提高桩底端质量，在桩底部1.0m范围内应适当增加钻杆喷浆旋喷时间。在旋喷提升过程中，可根据不同的土层调整旋喷参数。

(7)钻机移位

当钻机旋喷提升到钻孔桩设计桩顶标高时停止旋喷，提升钻头出孔口，清洗注浆泵及输送管道，然后将钻机移位。

## 三、基坑土方开挖及结构施工

### 1. 总体施工顺序及工艺流程

基坑采用明挖逆作法施工，开挖和结构的施工同时进行。基坑开挖遵循"开槽支撑、先撑后挖、分层开挖、严禁超挖"的原则，基坑必须分段、分区、分层、对称进行，不得超挖，每层厚度不大于2m。依次开挖并及时施工各层水平框架及其以上的侧墙钢筋混凝土，混凝土强度达到设计强度80%之后开挖下一层土体，直至基坑底。

1)施工顺序

(1)基坑坑内降水；

(2)基坑开挖，施做第一道支撑和冠梁；

(3)基坑开挖开挖至第二道环框梁和支撑施工，再施工侧墙防水和侧墙结构；

(4)基坑开挖开挖至第三道环框梁和支撑施工，再施工侧墙防水和侧墙结构；

(5)基坑开挖开挖至第四道环框梁和支撑施工，再施工侧墙防水和侧墙结构；

(6)基坑开挖开挖至第五道环框梁和支撑施工，再施工侧墙防水和侧墙结构；

(7)基坑开挖完成后及时施作底板。

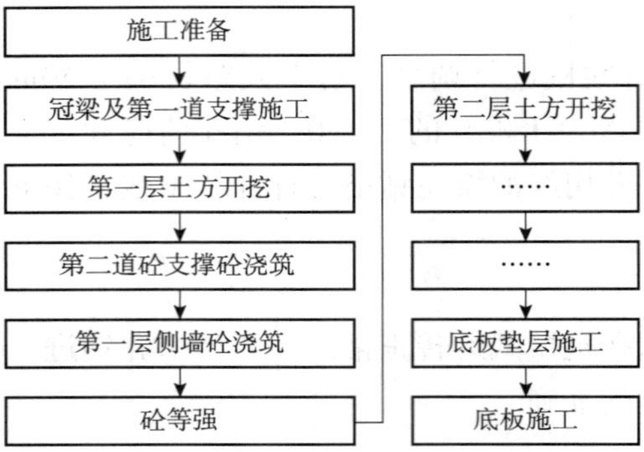


图 7－14　基坑开挖及结构施工流程图

2)工艺流程

基坑开挖及结构施工流程见图 7－14。

2. 基坑降水

基坑开挖施工前进行坑内降水，地下水降至开挖面 1.0m 以下。

1)降水井布置

北岸工作井降水井布置见图 7－15，南岸工作井降水井布置见图 7－16。

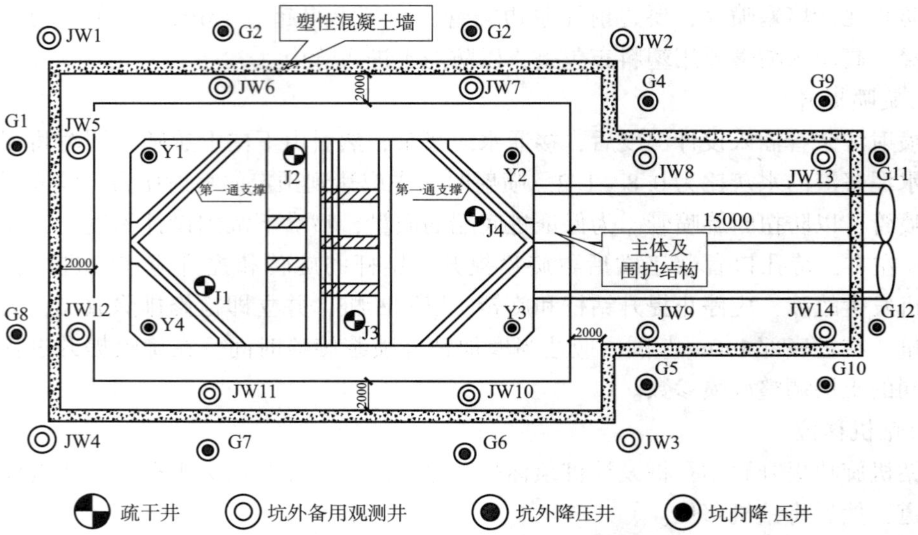


图 7－15　北岸工作井降水井布置图

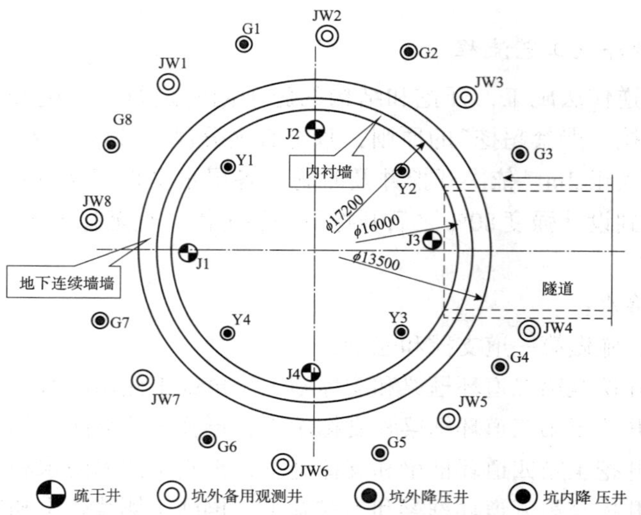


图 7－16　北岸工作井降水井布置图

2)降水施工方案

降水井施工流程见图7－17。

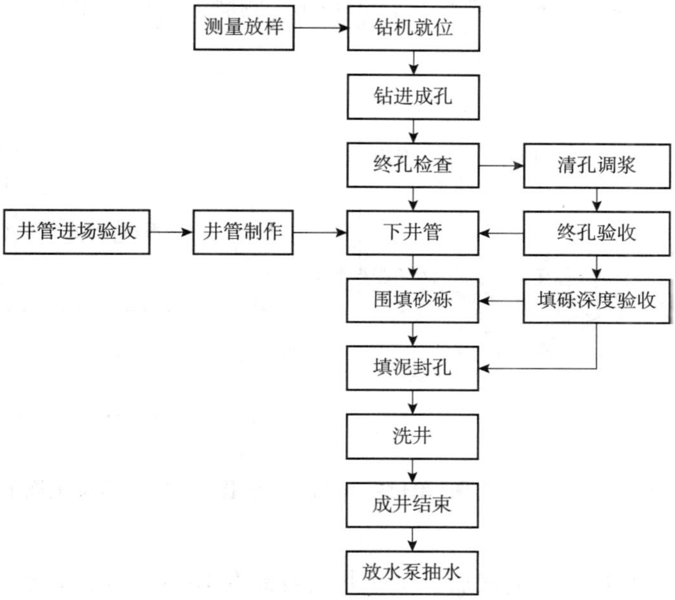


图7－17 降水井施工流程图

3. 土方开挖

(1)工作井按照每层环框梁进行开挖，即开挖到环框梁位置后停止开挖。每层环框梁之间土方分层、分段进行开挖。在每一层的开挖过程中，随着基坑土方的开挖，在合适的高度时，地下连续墙侧墙面和上层已灌注结构冠梁或环框梁底部凿毛。土方分层开挖示意见图7－18。

(2)基坑底部30cm范围内的土方由人工开挖，以免扰动原状土。挖至设计标高后及时灌注混凝土垫层。

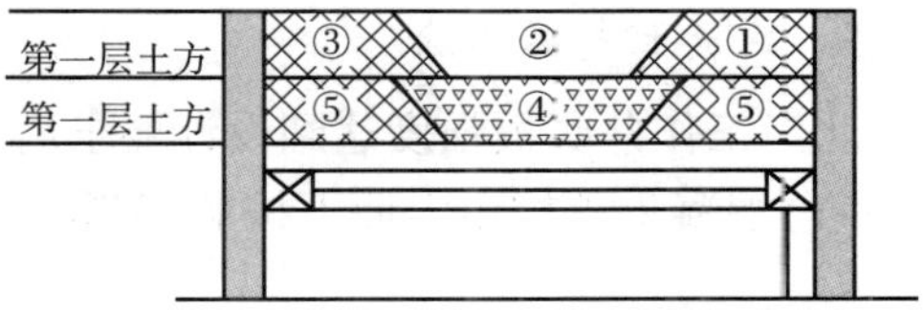


图7－18 土方分层开挖立面示意图

4. 结构侧墙及底板施工

1)结构侧墙施工

环框梁强度达到设计要求后，进行结构侧墙施工。

(1)凿除地下连续墙内侧钢筋保护层，将凿毛后的地下连续墙墙面清洗干净，凿毛表面≥20mm，并在其表面涂刷水泥基渗透结晶防水涂料。

(2)侧墙上部施工缝做成斜坡型，接缝面涂刷水泥基渗透结晶型防水涂料，并设置遇水膨胀止水条和预埋注浆管；下部涂刷水泥基渗透结晶防水涂料。防水示意见图7－19、图7－20。

(3)绑扎侧墙钢筋，与地下连续墙内的预埋钢筋与连接。同时侧墙钢筋上部与上层环框梁底部预埋的接驳器连接。

(4)侧墙采用模块化组合钢模板，支撑采用组合式型钢，门吊辅助拆卸安装模板。

(5)混凝土施工。采用C40混凝土，抗渗等级P8～P10。输送泵输送入模，插入式捣固器捣固。通过浇捣孔用振动棒对侧墙结构混凝土进行内部振捣，钢筋密集处加强振捣，分区分界交界处向外延伸振捣范围不少于500mm。侧墙拆模后采用自动喷淋养护，养护天数不少于14d。

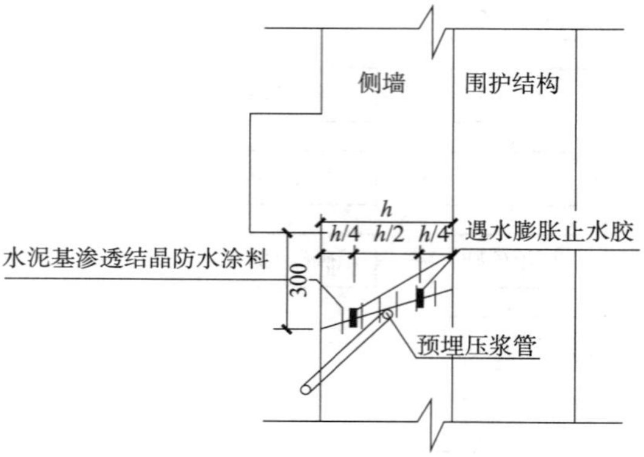


图7-19　框梁下施工缝防水构造图(单位：mm)

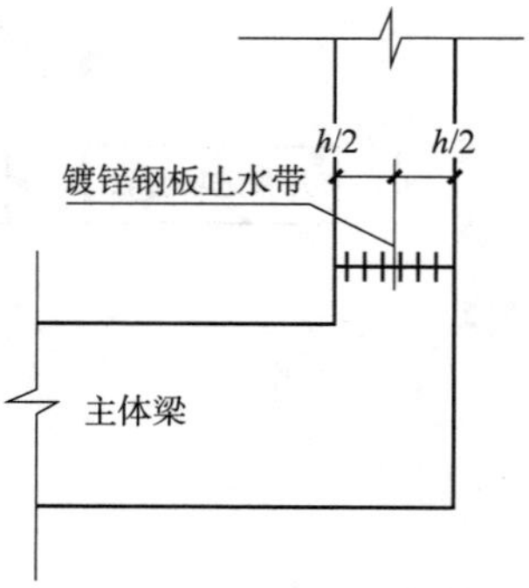


图7-20　框梁上施工缝防水构造图

2)结构底板施工

(1)底板混凝土垫层施工完成后，工作井底板铺设4mm厚预铺防水卷材，防水层铺设完工后及时灌注混凝土保护层。并施工地下连续墙墙面防水。

(2)底板顶面以上300～500mm位置预埋中埋式镀锌钢板止水带。

(3)绑扎底板钢筋。底板段钢筋绑扎过程中，首先施工与侧墙及混凝土框架相连部分的竖直向钢筋，然后绑扎水平向底板主筋。

(4)底板混凝土采用C40，P12抗渗混凝土。

5. 混凝土支撑拆除

北岸工作井底板强度达到设计要求后，中间混凝土支撑采用绳锯进行割除。

(1)混凝土支撑由上而下按顺序割除。割除中间混凝土支撑见图7-21。

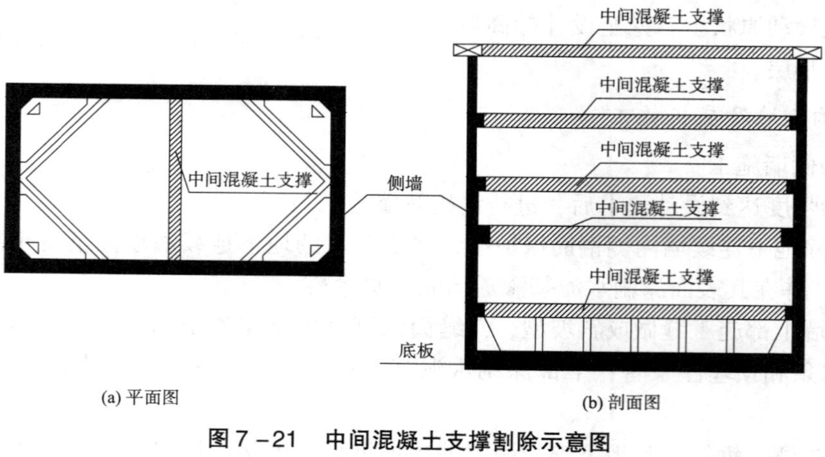


图7-21　中间混凝土支撑割除示意图

(2)采用两台吊机配合割除，割除前先用吊机用钢丝绳将支撑分成两部分吊住，即切割线两边支撑分别吊住。

(3)支撑分段切割每段不超过2m，每切割完成一块及时吊运出基坑后再施工下一块，依次切割下层支撑。

# 第三节 盾构施工方案

## 一、盾构隧道施工的主要难点、风险分析及对策

1. 长距离掘进对盾构机性能及泥浆输送能力要求高

1)难点分析

(1)由于独头掘进，盾构机主轴承在盾构隧道内无法实现更换，所以对盾构机主轴承质量及使用寿命要求较高。

(2)由于本项目盾构掘进地层为砂土层，刀盘刀具易磨损，但盾构隧道内刀盘无法更换且换刀环境恶劣，需尽量减少换刀次数，所以对刀盘刀具的耐磨性高。

(3)由于独头掘进，且中间无检修井，盾尾刷正常使用寿命约3km，在隧道内更换必不可免。而在更换盾尾密封刷存在盾尾漏浆、击穿、涌水涌砂的风险。

(4)由于隧道较长，泥浆连续输送及压力流量难以保证。且长时间排渣时间将带来大的风险，如突然停机，泥浆携带的渣土将迅速沉积在管道及泥浆泵内，造成启动困难。如何保证泥浆环流的正常运行是盾构机连续掘进及工期的关键因素。

2)对策

(1)针对盾构机的主轴承质量及寿命问题，选用国际知名品牌的直径为$\phi$3820mm的主轴承。一方面做好设备制造时的质量监管；另一方面从润滑系统改进和做好施工过程中维护保养措施来延缓主轴承的使用寿命。

(2)针对盾构机的刀盘刀具磨损，在刀盘面板采用全断面耐磨保护网格，增强刀盘的耐磨性能；通过在刀具合适位置增设合金保护块，合理选择配置刀具，延长刀具使用寿命，满足长距离高磨损的掘进要求。同时，将盾构机刀盘设计为常压刀盘，在需更换刀具时，在常压刀盘内进行刀具更换。

(3)针对盾尾刷磨损失效风险，一方面在施工过程中加强盾尾油脂的注入质量和保证盾尾间隙，做好保护措施延长使用寿命；另一方面前两道密封刷采用螺栓固定，洞内可实现两道尾刷的更换，在尾盾壳体内部设计有冷冻管回路，在发生紧急情况时，可注入液态氮对尾盾周围地层进行冷冻，从而使盾体内部人员可以在相对安全的情况下进行操作。

(4)针对长距离掘进泥水环流，要选择合理的泥浆泵配置，保证泥水环流系统有一定的冗余功率，不至于因为一台泵突然停机而导致整个循环系统停止运行，导致渣土沉积。在施工过程中及时地增设泥浆泵，保证泥浆的流量和压力。盾构机上泥浆钢管采用Q345B材质，加强壁厚设计，其中主进浆管壁厚14mm，主排浆管壁厚26mm，弯头均采用外包加厚钢板的耐磨设计。

2. 软弱地层盾构始发接收风险高

1)风险分析

本工程始发、接收工作井均紧邻长江，若始发和接收地层加固及降水措施不到位，在

始发和接收过程中极易发生涌水涌砂，造成工作井被淹埋，周边地表沉降，甚至形成大的坍塌，后果不堪设想。所以如何保证盾构安全始发接收是本项目施工的重难点之一。

2）对策

（1）严格按照要求进行始发及接收井端头土体加固，确保加固体后的土体有良好的自立性、密封性、均质性，无侧限抗压强度和渗透系数满足设计要求。加固体垂直和水平取芯检验过程中无明显地下水渗出。

（2）在加固体外侧设应急降水井，在盾构始发前启动降水井，确保降水井的稳定水位始终处于始发井底板以下不小于0.5m。

（3）始发洞门破除前，通过洞门水平取芯孔观察加固体渗漏水情况，须满足洞门破除要求，洞门破除要迅速，防止洞门土体暴露时间过长产生失稳变形现象。

（4）始发洞门采用两道帘布橡胶止水箱，洞门钢环内部焊接两道盾尾刷，减小始发和接收时洞门渗漏水的风险，盾尾通过后及时注入双液浆止水。

（5）做好始发和接收前的盾构机检修工作，避免在始发和接收时出现机械故障。

（6）做好始发和接收前的验收工作，主要验收内容有：加固体加固质量、降水质量、盾构机维保情况、洞门渗漏水情况、地表及始发接收井监测点布设情况、应急准备及人员准备情况等。

（7）加强盾构在始发、到达段的掘进控制。控制好盾构姿态，在保证出渣量正常、同步注浆回填密实的前提下，尽量快速完成盾构的始发与到达。同时，充分考虑到由于对端头地层进行了加固处理，地层性质所发生的改变，掘进时防止盾构姿态突然变化。

（8）盾构掘进临近接收洞门时，应严格控制盾构机的姿态，避免出现“栽头”现象。控制掘进速度、逐步减小泥水舱压力与推力，切口环超过帘布橡胶后及时接紧钢丝绳，防止泥沙流出。

3. 高水压掘进及换刀风险高

1）风险分析

（1）本工程地质以淤泥质土、粉质黏土、粉土、粉细砂及中砂等地层为主，透水性强，隧道埋深大、水压力大，刀盘中部水压最高达7.3bar，存在盾构机主轴承密封及盾尾刷失效的可能，所以要求盾构机有良好的耐压性和密封性。

（2）隧道内最高水压远超常规进舱作业压力的上限，带压开舱换刀作业具有非常高的风险性，压力越高风险越大。且掘进距离长，盾构机刀具磨损并进行带压进舱换刀作业不可避免。如何保证安全进行高水压换刀作业是本工程的重难点之一。

2）对策

（1）经过技术攻关，针对性设计直径7.92m的盾构机常压刀盘，并配置可常压更换的刀具，做到常压更换刀具切削轨迹覆盖整个刀盘面。

（2）主驱动设计5道外密封+4道内密封，可承压1MPa，最外侧两道密封可更换，性能可靠。

（3）在盾尾处增设盾尾刷，4道密封+1道钢板束+1道止浆板+冷冻管，另预留1道尾刷安装空间。前2道采用螺栓固定，后3道采用焊接固定，可抵抗1MPa的水土压力。

（4）总结分析盾构大数据中心海量数据统计同类地层、同类埋深最可靠的掘进参数，结合本项目设置相关试验段，通过掘进参数与监控量测数据分析最终确定合理的掘进参数。

(5)强化泥浆指标管理，盾构掘进过程高泥浆指标确保开挖面的泥膜效果，掘进过程严格控制泥水液位变化值以及补气量的控制标准。

(6)严格控制盾尾油脂注入质量，确保盾尾密封效果良好，防止盾尾击穿，涌水涌砂。

(7)同步注浆浆材提高结石率要求，并通过掺加微膨胀材料提高抗水分散性；严格管片拼装质量与拼装接头防水控制标准。

4. 沼气段盾构掘进风险高

1)风险分析

(1)根据勘察报告，本盾构工程掘进地层中存在沼气，且地质探孔揭露的最大沼气浓度已达5%，在掘进过程中若沼气渗透进盾构机内，存在爆炸的风险。

(2)掘进过程中因地层沼气压力释放，导致开挖面失稳、塌方，造成开挖面压力频繁波动，影响开挖面的稳定性。

(3)掘进过程中盾构机姿态不易控制，容易栽头。

(4)施工扰动使土层中沼气，释放造成隧道底部土体收缩，甚至造成隧道土体与结构脱离，导致隧道发生变形，严重时出现裂缝影响结构安全。

(5)在富含沼气地层，人员必须进舱换刀时易发生沼气燃烧、爆炸或缺氧窒息事故，直接威胁人员生命安全；盾尾刷更换时沼气可能通过盾尾间隙渗入隧道，造成安全事故。

2)对策

(1)盾构机主要机电设备进行专项防爆设计，包括主变压器，变频柜，高压开关柜等，电缆采用矿用电缆设计。并配置沼气浓度自动监控系统，以便及时根据沼气浓度采取相应措施。

(2)开挖舱设置沼气抽排管路，掘进过程中遇到沼气地层时或进舱作业前，可对开挖舱内沼气进行抽排。

(3)加强通风，配备功率足够的风机，提高隧道内的通风量，并将通风直接引入到盾构机前部，并在局部增加小型轴流风机，确保关键部位通风无死角，降低沼气聚集的概率。

(4)盾构始发前，在隧道两岸周边地面钻孔对沼气进行提前抽排。

(5)建立健全沼气监测监控体系、综合安全监控体系并辅以人工检测，随时对隧道内沼气浓度进行检测。

(6)加强管片拼装质量和注浆质量，有效防止沼气通过管片深入隧道。

(7)盾尾安装一套沼气排放管路，适时开启排放设备快速将沼气排放至后方隧道，通过通风进行稀释。

5. 盾构下穿大堤、锚地等既有建(构)筑物施工风险高

1)风险分析

本长江盾构穿越工程从北岸工作井始发，正穿长江北岸大堤、侧穿北岸围堤、常熟海轮锚地、长江南岸大堤及两岸其他建(构)筑物，既有建筑物统计见表7-1。由于盾构掘进不可避免地对地层扰动，造成失水和地层应力损失而引起沿线建(构)筑物沉降超标，甚至是破损开裂现象，一旦出现破损将直接影响长江大堤防洪防汛，船舶抛锚停泊，给社会带来不利影响。

表 7－1　隧道周边既有建构筑物统计表

| 序号 | 建构筑物名称 | 穿越方式 | 位置、范围 |
| --- | --- | --- | --- |
| 1 | 西沙南匡河 | 正穿 | 隧道顶面距河面竖向净距 22.5m |
| 2 | 西沙南匡河闸 | 侧穿 | 线路左侧平面净距 110m |
| 3 | 海门市新通海沙建材有限公司 | 正穿 | 距隧道顶面竖向净距 21.3m |
| 4 | 江苏海新船务重工有限公司钢结构框架厂房 | 正穿 | 距隧道顶面竖向净距 27.5m |
| 5 | 正穿北岸长江大堤 | 正穿 | 距隧道顶面竖向净距 30.1m |
| 6 | 侧穿海新重工 1#泊位 | 侧穿 | 线路右侧平面净距 89m |
| 7 | 侧穿宝钢物流通用 1#、2#码头 | 侧穿 | 线路左侧平面净距 160m |
| 8 | 侧穿海事局码头 | 侧穿 | 基础底标高为 14.5m，竖向净距 9m |
| 9 | 侧穿新通海沙新堤 | 侧穿 | 线路左侧平面净距 235m，<br>线路右侧平面净距 202m |
| 10 | 正穿长江刀鲚国家级水产种资源保护区核心区 | 正穿 | 隧道顶面距江底竖向净距 26.2m |
| 11 | 下穿常熟港海伦锚区 | 下穿 | 线路左侧平面净距 5.8m，<br>线路右侧平面净距 2.6m |
| 12 | 下穿长江一级主航道 | 下穿 | 隧道顶面距江底竖向净距 26.2m |
| 13 | 下穿常熟港专用航道 | 下穿 | 隧道顶面距航道竖向净距 25.8m |
| 14 | 侧穿 2 处临时砂石料码头 | 侧穿 | 线路左侧平面净距 125m |
| 15 | 正穿白茆河 | 正穿 | 隧道顶面距航道竖向净距 18.4m |
| 16 | 正穿白茆塘航道 | 正穿 | 隧道顶面距航道竖向净距 18.2m |
| 17 | 常熟第二渔船厂浮运码头 | 侧穿 | 线路右侧平面净距 88m |
| 18 | 南岸长江大堤 | 正穿 | 距隧道顶面竖向净距 26.4m |

2）对策

（1）详细调查建（构）筑物和管线的结构及基础形式，事先进行摄像及评估、备案。必要时请专门机构评估，制订变形控制管理标准；立足于信息化施工，监测建（构）筑物和管线的变化，建立变形与施工的相应关系，采取针对性措施加以控制。

（2）选择性能可靠、适应性强的盾构刀具配置，提前做好盾构机检修保养，保证同步注浆和二次注浆系统完好畅通，管片等物料供应可靠，保障盾构连续、快速通过，避免穿越时异常停机；掘进过程中加强控制盾构掘进参数及盾构机姿态，严格控制泥水舱压力、出土量、注浆量，并根据监测情况随时进行二次补注浆。

（3）盾构在掘进至下穿段做好同步注浆、二次注浆，在本段管片增设注浆孔，确保拱顶加固、填充密实，注浆量建议增幅 20%～30%。

（4）穿越建筑物时加大监测频次，并及时反馈监测数据，当监测数据达到或超过报警值时，及时采取措施，使安全风险处于可控状态。

## 二、盾构设备

### 1．盾构机主要参数设计

盾构整机按照 1.0MPa 工作压力进行设计，盾构机刀盘为常压刀盘，开挖直径 7.92m，主机长度约 12m，整机总长约 168m（含尾部拖动平台），共 1 节连接桥、13 节拖车和 1 套尾部拖动平台，主机质量约 400t，整机重量约 900t，适应最小转弯半径 $R$1000m，适应的最大坡度 50‰，最大推力 7913tf，最大推进速度 60mm/min，主驱动额定扭矩 8576kN · m，主驱动脱困扭矩 10292kN · m。

2. 盾构机条件适应性匹配设计

本工程盾构机为泥水 + 气垫式平衡盾构机，针对项目掘进距离长，粗砂、细砂及黏土层，水压高，盾构机进行了针对性设计。盾构机主要系统针对性设计见表 7 – 2。

**表 7 – 2　盾构机主要系统针对性设计**

| 序号 | 项目特点 | 盾构针对性设计 | | 备注 |
|---|---|---|---|---|
| 1 | 高水压 | 刀盘 | 常压刀盘设计更换刀具安全便捷 | |
| | | 刀具闸门 | (1)常压换刀装置采用已有工程应用的成熟设计，密封性能好，寿命高；<br>(2)整套密封装置出厂时均按验收标准做相应的密封性能测试，保证密封装置的可靠性 | |
| | | 主驱动 | 5 道外密封 +4 道内密封可承压 1MPa，最外侧两道密封可更换，性能可靠 | |
| | | 盾尾密封 | 4 道密封 +1 道钢板束 +1 道止浆板 + 冷冻管，另预留一道尾刷安装空间 | |
| | | 饱和进舱 | 人舱设计穿梭舱接口 | |
| 2 | 长距离 | 刀盘 | (1)前后面板采用耐磨复合钢板全覆盖设计，刀盘大圆环采用全环合金耐磨块设计，刀盘边缘过渡区域及背部采用合金耐磨块 + 耐磨复合钢板设计；<br>(2)刀具采用硬质合金材料，刀体加耐磨层；<br>(3)常压刀盘更换刀具安全快捷 | |
| | | 主驱动 | (1)使用寿命≥13400h；<br>(2)设计为 5 道外密封 +4 道内密封，工作压力 1MPa；<br>(3)最外侧两道密封可更换，性能可靠 | |
| | | 旋转接头 | (1)支撑轴承及密封均采用进口品牌，提高主要部件的可靠性及寿命；<br>(2)转子（泥浆通道）采用加厚设计及耐磨材质提高耐磨性能，降低磨穿的风险，回转接头前部管路设计有球阀，更换时可关闭球阀，实现安全更换 | |
| | | 泥水环流 | (1)泥浆钢管采用 Q345B 材质，加强壁厚设计，其中主进浆管壁厚 14mm，主排浆管壁厚 26mm；<br>(2)弯头均采用外包加厚钢板的耐磨设计 | |
| | | 尾刷 | (1)4 道密封 +1 道钢板束 +1 道止浆板 + 冷冻管；<br>(2)钢板束最后一道密封为钢板束，耐磨性好；<br>(3)前两道尾刷可更换 | |

续表

| 序号 | 项目特点 | 盾构针对性设计 | | 备注 |
|---|---|---|---|---|
| 3 | 沼气地层 | 电气 | (1)电气设备防爆；<br>(2)瓦电闭锁；<br>(3)风电闭锁 | |
| | | 流体 | (1)加强通风是防止甲烷爆炸最有效的办法；<br>(2)在盾构机上有害气体易泄露部位布置有害气体检测装置，可对有害气体进行检测和预报 | |
| 4 | 黏土地层 | 刀盘 | (1)刀盘配置有独立 P0.1 增压冲刷泵，可对刀盘区域进行冲刷，流量 500m$^3$/h；<br>(2)刀盘配置有独立 P0.1 增压冲刷泵，可对刀盘中心、刀盘夹角等区域进行冲刷；<br>(3)刀盘开口率 35%，开口率大有效避免结泥饼 | 有效防止结泥饼 |
| | | 环流 | (1)逆冲洗模式进行排浆管路疏通；<br>(2)主机小循环模式，增强主机段最大排浆流量 | |

针对本工程的特点难点，盾构机进行了针对性设计，具体参数见表 7 – 3。

**表 7 – 3　盾构机主要参数表**

| 序号 | 项目 | 参数列表 | 单位 | 备注 |
|---|---|---|---|---|
| 1 | 隧道长度 | 10.226km | | |
| | 主要地质条件 | 淤泥质土、粉质黏土、粉土、粉细砂及中砂等地层为主 | | |
| | 项目管片规格（外径 × 内径 × 宽度） | ϕ7600/6800 – 1500 | mm | |
| | 本隧道最小曲线半径 | 3000 | m | |
| 2 | 整机性能概述 | | | |
| | 型号 | CTS7890E – 1200 | | |
| | 开挖直径 | ϕ7920 | mm | |
| | 刀盘转速 | 0 ~ 3.0 | r/min | |
| | 最大推进速度 | 60 | mm/min | |
| | 最大推力 | 7913 | t | |
| | 整机总长（含刀盘） | 约 168 | m | |
| | 主机总长（含刀盘） | 12 | m | |
| | 总质重（主机 + 后配套） | ≈900 | t | |
| | 适用管片规格（外径 × 内径 × 宽度 × 分度） | ϕ7600 × 6800 × 1500 | mm | |
| | 最大工作压力 | 10 | bar | |
| | 装机功率 | 2790 | kW | |
| | 纵向爬坡能力 | ±50 | ‰ | |

续表

| 序号 | 项目 | | 参数列表 | 单位 | 备注 |
|---|---|---|---|---|---|
| 3 | 常压刀盘 | | | | |
| | 刀盘规格(直径×长度) | | $\phi$7920 | mm | |
| | 旋转方向 | | 正/反 | | 正/反 |
| | 开口率 | | 35 | % | |
| | 结构总重(含刀具) | | 140 | t | |
| 4 | 刀具 | | | | |
| | 常压可更换撕裂刀 | 数量 | 23 | 把 | |
| | | 高度 | 210 | mm | |
| | 常压刮刀 | 数量 | 26 | 把 | |
| | | 高度 | 180 | mm | |
| | 焊接撕裂刀 | 数量 | 28+14 | 把 | |
| | | 高度 | 190/210 | mm | |
| | 刮刀 | 数量 | 18 | 把 | |
| | | 高度 | 160 | mm | |
| | 大圆环保护 | 保护形式 | 整环合金耐磨块 | | |
| | | 高度 | 60 | mm | |
| | 撕裂刀磨损检测点(电阻式) | | 4 | 个 | |
| 5 | 主驱动驱动型式 | | 电驱 | | |
| | 驱动组数量 | | 6 | 组 | |
| | 驱动总功率 | | 1200 | kW | |
| | 最大转速 | | 3 | rpm | |
| | 额定扭矩 | | 8576 | kN·m | |
| | 脱困扭矩 | | 10292 | kN·m | |
| | 密封型式 | | 唇形密封 | | |
| | 内唇形密封数量 | | 4 | 道 | |
| | 外唇形密封数量 | | 5 | 道 | |
| | 盾体型式 | | 整体焊接式 | | |
| | 前盾规格(直径×长度) | | 约$\phi$7890×3400 | mm | |
| | 前盾质量 | | 约115 | t | |
| | 被动搅拌臂数量 | | 4 | 个 | |
| | 前盾壳体润滑孔数量 | | 8 | 个 | |
| | 压力传感器数量 | | 5 | 个 | |
| | 中盾前部规格(直径×长度) | | 约$\phi$7880×3919 | mm | |
| | 中盾质量 | | 约120 | t | |

续表

| 序号 | 项目 | 参数列表 | 单位 | 备注 |
|---|---|---|---|---|
| 5 | 超前注浆管数量 | 正面4个+周向8个 | 个 | |
| | 中盾壳体润滑孔数量 | 8 | 个 | |
| | 尾盾规格(直径×长度) | $\phi$7870×4105 | mm | |
| | 尾盾质量 | 约60 | t | |
| | 尾盾密封刷排数 | 4+1 | 排 | 最后一道钢板束 |
| | 尾盾止浆板 | 1 | 排 | |
| | 盾尾安装间隙 | 35 | mm | |
| | 注浆管数量 | 6用8备 | 根 | 单双液共用 |
| | 注脂管数量 | 4×10 | 根 | |
| 6 | 搅拌器 | | | |
| | 驱动形式 | 液驱 | | |
| | 驱动功率 | 30+30 | kW | |
| 7 | 泥浆门 | | | |
| | 泥浆门安装形式 | 后置式 | | |
| 8 | 泥浆循环系统 | | | |
| | 进浆泵形式 | 离心渣浆泵 | | |
| | 进浆管管径 | *DN*350 | | |
| | 最大进浆能力 | 1100 | $m^3/h$ | |
| | 进浆泵最大扬程 | 75 | m | |
| | 进浆泵功率 | 500 | kW | |
| | 进浆泵数量 | 4 | 台 | 选配 |
| | 冲刷泵功率 | 132 | kW | |
| | 冲刷泵流量 | 400 | $m^3/h$ | |
| | 冲刷泵最大扬程 | 70 | m | |
| | 排浆泵形式 | 离心渣浆泵 | | |
| | 排浆管管径 | *DN*350 | | |
| | 最大通过粒径 | 210 | mm | |
| | 最大出浆能力 | 1300 | $m^3/h$ | |
| | 排浆泵最大扬程 | 70 | m | |
| | 排浆泵功率 | 630 | kW | |
| | 排浆泵数量 | 1+8 | 台 | |
| | 收浆系统 | | | |

续表

| 序号 | 项目 | 参数列表 | 单位 | 备注 |
|---|---|---|---|---|
| 8 | 收浆泵功率 | 55 | kW | |
| | 收浆泵流量 | 100 | $m^3/h$ | |
| | 收浆泵最大扬程 | 75 | m | |
| | 收浆泵数量 | 1 | 台 | |
| 9 | 管片拼装机 | | | |
| | 型式 | 中心回转式 | | |
| | 抓举头型式(机械/真空吸盘) | 机械 | | |
| | 驱动马达数量 | 2 | 个 | |
| | 转速范围 | 0~1.5(空载) | r/min | |
| | 旋转角度 | ±200 | (°) | |
| | 提升力 | 160 | kN | |
| | 扭矩 | 300 | kN·m | |
| 10 | 管片输送装置 | | | |
| | 规格(长×宽×高) | 约15700×1990×510 | mm | |
| | 承载管片数量 | 6 | 片 | |
| | 负载管片能力 | 37 | t | |
| 11 | 管片及物料吊运系统 | | | |
| | 管片吊机型式 | 双梁 | | |
| | 抓举头型式 | 机械式 | | |
| | 管片吊机起吊质量 | 4×4t | t | |
| | 管片吊机起吊高度 | 5000 | mm | |
| | 水平驱动功率 | 3×4 | kW | |
| | 物料转运吊机起吊质量 | 4×4t | t | |
| | 物料转运吊机提升功率 | 3.6×4 | kW | |
| | 物料转运吊机起吊高度 | 3000 | mm | |
| | 水平驱动功率 | 3×4 | kW | |
| | 控制方式 | 有线+无线 | | |
| | 连接桥规格(长×宽×高) | 约17000×5840×2000 | mm | |
| | 后配套拖车净空尺寸 | 约2500×2400 | mm | |
| | 拖车轨距 | 2500/2860 | mm | |
| | 编组列车轨距 | 900 | mm | |
| | 型式 | 软管延伸式 | | |
| | 驱动型式 | 液压驱动+链轮环链传动 | | |
| | 最大允许换管长度 | 6 | m | |

续表

| 序号 | 项目 | 参数列表 | 单位 | 备注 |
| --- | --- | --- | --- | --- |
| 12 | 推进系统 | | | |
| | 油缸规格(φ缸径/杆径) | 300/260 | mm | |
| | 推进行程 | 2200 | mm | |
| | 最大推进速度 | 60 | mm/min | |
| | 油缸数量 | 32 | 根 | |
| | 其中带行程传感器油缸数量 | 4 | 根 | |
| | 分组型式(上+下+左+右) | 6+10+8+8 | | |
| | 最大工作压力 | 35 | MPa | |
| | 最大推力 | 7913 | t | |
| 13 | 同步双液注浆系统 | | | |
| | A 注浆泵型式 | 柱塞泵 | | |
| | A 注浆泵数量 | 3 | 个 | |
| | A 注浆泵功率 | 55 | kW | |
| | 注浆能力 | 10×3 | $m^3/h$ | |
| | 注浆泵出口最大压力 | 30 | bar | |
| | 注浆口数量 | 6 | 个 | |
| | 砂浆罐容量 | 9 | $m^3$ | |
| | 搅拌器功率 | 15 | kW | |
| | B 液泵型式 | 螺杆泵 | | |
| | B 液泵数量 | 2 | 个 | |
| | B 液泵能力 | 5~15 | L/min | |
| | B 液泵功率 | 2×1.5 | kW | |
| | B 液罐容积 | 1 | $m^3$ | |
| | 空压机型式 | 螺杆式空压机 | | |
| | 空压机出口压力 | 8 | bar | |
| | 空压机能力 | 9.4 | $m^3/min$ | |
| 14 | 工业供水及冷却系统 | | | |
| | 设备要求工业水供应量 | 55 | $m^3/h$ | |
| | 设备要求供水压力 | 4~10 | bar | |
| | 额定进水温度 | 28 | ℃ | |
| | 盾构机管路直径 | *DN*100 | mm | |
| | 冷却系统型式 | 内、外循环 | | |
| | 内循环冷却水泵型式 | 离心泵 | | |
| | 内循环冷却水泵流量 | 55 | $m^3/h$ | |
| | 增压泵流量 | 10 | $m^3/h$ | |

续表

| 序号 | 项目 | 参数列表 | 单位 | 备注 |
| --- | --- | --- | --- | --- |
| 15 | 齿轮油系统 | | | |
| | 油泵型式 | 螺杆泵 | | |
| | 油泵功率 | 5.5 | kW | |
| | 油泵压力 | 30 | bar | |
| 16 | 盾尾油脂系统 | | | |
| | 盾尾油脂泵型式 | 气动油脂泵 | | |
| | 盾尾油脂泵能力 | 14.7×3 | L/min | |
| | 盾尾油脂泵压力 | 315 | bar | |
| | 油脂桶规格 | 200 | L | |
| 17 | HBW 密封系统 | | | |
| | HBW 油脂泵型式 | 气动柱塞泵 | | |
| | HBW 油脂泵能力 | 3.7 | L/min | |
| | HBW 油脂泵压力 | 350 | bar | |
| | 油脂桶规格 | 200 | L | |
| 18 | 主驱动密封系统 | | | |
| | 油脂系统型式 | 气动柱塞泵 | | |
| | 主驱动油脂泵能力 | 3.7 | L/min | |
| | 主驱动油脂泵压力 | 350 | bar | |
| | 油脂桶规格 | 200 | L | |
| 19 | 排污系统 | | | |
| | 主机污水泵型式 | 气动隔膜泵 | | |
| | 主机污水泵流量 | 50 | $m^3/h$ | |
| | 后配套污水泵型式 | 渣浆泵 | | |
| | 后配套隔膜泵流量 | 50 | $m^3/h$ | |
| | 污水箱 | 10 | $m^3$ | |
| 20 | 保压及呼吸系统 | | | |
| | 空压机型式 | 螺杆式空压机 | | |
| | 空压机数量 | 2 | 个 | |
| | 空压机功率 | 90 | kW | |
| | 空压机出口压力 | 13 | bar | |
| | 空压机能力 | 17×2 | $m^3/min$ | |
| | 空气罐容量 | 10 | $m^3$ | |
| | 保压系统型式 | 气控（SAMSON） | | |
| | 数量 | 1+1 | 套 | |

续表

| 序号 | 项目 | 参数列表 | 单位 | 备注 |
|---|---|---|---|---|
| 20 | 主驱动加压 | 气控（SAMSON 压差阀） | | |
| | 数量 | 1 | 套 | |
| | 空气干燥机 | 1 | 台 | |
| | 干燥机功率 | 3 | kW | |
| | 过滤器 | A、B、C 三级过滤 | | |
| | 呼吸过滤系统型式 | 活性炭过滤器 | | |
| 21 | 二次供风系统 | | | |
| | 风管储存筒吊机功率 | 3 | kW | |
| | 二次通风管直径 | $\phi$800 | mm | |
| | 二次风机型式 | 轴流风机 | | |
| | 二次通风机功率 | 37 | kW | |
| 22 | 供电系统 | | | |
| | 初级电压 | 20000 | V | |
| | 次级电压 | 690/400 | V | |
| | 补偿装置 | ≥0.90 | | |
| | 变压器型式 | 干式变压器 | | |
| | 变压器容量 | 2000＋800＋1000 | kVA | |
| 23 | 有害气体监测系统 | | | |
| | 监测传感器型式 | 便携式 | | |
| | 监测传感器数量 | 1 | 个 | |
| | 监测气体类型 | $CO_2$/CO/$O_2$/$CH_4$ | | |
| | 监测传感器型式 | 固定式 | | |
| | 监测传感器数量 | 12 | 个 | |
| | 监测气体类型 | $CO_2$/CO/$O_2$/$CH_4$ | | |
| | 防爆控制器＋保护箱 | TX2101 | 1 | |
| | 本安电源 | TX6649 | 1 | |
| | 本安信号隔离器 | TX2121 | 1 | |
| | 本安声光报警器 | TX6831 | 1 | |
| | 安装面板 | P9000 | 1 | |
| | 防爆光纤转换器 | 9465－ET | 2 | |
| | 防爆通用串口 | 9461－ET | 1 | |
| | 监测传感器类型 | 风速传感器(1 个) | 个 | |

3. 刀盘

隧道穿越地层主要为粉砂、粉质黏土层，同时具有掘进距离长、水压高、穿越地层透水性强等工程难点，刀盘刀具需具备换刀安全便捷、耐磨、防泥饼等性能。刀盘设计为常压刀盘便于刀具安全快速更换；刀盘开口率设计为35%，具备中心冲刷及边缘冲刷系统有效防止结泥饼；刀盘前后面板采用耐磨复合钢板全覆盖设计，大圆环采用全环合金耐磨块设计，边缘过渡区域及背部采用合金耐磨块+耐磨复合钢板设计；刀具采用硬质合金材料，刀体加耐磨层；刀具多层立体切削、高标号硬质合金设计提高耐磨性能，刀盘配有环形格栅，可限制一定尺寸的渣土和石块进入开挖舱，大小与碎石机匹配。

1）刀盘结构

刀盘采用常压换刀刀盘，结构设计为3个中空主梁+3个辅梁，主梁上全轨迹撕裂刀和部分切刀可在常压环境下更换，同时刀盘内集成设计了刀具更换油缸固定装置、刀具运输系统、冲刷管路、爬梯、可拆卸作业平台等，保证了主梁内常压更换刀具的安全和快捷性。刀盘结构示意图见图7－22。

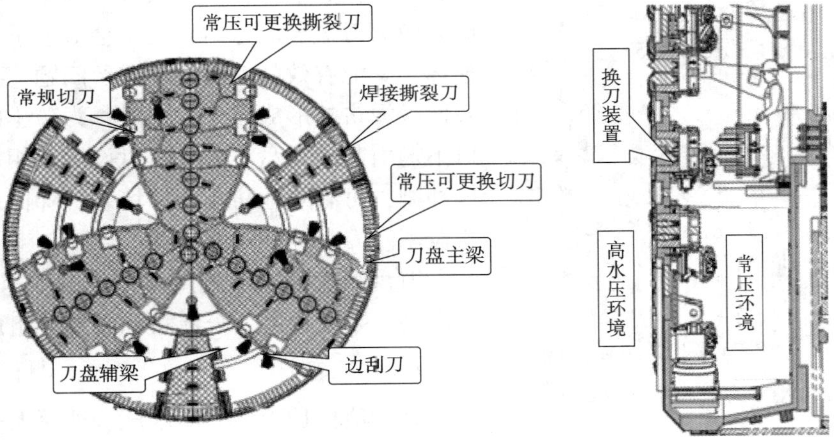


图7－22　刀盘结构示意图

2）刀具配置

刀具采用立体式布置方式，刀具类型包括：撕裂刀、切刀、边刮刀等。

常压可更换撕裂刀：结构分为刀体、硬质合金和耐磨层，合金采用银钎焊形式，可实现常压下更换，适应长距离掘进，提高换刀作业的安全性。

焊接撕裂刀：结构分为刀体、硬质合金和耐磨层，合金采用银钎焊形式，刀高采取分层布置，延长换刀距离。

常压可更换切刀：结构分为刀体、硬质合金和耐磨层，合金采用银钎焊形式，可在刀梁内实现常压更换，提高换刀作业的安全性。

常规切刀：结构分为刀体、硬质合金和耐磨层，合金采用银钎焊形式，从刀盘边缘至中心安装部位，为连续轨迹布置设计。

边刮刀：结构分为刀体、硬质合金和耐磨层，合金采用银钎焊形式，整体呈弧形。可以清理外围开挖的渣土，还可以有效防止刀盘大圆环的直接磨损。

刀具主要参数见表7－4。

表7－4 刀具主要参数

| 序号 | 名称 | 数量/把 | 刀高/mm |
|---|---|---|---|
| 1 | 常压可更换撕裂刀 | 23 | 215 |
| 2 | 焊接撕裂刀 | 28 | 215/190 |
| 3 | 常压可更换切刀 | 20 | 180 |
| 4 | 常规切刀 | 18 | 155 |
| 5 | 边刮刀 | 6 | 155 |

3)刀盘冲刷设计

由于刀盘采用常压刀盘，导致刀盘厚度较大，刀孔为封闭状，渣土流动性较差，特别是刀盘中心区域一定直径范围内无开口，进一步增加了泥饼形成的概率。因此，刀盘具有有效的防泥饼措施是必要的。

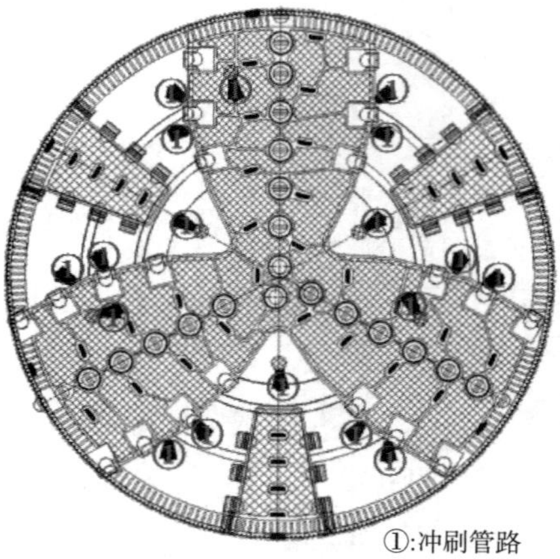

图7－23 刀盘冲刷示意图

为解决刀盘中心区域大面积无开口，渣土滞留问题。刀盘中心面板区域设置有多路冲刷喷口，喷口方向为刀盘径向方向，既不会对掌子面泥膜造成损坏，又能有效的解决渣土滞留问题，减小刀盘中心面板泥饼的形成概率。同时，为防止由于刀盘开口不畅引起的刀盘泥饼，刀盘设置有相应的刀盘开口冲刷，可有效地防止开口堵塞，降低刀盘泥饼形成概率。刀盘冲刷示意见图7－23。

刀盘泥浆冲刷系统主要由泥浆泵、液动球阀、单向阀、手动球阀、分流块和管路等组成。

4. 盾尾密封

针对项目长距离、高水压、埋深大等特点，盾尾结构采用加厚设计，避免尾盾变形；密封刷的性能是保证盾构机安全掘进的重要因素，盾尾刷采用4道钢丝刷＋1道钢板束＋冷冻管回路设计，并预留1道盾尾刷安装位置。

在尾盾壳体内部设计有冷冻管回路，在发生紧急情况时，可注入冷冻液对尾盾周围地层进行冷冻，从而使盾体内部人员可以在相对安全的情况下进行操作。

盾构施工长距离时，盾尾刷沿管片表面拖动，时间长将导致盾尾刷磨损，且洞内可实现3道尾刷的更换(含预留尾刷)。

盾尾密封设置有4道钢丝刷和1道钢板束。尾刷腔内布置有盾尾油脂注入通道，可利用这些通道注入油脂形成可靠的密封油环，保证盾尾密封的密封性能。同时，盾尾末端外侧还布置有1道止浆板，可以有效地防止砂浆前窜和地下水后串影响注浆效果。

前面可更换处尾刷采用螺栓连接方式，洞内可实现两道尾刷的更换，具体布置见图7－24。

5. 常压换刀系统

针对项目长距离、高水压等特点，盾构机设计常压刀盘，主撕裂刀具及部分切刀常压更换，常压换刀安全便捷。常压刀盘见图7－25。

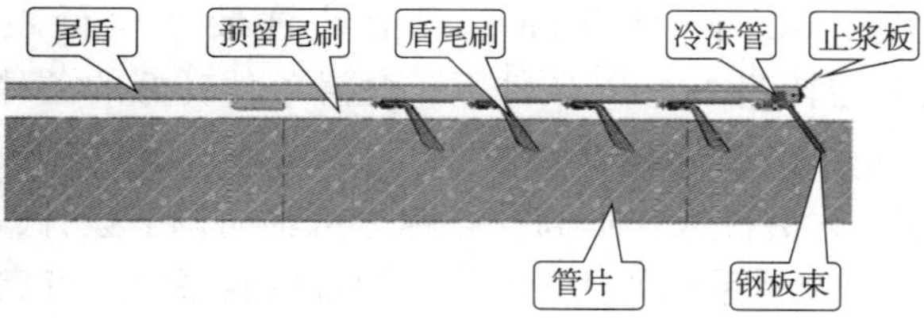


图7－24　尾刷布置示意图

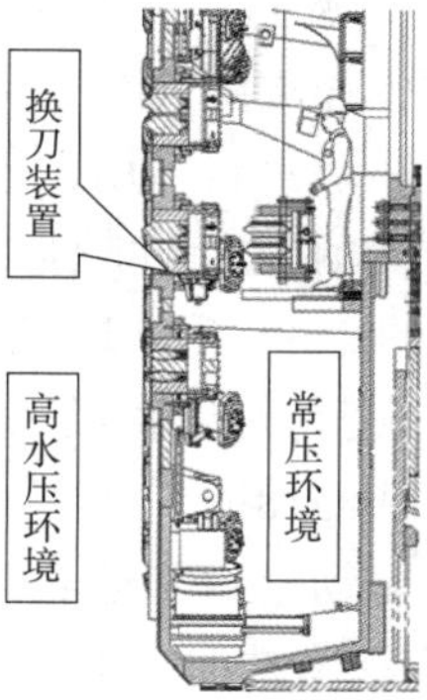


图7－25　常压刀盘示意图

拆装刀流程(装刀与拆刀顺序相反)，见图7－26。

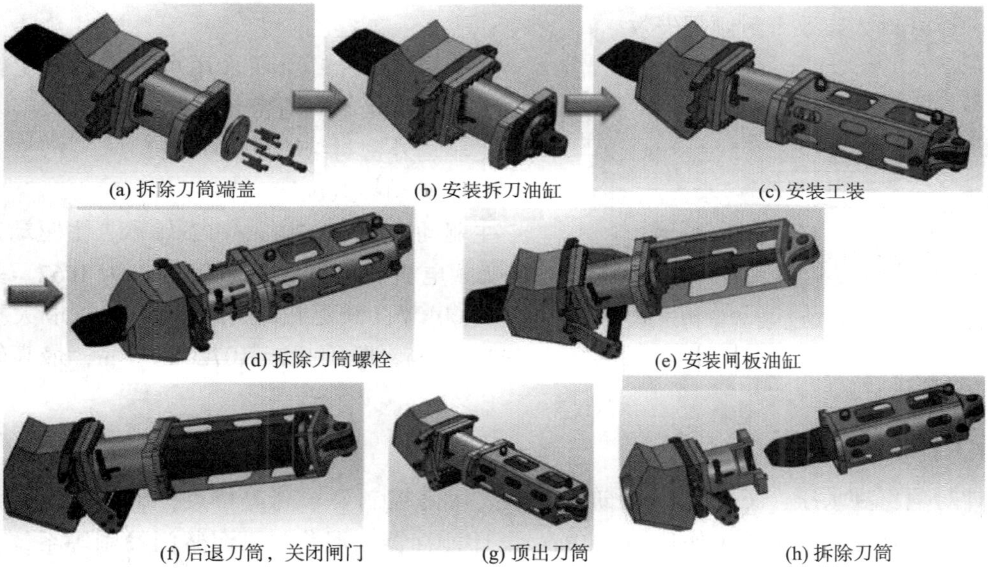


图7－26　拆刀流程图

6. *刀盘主驱动及密封*

主驱动是盾构机最核心的部件之一，其设计的可靠度对盾构整体表现至关重要。主驱动设计能力充分考虑本工程地质条件要求，并预留一定的能力储备。针对项目长距离、高水压特点，主轴承的寿命充分考虑耐久性，隧道长度10.226km，盾构最大掘进速度6cm/min，平均掘进速度按3cm/min(1.8m/h)计算，主驱动寿命至少满足$S>105C0/1.8=5833$h，本项目盾构机主轴承有效使用寿命≥13400h，远大于项目使用要求。

1)主驱动总体设计

刀盘驱动采用变频电驱形式。主轴承选用进口品牌Rothe Erde/SKF，密封、减速机、驱动单元均采用国际知名品牌，主轴承有效使用寿命≥13400h，性能可靠。为确保驱动单元运行安全可靠，配置有扭矩限制器，当过载发生时，快速有效反应，起到保护减速机、主轴承、小齿轮等关键部件的作用。主驱动主要部件如下：驱动箱、主轴承、驱动单元关联件、主驱动密封、相关结构环件等。

2）主驱动密封设计

（1）主驱动密封采用大截面唇形密封和加长迷宫密封设计，能够改善密封的工作条件，密封压缩量和耐磨特性较强。主驱动密封采用大截面，允许最大磨损量3mm，密封材料在润滑良好的条件下，理论磨损速率为24.4μm/1000km，理论计算最大运行距离为122951km，密封跑道直径3.32m，在平均转速2r/min条件下，润滑条件良好的条件下密封能够运行98518h。

（2）主驱动密封跑道表面硬化处理，耐磨性大大提高，且跑道可轴向调节设计，当密封和跑道存在磨损时可通过调节跑道延长密封系统的使用寿命，保证密封系统的可靠性；

（3）主驱动外密封采用5道唇形密封设计，并配备自动背压调节系统，保证系统具备10bar承压能力并且可靠性较高；

（4）密封隔环采用独立隔环设计，保证每道密封均能轴向压紧，避免压力全部传导至最后一道密封，导致密封倾翻失效。

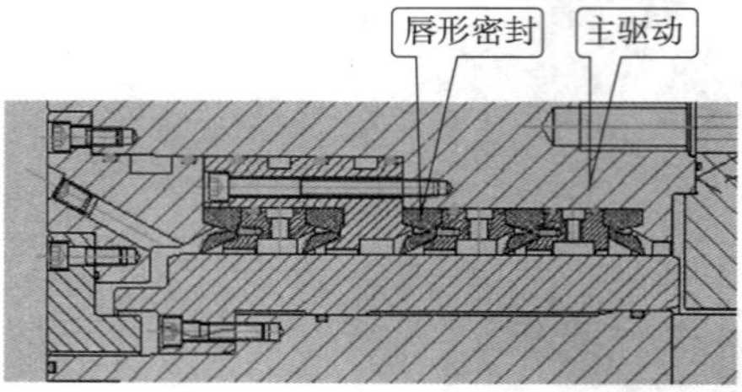

图7－27　主驱动外密封结构示意图

（5）主驱动密封压环采用可拆设计，更换密封时，可以满足第一道密封可拆。

主驱动外密封结构见图7－27。

3）主驱动参数设计

主驱动采用$\phi$3820mm重载轴承。主驱动采用6组变频电机驱动，电机防护等级为IP67。驱动功率1200kW，额定扭矩8576kN·m，最大扭矩10292kN·m，脱困扭矩10720kN·m，最高转速3.03r/min。

7．开挖舱与前盾

针对项目高水压，下穿建（构）筑物复杂、沉降控制要求高等特点，盾体采用加强设计，满足最高水压要求，工作压力1MPa；设计搅拌器、泥浆门、泥浆门冲刷等系统，性能安全可靠，有效避免渣土沉积。

8．中盾及推进系统

中盾由壳体、连接法兰、两道隔板和1个“米”字梁组成。采用无铰接形式。盾体设有6个盾壳径向膨润土孔。中盾分上下两块设计。中盾上主要安装有推进油缸、管片拼装机及其他工作平台等。

（1）推进系统设计

根据管片规格，推进油缸采用16组双缸均布设计，总推力7913tf。推进油缸分为4大组设计，每一分组油缸中均配置有行程传感器和压力传感器。设计推进速度60mm/min。

采用双缸规则布置，共32根油缸，分成4组。通过调整每组油缸的不同推进速度对盾构机进行纠偏和调向。推进油缸布置见图7－28。

（2）超前加固孔设计

在掌子面不稳定及涌水地层，可能需要对地质进行加固，防止开挖面坍塌造成地表沉陷。根据超前注浆的影响区域，沿中盾的盾壳圆周设计14根超前注浆管，可对地质进行超前钻探，注浆加固。同时在盾体压力隔板上布置有4个超前注浆孔，可通过刀盘开口往隧道正前方钻孔及加固。加固孔布置见图7-29。

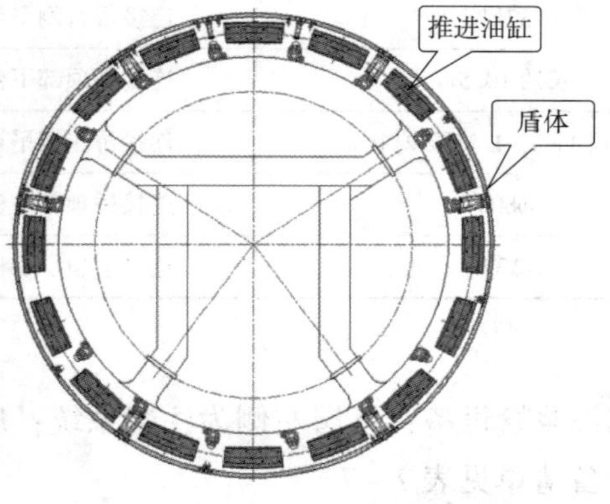


图7-28 推进油缸布置示意图

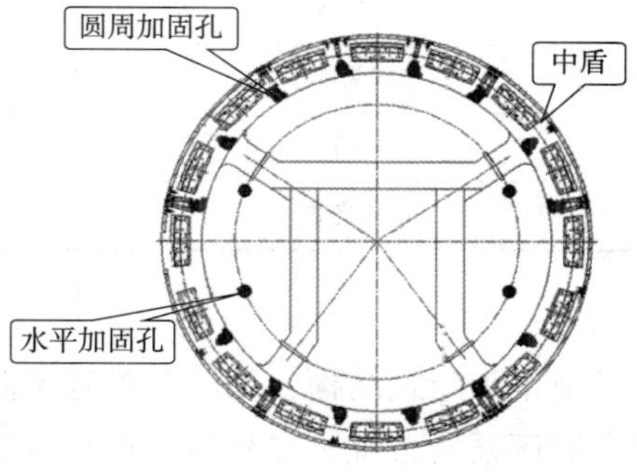


图7-29 加固孔布置示意图

9. 管片运输、拼装系统

管片运输、拼装是盾构施工的重要工序，拼装系统的性能决定管片拼装的安全和质量。管片拼装机设计参考成熟的管片拼装机设计，保证正常施工的安全、高效。

10. 后配套拖车及连接桥

后配套一共设计有13节拖车、1节连接桥和后部拼装连接架1节，整机总长约168m。前10节拖车在正常拖车钢轨上行走，后部3节拖车在钢架上行走，但均采用钢轮对行走方式。拖车上布置了满足施工需要的相关设备及卫生间等生活设施。后配套拖拉采用油缸拖拉的结构形式。

1)一号拖车

一号拖车采用斜轮对形式，为方便特殊情况下饱和带压进舱作业，在一号拖车下面预留穿梭舱运输通道。一号拖车搭载设备见表7-5。

表7-5 一号拖车主要设备清单

| 序号 | 设备名称 | 参数 | 位置 |
| --- | --- | --- | --- |
| 1 | 控制柜 | 施耐德或ABB等知名品牌 | 一号拖车顶层 |
| 2 | 主控室 | 容纳4~6人 | 一号拖车中部 |
| 3 | P2.1泵及其管路 | 630kW | 一号拖车右侧 |

2)设备连接桥

连接桥位于一、二号拖车之间，其纵向长度方向满足管片倒运要求；高度方向满足管片旋转、吊卸空间要求。纵梁采用焊接桁架结构，以获得足够的刚度和强度，并减轻结构重量；纵梁中部和下部通过螺栓和支座安装管片吊机轨道梁。顶部有风管底层两侧为行走平台。连接桥搭载主要设备清单见表7-6。

表 7－6　连接桥搭载主要设备清单

| 序号 | 设备名称 | 参数 | 位置 |
| --- | --- | --- | --- |
| 1 | 冲刷泵 | 132kW | 连接桥右侧平台 |
| 2 | 吊机梁 | 长约 10.5m | 连接桥顶部下侧 |
| 3 | B 液罐 | 容量 $1m^3$，B 液泵 2 个 | 连接桥左侧平台 |
| 4 | 风筒 | $\phi$800 | 连接桥顶部左侧 |
| 5 | 进排浆管 | *DN*350 | 连接桥顶层右侧 |

3）二号拖车

二号拖车为门式结构，顶层布置有风筒和泥浆管设备；下层左侧为注浆系统；底层右侧布置有液压泵站系统。二号拖车搭载主要设备清单见表 7－7。

表 7－7　二号拖车搭载主要设备清单

| 序号 | 设备名称 | 参数 | 位置 |
| --- | --- | --- | --- |
| 1 | 同步注浆系统 | 注浆泵 3 个，砂浆罐容量 $9m^3$ | 二号拖车底层左侧 |
| 2 | 液压泵站系统 | 1 套 | 二号拖车底层右侧 |
| 3 | 风筒 | $\phi$800 | 拖车顶部左侧 |
| 4 | 进排浆管 | *DN*350 | 拖车顶层右侧 |

4）三号拖车

三号拖车为门式结构，顶层布置有泥浆管设备；下层左侧为油脂系统、干燥机；底层右侧布置有液压泵站控制柜和变频柜，左侧尾部平台上布置有周末保压罐。三号拖车搭载主要设备清单见表 7－8。

表 7－8　三号拖车搭载主要设备清单

| 序号 | 设备名称 | 参数 | 位置 |
| --- | --- | --- | --- |
| 1 | 油脂系统 | 1 套 | 三号拖车底层左侧 |
| 2 | 干燥机 | 1 个，3kW | 三号拖车尾部左侧 |
| 3 | 液压泵站控制柜 | 1 套 | 三号拖车底层右侧 |
| 4 | 变频柜 | 1 套 | 三号拖车底层右侧 |
| 5 | 进排浆管 | *DN*350 | 三号拖车顶层右侧 |

5）四号拖车

四号拖车为门式结构，顶层布置有气罐、风筒、泥浆管设备；下层左侧为保压空压机 2 个；底层右侧布置有变频柜，左侧尾部平台上布置有干燥机 1 个。四号拖车搭载主要设备清单见表 7－9。

表 7－9　四号拖车搭载主要设备清单

| 序号 | 设备名称 | 参数 | 位置 |
|---|---|---|---|
| 1 | 保压气罐 | 1 个 $10m^3$ | 四号拖车顶层 |
| 2 | 变频柜 | 1 套 | 四号拖车底层右侧 |
| 3 | 空压机 | 2 个，90kW | 四号拖车底层左侧 |
| 4 | 风筒 | $\phi800$ | 四号拖车顶部左侧 |
| 5 | 进排浆管 | $DN350$ | 四号拖车顶层右侧 |

6）五号拖车

五号拖车为门式结构，顶层布置有风筒、泥浆管设备；下层两侧各布置一个变压器。五号拖车搭载主要设备清单见表 7－10。

表 7－10　五号拖车搭载主要设备清单

| 序号 | 设备名称 | 参数 | 位置 |
|---|---|---|---|
| 1 | 变压器 | 800kVA ＋1000kVA | 五号拖车底层左侧 |
| 2 | 变压器 | 2000kVA | 五号拖车底层右侧 |
| 3 | 风筒 | $\phi800$ | 五号拖车顶部左侧 |
| 4 | 进排浆管 | $DN350$ | 五号拖车顶层右侧 |

7）六号拖车

六号拖车为门式结构，顶层布置有风筒、泥浆管设备；下层左侧布置工业空气空压机 1 个，工业气罐 1 个和工业水箱 1 个；右侧布置有高压开关柜 1 个。六号拖车搭载主要设备清单见表 7－11。

表 7－11　六号拖车搭载主要设备清单

| 序号 | 设备名称 | 参数 | 位置 |
|---|---|---|---|
| 1 | 空压机 | 800kVA ＋1000kVA | 六号拖车底层左侧 |
| 2 | 气罐 | 1 个 | 六号拖车底层左侧 |
| 3 | 工业水箱 | 1 个 | 六号拖车底层左侧 |
| 4 | 高压开关柜 | 1 个 | 六号拖车底层右侧 |
| 5 | 风筒 | $\phi800$ | 六号拖车顶部左侧 |
| 6 | 进排浆管 | $DN350$ | 六号拖车顶层右侧 |

8）七号拖车

七号拖车为门式结构，顶层布置有风筒、泥浆管设备；下层左侧布置排污系统 1 套和循环冷却系统 1 套；右侧布置有控制柜 1 个，收浆系统 1 套。七号拖车搭载主要设备清单见表 7－12。

表 7-12　七号拖车搭载主要设备清单

| 序号 | 设备名称 | 参数 | 位置 |
|---|---|---|---|
| 1 | 排污系统 | 1 套 | 七号拖车底层左侧 |
| 2 | 循环冷却系统 | 1 套 | 七号拖车底层左侧 |
| 3 | 控制柜 | 1 个 | 七号拖车底层右侧 |
| 4 | 收浆装置 | 1 套 | 七号拖车底层右侧 |
| 5 | 风筒 | $\phi$800 | 七号拖车顶部左侧 |
| 6 | 进排浆管 | *DN*350 | 七号拖车顶层右侧 |

9) 八号拖车

八号拖车为门式结构，顶层布置有风筒、管路延伸装置长软管，顶部平台下侧布置有换管吊机 1 套；下层左侧为备用泥浆管存储区；右侧布置有管路延伸装置行走机构 1 套，在行走架一侧拖车平台下部布置有集污箱 1 个。八号拖车搭载主要设备清单见表 7-13。

表 7-13　八号拖车搭载主要设备清单

| 序号 | 设备名称 | 参数 | 位置 |
|---|---|---|---|
| 1 | 换管装置 | 1 套 | 八号拖车 |
| 2 | 存管架 | 1 个 | 八号拖车底层左侧 |
| 3 | 换管吊机 | 1 套 | 八号拖车顶层下侧 |
| 4 | 风筒 | $\phi$800 | 八号拖车顶部左侧 |

10) 九号拖车

九号拖车为门式结构，顶层布置有二次风机和电缆箱 1 个；下层左侧为应急发电机 1 个，厕所 1 个；右侧考虑泥浆管及板阀安装问题，未布置设备。九号拖车搭载主要设备清单见表 7-14。

表 7-14　九号拖车搭载主要设备清单

| 序号 | 设备名称 | 参数 | 位置 |
|---|---|---|---|
| 1 | 二次风机 | 37kW | 九号拖车顶部 |
| 2 | 电缆箱 | 1 个 | 九号拖车顶部 |
| 3 | 应急发电机 | 1 个 | 九号拖车底层左侧 |
| 4 | 厕所 | 1 套 | 九号拖车底层左侧 |
| 5 | 风筒 | $\phi$800 | 九号拖车顶部左侧 |

11) 十号拖车

十号拖车为门式结构，为后部结构和前部结构过渡区，顶层较高除了风筒未布置设备，顶部平台下侧布置物料转运吊机 1 套；下层左侧为水管卷筒 2 个；右侧考虑泥浆管及板阀安装问题，未布置设备。十号拖车搭载主要设备清单见表 7-15。

表 7－15　十号拖车搭载主要设备清单

| 序号 | 设备名称 | 参数 | 位置 |
| --- | --- | --- | --- |
| 1 | 物料转运吊机 | 1 套 | 九号拖车顶部下侧 |
| 2 | 水管卷筒 | 2 个 | 九号拖车底层左侧 |
| 3 | 风筒 | $\phi$800 | 九号拖车顶部左侧 |

12）连接架

连接架为搭接结构，前后分别于十号拖车与十一号与拖车相连，为后部钢架拼装区域，顶部平台下侧布置物料转运吊机梁，便于管片、油脂桶、泥浆管等物料能够到达前部使用区域。连接架搭载主要设备清单见表 7－16。

表 7－16　连接架搭载主要设备清单

| 序号 | 设备名称 | 参数 | 位置 |
| --- | --- | --- | --- |
| 1 | 物料转运吊机梁 | 1 套 | 连接架顶部下侧 |
| 2 | 风筒 | $\phi$800 | 连接架顶部左侧 |

13）十一号拖车

十一号拖车为高架形式的门式结构，顶层较高除了风筒未布置设备，顶部平台下侧布置物料转运吊机梁；下层左侧为休息室 1 个；右侧考虑泥浆管及板阀安装问题，未布置设备。十一号拖车搭载主要设备清单见表 7－17。

表 7－17　十一号拖车搭载主要设备清单

| 序号 | 设备名称 | 参数 | 位置 |
| --- | --- | --- | --- |
| 1 | 物料转运吊机梁 | 1 套 | 十一号拖车顶部下侧 |
| 2 | 休息室 | 1 个 | 十一号拖车底层左侧 |
| 3 | 风筒 | $\phi$800 | 十一号拖车顶部左侧 |

14）十二号拖车

十二号拖车为高架形式的门式结构，顶层较高除了风筒未布置设备，顶部平台下侧布置物料转运吊机梁；下层左侧未布置设备，可酌情考虑存放一些备用物料；右侧考虑泥浆管及板阀安装问题，未布置设备。十二号拖车搭载主要设备清单见表 7－18。

表 7－18　十二号拖车搭载主要设备清单

| 序号 | 设备名称 | 参数 | 位置 |
| --- | --- | --- | --- |
| 1 | 物料转运吊机梁 | 1 套 | 十二号拖车顶部下侧 |
| 2 | 风筒 | $\phi$800 | 十二号拖车顶部左侧 |

15）十三号拖车

十三号拖车为高架形式的门式结构，顶层布置储风筒设备；下层左侧未布置设备，可酌情考虑存放一些备用物料；右侧考虑泥浆管及板阀安装问题，未布置设备。十三号拖车搭载主要设备清单见表 7－19。

表 7－19　十三号拖车搭载主要设备清单

| 序号 | 设备名称 | 参数 | 位置 |
|---|---|---|---|
| 1 | 储风筒 | ϕ800 | 十三号拖车顶部 |

11. 注浆系统

注浆系统是盾构掘进沉降控制的关键部分，刀盘切削土体盾构向前推进，地层会与管片外壁之间产生间隙，需要同步注浆系统及时对管片与地层之间的间隙填充砂浆，阻止地表沉降；二次注浆可以针对部分同步注浆填充效果不好的地层进行补充注浆；注浆系统配置满足盾构最大掘进速度要求，配备有地质雷达/超声波检测，可检测同步注浆浆液填充情况。

1) 同步注浆系统

同步注浆系统共配置 3 台同步注浆泵，注浆能力达到 $3 \times 10m^3/h$。

尾盾注浆管采用内嵌式，相比外置式注浆管，尾盾的摩擦阻力小。注浆管规则地分布于圆周的八个象限，其中共具有 6 用 8 备注浆通道，具备冲洗功能，避免管路堵塞现象，单液和双液共用通道。注浆管上都设计有操作窗口，便于在管路堵塞时进行疏通。注浆管路布置见图 7－30。

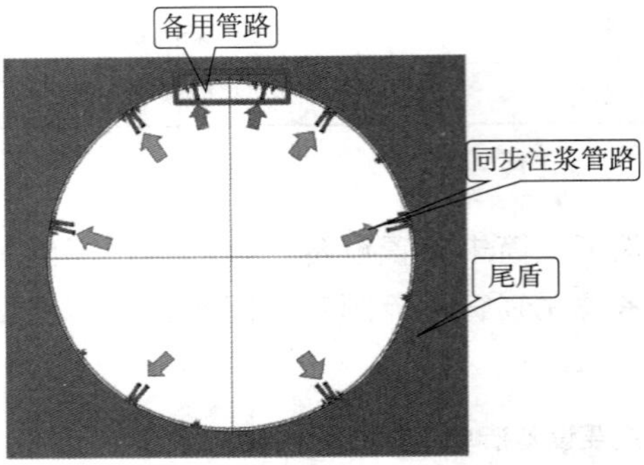

图 7－30　尾盾同步注浆管路分布示意图

2) 二次注浆系统

二次注浆系统，可进行单液注浆和双液注浆方式，系统配置在一号拖车平台上，可在设备区域每个位置进行二次补强。

12. 导向系统

导向系统的精度是隧道长距离独头掘进的控制关键，在盾构机掘进的过程中，全站仪自动跟踪测量 ALTU 靶的位置，然后根据 ALTU 靶和参考点之间固定的相对关系，推算整个盾构机刚体的实际位置，然后计算出盾构机中心线上前、后基准点相对设计轴线的位置关系，最终由中央控制箱糅合 ALTU 靶的信息和全站仪的定位数据，并及时传递至工业电脑的专业软件，软件对这些数据进行调用，并模拟生成正在掘进中的盾构机的实际姿态，辅以文字标识，主司机可根据显示的偏差及时调整盾构机的掘进姿态，使得盾构机能够沿着正确的方向掘进。

1) 导向系统配置

采用全自动激光导向系统，全站仪测角精度 1s，不间断实时测量，激光靶加装金属防护壳，导向系统由激光全站仪、后视棱镜、中央控制箱、电子激光靶、信号转换器、PLC 控制系统等硬件和采集处理数据的软件组成。

2) 导向系统测量

导向系统可以实现对盾体掘进位置和姿态的实时测量与显示，显示的测量参数主要有前盾、中盾、盾尾中心点的坐标、俯仰角、方位角、滚动角、掘进里程、环数等。设备位置及姿态信息还通过直观、形象的图形在主界面显示。测量所有的原始数据及结果都被存储到数据库中。系统可通过标准的线形设计要素计算隧道设计轴线，并具有自动计算扭偏曲线功能。盾构机水平、竖直、后视姿态能形象反应在上位机上。

盾尾安装检测传感器实时测量盾尾间隙及管片真圆度，显示在上位机上便于操作，导向系统具备管片预选模块，指导管片选型。

## 三、盾构始发施工方案

### 1. 始发方式及施工流程

北岸工作井净空尺寸为 26m×14m，纵向长度 26m，隧道顶埋深为 17.85m，穿越地层为粉质黏土、粉砂。盾构机整机长度约 168m，盾构机在北岸工作井不具备整体始发条件，因此盾构始发采取盾构机和拖车分体始发的方式，负环管片采取半环通缝拼装。盾构始发后由反力架、负环管片和钢环的组成，提供盾构机掘进足够的反力，掘进一段距离后连接后配套拖车下井组装。始发流程见图 7－31。

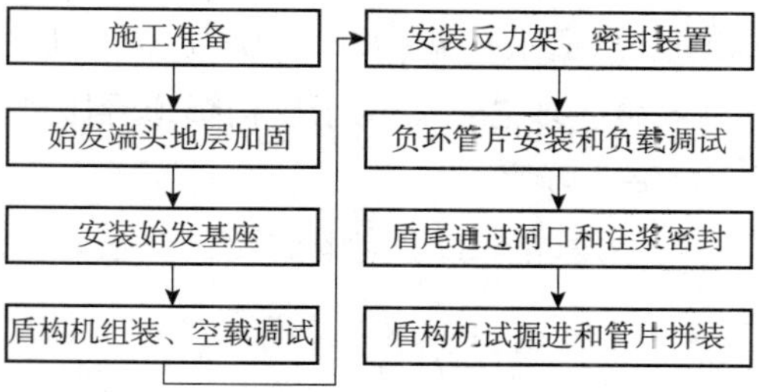


图 7－31　盾构始发流程图

### 2. 始发端头加固

1）加固概况

始发进洞掘进地层为淤泥质粉质黏土、粉质黏土，强度低。因此对北岸工作井端头进行加固，使土体的抗剪、抗压强度提高。采用外包 0.8m 塑性混凝土地下连续墙＋三轴搅拌桩＋旋喷桩加固。

外包 0.8m 塑性混凝土地下连续墙，深 33.2m，三面布置，与工作井 0.8m 塑性混凝土地下连续墙连接封闭成环。封闭地下连续墙内用 800@600 三轴搅拌桩加固，搅拌桩加固纵向长度为 18m，加固宽度为 15m；加固深度为底部以下 3m，深 28.6m。搅拌桩和地下连续墙之间空隙采用 800@600 高压旋喷注浆法进行加固，加固深度 28.4m。

2）施工工法

地下连续墙采用液压抓斗成槽施工；三轴搅拌桩采用三轴搅拌桩机进行跳幅施工；旋喷桩在三轴搅拌桩施工完成且达到设计要求后采用高压旋喷桩机进行施工。

3）端头加固效果检测

盾构始发端头加固的土体应具有良好的均匀性、自立性、密封性。

（1）三轴搅拌桩检测

在盾构始发前对地层加固效果进行钻孔取芯检测，确保强加固区无侧限抗压强度不小于 1MPa，渗透系数 $k \leq 1.0 \times 10^{-7}$cm/s。加固体采用垂直取芯，取芯根数不少于 5 根。为保证盾构掘进安全，取芯位置位于盾构隧道界限外 1m。

加固完成后通过对所取芯样的检测，判断所加固土体质量，检查标准及方法见表 7－20。

表 7-20 加固土体质量检查表

| 编号 | 检查项目 | 标准 | 检查方法 | 备注 |
|---|---|---|---|---|
| 1 | 强加固区土体强度 | >1MPa | 在隧道开挖线外侧 2m 施工 5 个钻孔取芯检查 | 取岩土芯进行抗压强度试验 |
| 2 | 加固体渗透性 | $\leq 1.0\times10^{-7}$cm/s | 在洞门范围上下左右及中心各施工钻孔 1 个，检查其渗水量 | 钻孔要进入加固体不小于 50cm |
| 3 | 加固体匀质性 | 加固体均匀 | 利用钻孔取芯进行检查 | 现场判定 |

(2)高压旋喷桩检测

在盾构始发前对地层加固效果进行钻孔取芯检测，确保强加固区无侧限抗压强度不小于 1MPa，渗透系数 $k\leq 1.0\times10^{-7}$cm/s。加固体采用垂直取芯，取芯根数 6 根。为保证盾构掘进安全，取芯位置位于盾构隧道界限外 1m。

(3)端头降水

盾构始发端头加固范围需设置降水井，以降低盾构始发时的洞门水位，确保盾构始发安全。

(4)加固区水平钻孔

在洞门凿除钢筋混凝土前，在洞门范围内钻 9 个探孔观察止水效果。探孔直径 $\phi$5cm，孔深 3m，各探孔出水量的总和小于 1m$^3$/d，孔洞无泥沙流出等异常现象发生，在确保土体稳定下方可破除洞门。探孔布置详见图 7-32。

若土体加固效果达不到设计要求，必须采用注浆的方式进行补充加固，可以从地面垂直钻孔和洞门内水平钻孔进行注浆加固。

3. 始发基座及反力架

1)始发基座安装：始发基座在加工厂加工完毕后，分段运抵施工现场，在现场地面拼装后吊入北岸工作井安装就位；由测量人员对始发基座在底板上的位置进行定位，始发基座调整就位后再由测量人员进行高程复核，确保盾构机在始发基座上组装完毕后中心与隧道中心重合，为了避免盾构机进洞后栽头，始发基座前端比设计标高提高 2cm；经测量人员复核无误后，把始发基座焊接固定在底板预埋件上；固定后再一次检查盾构始发基座的位置，符合要求方可使用。

2)安装导向轨道：在始发基座安装后，为保证盾构始发姿态准确，在洞圈内与始发基座导向轨道相应位置安装两根导向轨道，安装倾角位置与基准导向轨道一致，并将导轨与洞门钢环焊接牢固。

3)反力架与基准环安装：反力架、基准环的安装在盾构组装过程中完成。反力架由横撑、竖撑、斜撑等组成，形成一个“口”字形平面，各部分均可拆卸。反力架后背部分装有可拆卸短节，以此适应始发需要。反力架和基准环端面应与始发基座水平轴垂直，以便盾构轴线与隧道设计轴线重合。反力架与盾构北岸工作井连接部位采用预埋高强螺栓连接和焊接，保证反力架脚板及后背安全稳定。反力架组装见图 7-33。

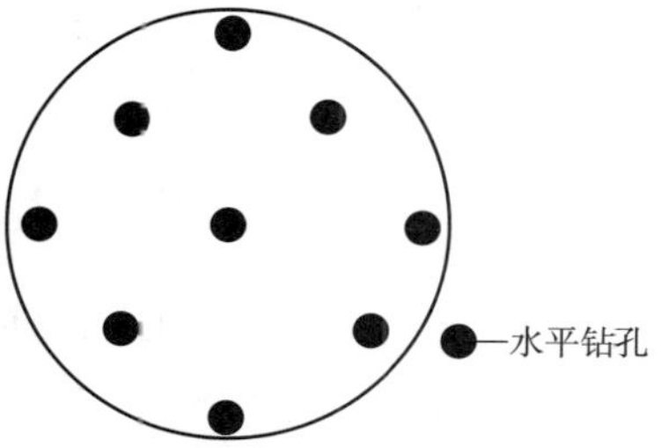


图 7－32　洞门内水平探孔布置示意图

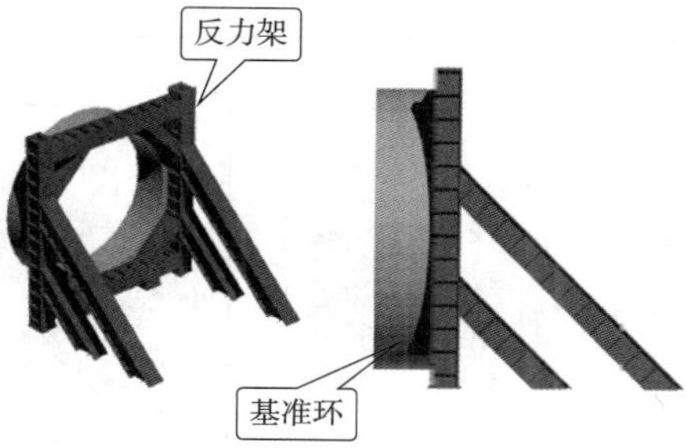


图 7－33　反力架组装示意图

4. 盾构组装与调试

1)盾构机组装

泥水盾构主机下井和组装顺序为：始发基座→第一节拖车→中盾→前盾→刀盘→拼装机系统→盾尾→反力架安装→盾构掘进→依次剩余拖车。盾构组装顺序示意见表 7－21。

表 7－21　盾构吊组装顺序示意表

| 工序 | 步骤 | 施工顺序 | 说明 |
|---|---|---|---|
| 1 | 组装始发基座 | 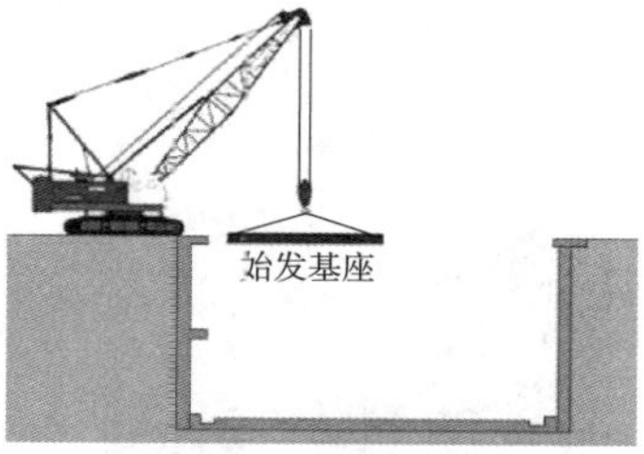  | (1)盾构运输到施工场地；<br>(2)始发基座吊入井内 |
| 2 | 吊装第一节拖车 | 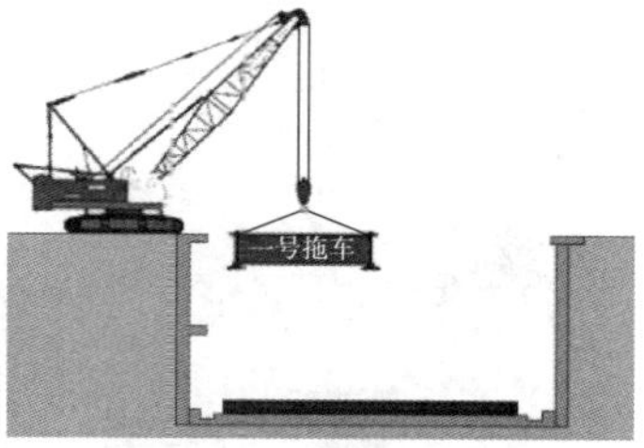  | 吊第一节拖车吊入井内 |
| 3 | 吊装中盾 | 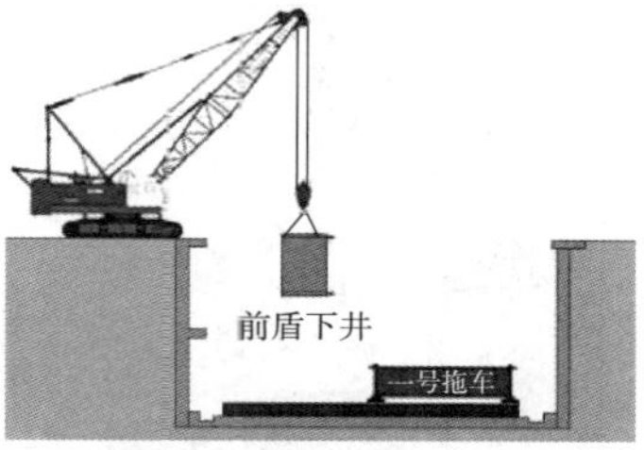  | 中盾吊入井内 |

续表

| 工序 | 步骤 | 施工顺序 | 说明 |
|---|---|---|---|
| 4 | 吊装前盾 |   | 前盾吊入井内 |
| 5 | 组装刀盘 |   | 刀盘吊入井内 |
| 6 | 组装管片拼装机 | 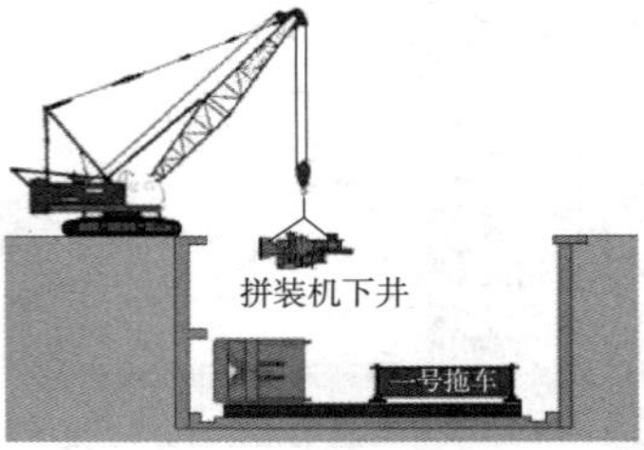  | 管片拼装机吊起及组装 |
| 7 | 组装盾尾 | 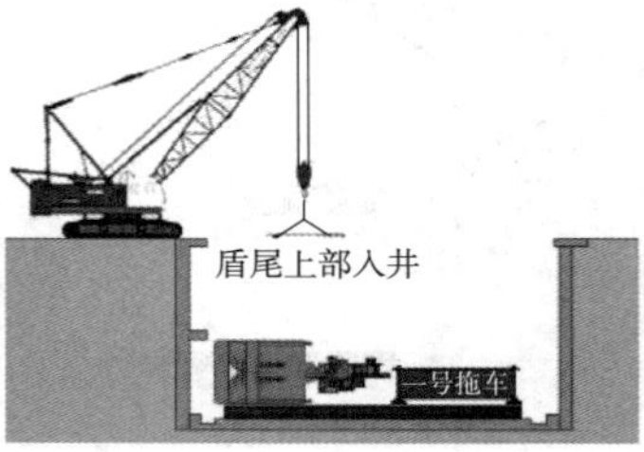  | 组装盾尾 |
| 8 | 盾体连接安装反力架 | 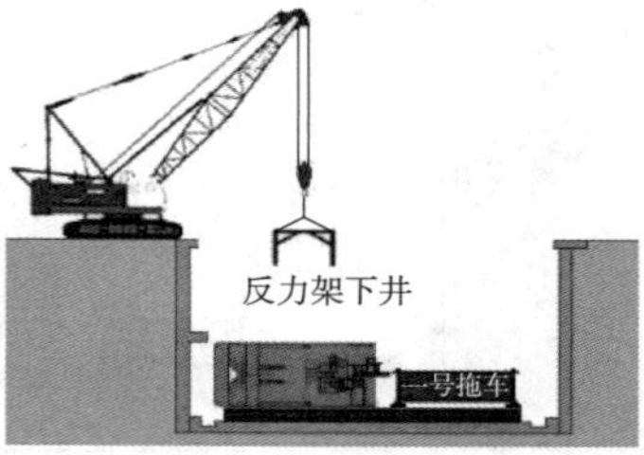  | (1)反力架吊入井内；<br>(2)安装反力架 |

续表

| 工序 | 步骤 | 施工顺序 | 说明 |
| --- | --- | --- | --- |
| 9 | 完成组装<br>准备始发 |  | (1)完成组装；<br>(2)盾构机调试，准备始发 |
| 10 | 盾构掘进，连接<br>拖车 | 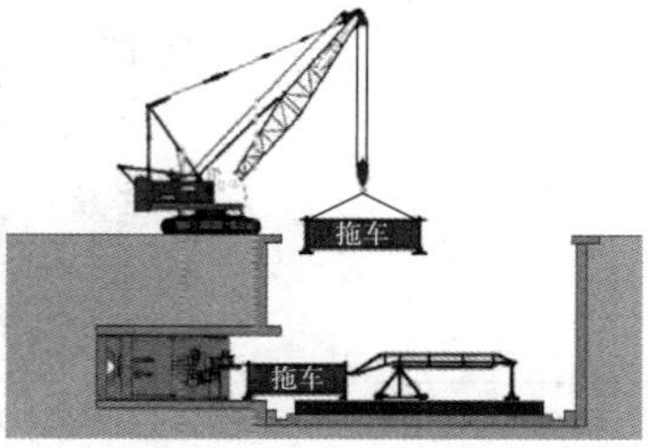 | (1)盾构掘进；<br>(2)设备桥、拖车依次吊入井内 |

2)盾构机空载调试

盾构机调试要分系统进行调试，调试时分别用主控室控制和现场控制进行操作检测，空载调试及验收作业流程见图7－34。

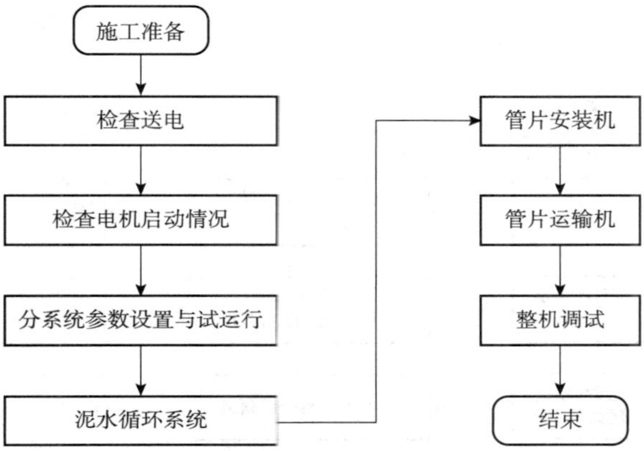


**图7－34　空载调试及验收作业流程图**

3)拖车连接

(1)盾构主机全部进入洞门后，及时进行洞门封堵，并安装反力钢管。待盾构掘进60m后，拆除反力钢管，断开连接管线，将设备桥吊装下井与1#拖车相连。2#拖车吊装下井与1#拖车相连，3#拖车吊装下井与2#拖车相连，4#拖车吊装下井与3#拖车相连，加长管线与4#拖车相连。

(2)待盾构再掘进完成60m，吊装5#、6#、7#、8#、9#拖车下井连接组装。

(3)待盾构再掘进完成约60m，吊装10#、11#、12#、13#拖车下井连接组装。

(4)所有拖车进入隧道后，施作洞门拉紧装置，拆除负环管片、反力架、始发基座等，井底铺设运输轨道。拖车顺序连接见表7－22。

**表7－22　拖车顺序连接表**

| 工序 | 步骤 | 说明 |
|---|---|---|
| 1 | 盾构主体掘进 | 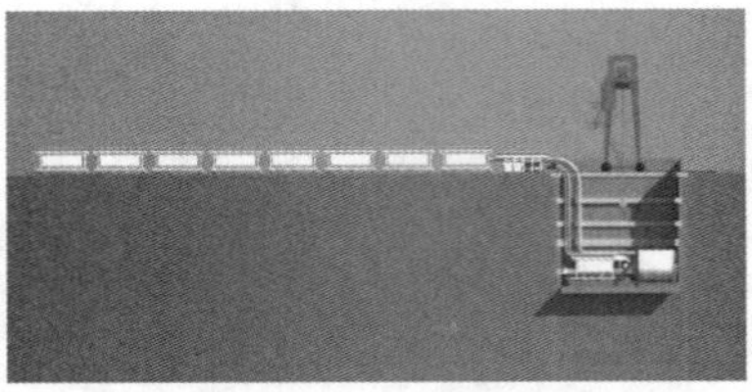 |
| 2 | 设备桥、拖车下井连接 |  |
| 3 | 拖车全部连接 |  |

5. 泥水处理设备组装与调试

1)泥水分离设备组装

泥水分离设备组装流程见图7－35。

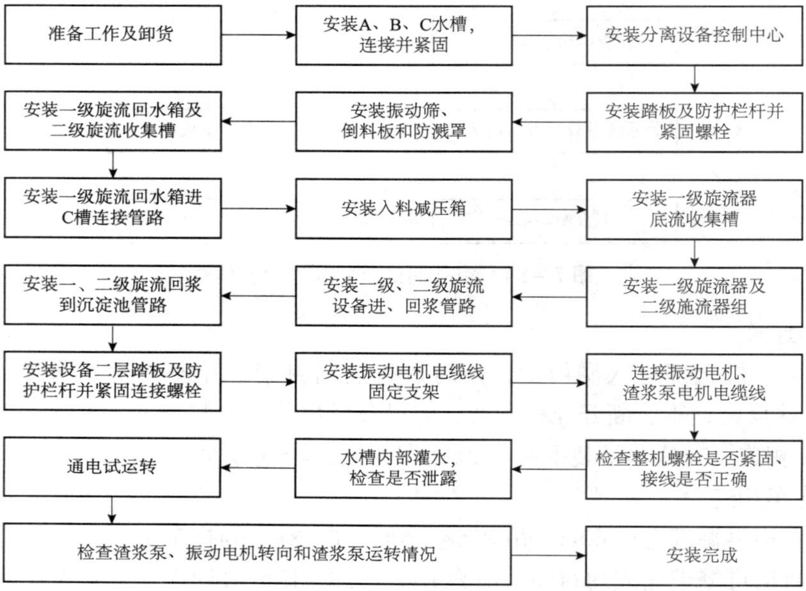


**图7－35　泥水分离设备组装流程图**

2) 调制浆设备组装

调制浆设备组装见图 7－36。

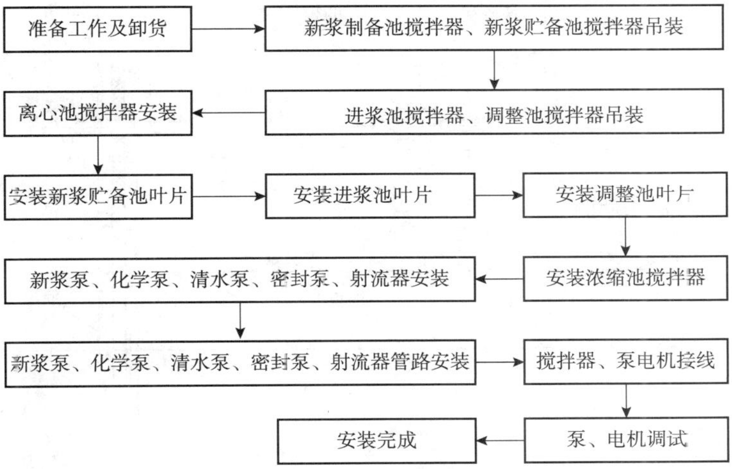


**图 7－36　调制浆设备组装流程图**

6. 负环拼装

负环管片采用半环通缝拼装技术，安装前，在盾尾内侧标出第一环管片的位置，然后从下至上安装第一环管片，安装时要注意使管片的位置与标出位置相对应转动角度一定要符合设计，换算位置误差不能超过 10mm。

安装拱部的管片时，由于管片支撑不足，要对已安装管片采取加固措施。

负环管片拼装完成后，用推进油缸把管片推出盾尾，施加一定的推力把管片压紧在反力架上，即可开始下一环负环管片的安装。

管片在被推出盾尾时，要及时进行支撑加固，防止管片下沉或失圆。同时也要考虑到盾构推进时可能产生的偏心力，因此，支撑尽可能得稳固，负环管片支撑见图 7－37。

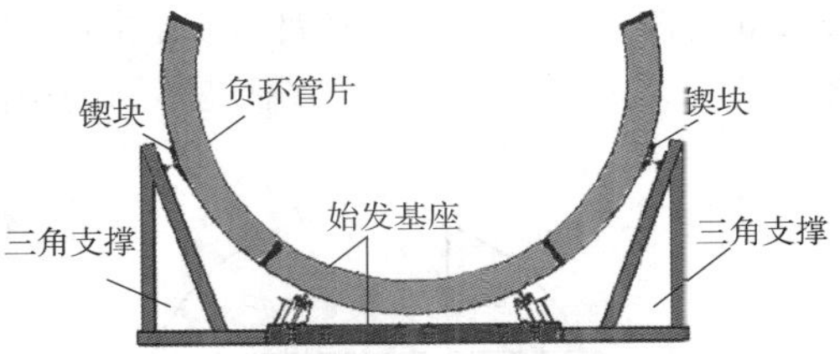


**图 7－37　负环管片支撑示意图**

在始发阶段要注意推力、扭矩的控制及各部位油脂的有效使用。掘进总推力控制在反力架承受能力以下，同时，确保在此推力下刀具切入地层所产生的扭矩小于始发台提供的反扭矩。

7. 洞门凿除及加固区始发推进

1) 洞门密封安装

为保证盾构机与洞门间建筑空隙密封，在始发过程中不造成水土及同步注浆流失，须在洞门口安装始发洞门密封止水装置，密封由帘布橡胶、扇形压板、折叶板、垫片和螺栓等组成。预埋件必须与侧墙结构钢筋连接在一起，其施工分两步进行：第一步在始发侧墙施工工程中，做好始发洞门预埋件的埋设工作；第二步在盾构正式始发之前，清理完洞口渣土，完成洞口密封压板及橡胶帘布板的安装。

泥水盾构洞口密封采用双层折叶式密封压板，见图7－38。

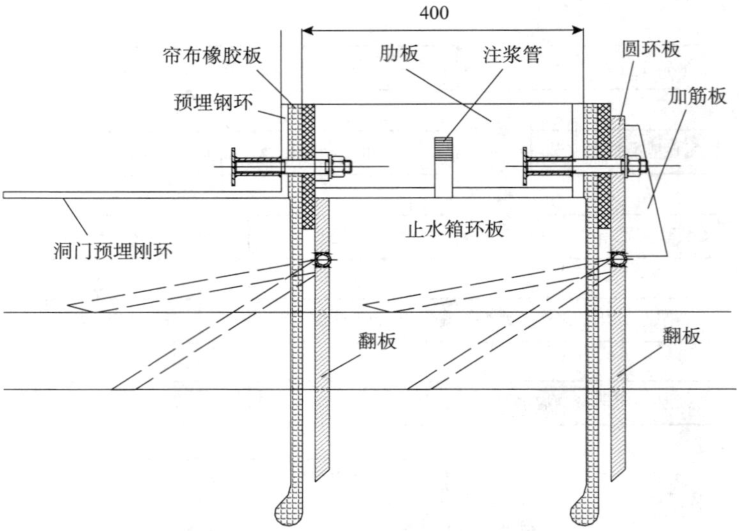


**图7－38　泥水盾构密封装置图(单位：mm)**

盾构机进入预留洞门前在刀盘外围和帘布橡胶板外侧涂润滑油脂防止盾构机刀盘磨损帘布橡胶板影响密封效果。泥水盾构始发过程采用双层折叶压板的洞门密封结构，在盾构始发后在双层折叶压板中间注入密封油脂等措施，防止盾构始发过程出现涌水涌砂现象。

2)洞门凿除

洞门需要在始发前进行端头围护结构的凿除。凿除洞门采用人工风镐施作。

洞门凿除过程中，为保证北岸工作井围护结构的稳定，凿除分两阶段进行。第一步：从上至下分层次凿除外部混凝土和钢筋，预留内层钢筋，以做到在始发或到达之前对端头地层的保护；第二步：待盾构机始发时抵拢掌子面和到达时盾构机抵拢围护结构时，割除围护结构内层钢筋，再开始掘进。洞门凿除施工顺序见图7－39。

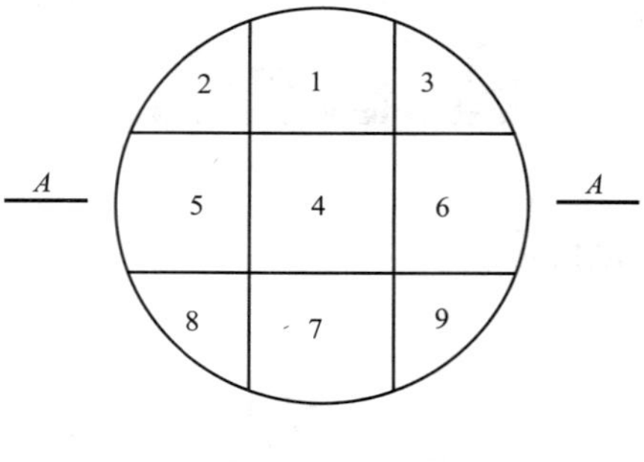


说明：洞门凿除按图中分块顺序进行

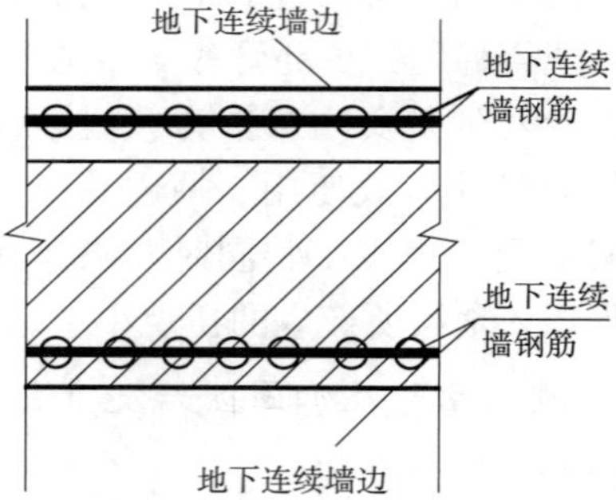


说明：先凿除阴影区域的钢筋和混凝土。第二层的钢筋及混凝土第二次凿除

**图7－39　洞门凿除施工顺序示意图**

3)始发推进

(1)盾构机顶进，使刀盘贴紧掌子面，通过挂钩以$\phi 20$钢丝绳将翻板拉紧，有效地将帘布橡胶板压在盾壳上，在双层折叶压板中间注入密封油脂等措施，保证密封严密。

(2)考虑到盾构始发端头进行了加固，设定好切口泥水压力，开始掘进后要加强监测，及时分析、反馈监测数据，及时做出适当调整。

(3)为确保盾构能正常切削加固区土体，防止排泥管路吸口堵塞、控制推进轴线、保护刀盘，始发时实际推进速度不宜过快，在主机全部进入加固区前掘进速度控制在10～20mm/min，盾构机脱离加固区后逐步提高掘进速度。始发掘进时，要随时观察刀盘扭矩变化情况，及时调整推进速度，同时，加强对反力架及其支撑系统的观测与检查，一旦出现异响、变形等情况，立即停止推进，查明原因并处理好后再恢复推进。

(4)泥水盾构施工前，配制一定比重、黏度、足够量的泥水供盾构循环使用，在盾构始发前，在泥浆槽里要制备施工所需的浆液。

(5)洞门临时密封装置能承受泥水压力较低，在不影响泥水系统正常输送平衡条件下，将泥水舱压力控制在不超过盾构机中部高度的水压，随着推进距离增长，洞门段进行同步注浆和补充注浆后，逐步增加泥水压力，达到正常的泥水平衡控制。

8. 洞门封堵及建舱

管片拼装从0环开始全环错缝拼装，即工作井边墙洞口位置开始全环拼装。当盾构机尾部完全进入洞口后，将洞口扇形钢板紧贴管片，并上紧螺栓以防止注浆时浆液从洞门泄漏。拼装时应对管片的拼装质量(圆正度、管片间轴向错茬等)加以严格控制，从而保证正管片质量。并及时进行洞门圈3环管片背后间隙的封堵和填充注浆，采用双液浆进行封堵。

## 四、盾构掘进施工方案

1. 盾构掘进工作流程及控制流程

1)盾构掘进流程

掘进作业工序流程图见7－40。

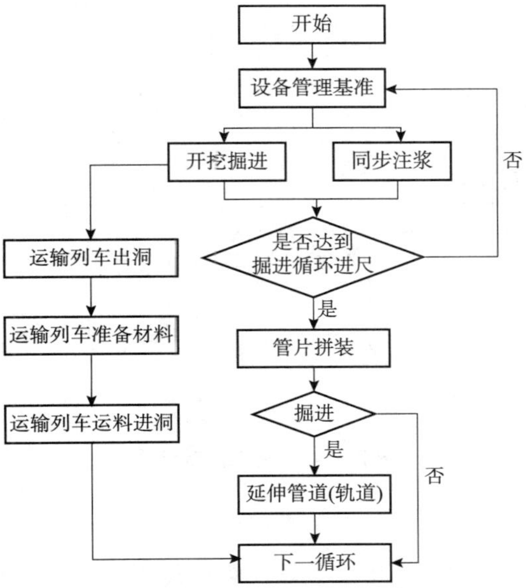


图7－40　掘进作业工序流程图

2）盾构控制流程

盾构控制流程图见7－41。

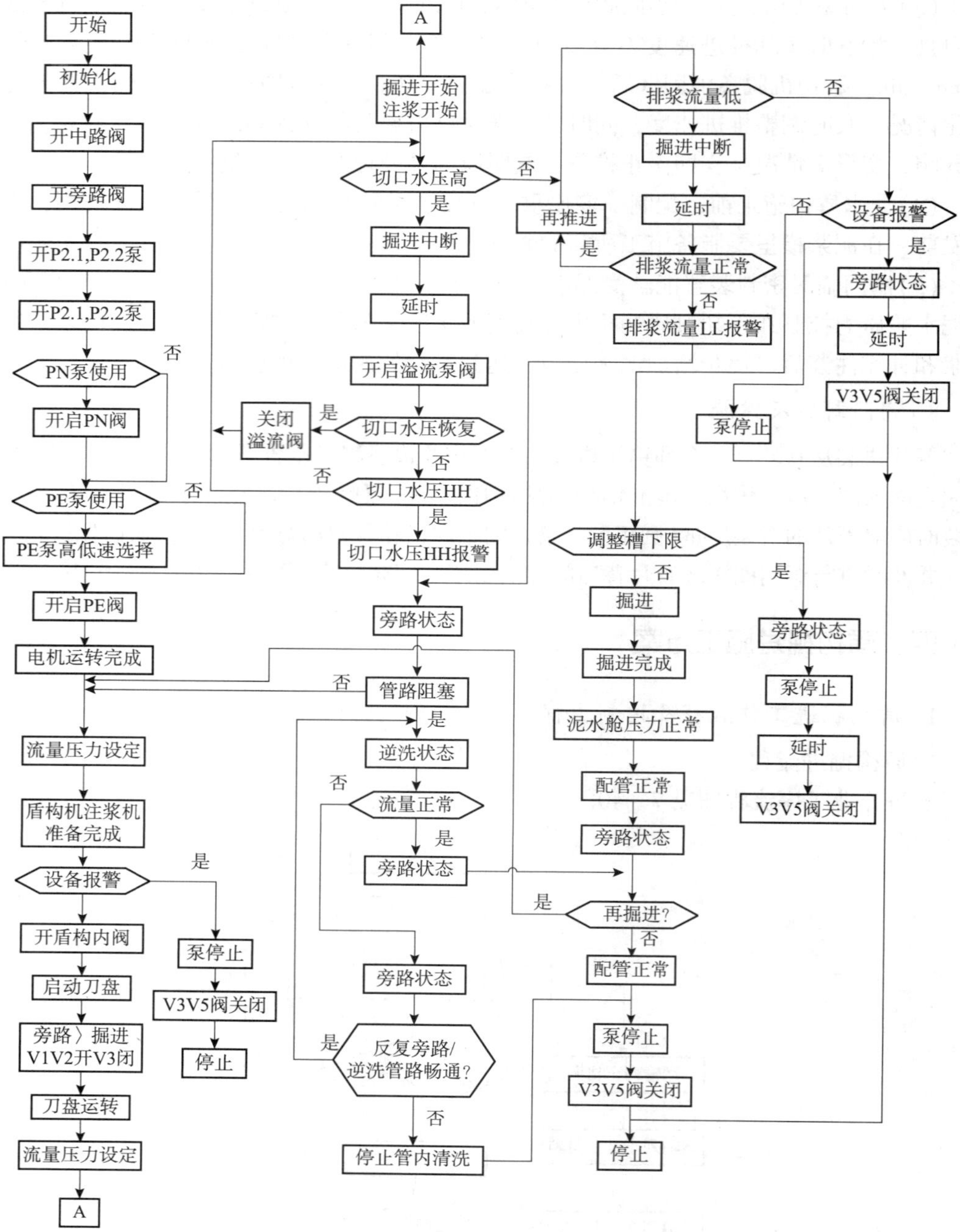


图7－41　盾构控制流程图

2. 掘进区域划分

隧道长10.226km，平面设置三个曲线段，纵向设置五个曲线段，曲率半径均为3000m，隧道采用“V”字坡设计，隧道最大坡度为3.678%，隧道最低点顶部高程为－60.2m，隧道最低点处隧道顶埋深约为42.5m，水深约19m；北岸始发井处隧道顶埋深为17.85m，南岸接收井处隧道顶埋深为18.665m。掘进地层主要为粉质黏土、粉土、粉砂、中砂层中通过。

(1)隧道掘进分为陆地段掘进和长江段掘进。陆地段分为始发段和接收段掘进。长江段根据隧道埋深和水深的不同，主要分为5个区域。划分见表7－23、表7－24。

**表7－23 陆地段盾构掘进区域划分**

| 序号 | 阶段名称 | 里程范围 | 埋深/m | 水深/m | 备注 |
|---|---|---|---|---|---|
| 1 | 始发段 | 0+000～0+560 | 17.85～22.648 | | |
| 2 | 接收段 | 10+000～10+210 | 25.508～18.665 | | |

**表7－24 长江段盾构掘进区域划分**

| 序号 | 阶段名称 | 里程范围 | 埋深/m | 水深/m | 备注 |
|---|---|---|---|---|---|
| 1 | A段 | 0+560～0+725 | 22.648～23.722 | 7.286～9.232 | |
| 2 | B段 | 0+725～1+840 | 23.722～36.65 | 9.232～10.35 | |
| 3 | C段 | 1+840～8+775 | 36.65～42.5～39.13 | 10.35～19.0～7.87 | V字坡 |
| 4 | D段 | 8+775～9+650 | 39.13～32.74 | 7.87～0.26 | |
| 5 | E段 | 9+650～10+000 | 32.74～25.508 | 0.26～0 | |

(2)根据埋深和水深计算出泥水压力，见表7－25。

**表7－25 泥水压力计算表**

| 序号 | 阶段名称 | 里程范围 | 压力/bar | 备注 |
|---|---|---|---|---|
| 1 | 始发段 | 0+000～0+560 | 2.1～2.6 | |
| 2 | 接收段 | 10+000～10+210 | 2.9～2.2 | |
| 3 | A段 | 0+560～0+725 | 2.6～3.6 | |
| 4 | B段 | 0+725～1+840 | 3.6～5.0 | |
| 5 | C段 | 1+840～8+775 | 5.0～6.5～5.0 | |
| 6 | D段 | 8+775～9+650 | 5.0～3.6 | |
| 7 | E段 | 9+650～10+000 | 3.6～2.9 | |

(3)泥水压力小于3.6bar，弱透水性地层和强透水性地层中掘进参数见表7－26。

**表7－26 泥水压力小于3.6bar盾构参数表**

| 序号 | 地层透水性 | 掘进速度/(mm/min) | 刀盘转速/(r/min) | 推力/tf | 扭矩/(kN·m) | 泥浆密度/($g/cm^3$) | 备注 |
|---|---|---|---|---|---|---|---|
| 1 | 弱透水性 | 20～40 | 1.0～2.0 | ≤4750 | ≤7720 | 1.025～1.125 | |
| 2 | 强透水性 | 20～40 | 1.0～2.0 | ≤4750 | ≤7720 | 1.125～1.175 | |

(4)泥水压力3.6～5.0bar，弱透水性地层和强透水性地层中掘进参数见表7－27。

表 7-27　泥水压力 3.6~5.0bar 盾构参数表

| 序号 | 地层<br>透水性 | 掘进速度/<br>(mm/min) | 刀盘转速/<br>(r/min) | 推力/tf | 扭矩/(kN·m) | 泥浆密度/<br>($g/cm^3$) | 备注 |
|---|---|---|---|---|---|---|---|
| 1 | 弱透水性 | 20~40 | 1.0~2.0 | ≤4750 | ≤7720 | 1.025~1.125 | |
| 2 | 强透水性 | 20~40 | 1.0~2.0 | ≤4750 | ≤7720 | 1.125~1.175 | |

(5)泥水压力 5.0~7.3bar，弱透水性地层和强透水性地层中掘进参数表 7-28。

表 7-28　泥水压力 5.0~7.3bar 盾构参数表

| 序号 | 地层<br>透水性 | 掘进速度/<br>(mm/min) | 刀盘转速/<br>(r/min) | 推力/tf | 扭矩/(kN·m) | 泥浆密度/<br>($g/cm^3$) | 备注 |
|---|---|---|---|---|---|---|---|
| 1 | 弱透水性 | 20~40 | 1.0~2.0 | ≤4750 | ≤7720 | 1.025~1.125 | |
| 2 | 强透水性 | 20~40 | 1.0~2.0 | ≤4750 | ≤7720 | 1.125~1.175 | |

3. *盾构掘进姿态管理*

结合本工程线路及地质的具体情况，采取以下方法控制盾构掘进方向。

(1)采用 VMT 导向系统和人工测量辅助进行盾构姿态监测

该系统配置了导向、自动定位、掘进程序软件和显示器等，能够全天候在盾构机主控室动态显示盾构机当前位置与隧洞设计轴线的偏差以及趋势。据此调整控制盾构机掘进方向，使其始终保持在允许的偏差范围内，该系统的组成见图 7-42。

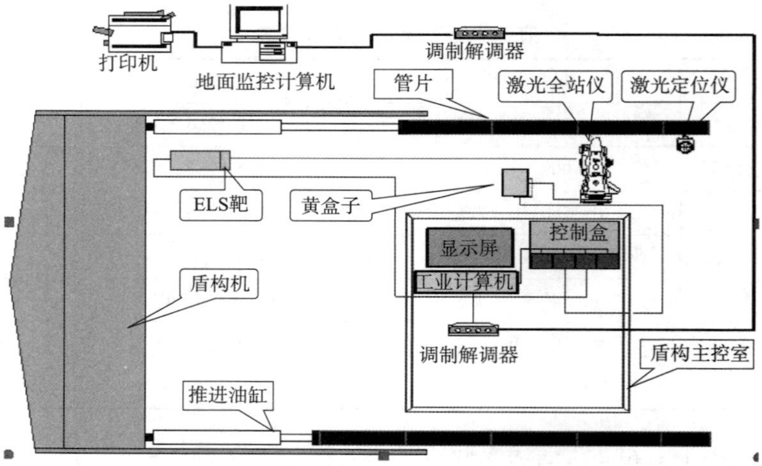


图 7-42　盾构自带隧道自动导向系统示意图

随着盾构推进导向系统后视基准点需要前移，须通过人工测量来进行精确定位，为保证推进方向的准确可靠性，每周至少进行一次人工测量，以校核自动导向系统的测量数据并复核盾构机的位置、姿态，确保盾构掘进方向的正确。

(2)采用分区操作盾构机推进油缸控制盾构掘进方向

根据线路条件所做的分段轴线拟合控制计划、导向系统反映的盾构姿态信息，结合隧洞地层情况，通过分区操作盾构机的推进油缸来控制掘进方向。

在上坡段掘进时，适当加大盾构机下部油缸的推力；在下坡段掘进时则适当加大上部油缸的推力；在左转弯曲线段掘进时，则适当加大右侧油缸推力；在右转弯曲线掘进时，则适当加大左侧油缸的推力；在直线平坡段掘进时，则应尽量使所有油缸的推力保持一致。

在均匀的地质条件时，保持所有油缸推力一致；在软硬不均地层中掘进时，则应根据不同地层在断面的具体分布情况，遵循硬地层一侧推进油缸的推力适当加大，软地层一侧油缸的推力适当减小的原则来操作。

4. 泥水处理方案及渣土弃运

盾构长距离下穿长江刀鲚国家级水产种质资源保护区，且渗透系数较高，泥水处理采取多级处理，确保达到“零渗漏、零排放、零污染”。

环保型泥水处理总体思路如下：

(1)选择环保型泥浆材料和高品质泥浆配比，使泥浆分离后的渣土零污染；

(2)摒弃传统的废浆处理概念，采用全机械化处理理念，使泥浆全循环利用，达到零排放；

(3)在原有泥水分离系统的设备配置基础上引进离心机，增加泥水处理的过程与环节，在保证盾构高速掘进的基础上，使泥浆多级处理的搭配更合理；

(4)改进原有的泥浆池设计理念，合理设置泥浆池的分类布局，采月一用一备的新模式，在不中断盾构快速掘进的基础上，更有效地进行泥浆处理；

(5)使离心机处理作为一道独立的、必要的泥浆处理工序，能够全天候 24h 不停地作业，使离心机不再是可有可无的备用辅助设备。

泥水处理总流程见图 7－43。

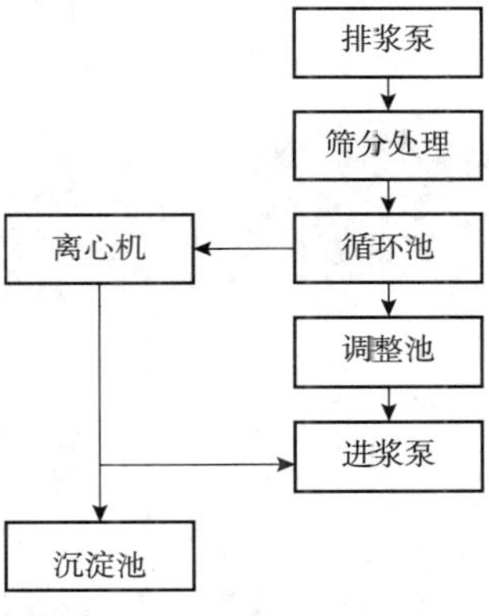

图 7－43 泥水处理总流程图

由于海门经济技术开发区和常熟经济技术开发区用地紧张，在当地难以找到弃渣场，参考苏通 GIL 综合管廊项目弃渣经验，采用河运，将弃渣运至长江沿岸的弃渣点，据调研目前可用的弃渣点有：上游 45 海里的常熟海虞镇福山，可接收 57 万 $m^3$，剩余约 13 万 $m^3$ 弃土，利用船只运输到南京江北新区凌霄路工程上作为道路回填使用。

河运弃渣的方法：在盾构存渣场地预留渣浆液池，预留清液管道和浆液管道，用分离后的清液与渣土稀释成 1：4 的比例从而达到清液重复利用的效果，渣浆泵将水渣混合物通过预留管道运输到停靠在临时码头的运输船上，运输船按批准的航线航行到事先设置的临时码头，将稀释后的渣土通过管道运输到指定的弃浆点，浆液经过三级沉淀池沉淀，沉淀过后的水经过检测达到排放标准后外排。

北岸工作井场地内预留渣土临时存放场地，临时存放渣土通过装载机进行场地内倒运，不能及时运走的渣土及时苫盖密目网，当河运弃渣方式发生问题时，临时采用封闭环保型出渣车辆对场地内已经干燥的渣土进行出渣处理。

5. 管片拼装

管片选型确定后，管片拼装的好坏直接关系到隧道的外观和防水效果。一般情况下，管片拼装采取自下而上的原则，具体的拼装顺序由封顶块的位置确定，整个工序由盾构司机、举重臂操作工和拼装工等三种专业岗位工种配合完成。

本工程衬砌环为双面楔形，楔形量为16mm。衬砌环由一个封顶块（K）、两个邻接块（B1、B2）和三个标准块（A1、A2、A3）组成，混凝土强度等级C60、P12，采用错缝拼装方式。衬砌环的连接包括16个环缝连接螺栓（M30）和12个纵缝连接螺栓（M30）。

管片安装流程见图7－44。

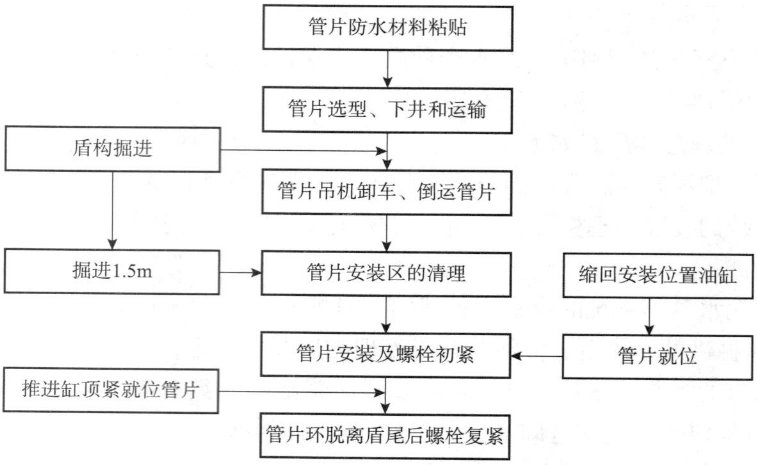


图7－44　管片安装流程图

管片选型以满足隧洞线型为前提，重点考虑管片安装后盾尾间隙要满足下一掘进循环限值，确保有足够的盾尾间隙，以防盾尾直接接触管片。

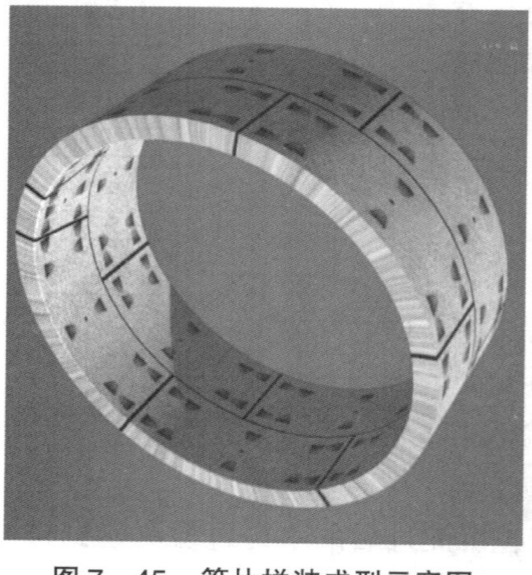

图7－45　管片拼装成型示意图

管片安装时先收回最下方管片分块区域内的推进油缸；管片安装司机操作真空吸盘抬起管片缓缓就位，在就位过程中随时按安装指挥人员的指示进行调整；管片就位后螺栓安装人员及时连接纵向螺栓并紧固，推进油缸伸长顶紧刚刚拼装就位的最下方一块管片后方可进行下一块管片的拼装；接下来按照拼装第一块管片的程序及要求由下到上左右对称拼装剩余管片；K型管片安装时，先径向搭接2/3，再径向插入，边调整位置边缓慢纵向顶推；整环管片全部安装完后，用风动扳手紧固所有螺栓；上紧所有注浆孔封堵塞。完成上述工作后，盾构即可进入下一环的掘进。管片拼装成型示意图见图7－45。

盾构掘进时，在上一个循环管片脱出盾尾后，及时用风动扳手对所有管片环纵向螺栓进行复紧，确保所有螺栓绝对紧固，保证管片拼装质量。

管片安装允许误差见表7－29。

表 7-29 拼装允许误差表

| 序号 | 项 目 | 允许误差 | 备 注 |
|---|---|---|---|
| 1 | 每环相邻管片错台 | ≤10mm | 内表面测定 |
| 2 | 纵向相邻管片错台 | ≤15mm | |
| 3 | 管片成环椭圆度 | ≤1‰*D*mm | |

6. 壁后注浆

盾构施工引起的地层损失和盾构法隧洞周围受扰动或受剪切破坏的重塑土的再固结以及地下水的渗透，是导致地表、建筑物以及管线沉降的重要原因。为了减少和防止沉降，在盾构掘进过程中，要尽快在脱出盾尾的衬砌管片背后同步注入足量的浆液材料充填盾尾环形建筑空隙。

1)注浆材料

采用水泥砂浆和水玻璃作为同步注浆材料，该浆材具有结石率高、结石体强度高、耐久性好和能防止地下水浸析的特点。水泥采用普通硅酸盐水泥，以提高注浆结石体的耐腐蚀性，使管片处在耐腐蚀注浆结石体的包裹内，减弱地下水对管片混凝土的腐蚀。

2)浆液配比及主要物理力学指标

根据以往施工经验，同步注浆拟采用表 7-30～表 7-32 所示的配合比。在施工中，根据地层条件、地下水情况及周边条件等，通过现场试验优化确定最合理的配合比。拟定同步注浆浆液的主要物理力学性能满足下列指标。

表 7-30 同步注浆 A 液配比表

| A 液 | | | | | |
|---|---|---|---|---|---|
| 材料 | 水泥/kg | 膨润土/kg | 水/kg | 缓凝剂/kg | 外加剂 |
| 配合比 | 800 | 20 | 1034 | 13 | 微膨胀剂 |

表 7-31 同步注浆 B 液配比表

| B 液 | | |
|---|---|---|
| 材料 | 水玻璃/kg | 水/kg |
| 配合比 | 300 | 200 |

表 7-32 同步注浆 A、B 混合液配比表

| A、B 混合液 | | |
|---|---|---|
| 材料 | A 液 | B 液 |
| 配合比 | 10 | 1 |

胶凝时间：A 液静止初凝时间一般为 6～8h，密度 1.3～1.35g/cm$^3$，AB 混合液初凝时间为 15～40s，收缩率 <2%(按照体积比计算)，7 天强度 >1MPa。

二次注浆浆液采用双液浆配比见下表 7-33。

表 7－33　二次注浆双液浆浆液配比

| | A 液 | | B 液 | |
|---|---|---|---|---|
| 材料 | 水泥/kg | 水/kg | 水玻璃/kg | 水/kg |
| 配合比 | 450 | 450 | 300 | 200 |

3) 同步注浆工艺

同步注浆与盾构掘进同时进行，通过同步注浆系统及盾尾的内置注浆管，在盾构向前推进盾尾空隙形成的同时进行，采用四路管路(四注入点)对称同时注浆。

整套系统由程序自动控制注入量和注浆压力，注浆时，砂浆的流量和压力受到严格的监控，以防过大的压力造成地面隆起，浆液可根据盾构机推进速度均匀注入。

为了能够适应不同的注浆量和压力要求，注浆量和压力可以在控制操作触摸屏上进行人工调整。同步注浆原理示意见图 7－46，同步注浆工艺及管理程序见图 7－47。

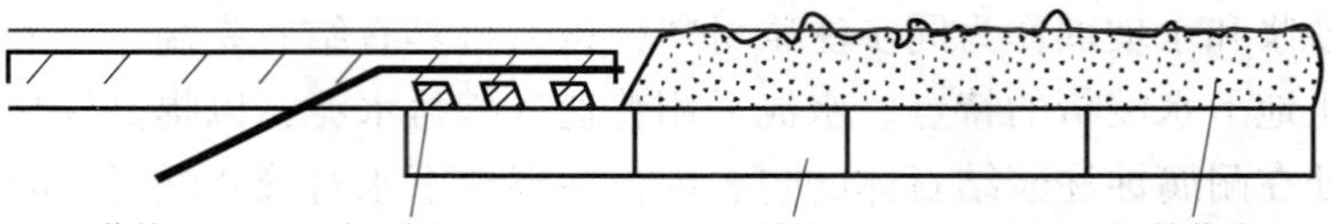


图 7－46　同步注浆原理示意图

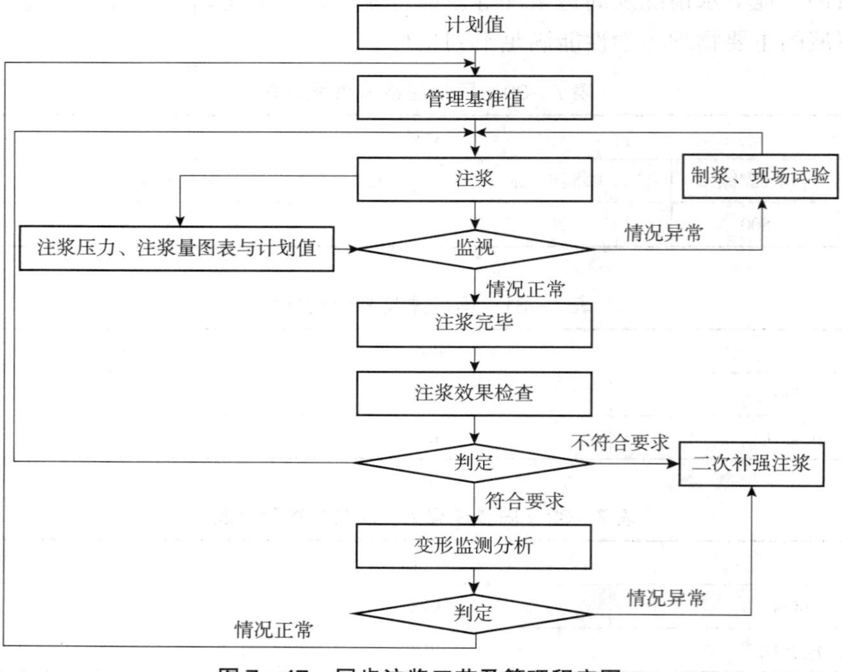


图 7－47　同步注浆工艺及管理程序图

4）二次补强注浆工艺

盾构穿越后，考虑到环境保护和隧道稳定因素，如发现同步注浆不足之处，通过管片中部的注浆孔进行二次注浆，补充同步注浆未填充部分及浆液体积减少部分，从而减少盾构机通过后土体的后期沉降，减轻隧道的防水压力，提高止水效果。

二次注浆的注浆点为管片预留手孔位置，先将需注浆的管片手孔打穿，安装上注浆管，再注浆。二次注浆原理示意见图7－48。

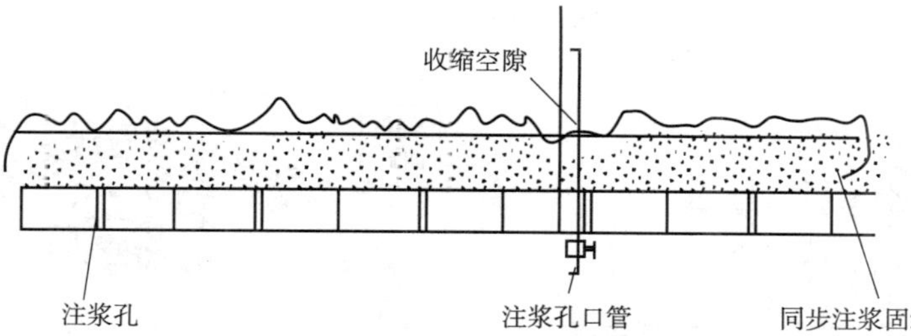


图7－48　二次注浆原理示意见图

7. 盾构掘进刀具管理与更换方案

(1)常压刀盘换刀技术适宜用于隧道施工中各类地层和不同压力条件下常压刀具的更换。

(2)常规带压换刀技术适宜于地质相对稳定，透水性差、水压小于0.36MPa的地层，例如两端陆上隧道中黏土层。

(3)氦氧混合气和氦氧饱和气作业从技术角度，适宜于整条隧道的刀具更换，但从换刀效率、周期及经济性角度，适合于隧道中松散、强透水且水压大于0.36MPa的地层。

结合国家重点工程天然气管道工程长江盾构穿越工程隧道地质条件，拟采用常压换刀方案。

刀具从洞外运送至拼装机位置的流程与管片运输流程一致，常压切刀在管片小车上刀具的运输依靠运输托盘。以下描述常压切刀从拼装机处运输至刀盘内的过程。

常压切刀通过管片小车运送到管片拼装机下方，管片拼装机后移，在管片拼装机的移动架下部吊耳上安装葫芦，将常压切刀吊起，管片拼装机前移，将刀具放置到管片内壁上，见图7－49。

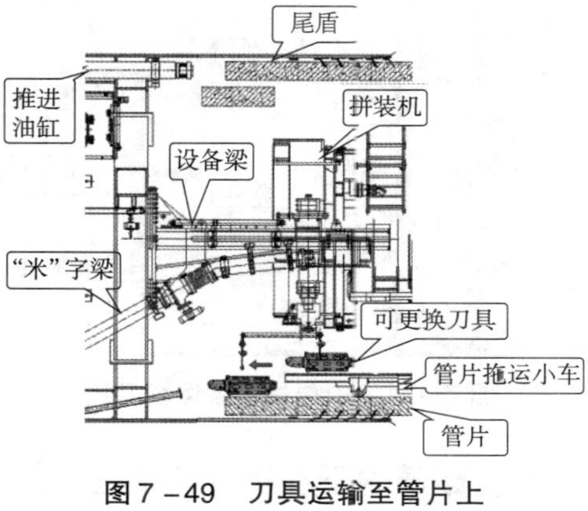


图7－49　刀具运输至管片上

(1)管片小车后移，拼装机向后移动，在管片拼装机抓举盘上安装刀具运刀工装，工装上安装倒链起吊刀具。

(2)通过管片拼装机的旋转将常压切刀转运到中间运刀平台小车相应位置上，见图7－50。

(3)断开刀具与刀具运刀工装的倒链，中盾运刀轨道梁葫芦将常压刀具运至中心门口，见图7－51。

(4)将更换刀具所处刀梁旋转至6点钟方向，打开中心舱门，按照换刀实际位置安装换刀平台。

(5)刀具通过横梁吊机运抵中心通道门口处，操作人员借助葫芦等工具将刀筒及工装整体换钩至刀梁内部吊机上。

(6)通过刀梁内部吊机将刀筒放置适当换刀位置，由操作人员将刀筒及工装连接至固定座上，见图 7－52。

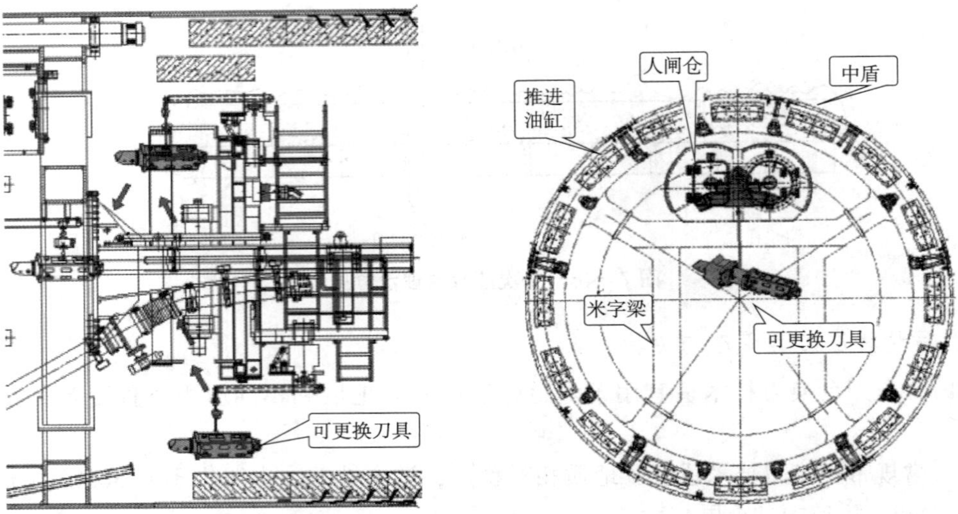


图 7－50　拼装机将刀具运至盾体中心位置

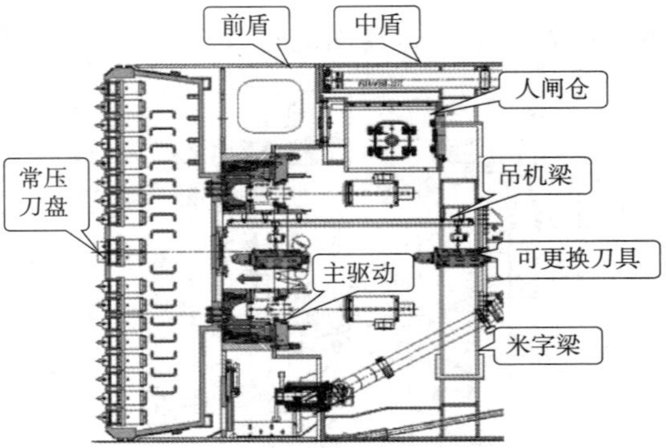


图 7－51　中盾吊机梁运输刀具

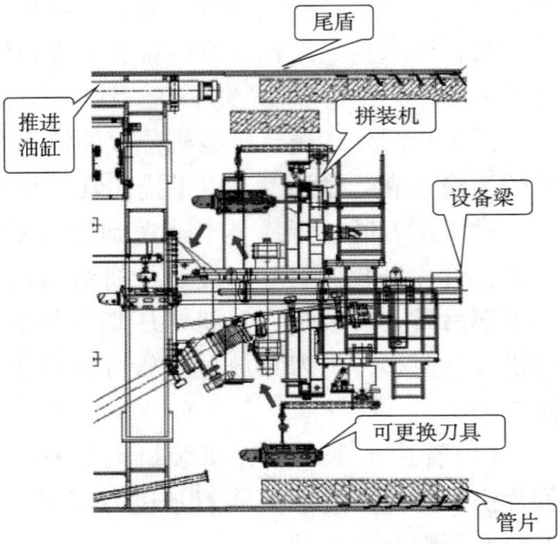


图 7－52　刀具运至刀盘内

## 五、隧道内下部钢结构施工

1. 洞内钢结构型式及安装流程

盾构隧道内需布置三根管道 $D1422$mm + $D1422$mm + $D1422$mm，管道安装工程需将三根管道安装在安装好的钢结构上。钢结构分为左部、右部、中部三个部分，安装好的钢结构见图 7－53。在洞外先将钢结构每个部分进行预拼装，通过 10t 的电瓶车运输进洞，在盾构机拖车尾部进行拼装。钢结构安装流程见图 7－54。

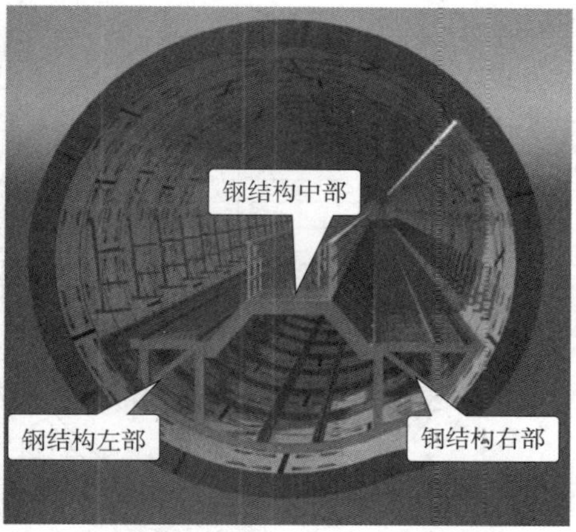


图 7－53　钢结构完成效果图

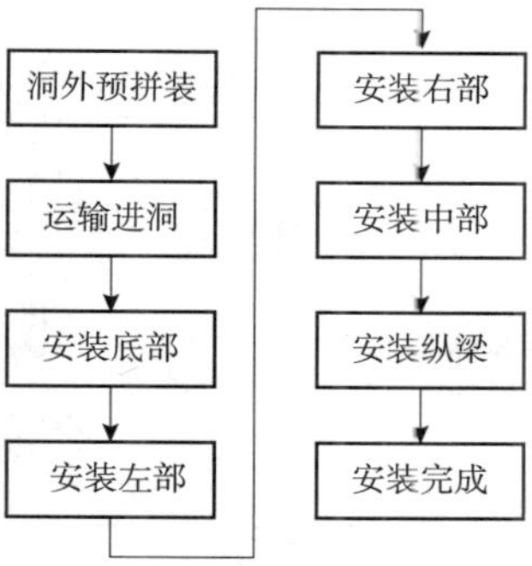


图 7－54　钢结构安装流程图

1）钢结构洞外预装

由于管片拼装时间有限，考虑到钢结构与管片拼装同步施工，因此，部分钢结构需在地面进行洞外预组装，降低洞内组装强度，缩短安装时间。钢结构预组装部分见图 7－55。

2）钢结构洞内组装

管片运输至拖车位置后开始进行钢结构安装，安装过程如下：

（1）安装钢结构底梁

钢结构底梁分为三部分，通过尾部拖车进行安装，根据高程调整安装位置，见图 7－56。

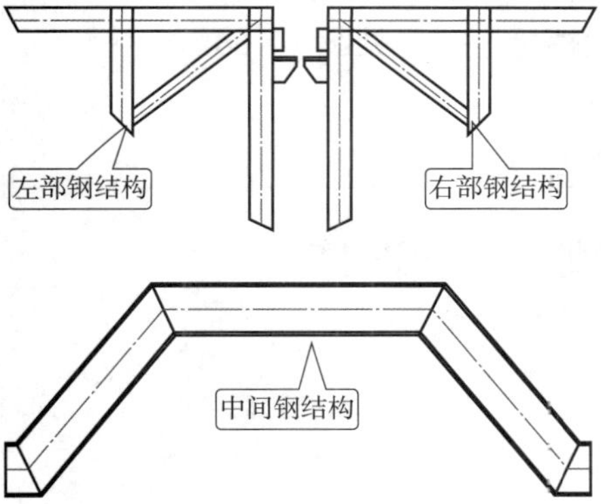


图 7－55　钢结构部件示意图

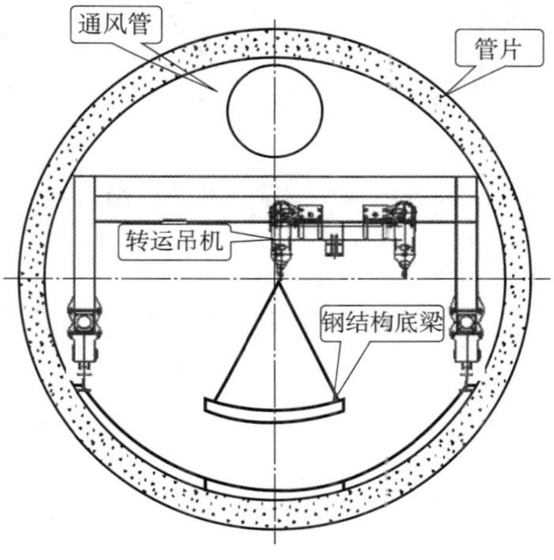


图 7－56　钢结构底梁安装示意图

（2）安装钢结构左部结构

钢结构底梁安装完成后，开始安装钢结构左侧结构，采用 4MX30、10.9 级高强度螺栓，4MX20、10.9 级高强度螺栓和 4MX24、10.9 级高强度螺栓与钢结构左部底梁进行连接。见图 7－57。

（3）安装钢结构右部结构

钢结构右部结构与左部结构相同，洞内作业人员充裕时可与钢结构左部结构进行同步安装。见图 7－58。

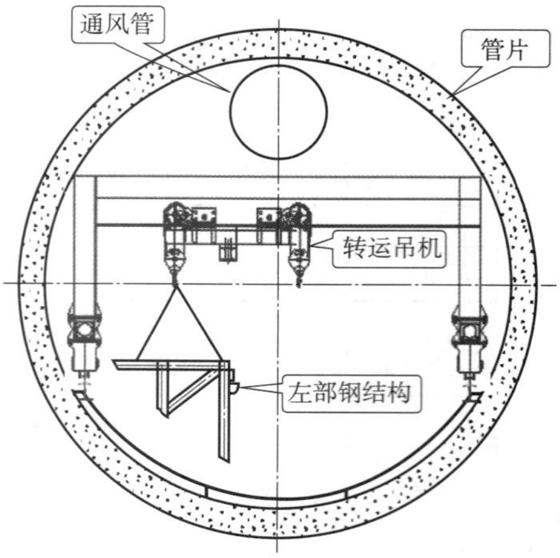


图 7－57　钢结构左部结构安装示意图

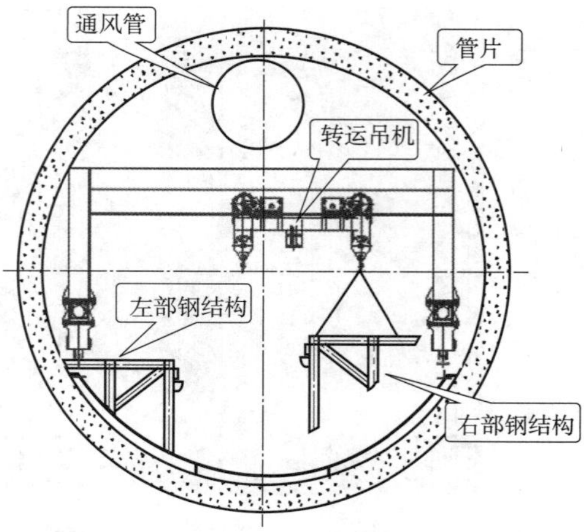


图 7－58　钢结构右部安装示意图

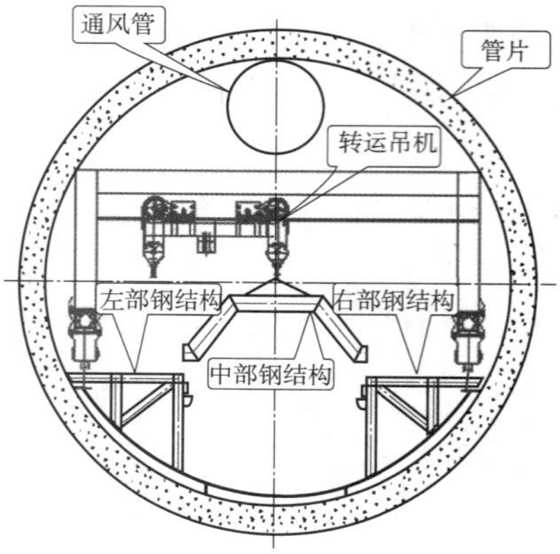


图 7－59　钢结构中间梁安装示意图

(4)安装钢结构中间梁

钢结构左、右结构安装完成后开始安装钢结构中间梁，采用 8MX24、10.9 级高强度螺栓，6MX24、10.9 级高强度螺栓与钢结构左、右结构连接。见图 7－59。

(5)安装钢结构纵梁

钢结构安装完成后，开始安装相邻钢结构间连接纵梁，采用 6MX24、10.9 级高强度螺栓，4MX20、10.9 级高强度螺栓和 8MX24、10.9 级高强度螺栓连接。见图 7－60。

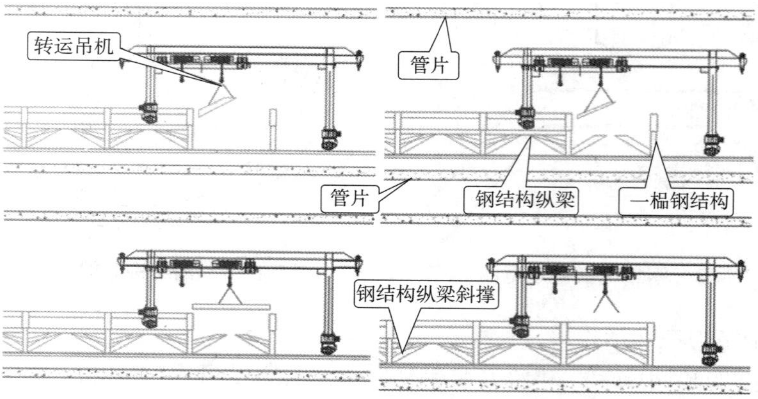


图 7－60　钢结构纵梁安装示意图

2. 钢结构的加工、制作及运输

1)钢结构加工、制作

钢结构采用 H 型钢，在隧道外横向分为三部分预制，在隧道内连接成整体，隧道外型钢连接采用焊接方式，隧道内在部分钢结构连接采用高强度螺栓连接。

2)纵向钢结构施工(沿隧道掘进方向)

钢结构纵向间距3m。纵梁采用高强螺栓连接。

3)运输轨道施工

运输轨道采用30kg/m钢轨，轨距900mm，具体应满足标准《热轧轻轨》(GB/T 11264—2012)相关要求。通过10t的电瓶车运输进洞，在盾构机拖车尾部进行拼装。钢结构洞内运输示意见图7－61。

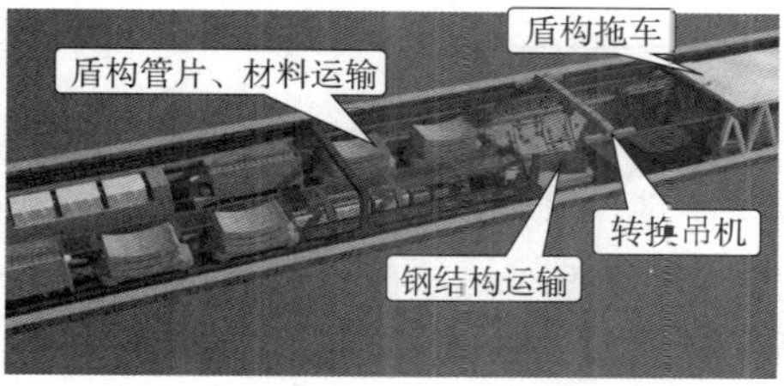


图7－61　钢结构洞内运输示意图

## 六、盾构接收及拆机方案

拟采用水中到达的方式进行到达施工。主要工作内容包括：盾构到达前的复核测量、地层加固及检测、安装洞门圈密封设备及接收基座、洞门处理、井内灌砂灌水、盾构到达掘进、进入工作井、洞门环注浆封堵、井内清理、盾构拆机吊出等，盾构机到达施工流程见图7－62。

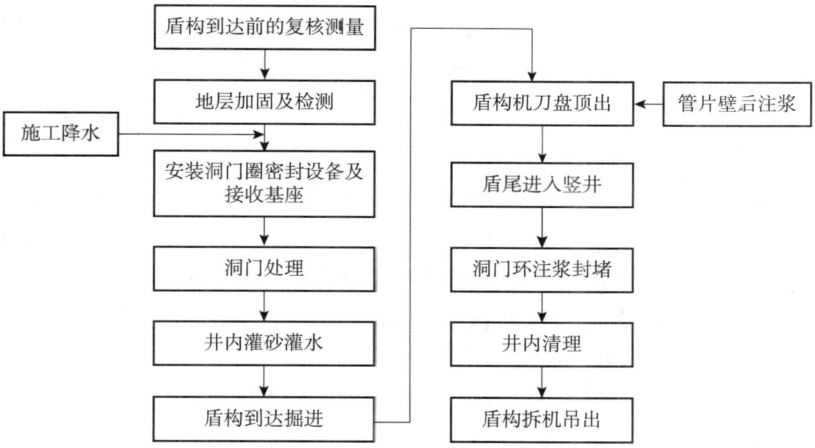


图7－62　盾构机到达施工流程图

## 七、盾构下穿常熟港海轮锚地施工

工程附近主要的锚地及停泊区有常熟港海轮锚地、3#停泊区、常熟下游错地。见表7－34。

表7－34　工程附近锚地表

| 序号 | 名称 | 所在水道 | 位置 | 尺度/m | 用图 |
|---|---|---|---|---|---|
| 1 | 常熟港海轮锚地 | 白茆沙北水道 | 长江白北12#黑浮桥、2#黑浮桥北侧 | 4800×700 | 海轮锚地 |
| 2 | 3#停泊区 | 白茆沙北水道 | 长江白北12#黑浮桥、2#黑浮桥北侧 | 2500×800 | 供大型船舶停泊 |

续表

| 序号 | 名称 | 所在水道 | 位置 | 尺度/m | 用图 |
| --- | --- | --- | --- | --- | --- |
| 3 | 常熟下游锚地 | 长江主航道 | 9#黑浮桥、12#黑浮桥北侧 | 底边 8000，两侧 500、700，斜边 5800、2500 梯形 | |

3#停泊区和常熟下游锚地较远，对工程基本无影响，因此，本工程穿越锚地为常熟港海轮锚地。在盾构下穿掘进过程存在河床沉降等风险，进而对锚地造成影响。

为防止在泥水盾构掘进过程中可能会出现开挖面失稳、注浆效果不佳、防水效果差等情况造成对锚地的影响，拟采用以下施工技术措施：

1）切口压力

切口水压控制的重点，切口压力太大，则冒浆；太小则可能造成塌陷。在盾构穿越锚地过程中必须严格控制切口平衡压力，同时也必须严格控制与切口压力有关的施工参数，根据隧道埋深、不同地质以及施工经验值设定合理的刀盘舱压力。

在本工程穿越锚地前，我们将按照每 1.5m（即一环）计算盾构掘进切口压力值，并按照切口压力值进行掘进控制。泥水压力 = 土压 + 地下水压 + 预备压力。

盾构机掘进时的切口泥水压力应介于理论计算值上下限之间，并根据地表监测情况和地质条件适当调整。另外，切口水压的稳定对地表沉降也有着至关重要的作用，切口水压波动太大，会增加正面土体的扰动，导致正面土体流失，切口水压偏差值均控制在 ±10kPa之间，并保持稳定。

2）泥浆密度控制

根据地层情况事先进行泥浆配比实验，控制好泥浆相关参数，保证掘进面能形成稳定的泥膜。泥浆密度采用泥浆比重计测量；泥浆的黏性采用马氏漏斗黏度计测量。盾构穿越锚地前，总结泥浆密度控制参数范围，保证泥浆的最佳护壁性能及携带渣土能力。

对泥浆进行实时跟踪检测，及时提供泥浆各项参数，包括泥浆密度、黏度、pH 值，泥浆同时，泥水场地由专人负责泥浆拌制、泥浆管路检查、泥浆池液位记录。

根据泥浆参数记录、统计工作，对比掘进速度、刀盘扭矩等参数进行分析总结，以指导后续盾构穿越锚地施工。

3）同步注浆

同步注浆采用“注浆量 + 注浆压力”双控原则，避免发生过大压力和超量注浆导致大堤击穿等险情。注浆量一般控制在理论填充量的 130% ~180%，实际施工中浆液的用量结合前一阶段施工的用量以及监测数据进行合理选择。注浆压力控制在比隧道对应标高组泥舱压力大 1 ~2bar 左右，防止压力过大引起盾尾漏浆、冒浆。

4）二次注浆

在管片脱出盾尾 10 环后，对管片的建筑空隙进行二次注浆的方法来填充，浆液为水泥浆 – 水玻璃双浆液，浆液通过管片的二次注浆孔注入管片背后地层中。壁后二次注浆根据管片和注浆情况随时调整，从而使地层变形量减至最小。

5）出渣量控制

严格控制出渣量，实时进行监控，防止超出渣引起江底塌陷，造成江底污染。采取人工测量渣土量、流量控制、实时流量动态管理综合控制。

6)环箍止水注浆

从盾尾向洞口方向第6环到第8环，开孔进行径向注浆，在管片周边形成止水环。每环开孔为4个注浆孔(左上、左下、右上、右下，顶部必须注)，相邻环开孔与注浆环开孔形成交叉，便于浆液充分填充均匀。为确保注浆质量，在该道止水环注浆施工过程中，如发现注浆压力高，压浆困难时，需位于该注浆位置附近开设泄压孔，然后继续注浆，以保证注浆质量。

## 八、盾构穿越长江大堤施工方案

盾构穿越水域部分地貌单元为长江河床地貌，该段由南北大堤防护，北大堤堤高约3.5m(1985国家高程基准)，南大堤堤高约4.0m(1985国家高程基准)。长江穿越处多面水面宽度约为7600m，两岸大堤间距9300m。盾构与大堤关系见表7－35。

表7－35　盾构与大堤关系表

| 序号 | 控制点位置 | 里程/m | 隧道顶标高/m | 覆土厚度/m | 备注 |
|---|---|---|---|---|---|
| 1 | 长江北岸大堤堤脚 | 406.0 | －24.4 | 28 | 满足规范规定，堤脚下覆土厚度不小于22.8m |
| 2 | 长江南岸大堤堤脚 | 10056.0 | －22.0 | 23 | |

1)施工技术措施

(1)切口压力

切口水压控制对防止大堤沉降起到重要作用，切口压力太大，则地表隆起；太小则可能造成地表塌陷。在盾构穿越长江大堤过程中必须严格控制切口平衡压力，同时也必须严格控制与切口压力有关的施工参数，根据隧道埋深、不同地质以及施工经验值设定合理的刀盘舱压力。

(2)泥浆密度控制

根据地层情况事先进行泥浆配比实验，控制好泥浆相关参数，保证掘进面能形成稳定的泥膜。盾构穿越长江大堤前，总结泥浆密度控制参数范围，保证泥浆的最佳护壁性能及携带渣土能力。

委派专人对泥浆进行实时跟踪检测，及时提供泥浆各项参数，包括泥浆密度、黏度、pH值，泥水场地由专人负责泥浆拌制、泥浆管路检查、泥浆池液位记录。

由专人负责泥浆参数记录、统计工作，对比掘进速度、刀盘扭矩等参数进行分析总结，以指导后续盾构穿越大堤施工。

(3)出土量控制

严格控制出渣量，实时进行监控，防止超出渣引起江底塌陷，造成江底污染。采取人工测量渣土量、流量控制、实时流量动态管理综合控制。

(4)姿态控制

进入长江北大堤段为2.474%的下坡，长江南大堤段为3.678%的上坡，均为半径3000m曲线掘进，线性半径较大，易于盾构机的姿态控制。

进入长江大堤影响范围内盾构保持平稳推进,,加强对盾构机姿态的控制减少纠偏并严格控制纠偏量，控制每环纠偏量不大于5mm(高程、平面)，以减少盾构施工对地层的扰动影响，确保盾构施工安全。

(5)同步注浆

同步注浆采用“注浆量+注浆压力”双控原则，避免发生过大压力和超量注浆导致大堤击穿等险情。注浆量一般控制在理论填充量的130%~180%，实际施工中浆液的用量结合前一阶段施工的用量以及监测数据进行合理选择。注浆压力控制在比隧道对应标高组泥舱压力大1~2bar(100~200kPa)左右，防止压力过大引起盾尾漏浆、大堤变形。

(6)二次注浆

推进过程中，根据地面监测情况，若有必要可采取壁后二次注浆进行补压浆，压浆量的控制根据变形信息确定。

2)盾构下穿长江大堤控制措施

(1)盾构始发时，应在开始段地表布设沉降观测点，通过监测数据反映注浆配比和掘进参数的合理性，为穿越大堤提供资料。

(2)施工前在堤身和边坡处预先埋设沉降观测桩并及时进行测量，大堤沉降量应严格控制在堤防管理部门规定范围内。

(3)严格规范控制盾构机操作模式的选择、转换，精心操作控制，及时注浆充填环形间隙，减少地层变形，使环片尽早支承地层。

(4)严格控制同步注浆量和注浆压力，根据地表监测情况，在必要时，及时做好二次补强注浆，对隧道周边地层进行加固，减少地层损失，控制地表隆陷。

(5)堤防监测项目应符合堤防管理部门的要求，施工监控的数据和结论及时地反馈给监理、设计、业主和施工方，为现场出现问题的解决提供基础数据或参考依据，以保证工程安全、顺利进行。

(6)避免在雨量大的季节和汛期进行穿堤坝施工，无法避免时，加强地面排水，或者在堤坝表面施作隔水措施等。

(7)设置刀盘轴力及扭矩等掘进参数时，应考虑堤坝超载的影响。

(8)配备经验丰富的操作人员和工程师，最大限度地避免人员因素带来的风险。

(9)做好应急准备，如监测到大堤沉降过大时，可采取地面灌浆、隧道内部二次注浆等措施。

(10)严格控制盾构纠偏量，减少盾构施工对地层的扰动，做到勤纠偏，小纠偏。

(11)为保证泥浆的最佳护壁性能及携带渣土能力，严格控制泥浆指标

(12)盾构下穿长江大堤后掘进时，需注意及时调整泥水压力。

3) 盾构下穿大堤监测

(1)地面沉降控制是确保盾构安全下穿防洪墙的关键，施工前与相关产权单位取得联系，在长江大堤周边布设好沉降观测点，做好沉降监测，控制沉降为10mm，通过监测数据及时调整和控制盾构穿越长江大堤过程中的施工参数，使盾构施工对大堤的影响降到最低。

(2)在一般的推进过程中，对地面监测频率为每天2次。在穿越防洪墙的施工过程中，刀盘距防洪墙25m时，将检测频率提高至每天3~4次；当盾构穿越防洪墙25m时，监测

频率恢复到每天 2 次。若监测数据发现异常时还需要增加监测频率。必要时进行跟踪监测，直至完成盾构穿越，待变形稳定后恢复正常频率。当监测值接近报警值时提醒有关方面注意；当监测值达到报警值时及时报警。

### 九、沼气段盾构掘进施工

穿越区沼气分布比较分散，呈气囊状分布，且本次检测是以点状钻孔为主，有可能在钻孔之间区域还有沼气存在。

1）盾构掘进控制

（1）切口压力控制

根据隧道埋深、不同地质以及施工经验值设定合理的切口压力，使内外压保持平衡，防止击穿地层，增加沼气含量。

（2）泥浆密度控制

根据地层情况事先进行泥浆配比实验，控制好泥浆相关参数，保证掘进面能形成稳定的泥膜，有效对沼气进行隔离。

（3）出土量控制

严格控制出渣量，实时进行监控，防止超出渣引起江底塌陷。

（4）加强盾构管片拼装质量

加强管片防水材料粘贴质量检查，密封条等粘贴牢固，无缺失，管片拼装无错台，使管片成型后充分密封。

（5）加强管片背后注浆

在盾构施工时，根据特殊地层合理配置浆液，保证管片注浆量，控制注浆压力。采用同步注浆和二次注浆相结合的方式，有效填充地层空隙和固结隧道，对隧道进行密封。

对成型管片进行检查，渗漏水情况再次补强注浆，浆液以双液浆为主。

2）洞内沼气监测

盾构机配置沼气自动监控报警系统，对作业面和回风流中甲烷等有毒有害气体浓度进行连续监测。

人工检测采用便携式气体检测仪对作业区有害气体易聚集处进行浓度检测，确保施工安全。便携式气体检测仪以 1 次/2h 的频率进行检测，对于有害气体易聚集处中的沼气，按 1 次/1h 的频率进行检测。

3）洞内通风

根据隧道掘进距离制订详细的通风方案，对拖车、管片拼装处等沼气可能产生积聚地段通过增设局部扇风机，保证通风量。

## 第四节　管片生产

### 一、管片生产工艺流程

主要工艺流程分为固定台做法作业线流程、钢筋工艺流程、混凝土搅拌工艺流程。

在流水线主要分为灌注和蒸养。根据模型数量，流水线工位上依次完成脱模、出模、清模、合模、钢模尺寸精度检验、喷涂脱模剂、钢筋笼入模固定、安装预埋件、灌注振捣、抹面、自然养护工序。管片混凝土浇筑完成后在蒸养窑里完成静养和蒸汽养护工序。

钢筋工艺流程包含下料、弯曲、弯弧、焊接等工序。

混凝土工艺流程包含搅拌和检验工序。

管片生产工艺流程详见图 7－63。

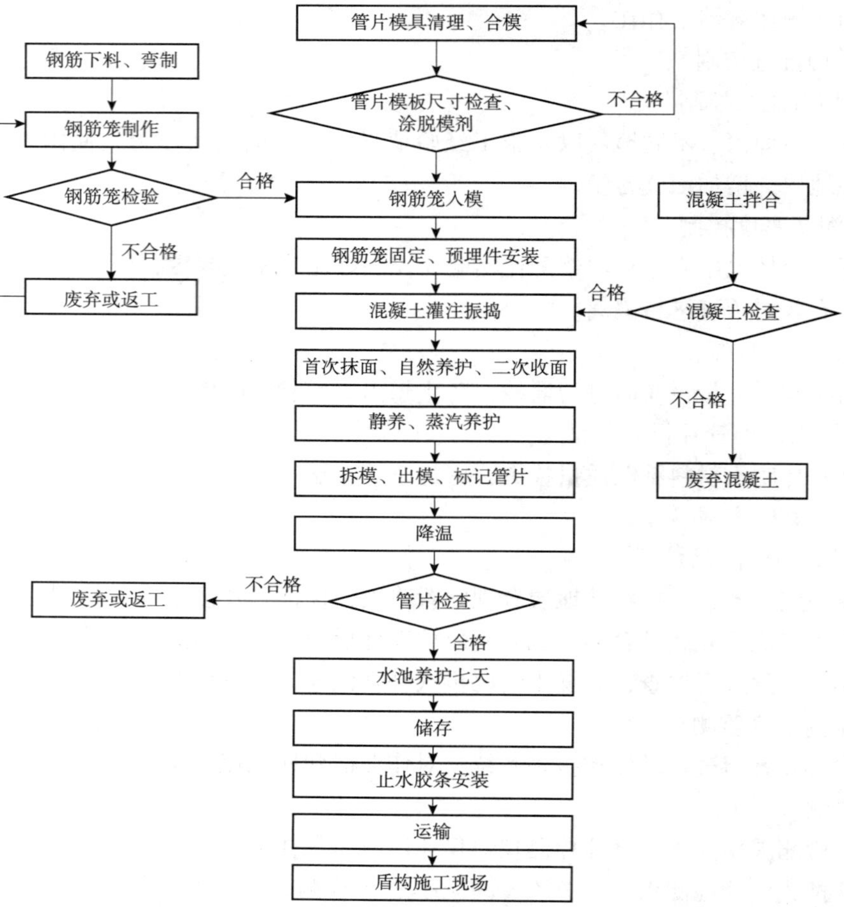


**图 7－63　管片工艺流程图**

## 二、管片模具

根据管片生产计划时间和生产数量要求，管片模具数量配备 5 套，每套模具灌注使用寿命不小于 1500 次。管片模具实物照片见图 7－64。

## 三、管片生产工艺

1. 钢筋加工与钢筋笼焊制工艺

本工序全部在管片钢筋制作厂房完成，包含钢筋下料、弯曲、弯弧、钢筋笼焊制成型、钢筋笼标识存放等。工艺流程详见图 7－65。

图 7－64　管片模具实物图

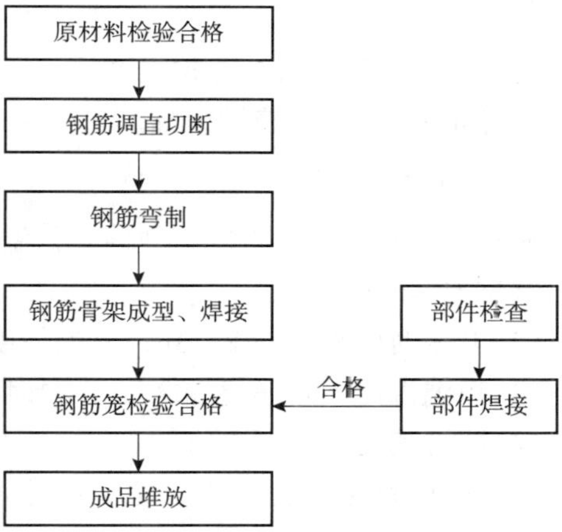


图 7－65　管片钢筋制作工艺流程图

2. 混凝土搅拌工艺

混凝土搅拌工艺流程详见图 7－66。

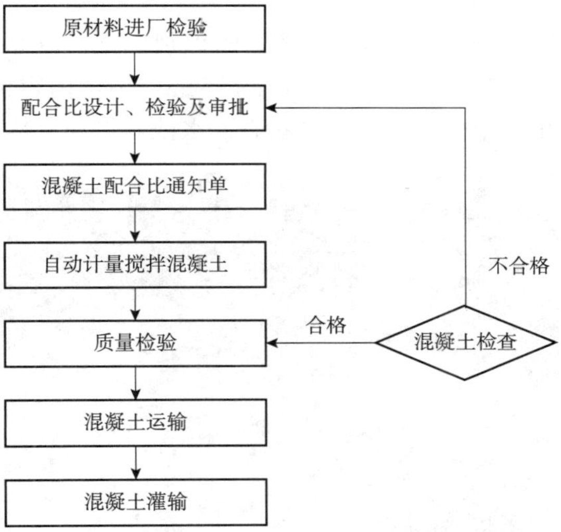


图 7－66　混凝土搅拌工艺流程

3. 混凝土配合比设计

混凝土理论配合比按《普通混凝土配合比设计规程》(JGJ 55—2011)通过计算、试配和调整确定。在混凝土配合比设计中，混凝土的氯离子总含量(包括水泥、矿物掺和料、粗骨料、细骨料、水、外加剂等所含氯离子含量之和)不应超过胶凝材料总量的 0.1%，混凝土含碱量不得超过 3.0kg/$m^3$。试验室做好配合比后，下发到混凝土拌和班进行混凝土拌和。

## 四、养护工艺

按照工艺流程，管片养护主要由蒸汽养护、水养护(冬季不进行水养，采用蒸汽持续湿养进行养护)、自然养护组成。

1. 蒸汽养护

蒸养过程有的四个阶段：静停、升温、恒温、降温。

(1)静停不少于2h。

(2)升温时间控制在2～3h，升温梯度每小时不超过15℃；

(3)恒温温度不得超过50℃，恒温时间一般4h左右；

(4)降温速度每小时不宜超过20℃，具体方法是到达蒸养时间后关上汽阀，掀开部分帆布，让模具和混凝土自然冷却，1h后全部揭开，再过0.5h才允许脱模，测温人员填写测温记录。

2. 水养护

蒸汽养护后，为确保管片的质量，杜绝表面裂纹必须执行第二阶段养护方案：

(1)浸水养护5～7d，入水时管片表面温度与水温的温差不得大于5℃；

(2)自然养护28d，自然养护期间保持管片混凝土表面湿润；

(3)每块管片放入水池前要在侧面印上管片的识别标记，该标记在管片使用之前不得消失，不得难以识别。标记尺寸不得超过25cm×15cm，标记内容包括：管片型号与编号、模具编号、生产日期与生产单位名称、合格状态。水池养护和自然养护实物见图7－67。

图7－67　水池养护和自然养护实物图

# 参考文献

[1]中国石油天然气管道工程有限公司．国家重点工程长江盾构穿越工程测量报告，2018.
[2]中国石油天然气管道工程有限公司．国家重点工程过江工程长江穿越北岸竖井岩土工程勘察报告，2018.
[3]中国石油天然气管道工程有限公司．国家重点工程过江工程长江穿越南岸竖井岩土工程勘察报告，2018.
[4]中国石油天然气管道工程有限公司．国家重点工程过江工程长江穿越岩土工程勘察报告，2020.
[5]中国石油天然气管道工程有限公司．长江盾构隧道管道安装设计专题报告，2020.
[6]中国石油天然气管道工程有限公司．超长距离盾构施工及沼气地层专题报告，2020.
[7]中国石油天然气管道工程有限公司．超长距离盾构设备专题报告，2020.
[8]中国石油天然气管道工程有限公司．长江盾构隧道穿越管道安装施工专题报告，2020.
[9]中国石油天然气管道工程有限公司．长江盾构隧道穿越选址论证专题报告，2020.
[10]中国石油天然气管道工程有限公司．长江盾构隧道管片设计专题报告，2020.
[11]中国石油天然气管道工程有限公司．长江盾构隧道穿越30年免维护设计专题报告，2020.
[12]中国石油天然气管道工程有限公司．长江盾构隧道泡沫混凝土填充专题报告，2020.
[13]中国石油天然气管道工程有限公司．长江盾构隧道穿越工程管道焊接及无损检测专题报告，2020.
[14]武汉地震工程研究院有限公司．国家重点工程场地地震安全性评价报告，2018.
[15]北京中安稳评咨询有限公司江苏分公司．国家重点工程社会稳定风险评估报告，2018.
[16]长江水利委员会水文局长江中游水文水资源勘测局．国家重点工程长江盾构穿越工程河段河床演变分析报告，2019.
[17]武汉理工大学．国家重点工程长江盾构隧道穿越工程与常熟海轮锚地影响专项研究报告，2018.
[18]武汉理工大学．国家重点工程长江隧道穿越工程航道通航条件影响评价报告，2019.
[19]武汉理工大学．国家重点工程长江盾构隧道穿越工程通航安全技术报告，2019.
[20]交通运输部水运科学研究院．国家重点工程长江盾构隧道穿越工程与邻近码头相互影响专题论证报告，2019.
[21]河海大学．国家重点工程长江隧道穿越项目与招商局邮轮制造基地项目及通海港口相互影响论证报告，2018.
[22]中国水产科学研究院淡水渔业研究中心．国家重点工程穿越长江刀鲚国家级水产种质资源保护区影响专题论证报告，2018.
[23]长江水利委员会水文局长江中游水文水资源勘测局．国家重点工程长江盾构穿越工程洪水影响评价报告，2019.
[24]长江水利委员会水文局长江中游水文水资源勘测局．国家重点工程长江盾构穿越深槽稳定性分析报告，2020.
[25]GB 50251—2015. 输气管道工程设计规范[S]. 北京：中国计划出版社，2015.
[26]GB 50423—2013. 油气输送管道穿越工程设计规范[S]. 北京：中国计划出版社，2013.
[27]GB/T 50470—2017. 油气输送管道线路工程抗震技术规范[S]. 北京：中国计划出版社，2017.
[28]GB/T 9711—2017. 石油天然气工业管线输送系统用钢管[S]. 北京：中国标准出版社，2017.
[29]GB 50286—2013. 堤防工程设计规范[S]. 北京：中国计划出版社，2013.
[30]GB 50108—2008. 地下工程防水技术规范[S]. 北京：中国计划出版社，2009.

[31] GB50009—2012 建筑结构荷载规范[S]. 北京：中国建筑工业出版社，2012.
[32] GB 50010—2010. 混凝土结构设计规范[S]. 北京：中国建筑工业出版社，2015.
[33] GB 50017—2010. 钢结构设计标准[S]. 北京：中国建筑工业出版社，2017.
[34] GB 50011—2010. 建筑抗震设计规范[S]. 北京：中国建筑工业出版社，2016.
[35] GB/T 50476—2019. 混凝土结构耐久性设计标准[S]. 北京：中国建筑工业出版社，2019.
[36] GB 50007—2011. 建筑地基基础设计规范[S]. 北京：中国建筑工业出版社，2012.
[37] GB 50497—2019. 建筑基坑工程监测技术标准[S]. 北京：中国计划出版社，2019.
[38] GB/T 22082—2017. 预制混凝土衬砌管片[S]. 北京：中国标准出版社，2018.
[39] GB/T 23457—2017. 预铺防水卷材[S]. 北京：中国标准出版社，2017.
[40] GB 18445—2012. 水泥基渗透结晶型防水材料[S]. 北京：中国标准出版社，2013.
[41] GB/T 18173. 3—2014 高分子防水材料 第 3 部分：遇水膨胀橡胶[S]. 北京：中国标准出版社，2015.
[42] GB/T 18173. 4—2010 高分子防水材料 第 4 部分：盾构法隧道管片用橡胶密封垫[S]. 北京：中国标准出版社，2011.
[43] GB/T 50568—2019. 油气田及管道岩土工程勘察标准[S]. 北京：中国计划出版社，2019.
[44] GB/T 21447—2018. 钢质管道外腐蚀控制规范[S]. 北京：中国标准出版社，2018.
[45] GB/T 21448—2017. 埋地钢质管道阴极保护技术规范[S]. 北京：中国标准出版社，2017.
[46] GB/T 23257—2017. 埋地钢质管道聚乙烯防腐层[S]. 北京：中国标准出版社，2017.
[47] GB/T 51241—2017. 管道外防腐补口技术规范[S]. 北京：中国计划出版社，2017.
[48] GB/T 31032—2014. 钢质管道焊接及验收[S]. 北京：中国标准出版社，2015.
[49] GB/T 27699—2011. 钢质管道内检测技术规范[S]. 北京：中国标准出版社，2012.
[50] GB50424—2015. 油气输送管道穿越工程施工规范[S]. 北京：中国计划出版社，2015.
[51] GB50369—2014. 油气长输管道工程施工及验收规范[S]. 北京：中国计划出版社，2014.
[52] GB 50446—2017. 盾构法隧道施工及验收规范[S]. 北京：中国建筑工业出版社，2017.
[53] GB 50208—2011. 地下防水工程质量验收规范[S]. 北京：中国建筑工业出版社，2012.
[54] GB 50204—2015. 混凝土结构工程施工质量验收规范[S]. 北京：中国建筑工业出版社，2014.
[55] GB 51004—2015. 建筑地基基础工程施工规范[S]. 北京：中国计划出版社，2015.
[56] GB/T 50818—2013. 石油天然气管道工程全自动超声波检测技术规范[S]. 北京：中国计划出版社，2013.
[57] JGJ/T 221—2010. 纤维混凝土应用技术规程[S]. 北京：中国建筑工业出版社，2011.
[58] JGJ 120—2012. 建筑基坑支护技术规程[S]. 北京：中国建筑工业出版社，2012.
[59] JGJ 79－2012. 建筑地基处理技术规范[S]. 北京：中国建筑工业出版社，2013.
[60] JGJ 107—2016. 钢筋机械连接技术规程[S]. 北京：中国建筑工业出版社，2016.
[61] JGJ 111—2016. 建筑与市政工程地下水控制技术规范[S]. 北京：中国建筑工业出版社，2017.
[62] JGJ/T 178—2009. 补偿收缩混凝土应用技术规程[S]. 北京：中国建筑工业出版社，2009.
[63] JGJ/T 291—2012. 现浇塑性混凝土防渗芯墙施工技术规程[S]. 北京：中国建筑工业出版社，2013.
[64] JG/T 312—2011. 遇水膨胀止水胶[S]. 北京：中国标准出版社，2011.
[65] JG/T 266—2011. 泡沫混凝土[S]. 北京：中国标准出版社，2011.
[66] JGJ/T 341—2014. 泡沫混凝土应用技术规程[S]. 北京：中国建筑工业出版社，2015.
[67] JC/T 2030—2010. 预制混凝土衬砌管片生产工艺技术规程[S]. 北京：建材工业出版社，2011.
[68] GA 1166—2014. 石油、天然气管道系统风险等级和安全防范要求[S]. 北京：中国标准出版社，2015.
[69] SY/T 7023—2014. 油气输送管道工程水域盾构法隧道穿越设计规范[S]. 北京：石油工业出版社，2014.

[70]SY/T 6884—2012. 油气管道穿越工程竖井设计规范[S]. 北京：石油工业出版社，2012.
[71]SY/T 7365—2017. 油气输送管道并行敷设技术规范[S]. 北京：石油工业出版社，2017.
[72]SY/T 4216. 3—2018. 石油天然气建设工程施工质量验收规范　油气输送管道穿越工程　第 3 部分：水域隧道穿越工程[S]. 北京：石油工业出版社，2018.
[73]SY/T 5257—2012. 油气输送用钢制感应加热弯管[S]. 北京：石油工业出版社，2012.
[74]SY/T 0414—2017. 钢质管道聚烯烃胶粘带防腐层技术标准[S]. 北京：石油工业出版社，2017.
[75]SY/T 6530—2019. 非腐蚀性气体输送用管线管内涂层[S]. 北京：石油工业出版社，2019.
[76]SY/T 4109—2020. 石油天然气钢质管道无损检测[S]. 北京：石油工业出版社，2020.
[77]曹文宏，申伟强，杨志豪等. 超大特长盾构法隧道工程设计[M]. 北京：中国建筑工业出版社，2010.
[78]牛清山，陈凤英，徐华译. [日]地盘工学会著. 张稳军 审译. 盾构法的调查 - 设计 - 施工[M]. 北京：中国建筑工业出版社，2008.
[79]龚晓南，宋二祥，郭红仙等. 基坑工程实例 3[M]. 北京：中国建筑工业出版社，2010.
[80]龚晓南，宋二祥，郭红仙等. 基坑工程实例 4[M]. 北京：中国建筑工业出版社，2012.
[81]官林星译. [日]小泉 淳主编. 朱合华，周质炎 审校. 盾构隧道管片设计——从容许应力法到极限状态设计法[M]. 北京：中国建筑工业出版社，2012.
[82]张巨松，王才智，黄灵玺. 泡沫混凝土[M]. 哈尔滨：哈尔滨工业大学出版社，2016.
[83]唐明，徐立新. 泡沫混凝土材料与工程应用[M]. 北京：中国建筑工业出版社，2013.
[84]李应权，扈士凯，王明轩等. 泡沫混凝土的研究与应用[M]. 北京：中国建材工业出版社，2018.
[85]洪开荣. 盾构与掘进关键技术[M]. 北京：人民交通出版社，2018.
[86]陈馈，洪开荣，焦胜军. 盾构施工技术(第二版)[M]. 北京：人民交通出版社，2016.
[87]姚占虎，石振明，石新栋. 水下隧道盾构检测与维修技术[M]. 上海：上海科学技术出版社，2019.
[88]陈健，闵凡路，王守慧. 大直径水下盾构隧道施工技术[M]. 上海：上海科学技术出版社，2019.
[89]刘国彬，王卫东. 基坑工程手册(第 2 版)[M]. 北京：中国建筑工业出版社，2009.
[90]魏龙海，郑少华，张亚果. 高水压复杂地质条件下大直径盾构隧道横向受力及变形研究[J]. 现代隧道技术，2015，(4)：143 - 150.
[91]王维，何川，耿萍. 非均匀地层盾构隧道纵向抗震分析[J]. 现代隧道技术，2016，53(6)：73 - 79.
[92]蒋英礼，王劲松. 基于反应位移法的盾构隧道横断面抗震计算[J]. 现代隧道技术，2013，50(6)：52 - 57.
[93]陈勇勤. 盾构隧道结构横向抗震设计关键技术探讨[J]. 铁道建筑，2013，(10)：44 - 46.
[94]陈健. 大直径盾构刀盘刀具选型及常压换刀技术研究[J]. 隧道建设，2018，38(1)：111 - 117.
[95]王志成. 常压更换刀具换刀程序和改进方案[J]. 隧道建设，2010，30(3)：339 - 343.
[96]赵明，丁文其，彭益成. 高水压盾构隧道管片接缝防水可靠性试验研究[J]. 现代隧道技术，2013，50(3)：87 - 93.
[97]龚琛杰，丁文其. 大直径水下盾构隧道接缝弹性密封垫防水性能研究[J]. 隧道建设，2018，38(10)：1712 - 1722.
[98]向科，石修巍. 盾构管片弹性密封垫断面设计与优化[J]. 地下空间与工程学报，2008，4(2)：361 - 364.
[99]田海洋，季倩倩，陆雅萍. 长距离越江跨海盾构隧道三维轴线控制技术[J]. 地下空间与工程学报，2011，7(1)：121 - 126.
[100]张楠，胡鹏辉. 紧邻既有铁路线深基坑的降水设计与沉降监测[J]. 铁道工程学报，2010，(9)：1 - 4.
[101]王军辉，陶连金，韩煊. 悬挂式帷幕入土深度对涌水量影响及优化设计[J]. 北京工业大学学报，

2015，(9)：1390－1398.
[102]李方明，陈国兴，刘雪珠．悬挂式帷幕地铁深基坑变形特性研究[J]．岩土工程学报，2018，40(12)：2182－2190.
[103]张惠忠，刘明建．上海软土中的“微承压水”与基坑工程[J]．岩土工程学报，2005，27(8)：944－947.
[104]周红波，蔡来炳．软土地区深基坑工程承压水风险与控制[J]．同济大学学报(自然科学版)，2015，43(1)：27－32.
[105]盛汉洋，黄宇舒．地下连续墙采用不同支撑形式的位移控制能力对比分析[J]．公路工程，2019，44(5)：241－246，251.
[106]王飞，郑余朝，罗川疆．兰州地铁黄河岸滩深大竖井结构设计及力学特性研究[J]．城市轨道交通研究，2019，22(1)：15－20.
[107]翁其平，王卫东，周建龙．超深圆形基坑逆作法“两墙合一”地下连续墙设计[J]．建筑结构学报，2010，31(5)：188－194.
[108]张子新，李佳宇．MJS 法地基处理技术综述与应与[J]．土木建筑与环境工程，2017，39(6)：1－11.

责任编辑：吕芳蕾
责任校对：李　伟
封面设计：七星博纳

特长距离
高水压油气管道盾构隧道
设计与施工

扫描获取更多信息

ISBN 978-7-5114-6718-8
定价：128.00元